炼油装置技术问答丛书

催化重整装置技术问答

(第三版)

李成栋　编著

中国石化出版社

内 容 提 要

本书以问答形式详细介绍了催化重整装置操作人员应知应会的基本知识，包括基本原理、操作调节、事故分析处理方法等。主要内容包括：原料预分馏、原料预精制、催化剂、重整工艺过程、芳烃分离、产品精馏及主要设备等。

本书主要读者对象为催化重整装置操作工人和技术人员，也可供装置管理人员及大专院校师生参考。

图书在版编目（CIP）数据

催化重整装置技术问答／李成栋编著．—3版．—北京：中国石化出版社，2010.4（2025.3重印）
（炼油装置技术问答丛书）
ISBN 978-7-5114-0338-4

Ⅰ.①催… Ⅱ.①李… Ⅲ.①催化重整-装置-问答 Ⅳ.①TE624.4-44

中国版本图书馆CIP数据核字（2010）第038157号

中国石化出版社出版发行

地址：北京市东城区安定门外大街58号
邮编：100011 电话：(010)57512500
发行部电话：(010)57512575
http://www.sinopec-press.com
E-mail:press@sinopec.com
北京科信印刷有限公司印刷
全国各地新华书店经销

*

850×1168毫米 32开本 19.625印张 464千字
2025年3月第3版第12次印刷
定价：48.00元

前　言

自20世纪90年代以来，特别是进入21世纪之后，我国催化重整进入了快速发展时期。到2008年，我国已拥有29套连续再生催化重整装置，总加工能力已经达到22.5Mt/a。重整催化剂我国开发较早，近年研发的某些新型重整催化剂的性能已经达到国际先进水平，并已向国外出口。目前，我国已经自主开发建设成百万吨超低压连续再生催化重整装置和百万吨芳烃联合装置。

早在十多年以前，为配合广大炼油和石油化工工人技术练兵，特别是为了帮助催化重整技术工人考级，帮助读者提高催化重整技术知识和实际操作能力，我们编写了这本《催化重整装置技术问答》。本书力求通俗易懂，以便广大重整工人学习和理解。对于概念和术语的解释，尽量科学标准。但对一些理论很强的概念，则采用通俗叙述的方式，从科学上讲，可能有些不甚严密之处；有些问题，答超所问，目的是要多介绍一些相关知识，以加深对催化重整和芳烃抽提技术的理解。由于催化重整和芳烃生产技术比较复杂，设备很多，限于篇幅，不能逐一介绍，只能按工艺要求，以主要操作环节为主。

本书自第一版问世以来，深受广大读者的欢迎。此次为第三版，在上一版的基础上删旧补新，以适应催化重整技术的发展要求。

此次修订增加的新内容包括：清洁汽油的生产和催化汽油做重整料的操作经验；新型重整催化剂、预加氢催化剂、脱砷剂、脱硫剂和脱氯剂；美国UOP-CCR重整工艺、法国IFP/Axens-CCR重整工艺和我国自主研发建设的超低压CCR重整工艺；PX旋转阀控制系统的升级技术和Eluxyl PX吸附分离技术、SCS控制以及在线Raman仪；四合一重整加热炉、板式换热器、国产四合一重叠式反应器和第三代CCR再生系统及其相关设备；重整装置的能耗构成和基本节能途径等。

由于编者水平所限，疏漏之处在所难免，敬请广大读者批评指正。

目　　录

第一章　原料预分馏过程 …………………………………（1）

1. 何谓催化重整？生产汽油与生产芳烃在流程上有何不同？ …（1）
2. 为什么说催化重整汽油是 21 世纪生产清洁汽油不可缺少的调合组分呢？ ……………………………………………（2）
3. 重整装置对原料有些什么要求？ …………………………（4）
4. 重整原料为什么要预处理？包括哪些过程？ ……………（6）
5. 什么叫分馏？重整原料预分馏的目的是什么？ …………（6）
6. B、T、X 的涵义是什么？ …………………………………（7）
7. MON 表示什么？RON 表示什么？(M+R)/2 表示什么？ ……（8）
8. CAAA 的涵义是什么？CAAA 为什么对汽油中的苯、芳烃、烯烃和硫的含量进行了严格限制？ ……………………（8）
9. 重整原料有哪些来源？各有何特点？ ……………………（9）
10. 什么是初馏点、干点？什么是馏程？ …………………（12）
11. 什么是重整指数？什么是芳烃潜含量？ ………………（12）
12. 重整原料中常含有哪些非烃化合物？它们对重整装置有何影响？ ……………………………………………………（13）
13. 预分馏过程的基本原理是什么？ ………………………（16）
14. 分馏过程的必要条件有哪些？ …………………………（17）
15. 预分馏过程在预处理系统中的基本流程有哪几种？ ……（18）
16. 预分馏塔(精馏塔)的控制过程近年有些什么发展？ ……（20）
17. 分馏塔板或填料在分馏过程中有何作用？ ……………（24）
18. 什么是塔板效率？如何计算？ …………………………（24）
19. 什么是拉乌尔定律？什么是道尔顿定律？ ……………（25）

20. 气液相平衡和相平衡常数的物理意义是什么？ …………… （25）
21. 什么叫挥发度、相对挥发度？ ……………………………… （26）
22. 什么叫饱和蒸气压？饱和蒸气压都与哪些因素有关？……… （27）
23. 什么叫泡点、露点？什么是泡点方程和露点方程？ ……… （27）
24. 化验室分析馏分组成时，常用的方法有几种？它们的馏出曲线有何不同？ ……………………………………………… （28）
25. 分馏塔的操作中应掌握哪三大平衡？ ……………………… （29）
26. 塔顶回流带水会有什么现象？如何处理？………………… （30）
27. 什么叫回流比？对塔的操作有何影响？…………………… （31）
28. 除回流比之外，预分馏塔的操作参数还有哪些？ ………… （32）
29. 预分馏塔的压力对分馏过程有何影响？…………………… （32）
30. 预分馏塔压力波动的原因有哪些？如何控制？ …………… （33）
31. 预分馏塔顶温度过高或过低有什么害处？………………… （33）
32. 预分馏塔顶温度波动的原因有哪些？如何控制？ ………… （33）
33. 塔进料温度对预分馏塔的操作有何影响？ ………………… （34）
34. 预分馏塔为什么采用泡点进料？ …………………………… （34）
35. 塔底温度和液面高度对预分馏有何影响？ ………………… （34）
36. 造成预分馏塔底温度波动的因素有哪些？应如何控制？…… （35）
37. 预分馏开工过程是怎样进行的？ …………………………… （35）
38. 单塔预分馏塔底油初馏点过高或过低应如何处理？ ……… （36）
39. 单塔预分馏拔头油与塔底油重叠的原因是什么？如何处理？ …………………………………………………………… （36）
40. 为什么用塔顶回流调节塔顶温度有时不能达到预想的效果？ …………………………………………………………… （37）
41. 预分馏塔发生冲塔是什么原因？如何处理？ ……………… （37）
42. 预分馏进料泵或（和）回流泵不能运转时应如何处理？ …… （38）
43. 如何表示和评价预分馏塔的分馏精确度或分馏效果？ …… （38）
44. 双塔预分馏在流程和操作上有何特点？…………………… （40）

45. 塔板上气、液接触的方式有几种？各有何特点？ …………（41）
46. 为什么大多数预分馏塔都采用浮阀塔？在操作和检修中应注意哪些问题？ ……………………………………………（41）
47. 塔内气、液相负荷变化过大对塔操作有何影响？淹塔现象是怎样发生的？ ………………………………………（42）
48. 如何保持预分馏塔的平稳操作？ ………………………（43）
第二章　原料预精制过程 ……………………………………（44）
1. 原料预精制装置的任务是什么？它是由哪些工序构成的？ …（44）
2. 工业中应用的预脱砷方法有哪些？其作用是什么？ …………（44）
3. Si-Al 小球脱砷法的主要优、缺点是什么？CHP 氧化脱砷在工业中为什么未能广泛应用？ ………………………（44）
4. 临氢预脱砷的基本原理是什么？ ……………………………（45）
5. 法国 Procatalyst 捕集脱砷法的基本原理是什么？ …………（45）
6. 什么是高效脱砷剂？常用的高效脱砷剂有哪些牌号？各有何特点？ ……………………………………………………（45）
7. 预脱砷油中砷含量过高时，应如何处理？ ……………………（47）
8. 为什么对废脱砷剂要妥善处理？环保方面有什么要求？ ……（48）
9. 加氢预精制（即预加氢）的作用是什么？其工艺过程是怎样构成的？氢气从何而来？ ………………………………（49）
10. 预加氢过程中发生的化学反应有哪些？它们的化学反应方程式是怎样的？ ………………………………………（51）
11. 我国近年常用的预加氢催化剂有哪些？各有何特点？ ……（52）
12. 原料预加氢过程的操作参数有哪些？ ……………………（55）
13. 操作温度对预加氢反应有何影响？如何控制预加氢的反应温度？ …………………………………………………………（55）
14. 为什么要严格控制预加氢进料的质量和速度？如何控制？ …（55）
15. 操作压力对加氢反应有何影响？为什么要求预加氢尽量在设计压力条件下运转？ ……………………………………（57）

16. 氢油比(H_2/HC)对预加氢反应过程有何影响？如何计算 H_2/HC 比？H_2/HC 比下降时应如何处理？ …………………… (57)
17. 系统氢纯度对预加氢反应过程有何影响？氢纯度由哪些因素确定？ …………………………………………………… (58)
18. 原料杂质对预加氢系统有何影响？除去这些有害杂质有哪些方法？ …………………………………………………… (58)
19. 循环气中 H_2S 含量较高时(如>1%)对预加氢反应过程有何影响？应如何处理？ ………………………………… (59)
20. 焦化石脑油作重整原料时，预加氢前是否应将二烯烃饱和？为了把含硫、氮的杂质精制到要求指标，主要操作经验是什么？ ………………………………………………………… (59)
21. 采用混兑大量(>20%)催化石脑油做重整原料时有些什么经验？ ………………………………………………………… (60)
22. 预加氢催化剂开工时预硫化的作用是什么？ ………… (62)
23. 预硫化过程中应注意哪些问题？ ……………………… (62)
24. 如果在没有原料油进入的情况下，预加氢催化剂与氢接触的最高允许温度为多少？为什么？ ……………………… (63)
25. 预加氢生成油中硫化氢，在什么情况下会与烯烃化合成有机硫？如何避免？ ……………………………………………… (63)
26. 怎样评价预加氢催化剂的使用性能？ ………………… (64)
27. 是否有办法可以预测预加氢催化剂的使用寿命？ …… (64)
28. 使预加氢催化剂寿命缩短的原因有哪些？如何延长预加氢催化剂的使用寿命？ …………………………………………… (64)
29. 更换预加氢催化剂的标准是什么？ …………………… (66)
30. 预加氢系统开工(用重整氢)的基本程序是什么？ …… (66)
31. 在预加氢装置实施“粗汽油开工”有何优点？有什么应用经验？ ………………………………………………………… (67)
32. 预加氢催化剂再生的涵义是什么？怎样进行再生？ ……… (69)
33. 举例说明预加氢催化剂器外再生的应用情况。 ……… (70)

34. 采用氮气+空气再生和水蒸气+空气再生时应如何防止硫酸根积累？……（70）
35. 已用过但未再生的预加氢催化剂卸出时为什么要采取预防自燃措施？怎样卸出？……（71）
36. 预加氢工艺流程可分几种？各有何特点？……（72）
37. 预加氢反应器有几种类型？各有何特点？……（73）
38. 预加氢装置如何停工？……（73）
39. 预加氢进料泵发生故障，应采取哪些紧急措施？……（75）
40. 预加氢进料泵为什么会抽空？如何处理？……（75）
41. 预加氢循环氢压缩机发生故障时，应采取哪些措施？……（76）
42. 如果新氢（补充氢）来源中断，应采取哪些紧急措施？……（76）
43. 进料泵和循环氢压缩机同时发生故障时，应采取哪些紧急措施？……（77）
44. 预加氢加热炉炉管发生破裂时，应采取哪些紧急措施？……（77）
45. 仪表用压缩风系统发生故障时，应采取哪些紧急措施？……（78）
46. 催化剂床层发生超温时，应采取哪些措施？……（78）
47. 预加氢系统腐蚀的危害是什么？造成腐蚀的原因有哪些？……（79）
48. 减缓预加氢系统腐蚀的方法有哪些？各有何优缺点？……（80）
49. 我国重整装置常用的脱氯剂有哪些？各有何特点？……（81）
50. 什么是双罐串联脱氯流程？有何优点？……（83）
51. 影响蒸发脱水的因素有哪些？各有何影响？……（84）
52. 精制油水含量过高时，应采取哪些措施？……（85）
53. 蒸发脱水塔能否兼具预分馏塔的拔头作用？……（85）
54. 深度脱硫有些什么好处？……（85）
55. 深度脱硫有几种工艺流程？各有何特点？……（86）
56. 国内、外近年开发的脱硫剂有哪些？各有何特点？……（86）
57. 脱硫剂如何活化处理？……（88）
58. TL-18（H）脱硫剂在工业装置中应用情况如何？有何

特点？……………………………………………………………（89）
59. 如何测定预还原型脱硫剂的硫容量？ ………………………（89）
60. 运转过程中精制油硫含量超高时，应如何查找原因？
如何处理？ ………………………………………………………（90）
61. 苯抽提原料 C_6 组分加氢反应系统积炭压降升高的原因是什么？
如何处理？ ………………………………………………………（92）
第三章　重整催化剂与重整化学……………………………（94）
1. 什么叫催化剂？它具有哪些特征？ ………………………………（94）
2. 什么是重整催化剂？铂重整催化剂是谁发明的？ ………………（94）
3. 重整催化剂的发展经历了哪几个主要阶段？ ……………………（95）
4. 当前世界都有哪些双、多金属半再生重整催化剂？ ……………（96）
5. 当前国内外主要应用的连续重整催化剂有哪些牌号？ …………（97）
6. 重整催化剂是由哪两部分构成的？各部分的作用是什么？ ………（99）
7. 什么是催化剂的主剂？什么是助剂？它们之间有什么
关系？ ……………………………………………………………（99）
8. 何谓双功能催化剂？重整催化剂为什么必须具备双功能
作用？ ……………………………………………………………（100）
9. 重整催化剂的酸性功能是怎样形成的？ …………………………（100）
10. 重整催化剂的金属功能是怎样形成的？ ………………………（101）
11. 现代双、多金属重整催化剂常用的助剂组分有哪些？
各有些什么作用？ ………………………………………………（101）
12. 催化重整的基本反应是谁最先发现的？ …………………………（103）
13. 重整催化剂上发生的主要化学反应有哪些？ ……………………（103）
14. 什么是直链烷烃异构化反应？该反应对催化重整过程
有些什么作用？特点是什么？ …………………………………（104）
15. 什么是六元环烷脱氢反应？该反应在重整过程有些什么
贡献和特点？ ……………………………………………………（104）
16. 什么是五元环烷脱氢异构反应？它在重整反应过程中
有些什么贡献和特点？ …………………………………………（105）
17. 什么是烷烃脱氢环化反应？它在重整反应过程中有何贡献

和特点？ ……………………………………………………………… (106)
18. 什么是加氢裂化反应？为什么说加氢裂化反应是不希望发生的反应？ ………………………………………………………… (106)
19. 什么是氢解反应？它与加氢裂化反应有什么区别？ ………… (107)
20. 什么是脱烷基反应、歧化反应和烷基化反应？它们对重整工艺过程有何影响？ ………………………………………………… (108)
21. 强化脱氢环化反应时会受到哪些因素限制？ ………………… (109)
22. 焦炭前身物是什么？生焦反应是怎样发生的？ ……………… (109)
23. 重整各反应器发生哪些化学反应？各有何特点？ …………… (109)
24. 重整转化率是如何定义的？影响重整转化率的因素有哪些？…… (110)
25. 何谓环烷转化率？它与芳烃转化率有何关系？ ……………… (111)
26. 衡量重整催化剂使用性能的主要指标有哪些？ ……………… (111)
27. 催化剂活性的涵义是什么？ ………………………………… (112)
28. 催化剂选择性的涵义是什么？如何表示？ ………………… (112)
29. 催化剂稳定性的涵义是什么？ ……………………………… (113)
30. 催化剂的寿命如何计算？ …………………………………… (113)
31. 在工业生产中如何选用重整催化剂？ ……………………… (113)
32. 近年开发的高 Re/Pt 比催化剂有何特点？ ………………… (114)
33. 影响重整反应过程的主要操作参数有哪些？ ……………… (115)
34. *WABT* 与 *WAIT* 的涵义各是什么？如何计算？ ………………… (115)
35. 操作温度对重整反应有何影响？反应器的温度应如何控制？…… (116)
36. 重整各反应器温降为什么依次减少？影响反应器温降的因素有哪些？ ……………………………………………………… (117)
37. 为什么说重整最后一台反应器温降变化是催化剂酸性功能变化的重要标志？ …………………………………………………… (118)
38. 什么是液时空速？对重整反应有何影响？怎样操作控制？ ……………………………………………………………………… (118)
39. 操作压力对重整反应有何影响？为什么说降压操作是提高催化重整技术的必由之路？ ……………………………………… (120)
40. 如何防止甲基环戊烷开环？ ………………………………… (122)

41. 在实际生产过程中，在控制反应压力方面有些什么经验？………（123）
42. 影响氢/烃比变化的因素有哪些？……………………………………（123）
43. 循环氢的作用是什么？为什么说压缩机是重整装置的心脏？……（123）
44. 氢/烃比、氢/烃摩尔比的涵义是什么？控制氢/烃比有何重要作用？……………………………………………………………（124）
45. 为什么说变更氢/烃摩尔比是优化半再生重整过程的重要措施之一？……………………………………………………………（125）
46. 循环氢纯度高、低说明什么问题？………………………………（126）
47. 对 C_5^+ 液体收率和催化剂结焦影响最大的是反应压力还是氢/烃摩尔比？……………………………………………………………（126）
48. 增加第4反应器有何好处？………………………………………（127）
49. 半再生重整催化剂在什么情况下必须停工再生？………………（127）
第四章　催化重整工艺过程 ……………………………………（128）
1. 为什么说催化重整工艺的未来还有很大的发展空间？…………（128）
2. 催化重整工艺发展过程经历了哪几个主要阶段？………………（128）
3. 为什么说20世纪90年代以来，我国催化重整进入了大发展时期？……………………………………………………………（130）
4. 现代催化重整工艺的主要特点是什么？…………………………（134）
5. BP-UOP-Cyclar等LPG芳构化工艺的特点是什么？…………（134）
6. 直馏汽油非临氢改质工艺与RGW-1型催化剂各有何特点？……………………………………………………………（134）
7. 何谓两段重整？举例说明它的优点。……………………………（136）
8. 何谓组合床重整？我国自行开发的低压组合床重整工艺有何特点？……………………………………………………………（137）
9. 催化重整工艺未来发展的趋势是怎样的？………………………（139）
10. 为什么今后新建较大规模的重整装置，要以连续重整装置为主？……………………………………………………………（139）
11. 为什么说降低重整反应压力是提高现代半再生重整装置经济效益的重要途径？……………………………………………（140）
12. 现代催化重整装置更换新型重整催化剂有些什么好处？……（141）

13. 实现第三代 UOP-CCR 高负荷平稳运行的关键因素是什么？ …………………………………………………… (142)
14. 重整开工用甲醇氢有哪些好处？举例说明。 ………………… (143)
15. 重整反应系统温度是怎样控制的？ ……………………………… (144)
16. 重整反应系统压力、再接触压力分程-超弛控制是怎样构成的？ ……………………………………………………… (145)
17. 移动床反应器中心管约翰逊筛网被堵塞或造成催化剂提升困难的原因是什么？ ………………………………………… (146)
18. 在 IFP-CCR 系统中，为什么反应器和下部料斗之间的压差有时消失(为 0)？如何处理？ ……………………………… (147)
19. 为什么径向反应器有时会出现“死区”？有何危害？ ………… (147)
20. “贴壁”现象是怎样产生的？有何危害？ ………………………… (147)
21. 典型的重整氢再接触提浓流程是怎样构成的？造成重整氢增压机排气超温的原因是什么？ …………………………… (147)
22. 稳定塔液化气吸收流程有几种？各有何特点？ ……………… (149)
23. 重整催化剂在各反应器中的分配量为什么通常总是前部少后部多？ ……………………………………………………… (150)
24. 末反应器装入的催化剂量对产品质量和收率有何影响？如何确定适宜的装填比？ …………………………………… (150)
25. 装催化剂时必须注意哪些事项？ ………………………………… (151)
26. 固定床轴向筒型反应器装剂时有些什么具体经验？ ………… (152)
27. 径向反应器装剂应注意哪些事项？ ……………………………… (152)
28. 固定床反应器采用高密度(>0. 64g/cm^3)催化剂和密集装填技术有何好处？ ……………………………………………… (154)
29. 平行并列式移动床反应器装填催化剂时应注意哪些事项？……… (154)
30. 重叠式移动床反应器装填催化剂时应注意哪些要点？ ……… (155)
31. 现代双、多金属重整装置开工包括哪些主要步骤？ ………… (155)
32. 干燥温度对催化剂活性有何影响？ ……………………………… (156)
33. 现代重整装置开工为什么推荐“富氧”干燥？ ………………… (156)
34. 现代重整装置开工过程中，催化剂干燥有些什么经验？ …… (156)

35. 重整催化剂开工时为什么要用氢气进行还原？原理是什么？影响因素有哪些？ ……………………（157）
36. 举例说明国内、外典型重整催化剂对还原用氢有些什么要求？……………………（158）
37. 催化剂还原系统中存在烃类有什么害处？烃的来源有哪些？如何减少还原气中烃含量？ ……………………（158）
38. 烧烃对重整的还原过程有何影响？ ……………………（159）
39. 还原过程中系统含水量过高有什么危害？水的来源有哪些？如何减少还原过程中系统的含水量？ ……………………（160）
40. 氧对还原过程有何危害？氧是从哪里来的？如何减少还原系统的含氧量？ ……………………（160）
41. CO 或/和 CO_2 对还原过程有何危害？它是从哪里来的？如何减少系统中 CO 或/和 CO_2 的含量？ ……………………（161）
42. 什么是高纯氢？重整催化剂采用高纯氢还原有什么好处？……………………（162）
43. 能不能用重整氢做还原介质？我国在用重整氢还原方面有些什么成功经验？ ……………………（162）
44. 国外在用重整氢开工方面有些什么经验？ ……………………（164）
45. 如何在新重整装置投产时用自产氢气开工？ ……………………（164）
46. 现代双、多金属铂铼、铂铱重整催化剂开工时，为什么要进行预硫化？ ……………………（165）
47. 预硫化的原理是什么？硫化剂量多少为合适？ ……………………（165）
48. 硫化剂是怎样被加到反应器中的？操作中应注意些什么问题？ ……………………（166）
49. 现代双、多金属重整催化剂预硫化时的主要条件是怎样的？……（167）
50. 重整催化剂预硫化时为什么多采用二甲基二硫（DMDS）做硫化剂？操作中应注意哪些问题？ ……………………（167）
51. 重整催化剂还原-预硫化过程中，在操作上有些什么经验？……………………（168）
52. 重整装置进油后应如何进行调整？ ……………………（169）

53. 重整装置开工后如何调整好催化剂上的氯含量？ ……………（170）
54. 连续重整装置开工与半再生装置开工有何不同？ ……………（171）
55. 开工时，为什么最后一个反应器容易产生“飞温”？怎样处理？ ……………（172）
56. 如何判断装置开工后催化剂上的氯含量是否适宜？ …………（173）
57. 何谓平衡氯含量？它与催化剂适宜氯含量有什么异同？ ……（174）
58. 开工初期催化剂平衡氯含量偏离适宜氯含量的原因是什么？应如何调整？ ……………（175）
59. 怎样计算催化剂的平衡氯含量？ ……………（176）
60. 开工后运转中催化剂“过氯”时会有些什么征兆？应如何处理？ ……………（177）
61. 开工后运转中催化剂“缺氯”有何征兆？如何处理？ …………（178）
62. 在运转过程中，为什么要特别注意最后一台反应器的催化剂氯含量的变化？ ……………（179）
63. 什么是水氯平衡？为什么要保持水氯平衡？ ……………（179）
64. 如何判断系统水氯平衡是否适宜？影响水氯平衡的因素有哪些？ ……………（180）
65. 催化剂载体性质对水氯平衡控制有什么影响？ ……………（181）
66. 催化剂表面性质对水氯平衡控制有什么影响？ ……………（181）
67. 操作温度对水氯平衡控制有何影响？ ……………（182）
68. 初始氯含量对水氯平衡有何影响？ ……………（182）
69. 系统含水量高低对水氯平衡有何影响？ ……………（182）
70. 系统“过湿”(含水量过高)时有何征兆？危害是什么？如何处理？ ……………（182）
71. 系统“过干”（含水量过低)时有何征兆？危害是什么？如何处理？ ……………（183）
72. 水/氯摩尔比对水氯平衡有何影响？ ……………（184）
73. 运转中水/氯摩尔比应如何计算？ ……………（184）
74. 为什么说控制好环境中水含量是保持水氯平衡的基础？ ……（185）
75. 怎样才能控制好系统的适宜含水量？ ……………（186）

76. 注水时，对水有些什么要求？常用哪些物质作注水剂？ ……（186）
77. 重整循环气中的水有哪些来源？ ……………………………（187）
78. 如何降低循环气中的含水量？ ……………………………（187）
79. 系统 H_2S 含量过高时对开工调整和正常运转有何影响？
如何处理？ ………………………………………………（189）
80. 现代双、多金属重整装置为实现长周期稳定运转，应如
何控制环境中的硫？ ………………………………………（190）
81. 监控重整反应系统微量硫有何经验？ ……………………（191）
82. 在生产中控制好各种工艺参数的基本准则是什么？………（192）
83. 重整反应系统加氢裂化反应加剧有何现象？影响加氢裂化
反应的因素是什么？应如何预防？ …………………………（193）
84. 连续重整反应器中催化剂被提升到再生器时流速如何
计算？ ……………………………………………………（195）
85. 如何防止移动床反应器中烃类气窜入下料斗中？…………（195）
86. 运转过程中造成氢/油比下降的原因有哪些？如何提高
氢/油比？…………………………………………………（197）
87. 重整装置紧急停工的基本程序是什么？ …………………（197）
88. 造成重整紧急停工的原因有哪些？应注意哪些事项？ ………（198）
89. 重整换热器泄漏时，如何判断和处理？ …………………（199）
90. 原料过滤器放置在何处好？ ………………………………（200）
91. 重整反应器系统压降过高的原因是什么？ …………………（200）
92. 减少系统污垢的方法有哪些？ ……………………………（200）
93. 重整生成油气液分离器（高分）温度应控制多少？过高时
有什么害处？ ………………………………………………（201）
94. 现代重整装置剩余氢和脱丁烷塔顶 LPG 为什么要
脱氯？ ……………………………………………………（201）
95. 重整生成油颜色为什么有时具有蓝色荧光？ ………………（202）
96. 为什么说活性 Al_2O_3 脱氯是一种较好的脱氯方法？ …………（202）
97. 如何解决稳定塔顶馏出物系统腐蚀问题？ …………………（203）
98. 瞬间停电或长时间停电时，重整反应部分应采取哪些

措施？…………………………………………………………………（203）
99. 重整装置在安全阀定压方面有些什么要求？ ……………………（204）
100. 怎样实现重整反应过程的最佳控制？………………………………（205）
101. 现代双、多金属重整装置实现长周期稳定运转的基本条件是什么？ ……………………………………………………………（205）
102. 为什么说UOP公司的CycleX™系统是重整装置改造的比较好的模式之一？ ………………………………………………（207）
103. 现代世界燃油规范汽油标准为什么对苯和芳烃提出了严格的要求？具体的要求指标为多少？…………………………（207）
104. 从重整生成油中脱除苯的方法有哪些？……………………………（208）
105. CD Hydro脱苯工艺流程是怎样构成的？有何特点？ …………（209）
106. 什么是放射性料位仪表？什么是放射源？什么是探测器？在配置和安装γ料位计时应注意些什么问题？ …………………………………………………………………（210）
107. 催化重整装置通常安装哪些在线分析仪表？ ……………………（212）
108. 我国近年对车用汽油提出了哪些新的要求？ ……………………（213）
第五章 重整催化剂的失活与再生 ……………………………………（214）
1. 催化剂失活的涵义是什么？ …………………………………………（214）
2. 导致重整催化剂失活的原因有哪些？………………………………（214）
3. 重整催化剂中毒失活的实质是什么？………………………………（216）
4. 导致双功能重整催化剂中毒失活的物质有哪些？…………………（217）
5. 各种毒物对重整催化剂金属催化功能有些什么影响？ …………（217）
6. 重整催化剂金属活性中毒的征兆是怎样的？………………………（219）
7. 导致重整催化剂金属活性中毒的毒物来源有哪些？如何减少毒物来源？ ………………………………………………………（219）
8. 如何防止重整催化剂的硫中毒？……………………………………（220）
9. 热氢循环脱硫操作有些什么经验？…………………………………（221）
10. 重整装置中硫酸盐是怎么积累的？有何危害？在脱除硫酸盐方面有哪些经验？ ……………………………………………（222）
11. 如何除去重整加热炉炉管内的硫化物？ …………………………（223）

12. 为什么说硫是重整催化剂的毒物，又是不可缺少的必要的组分？ ……………………………………………（224）
13. 硫对连续重整装置的影响是否轻一些？如何正确认识连续再生与半再生之间的差异？ ……………………………（224）
14. 各种毒物对重整催化剂酸性催化功能有些什么影响？ ………（225）
15. 重整催化剂酸性功能中毒的征兆是什么？ ……………………（226）
16. 如何防止重整催化剂酸性功能中毒？ …………………………（227）
17. 现代重整装置为什么对原料油提出严格要求？ ………………（227）
18. 在选用缓蚀剂、抗垢剂时应注意哪些问题？为什么？ ………（228）
19. 重整催化剂烧结和热失活的涵义是什么？ ……………………（229）
20. 引起重整催化剂烧结失活的原因有哪些？ ……………………（229）
21. 重整催化剂积炭失活的涵义是什么？ …………………………（230）
22. 在重整催化剂积炭产物中包括几种不同结焦物？ ……………（230）
23. 重整催化剂上的积炭是怎样形成的？ …………………………（230）
24. 积炭对重整催化剂有何影响？ …………………………………（232）
25. 重整催化剂的失活与其结焦量和结焦速率有什么关系？ ……（232）
26. 运转过程中，催化剂积炭突然增多时将会发生一些什么现象？……………………………………………………（233）
27. 造成重整催化剂积炭增加的原因有哪些？ ……………………（234）
28. 减少重整催化剂积炭的措施有哪些？ …………………………（237）
29. 重整催化剂为什么要再生？再生过程通常包括哪些步骤？……………………………………………………………（237）
30. 什么是催化剂烧焦过程？重整催化剂烧焦时为什么不用蒸汽作载气？ ………………………………………………（237）
31. 烧焦后催化剂的颜色为什么会变浅？ …………………………（238）
32. 重整催化剂烧焦过程的燃烧机理是怎样的？ …………………（238）
33. 近年 UOP 连续再生技术有了哪些发展？ ………………………（238）
34. 影响重整催化剂烧焦过程的因素有哪些？烧焦条件如何？……………………………………………………………（239）
35. 重整催化剂上的积炭有几种类型？各有何特点？ ……………（240）

36. 积炭类型对催化剂烧焦过程有什么影响？ …………………… (241)
37. 积炭量对烧焦速度有何影响？ …………………………………… (242)
38. 温度对烧焦过程有什么影响？ …………………………………… (243)
39. 烧焦时床层为什么会产生超温？其危害是什么？如何避免超温？ …………………………………………………… (244)
40. 氧分压对烧焦过程有什么影响？如何控制？ ………………… (246)
41. 烧焦压力和气体循环量对烧焦过程有什么影响？ ………… (246)
42. 烧焦时，系统补氧方式有哪几种？有些什么经验？ ……… (247)
43. 使用纯氧烧焦需哪些必要的措施？有何优点？ …………… (248)
44. 怎样减少催化剂在再生过程中失氯？ ……………………… (248)
45. 再生催化剂进行氯化更新的作用是什么？ ………………… (249)
46. 催化剂再生时，金属铂会不会跑损？ ……………………… (249)
47. 催化剂再生前，半再生装置系统是否应该进行抽空？抽空时应注意些什么？ ………………………………………… (250)
48. 如何估算烧焦时间？ ………………………………………… (250)
49. 如何确定催化剂的再生频度？ ……………………………… (250)
50. 如何确定再生后催化剂是否应卸出过筛？ ………………… (251)
51. 在重整催化剂过筛方面有些什么经验？ …………………… (251)
52. CO 对再生后催化剂还原有些什么影响？ ………………… (252)
53. 如何安排再生过程的时间？ ………………………………… (252)
54. 影响移动床连续再生烧焦过程的因素有哪些？ …………… (253)
55. 移动床再生催化剂在烧焦区烧焦不完全将有何征兆？ …… (254)
56. 何谓密相输送？如何防止“贴壁”现象的发生？ …………… (254)
57. 在稀相输送中，固体颗粒的终端流速(u_t)的涵义是什么？如何计算？ ………………………………………… (254)
58. 催化剂粉尘的危害是什么？ ………………………………… (255)
59. 如何除去粉尘催化剂？ ……………………………………… (255)
60. 离开再生器前催化剂与高氧含量的气流接触的作用是什么？ ……………………………………………………… (256)
61. 在移动床再生器中能否生成光气？ ………………………… (256)

62. 移动床连续再生重整装置产生高积炭催化剂的原因是
什么？如何解决？举例说明。 ……………………………… (257)
63. 第一代 UOP-CCR 装置的催化剂再生循环流程是怎样
构成的？ ………………………………………………… (258)
64. 第一代 UOP-CCR 装置的再生系统中三个程序控制器的
作用是什么？ …………………………………………… (259)
65. 第二代 UOP-CCR 催化剂再生系统是怎样构成的？比
第一代 UOP-CCR 有何改进？ ………………………… (260)
66. 约翰逊网(Johnson Screen)有何优点？应如何清理
检查？ …………………………………………………… (261)
67. 第三代 UOP-CCR(Cycle Max)再生系统是怎样构成的？
技术特点是什么？ ……………………………………… (262)
68. 第三代 UOP-CCR 再生系统"黑催化剂开工"的原则
步骤有哪些？"白催化剂开工"的关键是什么？ ……… (265)
69. 第三代 UOP-CCR 催化剂再生操作过程是怎样
完成的？ ………………………………………………… (266)
70. 第三代 UOP-CCR CRCS 再生自动控制过程怎样构成？
CRCS 的功能有哪些？ ………………………………… (267)
71. 第三代 UOP-CCR 催化剂流率(循环量)是怎样控制的？ …… (269)
72. 简述第三代 UOP-CCR 提升气和粉尘脱除回路是怎样
构成的？各部分作用是什么？ ………………………… (270)
73. 为什么说法国连接再生 IFP/Axens 技术的发展历程与美国
UOP-CCR 很相似？ …………………………………… (271)
74. 第三代 IFP/Axens-CCR 催化剂再生工艺流程是怎样构
成的？有何优点？ ……………………………………… (273)
75. 第三代 IFP/Axens-CCR 催化剂输送控制系统中闭锁料斗
控制过程是怎样构成的？ ……………………………… (273)
76. 第三代 IFP/Axens-CCR 催化剂提升控制系统是怎样构
成的？ …………………………………………………… (276)
77. IFP/Axens-CCR 催化剂输送提升的原理是什么？其流率

是怎样控制的？ …………………………………………… (278)
78. 第三代 IFP/Axens-CCR 闭锁料斗控制系统控制逻辑主要由哪三部分组成？ …………………………………………… (279)
79. 第三代 IFP/Axens-CCR 催化剂烧焦控制系统是怎样构成的？ …………………………………………… (280)
80. 第三代 IFP/Axens-CCR 再生安全联锁控制系统是怎样构成的？ …………………………………………… (282)
81. 第三代 IFP/Axens-CCR 再生器的压力是怎样控制的？ …… (283)
82. 第三代 IFP/Axens-CCR 控制系统配置是怎样构成的？ …… (283)
83. 在第三代 IFP/Axens-CCR(Regen C2)技术中为什么采用由 1 号提升器出来的提升管线 A 控制的提升模式？ ……… (284)
84. 催化剂再生循环系统中，如何防止氧气漏入含氢系统？…… (284)
85. UOP-CCR 与 IFP/Axens-CCR 两种连续重整催化剂再生系统各有何特点？ …………………………………………… (286)
第六章 芳烃分离 …………………………………………… (290)
1. 芳烃分离装置的主要任务是什么？ ……………………… (290)
2. 芳烃分离装置的原料有哪些来源？各有何特点？ ……… (290)
3. 为什么二甲苯吸附分离系统的成品塔塔顶液也作为芳烃抽提的原料呢？ …………………………………………… (291)
4. 芳烃分离装置的主要产品有哪些？对产品有些什么要求？ … (291)
5. 重整抽余油是由哪些烃类构成的？其控制指标有哪些？有什么用途？ …………………………………………… (291)
6. 裂解加氢汽油(HSCN)的抽余油是由哪些烃类组成的？主要规格指标有哪些？有什么用途？ ……………………… (292)
7. 分离芳烃的方法有哪些？ ……………………………… (292)
8. 芳烃抽提系统通常包括哪几部分？现代芳烃抽提分离系统的主要特点是什么？ ………………………………… (294)
9. Udex 抽提过程是由哪一公司开发的？其原则流程是怎样构成的？近年有些什么发展？ ………………………… (295)

10. 环丁砜抽提法是由哪一公司开发的？其原则流程是怎样构成的？ …………………………………………………（297）
11. 四乙二醇醚抽提与环丁砜抽提各有何特点？ ………………（298）
12. 近年来我国芳烃分离技术有哪些发展？前景如何？ ………（299）
13. 何谓抽提蒸馏？狄思他比克斯(Distapex)法芳烃抽提蒸馏的基本流程是怎样构成的？ ………………………………（303）
14. SED 环丁砜抽提工艺流程是怎样构成的？特点是什么？ ……………………………………………………（304）
15. 芳烃抽提过程的基本原理是什么？ ………………………（306）
16. 选择芳烃抽提溶剂时必须考虑哪些条件？ ………………（307）
17. 溶解和溶解度的涵义是什么？ ……………………………（308）
18. 什么是溶剂的选择性？对芳烃抽提过程有何重要意义？……（309）
19. 芳烃抽提用溶剂为什么要求其密度应与原料油密度有较大的差异？并要求适中的界面张力？ ……………………（311）
20. 何谓分配系数？与抽提效率有什么关系？ ………………（311）
21. 如何计算芳烃回收率？……………………………………（311）
22. 工业中几种常用溶剂有哪些？ ……………………………（312）
23. 环丁砜溶剂有哪些主要特性？ ……………………………（312）
24. 环丁砜溶剂劣化的原因是什么？如何预防？ ……………（316）
25. 四乙二醇醚溶剂有何优点？ ………………………………（317）
26. 由二乙二醇醚抽提改用四乙二醇醚溶剂后有哪些好处？……（317）
27. 抽提塔的作用是什么？……………………………………（318）
28. 液-液抽提用筛板塔和塔板结构是怎样的？ ………………（318）
29. 影响筛板抽提塔塔板效率的因素有哪些？ ………………（320）
30. 筛板塔的筛孔大小和孔间距对塔板效率和操作有何影响？…（321）
31. 为什么说良好的密封性是抽提装置长周期运转的关键一环？如何解决系统泄漏问题？……………………………（321）
32. 影响芳烃抽提过程的因素有哪些？ ………………………（323）

33. 原料油的初馏点和烃类组成对芳烃抽提过程有何影响？…… (323)
34. 什么是第一溶剂、第二溶剂和第三溶剂？何为一次溶剂进料比、溶剂抽余油比、全溶剂比和返洗比？ …………………… (324)
35. 溶剂比对芳烃抽提有何影响？ ……………………………… (325)
36. 在实际生产中哪些情况应提高或降低溶剂比？调节溶剂比时应注意哪些事项呢？…………………………………………… (326)
37. 抽提塔的温度是如何控制的？抽提塔塔顶为什么比塔底温度高？如何控制温度？ …………………………………………… (326)
38. 芳烃抽提塔压力是如何控制的？抽提塔控压的目的是什么？ …………………………………………………………… (327)
39. 在什么情况下应从进料口打入第三溶剂和返洗液呢？第三溶剂的作用是什么？ …………………………………………… (328)
40. 贫溶剂的质量对操作有何影响？提高贫溶剂的质量的措施有哪些？ …………………………………………………………… (328)
41. 怎样判断系统中溶剂循环量的多少？而循环水量多少又是由什么决定的？ ……………………………………………… (328)
42. 为什么要控制系统的 pH 值？ …………………………………… (329)
43. 抽提塔返洗的原理是什么？返洗液量对操作有何影响？烃负荷与选择性有何关系？…………………………………………… (329)
44. 返洗液中烯烃含量增高的原因是什么？如何处理？ ……… (330)
45. 怎样保持抽提塔底界面的平稳操作？ ………………………… (331)
46. 提馏塔的作用是什么？影响提馏塔操作的因素有哪些？…… (331)
47. 回收塔(汽提塔)的作用是什么？影响回收塔的操作因素有哪些？ ……………………………………………………………… (333)
48. 回收塔为何要采用真空蒸馏？如何保持回收塔汽提水和塔底液面的平稳操作？ …………………………………………… (334)
49. 水汽提塔和溶剂再生塔各有何作用？在结构和操作上各有何特点？ ……………………………………………………………… (335)
50. 典型的 Udex 芳烃抽提过程开工的主要步骤是什么？ ……… (337)

51. 环丁砜抽提系统的开工过程是怎样进行的？ ……………… (339)
52. 芳烃抽提系统正常停工的基本程序是怎样的？ ……………… (343)
53. 抽提系统通常需要设置报警的部位有哪些？其原因是什么？
如何处理？ ………………………………………………………… (344)
54. Udex 法抽提塔发生汽化时有些什么现象？应采取哪些
措施？ …………………………………………………………… (346)
55. 汽提水发生乳化的害处是什么？是什么原因造成的？
应采取些什么措施？ …………………………………………… (346)
56. 抽提系统和溶剂再生系统溶剂损耗较高的原因有哪些？ …… (347)
57. 溶剂再生塔真空度低，溶剂再生困难的原因是什么？应采取
哪些处理措施？ ………………………………………………… (347)
58. 抽余油水洗塔发生油水乳化时的征兆是什么？如何
处理？ …………………………………………………………… (348)
59. 设置地下罐和放空罐的作用是什么？操作和管理好这两个罐的
基本方法如何？ ………………………………………………… (348)
60. 抽提系统的湿溶剂应如何处理？应注意些什么？ ………… (349)
61. 系统补退溶剂及补进新鲜溶剂时应如何进行？ …………… (350)
62. 回收塔为什么采用组分控制器？组分控制器的基本原理
是什么？ ………………………………………………………… (351)
63. 回收塔真空度通常应控制多少？真空度对操作有何影响？
回收塔受槽尾气管线上安装联锁有何作用？ ………………… (351)
64. 溶剂降级的原因是什么？怎样判断循环溶剂质量？
再生塔在什么情况下必须清洗？ ……………………………… (352)
65. 减压系统的真空度是如何建立和控制的？采用水封有什
么好处？ ………………………………………………………… (352)
66. 溶剂“老化”或“酸化”的涵义是什么？溶剂损耗与“老化”
或“降解”反应有什么关系？如何减少损耗？ ……………… (353)
67. 何谓水洗比？水洗比对溶剂损耗有何影响？非芳烃夹带溶剂
量过高的原因是什么？ ………………………………………… (354)

68. 减少消泡剂使用对芳烃抽提装置有何优缺点？减少(或不用)消泡剂的方法是什么？ ……………………………………………… (354)
69. 影响芳烃回收率、芳烃纯度的因素各有哪些？ ……………… (355)
70. 导致抽出物产品芳烃中含非芳烃量过高的因素有哪些？ …… (355)
71. 如果出现芳烃质量不合格时，应如何处理？非芳烃中芳烃含量过高时，又应如何处理？ ……………………………………… (356)
72. 抽出物与抽余物产品切换时，应注意哪些问题？ …………… (357)
73. 抽提塔进料口的位置是根据什么调节选择的？在什么情况下应启用第三溶剂？ ……………………………………………… (357)
74. 如果装置蒸汽系统出现停汽故障时，抽提系统会出现什么现象？如何处理？ ……………………………………………… (357)
75. 抽提系统发生停电故障时，有何现象？处理措施是什么？ ……………………………………………………………… (358)
76. 如果溶剂泵或抽提进料泵发生故障停转时如何处理？ ……… (358)
77. 抽提系统在出现哪些故障时必须按紧急停工处理？紧急停工处理的基本程序是什么？ ……………………………………… (359)
78. 在减缓环丁砜溶剂腐蚀方面有些什么经验？ ………………… (360)
79. 劣化环丁砜树脂再生工艺的特点是什么？工业应用情况如何？ …………………………………………………………… (361)
80. 如何利用聚结膜分离技术减少芳烃抽提装置中溶剂损耗？ …………………………………………………………… (363)
81. 为什么说采用苯抽提工艺从重整生成油中生产6#溶剂油及苯的生产流程是一箭双雕？ ……………………………………… (364)
82. 我国自主研发的SAE芳烃抽提技术创造了哪些国内抽提技术的最好成绩？ ……………………………………………………… (366)
第七章 BTX及其他产品分离 ……………………………………… (368)
1. 什么是精馏？什么是蒸馏？ ……………………………………… (368)
2. 产品精馏装置的任务是什么？该装置有哪些特点？ …………… (368)
3. 重整精馏装置的原料有哪些来源？有哪些产品？ ……………… (369)
4. 常规的产品分离装置是怎样构成的？ …………………………… (369)

5. 芳烃精馏装置的构成有哪几种方式？以苯或二甲苯为主的装置是怎样构成的？……………………………………………………（370）
6. 为什么说芳烃精馏装置是生产苯类芳烃产品的摇篮？…………（374）
7. 苯是哪些科学家最先发现的？为什么说苯核是构成芳烃的核心？…………………………………………………………………（374）
8. 苯的主要物理化学性质有哪些？有些什么重要用途？…………（375）
9. 甲苯在化学性质上有些什么特点？主要用途是什么？…………（376）
10. 二甲苯包括几种异构体？各有什么特点和用途？……………（376）
11. 苯、甲苯、各种二甲苯和乙苯有哪些规格指标？……………（378）
12. 橡胶溶剂油和6号溶剂油的规格指标是怎样规定的？………（387）
13. 芳烃精馏过程的基本原理是什么？……………………………（389）
14. 回流比对精馏塔操作有何影响？操作中应如何调整回流比？……………………………………………………………………（390）
15. 精馏塔顶空冷器的操作对塔的操作有何影响？塔底重沸器或重沸炉起什么作用？…………………………………………（391）
16. 精馏塔进料负荷与组成变化时对塔的操作有何影响？………（392）
17. 最佳的芳烃精馏部分的能量回收方案是怎样构成的？………（392）
18. 产品在线分析仪能否替代三苯产品中间产品检查罐？在线分析有何优点？……………………………………………………（393）
19. 白土的使用寿命与哪些因素有关？如何判断白土是否失效呢？……………………………………………………………………（394）
20. 白土塔为什么需要在较高的压力下操作？塔充液时应注意些什么？……………………………………………………………（395）
21. 白土塔为什么需要保持一定的操作温度？操作中应注意些什么问题？…………………………………………………………（395）
22. 芳烃精馏前的白土塔系统可否取消？…………………………（396）
23. 苯塔的作用是什么？苯精馏工艺操作系统是怎样构成的？……（396）
24. 苯塔温差——物料平衡控制方案是怎样构成的？……………（397）
25. 影响苯塔的主要因素有哪些？…………………………………（398）
26. 塔底、塔顶温度对苯塔操作有何影响？………………………（398）

27. 苯精馏塔为什么必须采用温差控制？ …………………………（399）
28. 温差控制器的基本原理和特点是什么？影响温差控制的因素有哪些？ ……………………………………………………………（399）
29. 何谓双温差控制？双温差控制有何优点？调整中需要注意些什么？ ……………………………………………………………（400）
30. 产品苯为何从侧线抽出？塔顶苯为什么要不定期排放？ ……（401）
31. 苯产品中非芳含量超高或含有甲苯是什么原因？如何处理？……………………………………………………………………（402）
32. 苯产品硫酸着色度不合格和溴指数不合格或腐蚀不合格的原因各是什么？各应如何处理？ ………………………………（402）
33. 原料芳烃纯度低时，苯塔操作会出现何种异常现象？如何处理？ ………………………………………………………………（403）
34. 造成苯塔液泛的原因有哪些？如何处理？ ……………………（403）
35. 苯回流突然中断的原因有哪些？应如何处理？回流罐中含水量特别多怎么办？ ………………………………………………（404）
36. 除沸程外，还有哪些因素影响苯产品质量？应如何处理？ ………………………………………………………………………（404）
37. 苯侧线应如何调节？怎样预防过大波动？ ……………………（405）
38. 如果芳烃原料带水，对操作有何影响？如何处理和预防？ ………………………………………………………………………（405）
39. 芳烃原料组成发生变化时，对操作和产品质量有何影响？采取何种处理措施？如何预防？ ………………………………（405）
40. 苯塔“跑温差”或甲苯塔“跑温差”应如何处理？ ……………（406）
41. 温差表失灵时应如何处理？温差表投用后怎样尽快寻找到温差灵敏区？ ………………………………………………………（407）
42. 苯塔回流与苯进料共用一台备用泵时，如操作不当会发生什么故障？如何处理及预防？ …………………………………（407）
43. 二甲苯塔底温度超高或波动大时应如何处理？如何预防？ ………………………………………………………………………（408）
44. 二甲苯塔系统产生严重的“液击”现象的原因是什么？

应如何处理？ ……………………………………………………（408）
45. 如果苯回流一次表因伴热汽化或者一次表仪表风线冻凝失灵时，应如何处理？如何预防？ …………………………（409）
46. 为保证苯产品质量稳定合格，在操作中有些什么经验？ …………………………………………………………（410）
47. 苯塔开工过程通常是怎样进行的？ ……………………………（411）
48. 甲苯塔开工过程通常是怎样进行的？ …………………………（411）
49. 二甲苯塔开工过程是怎样进行的？ ……………………………（411）
50. 溶剂油塔开工过程是怎样进行的？ ……………………………（412）
51. 超精馏过程的基本原理和特点是什么？邻二甲苯、乙苯为什么要在超精馏条件下才能分离？ ……………………（413）
52. 邻二甲苯塔开工过程是怎样进行的？ …………………………（413）
53. 乙基苯塔开工过程是怎样进行的？ ……………………………（414）
54. 正常操作中对芳烃精馏系统应特别关心的操作点是什么？……………………………………………………………（415）
55. 精馏系统停工过程通常是怎样进行的？ ………………………（415）
56. 精馏系统改循环和分罐时的操作程序是怎样的？ ……………（416）
57. 精馏系统操作过程中，如果遇到停电故障如何处理？紧急停工的基本步骤是什么？ ……………………………（416）
58. 为什么说我国对二甲苯(PX)是一种需求旺盛的产品？ ………（417）
59. 分离对二甲苯(PX)的方法主要有哪几种？各有何特点？ ………………………………………………………（417）
60. PAREX 吸附分离的工艺原理是什么？ …………………………（418）
61. PAREX 吸附分离过程的工艺流程是怎样构成的？ ……………（419）
62. 什么叫吸附剂？选择吸附系数的涵义是什么？ ………………（421）
63. 吸附剂为什么会中毒？对原料中的杂质有些什么要求？ ……（421）
64. 为什么要对新吸附剂进行苯干燥？如何进行干燥？ …………（421）
65. 如何选择解吸剂？为什么选用对二乙基苯(PDEB)作解吸剂？对 PDEB 有哪些要求？ ……………………………（422）
66. 正常运转时为什么要往解吸剂物料中注入适量的纯水？

怎样计算无离子水的加入量？ …………………………………（423）
67. 吸附塔的结构通常是怎样构成的？ ……………………………（423）
68. 吸附塔的吸附剂充填量应如何估算？ ……………………………（424）
69. 模拟移动床分离对二甲苯时，通常分几个床层？几个区域？各区有多少床层？这些区域是如何划分的？各区域的作用是什么？ ………………………………………………（425）
70. 在模拟移动床四个大区内，一个含 A 和 B 两种组分的原料（解吸剂以 D 表示），是如何分配的？ ………………………（426）
71. 吸附分离装置有哪些主要工艺参数？对运转性能有何影响？……………………………………………………………（427）
72. 什么叫区域流量？什么叫工艺流量？各工艺流量是如何计算的？应如何控制？ ……………………………………（428）
73. 如果吸附收率为 70%，纯度为 99.97%，应如何进行调节？若收率为 97%，产品不合格，乙苯含量太大，又如何调节呢？ …………………………………………………………（429）
74. 旋转阀的作用是什么？什么是旋转阀的步进时间？ …………（430）
75. 旋转阀是怎样构成的？旋转阀为什么要设计一套严格的压力控制系统？ ………………………………………………（430）
76. 旋转阀是怎样步进的？运转中旋转阀应注意哪些事项？ ……（431）
77. 旋转阀发生故障时，操作人员应如何处理？ …………………（431）
78. 如何实现对 20 世纪 90 年代陈旧的 PX 旋转阀控制系统的技术升级？ ………………………………………………………（432）
79. 循环泵的作用是什么？ ………………………………………（434）
80. 如何利用压送循环流量判断涡轮流量计的正确性？ …………（434）
81. 正常运转时泵送循环流量是如何控制的？自动运转时泵送循环流量色谱仪如何运转？ …………………………………（435）
82. 吸附塔底的压力应控制多少？ …………………………………（435）
83. 抽余液蒸馏塔、抽出液精馏塔和成品塔的塔顶、塔底产品控制要求是什么？各塔的操作对吸附分离有何影响？ ……（435）
84. 抽余液塔排出的贫对二甲苯物料为什么在侧线抽出？出料

口以上的塔板起何作用？ ……………………………………（436）
85. 为什么成品塔顶温度控制值不变，但粗甲苯分析中对二甲苯含量有时增加或减少？ ……………………………………（437）
86. 影响解吸剂 PDEB 缓冲罐液面的因素有哪些？ …………………（437）
87. 解吸剂再蒸馏塔起什么作用？该塔运转不正常时对工艺有何影响？塔底何时排液？ ……………………………………（437）
88. 在吸附分离装置中，产品中非芳烃含量高的原因有哪些？……………………………………………………（438）
89. 产品中邻二甲苯或乙苯高，应如何处理？ …………………（438）
90. 如果产品中非芳烃、邻二甲苯、间二甲苯和乙苯都高，可能是什么原因？应如何处理？ ……………………………（438）
91. 精馏塔进料负荷对操作有何影响？如何调整？ ……………（439）
92. 如果某塔进料量小于正常值，但塔顶、塔底都不合格，可能的原因是什么？如何调节？ ……………………………（439）
93. 精馏塔产生液泛的原因是什么？如何防止？ ………………（439）
94. 精馏塔在投料前应做好哪些准备工作？ ……………………（440）
95. 精馏塔开工时为什么要保持放空系统通畅？为什么必须要及时补液和开空冷？ ……………………………………（440）
96. 精馏塔可能发生的主要异常现象有哪些？引起的原因是什么？如何处理？ ……………………………………………（441）
97. 甲苯、二甲苯和解吸剂(对二乙基苯)对人体有何危害？如何避免？ ……………………………………………………（443）
98. Eluxyl 二甲苯吸附分离工业装置运转情况如何？有何特点？ ………………………………………………………（444）
99. Eluxyl 吸附分离基本原理是什么？有何特点？ ……………（445）
100. Eluxyl PX 吸附分离过程在工艺和设备上各有何特点？………（446）
101. Eluxyl PX 吸附分离技术使用的 SCS 自动控制系统和在线拉曼仪(Raman)各有何功能？ ………………………………（447）
102. Eluxyl PX 装置开工时抽余液塔(T204)解吸剂对二乙基苯(PDEB)跑损较多是什么原因？如何解决？ ……………（449）

103. 搞好 PX 联合装置操作有哪些好的经验？ ……………………（450）
第八章　静设备 ……………………………………………………（451）
1. 重整常用的立式圆筒炉和四合一箱式加热炉各有何特点？ ……………………………………………………（451）
2. 管式加热炉由哪几部分构成？工作原理是什么？ ………………（453）
3. 重整四合一加热炉辐射室炉管的排列方式有哪几种？各有何特点？ ……………………………………………………（454）
4. 什么是燃料的高热值？什么是燃料的低热值？如何计算燃料的低热值？ ……………………………………………………（458）
5. 什么是加热炉的热效率？如何计算？ ……………………………（459）
6. 如何提高加热炉的热效率？ ……………………………………（461）
7. 什么是理论空气量？怎样计算？ …………………………………（462）
8. 什么是过剩空气系数？怎样计算？ ………………………………（463）
9. 什么是冷油流速？油品在炉管内流速变化有何影响？改变流速的措施有哪些？ ……………………………………………（464）
10. 什么是加热炉的有效热负荷？如何计算？ ……………………（465）
11. 什么是炉管表面热强度？受哪些因素限制？ …………………（465）
12. 加热炉正常点火的步骤是什么？ ………………………………（466）
13. 什么是耐火陶瓷纤维？其特点是什么？ …………………………（467）
14. 炉子为什么会回火？为什么说回火实际是一种爆炸？ ………（468）
15. 炉子烟囱为什么会有抽力？ ……………………………………（469）
16. 烟囱的作用是什么？ ……………………………………………（470）
17. 炉管为什么会破裂？破裂后应如何处理？ ……………………（470）
18. 通常测定燃烧产物——烟气中含氧量的方法有几种？ ………（471）
19. 何谓烟气露点腐蚀？如何避免？ ………………………………（471）
20. 炉膛内正常燃烧的现象是怎样的？如何保证加热炉正常燃烧？ ……………………………………………………（471）
21. 如何利用加热炉出口温度变化曲线判断加热炉操作的好坏？ ……………………………………………………（472）
22. 怎样从烟囱排烟情况判断加热炉操作是否正常？ ……………（472）

23. 如何从火焰上判断炉子操作的好坏？ ……………………（473）
24. 如何搞好“三门一板”操作？它们对加热炉的燃烧有何影响？……………………（473）
25. 如何控制加热炉出口温度？ ……………………（474）
26. 影响加热炉出口温度波动的主要因素有哪些？如何保持出口温度平稳？ ……………………（475）
27. 火嘴漏油的原因是什么？如何处理？ ……………………（476）
28. 燃料油和燃料气带水时燃烧会出现什么现象？ ……………………（477）
29. 加热炉用燃料气入炉前为什么要经分液罐切液？ ……………………（477）
30. 加热炉蒸汽空气烧焦流程及清焦步骤如何？ ……………………（477）
31. 空气预热器的作用是什么？常用的水-钢热管预热器在结构上有何特点？ ……………………（479）
32. 现代重整加热炉炉衬近年采用的材质有哪些？各有何特点？ ……………………（480）
33. 加热炉系统通常应有哪些安全、防爆措施？ ……………………（482）
34. 加热炉吹灰器有哪几种形式？各有何特点？ ……………………（482）
35. 由烧燃料油改烧燃料气应如何操作？ ……………………（483）
36. 重整装置常用换热器有哪些类型？ ……………………（484）
37. 浮头式换热器的结构是怎样构成的？有何优点？ ……………………（484）
38. 换热介质走管程还是走壳程是如何确定的？为什么？ ……………………（485）
39. 常用换热器应如何启用和停用？ ……………………（485）
40. 空冷的优点有哪些？ ……………………（486）
41. 常用换热器规格型号的意义是什么？ ……………………（486）
42. 什么是立式换热器？它的优缺点是什么？在结构上有些什么特点？ ……………………（487）
43. 重整常用的列管立式换热器是怎样构成的？ ……………………（488）
44. 折流板起什么作用？应如何安装？ ……………………（489）
45. 为什么说设计好列管立式换热器分配器十分重要？有哪两种主要形式？ ……………………（490）
46. 管壳式换热器为什么要加防冲板或导流筒？ ……………………（490）

47. 如何判断冷换设备是浮头盖(垫片)漏还是小浮头漏? ………(491)
48. 为什么开工时冷换系统要先冷后热地开?停工时又要先热后冷地停? ………(491)
49. 大型列管立式换热器振动是怎样发生的?防振措施有哪些方法? ………(491)
50. 冷换设备在开工过程中为什么要热紧? ………(492)
51. 重整立式换热器高温大法兰为什么要下移? ………(492)
52. 热膨胀在立式换热器中的补偿应如何考虑? ………(493)
53. 为什么说大型立式换热器中高温大法兰密封十分重要?有何好办法避免泄漏? ………(493)
54. 在立式换热器中的管束必须抽出吗? ………(493)
55. 布置空冷器应注意些什么事项? ………(494)
56. 空冷器型号中各符号表示的意义是什么? ………(494)
57. 板式换热器在结构上有些什么特点? ………(495)
58. 热虹吸式重沸器有哪几种类型?标准型号如何表示? ………(496)
59. 塔的类型如何划分?重整装置常用的分馏塔有哪些? ………(496)
60. 分馏塔的结构是怎样构成的? ………(497)
61. 常用的塔板有哪些类型?各有何特点? ………(498)
62. 填料塔与板式塔有何不同?填料塔的结构是怎样的? ………(500)
63. 在板式塔中各种不同形式的塔板的应用条件是怎样的? ………(501)
64. 塔的升温速度多少为宜?为什么不宜太快? ………(501)
65. 什么是塔的最佳化操作?怎样使塔的操作最佳化? ………(502)
66. 预加氢反应器里都发生哪些反应?内部结构是怎样构成的? ………(502)
67. 为什么说径向反应器床层压降比相同容积的轴向反应器压降低? ………(504)
68. 现代重整装置为什么都采用径向反应器?固定床径向反应器内部结构是怎样构成的? ………(504)
69. 径向反应器中心管的结构是怎样构成的?外包丝网有何缺点?如何解决? ………(505)

70. 并列式移动床径向反应器是怎样构成的？有什么特点？ ……（507）
71. 通常径向反应器装填催化剂时，对扇形筒有些什么要求？ ……（508）
72. 径向反应器中心管罩帽的作用是什么？活动式罩帽的结构是怎样构成的？有何缺点？如何改进？ ……（508）
73. 国产移动床四合一重叠式反应器是怎样构成的？有哪些主要的技术突破？ ……（509）
74. 第三代 IFP/Axens -CCR(Regen C)催化剂再生器是怎样构成的？ ……（512）
75. 第三代 UOP-CCR 再生器的结构是怎样构成的？各部分有何作用？ ……（514）
76. 第三代 UOP-CCR 分离料斗的结构是怎样构成的？ ……（517）
77. 第三代 UOP-CCR 再生器中各区的介质控制流程是怎样构成的？ ……（518）
78. 什么是“氮气泡”？氮封罐的作用是什么？ ……（521）
79. 第三代 UOP-CCR 的闭锁料斗的结构是如何构成的？有何特点？ ……（523）
80. 第三代 UOP-CCR 的 L 阀组件是如何构成的？使用时应注意什么？ ……（525）
81. 何谓无阀输送？何谓有阀输送？ ……（526）
82. 提升器的工作原理是什么？ ……（527）
83. 第三代 UOP-CCR 再生系统电加热器的结构是如何构成的？有何特点？ ……（528）
84. 第三代 UOP-CCR 两段还原的目的是什么？设备结构是怎样构成的？ ……（529）
85. 美国 UOP 开发的商业名为“Chlorsorb”再生气脱氯工艺流程是怎样构成的？有何特点？ ……（530）
86. UOP-CCR 装置有哪些特殊阀门？各有何特殊用途？ ……（531）
87. IFP/Axens-CCR 装置有哪些特殊阀门？各有何特殊应用？ ……（533）

第九章　动设备 …………………………………………………………（535）
1. 什么叫泵？泵是怎样分类的？ ……………………………………………（535）
2. 离心泵的工作原理是什么？ ………………………………………………（535）
3. 离心泵的主要工作参数有哪些？ …………………………………………（536）
4. 举例说明泵型号中各符号代表什么意思？ ………………………………（536）
5. 离心泵由哪些部件组成？ …………………………………………………（538）
6. 什么是泵的功率和效率？它们是怎样计算的？ …………………………（538）
7. 电动往复泵、离心泵的扬程和流量与什么有关？ ………………………（538）
8. 离心泵的特性曲线有几条？如何应用？ …………………………………（539）
9. 什么是泵的车削定律？ ……………………………………………………（540）
10. 什么是泵的比转数？ ……………………………………………………（541）
11. 什么是管路的特性曲线？如何绘制？ …………………………………（542）
12. 什么是离心泵的工作点？它是怎样确定的？变化规律如何？ …………………………………………………………………………（543）
13. 离心泵流量调节有哪些方法？各有什么特点？ ………………………（544）
14. 离心泵的启动步骤是怎样的？应注意些什么问题？ …………………（546）
15. 离心泵如何切换和停运？ ………………………………………………（547）
16. 如何判断和处理泵抽空？ ………………………………………………（548）
17. 离心泵振动的原因及消除办法是什么？ ………………………………（549）
18. 什么是离心泵的汽蚀？它有什么危害？ ………………………………（549）
19. 什么是离心泵的汽蚀余量？ ……………………………………………（550）
20. 试问什么叫离心泵的“气缚”？ …………………………………………（550）
21. 什么是耐腐蚀泵？ ………………………………………………………（550）
22. 泵的轴封形式有哪些？各有什么特点？ ………………………………（550）
23. 开泵前为什么要排气、排液？泵在排气、排液两种操作时的阀门开、闭状态如何？ ……………………………………………………（552）
24. 什么是机械密封？原理是什么？ ………………………………………（552）
25. 离心泵机械密封在什么情况下要打封油？其作用是什么？对封油有何要求？ ………………………………………………………………（553）
26. 泵出口为什么要装单向阀？单向阀有哪几种形式？ …………………（553）

27. 热油泵预热过快有什么害处？ ……………………………………（553）
28. 泵盘车盘不动的原因是什么？如何处理？ ………………………（554）
29. 泵内有杂音是什么原因？如何处理？ …………………………（554）
30. 泵串轴的原因是什么？如何处理？ ……………………………（554）
31. 热油泵机械密封抽空破坏的原因是什么？如何处理？ ………（555）
32. 电动机的作用原理是什么？ ……………………………………（555）
33. 电动机由哪些部件组成？ ………………………………………（555）
34. 感应电动机的振动和噪音是什么原因造成的？ ………………（555）
35. 电机启动时，电流为什么比平时大？ …………………………（556）
36. 电动机的电流波动的原因是什么？应采取些什么措施？ ……（557）
37. 离心泵在出口阀关死时运转，会烧坏电动机吗？ ……………（557）
38. 在催化重整装置中不同部位压缩机的作用是什么？ …………（558）
39. 往复式压缩机的特点是什么？ …………………………………（558）
40. 往复式氢压机的结构是怎样构成的？ …………………………（559）
41. 离心压缩机组由哪几个系统构成？各系统的主要作用是
什么？ ………………………………………………………………（559）
42. 离心式重整循环氢压缩机的主要结构是怎样构成的？ ………（560）
43. 离心式压缩机的主要优、缺点是什么？ ………………………（563）
44. 汽轮机盘车的目的是什么？ ……………………………………（563）
45. 离心式重整循环氢压缩机轴振动大的原因是什么？如何
处理？ ………………………………………………………………（563）
46. 离心式压缩机型号——DA 220-71 中各种数字和符号的
涵义是什么？ ………………………………………………………（564）
47. 氢气压缩机的驱动机—电动机或汽轮机各有何特点？ ………（564）
48. 离心式压缩机运行中轴向推力是怎样产生和变化的？ ………（565）
49. 什么是轴向位移？为什么会产生轴向位移？有什么
害处？ ………………………………………………………………（566）
50. 什么是静不平衡和动不平衡？ …………………………………（567）
51. 什么是临界转速？ ………………………………………………（567）
52. 离心压缩机喘振现象是什么？原因是什么？如何处理？ ……（568）

53. 调速器发生故障时有何现象？如何处理？ …………………… (569)
54. 氢气循环压缩机在什么情况下必须停运？停运后系统应如何处理？ …………………………………………………… (569)
55. 汽轮机的主要结构是怎样的？主要优点是什么？ ……………… (569)
56. 汽轮机为什么要低速暖机？启动前为什么要疏水？ ………… (570)
57. 汽轮机蒸汽压力下降是何原因？如何处理？ ………………… (571)
58. 蒸汽温度下降的现象是什么？如何处理？ …………………… (571)
59. 蒸汽带水对压缩机有何影响？如何处理？ …………………… (571)
60. 凝汽器的作用是什么？它的工作原理是什么？ ……………… (572)
61. 什么是凝汽器的极限真空度和最有利真空度？ ……………… (572)
62. 凝汽器运行时，应经常监视哪些指标？ ……………………… (573)
63. 启动抽气器时，为什么先启动第二级后启动第一级？ ……… (573)
64. 影响抽气器正常工作的因素有哪些？ ………………………… (573)
65. 凝汽式汽轮机启动前为什么要抽真空？ ……………………… (574)
66. 凝汽式汽轮机驱动的压缩机应如何启动？ …………………… (574)
67. 背压式汽轮机启动前为什么要启动汽封抽吸器和汽封冷却器？ ………………………………………………………… (575)
68. 背压式汽轮机启动前为什么要将背压汽引到汽轮机排汽隔离阀后？ ……………………………………………………… (575)
69. 离心压缩机启动时为什么要先开反飞动阀？ ………………… (576)
70. 启动冲动转子时，为什么有时转子冲不动？ ………………… (576)
71. 凝汽式压缩机停机时，为什么要等转子停止才将凝汽器真空降到零？ ………………………………………………… (576)
72. 凝汽式压缩机停机时，为什么不立即停止向轴封供汽？ …… (577)
73. 为什么停机后润滑油泵尚需运行一段时间？ ………………… (577)
74. 凝汽式汽轮机驱动的压缩机如何正常停机？ ………………… (577)
75. 汽轮机油有什么作用？对汽轮机油的质量有些什么要求？………………………………………………………………… (578)
76. 劣质汽轮机油对机组有什么危害？ …………………………… (579)
77. 轴承上的润滑油膜是怎样形成的？影响因素有哪些？ ……… (579)

78. 为什么机组启动时润滑油温不能低于25℃？升速时不能低于30℃？ ……………………………………………………（580）
79. 机组启动时，辅助油泵什么时候停用？ ………………（580）
80. 机组启动前，为什么必须拆卸润滑油临时过滤器？ ………（580）
81. 如何控制润滑油温度？ ……………………………………（581）
82. 离心式重整循环氢压缩机流道堵塞的原因是什么？如何处理？ ……………………………………………………（581）
83. 现代连续重整催化剂再生系统的风机有哪些种类？热循环再生风机有何特点？ ………………………………（583）
84. 催化重整装置能量消耗是如何构成的？ ………………（585）
85. 催化重整装置节能的主要途径是什么？ ………………（587）
86. 催化重整装置节能的主要措施有哪些？ ………………（587）
参考文献 ……………………………………………………………（589）

第一章　原料预分馏过程

☞ 1. 何谓催化重整？生产汽油与生产芳烃在流程上有何不同？

催化重整是一种石油二次加工过程。这一过程是以含 C_6 ~ C_{11}烃的石脑油为原料，在一定的操作条件和催化剂的作用下，原料(烃)分子结构发生重新排列，使环烷烃和烷烃转化成芳烃或异构烷烃，同时副产部分氢气。

催化重整装置的任务是：①生产低分子石油芳烃——苯、甲苯和二甲苯等，因而它是生产芳香系石油化工产品的龙头装置，是芳烃联合装置的核心部分；②催化重整反应生成的产物——芳烃和异构烷烃具有很高的辛烷值，因此催化重整又是生产高辛烷值汽油组分的重要过程；③此外，副产的氢气是加氢裂化等用氢装置的重要氢气来源。综上所述，催化重整是炼油和石油化工的重要生产工艺之一，但生产汽油与生产芳烃的工艺流程不同。

(1) 生产苯类芳烃的重整装置，需要设置单独的芳烃分离工艺过程，而生产汽油的重整装置则不需要。

芳烃分离过程是借助某种萃取剂(如甘醇类溶剂、环丁砜等)，将重整生成油中的芳烃抽出，再借助芳烃精馏过程，将单体芳烃苯、甲苯及 C_8 芳烃分离出来。

(2) 生产汽油的重整装置，虽然不需要芳烃抽提过程，但要生产符合汽油规格指标要求的高辛烷值汽油调合组分，通常需将重整生成油中的低分子烃脱除，因此，需设置重整生成油稳定塔，将 C_4 以下的烃类脱除。

无论是生产苯类芳烃产品，还是生产高辛烷值汽油组分的重整装置都离不了原料预处理过程和重整反应过程。

☞ 2. 为什么说催化重整汽油是21世纪生产清洁汽油不可缺少的调合组分呢?

随着人们对出行方便愿望的增长，致使世界车辆的数量也随之增加。在过去20年内，世界轿车数量由3.3亿辆增加到5.5亿辆。

汽车给人们生活带来了方便和舒适，也带动了相关工业的发展，同时也给大气造成了污染。据国际卫生组织统计资料，大气中64%的CO、69%的NO_x、33%的CO_2、40%的悬浮颗粒物(碳氢化合物、硫的化合物和多种矿物微粒的混合物)和80%的噪音都是由汽车交通产生的。

现代炼油工业的重要任务之一是生产符合环境保护要求的运输燃料，把油品对人类健康的危害降低到最低。在组成上主要是严格控制硫含量、苯含量、芳烃含量和烯烃含量，从而减少汽车污染(见表1-1)。

表1-1 我国现代车用汽油对某些组分的要求

项　目	要　求	项　目	要　求
硫含量/(μg/g)	0.05(0.015)	芳烃含量/%(v/v)	≯40
苯含量/%(v/v)	≯2.5(1.0)	烯烃含量/%(v/v)	≯35(30)

注：当芳烃含量低于35%(v/v)时，烯烃含量可以增加，但不应超过35%(v/v)。

加快推广使用清洁燃料和加快清洁燃料标准的升级换代已成为世界各国实施可持续发展战略的需要和21世纪不可逆转的世界潮流。世界范围的汽油质量发展趋势是：硫含量越来越低，甚至达到无硫；苯和芳烃被限制在较低的含量；烯烃和蒸气压也有所限制；含氧化合物继续用作汽油添加剂(在美国许多州均限制和禁止使用MTBE)；辛烷值的保持显得极其重要。一些可以生产低芳烃、无(低)硫、低蒸气压、高辛烷值汽油调合组分的工艺诸如烷基化工艺、异构化工艺和催化重整将备受世人关注(见表1-2)。

表 1-2　典型催化重整汽油的性质

项　　目	半再生重整	连续重整
催化剂	铂铼	铂锡
原料性质		
WABT/℃	495.1	497.5
LHSV/h^{-1}	2.0	2.3
压力/MPa	1.8	0.88
氢油比	1390(体积比)	3.1(摩尔比)
馏分范围/℃	80~180	78~169
烃类组成/%		
烷烃	52	61.57
环烷烃	45.2	28.82
芳烃	2.8	9.53
汽油馏程/℃		
初馏点	54	42
10%	74	71
50%	113	114
90%	153	160
终馏点	188	190
汽油辛烷值		
RON	98	100.3
MON	87.5	89.8
(RON+MON)/2	92.8	95.1
烯烃含量/%	<0.5	<1
硫含量/(μg/g)	<1	<1
芳烃含量/%(v/v)	65	65

车用汽油的关键性质是汽油的辛烷值。辛烷值与燃料分子组成有关，一般直链烷烃和环烷烃的辛烷值较低，而芳烃、异构烷烃和烯烃有较高的辛烷值，醇、醚等通常有很高的调合辛烷值。重整汽油高辛烷值组分相对可获量较高，而烷基化油和异构化油相对可获量较少，只能起辅助作用。硫在汽车发动机中燃烧后转化为 SO_2 和 SO_3，与排气管中的凝结水相遇，形成强腐蚀的亚硫酸和硫酸。SO_2 和 SO_3 排入大气会导致酸雨，污染环境，破坏生态，对人体产生危害。因此，汽油中的硫含量一定要严格控制。清洁汽油生产技术的难点，就是在保持汽油辛烷值和收率不降低

的条件下，降低硫含量和烯烃含量。世界各国政府都在追求降低运输燃料的硫含量，生产低硫或超低硫清洁汽油，估计这种趋势要延伸到2010年。催化重整汽油由于其基本上不含硫，因此在清洁汽油生产中是降低硫含量不可缺少的汽油调合组分。

☞ 3. 重整装置对原料有些什么要求？

重整装置对原料的要求，通常希望含有较多的能转化为目的产品的前身物，不含或少含杂质。具体的要求是：

（1）对原料的组成要求

① 对馏分组成的要求　根据装置生产任务不同，对原料馏程要求如下：

目的产物	要求的馏程（实沸点），℃
$C_6 \sim C_8$ 芳烃	60～145
苯	60～85
甲苯	85～110
二甲苯	110～145
高辛烷值汽油	80～180

② 对烃组成的要求　从烃组成的角度来说，芳烃潜含量较高的原料是比较理想的原料。芳烃潜含量低（低于28%）的原料通常称为劣质原料，这种原料会极大地影响催化重整的经济性。

另外，进料中不应含有易结焦的重质烃和 C_5 以下的轻烃，C_5 以下的轻烃不利于生成芳烃，而且会带来许多不利的影响，如增加能耗，降低氢纯度等。

（2）对原料中杂质的要求

通常与反应压力和重整催化剂的类型有密切关系，对于不同类型的催化剂耐受杂质能力的次序为：非铂催化剂>单铂催化剂>双（多）金属催化剂。对于铂含量不同的同类催化剂耐受杂质的能力的次序为：高铂催化剂>低铂催化剂。对于不同的操作条件，如铂催化剂的反应压力较高时，允许的杂质含量稍高，对于双金属催化剂和反应压力较低时，对杂质的限制就更加严格，特别是水和硫。随着重整催化剂的不断发展和对杂质影响的认识加深，对原料中杂质含量的限制也越来越严格。

① 非铂金属氧化物催化剂对杂质的要求。

1940年建成了第一套以氧化钼/氧化铝作催化剂的催化重整工业装置，以后又有使用氧化铬/氧化铝作催化剂的工业装置。这个时期一般采用固定床循环再生工艺，以80~200℃的石脑油为原料，在480~560℃、1.0~2.0MPa下进行反应，也称为铬重整或钼重整，也称为临氢重整。在这种情况下，对重整原料中杂质并未提出特殊要求，只要进料无机械杂质和明水。

② 单铂催化剂对杂质的要求。

1949年 Pt/Al_2O_3 双功能催化剂开始推广应用。由于一些杂质会使此类催化剂中毒，因而，开始对原料中的杂质进行限制。单铂催化剂对于氮和金属的要求比较严格，而对于硫、水、氯的要求比较宽松。

③ 双(多)金属催化剂对杂质的要求。

20世纪70年代以来，Pt-Re、Pt-Ir、$Pt-Sn/Al_2O_3$ 等系列双(多)金属重整催化剂开始应用，逐渐取代了单铂催化剂，同时，反应压力也由早期的单铂催化剂时的3.0~3.5MPa降低到1.4~2.0MPa，因而，对重整进料中的杂质含量提出了更为严格的要求。表1-3为两种国外双金属重整催化剂对原料中杂质含量的要求。

表1-3　国外双多金属重整催化剂对原料中杂质含量的要求

公　司	S/(μg/g)	N/(μg/g)	Cl/(μg/g)	O/(μg/g)	H_2O/(μg/g)
A	0.25~0.5	≤0.5	≤0.5	≤2.0	≤2.0
B	≤0.5	≤0.5	≤1.0		<4

公　司	Cu/(ng/g)	Pb/(ng/g)	As/(ng/g)	其他金属/(ng/g)
A	≤20	≤10	≤1	≤20
B	≤5	≤3	≤3	≤20①

① 全部重金属含量。

Engelhard 公司新型的高铼铂比重整催化剂要求原料中的硫含量更低，最好是在无硫的条件下操作。据介绍原料中的硫含量为 0.5μg/g 时，E-803 高铼铂比催化剂的稳定性是 E-301 单铂重整催化剂的 10.8 倍，而重整原料中的硫含量为 0.1μg/g 时，则 E-803 的稳定性是 E-301 的 15.7 倍。

我国双(多)金属重整催化剂对原料中杂质含量的要求与限制见表 1-4。

表 1-4　我国双(多)金属催化剂对重整原料杂质含量的限制

杂　质	半再生催化剂	连续重整催化剂
As/(ng/g)	<1	<1
Pb/(ng/g)	<10	<10
Cu/(ng/g)	<10	<10
N/(μg/g)	<0.5	<0.5
S/(μg/g)	<0.5	0.25~0.5
Cl/(μg/g)	<0.5	<0.5
H_2O/(μg/g)	<5	<5

☞ 4. 重整原料为什么要预处理？包括哪些过程？

简单来说，提供给重整装置的原料(如直馏石脑油、焦化石脑油等)馏程和杂质含量一般不可能达到重整原料油的要求指标，为了保证生产出合格的产品，确保安、稳、长、满、优生产，重整装置设计中，均设有原料预处理系统，以便对不同来源的原料油进行预处理，主要过程包括：

原料预分馏过程；原料预脱砷过程；原料加氢预精制过程；原料蒸发脱水过程；原料深度脱硫过程。

☞ 5. 什么叫分馏？重整原料预分馏的目的是什么？

所谓分馏，就是依据原料中各种组分的沸点差异(即挥发度不同)，将原料混合物中的各种组分加以分离的过程。石油加工中是对蒸馏和精馏过程的统称。

重整原料预分馏的目的，是在重整原料在进入反应系统之前，预先将原料油中不适宜重整反应的过轻、过重组分分馏出去。分馏出的轻组分通常叫做“拔头油”；分馏出的过重组分称为“切尾油”。

重整原料油的拔头或切尾与重整原料的组成有关。甲基环戊烷和环己烷是形成苯的组分，正戊烷、异戊烷和环戊烷在重整过程中不能转化为芳烃，因此重整原料中一般包括六碳烷烃和环烷烃，不包括五碳烷烃和环烷烃。甲基环戊烷和环己烷的沸点分别为71.8℃和80.7℃，正戊烷、异戊烷和环戊烷的沸点分别为36.1℃、27.8℃和49.3℃，因此，重整原料的最低ASTM初馏点通常为60℃。

由于超过204℃的烃在重整过程中形成多环芳烃的量明显增加，多环芳烃与催化剂上的积炭有关，缩短催化剂的运转周期。因此，通常规定重整进料的最高组成的ASTM终馏点是204℃。

Dean Edgar认为，在最高ASTM终馏点是204℃，终馏点每增加0.6℃，催化剂的运转周期减少0.9%～1.3%。如果最高ASTM终馏点是216℃，终馏点每增加0.6℃，运转周期的减少为2.1%～2.8%。L R Mains认为，在原料的终馏点为191～218℃，原料终馏点增加14℃，催化剂的寿命就减少35%。一些炼油工作者将重整反应进料的终馏点控制远远低于204℃，以避免意外的高沸点物质的混入。

☞ 6. B、T、X的涵义是什么？

B是英文Benzene的字头，汉语的意思是苯。在英语中，还有两个单词与苯的涵义接近，一个是Benzol(e)，它的涵义是(粗)苯或苯的混合物；另一个是Benzoline，它的涵义是不纯苯，Benzoline还表示轻汽油(Benzine)，即表示含苯汽油之意，应加以注意。

T是英文Toluene的字头，汉语的意思是甲苯。在英语中，甲苯也可以写作methyl benzene。

X 是英文 Xylene 的字头，汉语的意思是二甲苯[$C_6H_4-(CH_3)_2$]。二甲苯有邻二甲苯(*o*-Xylene)、间二甲苯(*m*-Xylene)和对二甲苯(*p*-Xylene)三种异构体。未经说明时，通常指的是三种异构体的混合物。在英语中 Xylol 代表(混合)二甲苯，因此，邻、间、对二甲苯分别也可以写作 *o*-Xylol、*m*-Xylol 和 *p*-Xylol；同时，在英语中二甲苯也可写成 dimethyl benzene。

简言之，B、T、X 分别是表示苯、甲苯和二甲苯。

☞ 7. MON 表示什么？RON 表示什么？(M+R)/2 表示什么？

MON 和 RON 都是表示汽油辛烷值的符号。其中 MON 表示马达法辛烷值，RON 是表示研究法辛烷值。(M+R)/2 则表示汽油的抗爆指数。

汽油的辛烷值与其抗爆性有着密切的关系。

汽油的抗爆性是衡量汽油质量最重要的性能指标之一。一定压缩比的内燃机，必须燃用具有一定辛烷值的汽油，才能保证发动机汽缸内的正常燃烧而不致产生爆震。对汽化器式发动机使用的车用汽油，通常采用研究法辛烷值(RON)和马达法辛烷值(MON)进行评价，分别反映汽车在低速和高速行驶条件下的抗爆性。

为了反映汽油在实际行车中的抗爆性，采用道路法辛烷值进行评价。由于道路法辛烷值难以在日常的质量控制中应用，通常借用抗爆指数近似地反映道路辛烷值。抗爆指数是马达法辛烷值和研究法辛烷值的平均值[(MON+RON)/2]，一般简写为(M+R)/2。

☞ 8. CAAA 的涵义是什么？CAAA 为什么对汽油中的苯、芳烃、烯烃和硫的含量进行了严格限制？

CAAA 是美国 1990 年发布的“空气清净法修正案”的缩写词。CAAA 对汽油中苯、芳烃、烯烃和硫的含量进行了严格限制，这是因为：

（1）苯是公认的致癌物，它在汽油中会由于蒸发和燃烧不完全而排入大气污染环境，CAAA 中要求苯体积含量小于 1.0%。

（2）烯烃和芳烃都是汽油辛烷值的主要贡献者，我国汽油尤其如此。然而，烯烃的性质活泼，具有较强的光化学反应活性，蒸发排放会造成光化学污染。此外，烯烃在发动机高温部位易聚合而生成胶质，造成排放增加。芳烃可增加燃烧室沉积物，额外增加发动机工作对辛烷值的要求，其燃烧也会使尾气中 NO_x 和 CO 增加，并使排放物中苯含量增加。因此，CAAA 中要求芳烃体积含量小于 25%。

（3）硫对汽车尾气催化转化器的活性、耐久性及车载诊断系统（OBD）等有直接影响，对大气环境也会造成污染。

CAAA 率先作出对车用汽油化学组成进行限制，从而引发了汽油组分的优化问题，并引导了全球汽油清洁化的发展。

☞ 9. 重整原料有哪些来源？各有何特点？

催化重整装置主要是加工常减压装置得到的低辛烷值直馏石脑油（粗汽油）。有些炼油厂，为了提高全厂汽油的辛烷值，将低辛烷值焦化石脑油、减粘石脑油经加氢精制后也送到催化重整装置处理。在国外，有些炼油厂甚至把催化裂化汽油中辛烷值较低的馏分经加氢后送到重整装置进行加工。加氢裂化装置得到的重石脑油也是生产芳烃的主要原料来源。

不同来源的重整原料油各有其特点。

（1）直馏石脑油

直馏石脑油通常是优质的重整原料。与二次加工重整原料比较，直馏石脑油芳烃潜含量较高，硫、氮含量较低。有些直馏石脑油（如大庆直馏石脑油）砷含量高，做重整原料时，必须进行脱砷。直馏石脑油是指原油经常压蒸馏后，得到的石脑油沸程范围内的烃类化合物。直馏石脑油按其沸程可分为两部分，即轻直馏石脑油和重直馏石脑油，重直馏石脑油作为重整原料。对于适合作重整原料馏分，即初馏点～200℃的馏分含量而言，塔中原油中的含量高达31.75%，惠州原油中的含量为20.18%，中原油中的含量为16.00%。除此之外，其他原油较重，石脑油馏分含量较低，均小于15%。特别是北疆和胜利原油，其石脑油馏分含量还不足6%。我国原油中石脑油资源的不足，限制了催化重整的加工能力。

通常，直馏石脑油除含有硫外，还含有氮、金属杂质(As、Cu、Pb等)以及烯烃和水，这些对催化剂均有毒害作用，因此，直馏石脑油必须经过预处理才能作为重整装置的原料。

(2) 热加工石脑油

热加工石脑油(如焦化汽油、减粘汽油)的特点是环烷烃含量少、芳烃潜含量低，含有大量不饱和烯烃，且硫、氮等化合物含量高。做重整原料必须进行预处理。

焦化石脑油是延迟焦化加工工艺的产品之一，反应条件对焦化产品的分布有较大影响。根据延迟焦化目的产品的不同，可以将延迟焦化工艺分成三个方面：即多产重馏分油延迟焦化、多产焦化汽柴油延迟焦化和生产优质石油焦延迟焦化。不同延迟焦化工艺对产品的分布影响较大。以大庆减压渣油为原料，多产焦化汽柴油延迟焦化工艺的石脑油收率可达28.7%，而多产重馏分油延迟焦化工艺石脑油收率仅有15.7%。此外，原料油不同，石脑油的收率变化较大。采用多产焦化汽柴油延迟焦化工艺时，大庆减压渣油的石脑油收率为28.7%，而鲁宁管输减压渣油的石脑油收率仅为17.0%。焦化石脑油的密度一般为0.73~0.75g/cm^3，辛烷值较低，RON一般为40~65，焦化石脑油的主要特点是烯烃和二烯含量高，且变化大，溴价在40~60gBr/100g，安全性差，硫、氮含量高。在3.0~4.0MPa压力下加氢精制后，可与直馏石脑油混兑作重整原料。

(3) 加氢裂化石脑油

加氢裂化石脑油的特点是有害杂质含量少，不饱和烃含量低，是理想的重整原料；但有些加氢裂化石脑油由于加氢裂化的原料和过程不同，芳烃潜含量可能稍低，但多数加氢裂化石脑油的芳烃潜含量可高达40%以上。

加氢裂化石脑油的密度与直馏石脑油差异不大，一般在0.6900~0.7800g/cm^{3}之间。由于经过了加氢过程，大部分烯烃以及在加氢裂化过程中所产生的烯烃被饱和。另外，经过加氢裂化过程，许多无机杂质和有机杂质大部分被除去。因此，加氢裂化石脑油的突出特点是不饱和烃含量低和有害杂质含量少，是理想的重整原料。

加氢裂化重石脑油中的杂质含量与许多因素有关，不仅与原料、操作条件、催化剂等有关，还有工艺流程有关。一般来说，经过加氢裂化后，加氢裂化重石脑油的硫含量和氮含量均在0.5μg/g以下，其他杂质含量也能够满足重整进料的要求，因此，可不用经过预加氢，而直接作为催化重整进料。

（4）催化裂化石脑油

催化石脑油中硫含量有时可以高达2400μg/g以上。催化裂化石脑油中还含有杂质氮，含量通常为2~110μg/g，个别催化裂化石脑油的氮含量可达到1000μg/g。催化裂化石脑油中还含有胶质，含量一般为0.4~5.1mg/100cm^3。催化裂化石脑油环烷烃含量少。总之它不是理想的重整原料。

当催化裂化石脑油做重整原料时，由于含有大量烯烃，且硫、氮等化合物含量高，必须进行预处理。在预加氢条件下，催化裂化石脑油中的烯烃会产生很高的温升，而且所含的硫化物也可能是较难加工的噻吩类化合物，现有的预加氢装置很难适应，因此，必须经过特殊的加氢处理，才能作为重整原料。如果作为重整原料直接进预加氢装置，掺入的比例不宜大于20%。通常，在催化柴油加氢精制装置可以掺炼催化重汽油，在适宜的工艺操作条件和催化重汽油掺炼量下，可以生产出符合重整预加氢进料要求的石脑油产品。该技术路线在燕山分公司进行的工业试验表明，柴油加氢装置的催化重汽油掺炼量20%及连续重整装置掺炼加氢粗汽油47%的条件下，两装置运行正常，产品分布理想，从而使得部分催化汽油转化成了高辛烷值、低硫、低烯烃的优质汽油调合组分，有利于高标号清洁汽油的生产。顶出的直馏石脑油作裂解料，可减少外购石脑油数量，从而降低采购成本。催化汽油是我国主要汽油组分，车用汽油中的硫和烯烃主要来源于催化裂化汽油，有效降低催化裂化汽油中硫和烯烃的含量已成为炼油企业生产环境友好汽油的重要问题。

☞ 10. 什么是初馏点、干点？什么是馏程？

初馏点和干点是表示油品馏分组成的两个重要指标。其中初馏点是表示油品在馏程实验测定时馏出第一滴凝液时的温度；干点是表示馏出最后一滴凝液时的温度。从初馏点到干点这段温度范围就是这种油品的馏程。

☞ 11. 什么是重整指数？什么是芳烃潜含量？

原料的重整指数和芳烃潜含量都是描述重整原料油质量的具体指标。我国一般用芳烃潜含量，国外常用重整指数。

原料的重整指数通常用(N+2A)表示，N表示环烷含量，A表示芳烃含量，它的具体定义是：

$$(N+2A)=\Sigma C_i^N\%+2\Sigma C_i^A\%$$

式中 $C_i^N\%$——原料中环烷烃的体积百分含量；

$C_i^A\%$——原料中芳烃的体积百分含量；

i——碳原子数。

原料中环烃和芳烃的含量越高，重整生成油的芳烃产量越大，辛烷值越高，这就是重整指数的基本涵义。

芳烃潜含量(Ar)的涵义与重整指数(N+2A)的涵义相近，重整生成油中芳烃产率与原料的芳烃潜含量之比称为“芳烃转化率”。芳烃潜含量——Ar(%)的计算方法如下：

Ar(%) = 苯潜含量 + 甲苯潜含量 + C_8 芳烃潜含量 +

C_9^+ 芳烃潜含量

苯潜含量(%) = C_6N(%) × 78/84 + 苯(%)

甲苯潜含量(%) = C_7N(%) × 92/98 + 甲苯(%)

C_8 芳烃潜含量(%) = C_8N(%) × 106/112 + C_8 芳烃(%)

C_9 以上依此类推。

式中的 78、84、92、98、106、112 分别为苯、C_6N、甲苯、C_7N、C_8A、C_8N 的相对分子质量(以下简称分子量)。

重整转化率(%) = [芳烃产率(%)/芳烃潜含量(%)] × 100

例如，某重整原料油中含环己烷 4.5%，甲基环戊烷 2.5%，C_7 环烷烃 18%，C_8 环烷烃 14%，C_9 环烷烃 4%，苯 0.5%，甲苯 1.5%，二甲苯 1.6%，C_9 芳烃 0.4%，其芳烃潜含量为：

$$Ar\% = 7 \times 78/84 + 18 \times 92/98 + 14 \times 106/112 + 4 \times 120/126 + (0.5 + 1.5 + 1.6 + 0.4) = 44.46\%$$

原料中芳烃潜含量只能说明生产芳烃的可能性，实际的芳烃转化率除取决于催化剂的性能和操作条件外，还取决于环烷烃的分子结构。对于生产芳烃来说，良好的重整原料不仅要求环烷烃含量高，而且其中的甲基环戊烷含量不要太高。环烷烃高的原料不仅在重整时可以得到较高的芳烃产率，而且可以采用较大的空速，催化剂的积炭少，运转周期也较长。

☞ 12. 重整原料中常含有哪些非烃化合物？它们对重整装置有何影响？

重整原料和其他石油馏分一样，主要是由碳和氢两种元素组成的烃类化合物，但是也有一些含硫、氧、氮等元素组成的化合物和含有砷、铜、铅等金属元素组成的金属有机化合物。这两种化合物统称为非烃化合物。非烃化合物在重整原料中的含量虽然不多，但是对重整反应过程的影响却很大。

（1）杂原子化合物

重整原料中的杂原子化合物主要是含硫、氮化合物。

① 含硫化合物

通常重整原料中含硫化合物主要有：硫醇(RSH)，硫醚(RSR)，二硫化物(RSSR)，噻吩等。通常，催化裂化石脑油中的硫含量以噻吩硫为主，而直馏石脑油中的类型硫以硫醇硫为主。

硫在各种重整原料中的数量从百万分之几到万分之几不等。它对重整反应过程影响比较特殊。首先，它是重整催化剂的毒物，在反应过程中，各种硫化物将转化成 H_2S，在重整系统中 H_2S 浓度增加到一定程度(例如>0.5μg/g)，就使现代双金属重整催化剂的活性和选择性受到损害，由于硫中毒造成重整装置停工的事故并不罕见，但是，利用硫对重整催化剂活性的减活作用，可限制某些催化剂(如 Pt-Re 催化剂)开工时超温现象，因此，铂铼重整装置开工时通常需要向催化剂床层注硫，这就是所谓的预硫化过程。

此外，硫对系统的设备还有腐蚀作用。

② 含氮化合物

在石脑油低沸点馏分中氮含量很低，且主要是碱性氮化合物，非碱性氮化合物主要集中在较重的馏分中，且随馏分沸点的升高而增加。

在作为重整原料的石脑油中，虽然含有碱性氮化合物和非碱性氮化合物，但是，非碱性氮化合物的含量极低，且吡咯类化合物非常难分离。因此，重整原料的石脑油主要为碱性氮化合物，且氮化合物的含量随着馏分沸点的升高而增加。

梁咏梅等人的研究结果表明，在渣油催化裂化石脑油中的氮化合物主要是苯胺类化合物，同时还有少量吡啶类及喹啉类化合物，非碱性氮化合物主要是吡咯。

在重整原料中氮的含量通常比硫还少。和硫一样，氮也是重整催化剂的毒物。在重整反应条件下，氮化物将转化为 NH_3 和烃，NH_3 是碱性化合物，将降低催化剂的酸性功能，使催化剂性能受到影响。同时，NH_3 可以与 HCl 结合成为固体白色粉末 NH_4Cl，造成下游机泵的严重堵塞。

③ 含氯化合物

原油中一般不含有氯化物，但是，近年来，油田采用了化学处理手段来提高采收率，其中，有的采用了氯化物，造成原油中氯含量升高。这部分氯在原油中绝大部分集中在石脑油馏分中，因此造成石脑油中氯化物含量增加。

有关石脑油中氯的报道较少。在我国的石脑油中曾经检测出8种有机氯化物，这些氯化物为三氯甲烷、1，2-二氯乙烷、1，1-二氯乙烷、三氯乙烯、三氯乙烷、四氯乙烯、四氯乙烷等。

石脑油中的氯化物对催化重整过程具有十分重要的影响。首先，催化重整催化剂需要保持一定的氯含量，使催化剂具有足够的酸性，满足双功能重整催化剂金属-酸性平衡的需要，另一方面，反应过程及再生过程中 Pt 晶粒的分散需要氯的参与。因此，催化重整的操作参数之一是催化剂的水氯平衡控制。为了充分发挥催化剂的性能，要求催化剂在运转过程中保持氯含量为1.0%~1.3%。氯含量太低，会造成催化剂 Pt 晶粒的长大和酸性功能的下降，影响催化剂的性能和寿命。而氯含量太高，催化剂的酸性功能太强，会造成催化剂的裂化和积炭功能太强，影响催化剂的选择性和寿命。因此，在催化重整以及再生过程中，必须注水、注氯，实现水氯平衡控制，这就要求对重整进料中的氯含量进行控制。

原料中的氯含量太高，或原料中水含量过程进而导致注氯量过高，都会引起重整预加氢和下游用氢装置设备堵塞腐蚀，如装置加工含氮量高的原料时，会生成氯化铵，从而堵塞下游压缩机和管道等，影响正常生产。

(2) 金属有机化合物

① 含砷化合物

重整原料中代表性的含砷有机化合物有：

二乙基胂化氢 $(C_2H_5)_2AsH$，沸点为 161℃；三乙基胂 $(C_2H_5)_3As$，沸点为 140℃；三甲基胂化氢 $(CH_3)_3AsH$，沸点为 52℃。

总的来说，对重整原料油中的砷化物尚不太清楚，但是砷对重整催化剂的严重危害，在国内外重整技术开发过程中有过深刻教训。已经证实砷(As)能与铂(Pt)生成 PtAs 化合物，使催化剂丧失活性，而且不能再生复活，属永久性中毒。

② 含铜、含铅化合物

含铜、含铅化合物与砷化合物一样，也是重整催化剂的永久性毒物(即不能再生复活)。

☞ 13. 预分馏过程的基本原理是什么？

预分馏过程是利用原料混合物中的各种组分的沸点不同(即挥发度不同)，将其切割成不同沸点范围的馏分。

由于不同烃类的沸点不同，在受热时轻组分(沸点低的组分)容易汽化，在冷凝时重组分(沸点高的组分)容易冷凝。由此在分馏塔中可将各组分切割开来。

如将初馏~130℃的石脑油加热到一定温度(如 80℃)，就要发生部分汽化，其中沸点较轻的组分容易汽化，成为气体(或气相)。而沸点较高的组分不易汽化，被留在液体(液相)中。经过一次汽化，轻、重组分就得到一次初步分离。当然，一次汽化只能粗略的分离，因为汽相中同时也会有少量沸点较高的组分，而液相中也会有部分沸点低的组分。如果将剩余的液体再加热，液相中的较轻组分将不断汽化，最后剩余在液相中的主要是沸点最高的组分。

如果将气相混合物逐渐冷凝(或称部分冷凝)，则首先冷凝的是沸点较高的重组分，而留在汽相中的主要是沸点较低的轻组分。这样把汽相混合物多次冷凝，最后留在汽相中的就是沸点最低的轻组分。

液体汽化要吸收热量，蒸气冷凝要放出热量，当汽液直接接触时，不仅有热量的交换(传热)，汽液两相中各组分要发生转移(传质)，液相中的轻组分容易汽化优先进入汽相，汽相中的重组分容易冷凝优先进入液相中。这样汽液两相组成发生了变化。

分馏塔板是两相接触的场所(见图1-1)。在塔板上温度低，轻组分浓度高的液体回流与温度高、轻组分浓度低的气体进行接触。回流液由塔顶打入，高温气体由塔下部上升，蒸气和液体通过塔板逆流接触。越近塔顶温度越低，轻组分浓度越高；越往塔底温度越高，轻组分浓度越低。这样，不适于重整的轻组分(如初馏~65℃的馏分)——拔头油，就可在塔顶拔出。塔底得到适于重整的65~130℃原料。

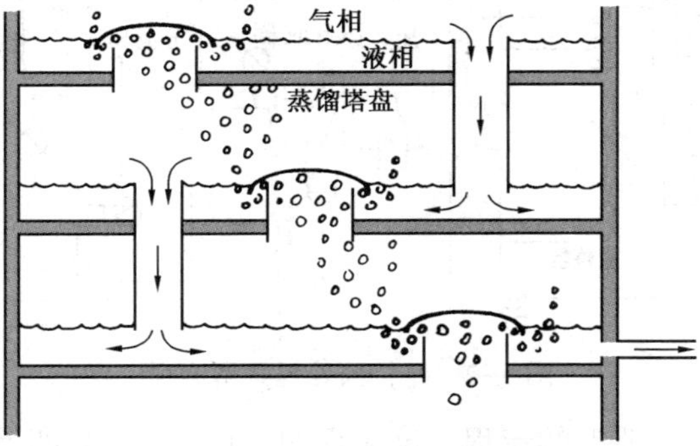

图1-1　分馏塔盘是两相接触的场所

如果原料含有>130℃的重组分，重整原料可由侧线抽出，>130℃的组分——切尾油自塔底切除，也可由两个塔完成“拔头”和“切尾”，重整原料则在第二个分馏塔的塔顶抽出。

☞ 14. 分馏过程的必要条件有哪些？

(1) 分(精)馏过程主要依靠多次部分汽化及多次部分冷凝的方法，实现对液体混合物的分离，因此，液体混合物中各组分的相对挥发度差异是实现精馏过程的首要条件。在挥发度十分接近(如 C_4 烃类混合物)难以分离的条件下，可以采用恒沸精馏或萃取精馏的方法来进行分离。

(2) 塔顶加入轻组分浓度很高的回流液体，塔底用加热或汽提的方法产生热的蒸气。

(3) 塔内要装设有塔板或填料，提供传热和传质场所。

☞ 15. 预分馏过程在预处理系统中的基本流程有哪几种？

重整原料预分馏过程在预处理系统中有三种不同的流程：

(1) 先分馏后加氢(见图 1-2)

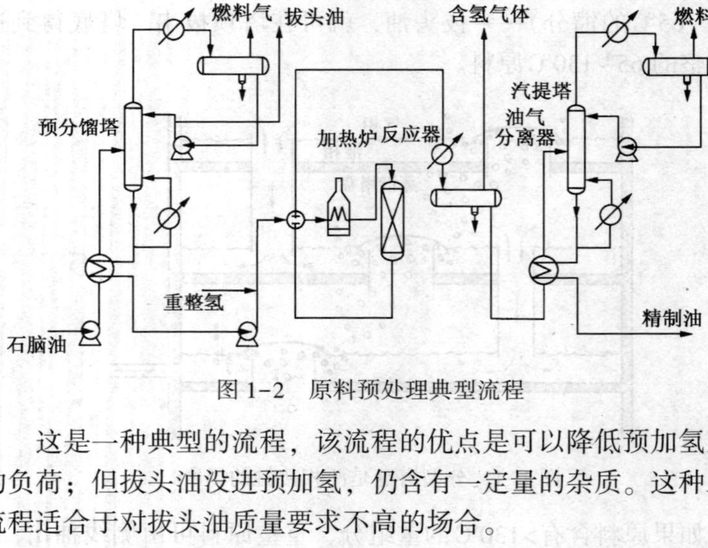

图 1-2　原料预处理典型流程

这是一种典型的流程，该流程的优点是可以降低预加氢系统的负荷；但拔头油没进预加氢，仍含有一定量的杂质。这种工艺流程适合于对拔头油质量要求不高的场合。

(2) 先加氢后分馏

后分馏流程根据预分馏塔和加氢汽提塔的组合方式不同，又分为三种类型不同的流程：双塔并列Ⅰ型流程、双塔合一流程和双塔并列Ⅱ型流程(先拔头后汽提)。

① 双塔并列(先汽提后分馏)Ⅰ型(见图 1-3)

双塔并列流程(先汽提后分馏)的特点是分馏塔设在汽提塔

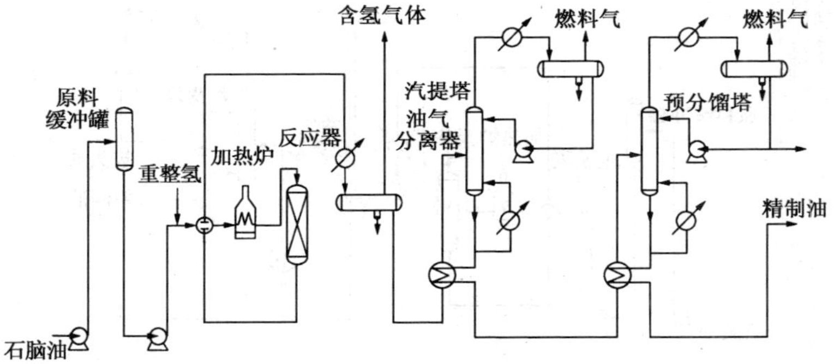

图 1-3 先汽提后分馏

后面。全馏分石脑油进预加氢装置界区后，经泵升压并与氢气混合，混合油气与预加氢反应器出口物流换热到一定的温度，再经过预加氢反应加热炉加热到所需的反应温度，进加氢反应器进行加氢精制反应，反应生成物经换热进预加氢油气分离器进行气液分离。生成油进汽提塔，脱除硫化氢、氨、氯化氢和水等，汽提塔底油进预分馏塔，将产品油中轻组分从塔顶拔出，塔底油作重整进料。该流程的缺点是加氢反应部分的负荷较前分馏流程大，预分馏塔为了重整装置需要而提高操作压力或者需要设置重整进料泵。

② 双塔合一流程(见图 1-4)

预分馏塔和汽提塔合二为一，双塔合一工艺流程的优点是省去一个塔，减少投资和占地，但缺点是预加氢反应部分的负荷要加大，而且拔头油由于在汽提塔回流罐内与 H_2S 浓度很高的气体处于气液平衡状态，因而含硫量高，还需要进一步处理，方可进入后续生产装置或作为产品出厂。

③ 双塔并列(先拔头后汽提)Ⅱ型(见图 1-5)

双塔流程(先拔头后汽提)的主要特点是原料油先经过加氢后应部分，油气分离后的生成油再经过预分馏塔拔头、脱硫和脱

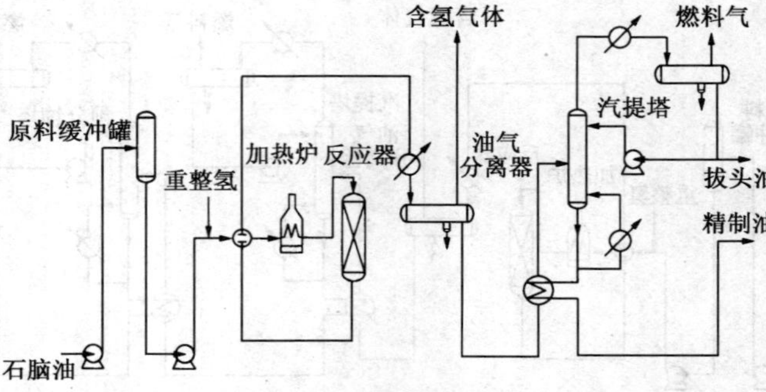

图 1-4　后分馏流程(双塔合一)

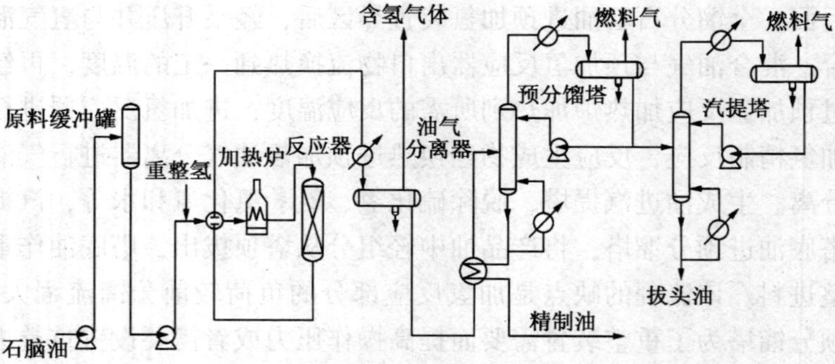

图 1-5　后分馏流程(先拔头后汽提)

水，分馏塔底油作重整进料，分馏塔顶拔头油进一个小汽提塔进行脱硫化氢。

☞ 16. 预分馏塔(精馏塔)的控制过程近年有些什么发展?

分馏塔(精馏塔)控制的主要目的是分馏产品，并在保证产品质量的同时，获得最大的产品收率。这就要求这类塔的热量平衡和物料平衡都应相对稳定。为了达到这一目的，几十年来，人们通过实践，不断的发展和提高，由传统典型的组分控制发展为直接物料平衡控制，又由直接物料平衡控制发展为改进型直接物料平衡控制。

(1) 组分控制(图 1-6)

这种控制方法是在塔顶压力恒定和塔底热量输入恒定(热输入量应保证塔底组分中所含塔顶组分最少)的条件下，用塔顶馏出物的温度 T 控制回流量 F_1，用塔顶回流罐液位 L_1 控制塔顶产品抽出量。

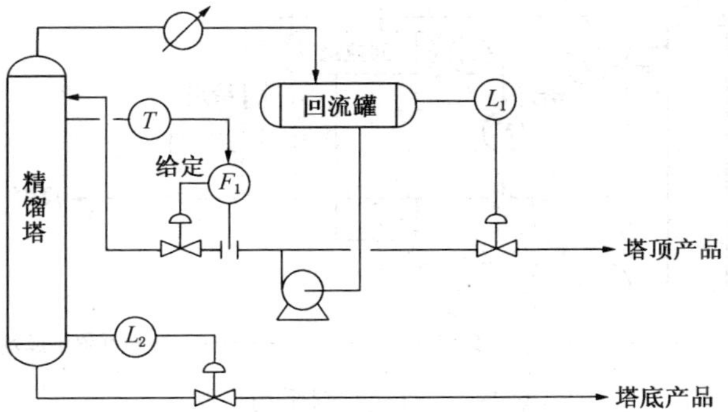

图 1-6　组分控制

塔顶温度 T 代表了塔顶馏出物的组分，是一个塔顶产品的间接质量指标。因此这种传统而典型的控制方法也可以称作组分控制。这种控制方案建立在单一的热量平衡基础上。由于塔顶温度 T 的恒定是靠外部冷回流流量的变化来调整，因此，外回流流量的变化就是热量的变化。当气候变化时，塔顶冷却器冷却效果变化，外回流温度随之变化，影响塔顶温度变化，破坏了热平衡，温度的变化改变了外回流 F_1 的给定值，外回流量随之变化。由于温度回路和塔本身的操作滞后，使这一系列的变化过程缓慢和波动，直到建立新的热量平衡为止，短时间影响到塔顶产品质量。特别是当被分离的油品沸点越接近时，就越不易被分离。此时，必然用加大回流比的办法来提高分离精度，而回流量的加大，使热量平衡对产品质量的影响越敏感。所以，回流量的微小变化均将对塔顶温度产生较大的影响，从而影响到产品质量。实际操作中也证明，调整过程缓慢、操作不平衡，而且回流比越大，这种方案就越不实用。因此在20世纪70年代，国外在精密分馏中应用了直接物料平衡控制的方案。

(2) 直接物料平衡控制(图1-7、图1-8)。

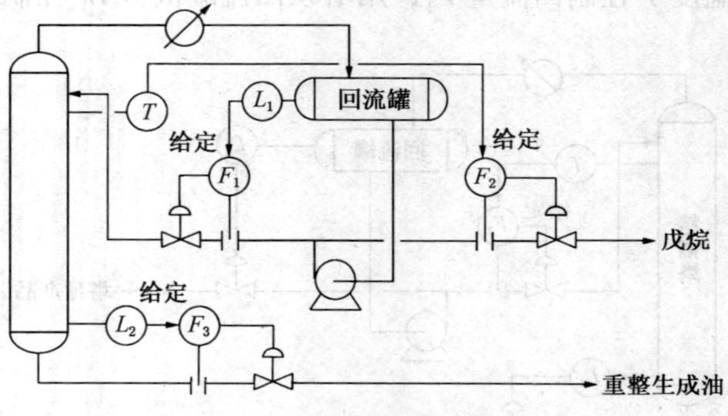

图1-7　直接物料平衡控制

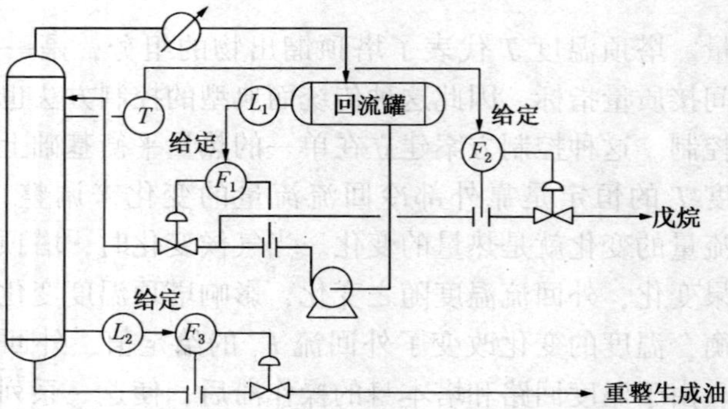

图1-8　改进型直接物料平衡控制

工艺过程要求塔顶拔头油不能夹带 C_6 和 C_6 以上的馏分，塔底油品要最大限度的少含 C_5 和轻于 C_5 的组分。为了达到这个目标，在塔进料流量、塔顶压力、塔底热量维持恒定的条件下，图1-7中用塔顶温度控制塔顶产品抽出量(物料平衡控制)，用塔顶回流罐掖位控制塔顶回流量(热量平衡控制)。塔顶温度控制实质是塔顶馏出物组分控制，塔顶温度与产品抽出量串级控制实质是物料平衡的控制过程。回流罐液位与回流流量串级控制的过程，实质上是塔内部自身热量调整的过程，气化物上升和液体回流就像飞轮的动力，相当于用热平衡创造了一个连续的物料循环分离的作用过程。因此，国外有些公司也将这类控制称作飞轮控制，它将塔的热平衡与物料平衡紧密地结合起来了。当干扰出现，如一场暴雨使环境温度突变，空冷器出口冷却温度降低，外回流温度降低，塔内蒸汽量减少，回流罐液位下降，最终使外回流流量降低，促使塔顶温度回到给定值，塔的热平衡进入新的稳定状态。在这一瞬间，塔顶温度会有短暂降低，塔顶抽出产物流量也会有短暂的减少，但是由于外回流量较塔顶抽出流量大许多，温度回路本身又有较大的滞后，即液位-回流控制回路反应迅速灵敏，温度-抽出控制回路反应缓慢、滞后，所以热量平衡的短暂波动不会对物料平衡产生明显的影响。因此，不容易影响到塔顶产品的质量。回流比越大，这种控制方案优越性越明显。这种控制方法中，回流罐液位控制器是塔的物料平衡及热能量平衡的交叉点，要求它具有高增益、高精度、高灵敏度。这样，当塔顶温度控制要求塔顶馏出物流量变化时，液位控制器才会迅速感应到这个变化，使外回流量迅速变化以满足塔顶温度控制的要求。但是这种方法同样又要求塔顶回流罐足够大，外回流量足够大，制约了液位控制的灵敏度，由此产生了直接物料平衡控制的改进型(图 1-8)。

改进型直接物料平衡控制的特点是：外回流流量 F_1 测量元件由外回流管移至回流泵出口总管上。当塔的组分控制 T 变化时，塔顶产品流量控制 F_2 变化，几乎同时在回流罐液位 L_1 还没有感应到这个变化时，回流量 F_1、F_2 就相应变化，使组分控制 T 迅速回到预定值，弥补了方案一的不足，使直接物料平衡控制方案更加直接、灵敏、快捷、精度高，调节过程更加平稳。

☞ 17. 分馏塔板或填料在分馏过程中有何作用？

分馏塔板或填料在分馏过程中主要提供汽、液相良好的接触场所，以便于传热、传质过程的进行。在塔板上或填料表面自上而下流动的轻组分含量较多、温度较低的液体与自下而上流动的温度较高的蒸气相接触。回流液体的温度升高，其中轻组分被蒸发到汽相中去，高温的蒸气被低温的液体所冷却，其中重组分被冷凝下来转到回流液体中去。从而使回流液体每经过一块塔板重组分含量有所上升，而上升蒸气每经过一块塔板轻组分含量也有所上升，这就是塔板或填料上的传质过程也称提浓效应。液相的轻组分汽化需要热量—汽化热，这热量是由汽相中重组分冷凝时放出的冷凝热直接提供的。因此在蒸馏塔板上进行传质过程的同时也进行着热量传递过程。

分馏塔板和填料设计的一个重要的指导思想，是提供汽、液相充分接触的传热、传质表面积。面积越大越有利于传质、传热过程的进行。

☞ 18. 什么是塔板效率？如何计算？

塔板效率是描述塔板传质效果的重要指标，通常用 η 来表示。

如果汽液两相充分接触，离开塔板时两相达到平衡，这样的塔板就称为理论塔板(或称为理想塔板)，但实际塔板不可能达到理想塔板的分离效果。因此，实际生产中必须用几块、几十块甚至上百块塔板才能完成必要的分离效果。就是说实际塔板数($n_{实}$)比理想塔板数($n_{理}$)要大，$n_{实}$ 与 $n_{理}$ 的比值就称为塔板效率。通常可写成：

$$\eta = \frac{n_{理}}{n_{实}}$$

塔板效率高低，与被分离介质的性质和操作条件都有关系，但最主要的是与塔板的结构有关。

☞ 19. 什么是拉乌尔定律？什么是道尔顿定律？

拉乌尔(Raoult)研究稀溶液的性质，归纳了很多实验结果，于1887年发表了拉乌尔定律：在一定温度下的稀溶液中，溶剂的蒸气压等于纯溶剂的饱和蒸气压乘以溶剂在溶液中的摩尔分率。其数学表达式为：

$$p_A = p_A^0 \cdot x_A$$

式中 p_A——溶剂A的蒸气压；

p_A^0——在一定温度条件下纯溶剂A的饱和蒸气压；

x_A——溶液中溶剂A的摩尔分率。

以后大量的科学研究实践证明，拉乌尔定律不仅适用于稀溶液，而且也适用于化学结构相似、相对分子质量接近的不同组分所形成的理想溶液。

道尔顿(Dalton)根据大量试验结果，归纳出"系统的总压等于该系统中各组分的分压之和"。以上结论发表于1801年，通常称之为道尔顿定律。

道尔顿定律有两种数学表达式：

$$P = p_1 + p_2 + \dots + p_n$$

$$p_i = P \cdot y_i$$

式中 p_1，p_2，…，p_n——各组分在气相中的分压；

y_i——i组分在气相中的摩尔分率。

经以后的大量科学研究证实，道尔顿定律能准确地用于压力低于0.3MPa的气体混合物。

将上述两个定律进行联解时，很容易得到以下算式：

$$y_i = \frac{p_i^0}{P} \cdot x_i$$

根据此算式很容易由某一相的组成，求取与其相平衡的另一相的组成。

☞ 20. 气液相平衡和相平衡常数的物理意义是什么？

气液相平衡是指气、液两相存在于一个系统中，在两相之中进行物质传递，最终系统的温度、压力保持恒定，各相的组成保持不变，这样的状态称之为气液平衡。在石油蒸馏过程中气液相平衡主要用于研究温度、压力等操作参数与气、液组成之间的关系。

气液相平衡常数 K_i 是指气、液两相达到平衡时，在系统的温度、压力条件下，系统中某一组分 i 在气相中的摩尔分率 y_i 与液相中的摩尔分率 x_i 的比值。即

$$K_i = \frac{y_i}{x_i}$$

相平衡常数是石油蒸馏过程相平等计算时最重要的参数，对于压力低于 0.3MPa 的理想溶液相平衡常数可以用下式计算：

$$K_i = \frac{p_i^0}{P}$$

式中　p_i^0——i 组分在系统温度下的饱和蒸气压，Pa；

P——系统压力，Pa。

对于石油或石油馏分，可用实沸点蒸馏的方法切割成为沸程为 10~30℃ 的若干个窄馏分，借助于多元系统汽液相平衡计算的方法，进行石油蒸馏过程的气相相平衡的计算。

☞ 21. 什么叫挥发度、相对挥发度？

液体混合物中任一组分汽化倾向的大小可以用挥发度 v_i 来表示，其数值是相平衡常数与压力的乘积，即：

$$v_i = K_i \cdot P = (y_i/x_i) \cdot P$$

对于理想体系 $K_i = (p_i^0/P)$，液体混合物中 i 组分的挥发度显然就等于它的饱和蒸气压，即 $v_i = p_i^0$。

相对挥发度是指系统中，任一组分 i 与对比组分 j 挥发度之比值，即：

$$a_{ij} = \frac{v_i}{v_j} = \frac{K_i}{K_j}$$

对于理想体系

$$a_{ij}=\frac{p_i^0}{p_j^0}$$

对于低压非理想溶液

$$a_{ij}=\frac{\gamma_i p_i^0}{\gamma_j p_j^0}$$

其中　γ_i、γ_j——i，j 组分的活度系数。

☞ 22. 什么叫饱和蒸气压？饱和蒸气压都与哪些因素有关？

在某一温度下，纯液体与在它液面上的蒸气呈平衡状态时，由此蒸气所产生的压力称为饱和蒸气压，简称为蒸气压。蒸气压的高低表明了液体中的分子离开液体汽化或蒸发的能力，蒸气压越高，就说明液体越容易汽化。

蒸气压的大小首先与物质的本性：相对分子质量大小、化学结构等有关，同时也和体系的温度有关。在压力低于 0.3MPa 的条件下，对于有机化合物常采用恩托因(Antoine)方程来表示蒸气压与温度的关系：

$$\ln p_i^0=A_i-\frac{B_i}{T+C_i}$$

式中　p_i^0——i 组分的蒸气压，Pa；

A_i，B_i，C_i——恩托因常数；

T——系统温度，K。

恩托因常数 A_i，B_i，C_i 可由有关手册中查到。对于同一物质其饱和蒸气压的大小主要与系统的温度 T 有关，温度越高，饱和蒸气压越大。

☞ 23. 什么叫泡点、露点？什么是泡点方程和露点方程？

泡点是在恒压条件下加热液体混合物，当液体混合物开始汽化出现第一个气泡时的温度。

露点是在恒压条件下冷却气体混合物，当气体混合物开始冷凝出现第一个液滴时的温度。

石油精馏塔内侧线抽出温度则可近似看作为侧线产品在抽出塔板油气分压下的泡点温度。塔顶温度则可以近似看作塔顶产品在塔顶油气分压下的露点温度。

泡点方程是表征液体混合物组成与操作温度、压力之间关系的数学表达式，其算式如下：

$$\sum_{i=1}^{n} K_i x_i = 1$$

露点方程是代表气体混合物组成与操作温度、压力之间关系的数学表达式，其算式如下

$$\sum_{i=1}^{n} \frac{y_i}{K_i} = 1$$

式中，x_i、y_i 分别代表 i 组分在液相或气相的摩尔分率；n 代表系统中的组分数目。

☞ 24. 化验室分析馏分组成时，常用的方法有几种？它们的馏出曲线有何不同？

炼厂化验室主要应用实沸点蒸馏、恩氏蒸馏，平衡汽化三种方法。

实沸点蒸馏是一种间歇精馏过程。塔釜加入油样加热汽化，上部冷凝器提供回流，塔内装有填料供汽液相接触进行传热和传质，塔顶按沸点高低依次切割出轻重不同的馏分。实沸点蒸馏主要用于原油评价试验。

恩氏蒸馏也叫微分蒸馏。油样放在标准的蒸馏烧瓶中，严格控制加热速度，蒸发出来的油气经专门的冷凝器冷凝后收集在量筒中，以确定不同馏出体积所对应的馏出温度。恩氏蒸馏操作简单，速度快，主要用于石油产品质量的考核及操作控制上。

平衡汽化也称为一次汽化，在加热的过程中油品汽液两相密切接触并处于相平衡状态，加热终了使气、液相分离。实际的平衡汽化是很难达到的，因为这要求汽液两相有无限长的接触时间和无限大接触面积。但在石油加工过程中，近似于平衡汽化的

情况很多。

通过三种蒸馏过程的馏出曲线进行比较(见图1-9)，很容易看出，实沸点蒸馏初馏点最低，终馏点最高，曲线的斜率最大。平衡汽化的初馏点最高，终馏点最低，曲线斜率最小。恩氏蒸馏过程则居于两者之间。

基于以上的现象，经过大量的试验积累了丰富的数据，经处理得到三种蒸馏曲线换算图表。主要用来从实沸点蒸馏数据或恩氏蒸馏数据出发，求取平衡汽化数据，便于在分馏塔设计时求取塔内各点的温度。

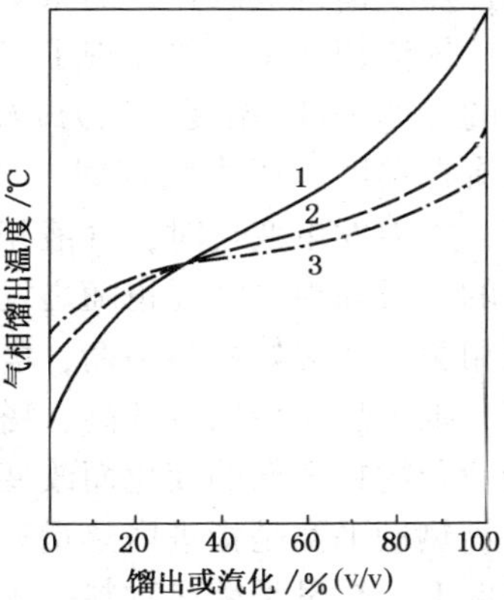

图1-9　三种蒸馏曲线

1—实沸点蒸馏；2—恩氏蒸馏；3—平衡汽化

☞ 25. 分馏塔的操作中应掌握哪三大平衡？

分馏塔的操作应掌握物料平衡、气液相平衡和热量平衡。

物料平衡指的是单位时间内进塔的物料量应等于离开塔的诸物料量之和。物料平衡体现了塔的生产能力，它主要是靠进料量和塔顶、侧线和塔底出料量来调节的。操作中，物料平衡的变化具体反应在塔底液面上。当塔的操作不符合总的物料平衡时，可以从塔压差的变化上反映出来。例如进得多，出得少，则塔压差上升。对于一个固定的分馏塔来讲，塔压差应在一定的范围内。塔压差过大，塔内上升蒸气的速度过大，雾沫夹带严重，甚至发生液泛而破坏正常操作；塔压差过小，塔内上升蒸气的速度过小，塔板上汽液两相传质效率降低，甚至发生漏液而大大降低塔板效率。物料平衡掌握不好，会使整个塔的操作处于混乱状态，掌握物料平衡是塔操作中的一个关键。如果正常的物料平衡受到破坏，它将影响另两个平衡，即：气液相平衡达不到预期的效果，热平衡也被破坏，需重新予以调整。

气液相平衡主要体现了产品的质量及损失情况。它是靠调节塔的操作条件(温度、压力)及塔板上气液接触的情况来维持的。只有在温度、压力固定时，才有确定的气液相平衡组成。当温度、压力发生变化时，气液相平衡所决定的组成就发生变化，产品的质量和损失情况也随之发生变化。气液相平衡与物料平衡密切相关，掌握好物料平衡，塔内上升蒸气速度合适，气液接触良好，则传热、传质效率高，塔板效率也高。当然，温度、压力也会随着物料平衡的变化而改变。

热量平衡是指进塔热量和出塔热量的平衡，具体反应在塔顶温度上。热量平衡是物料平衡和气液相平衡得以实现的基础，反过来又依附于它们。没有热的气相和冷的回流，整个精馏过程就无法实现；而塔的操作压力、温度的改变(即气液相平衡组成改变)，则每块塔板上气相冷凝的放热量和液体汽化的吸热量也会随之改变。

掌握好物料平衡、气液相平衡和热量平衡是精馏操作的关键所在，三个平衡之间相互影响、相互制约。在操作中通常是以控制物料平衡为主，相应调节热量平衡，最终达到气液相平衡的目的。

要保持操作稳定的塔底液面，必需稳定：①进料量和进料温度；②塔顶、侧线及塔底抽出量；③塔顶压力。要保持稳定的塔顶温度，必需稳定：①进料量和进料温度；②顶回流、循环回流、各中段回流量及温度；③塔顶压力；④汽提蒸汽量；⑤原料及回流不带水。只要密切注意塔顶温度，塔底液面，分析波动原因，及时加以调节，就能掌握塔的三个平衡，保证塔的正常操作。

☞ 26. 塔顶回流带水会有什么现象？如何处理？

塔顶回流由塔顶回流罐抽出，如果回流罐油水界位控制不好或失灵、水界面过高，超过回流抽出管水平面位置时，回流将含水。或者塔顶水冷却器管腐蚀穿孔，大量冷却水漏进回流罐来不及脱水，也可造成回流油带水。原料含水高，也可能造成预分馏塔顶回流罐水多，脱水不及时，也造成回流带水。

带水的回流油进入塔顶部，由于水的汽化热比油品汽化热约大 4 倍，水蒸气的比体积比油品蒸气的比体积约大 10 倍，因此造成塔顶压力上升，塔顶温度下降，塔上部过冷。不及时处理，塔顶压力会急剧上升冲塔，安全阀可能会跳开。

当发现塔顶温度明显降低，可初步断定回流带水，应迅速检查回流罐油水界面控制是否过高，或打开在仪表控制阀下面的放空阀直接观察回流油是否含水就可以准确判断。

回流油带水应采取如下处理办法：

（1）排除仪表控制故障，开大脱水阀门或副线阀门，加大切水流量，使水界面迅速降低。

（2）如果是冷却器管束泄漏，停止使用，及时检修。

（3）适当提高塔顶温度，加速塔内水的蒸发。

（4）塔顶压力上升可启动空冷风机。

遇到回流带水时，首先要及早判断，迅速处理，将回流油中水脱除，就能很快恢复正常操作；如发现迟，处理慢对安全生产带来严重危害。

☞ 27. 什么叫回流比？对塔的操作有何影响？

回流比 R 是指回流量 L_0 与塔顶产品 D 之比，即：

$$R = \frac{L_0}{D}$$

回流比的大小是根据各组分分离的难易程度（即相对挥发度的大小）以及对产品质量的要求而定。对于二元或多元物系它是由精馏过程的计算而定的。对于石油蒸馏过程，国内主要用经验或半经验的方法设计，回流比主要由全塔的热量平衡确定。

在生产过程中精馏塔内的塔板数或理论塔板数是一定的，增加回流比会使塔顶轻组分浓度增加、质量变好。对于塔顶、底分别得到一个产品的简单塔，在增加回流比的同时要注意增加塔底重沸器的蒸发量；而对于有多侧线产品的复合石油蒸馏塔，在增加回流比的同时要注意调整各侧线的开度，以保持合理的物料平衡和侧线产品的质量。

☞ 28. 除回流比之外，预分馏塔的操作参数还有哪些？

除回流比外，预分馏塔的操作参数还有：

（1）操作压力；

（2）塔顶温度；

（3）进料温度；

（4）塔底温度；

（5）回流罐与塔底液面等。

☞ 29. 预分馏塔的压力对分馏过程有何影响？

预分馏塔顶产品通常是轻汽油馏分或重整原料（双塔流程的塔Ⅱ）。当用水作为冷却介质，产品冷至40℃左右，回流罐在0.11~0.3MPa压力下操作时油品基本全部冷凝。因此分馏一般在稍高于常压的压力条件下操作，常压预分馏塔的名称由此而来。

对于原料中不凝气含量较多时，提高压力可以减少排放惰性气体时轻质汽油损失的数量。适当提高塔的操作压力可以提高塔的处理能力，当塔的操作压力从0.11MPa提高到0.3MPa时，塔的生产能力可增长70%。塔的压力提高以后，整个塔的操作温度也上升，有利于侧线产品与原料的换热。不利的因素是随着压力的提高，相对挥发度降低，分离困难。为达到相同的分离精确度，则必须加大塔顶的回流比，从而增加了塔顶冷凝器的负荷。此外由于进料温度不能任意提高，当压力上升以后，进料汽化率会有所下降。

☞ 30. 预分馏塔压力波动的原因有哪些？如何控制？

预分馏塔压力波动的原因有：

(1) 进料或塔顶回流量波动；

(2) 进料或塔顶回流带水和组成变化；

(3) 回流罐瓦斯(不凝气)背压变化，后路堵塞或压力变化；

(4) 冷后温度改变；

(5) 回流入塔温度改变等。

通常采用冷却水量和不凝气排出量作为塔压力的控制手段。压力高低直接受回流罐油温下蒸气压的影响。进料带水或轻组分增多(减少)，塔内产生过多(少)的水蒸气或不凝气使压力增高(下降)，要及时调整，保持塔内压力稳定；与此同时应尽量排除使塔内压力波动的因素。如果不排除上述造成塔内压力波动的直接原因，只靠压力控制器调节，就难以使塔内压力真正平稳下来。

☞ 31. 预分馏塔顶温度过高或过低有什么害处？

塔顶温度是控制塔顶拔头油干点的主要操作参数。塔顶温度过低，将不能拔出所有轻组分，造成塔内负荷增加，操作不稳；但是塔顶温度过高将使拔头油干点升高，拔头油带走较多适于重整进料的组分，浪费了原料。因此，过低、过高的塔顶温度都是不适当的。

☞ 32. 预分馏塔顶温度波动的原因有哪些？如何控制？

影响预分馏塔顶温度波动的主要因素有：

(1) 塔顶回流量、温度变化或回流带水；

(2) 进料组成、温度变化或进料带水；

(3) 塔的操作压力和塔底温度或液面变化等。

控制塔顶温度最基本的方法是分析原因加以调节，通常最有效的方法就是调节回流量，保持塔顶温度稳定。如果塔顶温度突然升高，就应及时增加回流量，或降低回流温度。较大的回流量或温度较低的回流进入塔顶后，与塔内高温物料接触、汽化时吸收热量，如果回流量加大的数量或温度降低的程度，正好能与塔顶温度增高多产生的热量相平衡，那么塔顶温度就能恢复到正常值。

如果是进料组成变化造成的塔顶温度变化应根据新原料组成确定适宜的塔顶温度，而不一定要恢复到原来的指标。

☞ 33. 塔进料温度对预分馏塔的操作有何影响？

在一定的操作压力下，原料油进料温度变化影响汽化率的变化。通常预分馏塔应在泡点温度下进料。如果进料温度太低，过冷进料将使进料口以下几块塔板的液体负荷增加，分馏效果降低。相反，进料温度过高，将使进料口以上几块塔板的气相负荷增大，严重时造成雾沫夹带，也会影响分馏效率。

☞ 34. 预分馏塔为什么采用泡点进料？

预分馏塔进料温度应控制在泡点温度。因为在泡点状态下进入塔中，才能更好地与进料板中的饱和液体相混合，与下部上升的饱和油气相接触，达到最好的分馏效果。过冷进料或过热进料均不能达到这种效果。

油品的泡点温度是与油品组成密切相关的，因此，当原料油组成发生变化时，就要根据泡点分析结果，及时调整进料加热器，以确保进料温度保持在泡点温度。当然，原料变化后，为了保证塔底油的质量指标，塔顶、塔底的温度都应做相应的调整。

☞ 35. 塔底温度和液面高度对预分馏有何影响？

塔底温度是控制塔底油初馏点的主要参数，塔底温度的变化将对全塔的热平衡产生影响。塔底油初馏点通常是预分馏塔的主要控制指标，因此塔底温度的变化对预分馏塔产生重要影响。

塔底液面变化是塔物料平衡改变的直接反映。塔底液面升高或下降表明进料量与进料性质可能发生变化，也可能与塔底温度变化、侧线抽出量变化(单塔开侧线塔)、塔顶馏出量变化、塔底抽出量变化、塔顶压力变化或者仪表失灵有关，如不及时调整，会破坏塔的平稳操作。

☞ 36. 造成预分馏塔底温度波动的因素有哪些？应如何控制？

塔底温度波动的主要影响因素是：

（1）进料量的波动和原料组成的改变；

（2）塔底液面波动。

控制塔底温度的基本手段是控制塔底加热器（或加热炉）出口温度。在一定的循环量下，加热器出口温度越高，带入塔底的热量越多，塔底温度随之增高。这样就可调节由于进料量突然增加（使塔底液面增高）引起的塔底温度下降；或者由于进料组分变重需要更多的热量使油品汽化引起的塔底温度的降低。

与此相反，如果进料量突然减少（塔底液面降低）或组分变轻使塔底温度升高时，就应调整加热器（或加热炉）出口温度，使之下降。

☞ 37. 预分馏开工过程是怎样进行的？

预分馏开工是在做好必要的准备工作之后进行的。准备工作包括流程、设备的检查，与油品罐区联系，检查罐区切水、收油、循环油返回原料罐的准备等。具体的开工步骤包括：

（1）启动原料泵向塔进油，塔底见液面时，塔底以20～30℃/h速度升温至要求温度，根据塔底液面变化情况补充原料油，液面达70%～80%可开启塔底泵循环回原料罐。塔内压力上升时，气体先排至火炬。

（2）塔顶回流罐液面高度达30%时，先切水后开回流，液面达60%时经换热回原料罐，此时便已形成罐、塔开工大循环，具体流程如下（见图1-10）。

（3）调整各操作参数，使塔顶、塔底油质量合格，塔顶气体排至燃料气系统，保持压力平稳。

（4）预分馏循环正常后，可全回流操作，等待与预加

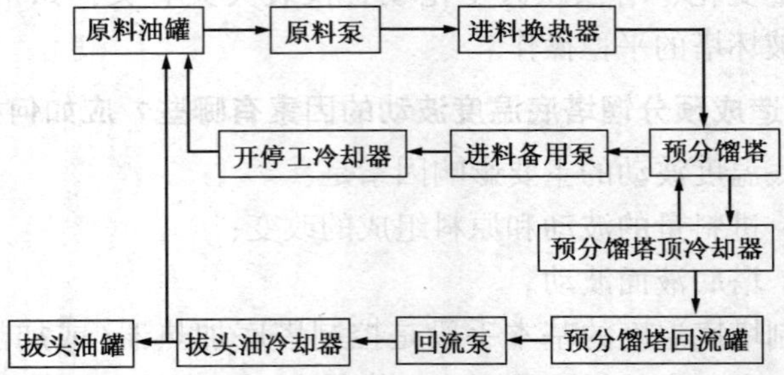

图 1-10　预分馏开工塔罐循环流程

氢联运。

☞ 38. 单塔预分馏塔底油初馏点过高或过低应如何处理？

如果塔底油初馏点过高，表明有部分重整原料组分被携到塔顶，将使重整料减少，特别是生产芳烃装置中，苯收率将明显下降。在这种情况下，应及时降低塔底温度，降低幅度应根据分析结果来确定。

相反，如果塔底油初馏点过低，表明有较多不适于做重整原料的轻组分进入塔底(即重整料)。如前所述，这些轻组分进入重整装置是无益的，因此应适当提高塔底温度，将轻组分蒸发出来，以保证塔底油初馏点合格。

☞ 39. 单塔预分馏拔头油与塔底油重叠的原因是什么？如何处理？

两种产品重叠表明分馏精确度较差，既降低了重整料收率又影响其质量。要实现产品之间脱空，就要以提高分馏塔分馏精确度入手。当塔的负荷不大(即中等负荷以下)时，可适当增大塔顶回流量。

通常，气液相负荷过大，塔板结构不好，长周期运转塔板损坏，塔板结垢都可能引起产品重叠。如塔内负荷过大可降低处理量，选择分离效率高的塔板；停工检修时仔细检查塔板安装质量，在一个开工周期内要求塔板无损坏；在塔板压降增大结盐时，及时洗除盐垢。

油品在分馏塔进行分馏，目的就是为了将产品按规格需要，从轻的至重的分离清楚，要求轻的产品中不含或少含重的组分，重的产品中不含或少含轻组分，从分馏目的本身出发，各产品之间最好都脱空，以表明塔的分馏效率高。但脱空过多则表明物料平衡没搞好，或塔板设置过多。

☞ 40. 为什么用塔顶回流调节塔顶温度有时不能达到预想的效果？

正常情况下一般不会发生这种情况，但是如果塔顶负荷过高时将会发生这种情况。这是因为：

（1）预分馏原料过轻或混兑了较多轻烃原料，或者原料带水过多。

（2）装置负荷量增加，预分馏塔在上限负荷操作。

在这种情况下，将会出现提高回流量，以期降低塔顶温度，在瞬间还起到一些作用，但不久塔顶温度会再度升高，如继续增加回流，不但塔顶温度难以下降，有时还会出现回流罐液位急剧升高，如不采取措施回流罐就会发生憋压甚至冒罐的事故。这是由于进入预分馏塔顶的液相回流，在塔顶迅速汽化，增大了塔顶负荷，形成恶性循环。

☞ 41. 预分馏塔发生冲塔是什么原因？如何处理？

分馏塔正常操作中，气液相负荷相对稳定。当气液相负荷都过大时，蒸气通过塔板的压降增大，会使降液管中液面高度增加；液相负荷增加时，出口堰上液面高度增加。当液体充满整个降液管时，上下塔板液体连成一片，分馏完全被破坏，即出现冲塔。

形成塔内气液相负荷过大的诸因素，都可引起冲塔。如原料处理量、原料进塔含水量，塔底供热量、塔顶回流量过大等。在塔内塔板结盐或降液管堵塞时气液相负荷不均匀也会造成产品变颜色。

发生冲塔时，因塔内分馏效果变坏，破坏了正常的传质传热，致使塔顶温度、压力、侧线馏出口温度、回流温度均上升，塔底液位突然下降，拔头油变重。

处理冲塔的原则是降低汽液负荷，即降低原料处理量；如原料含水大造成冲塔，即要加强脱水。

☞ 42. 预分馏进料泵或(和)回流泵不能运转时应如何处理？

预分馏进料泵(包括备泵)不能运转，其现象是：预分馏进料中断，流量指示回零。

发生这种故障时，可以甩掉预分馏，预加氢改用精制油，直接向预加氢进料，同时预加氢进料泵停抽预分馏塔底油。预分馏塔改全回流操作，单塔闭路循环，当班班长应及时向厂调度和车间汇报，联系维修队抢修设备。若长时间不能修复时，可以用预分馏原料全馏分加氢，利用脱水塔拔头，维持重整装置低温运转。

预分馏回流泵同时不能运转时，发生这种事故的现象是：塔回流中断，流量指标回零，塔顶温度、压力上升，回流罐液面上升，塔底液面下降。

处理措施的要点是：向厂调度和车间汇报，联系检修泵。停塔底重沸器热源，加大塔进料量，预分馏塔底油不经分馏送至预加氢系统，全馏分精制，短时间维持生产，必要时停工处理。

☞ 43. 如何表示和评价预分馏塔的分馏精确度或分馏效果？

一般化工过程的精馏塔被分离物系是由若干个确定组成的组分构成的，该塔的分离精确度可以用某些组分在塔顶产品和塔底产品中的含量来表示，换言之可用塔顶产品和塔底产品的纯度来表示。预分馏的产品不是具体的组分，而是较宽的馏分，上述分离精确度表示的方法不能用在重整原料预分馏过程中。两相邻馏

分之间的分离精确度，通常用该两个馏分的蒸馏曲线(一般是恩氏蒸馏曲线)的相互关系来表示(参见图 1-11)

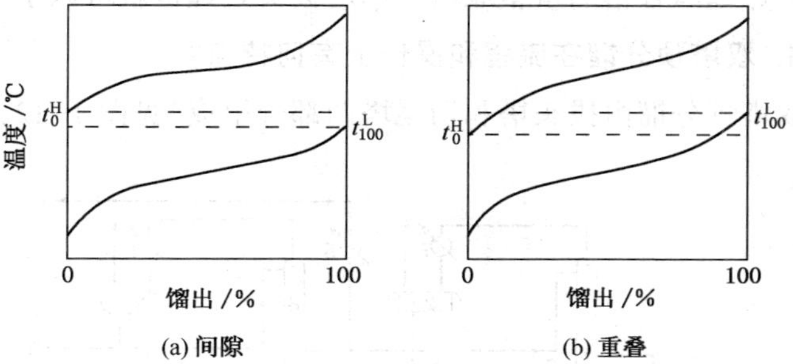

图 1-11　相邻馏分的间隙与重叠

倘若较重馏分的初馏点高于较轻馏分的终馏点，则这两个馏分之间有些“脱空”，炼油工业的术语称这两个馏分之间有一定的“间隙”。这个间隙可以用较重馏分的初馏点 t_0^H 与较轻馏分的终馏点 t_{100}^L 之间的温差来表示：

$$恩氏蒸馏(0\sim100)间隙=t_0^H-t_{100}^L$$

假如较重馏分的初馏点 t_0^H 低于较轻馏分的终馏点 t_{100}^L，则称为“重叠”，重叠意味着一部分轻馏分进入到重馏分当中，其结果，降低了轻馏分的收率，又有损于重馏分的质量，显然是分馏精确度差所造成的。间隙意味着有较高的分馏精确度，间隙越大说明分馏精确度越高。不论相邻两个馏分的恩氏蒸馏曲线有间隙或是重叠，如果以实沸点蒸馏曲线来表示两相邻馏分的相互关系，则只会出现重叠而不可能发生间隙。

通常，实际生产装置真正达到脱空的情况是不容易的，多少总会有些重叠，因此最有实际意义的评价指标是重叠程度而不是脱空程度。

双塔预分馏分割出的重整原料要好一些，基本能达到或接近脱空，所含有的拔头油组分通常 $\ngtr 3\%$；拔头油带有的重整原料组分不超过2%。因此，对于生产芳烃，双塔预分馏的分离效果较好。单塔预分馏的效果显然要比双塔预分馏差。但是对于只需得到干点基本合格的重整原料，单塔拔头处理也就可以了。

☞ 44. 双塔预分馏在流程和操作上有何特点？

双塔预分馏由拔头塔和切尾塔两部分组成(见图1-12)。

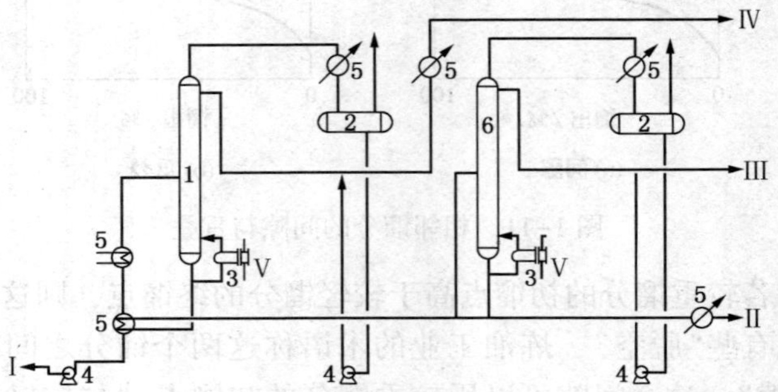

图1-12　双塔预分馏装置流程

1—拔头塔；2—回流罐；3—重沸器；4—泵；5—换热器；6—切尾塔

Ⅰ—原料油；Ⅱ—塔底油；Ⅲ—重整原料；Ⅳ—拔头油；Ⅴ—热载体

拔头塔操作特点是：

拔头塔的唯一操作变量是输入到塔底的热量。通常靠热油(或者重沸炉加热的热载体)，在流量控制下循环输入，调节塔底温度。回流量通常由回流罐液位控制。拔头塔的压力，一般不是独立变量，它随火炬总的正背压而变化。为防止火炬总管对拔头塔的污染，在回流罐排放管线上设有氮气吹扫线。拔头油的组成可通过塔顶温度的控制加以调节，控制塔顶温度能重新改变拔头油的拔出率。

切尾塔的操作特点：

切尾塔的热量由再沸器(炉)提供。改变塔底温度可以控制切尾油的组成和切出率。回流量由回流罐液位控制，塔的压力随火炬总管和氮气吹扫线压力而变化。塔顶抽出的重整原料在冷却之前与拔头塔进料换热，回收其热量。

☞ 45. 塔板上气、液接触的方式有几种？各有何特点？

塔板上气、液接触的情况随气速的变化而有所不同，大致可以分为以下四种类型：

（1）鼓泡接触：当塔内气速较低的情况下，气体以一个个气泡的形态穿过液层上升。塔板上所有气泡外表面积之和即该塔板上气、液传质的面积。

（2）蜂窝状接触：随着气速的提高，单位时间内通过液层气体数量增加，使液层变成为蜂窝状况。此时的传质面积要比鼓泡接触大。

（3）泡沫接触：气体速度进一步加大时，穿过液层的气泡直径变小，呈现泡沫状态的接触形式。

（4）喷射接触：气体高速穿过塔板，将板上的液体都粉碎成为液滴，此时传质和传热过程则是在气体和液滴的外表面之间进行。

前三种情况在塔板上的液体是连续相，气体是分散相，气体分散在液体中进行气、液接触传热和传质过程的；喷射接触在塔板上气体处在连续相、液体变成了分散相。

在小型低速的分馏塔内才会出现鼓泡和蜂窝状的接触情况。在预分馏过程中气速一般都比较大，所以，多采用浮阀或泡帽塔板，以泡沫接触为主的方式进行传热、传质。

☞ 46. 为什么大多数预分馏塔都采用浮阀塔？在操作和检修中应注意哪些问题？

由于浮阀塔具有塔板效率高、常压操作范围广和操作弹性大等优点，很适合重整原料预分馏过程的要求，因此设计中多被采用。

浮阀塔也有不足之处，例如，浮阀容易脱落，这就要求操作中尽量避免不正常的冲击和波动，减少浮阀脱落。在检修中应尽量检查各层塔板浮阀脱落情况，并尽可能的修复或更换，以确保塔板效率得到良好发挥。

☞ 47. 塔内气、液相负荷变化过大对塔操作有何影响？淹塔现象是怎样发生的？

气相负荷过小，塔内气速过低，将发生泄塔(即液体从上层塔板的开孔中下漏)，或称漏液或泄漏，显然漏塔情况下会使塔的分离效果下降，不利于塔的平稳操作。

气相负荷过大，使塔板上液层剧烈搅拌，使泡沫层增高，带入上层塔板的液体夹带量增大。如果夹带量超过10%，就会使正常操作遭到破坏。

如果液相负荷太低，低于设计负荷50%以下，因塔内水力学的限制而难以操作。

如果液体负荷突然增加，液体在降液管中的流速加快，使液体中夹带的气体组分来不及分离，流到下层塔板，使下层塔板分离效果下降。通常要求液体在降液管中的流速不得超过0.12m/s。

进料量突然增加过多将使液相负荷和气相负荷同时加大，出口堰上的液层高度增加，阀孔气速增加，液体流过降液管时的阻力增大，塔板压降增大，最终导致降液管中的液面高度($h_{液}$)增高。各因数间存在如下关系：

$$h_{液} = \Delta p_{板} + h_1 + h_2 + h_{堰}$$

式中 $\Delta p_{板}$——塔板压力降，mm，液柱；

h_1——出口堰液层高，mm 液柱；

h_2——液体流过降液管时的阻力损失，mm 液柱；

$h_{堰}$——出口堰高，mm 液柱。

如果降液管中液面高度达到顶点，降液管充满液体时，上、下塔板就被液体连通，完全破坏了分馏作用，这就是所谓的淹塔现象或称液泛现象。

通常要求降液管中的液面高度 $h_{液} \leqslant 0.5H_{板}$（$H_{板}$ 是塔板间距）。

☞ 48. 如何保持预分馏塔的平稳操作?

影响预分馏塔正常操作的因素很多，但只要抓住主要矛盾，整个塔的操作也就迎刃而解。预分馏塔和所有分馏塔一样。其主要矛盾是：全塔物料平衡和热平衡。

物料平衡也就是塔进、出料的平衡，物料平衡的变化集中反映在塔底液面的变化上。

热平衡也就是进入塔的热量与出塔热量的平衡，具体反映在塔顶温度上。

所以，只要密切注视塔顶温度、塔底液面两块仪表，或对这两个参数的跟踪控制，经常调节、分析波动原因，并加以消除，就能很好保持住塔的物料平衡和热平衡，也就保证了塔的平稳运行。

第二章　原料预精制过程

☞ 1. 原料预精制装置的任务是什么？它是由哪些工序构成的？

重整原料预精制装置的任务是脱除原料中的有害物质(即毒物)，如砷、铅、铜、汞、铁和氮、硫、氧等，以保护重整催化剂的活性。

原料预精制装置通常由以下一些工序构成：

(1)原料预脱砷；(2)原料加氢预精制；(3)原料蒸馏脱水；(4)原料深度脱硫等。

☞ 2. 工业中应用的预脱砷方法有哪些？其作用是什么？

在我国催化重整装置中，应用的预脱砷方法有三种：

① Si-Al 小球或硫酸铜/Si-Al 小球吸附脱砷法；

② 过氧化氢异丙苯(CHP)氧化脱砷法；

③ 临氢脱砷法。

这些脱砷方法的作用，都是为了脱除掉原料石脑油中的常量砷，剩余的微量砷，再经加氢预精制深度净化，获得符合重整要求的原料油(如含砷<1ng/g)。

这里所谓的常量砷与微量砷没有严格的界限。通常要求预脱砷能够将原料石脑油中的大约 200~1000ng/g 的常量砷(有时更高些)，脱至 100~200ng/g。这样，一方面预加氢生成油含砷量能达到<1ng/g 的要求，另一方面可以延长预加氢催化剂的使用寿命。

☞ 3. Si-Al 小球脱砷法的主要优、缺点是什么？CHP 氧化脱砷在工业中为什么未能广泛应用？

Si-Al 小球脱砷过程，是在常温、常压的缓和条件下，借助

Si-Al 小球裂化催化剂(经 10%H_2SO_4 浸泡)的吸附作用，能将原料石脑油中的砷吸附在脱砷剂上，经初步脱除砷，减少预加氢催化剂因积砷量高而失活的危险，这种方法优点是操作简单，投资较少。缺点是容砷量较低，废脱砷剂需要掩埋，难以适应环保要求。

CHP 是过氧化氢异丙苯的英文缩略语。原料石脑油与 CHP 在 80℃条件下，反应 30min，可脱除 95%左右的砷化物。这种方法的最大问题是氧化废渣处理比较麻烦，因而在工业上应用不多。

☞ 4. 临氢预脱砷的基本原理是什么?

重整原料石脑油中的砷化物，通常是有机砷化物，如三甲基胂[$(CH_3)_3As$]、三乙基胂[$(C_2H_5)_3As$]。临氢预脱砷的基本原理是在氢压下，砷与脱砷剂(如加氢精制用的镍钼催化剂或其他专门生产的脱砷剂)接触，转化成不同价态的金属砷化物，如砷化镍($NiAs$)、二砷化镍($NiAs_2$)和五砷化二镍(Ni_2As_5)等。因此，原料石脑油中的砷被留在脱砷剂中，石脑油中的砷被脱除。

☞ 5. 法国 Procatalyst 捕集脱砷法的基本原理是什么?

据报道，Procatalyst 捕集脱砷法的第一步是将原料石脑油在临氢条件，借助精制催化剂的作用，将 As—C 键断裂，使砷转化成三氢化砷(AsH_3)；第二步是在捕砷剂上，将生成的 AsH_3 捕集吸收，使原料石脑油中的砷得到脱除。

据悉，该工艺已在国外工业化，所用的捕集脱砷剂是 CMG-841,脱砷率达 92.4%。

☞ 6. 什么是高效脱砷剂? 常用的高效脱砷剂有哪些牌号? 各有何特点?

所谓高效脱砷剂，通常是指具有脱砷率高、容砷能力强的脱砷剂。例如，北京石油化工科学研究院开发的 RAs 系列脱砷剂是常用的高效脱砷剂。此外还有 3992 脱砷剂和 FDAS-1 脱砷剂。

(1) RAs 系列脱砷剂

北京石油化工科学院开发的 RAs 系列脱砷剂的主要牌号和特点见表 2-1，工业应用情况见表 2-2。

表 2-1 RAs 系列脱砷剂的主要物化性能指标

	RAs-2(B)	RAs-3	RAs-10	RAs-20
操作温度/℃	260～360	260～360	180～240	260～360
操作压力/MPa	1.0～4.0	1.0～4.0	1.0～4.0	1.0～4.0
氢油体积比	≥80	≥80	≥30	≥80
体积空速/h^{-1}	8～15	8～15	4～8	8～15
适用于	汽油、煤油、柴油及其混合馏分的加氢脱砷			
砷容量/%	≮14.0	≮7.4	≮4.0	≮7.0

注：砷容量=脱砷剂的积砷量/脱砷剂的重量×100%

表 2-2 RAs 系列脱砷剂工业应用情况

使用单位	规模/(万 t/a)	空速/h^{-1}	产物砷含量/(ng/g)	应用时间
大庆炼油厂	15	7.8	<1	1991.10
大庆炼油厂	30(焦化汽油)	9.0	<1	1990.7
大连西太平洋	60		<1	1996.7
锦西石化	15		<1	1997.7
燕山石化炼油厂	60	7.0	<1	2000.3
大庆炼油厂	15	8.0	<1	2000.7
克拉玛依	30	8.0	<1	2000.10
抚顺石油一厂	15	5	<1	1999.7
抚顺石油三厂	30	12.0	<1	2001.4
大连石化	60	8.0	<1	2001.9
大庆炼油厂	30(焦化汽油)	9.0	<10	1998.4

(2) 3992 脱砷剂

中国抚顺石化公司石油三厂生产的 3992 脱砷剂，在反应温度 290℃、反应压力(高分)1.3MPa、气油比 124、空速 $6.1h^{-1}$ 的条件下，可以得到砷合格的重整原料油(含 As<1ppb)。

(3) FDAs-1 脱砷剂

抚顺石油化工研究院开发的 FDAs-1 脱砷剂的特点是：反应温度和氢油比对脱砷剂 FDAs-1 的脱砷有明显的影响，反应温度上升，氢油比增大，脱砷率明显提高。能力可高达 40% 以上。

除上述之外，近年，北京三聚环保新材料有限公司推出了牌号为 PAS-20 的石脑油常温脱砷剂和牌号为 SAS-10 的临氢脱砷剂；陕西金堆城钼业科技有限公司也推出了牌号为 JAS-1 和 JAS-2 的脱砷剂。

开发高效脱砷剂的原因之一是为了提高脱砷技术的水平。原因之二是为了减少废脱砷剂量，减少对环境的污染，便于掩埋处理。

高效脱砷剂通常具有脱砷效率高容砷能力强的优点，它们通常是高镍系催化剂，多具有很强的裂解性能，如果使用不当往往会造成脱砷剂迅速结焦(块)、床层压降增大，迫使装置停工。为防止这类事故，介绍钝化处理方法供参考。

钝化过程是在脱砷剂临氢活化处理(400℃)之后，将床层降至常温，在 1.0MPa 压力下用石脑油处理 8h。试验表明，钝化后的脱砷剂结焦(块)的可能性减至最低。

☞ 7. 预脱砷油中砷含量过高时，应如何处理？

所谓预脱砷油，这里是指经预脱砷过程处理之后，进入加氢预精制系统的原料油，而不是加氢预精制后的生成油。

由于各装置设计中采用的预脱砷方法不同，因此，预脱砷油砷含量不合格时的处理方法也就不同。

(1) 如果预脱砷采用 Si-Al 小球脱砷法，当预脱砷油砷含量过高时，应将 Si-Al 小球使用周期内 Si-Al 小球实际容砷量尽可能准确地估算清楚，若超过 5%～10%时，应予以更换。另外一种情况，如果是原料油砷含量突然增高，那么此时就应采取单罐循环的方法，保证供给加氢预精制装置合格的原料[砷含量<100~200ng/g，视各装置工艺卡片的要求决定]，必要时更换 Si-Al 小球脱砷剂。

（2）对于采用 CHP 氧化法脱砷的装置，脱砷油砷含量过高时，首先应查明原因，根据情况可采取提高反应时间或增加 CHP 量等措施；与此同时，应制订长期稳定运转的可行方案。

（3）对于采用临氢法脱砷的装置，脱砷油砷含量过高时，通常表明该脱砷剂的脱砷能力已经下降，容砷能力超过允许范围。如果有备用的并联脱砷反应器可根据情况切入系统。但多数装置均不设置并联的备用脱砷反应器。因此，只要在每个运转周期之初，对在用脱砷剂的含砷量做准确分析，通常不会出现这种情况。如果已分析出脱砷剂的砷含量较高，就应在运转初期及时更换脱砷剂。

如果由于工作疏忽在开工之初未做分析，或分析失误，或已发现脱砷剂积砷量已较高时，只好停工更换脱砷剂，别无其他更好办法。

☞ 8. 为什么对废脱砷剂要妥善处理？环保方面有什么要求？

废脱砷剂，是指吸附、浓缩了较多砷化物的吸附剂，它已基本达到工业最大容砷量，不能再起到脱砷作用，应予更换和妥善处理。

据《石油化工毒物手册》介绍，元素砷基本是无毒的，但是砷的氧化物和某些盐类绝大部分是剧毒物。如三氧化二砷（As_2O_3）是人们常说的剧毒物砒霜。

已经测出，废的 3665 脱砷剂中含有 NiAs、$NiAs_2$ 和 Ni_5As_2 等，它们也是有毒物质，如果把含有砷和其他砷化物的废脱砷剂长期露天堆放在地面上，砷也有被进一步氧化成剧毒物的可能。因此，为防止毒物对周围环境的污染和对人身体的危害，必须对废脱砷剂进行妥善处理。

环保方面要求对废脱砷剂必须做好防护处理。国外有些国家已明确要求对废脱砷剂采取水泥罐装封闭深埋措施。我国环保部门对毒物处理也有具体明文规定，在处理不同含砷量的废脱砷剂时，应在环保部门的指导下进行。

为避免废脱砷剂对人体造成伤害，在处置废脱砷剂时要求用防护用品，工作结束后要洗手、洗澡和更衣；不得在存放废脱砷剂的场所进食、饮水和吸烟；盛放废脱砷剂的金属容器改做他用时应进行酸洗，在酸洗时应先测金属容器及酸中的含砷量，以防砷化氢中毒；作业工人应定期体检。

☞ 9. 加氢预精制(即预加氢)的作用是什么？其工艺过程是怎样构成的？氢气从何而来？

预加氢的作用是：除去重整原料中的非烃化合物(主要是硫化物、氮化物和含氧有机化合物)和金属有机化合物，使之符合重整催化剂对原料油的要求。

图 2-1 和图 2-2 是典型的重整原料加氢预精制氢气一次通过和氢循环两种工艺流程。

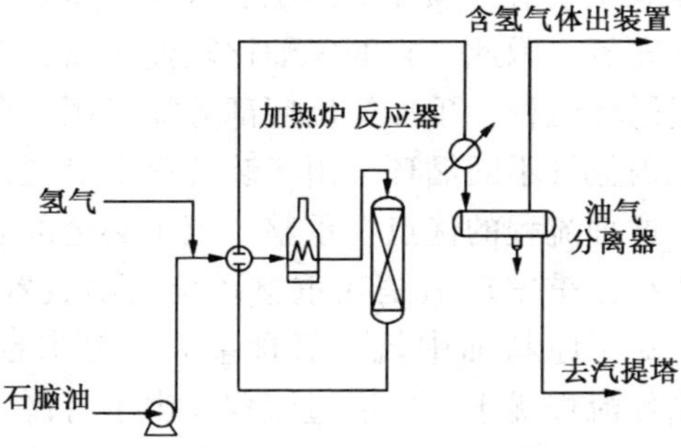

图 2-1　重整氢一次通过流程

由预分馏工序切取得到适宜馏分的原料，经进料泵升压后与氢气混合，再经换热器、加热炉加热到适宜温度进入加氢预精制反应器进行精制反应，反应生成物经换热器、冷却器降至分离温

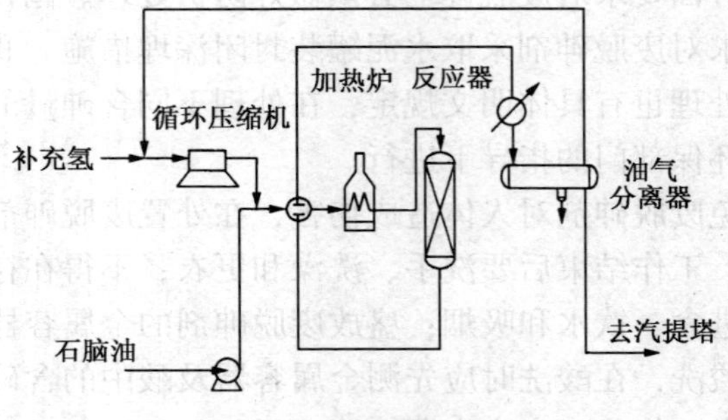

图 2-2　氢气循环流程

度(通常为 38℃左右)，进入气/液分离器，分离出的液体反应产物压送到蒸发脱水塔。塔底得到含水合格的加氢精制油。

分离器分出的含氢气体可做其他加氢装置的氢气来源；脱水塔顶分出的气体可送入燃料气系统。

预加氢过程所用的氢气，通常是由重整装置产生的氢作为预加氢部分的氢气来源。有的装置是一次通过，预加氢的尾氢不循环，因此，预加氢的氢油比是随重整产氢的多少而定；有的预加氢部分带循环氢压缩机，预加氢的尾氢循环到压缩机入口，重整装置只提供补充氢，因此，它的氢油比较前者高，系统压力也比前者高。氢气循环流程，预加氢反应部分需投用一台循环氢压缩机，反应系统内氢气不断循环。由于装置存在氢耗，则需向装置补充重整氢。这种流程的优点：重整产氢不必全部通过预加氢系统，氢油比较小，重整产氢是在重整系统送出装置，不含 H_2S、NH_3 等杂质，对于原料油中硫、氢含量高，要求预加氢压力较高时，采用循环流程优于一次通过流程。由于有循环压缩机，操作比较灵活，且开、停工灵活性大。这种流程的缺点是：流程相对复杂，如不采取增压等提纯措施，装置产氢压力低，重整产氢的纯度比一次通过式低 2%~4%。

☞ 10. 预加氢过程中发生的化学反应有哪些？它们的化学反应方程式是怎样的？

在预加氢反应中可发生脱硫、脱氮、脱金属、脱氧、烯烃加氢饱和及脱卤化物 6 种反应。下面是 6 种反应的反应方程式：

（1）脱硫反应：

硫　醇　$R\text{-}SH+H_2 \longrightarrow RH+H_2S$

硫　醚　$RSR'+2H_2 \longrightarrow RH+R'H+H_2S$

二硫醚 $RSSR'+3H_2 \longrightarrow RH+R'H+2H_2S$

环状硫化物

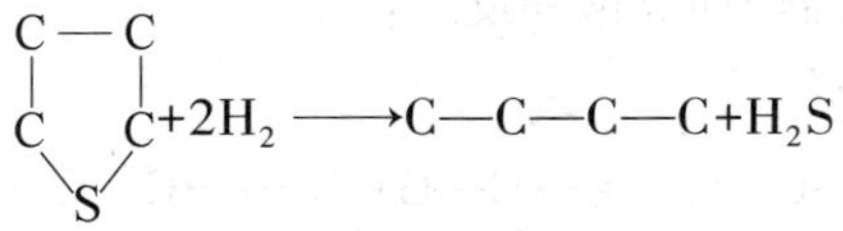

噻　吩

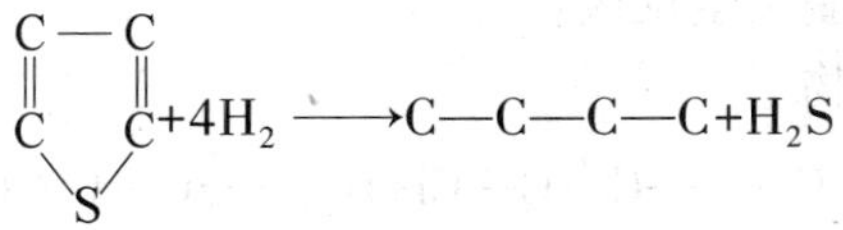

苯并噻吩

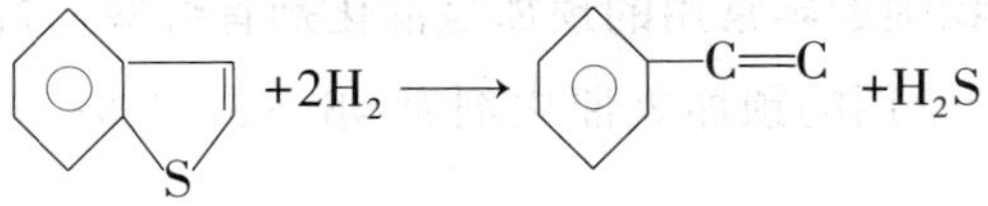

（2）脱氮反应：

吡啶

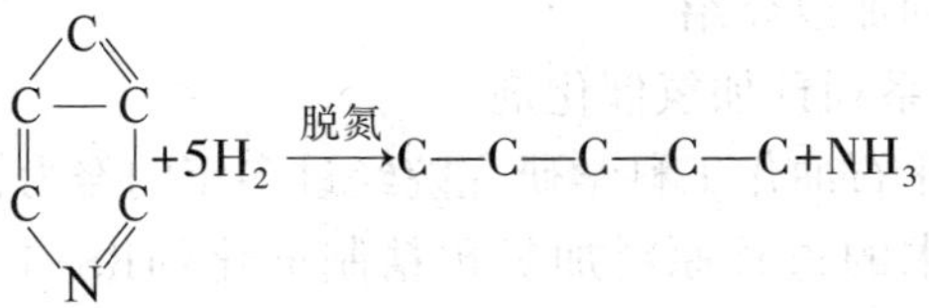

（3）脱金属反应：

虽然脱除金属有机化合物的反应机理尚不十分清楚。但是知道，脱下的金属是被保留在催化剂上。有人将废加氢脱砷催化剂做了 X 光衍射分析，发现砷与催化剂上的金属镍形成了不同价态的化合物，如砷化镍、二砷化镍和五砷化二镍等，据此，推测脱金属反应方程式大致如下：

$$\underset{\text{(金属有机化合物)}}{RX} + H_2 \xrightarrow[\substack{\downarrow \\ Ni_jX_i-NiO/Al_2O_3}]{NiO/Al_2O_3} \underset{\text{(烃)}}{RH} + H_2O$$

(4) 脱氧反应：

苯　酚 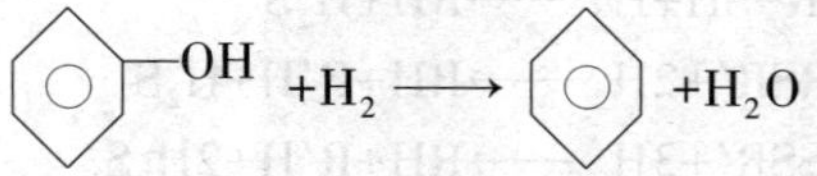

(5) 烯烃加氢饱和反应：

链烯烃

$$C—C═C—C—C—C+H_2 \longrightarrow C—C—C—C—C—C$$

(6) 脱卤素反应：

氯化物

$$C—C—C—C—C—Cl+H_2 \longrightarrow C—C—C—C—C+HCl$$

☞ 11. 我国近年常用的预加氢催化剂有哪些？各有何特点？

我国常用的预加氢催化剂有 481-3、RN-1 和 PS 系列等催化剂。

近年，又开发了 RS 系列、3987、FH-40B 和 HPL-2 等。

下面分别加以介绍。

(1) RS 系列预加氢催化剂

中国石化石油化工科学研究院经过多年的努力，成功开发了适应以上要求的重整原料加氢预精制催化剂RS-1、RS-20、催化剂可在体积空速 $10h^{-1}$及低的氢油比条件下操作：对掺混一定含量焦化汽油的石脑油，催化剂可在 3.9～$8h^{-1}$高空速条件下操作，为重整预加氢装置扩大原料油的来源，提供了可靠的技术支撑(见表 2-3)。

表 2-3　RS-1 催化剂工业装置运转部分结果[①]

加氢后焦化汽油掺入量/%	34.1	
分析项目	原料	精制油
S/(μg/g)	336	<0.5
N/(μg/g)	13.4	<0.5

① 氢分压 1.8MPa，体积空速 $3.9h^{-1}$。

在保证催化剂具有高活性的同时，为了提高催化剂床层空隙率，减缓催化剂床层压降的上升速度，延长装置运转周期，又成功开发了具有蝶形形状的 RS-30 催化剂。结果表明，RS-30 催化剂具有高的脱硫、脱氮活性及良好的活性稳定性，能够满足工业上长周期运转。

RS-1 自 1994 年在长岭炼厂应用以来，已在 28 套装置应用，并于 2006 年出口苏丹和阿尔及利亚等国。

RS-20 自 1999 年在抚顺石油一厂应用以来，亦已在 6 套装置应用。

RS-30 工业应用情况见表 2-4。

表 2-4　RS-30 催化剂工业应用情况

应用单位	开工时间	压力/MPa	体积空速/h^{-1}	后续重整
荆门石化	2004.5	1.8	5.0	固定床
安庆石化	2004.6	1.8	3.0	固定床
广州石化	2005.5	2.4	9.0	连续重整
济南分公司	2006.3	2.0	7.0	固定床

（2）3987 预加氢催化剂

由中国石化石油化工科学研究院研制开发、抚顺石化公司催化剂厂生产的预加氢催化剂 3987 具有很好的活性。大庆炼化厂重整预加氢进料在设计负荷的 108%负荷运行时可以满足生产的需要，自 2006 年 9 月 21 日开工以来，预加氢系统运行稳定，预加氢催化剂 3987 反应性能良好。

（3）HPL 型系列加氢精制催化剂

已在抚顺石化分公司石油一厂 15 万 t/a 催化重整预精制装置和石油二厂及辽河石化分公司焦化汽油装置等应用，工业实践表明该催化剂加氢活性高，稳定性好，机械强度高。长春惠工催化剂有限责任公司为了满足呼石化高含氮原料的要求，针对呼石化使用的氮含量为 15μg/g 重整原料，用 HPL-2 催化剂进行了反应活性评价试验。结果表明 HPL-2 催化剂能够满足对这些高氮原料油预精制的要求。

（4）FH-40A 和 FH-40B 预加氢催化剂

比表面积大、孔径分布集中及制造成本低等是抚顺石化研究院近年开发的新型 FH-40A 和 FH-40B 预加氢催化剂的特点，有利于提高催化剂的加氢精制性能及降低催化剂制造成本，催化剂已经于 2004 年在金陵石化分公司 60 万 t/a 连续重整预加氢装置上工业应用，取得了良好的经济效益。

（5）GHT-21、GHT-22、GHT-23 加氢精制催化剂

北京金伟晖工程技术有限公司开发的轻非芳烃组分经 GHT 加氢精制催化剂，在低压反应条件下，将原料烯烃饱和，同时脱硫、脱氮满足催化重整进料要求，生产高辛烷值重整汽油或芳烃。GHT 加氢精制催化剂是采用大孔、低堆比载体，经过特殊处理及活性组元引入制备方法，具有低金属含量等特点。在乌鲁木齐石化厂、大港石化厂和庆阳石化厂等获得应用。活性组分为 Mo—Co—Ni；已在多套装置得到良好应用，该催化剂不仅具有较好的脱硫性能，而且可以处理含 30% 热加工石脑油的原料；此外，该催化剂还具有加氢脱砷的性能。

481-3 催化剂是抚顺石油化工研究院开发的。

RN-1 和 PS 系列催化剂是 ϕ1. 2mm 的三叶草型条状催化剂，堆密度为 0. 88g/mL。前者的活性组分为 W—Ni，后者的活性组分为 W—Ni—Co，此类 W—Ni 系催化剂亦在多套装置得到良好应用。该类催化剂具有活性高、空速大、稳定性好的特性。

该类催化剂是由中国石化石油化工科学研究院开发的。

☞ 12. 原料预加氢过程的操作参数有哪些？

原料预加氢过程的操作参数有：反应温度，进料质量和进料量，操作压力，H_2/HC 比，空速。

☞ 13. 操作温度对预加氢反应有何影响？如何控制预加氢的反应温度？

提高温度，将加速预加氢反应的速度，促进预加氢反应的进行，可降低精制油中的杂质含量；但是温度过高，将会降低生成油的液体产品收率，并促使焦炭生成速度增加，损害催化剂的活性。

那么，应当如何控制好预加氢的反应温度呢？

通常是控制反应器入口温度，用以调整必需的脱硫、脱氮率。反应器出口温度通常不是独立的操作变量，它通常是进料质量的函数，当反应器入口温度和进料质量及流率一定时，一般情况下其出口温度是不变的。入口温度通常应控制在所需的最低值，过高的反应器入口温度是无益的，它将导致较高的生焦量，缩短装置的运转周期。

通常随着运转时间的增长，催化剂活性逐步衰减，这可以用提高反应温度来补偿。但是，最高的预加氢反应温度通常是370℃左右，超过此值，焦炭生成速度极快，而且将有裂化反应发生，而精制效果收效甚微。此温度界限是指床层最高温度。反应器和进料加热炉的设计温度也可能限制最大容许操作值，反应器的最大温升必须连续监测，以保证不超越装置的最高设计值。通常反应器温升不允许超过35~40℃，这一点在改变进料时特别重要，因为烯烃饱和将产生相当高的反应热。

☞ 14. 为什么要严格控制预加氢进料的质量和速度？如何控制？

因为预加氢反应器中装填的催化剂和其他操作参数都是根据

装置欲加工的原料的数量和质量设定的，进料类型和进料量可允许在适当范围内变化，但不允许过大的波动。当进料质量变差和进料量增大时，一定程度上会降低催化剂的使用寿命。在极端的情况下，或因生成油质量不好、或因预加氢催化剂活性衰退过快，影响装置生产正常运行，甚至停工。

进料量增加，需要较高的反应温度才能完成恒定的脱硫率，并且需要较高的循环气体流量以保持恒定的 H_2/HC 比。反应温度的上升将导致加快焦炭生成速度，缩短运转周期。但是，进料量降低过多，将会造成催化剂的积炭增加，有时流量不均造成沟流，影响产品质量。通常进料速率不宜低于设计值的 50%。

为了减少进料变化所带来的影响，一般操作原则是：在降低进料量之前，应先降低反应温度；反之，在提高反应温度之前应先加大进料量。特别是对原料质量要随时监控。

被加工的原料类型以馏程和密度表示。原料干点上升，将使脱氮、脱硫更加困难，因此需要较高的反应温度，而高温又加速焦炭生成；与此同时，较重的馏分本身还含有更多的生成焦炭的母体，更加速了焦炭的沉积。除此之外，高沸点馏分的原料可能含有更多的金属杂质，不仅导致反应器压降增加，而且也会加速催化剂的失活。必须注意，被金属饱和了的催化剂的活性很难恢复。这样，用干点高于设计值的原料时，会缩短运转周期；在苛刻的条件下，导致催化剂活性不可逆转的丧失。因此，必须尽量避免高干点原料进入装置。为了减少焦炭的生成，在使用二次加工原料时，原料贮罐必须用气封。

馏程相同，溴价较高的原料，表明烯烃含量较多。这种原料使床层温升较高，也比较容易缩合，在反应器和相关设备中容易结焦。加工这种原料时，除控制好床层温度，还应尽量加大 H_2/HC 比。

☞ 15. 操作压力对加氢反应有何影响？为什么要求预加氢尽量在设计压力条件下运转？

通常提高压力可以增加预加氢反应的深度，有利于杂质的脱除，并可以减缓催化剂上积炭生成速率。

反应器部分的操作压力是由高压分离器的压力来控制。装置所需的氢分压是由需要完成的脱硫、脱氮程度所决定的，是原始投资与操作费（成本）对催化剂寿命权衡的最佳值。由于下述原因，操作压力（即高压分离器压力）必须尽量保持在设计值：

（1）虽然提高操作压力对催化剂寿命有利，对催化剂活性有利，但是设备（加热炉、反应器、压缩机、换热器、管道和安全阀）是根据设定的分离器压力设计的，分离器压力的提高将加速设备磨损，在极端情况下可能造成代价高昂的危险及设备故障。

（2）操作压力低于设计值，对催化剂活性不利，并且由于焦炭生成而加速催化剂失活。

☞ 16. 氢油比（H_2/HC）对预加氢反应过程有何影响？如何计算 H_2/HC 比？H_2/HC 比下降时应如何处理？

提高 H_2/HC 比，也就是提高氢分压，有利于加氢反应，可减缓催化剂上积炭生成速率，有利于导出反应热，避免或减小床层温升（甚至超温）。但是 H_2/HC 过大时，将会影响装置的处理量，增加能耗，不利于提高装置经济效益。特别强调指出，装置不允许在低于设计的 H_2/HC 比下长期操作，那样会导致催化剂迅速失活。

H_2/HC 比通常有两种表达形式，一为氢油体积比，一为氢油摩尔比。按下式计算：

氢油体积比 = 标准状态下混合氢体积流量/原料油体积流量

氢油摩尔比 = 混合氢摩尔流量/原料油摩尔流量

在带有气体循环装置的运转过程中，由于可循环的气体是压缩比的函数，当系统压降增高时，循环气量将逐渐减少，特别采用离心式压缩机更是如此。在这种情况下，只要计算的 H_2/HC 比不低于设计值，循环气量的减少还可允许。但是如果过低，催化剂必须再生、过筛，以减少系统压降。

在一般的情况下，由于系统压降或机械故障造成 H_2/HC 比降低时，必须降低原料量，以保持必要的 H_2/HC 比。

一旦循环气完全中断，必须立即停止原料进入反应器，以保护催化剂和设备。

☞ 17. 系统氢纯度对预加氢反应过程有何影响？氢纯度由哪些因素确定？

为使预加氢反应过程能有效进行，要求有一定的氢纯度(最低氢分压下)，H_2/HC 比和氢分压均与氢纯度有关。从实际情形来说，通常受到操作费用、催化剂寿命诸因素影响。保持氢纯度在70%~80%(摩尔)是允许的最小值，更低的氢纯度对装置运行将不利，因为这样必须在更高的温度下才能达到希望的产品质量。氢纯度通常由下列因素确定：

(1) 补充气的氢纯度；

(2) 循环气中容许的轻烃和 H_2S 的累计含量。

在大多数情况下，补充氢的纯度是不容易控制的，它是由重整装置或制氢装置的操作所决定的，除非在本装置设置氢提浓设备。循环气中的轻质烃加上反应中生成的轻质烃，随同补充气进入反应系统，在某些情况下，可在高压分离器处排放，以避免积累。

☞ 18. 原料杂质对预加氢系统有何影响？除去这些有害杂质有哪些方法？

硫和氮是原料中常见的杂质，在加氢反应中生成的 H_2S 和 NH_3 可以进一步反应生成硫化铵。如果进料中还有杂质氯，预加氢反应后生成 HCl，HCl 与 NH_3 反应则生成氯化铵。这些铵盐需要水洗脱除，以免在系统内结垢。如果进料中含有较多的氮或噻吩类硫化物，就必须在较高的反应压力和（或）较高的温度操作。

在补充气中含有少量的 N_2、CO 和 CO_2，它们对催化剂影响不会很大，但必须不断排放，以免在系统内积累。过量的 CO 和 CO_2 对催化剂则很不利，因为它们能够被预加氢催化剂甲醇化，占据活性中心，并放热使出口温度升高，降低催化剂的表面活性。因此，不允许含有较高的 CO 或 CO_2 的气体进入预加氢。

碱金属是预加氢催化剂的毒物，必须除去。固体腐蚀性物质和/或机械杂质进入反应器将导致床层结垢，压降增加。因此，必须对原料进行过滤加以脱除。

☞ 19. 循环气中 H_2S 含量较高时（如>1%）对预加氢反应过程有何影响？应如何处理？

H_2S 的存在将会降低脱硫效率。5%的 H_2S 含量将使氢分压下降 15%，特别是对原料含硫量较高时影响更大。另外，H_2S 腐蚀物将间接影响催化剂的活性。但是，当处理直馏石脑油时，如果新氢补充量保持在 200Nm^3/m^3 油的情况下不会对脱硫效率产生影响。某研究单位发现 H_2S 对脱硫反应有一种可逆的抑制效应，并推论含 1%的 H_2S 能使催化剂活性下降 4%。因此，建议加工高硫石脑油（如，热加工石脑油）的装置，预加氢系统应增设酸性气脱硫工序。

☞ 20. 焦化石脑油作重整原料时，预加氢前是否应将二烯烃饱和？为了把含硫、氮的杂质精制到要求指标，主要操作经验是什么？

据多数装置分析，焦化石脑油中二烯烃含量很低，一般不必设二烯烃饱和装置。

美国大西洋里奇菲尔德公司曾有过经验，影响预加氢催化剂结焦结垢的原因不是二烯烃本身，而是原料油与氧接触所致。为此，有的公司把焦化汽油直接送到预加氢装置，生产中没有发生新的问题。

为了把焦化石脑油中含量较高的硫、氮杂质除掉，阿希兰石油公司认为主要应供给足够的氢。用 Ni 系催化剂，温度为 343℃、空速为 $4.0h^{-1}$，氢油比不得低于 $62Nm^3/m^3$ 油。但有的公司认为催化剂装入量(即空速)最为重要，在 Co 系催化剂的装置中，压力为 2.8~3.15MPa、330℃条件下，空速不大于 $4h^{-1}$ 可使硫由 400μg/g 降至 1.1μg/g，氮由 1.6μg/g 降至 0.5μg/g。

还有人认为脱氮的关键是压力，脱硫的关键是温度。实践证明，反应压力几乎与原料中氮化物含量成正比。其余各种因素应综合考虑。

为了把硫、氮精制到小于 0.5μg/g 的重整进料要求，先是将焦化石脑油单独或与其他馏分混合加氢；得到符合重整预加氢进料要求的石脑油，或者在预加氢进料中掺兑少量的焦化石脑油(通常<10%)。焦化石脑油做重整料时的干点不宜>180℃，硫、氮含量随干点提高迅速增加，影响装置安、稳、长运转。

☞ 21. 采用混兑大量(>20%)催化石脑油做重整原料时有些什么经验?

实例：

华北地区某厂 30 万 t/a 催化重整装置的预加氢反应器装填的催化剂为美国标准催化剂与技术公司的 actiCAT® ND-200。装置开工后处理直馏石脑油与催化裂化石脑油混合原料，经预加氢处理后 S、N 含量均满足了重整催化剂对原料的要求。

预加氢原料中掺入了 21.05%催化剂化石脑油后，预加氢的氢耗有所增加。但由于总加工量的提高，扣除了预加氢多消耗的氢气后，氢气产量还增加了 6.2%。

掺炼 21.05%催化裂化石脑油时的预加氢工艺条件见表2-5，预加氢混合进料性质及精制油性质见表 2-6。

表 2-5　掺炼 21.05%催化裂化石脑油时的预加氢工艺条件

项　　目	操作条件	项　　目	操作条件
反应器入口温度/℃	280	反应氢油比/(Nm^3/m^3)	225
反应温升/℃	16	新氢耗氢量/(Nm^3/h)	350
预加氢进料量/(t/h)	19	循环氢纯度/%(v/v)	91
反应空速/h^{-1}	2.9	反应压力/MPa	2.2

表 2-6　预加氢混合进料性质及精制油性质

项　　目	催化石脑油	直馏石脑油	预加氢混合进料	精 制 油
馏程/℃				
初馏点	58	90	90	91
10%	92	98	100	100
30%	116	102	105	105
50%	132	109	112	112
70%	142	117	121	120
90%	157	131	136	135
终馏点	176	156	159	158
密度(20℃)/(kg/m^3)	758~759	736~743	741~752	740~751
硫/ppm	660~680	100~120	180~230	<0.5
氮/ppm	40~60	3~6	10~14	<0.5
砷/ppm		5	4.8	<1.0
溴价/(gBr/100g)		0.5~1.0	6~7	0

需要注意的几个问题

① 原料混合比例的控制问题

由于直馏石脑油和催化裂化石脑油的性质差异很大，直馏石脑油和催化裂化石脑油的流量要实现精确的比例控制，减少反应器温升的波动范围。建议采取两种原料单独进装置，经流量控制阀在装置内的缓冲罐中按比例进行在线调合。

如果直馏石脑油和催化裂化石脑油是在罐区进行混合的话，要注意沸合的效果。混合好的原料最好不要放置过久，以免出现油品分层的情况。

原料比例越稳定，催化裂化石脑油的掺入比可以稍高一些。原料比例波动大，则应调低掺入比，以保证重整进料合格。

② 催化裂化石脑油的终馏点与混合进料的氮含量问题

随着催化裂化石脑油的终馏点上升，氮含量急剧增高。经预加氢后，循环氢中氨的含量增高。要经常检查预加氢注水系统是否处于正常运行状态，防止出现铵盐沉积和堵塞的问题。

③ 温升问题

反应器的温升幅度与原料的性质有关，在不同的装置上有一定的差异，但在同一个装置上一般比较稳定。一旦温升有明显变化时(一般是指超过正常状态5℃)，应立即检查催化裂化石脑油的掺入比。如有问题应立即大幅度降低催化裂化石脑油的掺入比。

针对催化石脑油的特点，石油化工科学研究院石亚华等提出三条技术路线；①预加氢混兑催化石脑油；②催化石脑油单独加氢生产重整预加氢原料；③20%催化重石脑油与柴油混兑加氢生产预加氢原料。其中③已在中国石化燕山分公司进行工业试验，发挥了柴油加氢装置能力，扩大了重整原料来源。

☞ 22. 预加氢催化剂开工时预硫化的作用是什么？

预加氢催化剂中的活性金属通常应是硫化(物)状态，硫化(物)状态的金属(如镍)具有比氧化(物)状态更高的活性和稳定性。但是新鲜的或再生后的预加氢催化剂中，金属活性组分均为氧化(物)状态，开工时预硫化的作用就是将氧化(物)状态的金属变成具有更高活性和稳定性的硫化(物)状态金属。

☞ 23. 预硫化过程中应注意哪些问题？

(1) 避免无硫热氢介质与催化剂接触。在315℃左右，无硫热氢介质将使催化剂上的金属组分还原，通常还原态的金属的活性很低；

(2) 采用干法预硫化时，把 H_2S、CS_2 或 DMDS(二甲基二硫)直接加到循环氢中的速度不宜过快，床层温升不宜过高(通常要求≯30℃)，最高的床层温度不宜超过260℃；

(3) 采用湿法预硫化时，原料油中添加的硫含量推荐为1%左右，原料油应是100%的直馏石脑油，床层最高点温度亦应控制在260℃以下，为避免高沸点硫化物难以转化为H_2S，建议往原料油中添加H_2S、CS_2或低沸点的DMDS作为硫化剂。

(4) 预加氢催化剂硫化时，通常要求催化剂吸收8%左右的硫，为保证预硫化效果，应供给足够多的硫。

☞ 24. 如果在没有原料油进入的情况下，预加氢催化剂与氢接触的最高允许温度为多少？为什么？

在没有原料油进入时，催化剂与氢气接触的最高允许温度，在预硫化前一般为200℃，有的公司允许260℃。预硫化后，允许315℃。在停工不进油时，希望循环气中保持少量H_2S。

所有上述限制条件，目的是为了防止预加氢催化剂活性金属的还原。以镍金属为例，只有硫化态的镍才具有更高的加氢活性，还原镍是没有活性的。

☞ 25. 预加氢生成油中硫化氢，在什么情况下会与烯烃化合成有机硫？如何避免？

H_2S与烯烃结合变成有机硫，在热力学上是可能的：

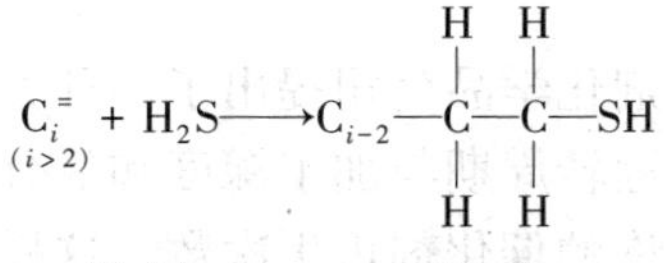

烯烃　　　　硫醇

但是，这种反应是在溴价较高和一定的H_2S分压及温度下才能发生。例如，在375℃反应条件下，预加氢生成物溴价2.0g/100mL，硫化氢分压为0.025MPa时，按化学平衡计算平衡硫含量可达1μg/g，没有一种催化剂能改变这种平衡。

避免的方法是：首先应降低反应温度，降低烯烃的生成量；

其次可设法降低系统硫化氢分压，如增加新氢量，系统置换等。

☞ 26. 怎样评价预加氢催化剂的使用性能？

通常是在试验室评价装置上，用特定的原料，或按试验要求在原料中添加一定数量的 H_2S 来评价催化剂的脱硫性能或其他性能，进行最佳化运转，确定最佳的使用条件等。

在进行催化剂性能比较时，应在相同的操作条件和相同的原料时才能进行对比，不同装置上运转催化剂的使用性能没有可比性，这不仅由于使用的操作条件不同，而且原料油也有差异，催化剂寿命的不同，脱硫率的差异等。事实上如果工艺要求脱硫率为 90%～95%时，也不能根据脱硫率在 60%～80%时的试验结果来评选催化剂，动力学的变化将导致催化剂选择性的变化。

为了评价催化剂的活性，国外曾推导出一种简单动力学公式，据悉可以把工业数据简化为一种活度常数。这种活度常数是工艺参数的函数，某些催化剂厂用以作为催化剂使用性能的保证。

☞ 27. 是否有办法可以预测预加氢催化剂的使用寿命？

预测预加氢催化剂使用寿命是一件非常难办的事，这是因为催化剂的使用寿命与下列因素有关，诸如催化剂的制备方法、原料的类型、原料油中硫及其他杂质毒物含量以及要求达到的精制深度等。因此，有人说不可能真正预测预加氢催化剂的使用寿命。

但是美国催化剂化学品公司提出了一种方法，对特定的原料油可以做出催化剂运转周期与加工深度和氢分压的函数关系，可以预测设计装置允许的催化剂再生次数，这样总的使用寿命便可以估算出来。

☞ 28. 使预加氢催化剂寿命缩短的原因有哪些？如何延长预加氢催化剂的使用寿命？

使预加氢催化剂寿命缩短的原因有：

（1）反应器温度过高；

（2）进料干点过高；

（3）进料空速过低；

（4）循环气氢纯度过低，氢分压下降；

（5）氢油比过低等。

延长预加氢催化剂使用寿命，应将上述导致催化剂结焦使用寿命下降的五个主要因素限制在允许的限度内：

（1）控制反应温度

在任何时候，反应温度必须控制在完成所要求的脱硫率和脱氮率所必需的最低值。提高反应温度会提高焦炭生成速度，因而缩短了再生之间的运转时间。同样，如果改变进料量，反应温度随之改变，通常的做法是在降低进料量之前，应先降低反应温度，或在提温前先提进料量。

（2）控制原料馏程

如果原料干点升高，硫、氮含量将增加，这就需要用较高的温度来脱除。而重馏分的进料含有比较多的焦炭母体，使催化剂积炭增加。因此，一定要控制好原料馏程，勿使过高干点的物料进入反应器。

（3）控制进料速率

如果进料量下降很多，原料油在反应器内的停留时间（假反应时间）延长，焦炭的生成量增加；同时，进料量（即空速）过低，会使水力学因素变得困难起来，反应器内物流的分配可能变得不均匀，出现边壁气流等，使催化剂利用率下降，需要较高的反应温度来弥补，因而进一步使积炭增加，催化剂寿命缩短。为避免这种情况，通常要求进料量不宜低于设计值的70%。

（4）控制氢纯度（氢分压）

如果氢纯度（氢分压）降低时，加氢反应将不能有效完成，焦炭生成的倾向将增大，催化剂活性变差，为此，操作人员只好用提高反应温度去补偿，使问题会变得更趋严重。为了延长催化剂的使用寿命，尽量减少焦炭的生成，不宜让装置在氢纯度低于

70%(摩尔)条件下运转。应尽量通过提高补充氢纯度和(或)提供更多的新氢量使系统氢纯度提高。

(5) 控制适宜的氢油比

适宜的氢油比是确保催化剂使用寿命的基本条件。如果装置在低于氢/油比设计值的条件下运转，催化剂床层和加热炉管壁温度都会提高，从而导致结焦加速生成。氢气的中断更是十分危险。因此，通常在氢/油比降至预定的最小值时，应使加热炉熄火降温或采取其他紧急措施(联锁)。

☞ 29. 更换预加氢催化剂的标准是什么?

国内外各公司更换预加氢催化剂没有固定的指标和标准。有的公司用一种活性因子，对比各再生周期催化剂活性衰退，当活性降至原始活性的60%时，认为应该更换催化剂。此外，有的公司认为反应温度已提高至极限，而且必须得降低空速才能满足生产要求时，就应更换催化剂。

上述的活性衰退可以是脱硫活性、脱氮活性或脱金属活性等的衰退，可按其中对运转起限制作用的活性来确定。极限运转温度，就是不能生产出质量合格的重整原料时的最高反应温度。

此外，还应考虑金属毒物积累而穿透，造成生成油杂质含量超标，或者催化剂物性的明显降级，如破碎严重，床层细粉增加导致床层压降增大或沟流等。

更换催化剂要考虑停工计划和额外的停产费用。

☞ 30. 预加氢系统开工(用重整氢)的基本程序是什么?

预加氢系统开工步骤大致如下:

(1) 催化剂干燥

和重整催化剂一样，催化剂的干燥对预加氢系统开工是重要步骤之一。通常是在0.5MPa压力下，要求氮气中含$O_2 \ngtr 0.5\%$和(烃+H_2)$\ngtr 0.5\%$，升温至干燥要求温度(如350℃)，脱除催化剂上的湿存水和凝结水。干燥结束后降温至200℃，视重整开工情况进行预硫化、进油(如不硫化亦可)。

(2) 用重整氢开工进油

重整产氢后，用重整氢使预加氢系统升压至要求指标(如2.0MPa)，点火升温，使反应器入口达到预硫化或进油时要求的温度后，亦可考虑预硫化或进油，进油时的条件(原料通常用精制油开工)：

温度：250~300℃；

压力：达到预期指标(如2.0MPa)；

进料量：设计值的50%。

如果预硫化，应在进油之前进行。在预加氢进油前还要考虑脱水塔用精制油升温循环，以便顺利地与预加氢系统开工同步。当预加氢生成油进入蒸发脱水塔后，各部条件正常，塔底油质量符合重整要求后，也可及早向重整系统供原料，以便节省贮备的精制油。

如果有外供氢，预加氢也可先于重整开工，制备重整开工用精制油。

☞ 31. 在预加氢装置实施“粗汽油开工”有何优点？有什么应用经验？

双金属或多金属重整要求用精制油作原料，以高纯氢开工和进行催化剂还原，这就需要准备精制油和高纯氢，并设置相应的油罐车和贮运氢系统，设备复杂，投资较高。石油化工科学研究院开发的在预加氢装置实施的“粗汽油开工”技术为解决上述问题创造了条件，对不具备上述条件的重整装置开工特别有利。

某厂的具体做法是：

(1) 粗汽油开工的工艺流程是以原有预加氢工艺流程为基础(见图2-3)。用第一反应器(铂催化剂)制氢时，分离器分出的液相产品去汽油罐；制精制油时用第二反应器(装3761催化剂)。

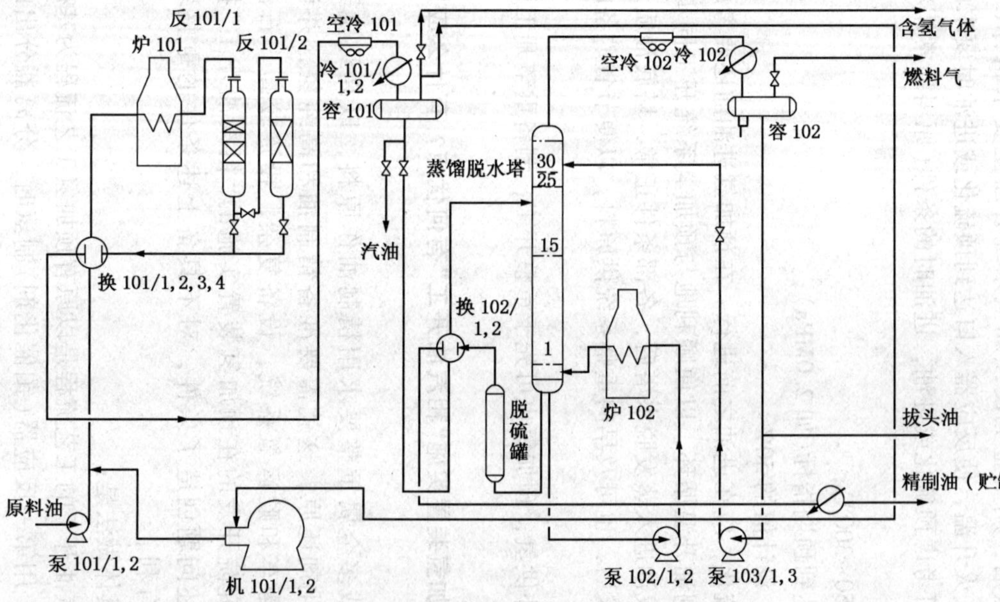

图 2－3　粗汽油开工工艺流程

（2）制氢过程的基本做法是以单铂催化剂来制氢。催化剂干燥后，切除精制反应器，制氢铂催化剂反应条件是入口温度400℃，分离器压力为1.2MPa。实践表明，每吨粗汽油可产高纯度氢气30~50Nm^3（不包括损失）在70h内贮氢2400Nm^3，纯度高达99.3%（v/v）。

（3）为保护铂催化剂，在床层顶部装T-302脱硫剂是必要的。

（4）制精制油过程的基本做法是用3761催化剂高空速运行。制氢结束后，在第一反应器降至370℃后串入第二反应器（即精制反应器），当第二精制反应器床层温度达到320℃时进油。在制精制油过程中主要操作条件是：第二反应器入口温度约为340℃，体积空速为8.4h^{-1}，压缩机全量循环。在200h内制含硫<0.5μg/g、含砷<1ng/g的精制油560t。

综上可以看出，炼油厂采用粗汽油开工的实践是成功，表明该工艺是可行的。另一炼油厂重整装置1993年开工时也成功地采用了这一粗汽油开工技术。又有一炼油厂重整装置，近几年来一直采用精制油制高纯氢开工方法（该装置无贮氢瓶）。近些年来，陆续有几个炼油厂，新建的重整装置也均采用了这一技术。此工艺具有投资省、流程简便、操作安全可靠等特点。

☞ 32. 预加氢催化剂再生的涵义是什么？怎样进行再生？

预加氢催化剂经过一段时间运转，因积炭增多而使其活性下降，因而精制油的质量得不到保证，可通过烧焦再生的办法将催化剂上存在的积炭烧掉，使催化剂的活性得到恢复，这个过程就称为催化剂的再生。

通常，预加氢催化剂再生有两种方式：一种是器内再生；另一种方式是器外再生。

（1）器内再生　器内再生就是就地在反应器内再生，催化剂不需要卸出，向反应器通入空气/氮气或者空气/水蒸气的办法，可以将催化剂上的积炭烧掉。

（2）器外再生　器外再生就是将失活的催化剂从反应器内卸出，然后运到专门的催化剂再生工厂进行再生。山东淄博恒基化工股份有限公司的催化剂再生工厂已为我国很多企业的预加氢催化剂进行多次再生处理。通常器外再生的效果要比器内再生好得多，因此，目前国内、外器外再生方法得到迅速发展。

☞ 33. 举例说明预加氢催化剂器外再生的应用情况。

近年，预加氢催化剂进行器外再生的越来越多。2008 年 7 月，中国青海油田格尔木炼油厂重整预加氢装置将使用 2 年的 Criterion 公司生产的，由北京海顺德钛催化剂有限公司代理的 *DN*-200 加氢精制催化剂，送往江苏宜兴科创化工有限公司进行器外再生。

再生前 *DN*-200 催化剂含硫 8.13%，含碳 5.68%。

在网带运行速度为 6.0~8.0m/h、料层厚度为 2.0~2.5mm、烧炭温度 300~480℃的条件下进行低温脱硫、高温烧炭再生。再生后 *DN*-200 催化剂硫含量为 0.45%、碳含量为 0.25%。再生后催化剂活性评价结果表明，催化剂活性得到了良好恢复。再生后催化剂工业应用表明，反应温度比再生前降低了 18℃。在较低的反应温度下，精制油中的硫和其他杂质含量能够很好地满足重整进料要求。

☞ 34. 采用氮气+空气再生和水蒸气+空气再生时应如何防止硫酸根积累？

采用循环气体（氮气+空气）再生时，为了防止硫酸根积累，通常用注碱的办法，将再生气中的 SO_2 洗掉。注碱的位置一般在空冷器（或水冷器）之前。含有 SO_2 的碱液在专门的装置进行处理。

采用水蒸气+空气再生时，为了防止硫酸根积累，可采用加大水蒸气流量的办法。

无论是采用循环气体（氮气+空气）再生，还是采用水蒸气+空气再生法，装置停工前，都应采取热氢循环处理待生的催化剂床层，以便吹脱催化剂中的游离硫，这对防止硫酸根积累，无疑是有好处的。

☞ 35. 已用过但未再生的预加氢催化剂卸出时为什么要采取预防自燃措施？怎样卸出？

在卸出已用过而未再生的催化剂时，必须采用专门的预防措施，因为存在于反应器和催化剂床中的硫化铁（FeS）与空气接触后极易自燃。这种燃烧产生的温度是相当高的，如不遏制可能损坏催化剂、反应器内件和催化剂处理设备。为防止接触空气，烧坏催化剂，因而催化剂卸出和过筛的整个过程应在氮气保护下完成，其程序大致如下：

（1）装置停工处理　在正常停工之后，原料油已从反应器中除去，并经过用氢彻底冲洗置换后，将系统升至最高压力并升高反应器入口温度至350℃左右，脱除催化剂上吸附的烃类，此期间应注意低点排油，在床层达到300℃并稳定2h（维持氢气通过床层）后，继续冷却床层催化剂，冷却至65℃以下，最好是40~50℃，氮气吹扫后泄压，准备卸剂。

（2）卸催化剂　在整个卸剂过程中应以氮气覆盖于反应器，以防止空气进入使催化剂（含有FeS）燃烧。打开反应器，进入反应器的人员戴好防护用品，掏出瓷球和筐篮，使催化剂与瓷球分开，并除去催化剂上部可能存在的硬垢，以免卸剂时堵塞流道。在氮气保护下卸剂。

如果催化剂未再生，需过筛除去反应器下部瓷球和粉末，也应在氮气保护下进行。当催化剂倒入桶中时，应保持氮气流动（见图2-4）。

如果不慎反应器内串入空气，发生FeS着火，应停止卸剂，通入氮气，直至燃烧停止。

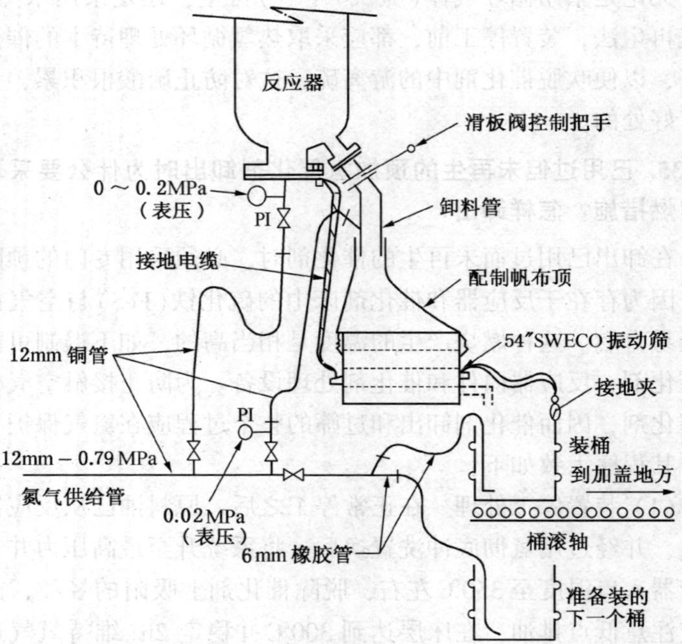

图2-4　密封卸剂过程现场示意图

☞ 36. 预加氢工艺流程可分几种？各有何特点？

重整原料预加氢的工艺流程可分氢气一次通过、氢循环和两段加氢三种。

（1）氢气一次通过的流程

这种流程的特点是用全部重整生成氢做预加氢用的氢气来源，预加氢高压分离器分出的含氢气体可供下游用氢装置或作燃料进入燃料气系统。为了提高预加氢系统操作压力，可用增压机将重整生成氢增压后，进入预加氢系统。

（2）氢循环的流程

这种流程的特点是用氢循环压缩机，将预加氢高压分离器分出的含氢气体循环，这样，不仅可使预加氢系统压力得到提高，而且可使氢气循环量增大，保证更高的 H_2/HC 比，对提高装置的处理能力有利。

(3) 两段加氢的流程

反应器内装填不同种类的催化剂，在不同操作条件下完成的加氢预精制的任务，而每段反应器所承担的任务通常也是不一样的。例如第一段反应器装填对烯烃饱和性能比较好的精制催化剂，第二段装填对杂质净化性能比较好的精制催化剂。在操作条件上，通常一段反应温度比较低，可用换热器或蒸气加热器等做热源，而第二段反应要求温度可能更高一些，因此通常由加热炉提供热量。

可以看出，两段加氢预精制可以处理含杂质较多的劣质原料，如焦化石脑油或减粘裂化石脑油等，使重整原料来源多样化，炼油厂总加工方案可更加灵活些。

☞ 37. 预加氢反应器有几种类型？各有何特点？

预加氢反应器类型可分三种。轴向式反应器。径向式反应器和球形反应器。

轴向式反应器结构简单，它是一个符合压力等级要求的立式圆筒形容器，出入口均带有分配器，催化剂床层顶部安装有篮框。

径向反应器的特点是原料油和含氢气体自反应器顶部入口管进入，经筒内壁周边布置的扇形筒进入催化剂床，横穿过催化剂床层后，经中心收集管集合后，自反应器底部出口流出。径向反应器催化剂床层厚度比轴向反应器薄，因而床层压降低，适于装置处理能力较大或原料含烯烃较多的原料。

球形反应器的高径比亦比轴向圆筒形反应器小，但制作工艺难度较大，因而工业应用不多。

☞ 38. 预加氢装置如何停工？

由于不同装置设备和流程的复杂性，所采取的停工方法也不相同。

(1) 增压型预加氢系统的停工

对于增压型预加氢系统停工，是在重整停工前预加氢先行停工，即：

① 重整降温至460℃改用精制油，预加氢原料切换精制油。

② 停预加氢注水和注缓蚀剂泵。

③ 预加氢反应器入口温度以15~30℃/h降至250℃。

④ 切断预加氢进料。精制油可由汽提塔或直接入重整。

⑤ 预加氢反应部分进行热氢循环带油，保持反应器床层温度为250℃，带油时间不少于2h，直到高分液面不再上升。

⑥ 预加氢加热炉以15~30℃/h速度继续降温，至炉膛温度不大于250℃时，按加热炉灭炉规程熄火。

⑦ 当反应器出口温度小于60℃，停重整氢气。

⑧ 预加氢系统向火炬泄压，进行 N_2 置换。

⑨ 加好有关隔绝盲板，改好流程，最终将系统置换至采样分析气中可燃气含量≯0.5%为合格，系统用氮气保持微正压。

(2) 循环型预加氢系统的停工

对于循环型预加氢系统，当重整温度降至460℃后，与重整系统断开，对两个系统单独循环降温、停工。

① 停预加氢注水和注缓蚀剂泵。

② 切断预加氢进料。

③ 预加氢反应器入口温度以15~30℃/h降温至250℃。

④ 预加氢反应部分进行热氢循环带油，保持反应器床层温度为250℃，带油时间不少于2h，直到高分液面不再上升。

⑤ 预加氢加热炉以15~30℃/h降温速度继续降温，至炉膛温度小于250℃时，按加热炉灭炉规程熄火。

⑥ 当反应器出口温度不大于65℃，氢气循环停止。

⑦ 预加氢系统向火炬泄压，进行 N_2 置换。

⑧ 加好有关隔绝盲板，改好流程，最终将系统置换至采样分析气中可燃气含量≯0.5%为合格，系统用氮气保持微正压。

☞ 39. 预加氢进料泵发生故障，应采取哪些紧急措施？

如果预加氢进料泵发生故障，装置不能正常进料时，必须采取措施尽量维持临氢系统压力，尽量减少催化剂焦炭的生成，用循环气冷却催化剂，避免催化剂床层可能产生的高温，具体措施：

（1）预分馏改闭路循环，保持各部液面；

（2）利用预分馏进料泵抽精制油进料；

（3）利用开、停工管线将预分馏塔底油引入蒸发脱水塔（向蒸发脱水塔进料前，先置换管线，大约5min）；

（4）预加氢加热炉降温至280℃；

（5）保持氢气通过；

（6）联系厂调度和维修队，抢修机泵。

☞ 40. 预加氢进料泵为什么会抽空？如何处理？

预加氢进料泵抽空的原因是：

（1）预分馏塔底液面过低；

（2）泵入口温度过高、压头低或堵塞；

（3）进料带水；

（4）泵本身故障。

处理方法是：

首先切换备用泵。如果备用泵也抽空，可用预分馏塔底备用泵，抽精制油，经跨线向蒸发脱水塔进精制油。

预加氢系统保持压力，用循环氢使床层降温（或保持入口温度）。

重整生成油视情况处理，必要时可调整生产方案。

预分馏塔全回流操作，调整塔底液面至正常后，预加氢恢复正常运转。如果不是预分馏问题，而是预加氢泵入口温度高、压头低或有异物堵塞、泵自身故障以及进料带水，应分别加以调整或处理。故障排除后，预加氢可恢复运行。

☞ 41. 预加氢循环氢压缩机发生故障时，应采取哪些措施？

① 预加氢反应加热炉灭火，将蒸汽引入加热炉，吹扫炉膛进行降温。

② 用新氢补充维持系统压力平稳，维持系统氢气流动，压力过高时可从高压分离器排放，如果新氢来源中断，关闭所有放空；保持系统尽可能高的压力。

③ 立即切断预加氢进料。

④ 重整系统引精制油入汽提塔维持重整系统运转。

⑤ 在氢气循环压缩机重新启动之前，床层各点温度均应降至200℃以下。

⑥ 新氢补充可以使用时，将装置维持在正常操作压力。

⑦ 若长时间内循环压缩机仍不能恢复运行，则应采用后部泄压的办法，尽可能将反应器中的烃类带出反应器，减少催化剂结焦。

⑧ 若循环压缩机恢复正常运行，按正常的开工步骤恢复生产。

☞ 42. 如果新氢(补充氢)来源中断，应采取哪些紧急措施？

新氢(补充氢)来源中断，将引起系统压力下降。为了减少氢气的消耗量和尽量减少结焦，在这种情况下应停止进料，用循环气使床层降温至反应温度以下，密切注视床层温升。具体措施是：

(1) 立刻关闭高压分离器的氢阀门并将加热炉熄火，使反应器入口温度降至200℃，以尽量减少氢气消耗和压力损失；

(2) 立即切断进料；

(3) 保持气体循环，使床层温度降至200℃。

☞ 43. 进料泵和循环氢压缩机同时发生故障时，应采取哪些紧急措施？

如果由于机械故障，或装置停电，预加氢进料泵和循环氢压缩机同时停运，在所有讨论的设备和公用工程故障中，这是最危险的情况。因此，要密切注意催化剂床层迅速超温的情况。尽可能地保持氢压，尽量减少结焦。当进料泵可用时，用正常进料冷却催化剂，然后，开动循环氢压缩机。具体步骤如下：

（1）加热炉熄火；

（2）用新氢补充维持系统压力平稳，维护系统氢气流动，压力过高时可从高压分离器排放，如果新氢来源中断，关闭所有放空；保持系统尽可能高的压力：

（3）当进料泵可以启动时，以最大量向反应器进料，冷却催化剂床层；

（4）在氢气循环压缩机启动之前，床层各点温度均应降至200℃以下；

（5）新氢补充气源可以使用时，将装置维持在正常操作压力；

（6）重整系统可用精制油维持运转。

☞ 44. 预加氢加热炉炉管发生破裂时，应采取哪些紧急措施？

如果发现预加氢加热炉炉管破裂，应停止所有通过炉膛的加热介质——氢和石脑油，并用蒸气/氮气吹扫破裂处，以防止空气进入工艺管线和设备。

可能的话，可以按以下程序处理：

（1）切断进入加热炉的所有液体进料和氢；

（2）关闭加热炉燃料供应和返回管线，打开通入加热炉的蒸汽；

（3）全开烟囱挡板；

（4）切断补充氢，压缩机系统停止运转，如果装置还未向加热炉膛泄压，则使装置向火炬泄压；

（5）系统压力降低后，用蒸汽继续吹扫破裂处，防止空气返流与烃类混合形成易爆混合物。如果吹扫必须通过反应器，应用氮气代替蒸汽。在任何情况下都应优先采用氮气保护催化剂和系统中奥氏体不锈钢管线或设备。

☞ 45. 仪表用压缩风系统发生故障时，应采取哪些紧急措施？

如果仪表用压缩空气系统发生故障，补充氢由于控制失灵而中断，系统压力有可能因此而下降。这时应考虑催化剂床层中会产生超温和减少积炭问题，这就需要停止液体进料并用循环气迅速冷却催化剂到反应温度以下，减少氢耗和防止结焦。具体步骤是：

（1）可能的话立即切入辅助用或装置用空气补充仪表风，如果辅助用风系统也发生故障，装置不宜再继续运行；

（2）加热炉熄火，保持最大量氢气循环；

（3）切断进料；

（4）把催化剂床层各点温度降至200℃以下。

☞ 46. 催化剂床层发生超温时，应采取哪些措施？

在正常的操作温度下，原料油加氢预精制催化剂具有很高的脱硫活性和非常小的加氢裂化作用。由于操作不慎，有可能发生催化剂床层温度急剧变化，甚至超温的现象。

当发现催化剂床层温度急剧变化时，可以停止进料，加热炉降温（熄火），保持氢压，用循环氢冷却催化剂床层。如果还不能控制温升，可以采取如下步骤：

（1）加热炉熄火；

（2）循环氢压缩机全量循环，为催化剂床层提供尽可能多的冷量。

（3）打开烟囱挡板，使炉膛降温；

（4）如果温升超过最高允许温度，物料可向火炬排放，使反应器系统降压，降压时加大冷却水量，防止换热器过热；

（5）如果压缩机能维持运转，可全量循环，使床层各点温度冷却至200℃；

（6）如果压缩机不能运转，应立即关闭所有补充气源，切断反应器的补充气体，使系统尽快降压；

（7）在各点（包括反应器系统设备）温度降到了200℃以下，查明超温原因后，启动循环压缩机，使系统充压到正常压力。

☞ 47. 预加氢系统腐蚀的危害是什么？造成腐蚀的原因有哪些？

预加氢系统如果发生腐蚀，会使设备管线泄漏，不仅被迫停工，影响生产，而且会造成事故，危及人身安全。

引起腐蚀的原因有：系统中存在酸性介质（如H_2S、HCl等）会导致电化学腐蚀，高速流体会引起冲蚀腐蚀，它们共同作用的结果使预加氢系统腐蚀。

通常，H_2S可与铁反应生成硫化亚铁（FeS），FeS沉积在设备的表面上，形成保护膜，将金属表面与酸性介质隔离，可防止进一步腐蚀：

$$Fe+H_2S \longrightarrow FeS+H_2$$

但是，在预加氢系统中存在HCl、H_2O以及NH_3等，其中HCl遇水形成盐酸，能够将上述保护膜（FeS）溶解破坏：

$$FeS+2HCl \xrightarrow{H_2O} FeCl_2+H_2S\uparrow$$

结果，金属表面失去保护膜，同时产生H_2S。形成的$FeCl_2$不断被流体冲刷（特别是90°弯头处），脱落后暴露出新表面继续被腐蚀。

可以说HCl和H_2O是腐蚀的魁首，而且存在液态水时，HCl本身亦具有强烈的腐蚀性：

$$Fe+2HCl \xrightarrow{H_2O} FeCl_2+H_2\uparrow$$

如果没有酸性介质的影响，冲蚀腐蚀将是微不足道的。但是，系统中存在 H_2S、HCl 和 H_2O 等，能够形成酸腐蚀时，冲蚀腐蚀就如同火上浇油，加重了腐蚀的深度。

☞ 48. 减缓预加氢系统腐蚀的方法有哪些？各有何优缺点？

减缓腐蚀的方法很多，下面介绍几种常用方法：

(1) 换用耐腐蚀材质，根据纳尔逊(Nelson)曲线正确选用Cr-Mo不锈钢设备或管线；

(2) 涂防腐层，注缓蚀剂；

(3) 合理改造管道走向，减缓冲击腐蚀；

(4) 减少进料和系统中的酸性物质(H_2S、HCl)含量，减缓设备的电化学腐蚀，具体方法有：

① 注氨水中和酸性介质(HCl)；

② 采用吸附剂(脱氯剂)脱除酸性介质(HCl)。

对比上述各种方法可以看出：

采用不锈钢合金可以增加设备的耐腐蚀能力，但是设备成本费会大大增加，采用是否合算，应结合装置具体情况认真论证其可行性。

采用涂层，应注意系统高速流体对涂层的冲击作用，涂上的防腐层强度是否满足要求，以及冲刷下来的防腐物对重整催化剂性能是否有影响等问题，应进一步分析探讨。

改造管道流向对减缓冲击腐蚀有一定作用，但是不可能减缓电化学腐蚀作用；

采用注氨水是一种简易可行的方法，但受原料含氯量、注氨水量以及操作者责任心诸因素影响，因此很难借助此方法从根本上解决设备腐蚀问题；

利用脱氯剂吸附作用，能够较有效地脱除反应生成流出物中的氯化氢，操作简单，安全可靠。关键问题是需要寻求一种高效的脱氯剂。

☞ 49. 我国重整装置常用的脱氯剂有哪些？各有何特点？

(1) 常、低温脱氯剂

西北化工研究院是催化剂、净化剂研发、生产较早的院所之一，也先后开发了用于重整工艺中脱氯剂系列产品，T407、T409(A)型脱氯剂是以性能优越的金属氧化物作为活性组分，采用特殊工艺制成，不但具有和氯化氢快速反应的特点，而且还具有足够固定氯离子的能力。在常温~200℃低温区域，脱氯性能稳定、净化度好、氯容高。

T407、T407(A)在齐鲁、锦州和苏丹喀土穆炼厂得到良好应用。

从20世纪90年代初期至今，北京石油化工科学研究院(以下简称石科院)研究开发的适用于催化重整过程的低温脱氯剂(WDL系列)在工业装置上亦得到广泛应用。脱氯剂的性能已达到或超过同类脱氯剂水平，能够满足各种脱氯工艺尤其是催化重整过程的需要。

用于重整副产氢的WDL-A低温脱氯剂自1995年开发以来，在国内多家炼厂如大庆、茂名、燕山、乌鲁木齐、上海、镇海等炼厂应用，均达到较好的脱氯效果。

90年代初期，昆山精细化工研究所研制、开发的KT405型高温脱氯剂和KT407型低温脱氯剂，国内率先应用于重整装置。特别是改进型的KT407-1在大连、茂名、上海、大港和延安炼厂得到良好应用。

(2) 高温脱氯剂

西北化工研究院开发的T408型脱氯剂是近年来研制的系列新型脱氯剂之一在炼厂重整氢气、合成气、煤气和气态烃等气相中脱除氯化氢效果甚佳，是化肥、石油、有机等石化行业中抗毒害、防腐蚀的优良净化剂。

T410Q型脱氯剂是最新研制的脱氢剂产品，主要针对各炼油厂原料中高硫、高氯情况下氯化氢的脱除。其特点是氯容更高，且具有优越的抗硫性能，尤其是最佳脱氯温度区域扩大，其使用性能更为稳定。

T408 和 T4100 高温脱氯剂在咸阳、石家庄、安庆和洛阳等炼厂(或化工助剂厂)得到了推广应用。

中国石化石油化工研究院研制的 WGL-A 高温脱氯剂自 1995 年开发出以来，也在国内多家炼厂如长岭、济南、湛江、荆门、茂名、燕山、格尔木、乌鲁木齐、镇海、辽化等炼厂应用，均达到较好的结果。

昆山精细化工研究所开发的 KT405 和 KT407 这两种脱氯剂首先在齐鲁石化胜利炼油厂、茂名石化炼油厂、上海石化芳烃厂取得了良好的使用效果，保证了装置的长周期运转，目前已有近二十套装置在使用。

(3) 重整再生循环气脱氯剂

西北化工研究院开发的 T411Q 型脱氯剂是最新型的脱氯剂产品，主要是针对再生气(空气)等气体在高温条件(200～500℃)下氯化氢的脱除。该脱氯剂可有效代替高温气体的碱洗工艺，操作安全简捷。已成功应用于洛阳炼油厂重整装置再生气氯的脱除。

T412Q 型脱氯剂是西北化工研究院与洛阳石化分公司联合开发的新产品。该产品在 T411Q 型脱氯剂的基础上进行了改进，它与 T411Q 型脱氯剂相比具有更高的氯容，适用于连续再生工艺中循环气中氯的脱除。

T411Q 于 2005 年在洛阳石化厂得到应用。

2006 年，北京石油化工研究院针对连续重整再生气问题，也开发出了取代碱洗工序的再生烟气脱氯剂。

试验表明，该院开发的连续重整再生烟气脱氯剂具有较高的脱氯性能，模拟连续重整再生气组成试验表明，所开发的脱氯剂具有良好的抗 CO_2、抗水的能力。

此外，北京三聚环保新材料有限公司开发出了 JX-5A、

JX-5B和JX-5B-1高、低温脱氯剂；陕西金堆城钼业科技有限公司也开发出了JTL-1、JTL-2和JTL-3脱氯剂。

☞ 50. 什么是双罐串联脱氯流程？有何优点？

所谓双罐串联脱氯流程，就是将两个脱氯罐串联于预处理流程中，与单罐脱氯(见图2-5)不同，双罐串联脱氯(见图2-6)其优点在于可最大限度利用饱和氯容量。

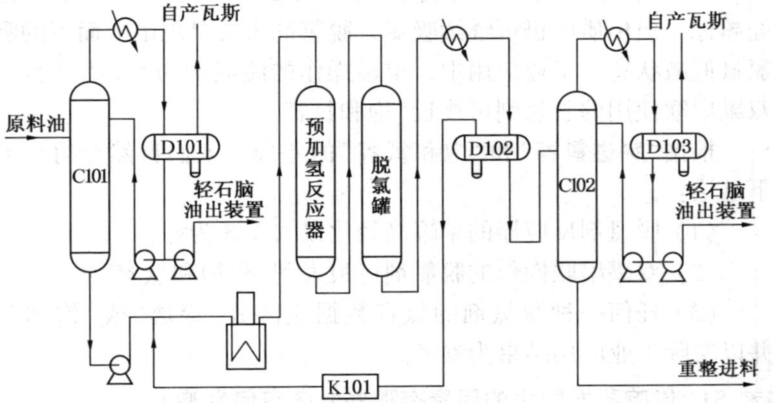

图2-5　单罐脱氯流程图

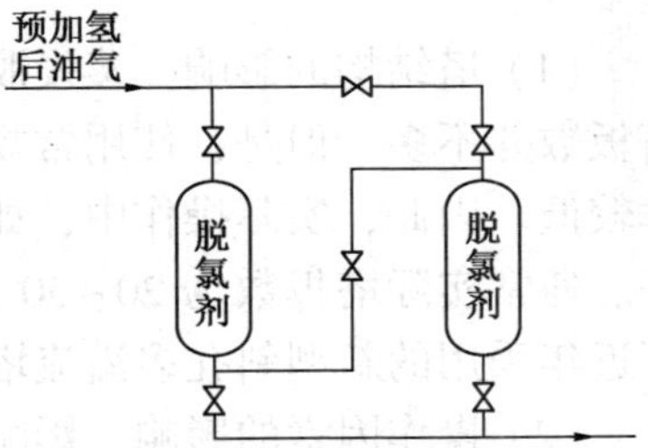

图2-6　双罐脱氯示意图

对于任何一种脱氯剂，氯容量的大小是最主要的性能指标，它直接关系到使用周期的长短。脱氯剂在使用中出口原料的HCl含量超过控制指标，此时脱氯剂的吸氯量称为“穿透氯容”；若当出口原料中的HCl含量接近进口原料的氯含量时，此时脱氯剂的吸氯量称为“饱和氯容”。

脱氯剂“穿透氯容”与“饱和氯容”的差异，是由脱氯反应模式决定的：

$$M_xO_y + 2yHCl \longrightarrow M_xCl_{2y} + yH_2O$$

式中显示，脱氯剂与氯化氢的反应是非均相的不可逆气固反应，实际是化学反应吸收过程。按照固定床动力学分析，在使用过程中，脱氯剂沿床层的轴向大致分为 3 个区域：上层为饱和区，中层为传质区，下层为洁净区。随着脱氯反应的进行，饱和区逐步扩大，传质区逐步下移，洁净区逐步缩小。当洁净区消失时，出口气将出现 HCl，即为氯穿透。此时，尽管出口的 HCl 已经超标，但传质区仍可继续吸氯，脱氯剂床层呈现由上而下的吸氯量低减状态。工业应用中，单罐操作的脱氯剂为"穿透氯容"，双罐串联使用的脱氯剂可接近"饱和氯容"。

根据"穿透氯容"和"饱和氯容"的差异，人们自然会得出如下结论：

（1）脱氯剂反应器的单罐高径比以大于 3 为好；

（2）双罐串联操作的脱氯剂可最大利用"饱和氯容"；

（3）任何一种脱氯剂的氯容数据应区分"穿透"或"饱和"，并以实际工业应用结果为参考。

☞ 51. 影响蒸发脱水的因素有哪些？各有何影响？

影响蒸发脱水的因素有：塔结构因素、操作因素和原料带水过多等。

（1）塔结构的影响　蒸发脱水形成非均相共沸物，所需理论塔板数并不多，但是，使用常规塔板时，物系蒸馏过程中的板效率较低。因此，实际操作中，如果实际板数较少时，脱水效果不好。通常实际塔板数为 20～30 块。为了提高板效率，一些炼油厂近年采用的新型斜孔多溢流塔板，取得了较好效果。

（2）操作因素的影响　影响脱水塔操作的因素有压力、塔顶及塔底温度、回流量和进料含水量等，这些因素的变化通常会影响脱水塔底油（重整原料）含水量。实践表明当压力为 0.8～1.2MPa、塔顶温度为 100～130℃、塔底温度为 185～220℃、进料温度为 130～170℃和回流比为 0.3 以上时，可制得含水量

<5μg/g的重整原料。

（3）原料带水的影响　通常原料含水过高（如系统泄漏等原因）将影响脱水效果。一定要定期进行预分馏进料罐和预分馏塔顶回流罐的脱水。

☞ 52. 精制油水含量过高时，应采取哪些措施？

（1）提高脱水塔底温度；

（2）加强回流罐脱水；

（3）检查预加氢气液分离罐水位，避免水位过高，必要时停止注水，加强脱水；

（4）检查水分析是否有误。

☞ 53. 蒸发脱水塔能否兼具预分馏塔的拔头作用？

蒸发脱水塔的流程与常规的精馏塔相同，在适当的设计条件下，它可以具有原料预分馏的拔头作用。

某炼厂 30kt/a 重整装置蒸发脱水塔就是兼具拔头作用的精馏塔。该塔有 30 块浮阀塔板，板间距 450mm。塔正常操作时，回流罐保持 40%~50%液面，回流比控制在 0.85~0.95 之间，多余的拔头油打入稳定塔，和重整生成油自然调合。实践表明，当脱水塔进料轻组分含量较低时（≯12%），该塔可取代预分馏塔，起到拔头作用。

☞ 54. 深度脱硫有些什么好处？

由于现代双、多金属重整催化剂对原料硫含量的要求越来越严，甚至要求无硫操作（即要求硫含量<0.1μg/g），仅靠传统的加氢预精制脱硫已难以保证。为此，近年来国内外开发了各种深度脱硫技术。重整原料油深度脱硫的好处有：

（1）深度脱硫可使重整装置的运转周期或重整催化剂的寿命得到延长。据文献报道，重整催化剂两次再生之间的运转时间可延长 25%。

（2）深度脱硫可以提高重整装置液体产品收率和氢气产率，

使现代双、多金属重整催化剂、特别是高 Re/Pt 比的重整催化剂的良好性能得到更充分发挥，因而可以得到更好的经济收益。

（3）有关资料表明，对于一个 0.43Mt/a 的重整装置，由于实施深度脱硫而获得的收益每年大约是 56 万元。

但应指出，某连续重整装置的生产实践表明，重整进料含硫量不宜低于 0.1μg/g，有的装置要求控制在 0.25~0.5μg/g，否则可能造成反应器内产生焦块物质。故原设计流程中的脱硫保护床近年已取消。

☞ 55. 深度脱硫有几种工艺流程？各有何特点？

工业上应用的深度脱硫过程基本上均为吸附脱硫工艺，其工艺流程可分为液相脱硫和气相脱硫两种。

（1）液相深度脱硫

液相深度脱硫，是在液相状态下，利用高选择性的吸附剂，脱除加氢裂化石脑油或重整原料加氢预精制生成油中的硫或残余硫，其工艺流程包括上流式液相脱硫和下流式液相脱硫。

我国 Z-2 型液相脱硫工艺和美国的雪佛隆(Chlvlon)公司的硫保护器技术均为上流式液相脱硫工艺。美国环球油品公司(UOP)开发的硫保护床为下流式液相脱硫工艺，已在我国石油化工厂应用。该工艺采用 ADS-11 脱硫剂，为保证脱硫剂的活性充分发挥，流程中设计了还原系统，供脱硫剂开工时还原用。

（2）气相深度脱硫

气相深度脱硫通常是在氢压下，利用高选择性脱硫剂，在气相状态下脱除原料石脑油中的微量硫。该工艺通常设计在重整临氢系统中，因此不需要单独的氢循环过程。为避免对重整反应环境的影响，要求脱硫剂应具有不可逆吸附作用。

我国早先开发的 Z-1 型气相脱硫和美国恩格哈德公司(Engelhard Co)近年开发的痕迹硫脱除技术均为气相脱硫工艺。

☞ 56. 国内、外近年开发的脱硫剂有哪些？各有何特点？

我国开发的脱硫剂有：3703、3831、CT－83、0501、

0501-3、TL-18(H)和 TL-18(H)A 等。

国外近年开发的脱硫剂有：UOP 公司开发的 ADS-11，Engelhard 公司开发的非 ZnO 型脱硫剂和 Chevlon 公司开发的再生型脱硫剂等。

所有上述脱硫剂均含有具有很强吸附能力的活性金属，Zn 可以很好地脱除 H_2S(通常称为无机硫)，而添加的第二种金属(如 Mn、Cu 等)具有更好脱除有机硫的能力。

近年我国开发的高效脱硫剂(如 0501-3)，采用还原 Ni 做活性组分，对无机硫和有机硫均具较好的活性。采用 Cu-Ni 型脱硫剂(如 CT-83)也具有较好的脱无机硫和有机硫的能力。

西北化工研究院在调研国内外保护剂现状的基础上采用特殊工艺制备的预还原型 TL-18(H)、TL-18(H)A 脱硫剂，活性组分含量高，分散均匀。脱硫剂以预还原态供货，具有工厂开车周期短、操作灵活方便，脱硫净化度高、性能佳等特点。在反应温度 170~250℃、空速 0.5~10.0h^{-1}(液)、压力常压~2.5MPa，可将重整油中的硫脱除至<0.5ppm，硫容≥10%。工业运行结果表明 TL-18(H)、TL-18(H)A 脱硫剂性能稳定，不但可脱除无机硫而且可脱除微量的有机硫，完全满足重整工艺的要求，是双贵金属催化剂理想的保护剂。该脱硫剂在长庆石化、华北石化的工业应用取得良好效果。

此外，陕西金堆城钼业科技有限公司还开发出 JTS-5 型脱硫剂，北京三聚环保新材料有限公司也还开发出了 SR-18 和 JX 系列脱硫剂。

国外近年开发的非 ZnO 型脱硫剂具有如下特点：能完全脱除原料中的痕迹硫，容硫能力高，吸附是不可逆过程，对重整环境没有影响。据专利介绍，国外开发的再生型脱硫剂用于两段吸附过程，第一段使用高 Cu 脱硫剂，使硫脱至 $<5\times10^{-6}$；第二段用 CoO/Al_2O_3 脱硫剂，在较高温度(425℃)下进行深度脱硫。需要再生的是第一段高 Cu 脱硫剂，再生程序如下：

（1）惰性气吹扫；

（2）空气焙烧（温度315℃），空速为0.5～1h^{-1}使硫化物变成硫酸盐，然后在更高的温度（950℃）下分解，使硫酸盐转变成H_2S；

（3）氮气吹扫，除去H_2S；

（4）抽真空继续除硫；

（5）500℃通入湿空气，结束再生。

☞ 57. 脱硫剂如何活化处理？

脱硫剂的活化处理有两种方法；

（1）空气活化

某些脱硫剂（如3703）需要进行高温空气活化。这种活化过程通常是在专门的活化处理装置内进行，当然在重整装置采用高温氮气活化也是可行的。

活化时间根据活化装置结构，脱硫剂含水量和收率等因素计算：

$$\tau = \eta \cdot \frac{\pi D^2 \cdot H \cdot d}{4G}$$

式中 τ——活化时间，h；

η——收率，%；

d——被活化的脱硫剂物料的堆积密度，kg/m^3；

D——活化器内径，m；

H——活化剂床层高度，m；

G——活化剂处理能力，m^3/h。

（2）氢气活化处理

某些含镍型脱硫剂需要在氢气气氛中进行活化处理（还原）。这种处理需要在本装置内完成，因此，设计脱硫装置时应设计氢气活化处理系统。

在还原条件下，脱硫剂里的氧化态金属组分（如NiO、CuO等）将发生还原反应，生成活性金属（如Ni、Cu等）：

$$NiO+H_2 \longrightarrow Ni+H_2O$$

$$CuO+H_2 \longrightarrow Cu+H_2O$$

上述空气活化与氢气活化(还原)的具体条件，可由脱硫剂开发单位制定。

☞ 58. TL－18(H)脱硫剂在工业装置中应用情况如何？有何特点？

以TL－18(H)脱硫剂在华北石化装置上的应用为例，该装置处理量为30万t/a，石脑油来自华北油田，重整进料前的脱硫保护剂采用西北化工研究院研制并生产的TL－18(H)型脱硫剂，脱硫剂装量10.74t，装填高度3.94m，正常操作条件为：反应温度190~220℃，空速5~6h^{-1}，压力0.83~1.08MPa。石脑油含杂质情况：硫6.36μg/g，氮1.43μg/g，氯0.56μg/g，砷2.0ng/g。在装置开工初期未投用脱硫器，化验分析重整进料中硫含量一直不能满足要求，总在0.5μg/g以上。经投用脱硫器后硫含量很快降至0.5μg/g以下，说明TL－18(H)型脱硫效果满足了重整装置的工艺要求。2004年3月至4月预加氢反应器出现内漏，汽提塔底油硫含量超标，并含有有机硫。在此特殊工况下脱硫剂仍具有良好的脱硫效果，在重整进料波动较大的情况下仍能起到对双贵金属催化剂保护的使用。

☞ 59. 如何测定预还原型脱硫剂的硫容量？

脱硫剂评价装置由预热器、反应器、计量泵、冷凝器和气液分离器等组成，工艺流程简图如图2－7。催化剂使用前要进行还原，实验采用氢氮气还原。来自钢瓶的氢氮气经过定压稳定系统，经预热进入装有催化剂的反应器，按还原程序还原。还原后将催化剂床层温度降至活性评价温度范围。开计量泵，调整流量，原料油经预热后进入催化剂床层，脱硫后进入冷凝器，在分离器中定时取样分析。硫含量的分析采用RPA－100微库仑滴定仪进行。

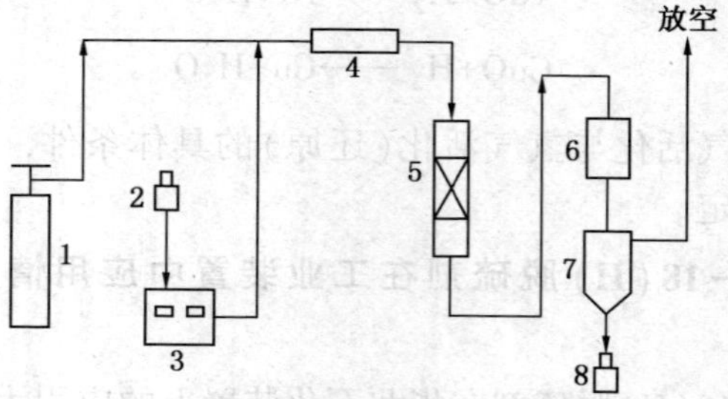

图 2-7 脱硫剂评价装置工艺流程图

1—氢气钢瓶；2—原料储罐；3—计量泵；4—预热器；
5—反应器；6—冷凝器；7—气液分离器；8—取样瓶

硫容的测定以重整进料油为原料并适当配入硫化氢以提高进口硫含量。模拟工厂操作条件，在反应温度 170~250℃、空速 0.5~10.0h^{-1}(液)、压力常压~2.5MPa 的情况下对预还原型脱硫剂进行了测定，测定脱硫剂穿透硫容>10%为合格产品。

☞ 60. 运转过程中精制油硫含量超高时，应如何查找原因？如何处理？

分析运转过程中发生硫超高现象时，通常采用倒序法(所谓倒序法就是按照工艺流程由后部往前查)找原因，采取处理措施。

(1) 液相脱硫系统故障

检查脱硫剂是否失效，只要在脱硫器出入口采样分析便可确定其脱硫率。如果入口硫含量和操作条件没变，而脱硫率下降至50%以下，表明脱硫剂已需更换。处理方法是切断脱硫器更换脱硫剂。

(2) 蒸馏脱水系统的故障

所谓蒸馏脱水系统硫含量超高故障，是指蒸馏脱水塔进料中并未发现有机硫含量突然升高，而脱水塔底油硫含量超高，这种情况显然是由于加氢过程生成的 H_2S(溶解在分离器液相中)，在进入脱水塔后未被很好脱除所致，脱水塔在正常的操作条件下，H_2S 和水一样，在石脑油中具有较高的相平衡常数，在正常的脱水操作条件下，H_2S 能很好地被除掉。但是，如果操作波动，如温度、压力、进料量的波动，特别是回流罐顶部 H_2S 排出量减少时，将造成脱水塔底油含硫量升高。处理方法是调整好蒸馏脱水塔的操作。

（3）预加氢反应系统的故障

如果蒸馏脱水系统进料发现含硫量高，那就要从上游反应系统进行检查分析。

影响加氢精制反应效果的工艺因素，诸如温度、氢分压和接触时间等已讨论过。除此之外，还有一些因素也应加以分析：

① 混氢量波动。在一定的进料流量情况下，氢气流量的减少，也将导致硫超高现象的发生。通常氢流量有一个下限值，在此界限之上的波动对催化剂的活性似乎影响不大。但是，氢气流量低于此下限值后，将引起催化剂迅速结焦，导致催化剂活性下降，脱硫能力降低，使生成油硫含量升高。处理的方法是应尽快调整好混氢量，避免在低于下限值时操作。

② 部分原料短路。反应器床层沟流（压降过高）或系统阀门与换热器泄漏都有可能使部分原料短路，不经催化剂层反应而漏入加氢生成油中，结果是生成油中的有机硫含量超高。

换热器或阀门泄漏可用着色试验检查。着色剂是一种用量极少的含氮化合物，如不短路，而经过反应器床层催化剂时，它将被转化成无色的产物。

反应器床层短路的发生有两种可能。一是催化剂床层发生沟流，这种情况的发生，可由床层各点温度的不均匀性得到反映；另一种原因，是在带有衬筒的冷壁反应器里发生的，由于衬筒漏焊或床层压降过高而使衬筒焊点开裂，导致部分原料经衬筒外壁流动，而不通过催化剂床层，致使未转化的硫化物进入生成油中。解决前者的办法是均匀装填催化剂，而后者需要补焊修理。这两种情况的处理，通常都必须在装置停工的情况下才能进行。

③ 预加氢催化剂中毒失活

影响重整原料(石脑油)加氢预精制催化剂活性的毒物有：钠、铅、砷化合物和硫酸盐等。

钠将堵塞催化剂担体孔道，致使催化剂失活。当钠含量达到0.2%时，就会明显影响催化剂活性。

铅和砷对预加氢催化剂活性的影响十分相似，它们都将在催化剂上逐层沉积，降低催化剂的孔容体积和孔表面，使催化剂活性降低。处理方法是查清毒物来源，并加以消除。

☞ 61. 苯抽提原料 C_6 组分加氢反应系统积炭压降升高的原因是什么？如何处理？

某单苯抽提原料 C_6 组分加氢开工以来，多次出现停车，大部分由加氢系统压降升高所致，装置的实际运行在6个月左右，不能满足长周期的要求。

打开设备检查，换热器较为干净，仅吸附少量固体微粒，但加热炉炉管管壁上附着大量黑色物质，最严重时，*DN*150炉管管径缩减了一半，通径仅余70mm。反应器上部积垢篮和瓷球相对正常，未出现明显结块现象，但最上部催化剂约10cm高度被黑色结焦物黏结在一起，形成“大盖”。由于积垢篮及惰性瓷球相对较为干净，排除了原料中携带大量固体微粒导致压降升高的可能性；反应器检查也未发现床层明显下陷及催化剂粉碎现象，排除了催化剂强度及装填的影响；而装置原料来自二次加工的连续重整，结合原料分析数据，也排除了油溶性的金属如环烷酸铁等在加氢环境中生成硫化亚铁，沉积在上部催化剂导致压降快速升高的可能。结合装置结焦的情况，认为压降是在反应系统内生成，这主要是指原料中不饱和烃等，在高温下或在硫化铁的促进下迅速发生以自由基、非自由基或金属催化剂下的集合反应，形成有机微粒沉积，导致系统压降升高。将结焦物进行 SEM(电镜)和 C/H 比进行分析，结焦物放大 400 倍和 10000 倍的 SEM 数据见图 2-8，照片显示形成的炭非常致密。

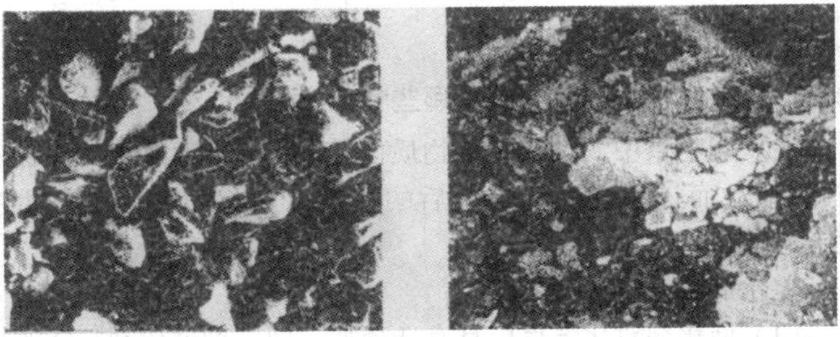

图 2-8　结焦物 SEM 照片(左：400 倍　右：10000 倍)

分析表明，结焦物中碳含量为 77.5%，氢含量 8.03%，H/C 为 0.10，而通常正常积炭形成的无定形炭的 H/C>0.50。结合 SEM 与 H/C 比结果，说明结焦是结构细密的石墨炭。

综上所述，由于原料中的烯烃类物质，在高温下易发生反应，造成在加热炉炉管以及反应器上部催化剂等高温区域生焦，导致系统压降异常上升。因温度升高会加速生焦速率，通过使用热载体换热器替代反应加热炉、更换使用高效催化剂降低反应温度等措施，有效降低原料在加氢系统内的温度，延缓生焦速率，同时装置停工期间的爆破吹扫、原料直供及更新压缩机的投用，均对减缓压降上升起到促进作用，这些措施的实施，解决了 C_6 组分加氢压降异常升高的问题，使得装置能够实现长周期运行。

第三章　重整催化剂与重整化学

☞ 1. 什么叫催化剂？它具有哪些特征？

在反应物系中，加入某种物质能使反应速率明显变化(加速或减速)，而该物质在反应前后的数量以及化学性质不发生变化，这种物质称为催化剂。

催化剂的基本特征是：

(1) 催化剂对化学反应具有选择性，即一种催化剂只能改变特定的化学反应；

(2) 催化剂只能改变化学热力学平衡上可能进行的化学反应；

(3) 对可逆化学反应而言，催化剂以相同倍数改变正反应和逆反应的速率，因此，化学平衡不能改变；

(4) 催化剂的数量、基本性状不会发生变化，催化剂的组分不进入化学反应产物之中。

☞ 2. 什么是重整催化剂？铂重整催化剂是谁发明的？

重整催化剂是一种能够在石脑油重整过程中加速烃类分子重新排列成新的分子结构，而本身没有改变的物质。

研制、开发铂催化剂可以说是经过几十年的时间，经过许多人的努力才取得的成果。早在20世纪初(1911年)，俄罗斯化学家H.Д.泽林斯基和B.A.卡赞斯基等，在试验室使用含铂催化剂对重整反应进行了研究，但他们只进行了试验室阶段的研究。对含铂催化剂具有工业实用意义的开发工作是由美国环球油品公司完成的，该公司化学家埃比和汉塞尔等，对含铂催化剂进行了深入研究，于1949年首先将铂/氧化铝催化剂(R-4)投入工业运转。此后，将使用这类含铂催化剂的石脑油催化重整工艺称为铂重整(Platinum Reforming，简写为 Platforming)。

☞ 3. 重整催化剂的发展经历了哪几个主要阶段？

重整催化剂的发展，主要经历了非铂金属氧化物催化剂、单铂催化剂和含铂双、多金属重整催化剂三个阶段。

(1) 非铂金属氧化物催化剂

1949 年单铂催化剂问世之前，工业中应用的重整催化剂主要是非铂金属氧化物，如 1940 年美国投入工业生产的临氢重整装置使用的催化剂(氧化钼、氧化铬等)和德国在第二次世界大战期间投产的重整过程使用的催化剂(氧化铝、氧化铜)。

(2) 单铂催化剂

稳定而有效的铂催化剂问世之后，催化重整在国外(主要是美国)开始迅速发展，铂催化剂的研究和改进进入了空前活跃阶段。

使用 Pt/Al_2O_3 为催化剂，将烷烃，特别是环烷烃转化为芳香烃的工业铂重整过程的发展，那是 20 世纪中叶(1949~1967 年)的事情。美国化学家汉塞尔曾回忆说："你们会感到很奇怪，为什么会制造出铂重整(Platforming)这个名词来。回想起来，将铂(Platinum)和重整(Reforming)缩写成铂重整(Platforiming)，确实是一个精巧的缩合，它是由埃比想出来的，他是我们三个化学家当中的一个。铂重整不但叙述了事实，而且包含了水平，这个水平就是辛烷值和产率方面的高度。"与使用 Cr_2O_3/Al_2O_3 催化剂相比，Pt/Al_2O_3 催化剂的活性已提高了 100 多倍。

(3) 双、多金属催化剂

1967 年，美国雪佛隆研究公司公布了发明的铂铼双金属催化剂——$(Pt-Re)/Al_2O_3$。自此，催化重整开始了第三个发展阶段——双、多金属重整，并结束了铂重整一统天下的局面。由于$(Pt-Re)/Al_2O_3$ 等双、多金属催化剂的优良性能，很快推广于世界各国。到目前为止，已有许多国家(中国、美国、荷兰、法国、德国、墨西哥、前苏联和前捷克斯洛伐克等)的公司生产了多种不同牌号的双(多)金属重整催化剂。特别值得指出的是我国近年开发的 CB-6、CB-7、CB-8 高 Re/Pt 比固定床半再生重整催化剂已达到或超过了国外同类催化剂的先进水平。近年开发的 PS-Ⅵ铂锡连续重整催化剂也达到了国外同类型催化剂的水平，并在引进的连续重整装置上替代了进口催化剂。

☞ 4. 当前世界都有哪些双、多金属半再生重整催化剂?

当前世界上有中国、美国、德国、墨西哥、前苏联、前捷克斯洛伐克、荷兰和法国等国家生产的双、多金属重整催化剂，各国生产的双、多金属重整催化剂的牌号大致如下：

(1) 中国

如 CB-6、CB-7、CB-8、3932、3933、3934、FR-13、FR-15、CB-60、CB-70、PRT-C 和 PRT-D 等。

(2) 美国

① UOP 公司

如：R-56、R-62、R-32、R-34、R-100、R-132、R-86 和 R-88 等牌号。

② Chevlon 公司

如：F、H 等牌号。

③ Criterion Cat Co 公司

如：PR-8.8A、PR-8E、PR-28、PR-18、PR-18A、PS-7、PS-10 等牌号。

④ ENGELHARD Co 公司

如：E-801、E-802、E-804、E-1000 等牌号。

⑤ Exxon Res. & Eng. Co. 公司

如：KX-160、KX-170 等牌号。

⑥ Axens 公司

如：RG-582、RG-682 等。

（3）荷兰 AKZO CHEMICALS INTERN. BV 公司

如：CK－522、CK－542、ARC－111E、ARC－555、ARC－111B 等牌号。

（4）法国普罗催化剂公司（PROCATALYSE Co）

如：RG-492、RG-442、CR-201、AR-401、AR-403、AR-405、RG-592 等牌号。

（5）德国劳意那股份公司（Leuna-Werke AG）

如：8840、8841、8860、8819B、8819C、8821C 等牌号。

（6）墨西哥石油研究院（Inetituto Mexicano Del Petroleo）

IMP-RNA-1、IMP-RNA-2、IMP-RNA-4 等牌号。

（7）前苏联

如：КР-108、КР-110、НПР-2、ПР-42 等牌号。

（8）原捷克斯洛伐克

39-21、39-23 等牌号。

☞ 5. 当前国内外主要应用的连续重整催化剂有哪些牌号？

（1）国外近年开发的连续重整催化剂（见表 3-1）

表 3-1 国外开发的连续重整催化剂

催化剂牌号	开发公司	工业化年份
R-30	UOP	1974
R-32	UOP	1976
R-34	UOP	1988
R-132/134	UOP	1992/1993
R-162/164	UOP	1998
R-172/174	UOP	1996
R-232/234	UOP	1999
R-272/274	UOP	2000
R-264	UOP	2004
CR-201	IFP	1985
CR-301/401	IFP	
CR-701/702	Procatalyse	
PS-10/20	Criterion	1991
PS-30/40	Criterion	1998
8842	Kataleuna Gmbh Catalysts	
ARC-111B	AKZO Nobel	
IMP-RNA-4	Instituto Mexicano del Petroleo	

按照催化剂的特点，可以将 UOP 开发连续重整催化剂的过程划分为 4 个阶段，第一阶段主要在 1972 年前，开发了 R-16、R-17 催化剂，这些催化剂的显著特点是低水热稳定性、低选择性；第二阶段从 1974 年到 1988 年，解决了第一代催化剂选择性较低问题，开发了低水热稳定性、但选择性得到改善的 R-30、R-32、R-34 催化剂；第三阶段从 1992 年到 1998 年，解决了催化剂水热稳定性较低问题，开发了高活性、高水热稳定性、和较高选择性的 R-130、R-160、R-170 系列催化剂；第四阶段从 1999 年开始，解决了催化剂积炭速率较高问题，已经开发了低积炭速率、高选择性的 R-230、R-260、R-270 系列催化剂。

从 UOP 最后两代的发展也可以看出，催化剂的发展向系列化发展。R-130 和 R-230 系列催化剂是通用型催化剂，适合绝大多数情况；R-160 和 R-260 系列催化剂的堆密度增加，适合老装置扩能有催化剂贴壁现象的情况；R-170 和 R-270 系列催化剂的活性和同系列相比，活性下降，但选择性提高，适合于用终馏点低、芳潜特低的原料生产高辛烷值产品的情况。

(2) 国内近年开发的连续重整催化剂(见表 3-2)

表 3-2　国内开发的连续重整催化剂

催化剂	商品名称	首次应用
PS-Ⅱ	3861	1990
PS-Ⅲ	GCR-10	1994
PS-Ⅳ	3961	1996
PS-Ⅹ	GCR-100	1998
PS-Ⅵ	RC011	2001
PS-Ⅶ	RC031	2004

通过助剂的选择、载体的改进、铂金属含量的降低、助剂与 Pt 的最佳配合和非 Sn、Re 助剂的引入等技术创新途径，实现了

技术突破，得到了活性稳定性高、水热稳定性好、和选择性高的连续重整催化剂。

1986 年，我国第一个连续重整催化剂 3861 工业放大成功，1990 年在抚顺石油三厂引进的 40 万 t/a 连续重整装置上首次应用成功。1994 年，GCR－10 催化剂开始在广州石化总厂的使用 UOP 技术的连续重整装置上实现了工业化。随后，我国成功地开发了一系列连续重整催化剂。

☞ 6. 重整催化剂是由哪两部分构成的？各部分的作用是什么？

当前工业使用的重整催化剂均是由活性组分和载体两部分构成的。其中活性组分由金属组分和酸性组分两部分构成。各部分的作用是：

（1）金属组分

重整催化剂中的金属组分是重整催化剂的核心，它的基本作用是促进脱氢和加氢反应。

传统的铂催化剂的金属组分是由贵金属铂构成、现代双、多金属重整催化剂除铂外，还加入一种或多种其他金属，如铼、锡、钛、铱等。引入非铂金属的主要作用是抑制铂晶粒长大，提高稳定性，改善选择性，增强容炭能力，使重整装置可以在低压、低氢油比和较高温度下长周期运转。

（2）酸性组分

酸性组分的作用是促进重整催化剂的异构化和裂解性能，通常由添加氯组元构成。

（3）载体

载体的作用是担载活性组分，使其均匀分散。现代重整催化剂多用 $\gamma-Al_2O_3$ 作为载体。

☞ 7. 什么是催化剂的主剂？什么是助剂？它们之间有什么关系？

所谓主剂就是起主要作用的活性物质，对重整催化剂来说金属组元中的铂是主剂。

助剂是指某些物质被加入到催化剂之后，能使催化剂的活性、稳定性和/或选择性得到改善。这种物质称为助剂。

重整催化剂中的助剂包括第二金属或其他多金属组元和酸性组分氯等。

主剂和助剂是相辅相成的，只有将主剂和助剂很好匹配起来，才能成为好的催化剂。

☞ 8. 何谓双功能催化剂？重整催化剂为什么必须具备双功能作用？

所谓双功能催化剂，通常是指具有两种催化作用的催化剂。以重整催化剂而言，双功能重整催化剂具有促进加氢/脱氢作用的金属功能，同时具有促进裂化、异构化反应的酸性功能。

重整催化剂必须具备金属和酸性两种功能，这是因为重整反应中通常包括几种不同类型的反应。一类是脱氢反应，要求催化剂具有金属功能来促进脱氢、加氢反应。另一类是裂化、异构化反应，要求催化剂具有酸性功能，以便促进裂化、异构化反应。还有一类是烷烃脱氢环化转化成芳烃的反应，它必须在金属中心与酸性中心交替地进行反应，所以重整催化剂必须具备金属和酸性两种功能。

☞ 9. 重整催化剂的酸性功能是怎样形成的？

现代双、多金属重整催化剂的酸性是由酸性组分氯提供的。氯在催化剂载体中占据了原有的一个羟基的位置。

载体（γ-Al_2O_3）表面具有一定数量的羟基，在一定的条件下，可以部分脱水而生成氧桥；氧桥又可以与环境气氛中的 HCl 发生交换反应，使氯被固定在载体表面上（见图 3-1）。

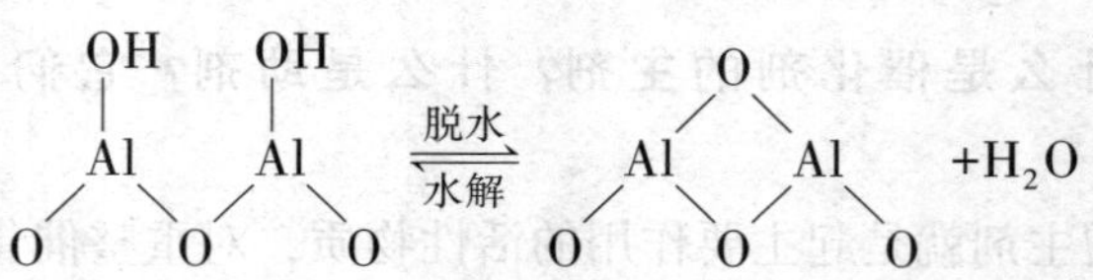

(1)

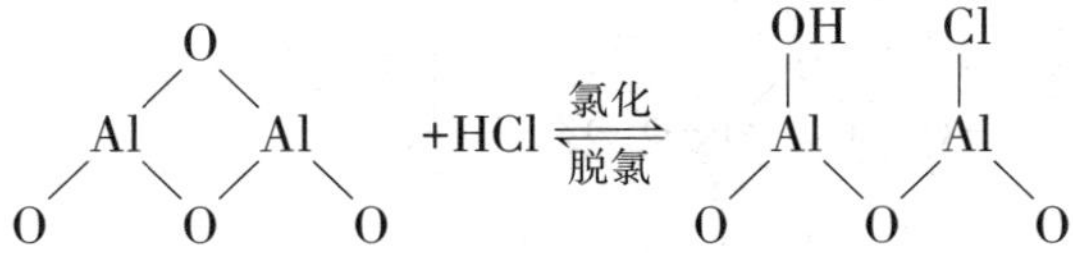

（2）

把反应式（1）和反应式（2）合并，可得到反应式（3）。

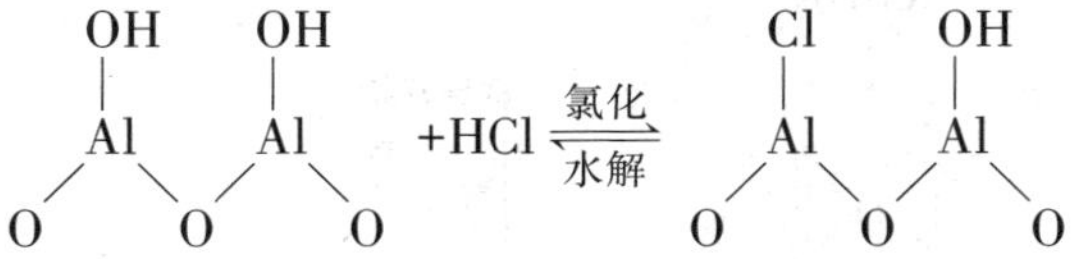

$+H_2O$ （3）

图 3–1　酸性功能的形成

这里所说的固定的酸性，是相对的、有条件的，如果环境中湿度很高，被固定的氯也会流失。

☞ 10. 重整催化剂的金属功能是怎样形成的？

金属活性功能主要是靠第Ⅷ族贵金属铂提供的。在重整催化剂中，每个铂原子在一个运转周期可促使 2000 万个烃分子进行化学反应，可见它的功能是很强的。

在制备催化剂时铂以氯铂酸的形式加入，在制备过程中，由于酸性功能活性组分氯的诱导，形成复合活性中心（见图 3–2）。

在金属活性功能和酸性活性功能构成的复合活性中心中，金属铂通常不是由单原子存在的，由于各种原因（如高温）将使铂原子发生凝聚化作用，结果降低了铂的总活性功能。为抑制凝聚化作用、提高铂的分散性和调整活性功能，在制备中往往还要加入第二种金属（如铼）、第三种金属（如钛）。

总之，只有有效地发挥酸性活性功能和金属活性功能，才能使复合簇团发挥更好的作用，即催化剂的活性、选择性和稳定性更好。

☞ 11. 现代双、多金属重整催化剂常用的助剂组分有哪些？各有些什么作用？

现代双、多金属重整催化剂通常采用铼、锡、铱、铝和铅等

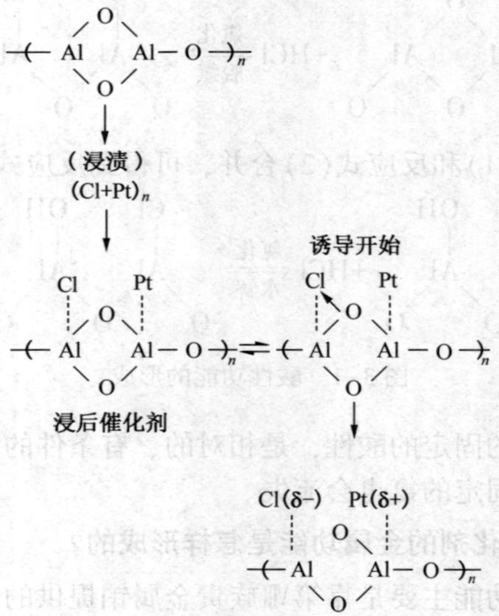

图 3-2　金属活性功能的形成

第二金属组元，作为主剂活性组分铂的助剂。其中，应用最多的是铼，其次是锡。它们的具体作用是：

（1）铼(Re)能促进铂的分散，抑制主剂铂的凝聚；铼具有极高的熔点，它进入铂的活性基团中起到抗积炭的作用，因而能使催化剂的稳定性提高、使用寿命延长。

（2）锡(Sn)能促进选择性的改善，C_5^+ 液收率明显提高，但温度效应较差，稳定性欠佳，此类催化剂多适用于连续再生型重整过程。

（3）铱(Ir)本身具有良好的脱氢环化功能，能提高重整催化剂的稳定性，但它的氢解和裂化性能较强，且价格昂贵，限制了它的广泛应用；铝(Al)作为第三种组分加入，能改善重整催化剂的裂解性能；铅(Pb)是重整催化剂的毒物，但作为制备催化剂的活性组分，具有催化剂的变性剂功能。

☞ 12. 催化重整的基本反应是谁最先发现的？

所谓催化重整的基本反应通常是指 C_6 环烷(即环己烷)脱氢变成苯的反应。

1911 年，俄国化学家泽林斯基最先发现了环己烷脱氢生成苯的反应，他是借助于载铂-钯的催化剂，在 300℃ 的条件下进行这一反应，其反应方程式如下：

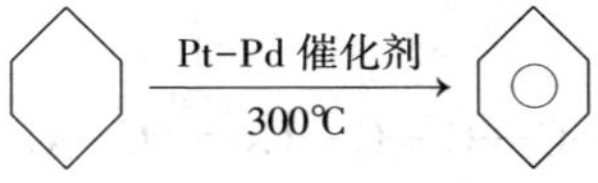

环己烷　　　　　　　　苯

1936 年，莫达维斯基等用氧化铬做催化剂，在 450~470℃ 实现了烷烃脱氢环化生成芳烃的化学反应；与此同时，卡赞斯基等也指出；在 300~310℃，借助铂/碳催化剂，烷烃脱氢环化是可能的：

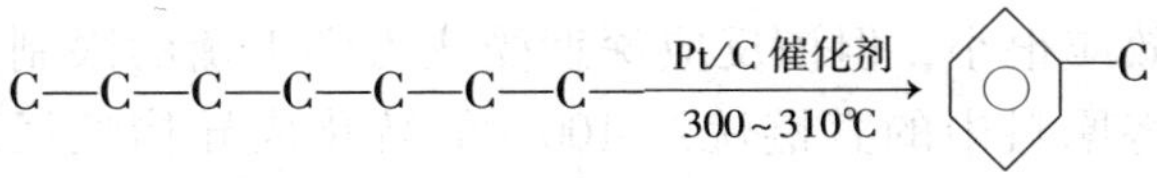

☞ 13. 重整催化剂上发生的主要化学反应有哪些？

在催化重整催化剂上发生的基本反应是：

- 直链烷烃异构化反应；
- 烷烃的脱氢环化反应；
- 烷烃的加氢裂化反应；
- 六元环烷的脱氢反应；
- 五元环烷的脱氢异构反应。

这些基本反应，几乎在所有现代催化重整催化剂上均能发生。除此之外，在某些情况下，还会发生其他一些反应，其中包括：

- 脱烷基反应；
- 歧化反应；

• 烷基化反应等。

除了上述反应之外，在重整催化剂上还发生缩聚生焦反应。

☞ 14. 什么是直链烷烃异构化反应？该反应对催化重整过程有些什么作用？特点是什么？

所谓直链烷烃异构化反应，就是由正构烷烃(即直链烷烃)转化成异构烷烃(即带侧链或支链的烷烃)的过程，例如：

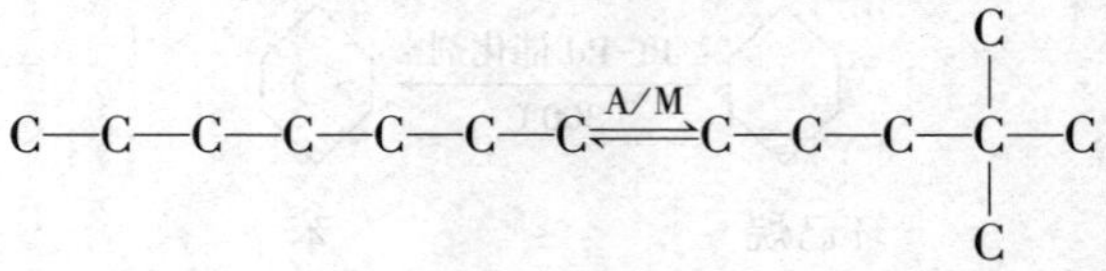

正庚烷　　　　　　　　二甲基异戊烷

RON = 0　　　　　　　　RON = 92

该反应的作用是提高了反应物的辛烷值。如上述反应辛烷值净增加值达 92 个单位，是提高汽油辛烷值的理想反应。该反应的特点是热效应很小，但该反应深度受热力学平衡的限制，因此，不可能将原料中的直链烷烃 100% 的转化成异构烷烃。通常，在催化重整过程中只能使重整汽油辛烷值提高 20 ~ 30 个单位。

该反应的另一特点是除主要借助催化剂的酸性功能(A)的作用外，还必须借助催化剂的金属功能(M)的辅助作用才能完成。应该说，直链烷烃异构化过程包括三个步骤：

第一步：先借助金属功能脱氢生成烯烃；

第二步：借助酸性功能异构成不饱和异构烃；

第三步：再利用金属功能加氢变成饱和异构烷烃。

☞ 15. 什么是六元环烷脱氢反应？该反应在重整过程有些什么贡献和特点？

所谓六元环烷脱氢反应就是由六元环烷脱掉 6 个氢原子变成相应的芳烃的反应，例如：

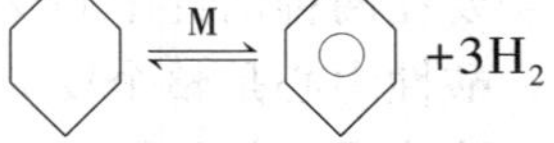

环己烷　　　　苯

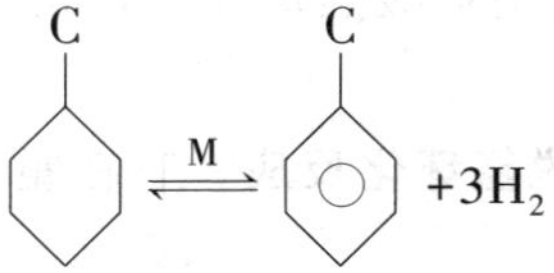

甲基环己烷　　　甲苯

该反应是重整过程最基本的化学反应。它的贡献是提高了重整油的辛烷值和芳香度(即芳烃含量)。特点是借助催化剂金属活性功能作用发生的，是各种重整反应中速度最快的一个化学反应，即使在很高的空速下，也能几乎定量完成。该反应是吸热量很大的反应，转化1摩尔六元环大约吸收209kJ(50kcal)左右的热量，是造成床层温降的最主要反应之一。该过程副产大量氢气，因此它也是重整副产氢的主要来源。

☞ 16. 什么是五元环烷脱氢异构反应？它在重整反应过程中有些什么贡献和特点？

五元环烷脱氢异构反应是比较复杂的反应，以甲基环戊烷为例，首先在金属功能作用下脱氢，再在酸性功能作用下异构成六元环，最后还得在金属功能作用下脱氢生成芳烃，其反应方程式如下：

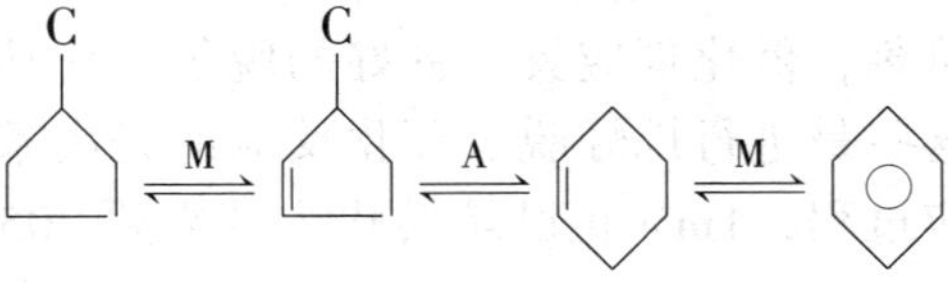

RON = 92.3　　　　　　　　RON = 106

这种反应对提高重整汽油辛烷值也有较大贡献(辛烷值增加13.6)，最主要的贡献是增加了产品的芳香度，为增产芳烃做了贡献。

该反应的特点是需要在两种活性中心交换数次才能完成，反应条件要求比较苛刻，酸性中心是整个反应过程的控制步骤，需要两种功能良好匹配才能取得最佳效果；双功能失调，对这种反应极为不利。该过程是强吸热反应，1mol 甲基环戊烷转化成苯需要 205kJ 的热量。

☞ 17. 什么是烷烃脱氢环化反应？它在重整反应过程中有何贡献和特点？

所谓烷烃脱氢环化反应就是在金属功能（和酸性功能）的作用下，将烷烃转化成芳烃的反应过程。以正庚烷为例，其反应过程如下：

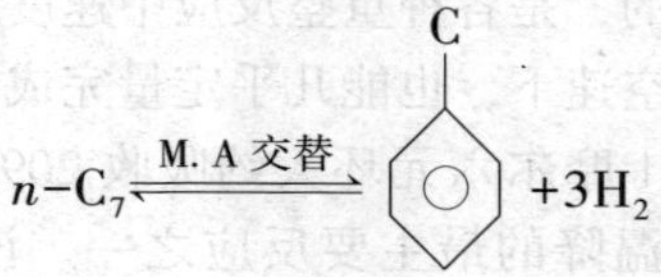

RON = 0　　RON = 120

该反应是现代催化重整过程追求的目标之一，它也是提高汽油辛烷值与芳烃产率的主要反应，该过程使辛烷值增加高达 120 个单位。

我国原油多为石蜡基原油，直馏石脑油中的烷烃占 40% ~ 60%，因此，该反应是我国重整装置提高经济效益的关键反应。

该反应的特点是烷烃可以在金属活性中心上直接环化，也可以在 M 和 A 两个中心作用下完成。受反应动力学控制，要求反应条件苛刻，催化剂应具有良好的脱氢环化功能，控制好水氯平衡，这些是进行烷烃脱氢环化反应的先决条件。该过程是强吸热反应过程，1mol 正已烷转化为苯需要 205kJ 的热量才能完成。

☞ 18. 什么是加氢裂化反应？为什么说加氢裂化反应是不希望发生的反应？

加氢裂化反应是在酸性和金属（A. M）两种功能作用下使大

分子烃变成小分子烃类的反应。以正庚烷（$n-C_7$）为例，反应如下：

$$n-C_7 \xrightarrow{\text{A. M 作用}} n-C_3+n-C_4$$

该反应虽然也是一种改进汽油辛烷值的反应，将大分子烷烃裂解为低分子烃，浓缩了液体产品中的高辛烷值组分，提高了液体产品辛烷值和芳香度；但是，它使重整过程产氢量减少，氢纯度下降，液体产品收率降低；同时，由于该反应速度快，对烷烃脱氢环化极为不利，最后造成芳烃产率减少，并使催化剂选择性变差。总体来说，此种反应是利小害大，是不希望发生的反应，应加以适当控制（然而不让发生是不太可能的）。

☞ 19. 什么是氢解反应？它与加氢裂化反应有什么区别？

氢解反应主要是生成 C_3 以下的低分子烷烃的反应，主要生成物是 C_1、C_2 和 C_3，其反应式如下：

$$CH_3CH_2CH_2CH_2CH_2CH_2CH_2 \xrightarrow{+H_2} CH_4+CH_3CH_2CH_2CH_2CH_2CH_3$$

$$\text{或}\quad CH_3CH_3+CH_3CH_2CH_2CH_2CH_3$$

$$\text{或}\quad CH_3CH_2CH_3+CH_3CH_2CH_2CH_3$$

加氢裂化通常是指生成 C_3、C_4 低分子烃的反应，其反应历程是：

$$CH_3CH_2CH_2CH_2CH_2CH_2CH_3 \rightleftharpoons CH_3CH=CHCH_2CH_2CH_2CH_3+H_2$$

$$\downarrow +H_2$$

$$CH_3CH=CHCH_3+CH_3CH_2CH_3$$

$$\downarrow +H_2$$

$$CH_3CH_2CH_2CH_3$$

这两种反应都是不希望发生的反应，它们将使液体产品收率下降，因此，操作中尽量避免它们的发生。

☞ 20. 什么是脱烷基反应、歧化反应和烷基化反应？它们对重整工艺过程有何影响？

脱烷基化反应是脱掉苯环上烷基的反应。例如：

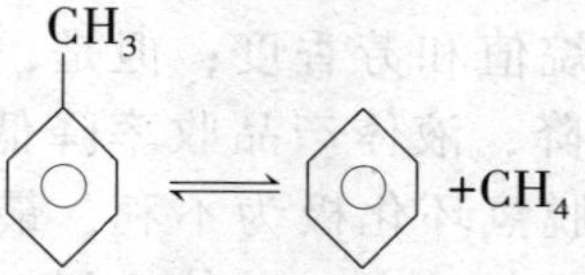

这种反应不能提高重整油的辛烷值，但可增产轻质芳烃——苯、甲苯或二甲苯。

在歧化反应中，烷基从一个芳烃分子的苯环上转移到另一个芳烃分子的苯环上。例如，甲苯歧化生成苯和二甲苯：

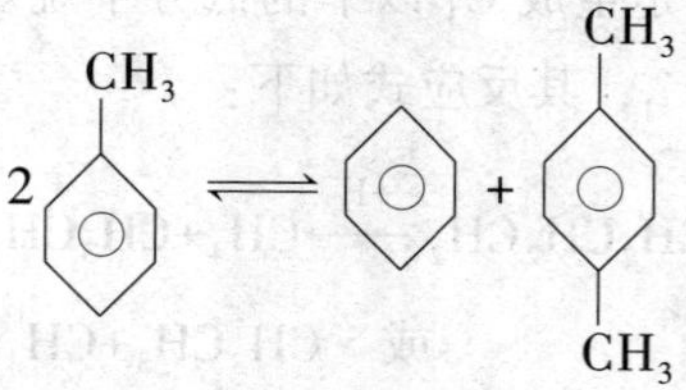

这是一种增产二甲苯的有用反应。

烷基化反应是脱烷基反应的逆反应，例如：

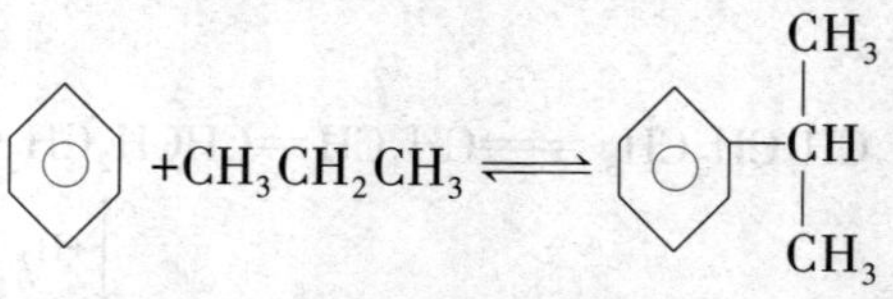

该反应和脱烷基反应相似，没有氢的交换，但是会使汽油产品的干点升高，同时会加速焦炭生成，因此，应设法避免这种反应发生。

☞ 21. 强化脱氢环化反应时会受到哪些因素限制？

脱氢环化反应是烷烃变成芳烃的反应过程，例如：

$CH_3CH_2CH_2CH_2CH_2CH_2CH_3 \rightleftharpoons$

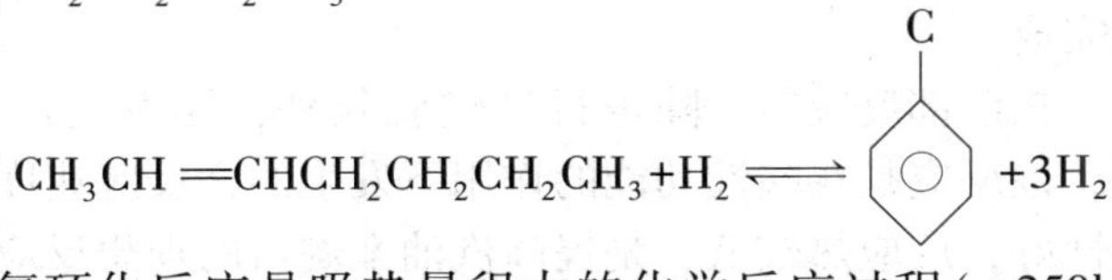

烷烃脱氢环化反应是吸热量很大的化学反应过程(+250kJ/mol)，受到反应动力学限制，转化率相对较低，只有在较苛刻的条件下才能发生(如较高的反应温度)。但是提高温度使烷烃加氢裂化反应比烷烃脱氢环化更容易进行，因此，提高温度强化脱氢环化的措施，会使加氢裂化反应加速，严重时，环烷烃也可能开环并裂解，使潜在的芳烃组分减少。只有降低反应压力，既有利于烷烃的脱氢环化反应，又可减少加氢裂化反应。

☞ 22. 焦炭前身物是什么？生焦反应是怎样发生的？

焦炭前身物是一种稠环芳烃类物质。通常它是由苯环和二烯烃缩聚生成的：

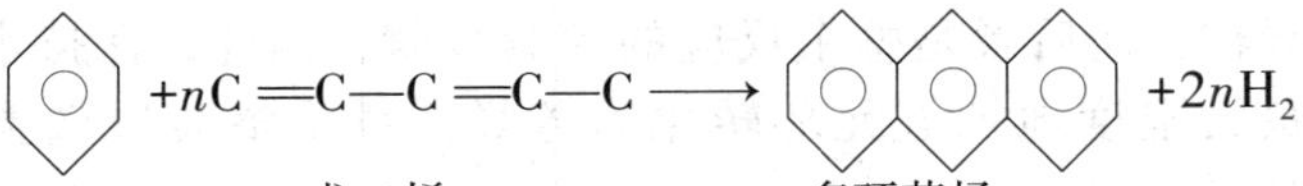

戊二烯　　　　　　多环芳烃

在后部反应器中，在较高的反应温度下，焦炭前身物是很容易形成的。在苛刻的条件下，这些焦炭前身物进一步缩合，氢含量进一步减少，便形成了焦炭。

☞ 23. 重整各反应器发生哪些化学反应？各有何特点？

不同类型反应的反应速度差异很大，进行反应的难易程度不同，因此，前部反应器进行的反应是比较容易发生的、反应速度较快的反应，后部反应器进行的反应是速度慢、不易发生的反应。

(1) 前部反应器

前部反应器(即一反)，主要进行环烷脱氢反应，借助催化剂金属功能，该反应是各类反应中进行最快的一个，六元环烷脱氢可在很高的空速下完成，反应选择性好，吸热量大，因而前部反应器温降最大。同时该反应的产率极高，几乎是按热力学计算量完成。

在前部反应器，除进行环烷脱氢外，还发生烷烃异构化反应，该反应是在酸性功能的作用下发生的，反应速度也较快，选择性好，反应热较低，是提高汽油辛烷值的理想反应之一。但是这种反应的深度受热力学平衡的限制，不可能将原料中的正构烷烃全部转化成辛烷值较高的异构烷烃。通常它的贡献，可使重整原料的辛烷值提高 20 个单位左右。

（2）中部反应器

包括二反和三反，除继续完成前部反应器未完成的环烷脱氢和烷烃异构化反应之外，还将开始进行一些其他反应，如加氢裂化反应、烷烃脱氢环化反应和 C_5 环烷异构脱氢反应。

烷烃脱氢环化和 C_5 环烷异构脱氢反应，比 C_6 环烷脱氢难得多。C_6 环烷可在金属活性中心上直接脱氢生成苯类产品，但五元环烷不能，它需首先在金属活性中心上脱氢，然后还需在酸性中心异构，而后者是整个反应的控制步骤，因此，保持水氯平衡，最大限度地把五元环转化为芳烃，对重整装置效益有很大好处。

（3）后部反应器

后部反应器发生的反应是反应最难进行、速度最慢的脱氢环化反应和 C_5 环烷异构脱氢反应，由于条件苛刻，不希望发生的加氢裂化和结焦反应进行得也相当剧烈。

☞ 24. 重整转化率是如何定义的？影响重整转化率的因素有哪些？

重整转化率，定义为重整转化过程产物中所得到的芳烃量与原料中芳烃潜含量之比值。因此，重整转化率又称芳烃转化率，即：

$$\text{重整转化率}=\frac{\text{重整生成油中芳烃产率}}{\text{原料油中芳烃潜含量}}\times 100\%$$

影响重整转化率的因素很多，几乎所有影响反应温降的因素对转化率均有影响，具体来说，影响重整转化率的因素有：

（1）催化剂的组成与活性；

（2）原料的性质及组成；

（3）反应压力；

（4）氢油比；

（5）空速；

（6）环境控制和氯水平衡；

（7）反应温度；

（8）催化剂积炭程度等。

☞ 25. 何谓环烷转化率？它与芳烃转化率有何关系？

尽管环烷脱氢反应易于进行，但受热力学平衡的限制，生成油中总会残余少量环烷。转化了多少环烷可用环烷转化率来表示，即

$$\text{环烷转化率}=\frac{\text{原料油中环烷含量}-\text{生成油中环烷含量}\times\text{液收率}}{\text{原料油中环烷含量}}$$

由于数值上正好等于 1 与环烷剩余率之差值，即为：

$$\text{环烷转化率}=\left(1-\frac{\text{生成油中环烷含量}\times\text{液收率}}{\text{原料中环烷含量}}\right)\times 100\%$$

在定义上，环烷转化率只能表示环烷转化程度，它与芳烃转化率是不同的。芳烃产品除由六元环脱氢和五元环烷异构脱氢生成外，烷烃脱氢环化也可生成芳烃，因此，芳烃转化率可以达到或超过 100%，而环烷转化率则不可能超过 100%。

☞ 26. 衡量重整催化剂使用性能的主要指标有哪些？

衡量重整催化剂使用性能的主要指标有：催化剂的活性、选择性、稳定性等。此外还应包括催化剂的再生性能和机械强度等。

但对不同再生方式的催化剂要求不相同，固定床催化剂与连续重整催化剂也不相同。半再生固定床催化剂主要指标有活性、选择性、稳定性、强度；而连续重整催化剂除活性、选择性、再生性、稳定性外，还有很重要的输送流动性能及抗磨损性（包括强度）。

☞ 27. 催化剂活性的涵义是什么？

催化剂活性系指催化剂加速反应的能力。催化剂活性越强，促使原料转化率越高，或达到相同转化率时，操作苛刻度（如温度）越低。对重整催化剂活性来说，重整催化剂的活性愈强，使原料转化成相应产物——芳烃或高辛烷值汽油的功能越强，因而通常可用芳烃产率或产品辛烷值与收率的乘积（辛烷值-桶）来表示，也可用操作苛刻度（如温度）表示。

☞ 28. 催化剂选择性的涵义是什么？如何表示？

催化剂的选择性是指催化剂促进目的反应（对重整催化剂来说，就是生成芳烃或提高辛烷值的各种化学反应）能力大小。通常催化剂除加速希望发生的反应外，还会加速不希望发生的反应（对重整来说，如裂化反应等）。为了描述重整催化剂选择性变化，有人采用辛烷值选择性指数（SI_{ON}）或芳烃选择性指数（SI_{Ar}）来表征。其中辛烷值选择性指数（SI_{ON}）的定义是：

$$SI_{ON} = \frac{ON_p - ON_r}{100 - L_y}$$

式中 SI_{ON}——辛烷值选择性指数；

L_y——重整液体产品收率；

ON_p——重整生成油辛烷值；

ON_r——重整原料油辛烷值。

芳烃选择性（SI_{Ar}）的定义是：

$$SI_{Ar} = \frac{Ar_p - Ar_r}{100 - L_y}$$

式中 SI_{Ar}——芳烃选择性指数；

Ar_p——重整生成油芳烃含量；

Ar_r——重整原料油芳烃含量。

☞ 29. 催化剂稳定性的涵义是什么？

催化剂稳定性是指催化剂在使用条件下保持其活性和选择性的能力。因此，催化剂的稳定性包括两种涵义，一种是活性稳定性，另一种是选择性稳定性。对重整催化剂来说，即要求具有良好的活性稳定性(即要求运转末期和运转初期的平均反应温度之差较小)，又要求具有良好的选择性稳定性(即要求运转初期催化剂的选择性和运转末期催化剂的选择性之差较小)。

☞ 30. 催化剂的寿命如何计算？

所谓催化剂寿命是指单位重量催化剂自始至终所处理的原料油总量。其计算公式为：

$$催化剂寿命=\frac{累计进油总量(m^3)}{反应器催化剂装入总量(kg)}$$

☞ 31. 在工业生产中如何选用重整催化剂？

选择一个综合性能良好的催化剂是实现“安、稳、长、满、优”生产的关键一环。通常，选用综合性能良好的催化剂应注意：

(1) 反应性能要好

对于半再生装置，不仅要选用活性好、选择性高的催化剂，而且更要选用稳定性好的重整催化剂。特别是操作苛刻度要求较高时，催化剂稳定性和容炭能力将直接影响装置的运转周期。

对于连续重整装置，催化剂稳定性似乎不那么特别要求，侧重选用活性和选择性更好的重整催化剂。

对于所有重整装置，良好的选择性，可以提高液体产品收率，这是共同的要求，它将提高装置的经济效益，可以副产纯度较高的氢气供应下游用氢装置。

(2) 再生性能要好

良好的催化剂再生性能，意味着再生后催化剂的活性应完全或基本恢复到新鲜催化剂的水平，这一点无论是对半再生重整和连续重整都十分重要。尤其是对频繁再生的连续重整更重要，通常3~7天，系统中的催化剂就得循环再生一次，再生周期如此频繁，如若再生性能欠佳，就不能保证装置的正常生产。同样，对于半再生装置，如若再生性能不好，意味着催化剂使用周期(寿命)短，则经济性变差。

(3) 物理化学性质要佳

对于连续重整最重要的要求是催化剂的磨损强度、流动输送性和小球均匀度等物理性能。半再生重整对这些性能似乎不太重视，其实，催化剂的许多物化性质，诸如杂质含量、比表面积、机械强度和堆积密度等，都会直接或间接影响催化剂的长周期使用性能。

除上述三点之外，选择催化剂时，还应注意催化剂对原料杂质要求和环境控制要求，如不能实现这些要求，则暂时不宜选用；还要考虑主要设备能力是否与选用的催化剂特点相匹配；最后，当然也要考虑催化剂的价格、装置改造费、技术服务费用等。

☞ 32. 近年开发的高 Re/Pt 比催化剂有何特点?

在高 Re/Pt 比催化剂出现之前，铂铼催化剂的 Re/Pt 比通常为1.0左右，称为等 Re/Pt 比(对称型)催化剂，Pt 含量为0.25%~0.375%。高 Re/Pt 比催化剂(富铼催化剂)的 Re/Pt 比在2.0或2.0以上，Pt 含量减少，我国 CB-8 催化剂 Pt 含量已降至0.15%。

高 Re/Pt 比催化剂的特点是贵金属 Pt 用量减少，而催化剂的性能得到改进，在老化速度(ΔRONC/100h)、相对开工周期、单位重量 Pt 的相对开工周期方面都比等 Re/Pt 比催化剂好。

引入高铼的作用是：使生炭前身物(如环戊二烯)的数量减

到最少，因而提高了催化剂的稳定性和运转周期；高 Re/Pt 比催化剂密度高，为提高操作苛刻度，增加生产能力提供了条件。

总之，高 Re/Pt 比重整催化剂正在取代传统的等 Re/Pt 比重整催化剂和其他双、多金属重整催化剂，是催化重整最新发展的一个重要方面。

☞ 33. 影响重整反应过程的主要操作参数有哪些？

催化重整过程的主要操作参数有：

- 操作压力；
- 反应温度；
- 进料空速；
- 氢油比。

催化重整过程中六元环烷脱氢、五元环烷脱氢异构、链烷烃脱氢环化等希望发生的反应的共同特点是：吸热、体积增大，因此，从热力学观点考虑，最有利的操作因素是提高反应温度，降低操作压力或降低氢/烃摩尔比。

☞ 34. *WABT* 与 *WAIT* 的涵义各是什么？如何计算？

WABT 是各反应器加权平均床层温度；*WAIT* 是各反应器加权平均入口温度。

它们的计算公式分别为：

$$WABT = \sum_{i=1}^{4} x_i \cdot T_i^{床} \qquad (i \leqslant 4)$$

$$WAIT = \sum_{i=1}^{4} x_i \cdot T_i^{入} \qquad (i \leqslant 4)$$

式中 x_i——各反应器催化剂装量占总催化剂量的百分率；

$T_i^{床}$——各反应器平均床层温度，℃。

$T_i^{床}$ 可按下式计算：

$$T_i^{床} = (T_i^{入} + T_i^{出})/2$$

式中 $T_i^{入}$——各反应器入口温度,℃;

$T_i^{出}$——各反应器出口温度,℃。

例如，其装置有 4 台反应器，各反应器催化剂装填比例为 1∶2∶3∶4,各反应器的进、出口温度分别为：

	进口温度/℃	出口温度/℃
1#反应器	490	420
2#反应器	490	440
3#反应器	495	475
4#反应器	495	490

那么，反应器加权平均入口温度($WAIT$)可计算如下：

$$WAIT=0.1\times490+0.2\times490+0.3\times495+0.4\times495=493.5℃$$

反应器加权平均床层温度($WABT$)则为：

$$WABT=0.1\times(490+420)/2+0.2\times(490+400)/2+0.3\times(495+475)/2+0.4\times(495+490)/2=481℃$$

☞ 35. 操作温度对重整反应有何影响？反应器的温度应如何控制？

在催化重整过程中，几乎所有的主要反应都是吸热反应，从热力学平衡观点上考虑，提高反应温度，有利于提高产率。但是反应温度提高后，加氢裂化反应加快，催化上的积炭速率就要增加，引起催化剂加速失活，液体产品收率要下降。特别是当反应温度超过适宜温度后，不希望发生的非理想反应加剧，所以选择操作温度时要从多方面考虑。通常连续重整的反应温度范围可以更高(540~545℃)。由于各个反应器内进行的重整反应类别不同，反应速率相差很大，如第 1 反应器脱氢反应速率极快，而第 4 反应器的脱氢环化反应速率很慢，因此，各反应器操作温度应有所差异，一般两段混氢选择温度递升方式比较妥当，而半再生可采用等温方式或递降方式为宜。在生产过程中，结合各反应器内催化剂的失活情况，可逐步提高操作温度，以保持重整油辛烷值或芳烃产率不变。

反应温度与催化剂的活性有关，在以下情况下需要进行调整：

① 改变重整生成油的辛烷值；

② 改变装置的处理量，从而改变了空速；

③ 处理不同性质的重整原料；

④ 补偿由于催化剂老化活性逐步下降；

⑤ 补偿由于原料杂质对催化剂活性的损伤。但是，通常首先应该弄清原因，然后采取措施。一般不宜通过提温来补偿。

反应温度是用来控制产品质量最主要的操作参数，每增加一个单位辛烷值需要提高反应温度（WAIT），在 RON90～95 范围内为 2～3℃；RON95～100 范围内为 3～4℃。增加空速或原料变贫、变轻，也都需要适当提高反应温度以维持产品辛烷值不变。

提高辛烷值就需要提高反应温度，在相同原料、反应压力和空速条件下生产不同辛烷值的产品，反应温度是不一样的。不同组成的原料进行重整反应，如果要求生产同等辛烷值的重整油，也应当采用不同的反应温度。

但是，要注意：随着反应温度升高，一方面重整产物辛烷值升高，芳产和氢产增加，另一方面液体收率降低，催化剂积炭速率加快。

☞ 36. 重整各反应器温降为什么依次减少？影响反应器温降的因素有哪些？

重整反应器的温降是由于吸热反应过程造成的，而典型的吸热反应是六元环烷脱氢反应，它的吸热量大，而且反应容易进行，几乎是定量发生的过程，所以大部分在第 1 反应器中进行，这就是前部反应器温降最大的原因。后面的第 2、3 反应器环烷脱氢反应渐少，依次发生的反应主要是难以进行的，需较高温度才能发生的五元环异构化、烷烃脱氢环化、加氢裂化等反应，它们的反应速度和产生的温降显然低于六元环烷脱氢过程。在转化过程中有许多因素影响热效应，其中影响反应温降的主要因素有：

(1) 催化剂的组成及活性；

(2) 原料油的性质和组成；

(3) 反应压力；

(4) 氢油比；

(5) 空速；

(6) 环境；

(7) 反应温度。

☞ 37. 为什么说重整最后一台反应器温降变化是催化剂酸性功能变化的重要标志？

在重整最后一台反应器中进行的反应，通常是反应速度最慢的加氢裂化反应和烷烃脱氢环化反应。这两类反应的热效应相反，前者是强放热反应，后者是强吸热反应。两类反应同时进行，使得反应器的床层温降很小，一般只有几度。最后一台反应器有温降表明脱氢环化反应所消耗的热量比加氢裂化反应所产生的热量多；最后一台反应器温降减少，表明加氢裂化反应增强，这往往是由于氯的注入量过多所致。因此，由最后一台反应器的温降变化情况，可以推测出催化剂酸性功能变化情况。

☞ 38. 什么是液时空速？对重整反应有何影响？怎样操作控制？

空速是重整反应的一个重要参数，说明反应物与催化剂接触时间的长短。它用每小时通过催化剂的石脑油进料量来计量，一般以液体体积空速(LHSV)或质量空速(WHSV)表示。

$$\text{体积空速(LHSV)} = \frac{\text{进料的体积流率}(m^3/h)}{\text{反应器中催化剂的体积}(m^3)}$$

$$质量空速(WHSV)=\frac{进料的质量流率(kg/h)}{反应器中催化剂的质量(kg)}$$

空速对产品的辛烷值有重要影响。增加进料量意味着提高空速，从而减少了物料在反应器中停留的时间，降低了反应的苛刻度，辛烷值会降低，但可以通过提高温度进行补偿。反之，在低空速条件下，物料在反应器中停留的时间增加，反应温度就应当低一些，以防止热反应过多影响重整生成油的收率。

为了减少加氢裂化和生焦反应，操作中要降低空速时，应当首先降低反应温度，然后再减少进料量；要提高空速时，首先增加进料量，然后再提高反应温度。

空速对芳烃转化率(芳烃产率与芳烃潜含量之比)的影响随反应深度的增加而增加。

在正常生产时，反应器的大小已经确定，催化剂装量已不能随便改变，空速的高低取决于进料量的多少，它要根据工厂调度的要求决定，实际操作中一般不调节。必须调节时，如果增加处理量使空速增加后还能否保持苛刻度不变的情况下正常运转，就主要取决于反应温度和再生器的能力。

图 3-3 表示催化重整装置在处理典型直馏石脑油时，为了

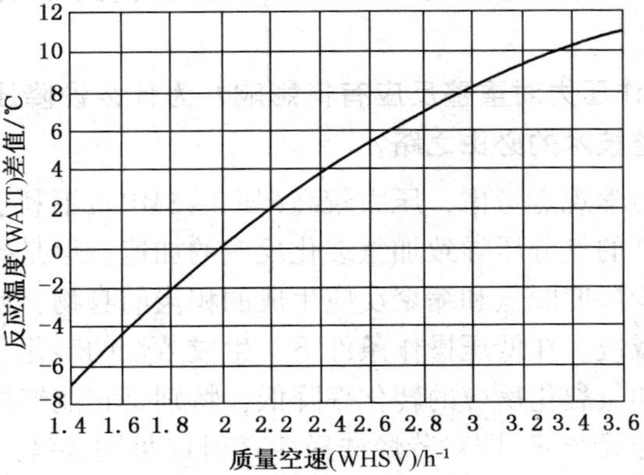

图 3-3　空速对反应温度的校正

保持相同的重整油辛烷值，进料量变化，引起空速改变，应当对反应温度进行的校正。例如，装置反应器内催化剂的装置为 53.5t，在进料量由 96.3t/h 提高到 120.3t/h，质量空速由 $1.8h^{-1}$ 提高到 $2.25h^{-1}$，由图查得 WAIT 差值由-2℃增加到+2.5℃，因此 WAIT 应当提高 2.5-(-2)=4.5℃。

目前一般工业装置采用的液体空速（LHSV）为 $1.0\sim2.0h^{-1}$。在 LHSV 低于 $1.0h^{-1}$ 时，会发生不希望的副反应和使加氢裂化增加，减少重整油的改率。选择空速时，要兼顾允许的加氢裂化反应和要求的脱氢环化反应两个方面。改变空速对芳构化和异构化一般不起作用，因为这些反应即使在高空速下也能接近平衡。

进料空速低于设计值50%时，是不允许的。

通常，空速的调节取决于催化剂的性能和所希望进行的反应的动力学特征有关。如环烷脱氢与烷烃异构化反应速率较快，几乎不受空速影响，操作中可适当增大空速。另外在选择空速较高的催化剂时，可以在较大的空速下操作。反之，对于那些反应速率较慢的脱氢环化反应就不能选用大空速操作。为了区别对待不同类型反应的特点，可以考虑变更各反应器内的催化剂装入量，依据上述原因，采用递增式装填催化剂，无疑是合适的。

☞ 39. 操作压力对重整反应有何影响？为什么说降压操作是提高催化重整技术的必由之路？

从热力学观点考虑，压力较高（如3~5MPa）不利于芳烃的生成，而且高的氢分压导致加氢裂化反应的加速。但是提高操作压力，能减少深度脱氢和缩聚反应生成的积炭前身物，使催化剂的失活速率减慢。在低压操作条件下，生成芳烃的转化率高，氢产率也高，加氢裂化反应的转化率降低，特别是它能够提高液体产品收率和芳烃产率（即对芳烃选择性有利）（见图 3-4，图3-5）。

可是在低压下也有不利的影响，催化剂易于积炭失活，

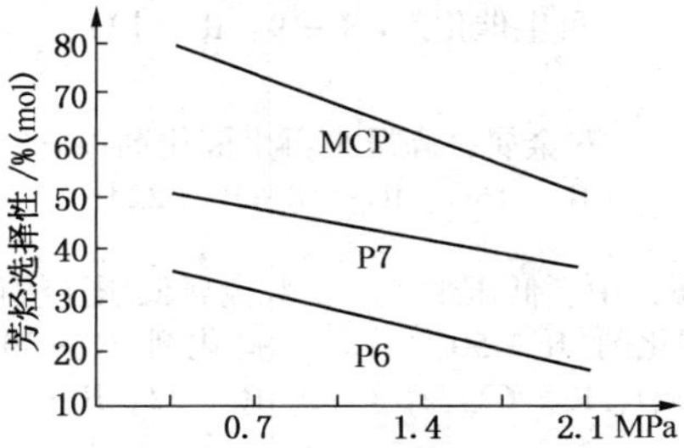

图 3-4　压力对芳烃选择性影响

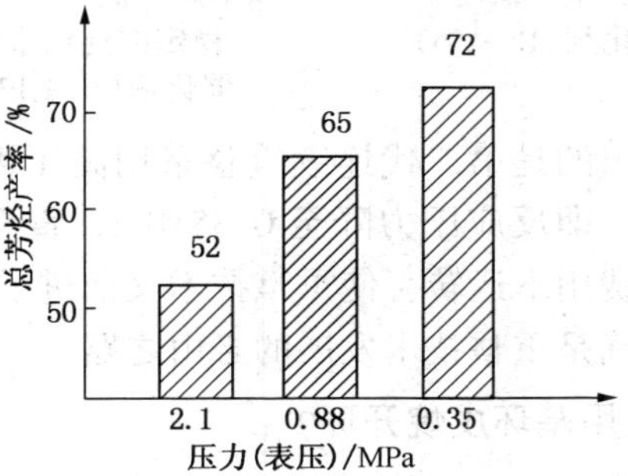

图 3-5　压力对重整油总芳烃产率的影响

催化剂运转期缩短，因此，欲实现低压操作必须选择稳定性好或容炭能力强的催化剂。另外，压力降低还会引起循环压缩机动力消耗增加，这也是应该考虑的一个因素，但并非主要因素。

然而，这些不利因素未能限制重整降压操作以提高重整技术水平的发展。特别是连续催化剂再生工艺提供了催化剂的连续再生场所，积炭高已不再成为重整降压操作的困难。据资料介绍，新近开发的高稳定性催化剂使半再生式重整和连续重整技术获得了进一步发展。以美国 UOP 公司为例，重整催化剂开发与降压操作的基本情况如下：

单金属、高压
半再生催化剂（R－9、R－12）
↓
双金属，高压半再生催化剂
（R－16G、R－18、R－22）
↙ ↘

双金属，中、低压半再生催化剂（R－50、R－60、R－62）
↓
双金属，中、低压半再生催化剂（R－56）

双金属低压连续重整催化剂（R－30、R－32、R－34）
↓
双金属、低压、表面积稳定的连续重整催化剂（R－132）

特别值得提出的是第二代连续重整采用高压再生等新工艺，以适应在超低压，即反应压力降至 0.35MPa，重整在高转化率、高选择和低操作费用下运转，使重整技术又前进了一步。综上所述，降压操作的确是重整技术发展的必由之路。

☞ 40. 如何防止甲基环戊烷开环？

系统含水量过高，将促使甲基环戊烷开环。为防止开环，就必须使系统不在含水量过高的条件下运转。

通常，水对这个反应的相对重要程度与原料油类型有关。对于环烷基原料油，环烷烃含量高，环烷烃的脱氢反应是主要反应，烷烃的脱氢环化反应次于环烷烃脱氢反应，因此循环气中水可偏高一些，25～35μL/L 较适宜；对于石蜡基原料油，在中、深度加工时，烷烃脱氢环化反应是十分重要的，因此循环气中水应低一些，20～25μL/L 较适宜。

调节水的方法是在重整进料中注入适量的水，注入的介质通常为乙醇或脱离子水等。

就温度和压力来说，一般高温、低压有利于甲基环戊烷的正常转化。但不能使温度过高或压力过低，防止催化剂寿命缩短。

低压有利于平衡，但对甲基环戊烷来说，速率控制阶段是五元环向六元环异构化过程，而这一步骤对压力似乎不那么敏感。

环己烷与甲基环戊烷的平衡比，在正常情况下是1∶10。

任何措施，只要能提高脱氢作用，而又不影响加氢裂化，就能促使甲基环戊烷向苯的正常转化。试验表明，甲基环戊烷与苯之间有个平衡，如果原料中甲基环戊烷浓度太低，操作中容易产生开环。

☞ 41. 在实际生产过程中，在控制反应压力方面有些什么经验?

不同装置，由于系统压力降的差异，虽然反应压力(即最后一台反应器的入口压力)相近，但分离器的压力有很大差异。因此，不能用分离器压力代表反应压力。

最后一台反应器装入的催化剂量通常占总催化剂量的50%以上，所以一般用最后一台反应器入口压力作为反应压力。其真正的平均反应压力为各反应器压力乘以其催化剂的百分率之和。

反应压力没有理论上的极限，现代催化剂连续再生式重整装置，反应压力可以很低，产品收率和质量都有提高。

然而，对于一个确定的重整装置，由于催化剂类型和装置形式已经确定，操作压力也就确定，反应压力的调整要小心。

☞ 42. 影响氢/烃比变化的因素有哪些?

导致气/油比变化的因素有:

①循环气量变化；②原料进料量变化；③分离器压力波动；④循环气氢纯度变化(对往复式压缩机影响不大)；⑤系统压力降的变化；⑥压缩机故障导致机械效率下降等。

☞ 43. 循环氢的作用是什么? 为什么说压缩机是重整装置的心脏?

重整循环氢的作用主要有三点:

(1) 改善反应器内温度分布，起热载体作用；

（2）抑制生焦反应，保护催化剂活性和寿命；

（3）稀释反应原料，使物料更均匀地分布于床层中。

由于循环压缩机能使氢气在系统中得以循环，好比人的心脏促使血液在人体循环一样，因此，人们都说循环压缩机就是重整装置的心脏，这种形容是很形象、很恰当的。一旦循环压缩机出现故障不能运转，系统含氢气体不再流动，催化剂将迅速结焦，催化剂活性和寿命就要下降，这是非常危险的。就像人的心脏停止跳动一样，必须采取紧急措施进行抢救，如采取停油、降温、灭火、停止注氯等。

☞ 44. 氢/烃比、氢/烃摩尔比的涵义是什么？控制氢/烃比有何重要作用？

氢烃比，是指循环气中的纯氢量与原料油量之比，因此在计算时，不要忘记氢纯度。

氢烃摩尔比表示循环氢量与重整进料量的摩尔比值，其定义为循环气中的纯氢与液体进料的摩尔比，即

$$\text{氢烃摩尔比}=\frac{\text{循环气中纯氢的摩尔流率}(\text{mol/h})}{\text{液体进料的摩尔流率}(\text{mol/h})}$$

为了方便起见，有时也用气油比或氢油比来表示循环氢量与重整进料量的比值，其定义为标准状态下循环气或其中的纯氢与液体进料的体积流率比，即

$$\text{气油比}=\frac{\text{循环气的体积流率}(\text{Nm}^3/\text{h})}{\text{液体进料的体积流率}(\text{m}^3/\text{h})}(\text{标准状态})$$

$$\text{氢油比}=\frac{\text{循环气中纯氢的体积流率}(\text{Nm}^3/\text{h})}{\text{液体进料的体积流率}(\text{m}^3/\text{h})}(\text{标准状态})$$

氢烃比的大小直接影响氢分压的高低，对反应的影响不是很大，但影响催化剂的积炭速度和催化剂的寿命。氢烃比大，虽然不利于芳构化，增加加氢裂化，但催化剂积炭速率减慢，操作周期增长。氢烃比减小，则氢分压降低，虽有利于环烷脱氢和烷烃的脱氢环化，

但会增加催化剂上的积炭速率，降低催化剂的稳定性。

循环氢通过反应器时，还起着热载体的作用，氢烃比大小对催化剂的床层温度有影响。随着氢烃比的降低，在相同加权平均入口温度 WAIT 条件下，加权平均床层温度 WABT 减小，反应苛刻度降低。

试验表明，达到相同辛烷值时，随着氢烃比增加，液体收率、氢产和芳产略有下降，变化幅度不大。但是，随着氢烃比增加，催化剂的积炭大幅度减少，因而可以减小再生器规模。

☞ 45. 为什么说变更氢/烃摩尔比是优化半再生重整过程的重要措施之一？

在空速不变的情况下，提高氢/烃摩尔比，将使原料油以更快的速度通过反应器催化剂床层，最终的结果是系统氢分压提高，有利于抑制催化剂积炭，催化剂稳定性得到提高。而且较高的氢/烃摩尔比，有利于原料转化后的生成物，特别是积炭前身物的扩散和清洗作用，为催化剂还原提供必要的氢气。

但是，过高的氢/烃摩尔比似乎意义不大，不仅使压缩机的动力消耗增加，而且对产品质量和收率并无明显好处。在一定的氢/烃摩尔比范围内，氢/烃摩尔比的变化导致的影响也不是很明显。只是，过低的循环气导致氢/烃摩尔比降低，低到某一转折点时积炭增高，最终将缩短装置运转周期。在运转过程中，由于进料量等因素变化，对氢/烃摩尔比应随时加以核对，特别是当操作苛刻度较高时。

对于半再生重整装置氢/烃摩尔比低于 5 时应引起注意；但超过 10 益处不大。

另外，采用多大的氢/烃摩尔比，还要考虑操作中所用的原料油性质。采用烷基石脑油(即芳烃潜含量低)时，应选用较大的氢/烃摩尔比，而环烷基石脑油(即芳烃潜含量较高)则不宜采用过高的氢/烃摩尔比。因为提高氢/烃摩尔比对前者收率提高有利，而对后者收率提高不利。总之，根据不同情况变更 H_2/HC 摩尔比是优化现代半再生重整过程的有效措施之一。

美国 Engelhard 公司提出变更 H_2/HC 摩尔比的麦格纳重整，是基于第 1、2 反应器在低 H_2/HC 比下操作，而在第 3 反应器入口处补充氢气，使第 3、4 反应器在高 H_2/HC 比下操作，与前部主要进行环烷脱氢或烷烃异构化反应(不需要高氢/烃比)、后部主要进行的脱氢环化反应(较高 H_2/HC 比)是一致的，因此，这种方法是半再生重整过程最方便最理想的优化措施。

☞ 46. 循环氢纯度高、低说明什么问题？

氢纯度表示脱氢反应程度和催化剂选择性变化情况。催化剂选择性(脱氢活性)越好氢纯度就越高，温降也越大。反之，氢纯度下降，循环气中烃类气体含量增加，表明裂化反应加剧，催化剂选择性变坏，液体产品收率将会下降，这时，如果其他条件未变，应着重检查系统的水氯平衡是否失调，当然如果催化剂中毒失活，氢纯度也会下降，也应从这方面检查。总之，分析循环氢纯度有助于了解反应程度，给调整操作提供依据，对平稳操作是很重要的。

☞ 47. 对 C_5^+ 液体收率和催化剂结焦影响最大的是反应压力还是氢/烃摩尔比？

通常认为：反应器压力对收率影响最大；氢/烃摩尔比对结焦影响最大。

结焦速率与氢分压直接相关，而氢分压又与反应压力和氢/烃摩尔比直接相关。

对于环烷含量较低的原料，如欲得到最大的 C_5^+ 液体产率，当然是低压有利。在高强度下操作，低压也有利于 C_5^+ 收率的提高，对各种原料油都是如此。

另一个因素是氢/烃摩尔比，在同样的进料和循环气量条件，氢/烃摩尔比越小，催化剂积炭速度越快。

氢/烃摩尔比与原料也有关，进料中环烷含量越多，循环气中氢浓度越高，催化剂结焦速率越慢。

☞ 48. 增加第4反应器有何好处？

增设第4反应器，使整个反应系统更接近恒温条件而使裂解反应减少，因而会使 C_5^+ 液体产品收率增加0.5%左右。

其实，是否需要增加第4反应器，是由原料油决定的。但是，由于增加反应器，多装催化剂，使液体空速降低，所需的反应平均温度下降，并因此减少了燃料的消耗。

将4台反应器与3台反应器相比较，如果调整反应温度，维持相同的转化率是能够做到的，由于总的反应热是一样的，结果，4台反应器、4台加热炉，将使催化剂装填最佳化。在这种情况下目的产品的产率和催化剂的稳定性，前者要比后者好些。

☞ 49. 半再生重整催化剂在什么情况下必须停工再生？

生产过程中重整催化剂金属组分凝聚，晶粒长大，硫中毒或积炭作用等使催化剂活性降低。失活了的催化剂必须通过再生方法使其活性恢复。再生过程通常包括烧焦、氯化和更新等过程。

应当指出，催化剂再生过程是极为重要的过程，对于连续重整，催化剂再生是在装置运转过程中连续进行的。但对半再生式催化重整装置，催化剂再生必须在装置停工后才能进行。半再生式重整装置运转催化剂什么时候应该再生，通常由下列因素之一决定：

(1) 运转反应器温度已经提到极限；

(2) 运转装置液收下降到经济产率的极限。

此外，运转过程中，如果催化剂受到硫污染而严重失活以及水氯平衡受到严重干扰时，都需要进行催化剂再生。

第四章 催化重整工艺过程

☞ 1. 为什么说催化重整工艺的未来还有很大的发展空间？

近年来，各国都制订了各种日益严格的环境保护条例和法规，由于对汽油规格不断提出新的要求，各国清洁汽油的标准都朝着高辛烷值、低(超低)硫、低燃烃、低苯和低芳烃方向发展，而催化重整汽油虽然芳烃含量高，因其具有辛烷值高、烯烃含量低、基本不含硫、氮、氧等杂质的特点，是理想的汽油调合组分。同时催化重整又可为加氢工艺提供廉价的氢气，为石油化工提供芳烃。这些给予催化重整工艺的发展提供了广阔的空间，预计在21世纪，催化重整工艺将得到进一步的应用和持续发展。

☞ 2. 催化重整工艺发展过程经历了哪几个主要阶段？

催化重整工艺发展大约经历了如下三个主要发展阶段：

(1) 非铂临氢重整工艺(Hydroforming)

非铂临氢重整工艺是最早在工业中应用的催化重整工艺过程，使用金属氧化物，如 Cr_2O_3/Al_2O_3，MoO_3，等为催化剂。虽然在工业应用中只有几套装置，但毕竟在工业生产中进行了有意义的尝试。

由于催化剂活性低，必须经常再生。工业上有固定床和流化床(沸腾床)再生工艺，流程见图4-1。

(2) 铂重整工艺

铂重整工艺在催化重整历史中曾占据显赫位置，许多国家的石油炼制工作者曾为铂重整工艺的开发和完善，做出了卓越贡献。铂重整工艺的发展也为现代催化重整工艺奠定了基础。此类工艺以 Pt/Al_2O_3 为催化剂，采用固定床反应器。

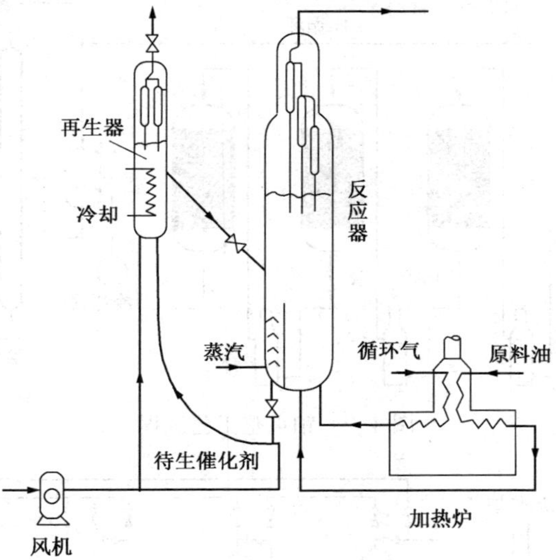

图 4-1　流化床临氢重整原则流程

自 1949 年美国 UOP 公司宣布铂重整工业化成功，至 1967 年美国 Chevron 公司宣布铂铼催化剂期间，是铂重整发展时期，由于催化剂活性好，稳定性高，工业装置大多数采用固定床半再生流程(见图 4-2)。

为强化操作，也可采取最后一台反应器再生流程或反应器循环再生流程，这时，流程中需增设一台反应器，作为再生器轮流使用，如强化重整(见图 4-3)。

（3）连续重整工艺

现代催化重整工艺是在铂重整工艺和铂重整催化剂的发展基础发展出来的。采用双、多金属重整催化剂，包括两种工艺：美国 UOP-CCR 重整工艺和法国 IFP-CCR 重整工艺，都采用移动床催化剂连续再生技术，俗称连续重整工艺(见图 4-4、图 4-5)。

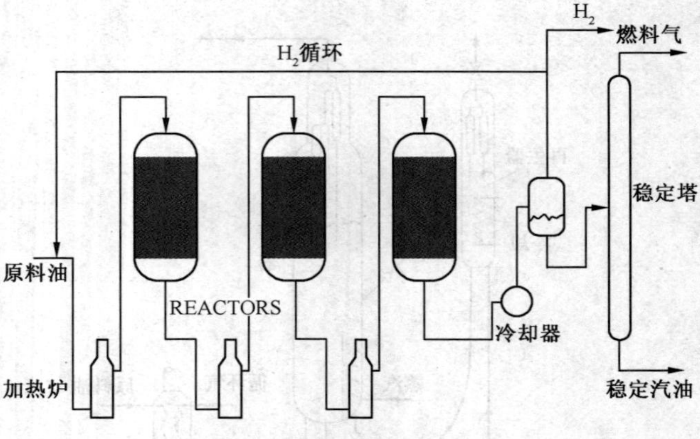

图 4-2　铂重整工艺流程

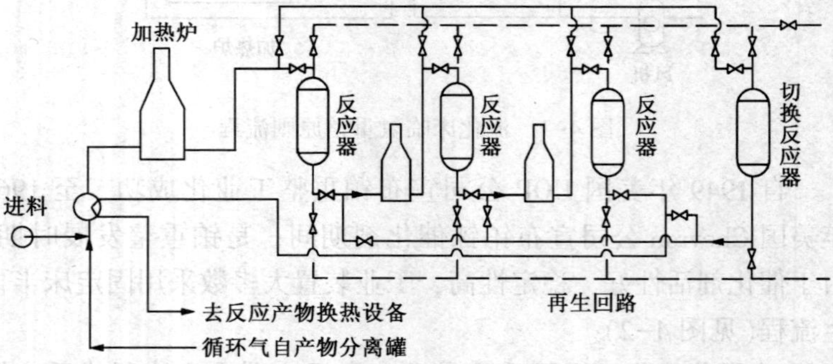

图 4-3　强化重整工艺流程

☞ 3. 为什么说 20 世纪 90 年代以来，我国催化重整进入了大发展时期？

20 世纪 90 年代，我国催化重整进入大发展时期，尤其是连续重整装置迅速发展。同时开始设计和建设以对二甲苯为主要产品的芳烃联合装置。到 20 世纪 90 年代末，我国共有催化重整装置 51 套，总加工能力为 15. 65Mt/a，其中半再生重整装置 39 套，总加工能力为 7. 75Mt/a，连续重整装置 12 套，总加工能力

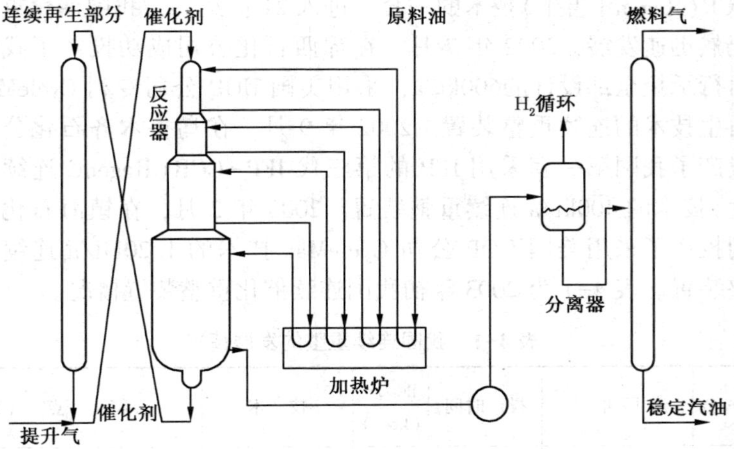

图 4-4　UOP-CCR 工艺流程

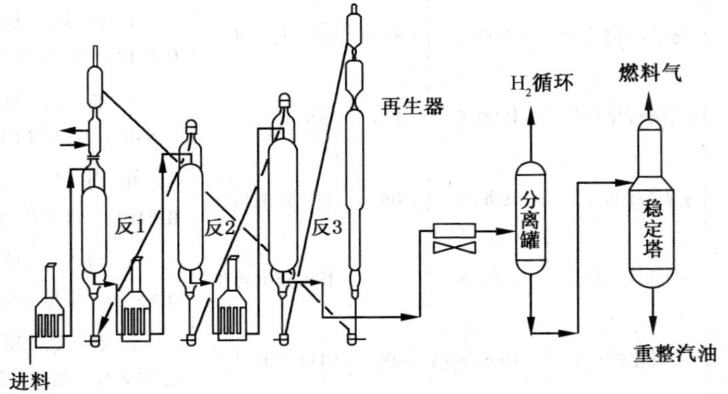

图 4-5　IFP-CCR 工艺流程

为 7.90Mt/a，超过半再生重整装置的总加工能力，占催化重整装置总加工能力的 50.47%。

其中属于 UOP 公司常压再生技术的 2 套，属于第二代 UOP-CCR(加压再生)技术的 4 套，第三代 UOP-CCR(CycleMax)技术的 2 套。属于 IFP(Axens)分批再生技术的 2 套，第二代 IFP-

CCR(RegenB 再生)技术的一套。进入 21 世纪后，我国催化重整仍然迅速发展，2002 年 7 月，在锦西石化公司成功投产了我国自行承担全部设计的600kt/a，采用美国 UOP 公司专利 CycleMax 再生技术的连续重整装置。2002 年 9 月，在乌鲁木齐石化公司投产了我国第一套采用 IFP 的第三代 IFP-CCR(RegenC 连续再生)技术的 400kt/a 连续重整装置。2003 年 2 月，在镇海石化公司投产了采用美国 UOP 公司 CycleMax 技术的 1.20Mt/a 连续重整装置。表 4-1 为 2003 年初我国连续催化重整装置概况。

表 4-1　我国连续重整的发展情况

序号	建厂地点	投产时间	能力/(kt/a)	技术	特点
1	上海石化公司	1985.3	500①	UOP 常压再生	重叠式，反应 0.8MPa，常压 CCR
2	扬子石化公司	1990.2	1390①	UOP 常压再生	重叠式，反应 0.8MPa，常压 CCR
3	广州石化总厂	1990.6	400	UOP 常压再生	重叠式，反应 0.8MPa，常压 CCR
4	抚顺石油三厂	1990.8	400	IFP 分批再生	并列式，反应 0.8MPa，批量再生
5	洛阳石化总厂	1993.1	700	IFP 分批再生	并列式，反应 0.8MPa，批量再生
6	辽阳化纤公司	1996.8	400	UOP 加压再生	重叠式，反应 0.35MPa，加压 CCR
7	吉林化学公司	1996.9	400	UOP 加压再生	重叠式，反应 0.35MPa，加压 CCR
8	镇海炼化公司	1996.12	1000	UOP 加压再生	重叠式，反应 0.35MPa，加压 CCR
9	燕山石化公司	1997.8	600	UOP 加压再生	重叠式，反应 0.35MPa，加压 CCR

续表

序号	建厂地点	投产时间	能力/(kt/a)	技术	特点
10	金陵石化公司	1997.11	600	IFP RegenB	并列式，反应 0.35MPa，Regen B 再生
11	高桥石化公司	1998.5	600	UOP CycleMax	重叠式，反应 0.35MPa，CycleMax 再生
12	兰州炼化总厂	1999.12	800	UOP CycleMax	重叠式，反应 0.35MPa，CycleMax 再生
13	天津石化公司	2000.9	600	UOP CycleMax	重叠式，反应 0.35MPa，CycleMax 再生
14	齐鲁石化公司	2001.3	600	IFP RegenB	并列式，反应 0.35MPa，Regen B 再生
15	大连石化公司	2001.10	600	UOP CycleMax	重叠式，反应 0.35MPa，CycleMax 再生
16	锦西石化公司	2002.6	600	UOP CycleMax	重叠式，反应 0.35MPa，CycleMax 再生
17	乌鲁木齐石化公司	2002.9	400	IFP RegenC	并列式，反应 0.35MPa，Regen C 再生
18	镇海炼化公司	2003.2	1200	UOP CycleMax	重叠式，反应 0.35MPa，CycleMax 再生

① 改造后加工能力。

中国工程院院士侯芙生在 2009 年中国石油炼制技术大会报告上指出，到 2008 年，我国已拥有 29 套 CCR，总加工能力达到 22.5Mt/a。我国半再生重整工艺开发较早，催化剂(特别是 RIPP

开发的 PS 系列连续重整催化剂）水平很高，但 CCR 装置技术一直被美国 UOP 和法国 IFP 所垄断，经过长期努力，2009 年，我国终于自主开发建设成百万吨级、超低压连续重整装置，结束了我国连续重整技术长期依靠引进的局面。正在建设的乌鲁木齐 1.0Mt/a 芳烃联合装置主要设备国产化率已达到 95.5%。

☞ 4. 现代催化重整工艺的主要特点是什么？

多种牌号的双、多金属重整催化剂广泛应用是现代催化重整工艺的主要特点，其中应用最多的是各种牌号的 $Pt-Re/Al_2O_3$ 和 $Pt-Sn/Al_2O_3$ 催化剂。

现代催化重整有固定床和移动床两种。催化剂移动床连续再生工艺（CCR）的迅速发展，也是现代催化重整工艺的主要特点之一。图 4-4 是 UOP-CCR 工艺流程，图 4-5 是 IFP-CCR 工艺流程。

随着性能优良的双、多金属催化剂的开发和催化剂连续再生技术的发展，操作压力不断降低，最新开发的高 C_5^+ 液收率、超低压连续重整的反应压力降至 0.35MPa，这可谓现代催化重整工艺的另一特点。

☞ 5. BP-UOP-Cyclar 等 LPG 芳构化工艺的特点是什么？

美国环球油品公司（UOP）近年在开发重整催化剂连续再生技术的同时，与英国 BP 公司合作，采用 BP 公司的以液化石油气（LPG）为原料生产苯类芳烃的小球芳构化催化剂，形成了一种新工艺称为 BP-UOP-Cyclar 芳烃生产技术，其流程见图 4-6。

通常，LPG 主要用作燃料，把 LPG 作为生产芳烃原料，对于经典的石脑油重整是另一种补充和有吸引力的方案，为增产芳烃开辟了新的途径。

☞ 6. 直馏汽油非临氢改质工艺与 RGW-1 型催化剂各有何特点？

为了配合车用汽油降烯烃的需求，石油化工科学研究院开发

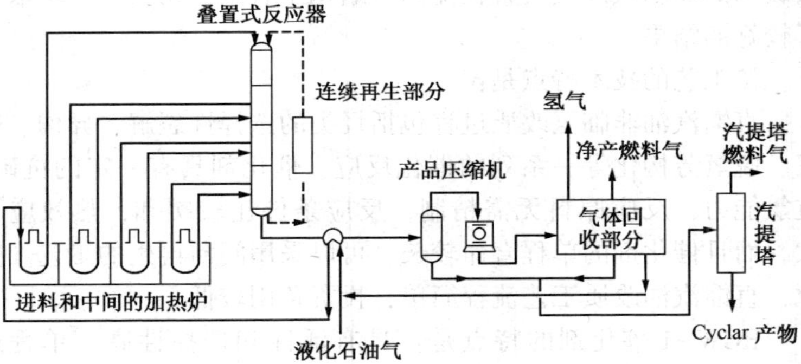

图 4-6　BP-UOP-Cyclar 芳烃生产工艺流程

了一种 RGW-1 型汽油非临氢改质催化剂及其应用技术。该工艺(见图 4-7)可在低压和非临氢的反应条件下，将低辛烷值的直馏汽油或掺有部分重碳四的直馏汽油转化为烯烃含量低于 3%的高辛烷值汽油调合组分，用于调合催化裂化汽油，生产符合环保要求的 90 号或 98 号车用汽油，同时可以生产车用液化气。

2003 年 7 月，第一套 2 万 t/a 直馏汽油非临氢改质装置在扬州石化厂建成投产。2004 年 5 月，第二套 7 万 t/a 直馏汽油掺炼

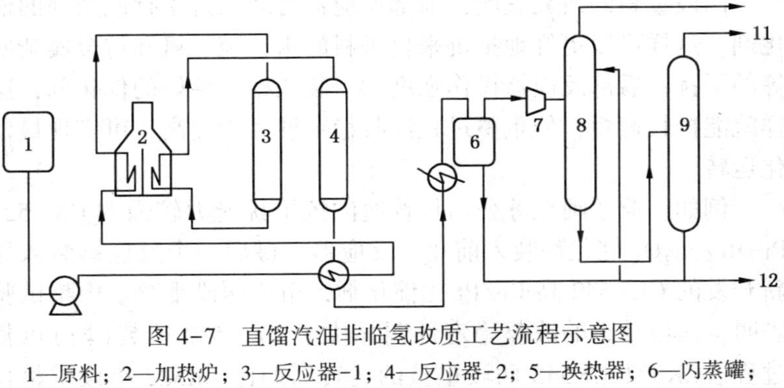

图 4-7　直馏汽油非临氢改质工艺流程示意图

1—原料；2—加热炉；3—反应器-1；4—反应器-2；5—换热器；6—闪蒸罐；7—压缩机；8—吸收解吸塔；9—稳定塔；10—燃料气；11—液化气；12—汽油产品

重碳四的非临氢改质装置在沈阳石蜡化工有限公司投产，均取得了较好的结果。

该工艺的技术特点是：

直馏汽油非临氢改质过程包括烃类的选择性裂解、异构、齐聚、脱氢芳构化等一系列的催化反应。催化剂具有一定的抗硫、抗氯能力，反应原料无需精制；反应条件比较缓和，热效应不大，而且催化剂的单程寿命较长，可以采用间断再生的工艺。因此，直馏汽油改质工艺流程简单，投资费用较低。

RGW-1 催化剂的特点是：具有活性和选择性高，单程运转周期长，再生性能好的特点，改质反应产品收率高，干气产率小于 2%。产品品质好，改质后汽油 RON 提高 30 个单位以上，烯烃含量小于 2%，是优质的汽油降烯烃的调合组分；副产液化气的烷烃含量达 95%以上，脱硫后符合车用液化气的要求。

☞ 7. 何谓两段重整？举例说明它的优点。

两段重整就是前部反应器(如第 1、2 反应器和/或第 3 反应器)与后部反应器(如第 3 或/和第 4 反应器)分别装入两种不同牌号、不同性能的催化剂，以获得最佳重整效果的重整过程。

两段重整的研究表明，前部反应器可装入抗干扰能力强的催化剂，这样可以更好地抵抗来自进料的水、硫、氮和重金属杂质等的干扰；后部反应器操作强度大，装入稳定性好的催化剂，这样就能扬长避短，使重整过程液收稳定性大为提高，可实现最佳化运转。

例如：荷兰阿克苏公司将普通的抗干扰能力较强的 CK-522 Pt-Re/Al_2O_3 催化剂装入前几个反应器，最后一个反应器装入最新开发的 CK-542 高 Re/Pt 比催化剂，组成两段重整。中型试验表明，两段重整的液收稳定性明显优于 CK-522 单装(段)重整过程。CK522/CK543 两段重整的运转周期比 CK522 单段重整长 1/4。

此外，美国谢佛隆公司的 F/H 铂铼催化剂两段重整也取得了良好效果。

实践表明，我国近年开发的 CB-6/CB-7 铂铼催化剂两段重整的优点是：

（1）催化剂活性、选择性得到良好发挥；

（2）催化剂稳定性得到最好发挥；

（3）催化剂的温度效应和压力效应明显；

（4）装置总体抗干扰能力强；

（5）装置总体经济效益好等。

☞ 8. 何谓组合床重整？我国自行开发的低压组合床重整工艺有何特点？

组合床重整工艺前端采用固定床反应器，后部或最末一台反应器采用移动床反应器并设置一套催化剂连续再生系统，从 20 世纪 80 年代开始在一些半再生重整装置的改造工程中使用，UOP 工艺的商业名称是 Hybrid，IFP 工艺的商业名称是 Dualforming。我国独立开发的低压组合床重整技术于 2001 年 3 月在长岭炼厂建成投产，称为 LpcBR。重整一、二反应器采用半再生固定床重整工艺，使用高活性、高稳定性的铂铼重整催化剂，三、四反应器采用移动床连续重整工艺，使用新一代高选择性、高热稳定性的铂锡重整催化剂，并设有独特的催化剂连续再生系统（见图 4-8）。

我国开发的低压组合床重整工艺采用自行开发的催化剂连续再生技术，其主要特点有三：

一是氯化区的含氯气体单独抽出进行碱洗脱氯，而不直接进入烧焦区，大大减少了再生器的氯腐蚀，降低了再生器的材质要求；

二是烧焦区循环气体经过换热冷却及干燥脱水后实现“干、冷”循环，即进入再生器的循环气含水量低，保护了催化剂的周期活性；

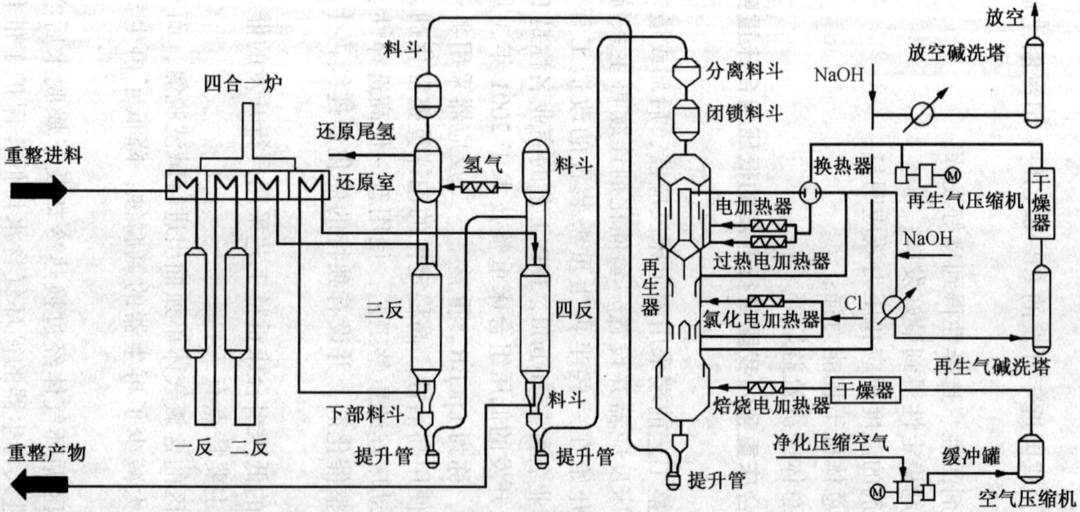

图 4-8 低压组合床重整工艺流程

三是上部的闭锁料斗、待生剂提升器及再生剂提升器均使用氮气提升，省去了庞大的氢氧隔离系统，确保了再生系统的安全操作和催化剂连续输送。

☞ 9. 催化重整工艺未来发展的趋势是怎样的?

早在第十五届世界石油大会上，专家们就预示了未来催化重整工艺的发展趋势：保持高产氢气，降低苯含量，为清洁汽油提供合格组分。为此，催化重整装置必须采用新型催化剂并改进其工艺技术，就工艺开发和应用角度来看，近期的发展趋势是：半再生式重整通过改造和采用加助剂的双(多)金属催化剂，使其仍具活力，例如：改造成低压组合式催化重整和麦格纳重整等。采用新型催化剂。连续式重整装置通过开发新型再生工艺，以改善烧焦灵活性和铂的分散度。

☞ 10. 为什么今后新建较大规模的重整装置，要以连续重整装置为主?

自 1970 年连续重整装置问世以来，由于其液体收率、氢产率和开工周期等方面明显优于半再生装置，因此发展很快(如图 4-9 所示)。连续重整装置和半再生重整装置的操作形式、产率、安装费用和经济性方面的比较，均占优势。

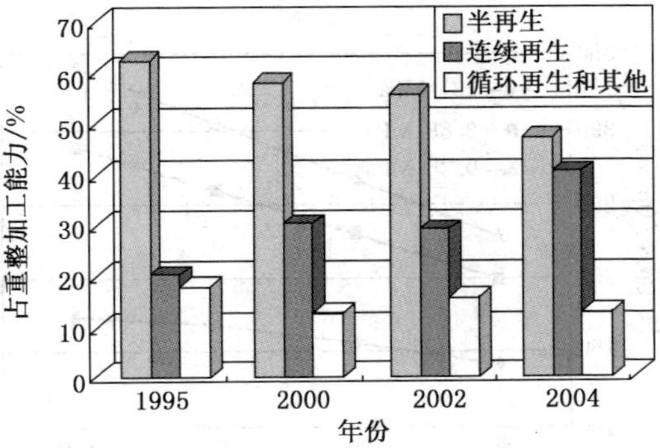

图 4-9　世界催化重整中各种再生形式加工能力的对比

连续再生装置的氢产率、C_5^+ 液体收率、辛烷值-桶和辛烷值-吨等均明显高于半再生装置，安装费、总的固定成本、利息支出和净生产成本等也高于半再生装置，显示其在经济上的优越性。连续重整工艺提高了催化重整装置的开工率，而且可以获得最大液体产率和氢产率，以满足新型超低硫燃料加氢处理装置对可靠性和氢气的要求。因此，今后新建较大规模的装置，必将以连续重整装置为主。

☞ 11. 为什么说降低重整反应压力是提高现代半再生重整装置经济效益的重要途径？

通常，重整反应压力越低，装置的液体收率、芳烃产率及氢产率越高。但催化剂上的积炭速率也加快，操作周期会缩短。一般情况下，反应压力在 1.2~1.4MPa 的催化重整装置，在产品辛烷值为 95(RONC)左右时，其反应压力每降低 0.1MPa，C_5^+ 液体收率增加 0.5%左右。对于一套 300kt/a 的半再生重整装置，操作压力降低 0.1MPa，每年可增产汽油约 1500t，增加的效益十分可观。反应压力降低重整氢产率明显提高。图 4-10 为一定的原料和采用相同的催化剂时，反应压力与氢气收率及辛烷值的关

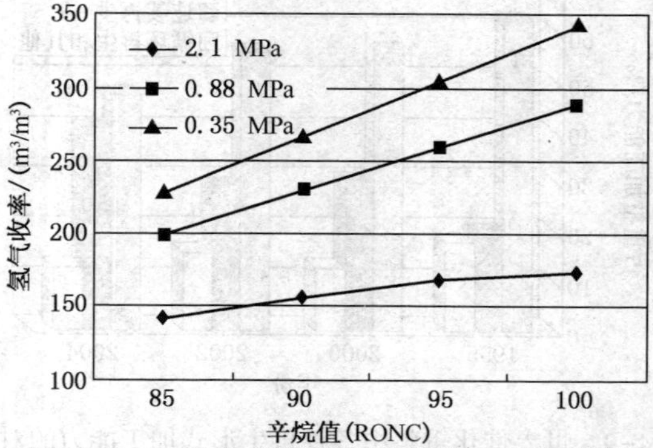

图 4-10　压力与氢气收率及辛烷值的关系[77]

系。从图中可以看出，产品辛烷值(RONC)在90~100范围内，反应压力由2.1MPa降低到0.88MPa，每立方米油多产氢气55~115m^3；而反应压力由2.1MPa降低到0.35MPa，每立方米油多产氢气85~175m^3。并且辛烷值越高，降低反应压力可使氢气收率增加的幅度越大。

因此，降低重整反应压力使装置液体收率、芳烃产率及氢气产率都增加，是大幅度的提高重整装置的经济效益的重要途径。

☞ 12. 现代催化重整装置更换新型重整催化剂有些什么好处?

对于半再生重整装置，以美国UOP 80系列催化剂为例，R-86和R-88催化剂由于在新载体上催化剂的金属功能与酸性功能进一步优化，从而保证了高稳定性和高选择性，至2004年已有60多套半再生装置采用R-86催化剂。Axens公司近年也开发了RG-582和RG-682系列催化剂C_5^+液体收率可提高，H_2产率也可增加。目前，RG-582已在60余套装置应用，RG-682已在15套装置应用成效显著。

我国开发的PRT系列催化剂，适应低压操作，催化剂的活性、选择性和稳定性均有所提高，能大幅度降低催化剂的生焦能力，提高C_5^+液体收率、芳烃产率、氢产量和装置处理能力。独山子石化厂炼厂应用PRT-C和PRT-D(2004年)取得良好效果。

对于汽油型连续重整装置，随着催化剂技术的进步，催化剂的选择性不断得到提高。目前，可以用于汽油型连续重整装置的最新一代催化剂有国外UOP公司的R-234和R-274、Crierion公司的PS-40、Axens公司的CR-401催化剂等，以及国内RIPP开发的PS-Ⅵ催化剂。这些催化剂均将使积炭速率大幅度下降。

对于芳烃型连续重整装置，UOP公司开发了R-232和R-272高铂型连续重整催化剂，Axens公司开发了AR-501和AR-502催化剂，国内RIPP开发了PS-Ⅶ催化剂，这些催化剂均可以使催化剂的积炭大幅度下降的同时，芳烃产率、液体收率、氢气产率均有较大改善，为企业带来显著经济效益。

☞ 13. 实现第三代 UOP-CCR 高负荷平稳运行的关键因素是什么？

第三代 UOP-CCR 反应和再生压力与加压再生相同，但对再生工艺流程和控制作了很多改进，如再生器内筛网改为锥形，改进催化剂输送系统结构，采用两段还原等。我国高桥、兰州、天津、大连、锦西和镇海石化的连续重整采用的就是这项工艺，工艺流程见图 4-11。

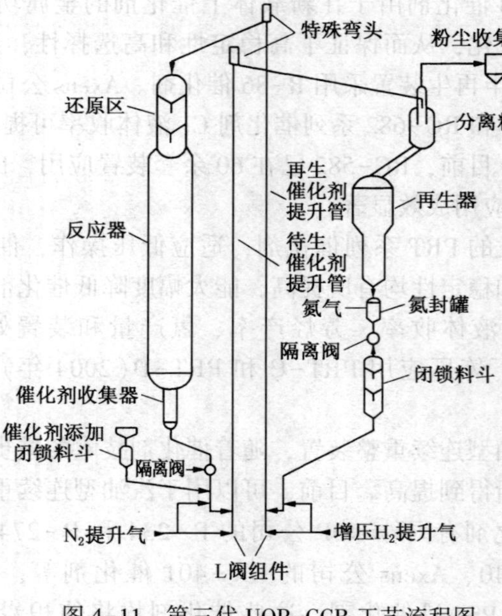

图 4-11　第三代 UOP-CCR 工艺流程图

以天津分公司连续重整装置为例，该装置原设计能力为 60 万 t/a，采用 UOP Cyclemax 再生技术，初次装置使用石油化工科学研究院研制开发的 PS-V 催化剂。2004 年 8 月装置扩产改造至

80万t/a。在改造过程中催化剂更换为低积炭、低氢烃比、高空速、高选择性的PS-VI重整催化剂。在2005年6月检修前重整负荷保持在扩产后85%~90%，装置运行正常，2005年检修后为提高整体效益，重整装置长期高负荷运行，在高负荷运转过程中，技术人员克服了催化剂积炭速率增加，加氢反应器压差上升，再生仪表问题等，实现了长周期高负荷运转。

实现连续重整装置满负荷优化运行的关键因素在于降低催化剂的积炭速率。

通过调配合适的原料，保证水氯平衡，实现再生系统的良好运行，有利于积炭速率的降低。通过及时调节加氢反应系统和汽提塔的操作条件为重整提供合格原料，是重整满负荷长周期运转的保障。连续重整装置可以通过适当控制反应苛刻度，既可获得较为满意的芳烃产率，又可以降低催化剂的积炭速率。

☞ 14. 重整开工用甲醇氢有哪些好处？举例说明。

催化重整装置采用精制油制氢开工存在许多不利因素，如：需精制油开工制氢，装置进入正常生产后需及时储存下一周期开工用精制油，且开工步骤较多，操作程序复杂，开工时间较长，开工期间操作工劳动强度大，同时开工步骤为逆流程开工等。

针对精制油制氢开工过程中存在的上述缺点，格尔木炼油厂联合车间在2005年6月停工检修期间完成了工艺流程改造工作，并在2005年7月，成功引进了甲醇氢气，顺利实现了催化重整装置的顺流程开工和利用外供氢气的一次开车成功。引进甲醇氢气后开工步骤为：预处理单元开工，重整单元开工，预处理单元和重整单元气路、油路联动(见图4-12)。

甲醇氢气在重整装置开工中的成功引进，简化了重整装置开工程序，减少了开工步骤，缩短了开工时间，同时也大幅度降低了开工期间低辛烷值汽油的产量，结束了重整装置转入正常生产后必须及时生产、储存精制油的被动局面。

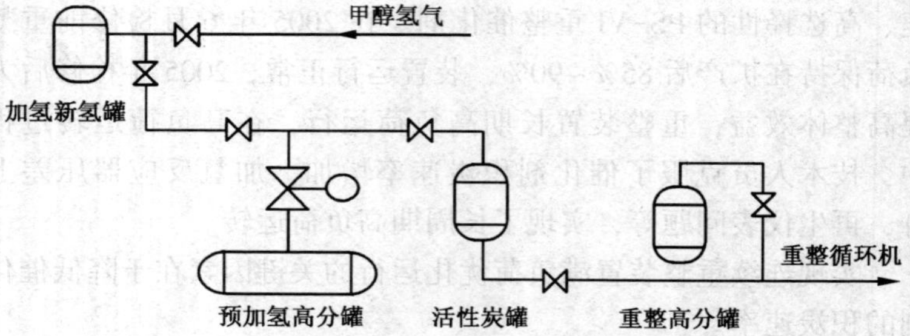

图 4-12　甲醇氢气引进前工艺流程

☞ 15. 重整反应系统温度是怎样控制的？

以 UOP 连续重整流程为例，如图 4-13，反应温度是控制重整反应转化深度的重要参数。重整主要反应均为吸热反应，因此，反应器入口温度采用与相应加热炉的燃料气压力串级控制来保持恒定。

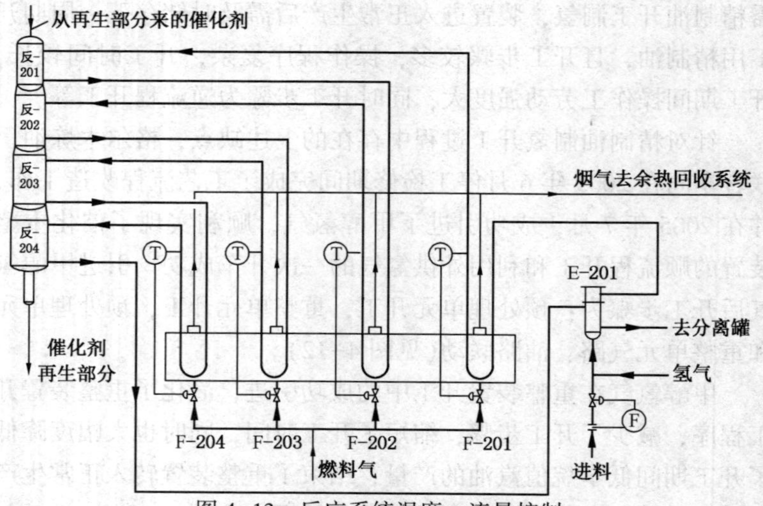

图 4-13　反应系统温度、流量控制

☞ 16. 重整反应系统压力、再接触压力分程-超弛控制是怎样构成的?

重整反应系统压力、再接触压力分程-超弛控制是一个互相关联的复杂控制回路，见图 4-14，P_1 是重整产物分离罐压力，同时又是增压机 1 的吸入口压力，P_2 是 1# 再接触罐压力，同时又是增压机 2 的吸入口压力，P_3 是 2# 再接触罐压力，P_1、P_2、P_3 都要求保持一定。

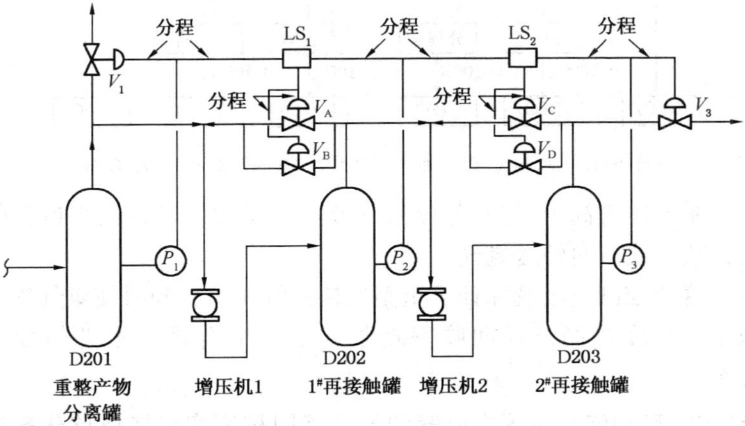

图 4-14　反应、再接触压力分程-超弛控制

通常增压机的排气量大于重整反应产氢量，因此 V_1 为关闭状态。整个系统的压力调节，首先是在 V201 至 V203 之间，通过调节后一级高压气体返回线调节阀，内部互相调节和补偿以维持系统压力的平衡。工艺气体流则是由前向后逐级输送，通过 P_3 控制 V_3 开度向外供气。当 V_3 开度已全开仍不能稳定系统压力时，工艺气体将按以下压力关联回路逐级逆向排放。P_3 异常超高，送出低信号至 LS_2，增加 V_C、V_D 开度，直至全开。P_2 异常超高，送出低信号至 LS_1，增加 V_A、V_B 开度，直至全开。P_1 异常超高，打开 V_1 至一定开度。

其相互间的信号关系见图 4-15。

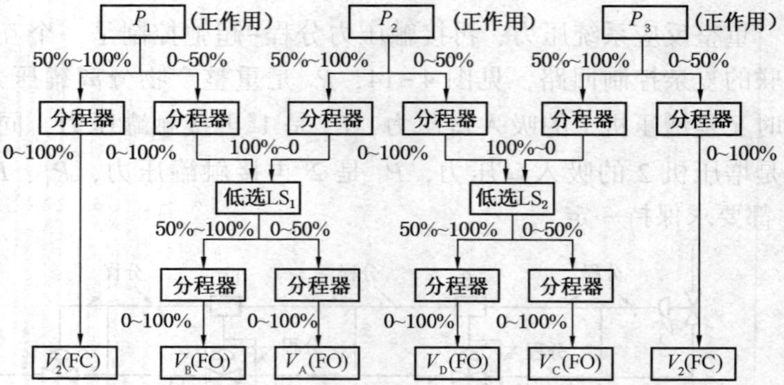

图 4-15　反应、再接触压力分程-超弛控制信号关系图

系统压力高 V_1 打开部分氢气放空，压力低时，关小或关闭 V_3，减少或不向外送氢气。

这个控制方案既保证了重整反应系统压力，同时使氢气损失减小，纯度提高，烃回收率增加，是一个合理、先进的控制方案。

☞ 17. 移动床反应器中心管约翰逊筛网被堵塞或造成催化剂提升困难的原因是什么？

过多的提升气或吹扫气流到还原区中，反应器中心管筛网会被堵塞。某装置降低了提升气体流量，使堵塞问题得以解决。另外，从还原区到第 1 反应器的催化剂输送管可以加粗。

催化剂粉尘会导致催化剂提升或流动困难，这可能是由于粉尘充填在催化剂颗粒之间的空隙中，使流化发生困难。

有许多其他原因也可能使提升困难，如提升管中心没有对准，提升催化剂被烃污染，或提升器内有气泡生成等。必须有针对性地采取措施，对症处理。

☞ 18. 在 IFP-CCR 系统中，为什么反应器和下部料斗之间的压差有时消失(为 0)？如何处理？

如果反应器下面的 12 根管子中任何一根突然空了，那么反应器和下料斗之间的压差就会迅速下降为 0；因为氢气通过没有催化剂的短管线产生的压差很小。

为了解决这个问题，只要将密封气关闭几分钟，没有更多的气从底部往反应器里流，反应器里的催化剂就会充满这根空管子。

当该管被充满时(这是很容易检查出来的)，为了恢复到正常状态，就要重新调整密封气。

☞ 19. 为什么径向反应器有时会出现“死区”？有何危害？

径向反应器中，有时某些部位(特别是反应器底部)没有循环气流通，催化剂不能流动，这样的部位，通常称为“死区”。

死区的危害很大，由于该部位没有循环氢通过，渗到该区的烃类，在高温、低 H_2/HC 摩尔比条件下，将会迅速结焦，沉积在催化剂上，使催化剂失去活性。特别是由于该部位催化剂难以流动，在系统内所起到的作用降低，导致整个装置效率下降。

☞ 20. “贴壁”现象是怎样产生的？有何危害？

由于与催化剂移动方向垂直进入的反应气流的高速作用，加之床层由于催化剂压降使径向力变得很大，以致产生足够大的摩擦力，把一部分催化剂支撑在中心管附近，构成一个很难使催化剂流动的区域，从而发生“贴壁”现象。

☞ 21. 典型的重整氢再接触提浓流程是怎样构成的？造成重整氢增压机排气超温的原因是什么？

为了去掉含氢气体中的轻烃，一个比较简单的办法就是设置一个再接触罐，使重整油与含氢气体在高压条件下再接触，重新建立气液平衡，使含氢气体中轻烃溶解在油中。典型的再接触流程见图 4-16。

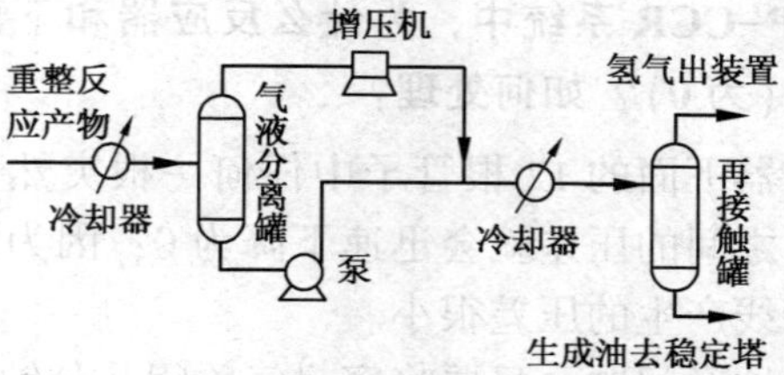

图 4-16 典型的再接触流程

重整产氢送出装置前一般都要通过增压机提高压力(到1.2~2.5MPa)才能进入工厂氢气管网。造成重整氢增压机排气温度升高的主要原因是重整氢增压机机组的吸/排气阀、气缸内壁、活塞部件及填料等结焦造成的。某装置 2008 年初至 6 月末装置停工前，该机组气缸部分所有部件反复出现结有焦油现象，导致出口气体超温，不得不停机切换，但入口管道及过滤器内未见这种焦状物。该装置对此种黑色黏稠的焦状物进行了认真剖析，当与空气接触后，变硬、并粉碎。用甲苯处理时，甲苯溶解液呈淡紫色；*N*-甲基 2-吡咯烷酮则不溶，用气相色谱(惠普 GC7890)分析时，色谱不出峰。用元素分析仪(Vario ELCHN)分析表明：含 C：70%、H：8%、N：0.4%~0.5%C/H 摩尔比较低，为 0.7，表示该物质是富氢化合物，与由多环芳烃或单环芳烃形成的积炭物，其 C/H 摩尔比较高。

该装置剖析结果认为，造成重整氢增压机排气超温的原因是因为气缸内部件结焦。重整氢增压机气缸内生成的焦油则是由以下两个方面原因造成的：

①压缩介质气体中含有的丁烯发生热聚合或者，丙烯与异丁烯发生聚合反应，生成聚合物；

②由于重整氢增压机入口分液效果差导致介质中的液体组分进到气缸内而结焦。笔者认为后者的可能性更大一些，因为①是大多数重整装置都可能存在的具有普遍性的因素。

☞ 22. 稳定塔液化气吸收流程有几种？各有何特点？

稳定塔回流罐顶的气体中含有不少丙烷、丁烷和少量 C_5^+ 组分，为了回收这部分烃类，稳定塔回流罐顶的气体不直接排入燃料气管网，而用稳定塔进料油吸收。目前工业上常用的有以下两种做法：

① 稳定塔前吸收

在稳定塔前设一个液化气吸收罐，稳定塔回流罐顶气体单独用稳定塔进料油吸收，吸收后气体作燃料气(图 4-17)。

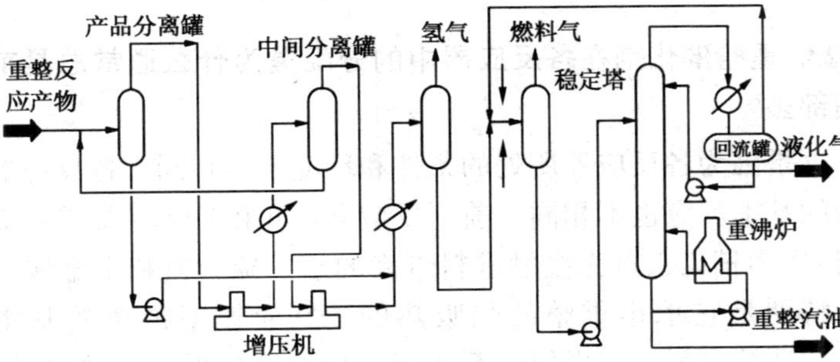

图 4-17　稳定塔前吸收

② 增压机一段吸收

稳定塔回流罐顶气体排入增压机一段出口，与重整产氢一起用稳定塔进料油吸收，未吸收气体去二段出口再接触罐进一步用油吸收，罐顶排出的是氢气，不出燃料气(图 4-18)。

以一套 600kt/a 连续重整为例，再接触温度 4℃，压力 2.0MPa，重整生成油脱戊烷塔(稳定塔)操作压力 0.93MPa，计算结果表明，回流罐顶气体吸收与不吸收比较，多耗能 23～29kW，但可回收戊烷油(液化气)116～215kg/h 或 928～1720t/a，经济上是有利的。稳定塔前吸收流程比增压机一段吸收流程可多回收戊烷油 99kg/h 或 792t/a 的戊烷油，但需增加一个罐，能耗基本相同，氢气纯度略高，产量略低。

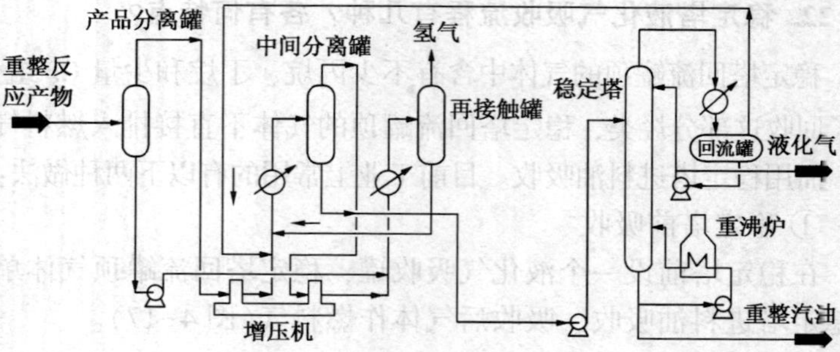

图 4-18 增压机一段吸收

☞ 23. 重整催化剂在各反应器中的分配量为什么通常总是前部少后部多？

这是因为各反应器所处的条件和环境不尽相同，各反应器所进行的基本反应也不相同，前部反应器(如第 1 反应器或第 2 反应器)压力稍高，首先接触进料带来的水、硫、氮和重金属等杂质，特别是它承担重整的强吸热的、反应速率极快的基本反应——环烷脱氢，结果催化剂床层平均温度较低，在这种情况，分配给第 1 反应器较少的催化剂，显然是合理的。而后部反应器(如第 3 反应器或第 4 反应器)，反应压力较低，所承受的反应是吸热量不多或有放热的反应，如异构化和加氢裂化等，反应器床层平均温度较高，这些反应的反应速率较慢，而生焦反应则进行较快，生焦量较大，通常第 4 反应器催化剂积炭量是第 1 反应器的 5~8 倍。因此，催化重整装置的运转周期主要取决于最后一台反应器，为保证一定的运转周期，后部反应器多装催化剂，显然是必要的。

☞ 24. 末反应器装入的催化剂量对产品质量和收率有何影响？如何确定适宜的装填比？

试验表明，随着末反应器装入催化剂数量的增加，重整产物的辛烷值和芳烃产率增加，当增加到一定数值后几乎不再上升；

但 C_5^+ 液体收率始终随催化剂在末反应器中分配量增加而下降（见图 4-19）。

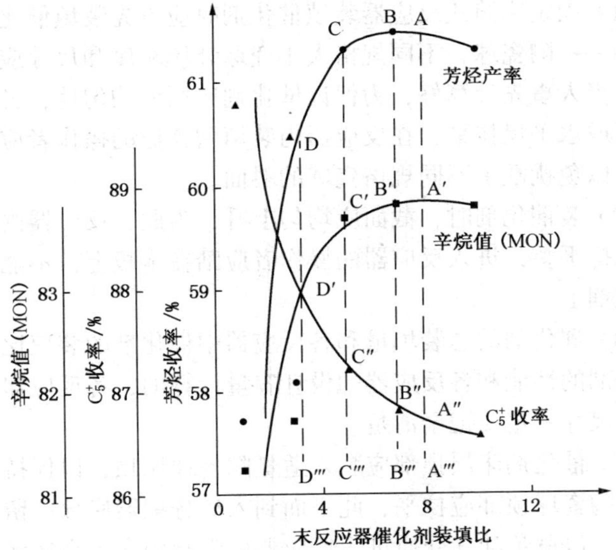

图 4-19　末反应器催化剂装量对产品影响

由图 4-16 可以看出，末反应器催化剂装填比增加至一定程度之后，产品辛烷值和芳烃产率几乎不再增加，甚至开始下降，这是由于加深烷烃脱氢环化反应的同时，裂化反应也在加剧的缘故。事实上末反应器装填比增大与降低进料空速的作用是一致的。因此，设计时，必须根据催化剂的特性，在试验室科学试验的基础上，合理选择最佳装填比。

☞ 25. 装催化剂时必须注意哪些事项？

（1）系统必须干燥、清洁；

（2）装催化剂前应向气象台咨询选择晴朗的天气；

（3）装剂时不允许用力碰撞，避免破碎；

（4）装剂时不允许高落差，应用布袋导入床层，并在各方位均匀装填，防止开工后产生沟流。

☞ 26. 固定床轴向筒型反应器装剂时有些什么具体经验？

（1）固定床筒式反应器装填催化剂时应首先装填催化剂的支承材料——陶瓷球，不同规格大小瓷球装填顺序和尺寸应由车间技术负责人事先计算好，为保证催化剂床层的均匀性，各层必须用木板或水平尺拉平，在反应器内装填陶瓷球的操作者应站在木板上，以免扰乱了不同规格瓷球的料面。

（2）装催化剂时，截面应均匀上升，为此，反应器内催化剂面应保持平整，进入反应器的操作者应踏在木板上，不能直接站在催化剂上。

（3）催化剂的总装填量和各反应器中催化剂的装填比例是根据催化剂的性能和各反应器的设计容量计算的，各反应器装入量和床层尺寸一定要记录清楚。

（4）催化剂床层顶部应装入适量陶瓷球压顶，以保持床层的稳定。陶瓷球顶部应拉平，此平面到入口分配器底部应留有一定的空间，以避免油气介质进入反应器后沿圆周产生高速涡流而移动。这个自由空间的高度多大应按反应器直径大小适当考虑，下面给出的是一经验尺寸：反应器内径为1~3m时，其自由空间高度≮0.38m。

（5）从装催化剂开始到结束，应始终将一股干燥的仪表风自反应器顶部通入，这对干燥催化剂有好处。

☞ 27. 径向反应器装剂应注意哪些事项？

径向反应器装填催化剂的关键是防止反应物流未经催化剂层而走短路，为此，必须装填一定高度的催化剂裕量。这里边有两点必须引起关注，一是催化剂床层的自然沉降，这是由于反应物流长时间穿透床层，以及床层因震动引起催化剂颗粒的轻微滑动所造成，通常每米催化剂床层可有20.8mm沉陷高度（见图4-20）。

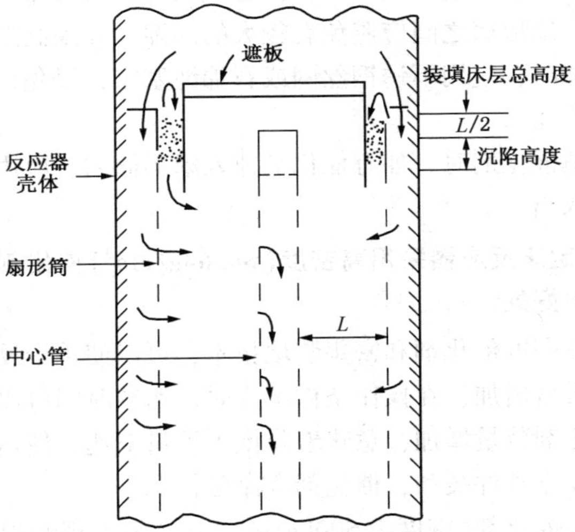

图 4-20　径向反应器催化剂装填示意图

二是为防止油气通过催化剂床层时发生短路，需要有足够的封顶高度(h)，通常为径向流动距离 L(扇形筒内侧至中心管的距离)的 1/3~1/2，即：

$$h=(1/3\sim1/2)L$$

也有人推荐密封催化剂的床层高度应为 L 的一半，即：

$$h=\frac{1}{2}L$$

有的公司规定，总的催化剂床层高度应等于 1.05×(催化剂床层基本高度+密封裕量高度)。有的设计者则提出径向反应器有效截面积应为：

反应器直径	截面积
ϕ1.4m	1.13m^2
ϕ1.6m	1.53m^2

在装剂时，还应注意防止催化剂和瓷球掉入扇形筒，因为催

化剂和瓷球沉积在扇形筒底部，会造成反应物流分布不均。

此外，扇形筒之间应避免有较大的间隙，如果制造或安装不当造成间隙时，应用不锈钢丝网或石棉绳塞牢，以免催化剂颗粒流入而形成死角。

在装填催化剂时，如有催化剂掉入扇形筒内，应用真空泵或其他方法取出。

☞ 28. 固定床反应器采用高密度(>0.64g/cm^3)催化剂和密集装填技术有何好处?

采用高密度催化剂和密集装填技术，可以使单个反应器装填的催化剂重量增加，在操作条件不变时，运转时间可以增加。这是因为催化剂装量增加，意味着降低了重量空速，使运转初始温度降低，操作条件缓和，催化剂寿命延长。

与常规催化剂(密度为 500kg/m^3 左右)和常规装填相比，高密度催化剂和密集装填的另一个好处是，在生产同样辛烷值产品时，产品收率将有所增加。

此外，床层流体力学得到改善，流量分布更趋均匀。

☞ 29. 平行并列式移动床反应器装填催化剂时应注意哪些事项?

平行并列式移动床反应器与固定床径向反应器结构基本相同，只是在反应器顶部和底部设有流入或流出催化剂的开口。

装填催化剂时，首先应向反应器内装催化剂，然后向催化剂循环系统装填。

向反应器装催化剂时，应先向各反应器装入少量催化剂，然后用料腿上的“Perolo”阀检查催化剂能否正常流出。

装填催化剂时，当催化剂料面达到中心管顶部后，应停止装剂，安装好反应器内部构件(盖板和进口分布器等)，安装好入口弯管和多角架后，继续装填催化剂到上部多角架顶部。

在向顶部料斗装填催化剂时，应与 γ 射线料面计读数核对，装满后的读数应为100%。

向循环催化剂系统装填催化剂时，应借助再生器顶部补充催化剂口，先向再生器下部缓冲罐装剂，装填过程中应检查料面指示是否与实际相符。

☞ 30. 重叠式移动床反应器装填催化剂时应注意哪些要点？

（1）重叠式移动床反应器装剂只能从最下部开始。装剂时布管应伸到每个打开的反应器上盖板之下适当位置（约0.6m），以免把催化剂装到环形通道或扇形管中。每装一斗催化剂，应把布管移到一个新的位置，不同方位上的装填密度尽量均匀，以减少中心管的压力。装至反应器中心管上部筛网后，应测量催化剂的装入量。

（2）安装盖板与输送管道应细心，并应小心检验输送管道螺栓的旋紧度和衬垫的间隙；要用真空吸尘器从盖板区、油气通道或扇形管底部除去异物或溢出的催化剂。

（3）在关闭顶部（1#）反应器人孔之前，要检查、调整闭锁料斗的运行情况，确保闭锁料斗——提升催化剂系统正常运转。

（4）用2#提升器向还原区和催化剂分布器装剂时，应由临时管向2#提升器通入氮气，并以适当速度（约25m/s）通向还原区，由于1#反应器人孔开着，所以氮气压力只稍高于大气压力，直至把还原区和催化剂分布器装满催化剂为止，此时应检查料面指示计，通常应在正常位置，并注意测定每斗的提升时间和通过提升管线时的催化剂的输送率，同时还应调整好提升器下部料斗内环形管与提升管下部的间距，使催化剂输送率为装置催化剂循环率的120%，确保装置运转时催化剂正常循环输送。

☞ 31. 现代双、多金属重整装置开工包括哪些主要步骤？

主要步骤如下：

（1）系统吹扫、干燥；

（2）装填催化剂；

（3）催化剂富氧干燥；
（4）催化剂还原（对氧化态催化剂）；
（5）催化剂预硫化（铂铼催化剂）；
（6）装置进油；
（7）调整操作条件；
（8）调整反应环境等。

☞ 32. 干燥温度对催化剂活性有何影响？

试验表明，适宜的干燥温度是充分发挥现代高铼/铂比重整催化剂性能的重要环节之一。

如果把未处理的某高 Re/Pt 比催化剂的相对活性定为 1.0，当用不同的干燥温度时，催化剂活性变化将有很大变化：

干燥处理温度/℃	400	480	550
时间/h	8	4	4
相对活性	1.25	1.30	1.13

由此可见，对高 Re/Pt 催化剂开工，干燥温度<400℃或>480℃都不好。

究竟采用多高的干燥温度，应根据试验室推荐的条件进行。

☞ 33. 现代重整装置开工为什么推荐“富氧”干燥？

研究表明，现代双、多金属重整催化剂用无氧或氧浓度较低的干燥介质，金属 Pt 会发生凝聚烧结作用。以高 Re/Pt 比 CB-8 催化剂为例，在 480℃条件下，纯氮干燥 4h，铂发生凝聚，如果在同样条件下干燥，氮中保持 1.85kPa 氧的分压，催化剂的金属功能将得到保护。因此，干燥过程中系统中无氧或氧分压过低（如<1.85kPa）将损伤催化剂的金属活性功能。因此，现代重整装置开工推荐“富氧”干燥。

☞ 34. 现代重整装置开工过程中，催化剂干燥有些什么经验？

为进行好重整催化剂干燥，关键是应在不同的干燥温度下，系统保持适宜的氧含量。在干燥的初期不宜采用高氧干燥介质，以免系统残存烃类剧烈燃烧而超温，初期适宜的含氧量≯1.0%(±0.5%)，系统 CO_2 含量增加表明有烃类燃烧。

待烃类燃烧结束后，可将系统的氧含量提高至5%~8%，并将床层温度提至480℃，保持2h后再降至450℃，以便进行快速吹扫。

高温、富氧干燥时，系统氧含量亦不宜过高，以免生成过多的 Fe_2O_3，使系统压降增大。

☞ 35. 重整催化剂开工时为什么要用氢气进行还原？原理是什么？影响因素有哪些？

科学试验和生产实践表明，重整催化剂的金属活性组分，只有在还原状态才具有良好的活性。因此，氢气还原过程是重整装置开工过程的重要环节。

氢还原过程的实质，就是一种还原反应：

$$PtO_2+H_2 \rightleftharpoons Pt+H_2O \quad (1)$$

这种还原反应能否进行，可用吉布斯自由能(ΔG)来判断。ΔG 与反应温度(T)、氢分压(P_{H_2})与系统水分压(P_{H_2O})等具有如下函数关系：

$$\Delta G=\Delta G_0+RT\ln(P_{H_2}/P_{H_2O}) \quad (2)$$

这种反应过程进行的快或慢，主要与反应系统 PtO_2 和 H_2 的浓度有关：

$$v=k\cdot[PtO_2][H_2]^2 \quad (3)$$

式中 v——反应速度；

k——反应速度常数。

综上所述，影响还原过程的主要因素是：还原温度、系统氢分压和水的分压。显然，系统温度太低或氢分压不够，将不利于还原反应速度，甚至反应难以进行。同时，系统含水量(即水分压)过高亦不利于反应进行。因此，适宜的反应温度、较高的氢分压和低的含水量有利于还原过程顺利进行。特别是系统的氢纯度对还原反应速度的影响更大。

☞ 36. 举例说明国内、外典型重整催化剂对还原用氢有些什么要求？

表 4-2 是某些公司和研究单位对一些典型重整催化剂还原用氢的要求。

表 4-2 典型催化剂对开工氢的要求

	UOP（美国）	Engelhard（美国）	IFP（法国）	IFP	北京石油化工科学研究院（中国）
催化剂	R-22 R-30	E-601	CR-201	RG-451	Pt-Re
氢气纯度/%（v/v）	99.5	99.5	>95	≥98	>94
杂　质					
$CO+CO_2$/（μL/L）	≤20	20	<30	≤20	≤20
CO/（μL/L）	≤10	≤10	≤10	<10	<10
N_2/%（v/v）	0.05	0.05			
C_2^+ 烃/%		<0.5			<0.5
H_2S/（μL/L）			<1	<1	≤1
H_2O/（μL/L）			<5	<10	≤30
O_2/（μL/L）	余量	余量	<20		
备　注	电解氢	电解氢			

☞ 37. 催化剂还原系统中存在烃类有什么害处？烃的来源有哪些？如何减少还原气中烃含量？

烃类，在氢还原气氛下会产生氢解反应，使还原过程氢纯度下降，严重时下降 10%~20%，降低了还原反应速率；氢解反应中所生成的积炭会覆盖在催化剂表面或孔内金属活性中心上，使活性下降；与此同时，氢解反应还会放出大量的热，导致部分金属颗粒被烧结，造成金属晶粒长大也会降低催化剂活性。总之，还原过程中，系统存在烃类有百害而无一利。

烃的来源有：

（1）老装置停工或新装置热油试运退油置换后，设备内难免还会存在少量存油；

(2) 还原用氢，特别是用重整氢还原时，氢气中含有少量烃类，通常重整氢中含有2%~5%的C_2^+烃类，用活性炭处理后仍含有0.2%~0.7%的C_2^+烃。

可采取下述一些措施减少还原气中烃含量：

(1) 装置内存油可通过高温、富氧干燥烧烃方法脱除。

(2) 还原氢(重整氢)，可用活性炭脱C_2^+烃类，还可采用膜分离技术，可使重整还原用氢纯度达到99%以上。

(3) 可采用高纯氢或电解氢。

☞ 38. 烧烃对重整的还原过程有何影响?

表4-3是有烧烃或无烧烃过程的两个装置对比数据。

表4-3 烧烃对重整氢还原影响

	装置A	装置B
催化剂	Pe-Re	Pt-Re
烧　烃	有	无
还原介质	高纯度氢	重整氢
分子筛罐	投　用	投　用
最大含水量/(μL/L)	976	1400
含水量>700μL/L的持续时间/h	1	6
平均含水量/(μL/L)	428	619
氢纯度/%	97~99	~78
起始温度/℃	200	300
还原时间/h	11	20

由表4-4可以看出，带有烧烃过程的A装置，系统高含水量(>700μL/L)持续时间比无烧烃的B装置减少5h，平均含水量低191μL/L，氢纯度高20%左右，还原起始温度低100℃，还原时间缩短9h。

总之，烧烃，对重整氢还原过程的影响是很大的，是不可缺少的一个重要程序。

☞ 39. 还原过程中系统含水量过高有什么危害？水的来源有哪些？如何减少还原过程中系统的含水量？

水，是重整催化剂还原过程的一大危害，它将使催化剂的选择性变坏。石油化工科学研究院的研究结果表明，当还原系统含水量为10~500μL/L时，正庚烷在CB-7催化剂上转化成甲苯的选择性和C_5^+液收选择性，随水含量的增加而下降，水含量≥500μL/L时，两者均下降6%。

水的来源：

（1）还原过程中金属氧化物生成的还原水；

（2）催化剂干燥后残存水；

（3）氮气置换时带入的水；

（4）补充氢中带入的水；

（5）系统中残余氧、烃反应生成水等。

减少还原系统中水的主要方法还是依赖于还原前对系统过程的高温、高氧干燥和快速置换过程。这是因为，第(1)项还原反应生成的还原水是不可避免的，而第(1)、第(2)两项水占系统总水量的绝大部分，其余三项来源水总量只不过占很少一部分。

由上述可见，只要进行好高温、高氧干燥和快速置换操作，就能最大限度地减少还原系统的水含量。除此之外，在还原过程中，一个有效的措施是投用分子筛干燥器，使系统水含量降至要求范围内。

☞ 40. 氧对还原过程有何危害？氧是从哪里来的？如何减少还原系统的含氧量？

危害：在一定的温度条件下，还原系统的氧和氢将会生成水：

$$O_2+2H_2 \longrightarrow 2H_2O$$

如果系统存在烃，在一定条件下，氧与烃反应也会生成水，增加还原系统含水量，危害催化剂选择性，损伤催化剂活性。

氧的来源；最主要是重整系统残存的氧，置换时氮气和补充氢也带入些氧。

减少系统含氧量的方法是：

（1）置换时要使用含氧量低的合格氮气，并尽量将系统中氧置换掉，尽量减少系统残存氧；

（2）认真分析还原氢中含氧量，不得使用含氧量过多的氢气；

（3）杜绝贮氢或向系统补氢操作中将空气携带入氢气中。事实上，由于贮氢系统阀门、法兰或管嘴接触点密封不好，使空气漏入贮氢瓶；特别是在贮氢时，氢气增压机抽空时有可能将空气压入贮氢气瓶中；严重时，达到一定比例后，氢气瓶会炸裂。

☞ 41. CO 或/和 CO_2 对还原过程有何危害？它是从哪里来的？如何减少系统中 CO 或/和 CO_2 的含量？

在还原的条件下，CO 与 Pt 和 Cl 能够生成羰基铂氯化合物（Pt · CO · Cl）使金属 Pt 失去活性。

CO_2 在还原条件下可转化成 CO。

来源：重整氢或从轻油制氢来的氢气中可能带入少量的 CO、CO_2；还原过程中，系统含烃和氧时，氧与烃类反应可生成 CO、CO_2。

减少还原系统中 CO、CO_2 的方法是：

（1）严格控制进入还原系统中介质的杂质含量，不合格的氮气或氢气（含 CO、CO_2 高）不准进入还原系统；通常要求氢气中（$CO+CO_2$）总量$<20\mu L/L$。

（2）尽量清除系统中残存的或介质带入的烃和氧，减少氧与烃反应生成 CO、CO_2 的可能性。一般要求 H_2 中 $C_2^+ \ngtr 0.5\%$。

系统中烃在还原条件下首先是氢解，生成大量的 CH_4，与此同时也有焦炭的生成，在存在氧时，便有可能生成 CO 或 CO_2。

☞ 42. 什么是高纯氢？重整催化剂采用高纯氢还原有什么好处？

高纯氢是指氢纯度为99.999%的电解氢。

通常化工厂生产的电解氢分为工业氢(氢纯度为99%)、纯氢(氢纯度为99.9%)、高纯氢和超纯氢(氢纯度为99.9999%)四级。工业氢的纯度虽然较高，但含较多的CO和CO_2，不适于做重整开工用氢气。

美国氰胺公司推荐用电解氢还原，不希望用重整氢。因为重整氢中含有较多C_2^+烃类，会引起催化剂结焦。Engelhard公司和UOP公司希望用高纯电解氢，可能是出于对杂质的要求。

重整装置开工采用高纯氢。这是因为它的纯度高、杂质少，因而还原速度快，催化剂还原效果好，能够确保现代双、多金属重整催化剂性能得到良好发挥。但实用中操作麻烦，危险性大，成本高，不宜在工厂中推广应用。

☞ 43. 能不能用重整氢做还原介质？我国在用重整氢还原方面有些什么成功经验？

我国不少炼厂都使用重整氢做还原介质。重整氢比电解氢便宜、安全方便，而且它不含O_2、CO和CO_2，因此，受到炼厂的欢迎。但是重整氢含有一定数量的轻质烃，特别是C_2^+烃，是有害的，这一问题必须给予足够重视。因为新还原的铂具有极强的氢解活性，C_2^+烃还会在新还原的铂活性中心上氢解生成焦炭，并产生高温，引起铂晶粒凝聚，严重时使床层产生“飞温”，烧毁催化剂，甚至烧坏反应器。这就是许多催化剂研究、开发单位不主张用重整氢的原因。

一些炼厂在采用重整氢开工，在降低重整氢中C_2^+烃含量方面积累了一定经验。

我国一些炼油厂，在使用新型高铼铂比重整催化剂CB-8、CB-6/CB-7等开工中，采用重整氢的经验是：

(1) 重整贮氢时的反应温度尽可能低

采用缓和的低反应温度贮氢可提高重整产氢的纯度。当用高铂小球催化剂时，反应器入口加权平均温度(*WAIT*)为470℃，床层加权平均温度(*WABT*)459.5℃，体积空速1.84h^{-1}，反应器平均压力(*WABP*)为1.32MPa，制氢纯度可达96%以上。

(2) 氢气进入贮氢罐前用活性炭脱烃

虽然在上述缓和条件下可以制取纯度较高的氢气(96.3%)，但是它还含有3.7%的烃类，其中C_2^+烃占有1.62%，而要求指标通常是<0.5%，因此必须设法脱除。采用活性炭吸附法时，控制吸附罐入口压力≮2.5MPa，气体通过吸附剂床层的流速≯50Nm^3/($h \cdot m^3$活性炭)，吸附前、后氢气组成变化情况见表4-4。

表4-4 活性炭吸附的作用

组成/%	吸附前		吸附后	
H_2	96.3		96.8	
C_1	2.08		2.96	
C_2	0.79	1.62	0.14	0.24
C_3	0.55		0.06	
C_4	0.20		0.04	
C_5	0.08		0.00	

可以看出脱烃后氢气中C_2^+烃含量<0.5%。

(3) 还原系统引氢前烧烃

烧烃是使用重整氢还原时不可缺少的程序，它可以降低高水含量持续时间，使系统平均水含量下降，使还原过程氢纯度提高，起始温度下降，还原时间缩短。

(4) 用膜分离提高氢纯度

某炼油厂的实践表明，采用膜分离，可将重整氢纯度提高至99%以上，其氢气质量接近或达到高纯氢的指标，这是最新公布的、值得推广的经验，这种方法基本上克服了用重整氢还原存在的烃含量高的缺点。

☞ 44. 国外在用重整氢开工方面有些什么经验?

虽然，国外不少公司已推荐用电解氢开工，但不少公司仍采用重整氢。国外某公司有6套连续重整，每年都要进行数百次再生，他们没有电解氢，只能用重整氢还原催化剂，他们说解决电解氢的供应问题比对付重整氢带来的问题要困难得多。

另一家公司称有使用纯度为80%~85%，其余为氮和 $C_1 \sim C_4$ 烃的氢的经验，压力为0.5~1.0MPa。

Ashland公司要求用电解氢开工，但有一个装置用纯度为85%~90%的氢气开工，经验是要求引氢前，将床层降至260℃。

还有一套UOP-CCR装置已改用不经变压吸附提浓的重整氢来还原，未发现副作用。据悉，UOP公司新近设计的Ⅱ型CCR装置又提出要求用高纯氢还原再生催化剂。

☞ 45. 如何在新重整装置投产时用自产氢气开工?

这里介绍一个环烷脱氢制氢工艺，用于新装置开工，特别对于没有电解氢等外供氢的偏远地区很有实际意义。

石油化工科学研究院近年开发的环烷脱氢制氢法，已用于重整开工及催化剂还原，是一条较好的途径，其氢气杂质含量比重整氢低，且不含氧气和碳氧化物。该工艺具有投资省、操作安全简便，不需设置贮氢瓶和氢气装瓶增压机等优点。

环烷脱氢制氢法原料可用粗汽油，利用重整预加氢系统，在重整开工前，按工艺要求预加氢反应器前增设一台制氢反应器，反应器内装单铂催化剂，所需Pt催化剂数量按每吨原料(粗汽油)产氢40~50Nm^3、进料空速(体积比)按10~15计算。为保护铂催化剂，在床层顶部装填一定数量的保护剂，利用预加氢原有系统机泵和设备制出氢气，就能使重整系统开工，重整产氢后再开预加氢，切除制氢反应器。

近年来，此技术已被十多套老装置改造和新装置设计采用，取得了很好的效益。

☞ 46. 现代双、多金属铂铼、铂铱重整催化剂开工时，为什么要进行预硫化？

$Pt-Re/Al_2O_3$ 和 $Pt-Ir/Al_2O_3$ 双(多)金属重整催化剂还原后，具有很高的氢解活性，如不进行硫化，将在进油初期发生强烈的氢解反应，放出大量的反应热，使催化剂床层温度迅速升高(简称为“飞温”)，出现超温现象。一旦出现这种情况，其后果是极为严重的，轻则造成催化剂大量积炭，损害催化剂的活性和稳定性，重则烧坏催化剂和反应器。

将催化剂进行预硫化后，能够在催化剂金属活性中心产生临时性的可控制的硫中毒，从而抑制其过度的氢解反应，以保护催化剂的活性和稳定性，改善初期选择性。

☞ 47. 预硫化的原理是什么？硫化剂量多少为合适？

最初，为了抑制双金属催化剂开工初活性的方法，曾采用低温钝化或进高芳烃油，实质是造成催化剂的早期积炭，利用炭覆盖最活泼的活性中心，而实现避免超温的目的。这样实际上是损失一部分活性换取开工的安全，并不是可取的方法。

为实现既能控制超温，又不损伤催化剂的活性，开发了预硫化技术。

预硫化的基本原理是用硫使催化剂初期暂时中毒，避免剧烈反应引起的超温。预硫化时，一小部分硫为催化剂吸附成为不可逆吸附状态，而大部分硫呈可逆吸附硫，进油后可逐渐解脱。这就是预硫化既能控制超温，又不严重损伤催化剂活性的基本原理。

但是，要做到这一点，控制好硫化剂量很重要。实验表明：

(1) 含0.15%Pt的CB-8催化剂，硫化剂量≤0.4%时，催化剂活性均可恢复，但硫化剂量与活性被抑制的程度和活性恢复时间均成正比。

(2) 硫化量较低时(如<0.06%)，虽能抑制超温，但床层温

降较小，产气量大，说明裂解活性还很强。

(3) 硫化量较高时(如达 0.2%)，活性被抑制过度，活性需20h 以上才能恢复。

综上所述，硫化量大约为 0.1%左右为宜。当然，这也并非绝对。硫化量取决于催化剂的金属含量，尤其是铼、铱的含量和装置情况(新装置高于老装置)。一般讲，硫含量与铼、铱等金属成正比。

☞ 48. 硫化剂是怎样被加到反应器中的？操作中应注意些什么问题？

硫化剂(如二甲基二硫)，通常可用注硫泵加入到反应器入口，也可用氮气将硫化剂带入到反应器中(见图 4-21)。

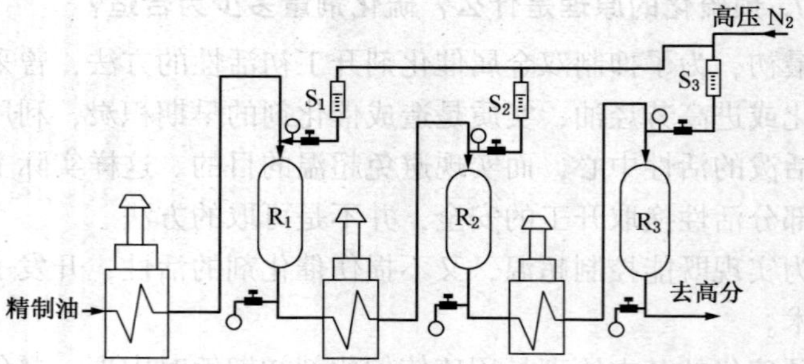

图 4-21 高压氮气带入法预硫化流程图

由图 4-21 可以看出，每台反应器入口管线上均联接一个注硫计量罐，靠与其连通的氮气线的压力，将预先计量好的硫化剂压入各个反应器的入口管线，随循环气一同进入反应器床层。各反应器出口设置取样点，检查穿透情况。

在硫化操作中应注意的事项是：

(1) 各反应器注硫量应认真计算，并用适当方法装入硫化罐中，并认真做好记录。

(2) 认真做好各反应器开始注硫时间，并做好穿透时间的记录(用醋酸铅试纸测 H_2S 穿透)。

(3) 认真调整注硫速度，严格按硫化条件要求指标进行操作。

☞ 49. 现代双、多金属重整催化剂预硫化时的主要条件是怎样的?

预硫化时的典型操作条件指标是:

硫化温度	370~400℃
操作压力	0.45~0.80MPa
气剂比	≥750Nm³ 气/m³ 催化剂
循环氢纯度	≮85%
末反出口气中含水量	≯120μL/L

☞ 50. 重整催化剂预硫化时为什么多采用二甲基二硫(DMDS)做硫化剂? 操作中应注意哪些问题?

通常含硫量较高的有机硫化物都可以作为硫化剂，如硫化氢(H_2S)、二硫化碳(CS_2)、甲基硫醇、乙基硫醇、二甲基硫(DMS)、二乙基硫(DES)、和二甲基二硫(DMDS)等。但是常采用 DMDS，理由是:

(1) 从安全考虑，DMDS 在安全操作方面是最佳的硫化物。与上述各种硫化剂比较，DMDS 具有最高的沸点、闪点和自燃点(见表 4-5)。

表 4-5 不同硫化剂的比较

	硫含量/%	沸点/℃	闪点/℃	自燃点/℃
二甲基二硫	68	109	16	≥300
二甲基硫	52	37	≤0	206
二乙基硫	36	92	≤0	≥300
H_2S	94	≤0	≤0	260
CS_2	84	46	≤0	100
甲基硫醇	67	8	≤0	—
乙基硫醇	52	35	≤0	≥300
非活性进料原料	2~3	—	—	—

值得指出的是 DMDS 沸点高，蒸气压较低，因而具有许多实际的好处。二甲基硫通常亦被认为是安全的硫化剂，但它的沸点低，蒸气压高，在空气中的浓度过大，抵消了它的优点。此外，人体吸入 DMDS 危险性也比二甲基硫低。H_2S 和甲基硫醇是有毒的化学品；二硫化碳是高危险性化学品，易燃。

(2) 二甲基二硫的另一个优点是分解温度低，且分解后只产生少量不饱和烃，不会造成积炭。而乙基硫醇、二乙基硫和长碳链含硫化合物则会产生积炭。

二甲基二硫是淡黄色液体，有难闻臭味，无腐蚀性，可存放在碳钢容器中；但和所有有机硫化物一样，应该避免与铜和铜合金接触。

二甲基二硫是一种强溶剂，可溶碳氢化合物，并能溶解或导致树脂及塑料的溶胀，因此只能与聚四氟乙烯或聚二氟乙烯或氟橡胶制品接触。

操作中应按可燃物及化学品的规则，戴口罩、手套及防护镜；排放时不可放入下水道或空气中；如果从容器中溢出须用氧化剂中和，通常 1mol 二甲基二硫可用 20mol 次氯酸钠中和。

☞ 51. 重整催化剂还原－预硫化过程中，在操作上有些什么经验？

通常，现代双、多金属重整催化剂还原有严格要求，操作中必须严格控制。

(1) 还原前，催化剂和临氢系统应按要求完成干燥及其准备工作；

(2) 在还原系统升压前，应用 15～20 倍系统体积的洁净的氢气一次通过将系统彻底置换；

(3) 还原过程中应根据系统水含量变化情况，及时投用分子筛干燥器，注意按时在系统低点处脱出明水并计量；

(4) 还原过程必须使用符合要求的还原氢气，在引氢前，对氢气认真做好检验分析。

和还原过程一样，预硫化也是现代双、多金属重整催化剂开工中不可缺少的重要环节。进行好预硫化操作的基本经验是：

（1）预硫化过程硫化量，通常为万分之十左右，硫化量不足难以控制催化剂初期床层温度，硫化量过多时会影响催化剂活性。硫化剂用量，通常按催化剂“上硫量”为准，应为“上硫量”的2~3倍。

（2）注入硫化剂的速度不宜过快，避免床层各部“上硫量”不均，达不到钝化催化剂，防止局部超温的目的。某炼油厂铂-铼催化剂第一次工业试运转时，催化剂总量9.244t，元素硫用量11.08kg(预计硫化量为0.12%)，实际注硫时间大约35min，注硫速度似乎快了一些，通常应在1~2h内完成为好。

（3）反应器出口应设H_2S监测点。当反应器出口发现有H_2S穿透现象❶或已达到预先计算好的硫化剂量后，可停止注硫。

☞ 52. 重整装置进油后应如何进行调整？

重整装置进油以后，应逐步提高反应温度，随着温度的升高，产氢量增加，系统压力升高，这时应及时将各部分条件调整到正常。重整产氢后应尽快向预加氢串氢，使预加氢达到切换预分馏塔底油的条件。切换原料油后，要及时调整蒸发脱水塔的操作，使塔底油尽快达到要求指标。

重整装置进油以后，系统内水和硫含量都比较高，这是必不可免的，这就要求尽快调整。通常，为保证平稳开工，在450℃恒温一段时间，作为调整操作的阶段。恒温调整操作应该越快越好，没有必要在这里拖延时间。在允许的条件下，将反应温度提高至正常反应温度，转入正常运转(视循环气中水含量和H_2S含量而定)。

---

❶可用醋酸铅试纸监测H_2S是否穿透，其反应是：

$$PbSO_4/\text{试纸}+H_2S \longrightarrow H_2SO_4+PbS\downarrow(\text{黑色})$$

在开工期间，最重要的事情是要将系统水含量降下来。在循环气中 H_2S<3.0μL/L 时，应及时投入分子筛干燥器脱水，大约 1~3 天可达到正常。

如果装置无分子筛干燥器，脱水时间大约一周或更长一些时间。

在进油后调整操作期间，还有一项特别重要的操作，那就是调整催化剂上的氯含量。由于开工过程中系统含水量较高，催化剂上的氯流失是必不可免的。

☞ 53. 重整装置开工后如何调整好催化剂上的氯含量?

首先应根据开工前催化剂上的氯含量及开工过程氯的流失量，估计催化剂经过开工后还保留多少氯来调整。

调整催化剂氯含量的方法，就是根据系统水含量变化，确定加氯量和注氯时间。如果开工前催化剂氯含量比较高，开工过程又未切除很多明水，气中水也不多，认为系统是“干燥”的，可判定催化剂失氯不多。特别是开工后反应情况表明催化剂酸性较强，可暂不补氯。待气中水量发生变化、反应情况也表明氯不足时，可开始按水氯平衡要求进行补氯，补氯量可参考如下指标(见表 4-6)。

表 4-6　补氯量参考值

气中水/(μL/L)	补氯量/(μL/L)
>500	40
400~500	30
300~400	20
200~300	10
<200(>50)	5

气中水含量<50μL/L，按正常水氯平衡关系进行补水或补氯。

倘若开工前催化剂氯含量不高，开工过程中由于有较多明水被切除而失氯过多，进油后催化剂活性明显低于正常水平，表明催化剂氯的流失较多，除根据上面参考数值补氯外，还应进行集中补氯，可分几次实施，每次补氯量可按催化剂量的0.05%~0.10%进行。有条件的装置可在前部反应器与后部反应器同时补氯，减少氯平衡时间。集中补氯时，要注意观察催化剂反应性能的变化。

开工期间，催化剂氯调整是一项细致的操作，要参照上面介绍的经验，勤调整，细观察，调整好催化剂初期氯含量。

☞ 54. 连续重整装置开工与半再生装置开工有何不同？

与固定床半再生重整装置不同，连续重整装置催化剂是处于移动状态。连续重整开工的基本程序是：①催化剂装填；②催化剂循环调试；③催化剂干燥，④催化剂还原；⑤进油负荷运转。

如果采用还原态催化剂，可不进行催化剂干燥和还原，开工过程将简化。目前我国生产的$Pt-Sn/Al_2O_3$连续重整催化剂均为还原态催化剂，故通常装剂后，待系统N_2、H_2按序置换合格后，即可升温达370℃进油。

下面以平行并列或移动床为例，介绍连续重整使用氧化态催化剂开工与半再生装置开工不同之处。

(1) 催化剂干燥

在加热炉点火升温之前，须先建立催化剂冷循环，使催化剂循环、各部料面、各点提升处于正常工作状态，才能进行催化剂干燥操作。

干燥过程与半再生相似，也是用富氧干燥，也进行集中补氯等。

在干燥期间，除反应器外，在再生器、下缓冲罐因催化剂循环而存有部分催化剂，这些催化剂在不同条件下进行干燥：

再生器催化剂可通过再生回路干燥，即再生回路用氮气循环，采用再生加热炉升温进行干燥，同时启动再生干燥器，可将脱出的水用干燥剂吸收，此间也可采用含氧(约3%~5%)、高温

(如 380~400℃)干燥。

下缓冲罐中所存催化剂，还原时，用加热的氮气将其干燥，废气可由顶部排放口排出。

(2) 催化剂还原

还原期间，用于提升的氢气密度较小，重整系统压差低，催化剂提升困难，只能对反应器中催化剂进行还原。反应器中催化剂占催化剂总量的 90%左右，只要将反应器中催化剂还原好了，催化剂活性就有了保证。而上缓冲罐和再生器中的催化剂可在再生催化剂循环系统的还原段中进行还原。还原过程与再生后催化剂还原程序相同(参见下章)。

(3) 进油负荷运转

现代连续重整采用 Pt-Sn 催化剂，这种催化剂不必进行预硫化，催化剂还原后即可进油。进油后调整过程与半再生装置相同。

☞ 55. 开工时，为什么最后一个反应器容易产生“飞温”？怎样处理？

开工时产生“飞温”的原因是：

(1) 现代双、多金属催化剂(Pt-Sn 催化剂除外)，具有相当高的初期活性，如果预硫化效果不好，特别是最后一个反应器催化剂装填量大，预硫化不易穿透，进油后就有产生过高温升(即“飞温”)的可能。某装置预硫化未穿透，进油后，最后一个反应器温升达 30℃。

(2) 再生后催化剂由于补氯量过高，使催化剂(特别是最后一个反应器的催化剂)酸性较强，进油后也会造成“飞温”，国外某炼厂重整催化剂再生后，用劣质油开工曾发生“飞温”情况。

经验表明，床层最高点温度，不一定总是在出口处，任何点如发生过高的温升都要注意控制。下面介绍一些具体的处理方法：

（1）停油吹硫法

切断进料，用热氢将前面反应器的 H_2S 吹到后部反应器，或者重新硫化，即"再硫化"15min，重新进油，将不会产生"飞温"。

（2）加大空速法

国外某炼油厂发现，预硫化过程只能对温升起到应急作用，因为，第二天早晨最后一台反应器温升又恢复到硫化前的状况，这是由于再生注入的过多氯化物把硫化物逐步置换。他们介绍，最有效的方法是加大处理量，即提高空速，如从 0.75~1.0 提高至 $2.0(h)^{-1}$，这是最有效的降低温升的方法。

（3）降温干燥法

有人发现，再生过程补入较多氯化物，开工时系统含水量较高，将会在最后一个反应器出现较高温升，在这种情况下，应将床层降至 485℃以下，并减低空速，直至系统干燥后再升温，就不会出现"飞温"。

☞ 56. 如何判断装置开工后催化剂上的氯含量是否适宜？

一般来说，所谓适宜的氯含量，是指催化剂在反应中能得到最佳活性时的含氯量。

通常，在不同温度下各种催化剂的适宜氯含量是不同的。某种催化剂在各种不同温度下的适宜含氯量，是在试验室条件下，经过多次实验，在大量的数据的基础上得出的。例如，某等铼-铂比催化剂在各种温度下的适宜氯含量为：

温度（*WABT*）/℃	480	490	500	510	520
适宜氯含量/%	1.01	0.98	0.95	0.92	0.89

那么，如何判断开工后催化剂上的氯含量是否适宜呢？

对于有催化剂在线取样器的装置，要想了解开工后催化剂氯含量是否适宜，是很方便的。只要把开工后反应器中在用催化剂取出一些样品，分析它的氯含量，再与催化剂制造厂或催化剂开发单位给出的适宜氯含量加以比较，就可断定运转条件时催化剂氯含量是否适宜。

但是，对于没有在线催化剂取样器的装置，只能通过操作分析和产品质量、收率变化情况凭经验来判断，或者通过经验公式估算在用催化剂在操作状态下的平衡氯含量。最好是将估算的结果，与操作分析和产品质量、收率变化情况结合起来判断，只有这样的判断才能比较准确地指导氯调整。

这是一个比较实际的问题。开工后，如果反应器入口温度提高一定数值时（如5℃），观察产品辛烷值和芳烃产率是否有相应的提高，如果未见明显提高，表明催化剂氯含量已偏离了适宜氯含量，这时，再结合经验公式计算出来的平衡氯含量，如果结论一致就会得到正确的判断。但有时，二者结论可能正好相反，那就要从多方面分析和仔细检验计算结果。

☞ 57. 何谓平衡氯含量？它与催化剂适宜氯含量有什么异同？

所谓平衡氯含量，是指催化剂处于不同水氯平衡状态时的氯含量。它的数值变化主要与系统状态有关，具体说，它与下面三个状态变量有关：

① 与载体 Al_2O_3 表面羟基 $[\,>\mathrm{Al{—}OH}\,]$ 和氯含量 $[\,>\mathrm{Al{—}Cl}\,]$ 的总和（用 L 表示）有关，这里，$L=[\,>\mathrm{Al{—}OH}\,]+[\,>\mathrm{Al{—}Cl}\,]$。

② 与系统的水/氯摩尔比 R 有关。

③ 与不同状态时的相平衡常数 K 有关，相平衡常数 K 的表达式为：

$$K=\frac{[\mathrm{H_2O}][\,>\mathrm{Al{—}Cl}\,]}{[\mathrm{HCl}][\,>\mathrm{Al{—}OH}\,]}$$

如果用 CL^m 表示平衡氯含量，那么；CL^m 与上述三个变量的关系为：

$$CL^m = \frac{K \cdot L \cdot (1/R)}{1+K(1/R)}$$

平衡氯含量或称实际氯含量(CL^m)与适宜氯含量或称标准氯含量(CL°)相同之点在于，它们都是随温度变化而变化的函数；不同之点主要是平衡氯含量是与水/氯平衡有关，随系统水/氯摩尔比的改变而变化；而适宜氯含量是在确定的水/氯摩尔比条件给出的随温度变化的函数。

简单地说，平衡氯含量是系统条件变化时，催化剂上的实际氯含量；适宜氯含量是指不同温度时，要求催化剂达到的氯含量。

☞ 58. 开工初期催化剂平衡氯含量偏离适宜氯含量的原因是什么？应如何调整？

催化剂平衡氯含量能够达到或保持适宜氯含量是比较困难的。在实际生产中，如果平衡氯含量高于适宜氯含量，称为氯位过高，或简称“过氯”；如果低于适宜氯含量，则称为氯位过低，或简称“缺氯”或“失氯”。

特别是开工初期造成催化剂“缺氯”的现象是极易发生的，其原因是：

(1) 干燥过程未达到要求指标，由于各种原因不得不在较湿的系统条件下开工；

(2) 催化剂还原过程系统过湿；

(3) 氯化或补入的氯化剂量不足；

(4) 系统泄漏，带入较多水分等。

上述诸多因素，都可能浸走催化剂上的酸性组分氯，而氯化或补氯过程注入的氯化剂量不足时，必将造成催化剂失氯。

在开工过程，为保持催化剂上的平衡氯含量达到或接近适宜含氯量，各种催化剂的开工手册中都规定了开工时氯调整的操作方法，在实际操作中应认真遵照执行。

表 4-7 是一种等铼铂比催化剂开工初期补氯操作指标。

表 4-7　等铼铂比催化剂开工时补氯操作控制指标

循环气中水/(μL/L)	补氯量/(μL/L)	重整进料量/(t/h)	注含 60%氯的油量[①]/(mL/h)
>200	12	12	326
		14	380
		16	435
100~200	8	12	218
		14	254
		16	290
50~100	4	12	109
		14	127
		16	145
35~50	2	12	54
		14	64
		16	73
25~35	1.5	12	41
		14	48
		16	55

① 1L 精制油，加入 500mL 二氯乙烷，配制含氯 60%的含氯油。

☞ 59. 怎样计算催化剂的平衡氯含量？

国内、外各种催化剂平衡氯含量的计算方法不尽相同，复杂程度和准确程度也有差异，这里介绍一种较为简便的计算方法。

在操作温度下(用 T 表示)，催化剂上的平衡氯含量可用下式计算：

$$CL_{T} = CL_{500℃} \times TCF \times SCF$$

式中 CL_{T}——操作温度($WABT$)为 T℃时催化剂上的氯含量,%；

$CL_{500℃}$——以 $WABT$ = 500℃ 为基准温度时，催化剂上氯含量,%；

TCF——温度变化时的校正系数；

SCF——比表面变化时的校正系数。

$CL_{500℃}$是500℃时催化剂上氯含量，它作为温度校正系数的基准值，这个基准值不限于500℃这一点温度，它是人为规定，取决于研究催化剂水氯平衡时所用的公式采用的基准温度；除500℃外，当然也可设定为490℃、510℃或其他温度，当然这时要修正温度校正系数*TCF*值。

$CL_{500℃}$是水/氯摩尔比的函数；*TCF*是温度的函数；*SCF*是催化剂比表面的函数，对于计算公式中的各项数据可从催化剂开发公司的操作手册中找到相应的图表资料（见图4-22，图4-23）。

显然，500℃时的*TCF*为1.0；新催化剂的*SCF*值亦为1.0。

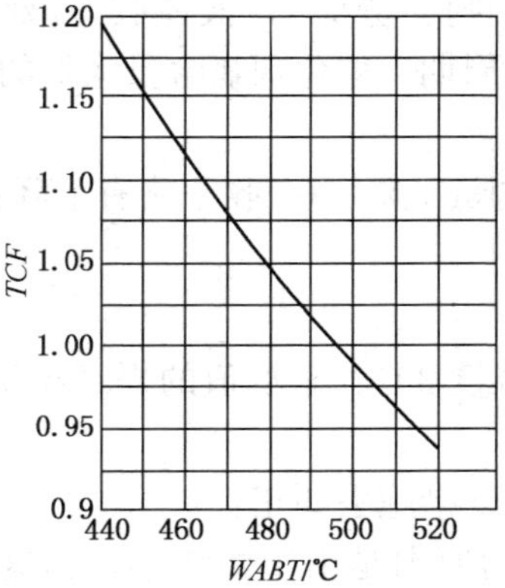

图4-22　*WABT*与温度校正系数*TCF*的关系

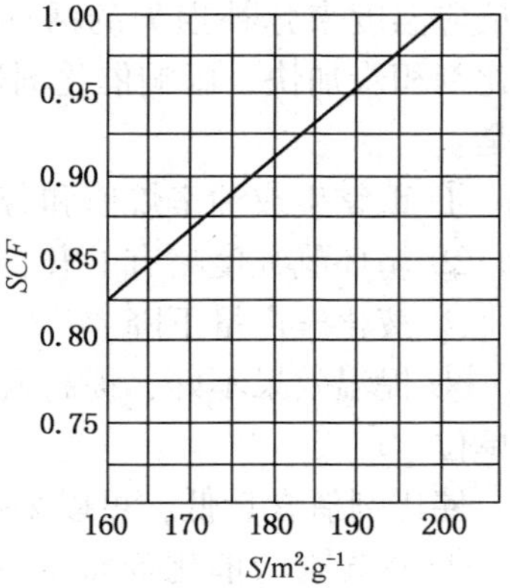

图4-23　比表面积与*SCF*的关系

☞ 60. 开工后运转中催化剂“过氯”时会有些什么征兆？应如何处理？

“过氯”的征兆是：

① 一反、四反温降明显下降，其他各反也有下降；

② C_5^+ 液体收率明显下降，严重时生成油颜色变深；

③ 液化气产率增加；

④ 循环氢气纯度下降，C_3、C_4 组分增多；

“过氯”的调整方法是：

（1）尽快查找原因，主要查看注氯量是否比适宜注氯量超高或注水量是否比适宜注水量偏低。

（2）根据装置情况，减少注氯或增加注水，严重时，可暂停注氯。

☞ 61. 开工后运转中催化剂“缺氯”有何征兆？如何处理？

催化剂氯含量太低时，其活性会明显下降。一般而言，催化剂氯含量每下降 0.1%，反应器入口温度大约需要升高 3℃，即损失约 3℃的活性。在重整催化剂出现活性下降时，不要贸然提高反应温度来弥补损失的活性，否则会造成 C_5^+ 液体收率减少，催化剂积炭加快，影响催化剂运转周期。催化剂氯含量太低的现象是：

① 重整生成油辛烷值和芳烃含量下降，C_5^+ 收率略有下降；

② 循环氢纯度略有上升；

③ 液化气产量下降；

④ 提温效果不好，提高入口温度 3℃，辛烷值的提高小于 1 个单位。

催化剂氯含量低，可以采用如下措施去纠正：

① 首先查清催化剂氯含量低的原因是由于注氯不足，这是由于气中水太高；

② 如果原因是由于循环气中水高引起催化剂上的氯流失，可采用上述“系统太湿”部分的措施；

③ 如果原因是由于注氯量偏低，可增加注氯量，调整好水氯摩尔比。

应当注意的是：当催化剂需要进行氯含量调节时，不宜采用时注时停的间断注氯法，也不宜采用时多时少的波浪式注氯法，而应采用连续且均匀的连续注氯法。还应注意的是：调整注氯量时，每次调节的量最好不要大于0.5μg/g。当需要作较大幅度的调整时，最好分步进行。调整注氯量时，要密切注意一反、四反的温降变化，因为一反、四反催化剂对水氯调整是比较敏感的。正常情况下，注氯量不宜较长时间大于3μg/g。只有在集中补氯时，才采用大于3μg/g的补氯量。

总之，调整催化剂平衡氯含量时，一定要细水长流，不可忽高、忽低间断地注氯或注水，否则不容易使平衡氯含量逼近适宜含氯量，而且一偏离，幅度就会很大，不易稳定操作。必要时可采取集中补氯措施，大约一周后可调至正常。

☞ 62. 在运转过程中，为什么要特别注意最后一台反应器的催化剂氯含量的变化？

在重整反应过程中，最艰巨的任务是由最后一台反应器完成的，它装填的催化剂约占总量的50%，处在高温、低空速下高强度运转，完成烷烃脱氢环化反应，增产芳烃。因此，该反应器的催化剂氯含量变化对重整反应过程起到举足轻重的作用。

由于该反应器担负的特殊任务，通常要求较高的含氯量。但是，由于正常运转中，各反应器的补氯量通常是一样的，而各反应器实际的氯含量是递减的，这就造成了最后一台反应器催化剂要求较高的氯含量，而实际上偏低的矛盾，使该反应器催化剂的性能不能良好发挥，不能更好地完成所担负的任务。

为了解决这一矛盾，当发现最后一台反应器的床层温降大，确认催化剂氯含量不足时，对该反应器进行集中补氯，调整催化剂氯含量，使其达到符合要求的含氯量，恢复催化剂的活性。利用提温来弥补这种活性下降，会适得其反。

☞ 63. 什么是水氯平衡？为什么要保持水氯平衡？

所谓水氯平衡，就是指进入反应系统的水的总摩尔数与进入该系统物料中氯的总摩尔数之比值(通常用 R 表示)比较适当，在这种状态下能够使催化剂的活性、稳定性和选择性得到最佳发挥，这种状态，通常称为水氯平衡。

为什么要保持水氯平衡呢？这是一个很重要的问题，也是一项比较复杂的工作。因此有必要深入认识水氯平衡的意义。

（1）为维持催化剂载体中氯的保持能力，需要使载体有合适的羟基数，这样，必须使反应气氛有一定的水分压（或湿度），为此要求反应区进料含有一定的水分。

（2）如果进入反应区的水过多，将会洗掉催化剂上的氯，为保持催化剂具有适宜的平衡氯含量，需要使反应区进料含有一定量的氯。

这就是说进入反应区的原料（包括循环氢）含有一定量的水和氯是必要的，对于充分发挥现代双功能重整催化剂的良好性能也是必需的。但是，进入反应区的水和氯必须适当，无论是过少，还是过多，都将破坏双功能催化剂的金属功能与酸性功能的合理匹配，导致催化剂性能降低。

综上所述，只有将进入反应区的水和氯的摩尔数以及它们的比值调节适当，即保持水/氯平衡，才能充分发挥好现代双、多金属重整催化剂的良好性能。

☞ 64. 如何判断系统水氯平衡是否适宜？影响水氯平衡的因素有哪些？

在生产运转中，判断系统水氯平衡通常有一个粗略的指标，可以作为分析、判断的参考指标，这就是重整反应器出口产物中的 C_3 与 C_1 的比值，如果 C_3/C_1 的重量比数值在 1.93~2.75 内，或者 C_3/C_1 的摩尔比数值在 0.7~1.0 内，认为是正常的。

如果 C_3/C_1 的比值不在上述范围，通常认为是不正常的，应查找原因，加以调整。但是应看到，重整产物中 C_3、C_1 的生成量，除与系统水氯平衡（即催化剂性能）有关外，还与原料的馏分组成和烃组成有着密切关系，因此，即使水氯平衡正常，如果原料过轻或过重，C_3/C_1 的比值就不能符合上述规律。其实，最好的判断依据是催化剂的活性和选择性，就是看生成油的辛烷值产率和芳烃产率变化情况。

影响水/氯平衡的因素很多，其中主要的影响因素有：

(1) 催化剂初始氯含量；

(2) 循环气中水含量；

(3) 催化剂载体性能；

(4) 操作温度；

(5) 系统中水/氯摩尔比；

(6) 催化剂再生周期等。

☞ 65. 催化剂载体性质对水氯平衡控制有什么影响?

试验表明，在同样的水/氯摩尔比的条件下，不同性质的载体制备的催化剂平衡氯含量不尽相同，有时差异很大。在控制水氯平衡时，应按不同催化剂的开发(或生产)单位提供的水氯平衡操作指南进行操作，而不能照搬其他牌号催化剂的操作指南进行控制，因为不同牌号催化剂载体对氯的保持能力不同。

☞ 66. 催化剂表面性质对水氯平衡控制有什么影响?

由于催化剂长期运转、操作不当造成意外的损伤以及不可避免的定期烧焦再生等影响，必然会对催化剂表面性质产生影响，—OH 和 Cl 的总和(L)减小。为了保持平衡氯含量，根据平衡氯含量计算式(见本章第 57 题)，应降低水/氯摩尔比 R 值。如果系统含水量比较适宜时，就需要增加补氯量。

催化剂在使用中，由于高温、再生等影响，表面积逐步减小，特别是经过几次再生后，载体保持氯的能力下降，应该考虑羟基和氯的总量(L 值)的影响，即表面积的影响，而不能以新鲜催化剂(表面积较高时)的水氯平衡控制规律，指导几次再生后(表面积明显下降)催化剂的水氯平衡控制，应根据装置运转状况适当加以修正。

☞ 67. 操作温度对水氯平衡控制有何影响?

试验表明，某种催化剂保持氯的能力随温度的提高而减弱。为使催化剂平衡氯含量趋近适宜含氯值(量)，随着操作温度的提高，注氯量也应适当增加。这就是说，为保证装置的优化生产，保持水氯平衡控制，必须注意操作温度对水氯平衡的影响。具体来说，随着运转温度的变化，一定要遵照操作手册给出的不同温度时的补水、注氯的要求进行。

☞ 68. 初始氯含量对水氯平衡有何影响?

无论是催化剂的初始氯含量远高于适宜的氯含量，还是催化剂的载体不含氯，试验表明，在一定的温度下用适当的水/氯摩尔比的气体进行处理，均可达到相同的平衡氯含量。但是，偏离越大，处理的时间越长。

试验还表明，“洗氯”速度要比“补氯”速度快得多。因此，工业运转中，不要使催化剂失氯过多，否则，欲使其恢复到适宜的水氯平衡状态，需花费较长的时间，对装置正常生产有较大影响。

☞ 69. 系统含水量高低对水氯平衡有何影响?

在一定的温度下，在同样的氯含量条件下，用含水量高的气体处理，催化剂氯的流失速度就大；另外，用含水量相同的气体处理，催化剂含氯量越多，氯的流失率越大。因此，现代全氯型重整催化剂要尽可能避免含水量高的气体冲击；否则，欲恢复到适宜的水氯平衡状态，需要较长的时间，甚至使催化剂遭受不可挽回的影响(如造成催化剂金属凝聚或烧结)。

☞ 70. 系统“过湿”(含水量过高)时有何征兆？危害是什么？如何处理?

系统太湿，也就是说循环气中水太高。由此会造成重整催化剂氯含量总体下降，但是在循环气中水升高的初期，循环气中的氯含量会短时间上升，然后随之降低。此时重整装置会出现以下现象：

① 一反温降先是明显增加，随后很快出现下降，其余各反的温降也随之下降；

② LPG 产量和 C_5^+ 液体收率减少；

③ 重整生成油辛烷值明显下降，氢气产率降低；

④ 系统提温效果差。

“过湿”的危害是大量浸出催化剂酸性组分，促使催化剂酸性组分含量偏离适宜的氯含量，使催化剂性能不能正常发挥，重整生成油芳含量或辛烷值下降，不能很好地生产出合格产品。

处理的方法是增加注氯量，减少或暂停注水。循环气中水如果超过 50μL/L 时，将反应器的入口温度降低到 480℃ 以下；如原料油含水高，应调整脱水塔操作，尽快使重整进料含水量降下来。必要时可投入分子筛干燥器脱除系统中的部分水。

☞ 71. 系统“过干”（含水量过低）时有何征兆？危害是什么？如何处理？

如果系统含水量过低，反应环境过干。

系统太干，是由于反应器混合进料的水含量太低，注水量不足的缘故。由此会造成氯在部分反应器的催化剂上积累，而另一部分催化剂氯含量偏低。重整装置会出现以下现象：

① 一反和四反的温降减少；

② 循环氢气纯度下降；

③ 循环气中甲烷含量升高，丙烷含量降低；

④ C_5^+ 液体收率总体上下降，初期 C_5^+ 液体收率变化不明显，较长时间后则下降明显。

系统太干的纠正办法是提高注水量，使循环气中水达到要求。

采取这种措施的目的是调整酸性功能的“电离度”。这里所说的“电离”是指 Al_2O_3 载体上的羟基被氯置换后，形成的酸性中心，与系统环境中水的交换过程。同样的氯含量，如果系统水含量过低，酸性在催化剂上的保留值愈大，即酸性组分不易被电离。

☞ 72. 水/氯摩尔比对水氯平衡有何影响？

试验表明，催化剂平衡氯含量，与气体中氯的浓度无关，只与水/氯摩尔比有关。如果操作中由于某种原因造成水含量过高，在理论上是可以采取加大注氯量，维持原来的水/氯摩尔比，保持催化剂平衡含氯量不变。

但是，高水、高氯将会引起系统腐蚀，同时，由于系统含水量高造成催化剂表面下降，铂晶粒长大，催化剂性能变差。因此，高水冲击时应采取措施降低水含量，然后调整催化剂氯含量(如进行集中补氯等)。

总之，要想保持水氯平衡，必须维持系统适宜的水/氯摩尔比，为此，应随时掌握装置水/氯摩尔比的变化情况。

☞ 73. 运转中水/氯摩尔比应如何计算？

对于水/氯摩尔比 R 值的计算，国内外各公司都有自己的计算方法，计算过程都比较复杂，这里介绍一种简单方法，供参考。

反应系统的水/氯摩尔比可按下列公式计算：

$$R = \frac{Y_R \times G + Y_F \times (M_F/18)}{X_R \times G + X_F \times (M_F/35.5)}$$

式中 X_F——重整原料油中氯含量(包括补氯量)，μg/g；

Y_F——重整原料油中水含量(包括补水量)，μg/g；

X_R——循环气中氯含量，μL/L；

Y_R——循环气中水含量，μL/L；

M_F——原料油平均摩尔质量；

G——氢/油摩尔比。

由上式可以看出，必须同时知道油中水含量、氯含量，循环气中水含量、氯含量四个数据才能计算，而同时获得这四个分析数据一般是比较困难的，尤其是气体中含氯量更难测量准确。为此，可采用经验公式来确定循环气中氯含量(X_R)，通常它与原料油中氯含量(包括补氯量)有如下关系：

$$X_R = (0.45 \sim 0.75)X_F$$

综上所述，整个水/氯摩尔比的计算步骤大致如下：

(1) 确定油中水和注水总量 Y_F；

(2) 确定油中氯含量和注氯量总和 X_F；

(3) 确定循环气中水含量 Y_R；

(4) 确定循环气中氯含量 X_R，按经验式估算时，要根据本装置长期运转中的经验数据，如果经验不多时，可先按 $X_R = 0.5X_F$ 计算；

(5) 确定原料油平均摩尔质量(M_F)；

(6) 确定氢/油摩尔比 G。

至此，计算水/氯摩尔比 R 所需的数据均已具备，只要将各项数据代入公式计算便可得到所需的 R 值。

☞ 74. 为什么说控制好环境中水含量是保持水氯平衡的基础？

水含量与重整水氯平衡控制的关系是密切相关的，适当的含水量，可使现代双、多金属重整催化剂载体 Al_2O_3 形成一定数量的羟基，与 HCl 交换形成一定的酸性组分——氯，这正是水的积极作用。但是过量的水，生成的羟基过多，将破坏催化剂的合理匹配，使催化剂选择性变坏。这种情况水便成为催化剂的毒物，应尽快使系统水含量恢复到合理范围。与此同时，应适当增加注氯，弥补被水浸出的酸性组分。因此，有人说系统“干”点好，可以少补氯，这种说法是不妥当的，如果系统环境过“干”，也会破坏催化剂的合理匹配不利于长周期安全运转。在这种情况应向系统补入适量的水，使系统保持一定的必要的湿度。

总之，水是保持系统水氯平衡的基础，几乎所有的水氯平衡控制指导手册，都是以系统的含水量规定注氯量与注水量。

☞ 75. 怎样才能控制好系统的适宜含水量？

要想控制好重整反应系统有适宜的含水量，有两点极为重要：

① 严防高水冲击重整反应环境

正常情况下，防止高水冲击的关键在于维持好脱水塔的操作，及时准确监控脱水塔底油的水含量。值得注意的是有些厂家生产的在线水分析仪的精确度不能令人满意，有经验的操作员，应时刻注意反应情况和气体中水含量的分析数据来判断油中水含量的变化。如果发生气体中水含量急剧增多和重整油芳烃含量迅速下降现象，多半有水被带入重整反应系统，此时，应降温保护催化剂，查找水源，及时处理。

② 注意低水位操作的反应变化

与高水冲击相反，低水位操作也将破坏正常运转。防止低水位的关键是及时识别在线水分析仪指示偏高的假象；否则会造成误操作加入过量氯，使催化剂酸性过高，积炭增加，特别是对第 1 反应器的影响较大，即使恢复正常水位，温降和芳含量也难以恢复。

低水位征兆，除温降，芳含量下降外，气体中 C_3/C_1 比下降，与硫中毒有相近之现象，但从气体中 C_1 变化、转化率变化以及气体中 H_2S 含量变化是可以区别的。

缓慢的低水位操作较难判断，但确定后操作调整比较容易，这就是增加注水，可按油中水含量、气体中水含量为 1 :(3. 0 ~ 3. 5) 的关系增加，但调节幅度不宜过大。

☞ 76. 注水时，对水有些什么要求？常用哪些物质作注水剂？

注水时，要求注入的水不含有害物质，为保证催化剂的良好性能，禁止注入被任何毒物污染的水。

重整装置常用的注水剂是凝结水，凝结水被污染时，可用脱盐水代替。国外，有的公司介绍用除氧凝结水，常用的含水试剂有乙醇、甲醇，还有人介绍可用异丙醇。

☞ 77. 重整循环气中的水有哪些来源？

重整循环气中的水主要来自原料中带入的水，和原料一起被加热气化，一起进入反应区，并同生成物一起被冷却，在重整气/液分离罐中与液相呈平衡关系的气相水，随同循环气一起返回系统。

在直接抽原料油罐精制油作进料时，除原料油中的含水外，原料油中的氧，在重整条件下也转化成水，是循环气中水的来源之一。此外，如果冷却器泄漏，水也会渗入系统。

对连续重整装置，除上述水来源外，还有两个来源。一是再生催化剂离开再生器干燥区后残留在催化剂的吸附水（焦炭燃烧时生成的）；二是在还原段生成的水。理论上这两部分水加在一起等于催化剂循环量的0.17%。

还原区还原生成水量可通过安装采样管，采气体样品送循环水分析仪进行测量。据UOP公司工业试验装置测定，在离开还原区的气体中水的高峰含量超过0.11%，而基准含水量为250μL/L。

☞ 78. 如何降低循环气中的含水量？

（1）对于半再生装置，以下几种措施是比较切实可行的：

① 搞好重整进料石脑油的蒸发脱水系统操作，避免将过多的水分带入重整系统；如果预加氢生成油冷却器需注水冲洗盐类，必须把所有的明水从分离器中排净，不允许过多的水进入蒸发脱水系统，脱水塔顶回流罐应按照操作规程定时脱水，保证回流不带水。如果用絮凝剂（如美国UOP公司的Oclyeiow 100，Exxon Chemical公司的Corexit 204），应一开始就用。如果换热器有污垢，则防垢剂会使管壁上污垢脱落并带入反应器或装置的其他部位。有人提醒，这种防垢剂一般都含有氮化合物，应慎用。

② 必要时重整进料用分子筛干燥；

③ 进入重整系统的惰性气体应进行干燥；

④ 重整循环气进行干燥;

⑤ 避免从任何部位将水串入本系统。

(2) 对于催化剂连续再生的 UOP—CCR、IFP—CCR 装置,降低系统含水量的方法,除上述外,还可采用以下几点措施:

① 降低还原区气体中的"理论"水含量。

催化剂上"理论"水含量的 40%~50%可由还原区气体脱除,在这样的脱水速度下,气体的吹扫基本上可使循环气中水含量减少到使用干燥器体系所能达到的同样水平。进一步增加还原区吹扫气量,将从催化剂上脱除更多的水。但是会导致还原区操作温度较高,必须根据具体情况在还原区下部设计上做适当考虑。

图 4-24 是一种还原区吹扫系统的流程。

该吹扫系统在压差控制下,通过一个改接的气体分离管将吹扫气排出,而排出口安装在反应器的人孔上。差压管的低压侧引出口可在气体分离管的出口或反应器壁上开孔。进入还原区的气体(提升气和吹扫气)的 90%将通过分离管被排出。离开反应器的吹扫气,经过滤冷凝冷却后送往气体回收系统。

据 UOP 公司介绍,使用还原气吹扫方法可以达到采用干燥器法同样的效果,但投资更少,经济效益更佳。

② 除吹扫外,还有其他一些措施可以使循环气中的水含量减少:

a. 尽量加大去再生器的干燥空气量　将干燥空气量从 0.3Nm^3/kg 增加至 0.6Nm^3/kg,可使循环气中水含量减少 7%。但是,空气加热器和分配器速度的限制可能不允许空气量增加更多。

b. 尽量减少催化剂循环量　实践表明,循环催化剂的数量减少一半,循环气中的水含量可减低 40%。

c. 提高催化剂炭含量　提高催化剂积炭量(最大值为 7%),有助于减少催化剂的循环量。

d. 尽量加大氢/油比　较大的氢/油比可降低总生焦量并"稀

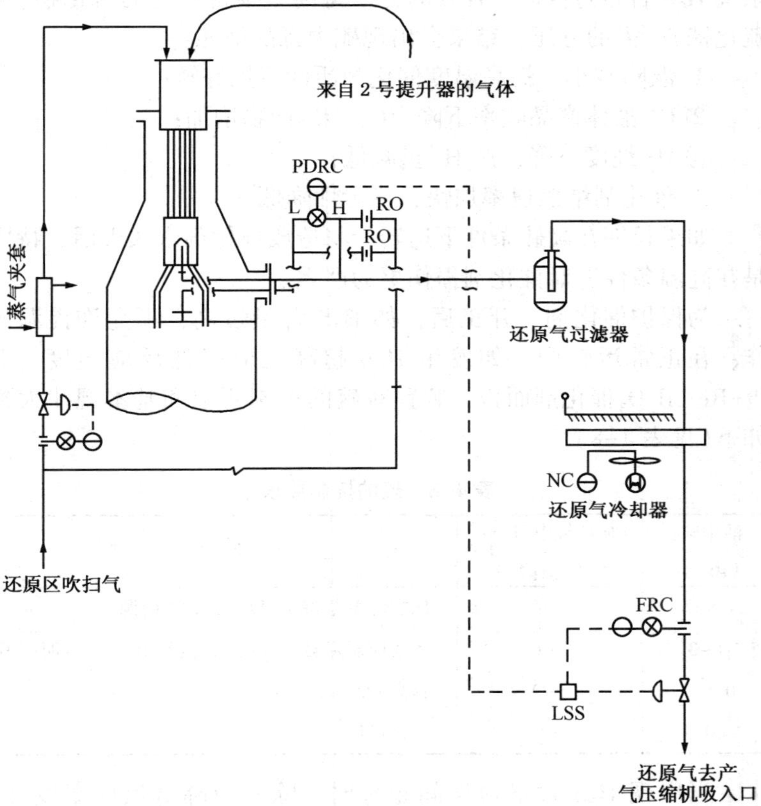

图 4-24　UOP 新设计的还原区吹扫流程

释”水分。

e. 尽量降低进料干点　进料干点低，装置催化剂循环量可显著减少，因而循环气中水降低。

☞ 79. 系统 H_2S 含量过高时对开工调整和正常运转有何影响？如何处理？

如果系统 H_2S 含量过高，将使催化剂中毒，因为开工后，

系统 H_2S 含量过高时，H_2S 的分压将高于维持稳定的硫化物(如硫化铼)所需的分压，结果会出现硫中毒的征兆：

① 温降减小，提高温度催化剂活性不见好转；

② C_5^+ 液体产品收率下降，C_3、C_4 产物增加；

③ H_2 纯度下降，产 H_2 量减低；

④ 催化剂结焦速率加快，稳定性降低。

如果长期在高硫条件下运转，将造成催化剂永久失活，特别是在高温条件下对催化剂损伤更为严重。

为保护催化剂，开工后，如 H_2S 含量过高，不允许提温操作；在正常运转中，如发生 H_2S 超高也应降低反应温度。对 $Pt-Re/Al_2O_3$ 催化剂而言，装置对硫的控制要求和基本规律大致如下(见表 4-8)。

表 4-8　硫的控制要求

油中硫/(μg/g)	循环气中 H_2S/(μg/g)	处　理　措　施
>3	>6	床层降温至 480℃以下，查明硫源
1~3	2~6	各反应器降温(入口温度下降 10℃)，查明原因
0.5~1	1~2	提高精制深度，投脱硫器
<0.5	<1	正常操作

当出现 H_2S 含量短期间超标时，除相应降低反应温度外，可适当增加补氯量。

☞ 80. 现代双、多金属重整装置为实现长周期稳定运转，应如何控制环境中的硫？

(1) 搞好蒸发脱水塔的操作，避免未吹脱的 H_2S 带入重整反应系统。一旦不慎出现这种情况，可及时投入分子筛干燥器，把硫的冲击减小到最低程度，尽快恢复脱水塔的平稳操作。

(2) 控制好预加氢原料的硫源变化，如果变更原料来源或增加二次加工石脑油的混兑比，导致原料硫含量超高时，应及时调整预加氢的操作条件，确保精制油质量，避免硫含量过高的精制油进入重整反应器冲击正常的重整反应环境。

（3）调整好预加氢催化剂的活性，随着运转时间的延长，预加氢催化剂的活性随之下降，因此应根据精制油硫含量的变化，预先调整好预加氢的反应条件，避免高硫油对重整环境的冲击。滞后调整是被动式的，对长周期稳定运转是有危害的。

（4）严防反应器原料短路泄漏。如果预加氢采用冷壁反应器，可能会出现内衬龟裂，使未反应物流短路；同样，如果换热器内泄漏，未反应的物料也可能短路，直接进入加氢生成油中，使生成油硫含量超标，甚至预加氢生成油/预分馏原料油换热器，也有未精制原料漏入生成油的可能。无论哪种情况发生，生成油中有机硫都将会增加，如果不严重，借助于脱硫保护器，也许可能维持运转；如果严重，必须停工处理，不允许高硫长时间冲击重整反应环境。预防的措施一是在检修中要认真检查、试验；二是发现问题要及时处理。处理泄漏的换热器，抢修在一天内完成是可能的，这时可借助精制油维持低负荷运转；如果是反应器修补，时间长，应停工处理。

（5）严格管理，强化硫控制分析。为了及时发现原料油硫含量超高，一定要坚持认真分析进料的硫含量。一时不能分析，造成延误时，可通过对循环气和稳定塔顶气中 H_2S 分析做比较，也能得到旁证供参考。通常循环气中 H_2S 浓度为进料硫含量的2~4倍；稳定塔顶气中 H_2S 浓度约为进料硫含量的10倍。气体中 H_2S 的分析比较方便快速，可随时用检测管监测。

☞ 81. 监控重整反应系统微量硫有何经验？

（1）定期或不定期监测原料油中的硫含量，至少每周一次，用活性镍方法，在硫含量不高时（如0.1~1.0μg/g），精度是±0.02μg/g；如果硫含量较高时（1.0~10.0μg/g），精度是±0.05μg/g。

(2) 经常监测循环气中 H_2S 含量。测定 H_2S 含量方法简便，常用检测管测定，而且，气体中 H_2S 含量 S_g 与原料中硫含量 S_1 通常有着一定的函数关系，通式为：

$$S_g = iS_1 (\text{通常 } i = 2 \sim 4)$$

有经验的操作者根据经常测定的循环气中的 H_2S 含量和不连续、定期或不定期测定的进料中的硫含量，便能监控好重整反应系统中的硫含量。

目前国外应用的微库仑仪(ASTM D 3120—72T)可测到 0.5μg/g，重复性为 0.1μg/g，但有的炼油厂认为达不到这样的重复性。

☞ 82. 在生产中控制好各种工艺参数的基本准则是什么？

在工业生产中，影响产品质量、收率和催化剂性能的主要操作参数是温度、压力，空速和氢/烃摩尔比。进料性质和催化剂基本性能一般不是操作者所能左右的。

(1) 反应温度

反应温度是操作者用来控制产品质量和收率的主要参数，而适应一定产品质量要求(辛烷值或芳烃产率)所需的反应温度与催化剂活性和稳定性密切相关的。

一般希望反应温度能够使芳构化反应进行得比较充分，而加氢裂化反应尽量少些。

通常，每种催化剂都有一个较宽的温度范围。有经验的操作者，总是希望把反应温度控制在下限操作，根据自己的经验和操作情况，能够预测给定辛烷值或芳烃产率时的初期运转温度。

(2) 空速

在运转中，没有车间主管人员的指示，操作者不得变更进料量。对于一个装置，在规定的目标辛烷值和芳烃产率前提下，总是希望能满负荷运转。

调节空速的基本准则是先降温后降量。欲提量时，必须保证

必要的 H_2/HC 摩尔比，为保证质量可适当提高温度。

（3） H_2/HC 摩尔比

为保护催化剂，重整反应系统哪怕短暂中断氢气循环也是不允许的。H_2/HC 摩尔比在一定范围内波动不会有严重危害，但 H_2/HC 摩尔比过低也是不允许的，超过某一转折点，催化剂积炭会迅速增加。

在运转过程中，由于各种原因，进料量会发生波动，此时最重要的是要时刻将 H_2/HC 摩尔比加以核对，使其保持在可以接受的数值，特别是在高苛刻度运转条件下，更应如此。

（4） 压力

对于一个确定的重整装置，反应压力的调整与所用催化剂的性能，特别是其容炭能力密切相关。从热力学观点来说，除异构化反应之外，降低压力对 C_5^+ 液收和所期望的重整反应都有利，但催化剂炭沉积也随之增加。因此降低反应压力必须考虑催化剂性能和必要的运转周期，同时，也要考虑压缩机的实际能力，不得随意降低。

总之，对于操作者来说，保持适宜的操作压力，是完成整个生产周期的基础条件。

☞ 83. 重整反应系统加氢裂化反应加剧有何现象？影响加氢裂化反应的因素是什么？应如何预防？

运转过程中加氢裂化反应加剧的现象是：

① 反应器总温降减小；

② 脱戊烷油或重整(稳定)油收率下降；

③ 循环氢中氢含量下降；

④ 重整油或脱戊烷油芳烃含量降低；

⑤ 稳定塔或脱戊烷塔顶干气产量增加等。

影响加氢裂化反应速度的主要原因是：

① 反应温度——加氢裂化反应是催化重整中活化能最高的反应，随反应温度提高反应速度明显加快。

② 反应压力——反应速度随烃分压、氢分压和总压的增加而增加。

③ 催化剂酸性——酸性增加时反应速度增加。

此外，正烷烃加氢裂化反应速度随分子中碳原子数增加而明显提高。$C_6 \sim C_{12}$ 正烷烃在 Pt/Al_2O_3 催化剂上，在 3MPa、450℃条件下的加氢裂化反应的研究[73]表明，反应速度常数正比于分子中碳原子数的 4 次方：

$$k_N = AN^4$$

上式中 N 为分子中碳原子数；k 代表速度常数；A 为比例系数。由上式可得到

$$k_{N1}/k_{N2} = (N_1/N_2)^4$$

从而可得到正庚烷、正辛烷和正壬烷的加氢裂化速度分别为正己烷的 1.9、3.2 和 5.1 倍。

烷烃的结构对加氢裂化反应速度也有影响，曾经测定过己烷的几种异构体在 1MPa 和 420℃下的加氢裂化反应速度常数[9]，其顺序为 2，2-二甲基丁烷>3-甲基戊烷>2-甲基戊烷>正己烷>2,3-二甲基丁烷。

除上述之外还与下列因素有关：

① 原料含水量上升；

② 注氯量增加；

③ 空速过小；

④ 温度上升或大幅度波动；

⑤ 氢/油比过低；

⑥ 原料油含硫量高或组成变化过大等。

预防措施是：

① 控制好合适的操作条件（温度、压力、空速、氢/油比等）；

② 掌握好提温、降温原则，避免温度大幅度波动；

③ 控制好原料油含硫量、干点，使之符合规定指标；

④ 控制好反应环境，及时调整好系统的水氯平衡；

⑤ 保持蒸发脱水塔的平稳操作，避免原料带入过多的水分。

☞ 84. 连续重整反应器中催化剂被提升到再生器时流速如何计算？

重整装置催化剂提升速度应与再生系统的能力相匹配，因此，催化剂的最大流速在设计中已有限制。一般控制在 2m/s 左右。

为了克服催化剂的重力，开始向上移动，提升气的速度可以由下面公式进行估算：

$$v = 5.9\sqrt{\frac{D}{R_0}}$$

式中 v——催化剂颗粒要求的提升气速度，m/s；

D——催化剂颗粒的直径，mm；

R_0——提升气的密度，kg/m³。

例如，在提升气密度 R_0 为 0.68kg/m³ 的提升管中，各种不同粒度催化剂要求的提升气最低线速：

$$D_1 = 1.8\text{mm},\ v_1 = 5.9\sqrt{\frac{1.8}{0.68}} = 9.6\text{m/s}$$

$$D_2 = 2.0\text{mm},\ v_2 = 5.9\sqrt{\frac{2.0}{0.68}} = 10.1\text{m/s}$$

如果直径为 1.8mm 的催化剂，要求以 2m/s 速度提升，那么提升气的流速为：9.6m/s+2m/s=11.6m/s。

在这种提升气中，直径为 2.0mm 的催化剂来说，该催化剂在其中的移动速度则为：

$$11.6-10.1=1.5\text{m/s}$$

当催化剂颗粒直径>2.6mm 时，将不能被提升。

☞ 85. 如何防止移动床反应器中烃类气窜入下料斗中？

在移动床反应器中，通常通过许多根料管（8～12 根）将催化剂排入下料斗中，下料斗则通过一根称为密封腿的管子，将催化剂降落到下部提升器中，催化剂借助提升气的高速气流被带走，实现催化剂提升(见图 4-25)。

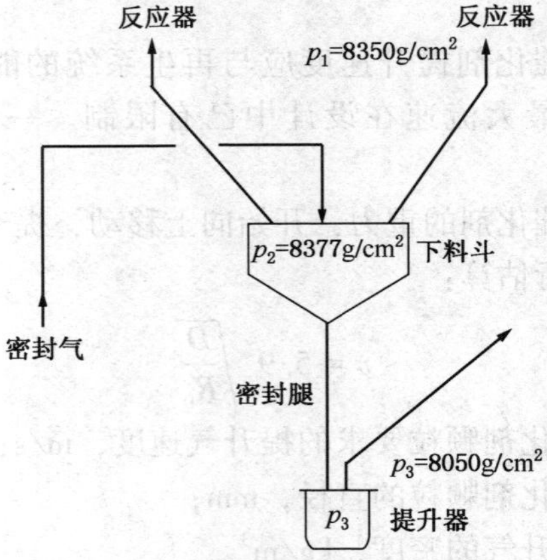

图 4-25 下料斗密封气作用示意图

为防止反应物流窜入下料斗，在下料斗吹入一股称为密封气的氢，使下料斗的压力略高于反应器底部的压力($p_2-p_1=$ 2~4kPa),借助于这里的压差，部分密封气氢吹扫下落催化剂携带的烃类；显然，下料斗的压力也高于下部提升器的压力。

下粒斗与提升器的压差有多大，是由安装时留有的高度差来决定的。具有一定高度的下料斗与提升器间的下料管通常称为密封腿，它的作用就是防止反应器中的烃类气窜入下料斗。因为提升器的压力(p_3)，会随着催化剂的提升管线压差变化而改变。一般，变化范围为 0~30kPa。

当 p_3 升高时，密封气进入提升器的量会减少。严重时，如果 $p_3>p_2$，将会发生提升器中的气体向上部的下料斗倒流。但是，由于密封腿高度会使倒流气体产生压力降，而且这个压力降通常是高于 p_3-p_2，因此，实际上不可能产生倒流。

显然，这个压降值大小，与密封腿的高度直接有关，当这个高度足够时，无论 p_3 如何变化，也不会发生倒窜现象，使催化剂始终可以向下移动。

☞ 86. 运转过程中造成氢/油比下降的原因有哪些？如何提高氢/油比？

运转过程中造成氢/油比下降的原因有：

① 裂化反应加剧或冷后温度过高，循环氢纯度下降；

② 系统压差上升，压缩机入口压力下降，排气量减少；

③ 压缩机因机械故障效率下降；

④ 水氯平衡失调；

⑤ 压缩机入口过滤网堵塞或循环氢指示偏差等。

提高氢/油比的方法有：

① 在循环气量不变的情况下，降低重整进料。根据降量先降温的原则，降低重整进料量前适当降低反应温度；

② 排除压缩机故障，提高效率，或增开压缩机；

③ 提高压缩机入口压力(即提高分离器压力)，必要时，为保证重整转化率，适当提高反应温度；

④ 调节好水氯平衡，提高氢纯度等。

☞ 87. 重整装置紧急停工的基本程序是什么？

重整装置停工的基本程序是

(1) 反应系统停工

① 降温、降量、停进油。

a. 重整分离罐提压，降反应器入口温度，以 10% 速度降低进料量。

b. 进料改走开工线，重整生态油改入不合格产品罐。

c. 重整停止进油后，关闭压力调节阀。

d. 停止向预加氢系统串气。

e. 继续降低反应器入口温度。

f. 当催化剂的床层降至200℃后，重整加热炉灭火，并停废热锅炉系统。

g. 当催化剂床层温度降至接近循环压缩机出口温度时，可以停循环压缩机。

② 泄压置换。

a. 如果装置暂停备用，系统可保持氢气压力。

b. 如果需要进入反应器、容器，必须降压并置换干净。

c. 从低点降系统存油放净向火炬排气，从压缩机出口引入干燥氮气置换，氢和烃总含量<0.2%(v/v)时为止，然后用氮气保护，保持正压。

d. 反应部分用盲板隔离。

(2) 稳定塔停工

① 当重整减油后，随之调节稳定塔各部操作参数使产品尽量合格。

② 当稳定塔停止进料时，稳定塔系统开始停工。分馏塔单塔循环，建立全回流操作。

③ 稳定塔塔底以40℃/h的速度降温。当炉膛温度小于250℃时，按加热炉灭炉规程熄火。当回流罐无液面，则停回流泵，逐渐降低塔底循环量。最后停各塔重沸器或重沸炉，停循环泵。

④ 塔底油退出装置。装置全部减油完毕后，关闭产品线。

⑤ 将存油放净，向火世排气泄压。

☞ 88. 造成重整紧急停工的原因有哪些？应注意哪些事项？

造成紧急停工的原因很多，常见的主要有：循环压缩机或重整进料泵断电，爆炸、起火，管线破裂或严重泄漏，重整进料/产物换热器泄漏等。

另外，如果循环压缩机是透平带动的，则蒸汽中断时，重整也势必要紧急停工；预加氢装置的紧急停工，通常会引起重整装置的紧急停工。

紧急停工总是和紧急事故直接有关。紧急停工是处理紧急事故的办法。然而，紧急停工方法的正确与否，对于紧急事故的后果有直接和重大影响。在事故发生时，如果处理不当和(或)不及时，就可能会产生严重后果，造成巨大损失。

紧急停工必须果断决策，及时进行，否则会造成更为严重的后果。重整在降温降量过程中要防止超温，一定要遵守先降温后降量的原则。

退油前各塔和容器先不放空，用泵抽油的速度要尽量慢一些。用气将塔内存油压向界外时，要留有液面，以防气体窜入汽油罐，损坏汽油罐。各塔、容器管线内的存油在吹扫前要尽可能地排入地下污油罐，或含油污水系统进入隔油池，严禁将油放入明沟，进入地下罐的油温应小于40℃。改好的流程经检查确认后，方可引入介质，防止跑、冒、漏、窜、烫伤等事故发生。

临氢系统充压，泄压要注意保持正向流动，即泄压从后部高分罐，充压从前部压缩机出口进行；氮气置换时不要留死角，置换合格后用氮气保压，防止临氢系统进水。

☞ 89. 重整换热器泄漏时，如何判断和处理？

重整换热器泄漏时将有下列一些现象发生：

(1) (稳定)生成油芳烃含量下降，辛烷值降低；

(2) 系统压力下降，循环氢量减低；

(3) 温降减小；

(4) 反应器实际进料空速减低，催化剂结焦速率加快。

判断重整换热器泄漏的方法主要是依据上述一些现象，也可根据重整油中的环烷含量，特别是六元环烷在重整反应过程中几乎是100%的转化成芳烃，如果换热器泄漏，在重整生成油的分析中可能会检验出未经反应而漏到生成油中的六元环烷。据悉国外有用示踪原子检验的。

那么，断定重整换热器泄漏后，应如何处理呢？如果是轻微的小漏，可加强检测监视发展变化情况，维持生产，但严重时，只有停工处理，由车间统一安排检修。

☞ 90. 原料过滤器放置在何处好？

一般认为冷进料过滤有些作用，但原料通过第1加热炉后，很可能带入更多的沉积物，尤其当原料含硫时。所以原料过滤器最好放置在原料加热炉与第1反应器之间。温度较高，通常高于反应平均温度；过滤器内可用惰性瓷球，各层球大小不一，如上部装大瓷球，中部装中等球，下部装小瓷球；过滤器应有旁路，以便在过滤器堵塞时用。

☞ 91. 重整反应器系统压降过高的原因是什么？

国内某炼油厂有一些这方面的经验。1993年，在CB-6/CB-7两段重整第四周期开工中曾遇到两次床层压降过高情况。第一次是在催化剂干燥期间，第1反应器(CB-6)床层压降由0.15MPa上升至0.4~0.5MPa，当即停止干燥，并进行过筛处理重装，结果加油后，在第2反应器又出现床层压降升高(0.27MPa)，被迫停工处理。

分析表明，两次压降升高是由于催化剂中的粉尘多，且70%~80%是氧化铁，其来源主要有两个方面，一是装置检修中带入的铁锈，当时，该装置检修恰逢雨季，设备、管线内生成较多铁锈；另一个原因是开工过程中，在高温、高氧条件下干燥处理，使炉管壁不可避免地生成铁锈。

造成系统压降过高的原因还有：

催化剂迁移。反应器出口筛网损坏，催化剂就有可能迁移，造成局部堵塞压降增大。

催化剂粉碎。进口分布器设计不当，导致顶部瓷球振动，从而将催化剂磨碎。

☞ 92. 减少系统污垢的方法有哪些？

经验表明，重整系统的铁锈大部分来自预加氢，预加氢开汽加热过程中使系统锈皮脱落。为此，开汽时可先进行原料循环，循环系统不包括预加氢反应器，而通过脱水塔到罐进行循环，直至系统干净为止。这种方法可使系统锈皮和其他污垢大为减少。

炉管壁的污垢可用防垢剂消除。美国UOP公司提出采用防垢剂(如Polyfow100)，但必须在开工之初就得加入，否则效果不好。

还有，如果能在进料前消除氧，也可起到防垢作用。

此外，对已形成的锈皮可进行高温燃烧，然后用蒸汽吹扫，将松动的锈皮吹走。

最好是在合适的部位安装过滤器。

☞ 93. 重整生成油气液分离器(高分)温度应控制多少？过高时有什么害处？

重整生成油气液分离器的温度愈低愈好，但受到冷却介质的限制，也不能太低，一般控制30～35℃为宜，最高不宜高于40℃。

分离器温度过高时，造成气相(含氢气体)携带轻烃，氢气压缩机压缩过程中烃类液化，液态轻烃是压缩机发生事故的危险因素，因此，分离器温度过高是不允许的。同时，氢气带烃也会降低循环氢的纯度，使氢分压降低，使系统压降增大，对催化剂活性也有不利影响。

☞ 94. 现代重整装置剩余氢和脱丁烷塔顶LPG为什么要脱氯？

现代催化重整装置几乎全使用全氯型重整催化剂，运转中操作苛刻度都比较高，为适应现代重整催化剂对环境的要求，必须经常向系统注入一定数量的有机氯化物；特别是连续重整装置还带有比较庞大的催化剂再生系统，而且催化剂循环再生的频率也越来越快，因此在反应系统中水和HCl含量更高。在一般情况下，所产氢气含HCl 2～6μL/L，脱丁烷塔顶LPG所含HCl可高达20μL/L。这么高的HCl含量必然引起下游装置的盐析和腐蚀。

盐析产生固体物(如 NH_4Cl)将使系统堵塞，压降增大，严重时装置不能运转，必须停工处理。腐蚀造成泄漏事故，因此，在含 HCl 产物离开前先除掉 HCl 是必要的，脱除 HCl 的方法，可用碱洗-砂滤；近来最常用的是采用氧化铝型或分子筛型脱氯剂。

☞ 95. 重整生成油颜色为什么有时具有蓝色荧光？

重整生成油颜色有时发蓝且带荧光，取样分析，溴价并不很高，组成分析结果表明，含有较多稠环芳烃，这种物质沉积在换热器或冷却器表面，很难清除。

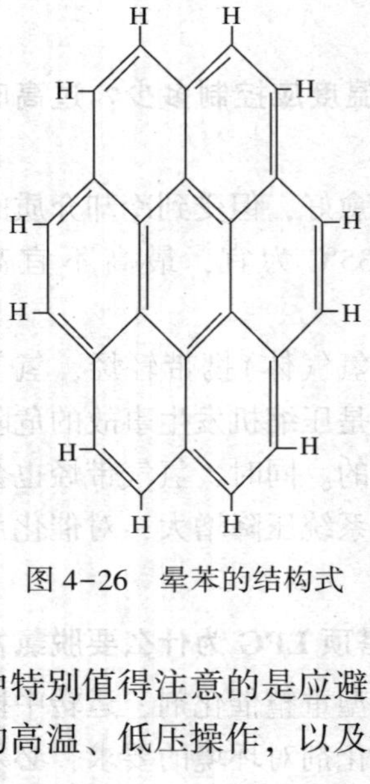

图 4-26 晕苯的结构式

典型的具有蓝色荧光的稠环芳烃——晕苯已在重整生成物中发现(见图 4-26)。稠环芳烃中还有黄色的并六苯，它们都是积炭的前身物。

较高的反应温度、较低的压力或空速、较高的分离器温度、较重的原料干点和催化剂酸性功能过强等诸多因素都有利于生成稠环芳烃和结焦反应。如果发现上述现象，可从那些影响因素中查找原因，并加以纠正。其中特别值得注意的是应避免过高的产品辛烷值要求，避免不适宜的高温、低压操作，以及过高的原料油干点。

☞ 96. 为什么说活性 Al_2O_3 脱氯是一种较好的脱氯方法？

(1) 与传统的碱洗、水洗脱 HCl 方法相比较，具有如下一些优点：

① 得到的是干燥的、不含 HCl 的产物；相反碱洗法会使产

物被水饱和，给下游装置带来麻烦；

② 吸附器的容积可能比碱洗塔大，但安装费要低 20%，碱洗法还需一些辅助设备，也占相当大的投资，较低的操作费用主要是由于较低的床层压降和无循环泵的消耗；

③ 机械设计比较简单(见图 4-27)，不存在注水、注碱及碱循环泵操作和维修、配碱等，活性 Al_2O_3 方法只需定期更换活性 Al_2O_3，一般 6~18 个月才更换一次。

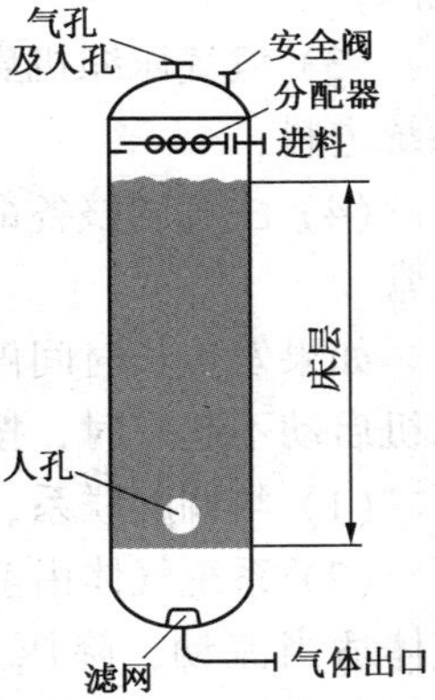

图 4-27　活性 Al_2O_3 脱氯器

(2) 与其他脱氯剂、分子筛法比较，成本低。

☞ 97. 如何解决稳定塔顶馏出物系统腐蚀问题？

美国 UOP 公司的经验是在开汽期间，分离器要经常排水。在正常运行时，使用双金属催化剂的装置不会在稳定塔馏出系统形成游离水。形成保护膜的胺类缓蚀剂应在一开始就采用。在开工期间，因为有水产生，可注入 LHS 缓蚀剂。以后只应用成膜的缓蚀剂。

如采用 AmocoRC-910 缓蚀剂亦有效，同时注入中和用的胺类以控制 pH 值。

☞ 98. 瞬间停电或长时间停电时，重整反应部分应采取哪些措施？

发生瞬间停电时，将会出现部分或全部机泵停运，流量指示为零，照明灯闪动。重整部分发生瞬间停电时的处理措施是：

(1) 当氢气压缩机停运时，各加热炉应立即熄火；

(2) 尽快启动循环氢压缩机，启动时，关闭增压机补充氢阀；

（3）氢气压缩机启动后，各加热炉立即点火，启动进料泵向系统进料；

（4）注意调整各部温度、液位及压力变化，逐渐调整操作至正常。

如果发生长时间停电时，先按瞬间停电处理，如电动泵、压缩机启动不起来时，按下列程序处理：

（1）与调度联系，了解复电时间；

（2）系统气体由前、后同时向火炬泄压，保持重整反应系统气体适当流动，降压速度≯1.2MPa/h，系统压力降至0.5MPa时，向系统补入氢气或氮气；

（3）通知仪表装临时电位计，监测反应器床层各点温度，发现有超温现象时，应加大尾部排放量，如无温度上升可停止尾部排放；

（4）稳定塔降温，保持各部液面、压力，汽油排汽油罐，严防冒罐、串油；

（5）关闭各泵出口阀，关闭压缩机出、入口阀，开启旁路；

（6）废热锅炉停电后应保持汽包液面、压力在规定范围内，如汽包减水或满水时按规程处理。

☞ 99. 重整装置在安全阀定压方面有些什么要求？

重整装置安全阀定压值的基本规定应按设计图纸的规定，如无明确规定时，可根据不同工艺操作压力情况按下述规范确定。

如果容器、塔类设备最高工作压力用 P_w 来表示，安全阀定压值用 P_0 表示，单位都是MPa，那么：

当 $P_w \leqslant 0.7$ 时　　$P_0 = P_w + 0.05$

当 $0.7 < P_w \leqslant 1.8$ 时　　$P_0 = P_w + 0.18$

当 $1.8 < P_w \leqslant 8.0$ 时　　$P_0 = (1+0.11)P_w$

当 $8.0 < P_w \leqslant 32.0$ 时　　$P_0 = (1+0.105)P_w$

安全阀的定压值(P_0)最大不得超过容器的设计允许压力；引进设备上的安全阀定压值，可按引进装置技术文件的有关规定执行。另外运行中已起跳的安全阀，必须分析起跳原因，必要时重新定压。安全阀的定压值不得随意变更；若变更时，必须向主管部门申报并重新办理手续。

☞ 100. 怎样实现重整反应过程的最佳控制?

在现代化炼厂中，为使重整装置取得最好的经济效益，可应用电子计算机模拟控制系统，为反应过程实现最佳控制提供依据。例如，RIPP-REFM 重整动力学模拟软件可以计算不同进料、不同操作条件下产品收率和性质。RIPP-REFM 模拟软件可以在常用的 IBM-PC/AT 或 IBM PC/XT 等微型计算机或兼容机上运行，其运行框图可参见图 4-28。

最先进的最佳控制可在重整装置安装以计算机控制为基础的控制系统。国外和我国引进的连续重整装置均实现了计算机控制。在操作过程中每个过程计算机根据事先编制的程序，按先后顺序开关各种阀门，进行各种调整控制，在每进行一个步骤调整前，计算机都要进行运算、检查，使过程实现优化控制(例如辛烷值控制，参见图 4-29)。

☞ 101. 现代双、多金属重整装置实现长周期稳定运转的基本条件是什么?

(1) 设备的良好运行；

(2) 操作人员的精心操作，其中包括：

① 工艺参数的严格控制。

② 良好的环境控制。所谓环境控制，广而言之，它包括对系统水、硫、氮和金属杂质的控制，以及水氯平衡控制等诸方面调节的总体过程。

(3) 生产主管和工程技术人员的正确判断和指挥。在运转过程中，加工方案和重要操作条件的改变必须准确无误，在严格检

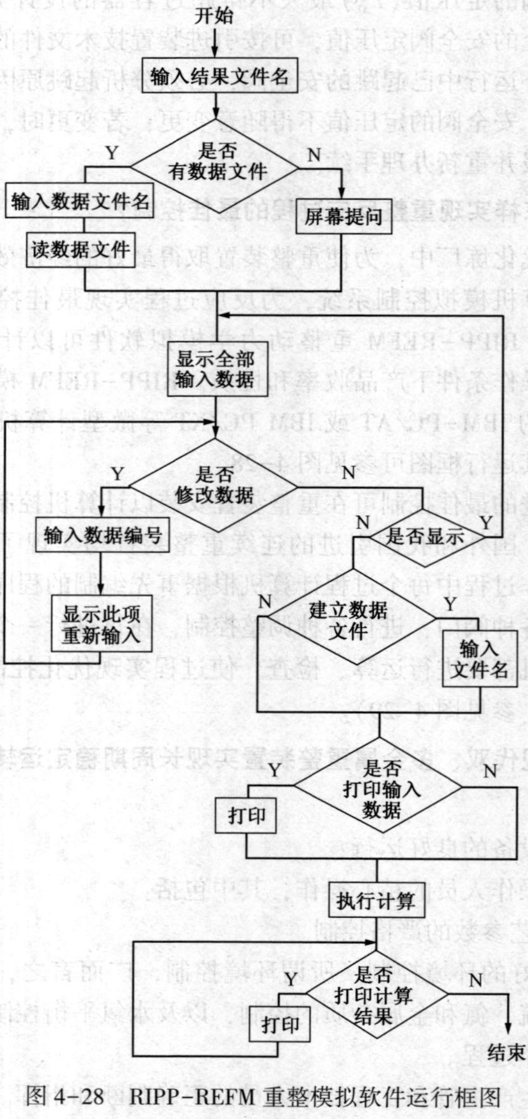

图 4-28　RIPP-REFM 重整模拟软件运行框图

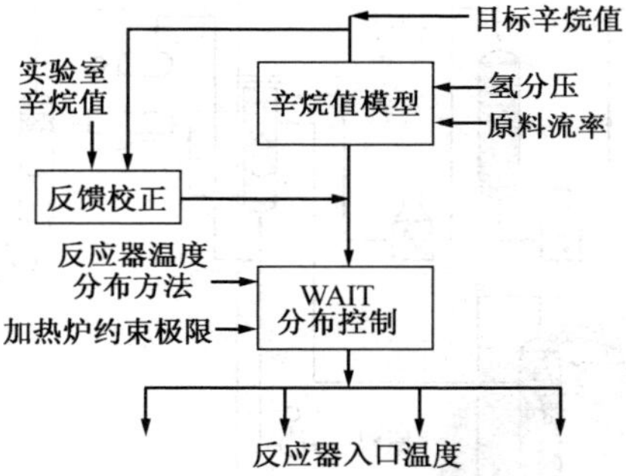

图 4-29　辛烷值控制框图

查和监督操作的同时，对操作人员的业务培训和指导要做到实处。

（4）充分发挥现代化管理和计算机的功能。

☞ 102. 为什么说 UOP 公司的 CycleX™系统是重整装置改造的比较好的模式之一？

UOP 公司开发的 CycleX™系统是由一台反应器、一台再生器和一台中间加热炉组成，用于处理能力在 215～645kt/a（5000～15000 桶/日）的固定床、并列式或重叠式反应器催化重整的改造方案，以适应催化重整装置的新要求。本工艺的主要好处是能在最少的投资条件下增加重整生成油收率和氢气量。预计 C_5^+ 产率可提高 2%～5%（v/v），氢产增加（35.6～53.4）Nm^3/m^3（200～300Nft^3/bbl），并能延长运转周期，与加氢脱硫（HDS）装置匹配，通常为 24 个月。图 4-30 为加入到固定床催化重整装置中的 CycleX™系统。采用 CycleX™系统改造是对现有固定床装置改造量最小的方法。

☞ 103. 现代世界燃油规范汽油标准为什么对苯和芳烃提出了严格的要求？具体的要求指标为多少？

从毒性来看，苯是最有害的组分。美国职业安全与卫生管理

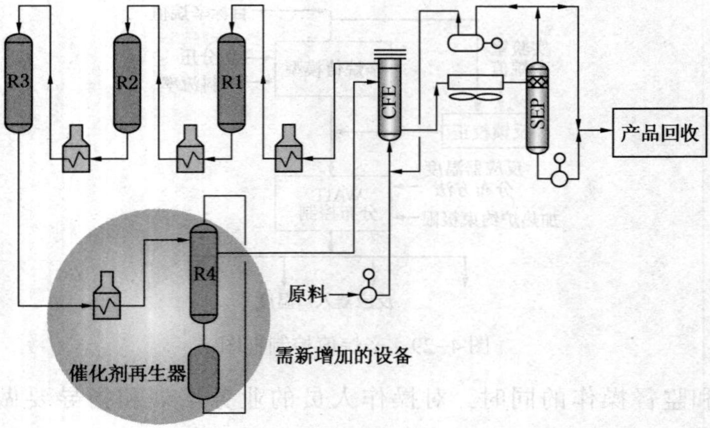

图 4-30　置于固定床催化重整装置的 CycleX™系统

局(OSHA)、国际癌症研究机构(IARC)和美国政府工业卫生学家会议(ACGIH)已证实苯是多部位的致癌物。芳烃由于含碳量高，在发动机中容易出现燃烧不完全而产生碳炱，使发动机排放污染增大，多环芳烃还是致癌物质。芳烃在光化学反应作用下产生臭氧，而空气中臭氧浓度为 0.4mg/m^3 时，可促使中枢神经系统紊乱，臭氧也是一种突变性、致癌性和致畸胎性物质。因此，世界燃油规范汽油标准对苯和芳烃提出了严格的要求。具体的要求指标详见表 4-9。

表 4-9　世界燃油规范汽油标准对苯和芳烃的要求

燃油规范	Ⅰ	Ⅱ	Ⅲ	Ⅳ
芳烃/%(v/v)	≯50.0	≯40.0	≯35.0	≯35.0
苯/%(v/v)	≯5.0	≯2.5	≯1.0	≯1.0

☞ 104. 从重整生成油中脱除苯的方法有哪些?

图 4-31 表明可从重整生成油中能将苯脱出的方法有：

① 在异构化装置中将重整生成油中的苯转化。

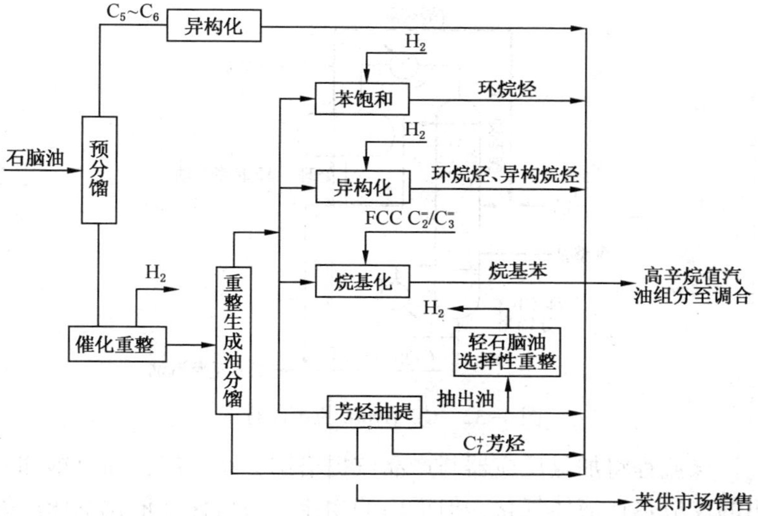

图 4-31　从重整生成油中脱出苯

② 在烷基化装置中，重整生成油中的 C_6 组分与从 FCC 装置来的烯烃(如乙烯、丙烯)生成 C_9 芳烃，从而脱除重整生成油中的 C_6 组分。该过程不耗氢，并且能增加轻重整生成油的辛烷值。但是，汽油中的芳烃并不能降低。此外，由于生成的异丙基苯的沸点较高，可能导致汽油组分 T_{90} 升高。

③ 如果炼油厂邻近石油化工厂，则可采用苯的液-液抽提或抽提蒸馏方法，抽出重整生成油中的苯供石油化工业作原料。

除上述之外，工业上常用的脱除苯的工艺还有：CD Tech 公司的 CD Hydro 工艺、芬兰 Neste 公司的 NExSAT 工艺、美国 UOP 公司的 BenSat 工艺、Axens 公司的 Benfree 工艺以及美国 Mobil 公司的 MBR 工艺等。

☞ 105. CD Hydro 脱苯工艺流程是怎样构成的？有何特点？

图 4-32 表示美国 CD Tech 公司的 CD Hydro 苯加氢饱和示意流程图。

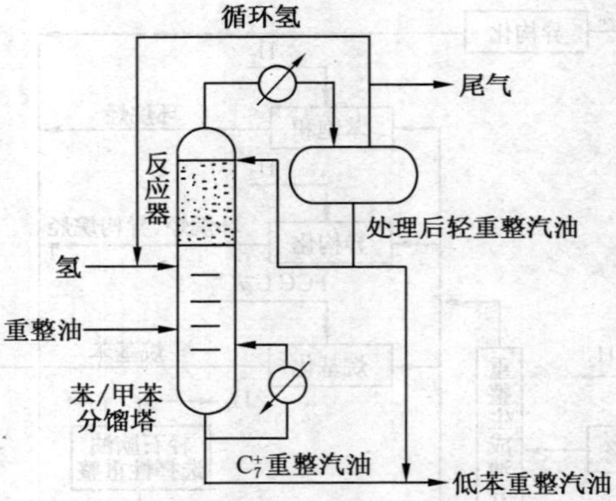

图 4-32　CD Hydro 脱苯流程图

该流程将加氢反应器与产品汽提塔结合在一起，加氢饱和放出的反应热让液体气化，但塔内的物流分布可保证催化剂床层处于等温状态。该工艺操作压力低，一般不超过 0.7MPa，装置投资低。工业上大多数的 CD Hydro 装置均按苯转化率 70%～95%进行设计。世界上第一套汽油苯加氢工艺装置于 1995 年 12 月由美国 Texaco 公司在加利福尼亚州的 Bakersfield 炼厂建成投产。

☞ 106. 什么是放射性料位仪表？什么是放射源？什么是探测器？在配置和安装 γ 料位计时应注意些什么问题？

（1）放射性料位仪表：

在催化重整装置中使用的放射性粒位仪表也就是 γ 射线料位仪表。射线仪表作为非接触式仪表，常用于测量固体料位、黏稠性物料的液位等场所，并具有很高的安全性、可靠性以及免维护特性。

（2）放射源：

放射源亦称放射性同位素，催化重整用料位计的放射源——γ 射线是从原子核中发出来的电磁波。放射源形式包括点源和棒源两种：

铯-137(Cs-137)是粉末状物质，必须用玻璃或陶瓷高温固化成固体颗粒，然后封装在不锈钢壳中，只能做成点源。

钴-60(Co-60)则是金属，既可做棒源也可做点源。

催化重整料位开关通常选用铯-137点源，料位连续量多采用Co-60棒源，也有的采用2个或多个Cs-137点源组成的棒源。

(3) 探测器：

探测器就是把γ射线强度信号转换成电信号，再经转换器转换为4~20mA标准信号仪器。工业同位素仪表(包括γ射线仪表)使用的探测器主要有三种，G-M计数管(盖革-弥勒计数管，简称盖革计数管)、电离室和闪烁计数器三种，催化重整γ料位计通常使用盖革计数管和闪烁计数器二种。

配置和安装γ料位计时应注意：γ料位计由放射源、探测器和二次仪表组成，二次仪表输出4~20mA. DC标准信号。由于放射源自然随机衰变的规律，射线仪表是一种基于统计概率的测量仪表。当工艺要求的精度越高，时间响应越小时，仪表或探测器就需要测得越多的有效计数率。但是射线是对人体有伤害的，各国都有放射性物质的管理标准，而且不能超过国标条例。因此，在配置γ料位计测量系统时，一定要根据设备的尺寸，计算射线穿过设备壁、保温层等物质后，探测器接收到的计数率大小，同时考虑安全问题。为了安全与降低成本，射线路径(射线从放射源到探测器的路径)要越简单越好。由于计数率的大小取决于放射源的种类、强度和探测器的灵敏度，即灵敏度越高的探测器所需的放射源强度就越小，安全性越好。当然高灵敏度的探测器也越贵，但考虑到今后废源的回收费用随着环保的发展而增高，选择高灵敏度探测器是明智的。

在订购这类料位仪时应经过精心计算和周密的考虑，使其γ射线的散射量所产生的干扰控制在允许误差范围内，不致引起连续量的误读数和开关量的误动作。另外，γ料位计在计算、制造、配置、运输、安装、使用各个环节都应符合相关的国家标准，在保证人身安全的同时，满足工艺生产的要求。

☞ 107. 催化重整装置通常安装哪些在线分析仪表？

催化重整装置在线分析仪表包括：氢纯度分析仪、氢烃分析仪、气中水分析仪、氧分析仪、便携式氧分析仪等。

氢纯度和氢/烃分析仪：通常在重整循环氢管线上安装一台氢纯度分析仪，在连续再生氮气总管上安装一台氢/烃分析仪。由于重整最基本的反应是六元环烷脱氢反应，除生成目的产品芳烃外，副产大量的氢气。因此，氢气纯度的变化，是重整脱氢反应深度的标志。而连续再生中，氮气主要是氢、氧环境隔离用氮气包的来源，氮气如果被氢气污染，将会引起再生部分污染氮停车。因此氢纯度和氢/烃分析仪在催化重整装置中都是非常重要的。

气中微量水分析仪：催化重整装置通常使用两种微量水分析仪，一种是电解式，多用于国内装置，一种是振动晶体式，多用于引进装置，用作水-氯平衡的检测。

氧分析仪有两种：

① 加热炉用氧化锆氧量分析仪

加热炉烟气通常用氧化锆氧量分析仪测量烟气中氧含量。通常氧化锆氧量分析仪由探头(氧化锆，加热器热电偶)和二次仪表组成，加热器主要保证氧化锆探头在恒定的高温下工作，以确保测量的准确性，仪器供电通常为220V. AC，输出 4~20mA. DC 标准信号至中央控制室。

② 催化剂连续再生用氧分析器

OCTANIZER 连续再生用氧分析仪采用磁氧式分析仪。CCR PLATFORMING 则采用特殊氧分析仪，特殊氧分析仪器工作原理与加热炉用氧量分析仪器一样，采用氧化锆原理测量氧含量，由于催化剂连续再生的特殊要求，仪器内置采样气流量开关(热电阻)型，采样流量低限时输出接点信号使 CRCS 停车。

OCTANIZER连续再生用氧分析仪采用磁氧式分析仪。磁氧式分析仪有多种，国内常用的是热顺磁式氧气分析仪、磁动力机械式氧气分析仪。

☞ 108. 我国近年对车用汽油提出了哪些新的要求？

我国GB 17930—2016车用汽油标准对车用汽油的硫含量、苯含量、芳烃含量和烯烃含量提出了新要求见表4-10。

表4-10 GB 17930—2016车用汽油(Ⅴ、ⅥA)主要技术要求

项目		89	92	95	试验方法
抗爆性					
研究法辛烷值(RON)	≥	89	92	95	GB/T 5487
抗爆指数(RON+MON)/2	≥	84	87	90	GB/T 503、GB/T 5487
铅含量/(g/L)	≤	0.005			GB/T 8020
馏程					GB/T 6536
10%蒸发温度/℃	≤	70			
50%蒸发温度/℃	≤	120			
90%蒸发温度/℃	≤	190			
终馏点/℃	≤	205			
残留量/%(体)	≤	2			
蒸气压/kPa					GB/T 8017
从11月1日至4月30日	≤	45~85			
从5月1日至10月31日	≤	40~65			
胶质含量/(mg/100mL)					GB/T 8019
未洗胶质含量(加入清净剂前)	≤	30			
溶剂洗胶质含量	≤	5			
诱导期/min	≥	480			GB/T 8018
硫含量/(mg/kg)	≤	10			SH/T 0689
硫醇(博士试验)		通过			NB/SH/T 0174
铜片腐蚀(50℃，3h)/级	≤	1			GB/T 5096
水溶性酸或碱		无			GB/T 259
机械杂质及水分		无			目测
苯含量/%(体)	≤	1.0(0.8)			SH/T 0713
芳烃含量/%(体)	≤	40(35)			GB/T 30519
烯烃含量/%(体)	≤	24(18)			GB/T 30519
氧含量/%(质)	≤	2.7			NB/SH/T 0663
甲醇含量/%(质)	≤	0.3			SH/T 0663
锰含量/(g/L)	≤	0.002			SH/T 0711
铁含量/(g/L)	≤	0.01			SH/T 0712
密度(20℃)/(kg/m³)		720~775			GB/T 1884、GB/T 1885

第五章　重整催化剂的失活与再生

☞ 1. 催化剂失活的涵义是什么？

催化剂能改变反应动力学性质(即加速某些化学反应)，但自身不消耗和变化。然而，催化剂参与化学反应之后，某些物理和化学性质，或多或少总会发生一些变化，但对工业催化剂来说，在完成一次化学反应之后，它的物理化学性质变化是微不足道的，很难察觉。如果从长期运转结果来看，情况就不同了，这些微不足道的变化积累起来，将会造成催化剂活性和选择性的明显下降，这就是催化剂的失活过程。

综上所述，所谓催化剂失活，不只是指催化剂活性完全丧失，更多的是指催化剂的活性或选择性在使用过程中逐渐下降。

☞ 2. 导致重整催化剂失活的原因有哪些？

影响催化剂失活的原因是多种多样的，可以从不同的角度来说明。Camaxob 等认为，一是化学变化引起的失活，二是结构变化引起的失活。Hegedus 等提出三种失活原因：即化学失活、热失活和机械失活。Hughes 则归纳为中毒、堵塞、烧结和热失活四种原因。李承烈等则提出中毒、烧结和热失活、结焦堵塞三类原因。

我们认为，重整催化剂失活的原因可以概括为积炭、金属凝聚与熔结、中毒、结构变化等原因。

(1) 催化剂积炭

工业运转过程中，催化剂金属中心和酸性中心会逐渐积炭，使催化剂活性逐步下降，这是不可避免的、正常的。但是，运转过程中，由于原料和操作条件的变动，在某些不适当的情况下，将会加速催化剂积炭，催化剂失活速度加快，这是不正常的，应当尽量避免。

（2）金属凝聚、熔结

催化剂遭受高温、高水、高氧（主要是开工时），以及运转过程不正常条件下都能使金属活性组分（Pt）凝聚或熔结，使 Pt 的分散度下降，导致催化剂失活。

正常运转中的正常凝聚熔结是不可避免的，但是，避免高温、高水和高氧操作能够避免或减轻这种意外的失活。

（3）中毒

在原料中含有硫、氮、水和各种金属毒物，即使在允许的指标范围内，随着运转时间的延长，毒物的积累，也会使催化剂活性减低。最严重的是，这些毒物在某些情况下，有两种或几种含量超高，叠加使催化剂减活，就相当严重了，因此，必须避免。

（4）催化剂结构变化

催化剂自身的结构变化失活，如比表面、孔分布等也是失活的重要原因，而且是不可逆的。

除金属中毒和催化剂结构变化使重整催化剂永久失活外，前两种失活，大多可以通过催化剂再生过程，使其活性得到恢复或部分恢复。

重整催化剂是催化重整过程的核心，重整过程的许多改进都与催化剂稳定性的改进有关。重整催化剂在使用过程中，在一定的操作条件下，常常因物理化学性质的变化而导致催化剂的活性和选择性降低，甚至导致催化剂严重失活。表 5-1 列举了几种导致催化剂失活的原因。

表 5-1 重整催化剂失活的原因

序号	失活原因	可逆失活	不可逆失活
1	积炭	√	
2	S、N 化合物中毒	√	

续表

序号	失活原因	可逆失活	不可逆失活
3	金属面积降低(烧结)	√	
4	载体面积降低(烧结)		√
5	氯含量降低	√	
6	重金属污染		√
7	催化剂颗粒破碎生成细粉	√	
8	设备腐蚀产物(细粉的沉积，硫化铁等屑状物)	√	

重整催化剂失活分为可逆失活和不可逆失活，又分别称为暂时失活和永久失活。从表5-1可以看出，催化剂积炭失活、S、N化合物中毒失活、金属面积降低(烧结)导致失活以及因氯含量降低导致失活为可逆失活，可以采取必要的措施(如再生)使催化剂的性能得到恢复或部分恢复。而载体面积降低(烧结)导致失活和重金属污染中毒失活为永久失活，其影响是累积性的，采取再生的方法其活性得不到恢复，因此这种失活的催化剂必须淘汰而重新换用新鲜催化剂。

☞ 3. 重整催化剂中毒失活的实质是什么?

催化剂的活性由于某些有害杂质的影响而下降，这种现象称为催化剂中毒，这些有害物质则称为毒物。

重整催化剂的中毒失活，本质上是由于某些吸附质优先吸附在催化剂的活性部位上，形成特别强的化学吸附键，或者与活性中心起化学反应变为别的物质，引起催化剂性质发生变化，使催化剂不能再自由地参与对重整反应原料的吸附和催化作用。这就不可避免地导致催化剂活性下降，甚至完全丧失。

由于毒物能选择地与不同的活性中心作用，有时催化剂的中毒也会引起选择性下降。

不同种类的催化剂，毒物是不同的。一般来说，所谓催化剂的毒物，通常是指很低浓度便能导致催化作用明显失去效力的物质。

☞ 4. 导致双功能重整催化剂中毒失活的物质有哪些?

催化剂中两种活性组分对毒物的敏感程度是不一样的，当一种组分中毒或中毒程度较另一种组分重时，除了引起催化剂活性下降外，还将导致选择性发生明显变化。因此，对于双功能重整催化剂的毒物应分别进行讨论。

(1) 影响酸性功能的毒物有：水和含氧有机化合物；氯素和各种卤素有机化合物；氨和含氮有机化合物；碱金属化合物等。

(2) 影响金属催化功能的毒物有：硫化物；砷化物；铅、铜、汞等重金属杂质。

☞ 5. 各种毒物对重整催化剂金属催化功能有些什么影响?

如前面讨论中指出，影响金属催化功能的毒物主要是：硫化物、砷化物和重金属，下面就分别加以分析它们的毒化作用。

(1) 硫化物

重整原料中常常含有或多或少的 H_2S 和有机硫化物，有机硫化物在重整反应条件下也被转化成 H_2S。当 H_2S 和催化剂表面上的金属铂起作用，可生成多种硫化物，如 Pt_2S、PtS 和 PtS_2 等，它们是没有脱氢和脱氢环化活性的物质，因此，硫化物的存在能抑制重整催化剂的芳构化活性。硫也能与 Re、Ir、Sn 等金属助剂作用，导致催化剂失活。

如果硫中毒的时间较短，它造成的毒害可能是暂时的，用不含硫的原料“冲洗”，可以使催化剂的活性得到恢复(见图 5-1)。

硫对重整催化剂床层“穿透”能力很强，它几乎能使几个反应器同时中毒，这一点与砷化物的毒化作用不同。

(2) 砷化物

砷化物与重整催化剂中的铂生成砷化铂，使催化剂失去活性，与此同时，它与催化剂中的酸性组分氯也很容易化合，甚至常温下就能生成天蓝色的 $AsCl_3$(见图 5-2)。

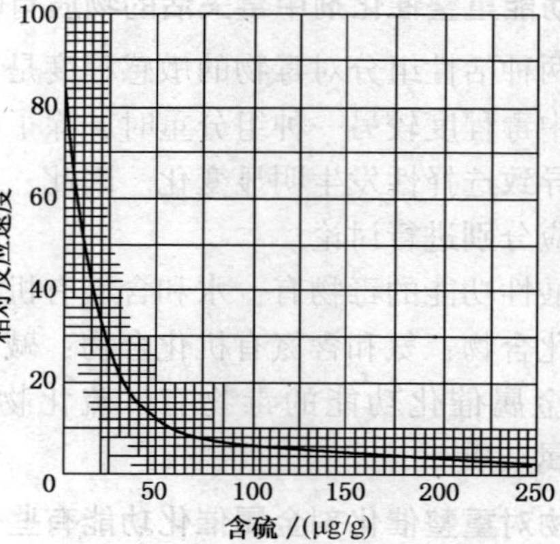

图 5-1 硫对重整催化剂活性影响

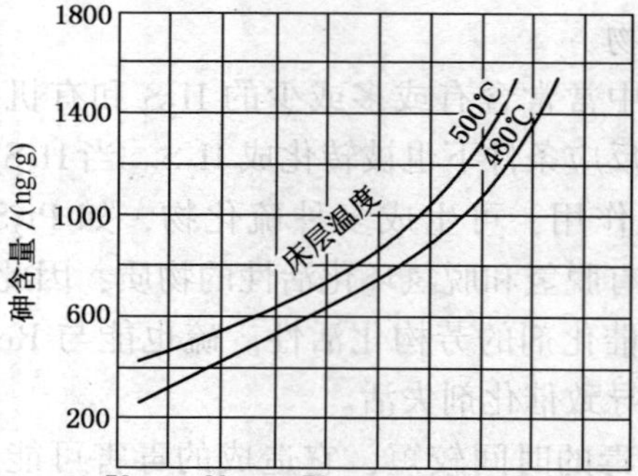

图 5-2 砷对 Pt/Al_2O_3 催化剂活性影响

因此，有人说砷是最坏的催化剂毒物，远比重金属铜、铅影响更大。

(3) 重金属杂质

最常见的导致重整催化剂中毒的重金属有铅、汞、铜、铁等，它们沉积在催化剂表面上，与铂发生作用，使催化剂不可逆地失去活性(见图 5-3)。

图 5-3 表明，催化剂上铅的积存量大约达到 500μg/g 时，环己烷脱氢率(生成苯的活性)迅速下降至 10%以下。

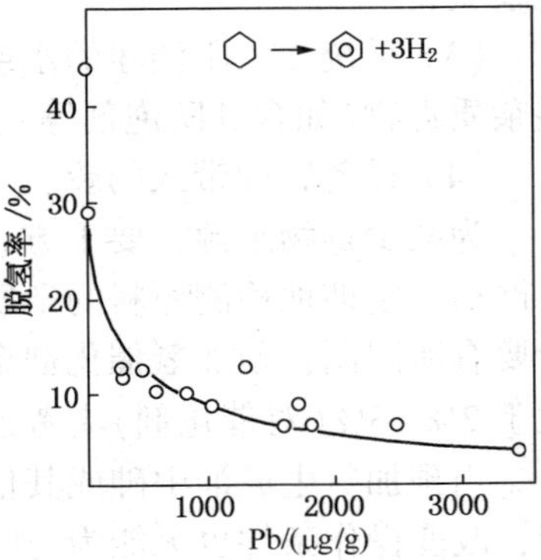

图 5-3 铅对 Pt/Al_2O_3 催化剂活性影响

☞ 6. 重整催化剂金属活性中毒的征兆是怎样的？

不同种类的毒物使重整催化剂中毒的征兆是不同的。

(1) 砷与重金属中毒时的征兆：

第 1 反应器温降急剧减小，且不可恢复。该毒物对金属活性功能的损伤往往是从床层顶部开始，随着毒物量的增加，中毒的征兆由床层顶部不断下移，直至后部反应器。

随着床层温降的减小，产品辛烷值或芳烃产率不可逆转地不断下降。砷与金属毒物很难从催化剂床层中除去。

(2) 硫中毒时的征兆

硫对催化剂的毒化作用与砷和重金属不同，硫具有较强的穿透能力，各反应器温降几乎同时减小；提高操作强度其活性也不见好转。

随着床层温降减小，C_5^+ 液收下降，氢纯度和产氢量减低；相反，C_3、C_4 轻质烃产量增加。但是，如果硫中毒比较轻微，切换用无硫或低硫原料后，催化剂活性可以得到恢复。

☞ 7. 导致重整催化剂金属活性中毒的毒物来源有哪些？如何减少毒物来源？

毒物来源：

(1) 原料油带入的硫、砷及其他金属有机化合物；

(2) 系统污染、串油等带入的硫、铅有机化合物及其他杂质；

（3）系统注入不洁净的水或试剂、混炼二次加工油时带入某些杂质毒物（如含硅防泡剂等）；

（4）设备腐蚀带入的硫、铁及其他杂质。

为减少毒物来源，要千方百计地控制原料中的重金属含量。要严格、定期地检测原料的杂质含量。对预加氢原料的总金属含量要有所限制；预加氢催化剂金属积存量也要检测，金属总量若大于2%~3%（对催化剂）应考虑更换催化剂。

当预加氢生成油中砷或其他重金属杂质毒物含量超过要求指标，改变操作条件也无能为力时，应考虑更换预加氢催化剂，这是防止重整催化剂金属功能中毒的基本保证。

☞ 8. 如何防止重整催化剂的硫中毒？

（1）严格监测系统硫的分布

要强化原料油和系统微量硫的监测分析，及时掌握原料中硫含量的变化，对系统中循环气和稳定塔顶的 H_2S 含量也应很好监测，它能预示原料油含硫量变化（见图5-4）。

（2）严格执行硫高降温的基本规则

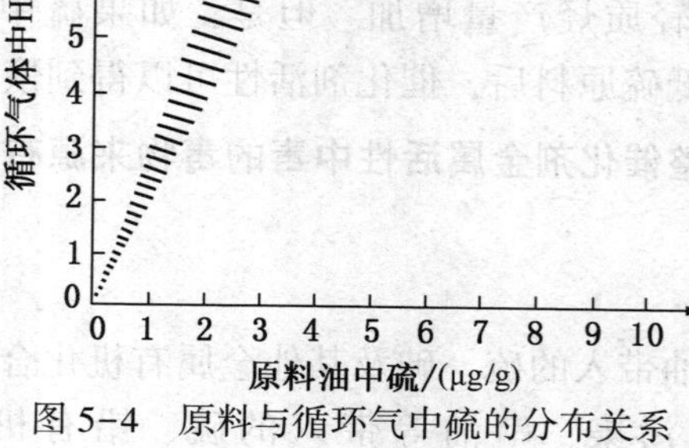

图5-4　原料与循环气中硫的分布关系

在运转中，一旦系统发现硫含量超高(通常要求原料中硫含量<0.5μg/g)，根据系统各点硫的分布情况查找原因；与此同时，首先应将反应温度降至安全点温度(≯480℃)以下，以避免或减轻对催化剂活性的严重危害。

表5-2是硫控制的基本规则。

表5-2　铂铼重整装置硫控制的基本规律

重整原料油中硫含量/(μg/g)	循环气中硫含量/(μL/L)	处理措施
<0.5	<1.0	正常操作
0.5~1.0	1.0~2.0	①没有液相脱硫的装置，须提高加氢精制深度，改善脱水塔操作，使油中硫<0.5μg/g ②有硫控制设备的装置，应检查脱硫剂的效果，必要时更换新的脱硫剂，使油中硫<0.5μg/g
1.0~3.0	2.0~6.0	重整反应器入口温度降低10℃，找原因加以消除
>3.0	>6.0	各反应器应降至480℃以下，迅速查明原因，尽快解决(例如更换预加氢催化剂)

(3)确保预加氢催化剂具有足够好的活性

☞ 9. 热氢循环脱硫操作有些什么经验?

热氢循环是从催化剂上脱硫的有效方法。但有的装置在进行热氢循环时，未能很好地将硫脱掉。奥巴迪奇认为，热氢循环时，如果硫没有脱除，问题恐怕在于没有正确选择好热氢气提脱硫的操作方案。由于催化剂上积炭往往会阻碍脱硫过程的顺利进行，特别是以FeS形式进入到第1反应器的硫，需要很长的时间才能将其还原成H_2S。热氢脱硫的温度通常为480~

510℃。当反应器出口 H_2S 含量<5.0μL/L 时，可以认为催化剂脱硫完成。

☞ 10. 重整装置中硫酸盐是怎么积累的？有何危害？在脱除硫酸盐方面有哪些经验？

重整催化剂在长期运转中会有硫积累，造成硫积累的原因，主要是原料中带入微量硫，在长期运转中，硫与设备、管线起反应，生成硫化物而隐存在系统中。

硫是以 FeS 形式积累，在工业条件下有利于生成稳定的硫化铁表面。在运转周期内，FeS 的生成不影响催化剂性能，只是在再生烧焦时，系统有氧存在，才发生催化剂硫污染：

$$FeS + O_2 \longrightarrow \begin{cases} \rightarrow Fe_2O_3 \\ \rightarrow SO_2 \\ \rightarrow SO_3 \end{cases}$$

Fe_2O_3、SO_2 和/或 SO_3 被载体固定，进一步转化，最终变成硫酸根离子。硫酸盐生成的多少，取决于系统的温度和氧分压。

试验表明，在 480℃、含氧量为 5%的再生气体中，硫酸盐污染物强烈地融合到催化剂中。

在还原条件下，硫酸盐将使重整催化剂金属 Pt 中毒。

硫酸盐的另一个危害是影响催化剂的氯调节。硫酸盐含量在 0.08%~0.1%(以元素硫计)时，将使重整催化剂酸性中心和金属中心失去平衡，因为硫酸盐在 Al_2O_3 载体上竞争吸附中心，硫酸盐的存在阻碍了氯含量的调节。

文献表明，当催化剂上硫酸盐含量为 0.1%(以元素硫计)，大约使 8%的载体表面被硫酸根所覆盖。

中国石油塔里木油田公司塔西南石化厂戴景义、米热尼沙在 2009 年中国石油炼制技术大会论文集中介绍了脱硫酸根技术在重整装置的应用情况。

2006年初，塔西南石化厂炼油二车间重整装置的R-56催化剂已进入后期运行，R-56活性下降较快，单个运行周期明显缩短。在2006年的1至9月间共进行4次催化剂烧焦再生，但每次再生后，活性保持时间均有下降，催化剂补氯量也逐步增大。5月份催化剂再生后，对重整催化剂进行取样分析，从分析数据看催化剂硫酸根含量高达0.76%，严重超高。根据3次再生以及补氯异常情况，判定装置催化剂为硫酸根中毒。通过查阅相关资料，并咨询有关专家脱硫酸根的技术，在8月份的第四次再生过程中，实施了重整催化剂脱硫酸根操作。

脱硫酸根技术包括催化剂氯化更新和脱硫酸盐两个过程。

① 催化剂氯化更新

重整临氢系统氢气充压至0.5MPa，开机全量循环，四合一炉点火，各炉出口升温至250℃，恒温2h，切出水完毕后重整各炉以40~50℃/h速度升温，升温过程中控制入口氧含量为0.6%~0.8%，各炉升至450℃，循环气中氧含量在1.0%(体积分数)，重整临氢系统恒温干燥4h，逐步提高循环气中氧含量至5%(体积分数)，各炉出口以40℃/h的速升温至510℃，四个反应器注氯分别为0.626%，同时保证系统循环气中氧含量在10%(体积分数)以上，保持氯化更新4h。

② 催化剂脱硫酸盐操作

重整系统置换合格，氢气充压至0.80MPa，启动循环氢压缩机全量循环，加热炉点火升温，各反应器入口升温至480℃，恒温2h切水完毕后继续升温至525℃，再恒温1h，分别在重整一、二、三、四反注氯0.626%，在2h内分4次注完，热氢脱硫酸根10h。最终，硫化氢含量小于0.5μg/g时，脱硫酸根操作结束。

☞ 11. 如何除去重整加热炉炉管内的硫化物?

用燃烧法通常可以除去炉管内的硫化物。有人用含氧蒸汽或

者用 O_2-N_2 混合气燃烧除去硫化物。也有人用压缩空气吹除去炉管内部分污垢，但用压缩空气时一定要防止带油。

☞ 12. 为什么说硫是重整催化剂的毒物，又是不可缺少的必要的组分？

据资料报道，硫在催化剂上存在可有两种形态，一种是可逆吸附硫，另一种是不可逆吸附硫。不可逆吸附硫主要吸附在金属活性中心上及部分酸性活性中心附近。吸附量与环境中的 H_2S 分压无关，而与活性中心有关。不可逆吸附硫可抑制催化剂的氢解活性，改善催化剂的选择性等作用，因此，开工初期，硫是其不可缺少的一个组元。

但是，如果环境中硫含量较高时，在催化剂载体上形成可逆吸附硫(其吸附量与载体表面的铝离子数量有关，氯离子的存在会抑制这部分硫的吸附)。这种可逆吸附硫，将使催化剂中毒，使催化剂活性、选择性和催化剂寿命下降。因此，这部分硫是催化剂的毒物。

☞ 13. 硫对连续重整装置的影响是否轻一些？如何正确认识连续再生与半再生之间的差异？

首先，应该肯定连续重整装置具有克服操作失常的能力，这一点半再生装置是无法比拟的。在某些情况下，操作失常使半再生装置操作受严重破坏，甚至不得不停工，提前再生；而连续重整装置经过一个催化剂藏量再生周期(大约 5~10 天)可能恢复正常。

例如，美国一个炼油厂有一套连续重整装置，带有一套 680kg/h 再生催化剂系统。1986 年 12 月到 1987 年 1 月，该装置由于石脑油加氢处理装置的混合进料换热器泄漏，导致原料硫含量达 2~3μg/g，循环气中 H_2S 含量为 10μL/L 左右，持续 3 周，催化剂活性损失使床层温升 8~11℃，C_5^+ 液收下降 1%~2%，结焦速率增加约 50%，在失常期间仍能在不降低处理量的条件下，满足辛烷值的要求。原料硫含量合格后，在催化剂藏量的2~3个再生周期后催化剂性能得到基本恢复。

但是，催化剂操作失常期间，活性还是受到了损伤，增加了操作费用，液体产品收率也受到了损失，因此，无论是连续重整还是半再生重整都必须严格控制好原料质量。

☞ 14. 各种毒物对重整催化剂酸性催化功能有些什么影响？

影响重整催化剂酸性催化功能的毒物包括水和含氧有机化合物、卤素和卤素有机化合物、氨和含氮有机化合物以及碱金属化合物等。

（1）水和含氧有机化合物

把氧和水放在一起讨论，是由于在重整反应条件下，氧很容易转化成水。水和重整催化剂载体在反应条件下发生下列化学反应[1]：

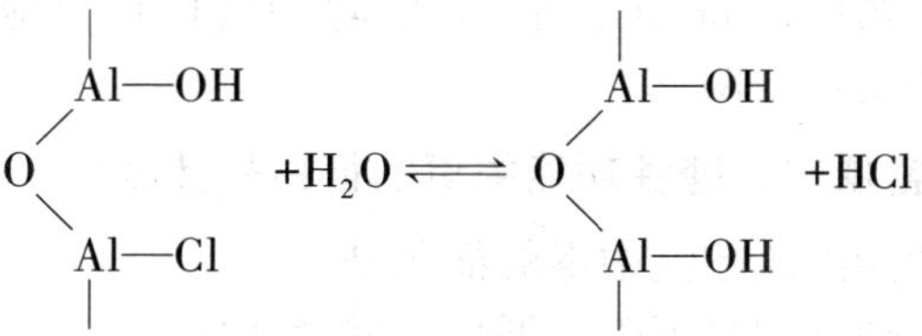

由上述反应式可以看出，催化剂上的酸性组分可被水分子洗掉，导致催化剂酸性催化功能下降，破坏催化剂整体的活性平衡。

（2）卤素和卤素有机化合物

在重整反应条件下，卤素和卤素有机化合物转化成为 HCl、HF 等导致重整催化剂的酸性催化功能增强，破坏双功能催化剂整体的活性平衡，使加氢裂化反应加剧。

（3）氨和含氮有机化合物

含氮有机化合物在重整反应条件下，被加氢分解生成氨和烃类。氨不仅可以和催化剂表面的质子酸发生酸碱反应，而且在水存在时，还会淋洗掉酸性组分氯，使催化剂酸性催化功能进一步降低，这一反应过程可用如下反应式表示：

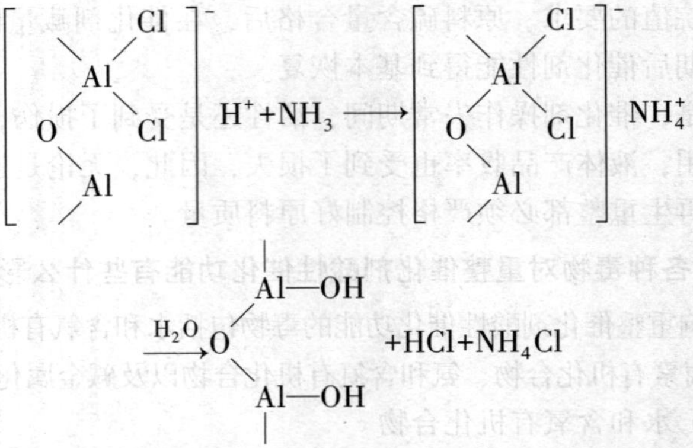

虽然氨中毒是可逆的，但生成的氯化铵在低温部位结晶，会引起堵塞，使系统压降增大。

（4）碱金属化合物

这类毒物（如 Na_2CO_3）会与载体羟基（OH）反应，占据酸位（Cl），造成酸性下降。

☞ 15. 重整催化剂酸性功能中毒的征兆是什么？

酸性功能因氯超高中毒的征兆是：

（1）氢纯度明显下降，循环气密度增加；

（2）液体收率明显下降；

（3）稳定塔顶气增加；循环气中 C_3、C_4 增加；

（4）重整油辛烷值、苯和烯烃含量可能增大，颜色发黄（溴价升高）；

（5）温降减小。

酸性功能因失氯中毒的征兆是：

（1）氢纯度增大；

（2）液体收率增加；

（3）稳定塔顶气减少；

（4）重整油辛烷值、芳含量减小；

（5）提温效应差。

☞ 16. 如何防止重整催化剂酸性功能中毒？

（1）避免氯超高。具体措施是严格控制水氯平衡，如果原料油中氯含量较高时，水氯平衡计算中，必须考虑原料油中的氯。

（2）避免失氯。一方面要认真搞好脱水塔操作和水氯平衡，避免出现反应环境过湿而洗掉催化剂上的氯；另一方面要认真控制好重整原料中的预精制过程，避免高氮、高水进入重整反应系统。

为使重整催化剂酸性催化功能保持在一定水平，应经常补充一定数量的氯。必须指出，为保证整个催化剂床层氯的浓度均匀，系统需保持一定的水分，即适当的水/氯比，为此，需经常向系统注少量的水。

（3）为避免催化剂酸性催化功能中毒，对碱金属化合物、氨和含氮有机化合物也必须严格控制。其中氨和氮的控制主要是进行原料的监测，如发现异常应及早查找原因，并加以解决。碱金属化合物多由催化剂制备过程中带入，因此，通常要求载体 Al_2O_3 中钠的含量 $\not> 50\mu g/g$。

☞ 17. 现代重整装置为什么对原料油提出严格要求？

对重整装置来说，切取适宜的原料组分是重要的。首先，应去除 C_5 以前的轻组分，它们不能，至少在现有重整装置不能生产芳烃，对提高汽油辛烷值也没有实际意义；相反，它们发生较多的加氢裂化反应，导致液体产品收率下降，循环氢纯度降低，并占用装置的生产能力，增加了装置能耗。一般生产芳烃的装置为去掉 C_5 以下馏分，将初馏点（指实沸点）切至 65℃ 左右是合适的。

对于生产汽油，由于原料中的轻组分本身具有较高的辛烷值，没有必要进入重整装置。

采用二次加工石脑油为重整原料时（如焦化汽油），要求还应包括对机械杂质(如焦粉)、胶质及烯烃自聚物含量的限制，这些物质将导致换热器结垢，导致反应器催化剂床层上部结块，造成换热效率下降，系统压降增加，严重时迫使装置停工。有这种可能性的装置，对于混兑的二次加工油的比例应加以限制，在进料处还应设置过滤装置，对原料油贮罐应采取惰性气体保护，隔绝空气，避免贮存期间产生更多胶质物。

如前所述，在所有现代双、多金属重整装置，要想实现长周期稳定运转，对原料油中的毒物——水、硫、氮和金属毒物必须加以限制，现代双(多)金属重整装置对原料(精制油)杂质的主要控制指标通常是：

原料杂质	允许含量
水	<5μg/g
硫(总硫)	<0.5μg/g
氮(总氮)	<0.5μg/g
金属，其中：	
As	<1ng/g
Pb	<20ng/g
Cu	<20ng/g

除上述之外，为保证重整装置长周期高效运转，还要求原料干点不宜过高，重整指数(N+2A)不宜过低等，这些将在后面介绍。

☞ 18. 在选用缓蚀剂、抗垢剂时应注意哪些问题？为什么？

在选用缓蚀剂、抗垢剂时，应注意不要选用含氮的试剂。成膜胺缓蚀剂和某些其他缓蚀剂、抗氧剂含氮，会成为催化重整装置毒物氮的来源。因此，无论是重整反应系统还是预处理系统都不应选用这种试剂。

这些含氮物质和重整原料中带入的氮一样，都是重整催化剂的毒物。它们在反应系统转化成 NH_3 后，能与系统中或催化剂上的酸性组分(HCl)反应，生成NH_4Cl。一方面沉积在冷换系统，影响换热效率或堵塞系统，给生产造成困难；另一方面有损催化剂酸性组分，降低活性。这就是不选用含氮缓蚀剂和抗氧化剂的根本原因。

☞ 19. 重整催化剂烧结和热失活的涵义是什么？

重整催化剂烧结和热失活都是由于高温引起的催化剂结构和性能变化。

大多数情况下，所观察到的烧结现象是催化剂载体表面积减小，孔体积按孔径重新分配，平均孔径增大，总孔隙率降低；对载体上的活性金属来说，高温不仅引起载体表面积减小，而且还会导致负载的金属晶粒长大，金属分散度降低，活性金属表面积减小等。而且这种高温烧结还可能发生在比引起载体结构变化时的温度更低的情况下。

高温除了引起催化剂的烧结外，还会引起其他变化，主要包括：化学组成和相组成的变化；活性组分被载体包埋；活性组分由于生成挥发性物质或升华而损失等，这些变化统称为热失活。

☞ 20. 引起重整催化剂烧结失活的原因有哪些？

重整催化剂载体表面上各种活性组分是高度的分散状态，包含有多种结构缺陷的微晶，具有许多偏离热力学性质的体系。当温度升高时，将会发生不可逆转的结构变化，主要的原因有：

（1）加热温度　当催化剂处于某一较高温度时，金属颗粒表面扩散开始起作用，不过烧结速度很慢。如果温度进一步提高时，粒子便很容易聚集，烧结速度增长很快。因此每种催化剂都有一个所能容许的最高温度范围。对于重整催化剂来说，通常应以金属来确定它的最高允许使用的温度。金属组分熔点越低，晶粒长大的温度也就越低。

（2）系统环境　除温度升高导致金属表面积下降、颗粒长大外，还与系统气氛有关。在空气中可能400℃时表面积下降已很快，但在氢气中到600℃表面积下降才变得严重。不适当的高温和不适当的环境，在催化剂的热预处理、还原、再生和运转过程都可能发生。因此不少人对这些过程造成烧结的情况作了详细研究，提出了许多避免催化剂烧结失活的具体措施和方案，是值得特别注意的。

（3）毒物　毒物在金属表面上的化学吸附，也可能造成金属晶粒长大，Clay 发现，当砷吸附在铂上时，将助长铂晶粒长大。

可以预料，在中毒和高温烧结双层原因的影响下，催化剂的失活更加严重。

☞ 21. 重整催化剂积炭失活的涵义是什么？

催化剂表面上含碳物质的沉积导致催化失活，称为积炭失活或结焦失活。

由于含碳物质和/或其他物质在催化剂孔内沉积，造成孔径减小(或孔口缩小)，使反应物分子不能进入孔内，这种阻碍扩散的现象称堵塞。因为结焦也会造成堵塞，所以有人把这两种情况归并为同一类失活。

与催化剂中毒失活比，引起催化剂结焦和堵塞失活的物质要比催化剂毒物多得多。催化剂结焦失活时，催化剂表面被一层含碳化合物覆盖，甚至催化剂孔隙完全被堵塞。当然堵塞也包括金属化合物(如金属硫化物)的沉积造成的失活。

☞ 22. 在重整催化剂积炭产物中包括几种不同结焦物？

在积炭产物中大约含有四种结焦类产物：

（1）气相生成的烟炱；

（2）在惰性表面生成的有序或无序的炭；

（3）在对生焦反应有催化活性的表面上形成有序或无序的炭(催化结焦)；

（4）积炭前身物、高分子量的芳环缩合物等等。

☞ 23. 重整催化剂上的积炭是怎样形成的？

关于重整催化剂上的积炭，很多科研人员做了不少研究。有人认为积炭的形成过程可用下面的图示来说明：

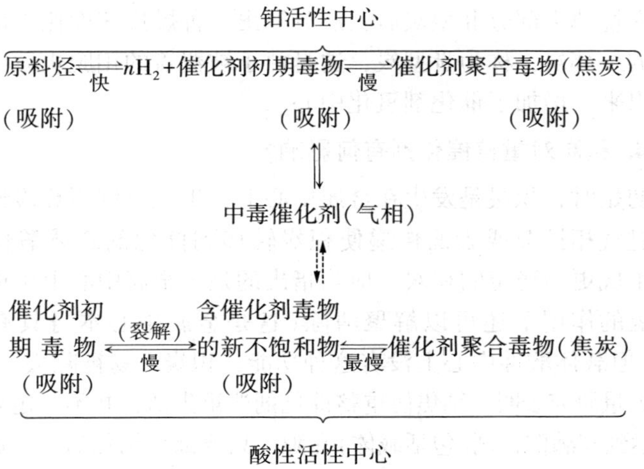

还有人指出，金属上的积炭量很少，在很长的重整反应时间内，炭与可接近的铂原子之比恒定在3~6，大量的焦炭主要沉积在 Al_2O_3 载体上。也有人认为，重整催化剂的生焦过程，首先在金属表面上形成焦炭前身物，进而缩合成焦炭，最后转移到 Al_2O_3 上沉积下来。徐竹生等发现，重整催化剂上的铂表面性质不均一，一部分与烃类物质接触，能够迅速生成焦炭，并且被少量焦炭所覆盖，不再具有对氢分子的化学吸附性能；有时积炭虽较多，但裸露在外不影响催化剂性能。

综合上述，刘耀芳等提出如图 5-5 所示的重整催化剂的积炭模型。

图 5-5 表明，催化剂裸露着的铂金属表面上沉积着积炭前身物和少量焦炭，此为Ⅰ型炭。它的数量较少。催化剂积炭中除Ⅰ型炭外皆属Ⅱ型炭，以多层形式沉积在 Al_2O_3 载体表面和已被覆盖的铂表面上。此

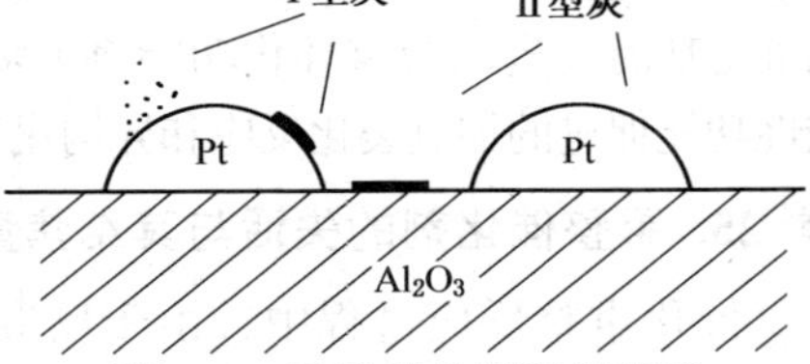

图 5-5　重整催化剂积炭模型

外，在烧掉大部分Ⅱ型炭后，还分孽出一种燃烧速度比常规Ⅱ型炭快的一部炭，称为Ⅲ型炭，这是由于被覆盖的铂脱炭后又重整裸露出来，增加了催化剂氧化中心。

☞ 24. 积炭对重整催化剂有何影响？

初始时，积炭是发生在金属中心上，生成速度不算缓慢，并且通过气相扩散或表面传递使积炭转移到催化剂载体酸性中心上，生成更为稳定的积炭。应当指出的是，金属中心上生成的积炭在氢的作用下还可以解聚清除（这是金属中心本身具有的功能），但载体酸性中心上没有这种功能，积炭不易被除去。

大量研究表明，结焦使重整催化剂严重失活，并不一定要求结焦量达到充满催化剂（包括载体）孔隙，只要部分结焦后，造成催化剂孔口直径减小，就会导致反应物分子在孔中的有效扩散系数大为降低，致使催化剂粒子内表面的利用率下降，引起催化剂活性大幅度降低。显然，当孔口直径缩小到小于分子扩散所要求的尺寸时，催化剂将完全失去在孔内进行的这种反应活性。因此，以孔堵塞的平均结焦量来衡量催化剂的活性意义不大，重要的是结焦分布。

如果结焦主要是在孔口（这是可能的），它要比均匀积炭对催化剂活性影响大得多。这也说明结焦与催化剂的孔结构有着密切的关系。假如催化剂的孔口小而内部空间大，则在表面层有少量的积炭就会使催化剂严重失活。

结焦分布与反应过程机理和操作中各种反应竞争、炭在金属表面的排列、在金属表面和金属中的溶解、再沉积过程间的竞争有关。

试验表明，受积炭影响，重整催化剂各种功能都将发生变化，金属催化功能促进的脱氢环化功能将下降，氢解功能受阻；与此同时，酸性功能促进的加氢裂化反应和异构化反应也受积炭影响而降低。

☞ 25. 重整催化剂的失活与其结焦量和结焦速率有什么关系？

催化重整反应过程中，由于反应物分子、产物分子和许多中间产物分子都有可能成为焦炭的母体，或者相互结合、缩合成高分子量的沉积物，因此，对结焦导致催化剂失活现象的描述常常是很复杂的。这些沉积物(焦)覆盖了催化剂活性中心，使微孔狭窄，扩散阻力增大，从而降低了催化剂的活性和选择性。为了从含焦量数据调查失活机理，获得催化剂现有活性和再生周期的信息，人们试图把催化剂的活性与结焦量进行关联，有人观察到催化重整过程的结焦失活关系，需要用双曲线关联形式来描述。

对于催化剂失活过程，目前广泛使用关联失活动力学。由于结焦失活机理比中毒失活复杂，因此不易导出像中毒失活那样的精确速率式，于是不少研究者提出了把催化剂结焦量(C_0)和反应时间(t)关联起来：

$$C_0 = A \cdot t^n$$

式中，A 为经验常数，取决于进料温度、原料组成和性质；n 为常数，其值大多在 0.3~0.7 内。

如果温度一定时，上式经验常数 A 主要与原料有关，即不同原料生焦速率(曲线斜率)不同(参见图 5-6)。

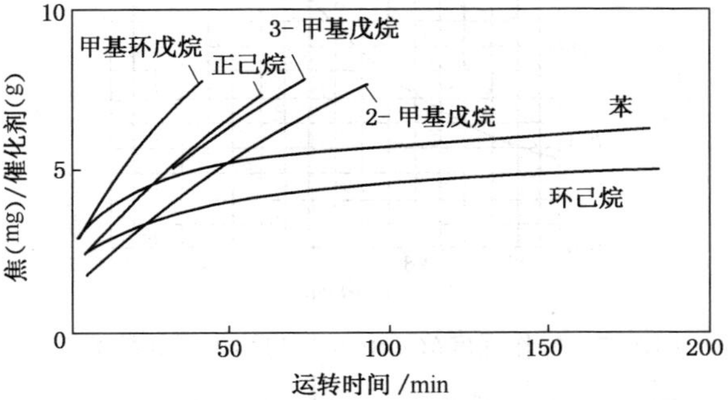

图 5-6　不同原料结焦量随时间的变化

随着积炭量和结焦速率的增加，对催化剂活性中心发生影响，被焦堵的活性中心增加，重整反应和结焦的副反应均会变慢。

☞ 26. 运转过程中，催化剂积炭突然增多时将会发生一些什么现象?

(1) 同样的操作条件，芳烃含量下降，辛烷值减小，温降变小，产氢量减少；

（2）氢纯度下降，压力上升；

（3）转化率下降。

☞ 27. 造成重整催化剂积炭增加的原因有哪些？

（1）操作强度增高，如果 C_5^+ RON 为 100.2 时的结焦因数定为 1.0，当提高操作强度，以满足生产更高辛烷值产品，例如 C_5^+ RON 为 102 时，结焦因数将上升至 1.62（见图 5-7）。

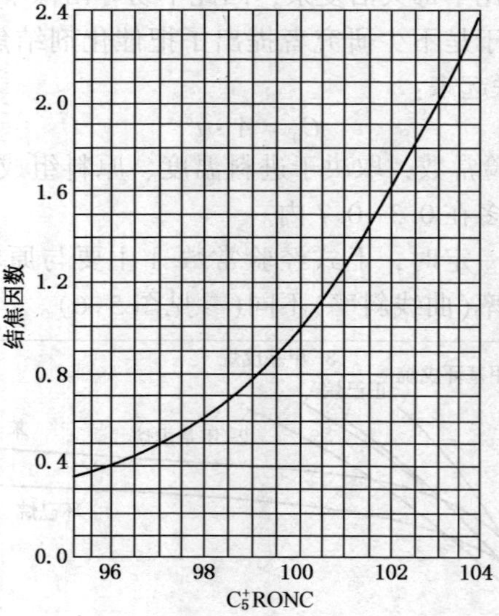

图 5-7　操作强度（C_5^+ RONC）与结焦因数的关系

（2）系统压力突然下降　如果操作压力（反应器平均压力）为 0.85MPa 时，相对结焦因数定为 1.0，当操作压力降至 0.52MPa 时，相对结焦因数将增加至 1.3（见图 5-8）。

（3）H_2/HC 摩尔比过低　如果 H_2/HC 摩尔比为 3.5 时，相对结焦因数定为 1.0，当 H_2/HC 摩尔比降至 3.0 时，相对结焦因数将急剧增加至 1.35（见图 5-9）。

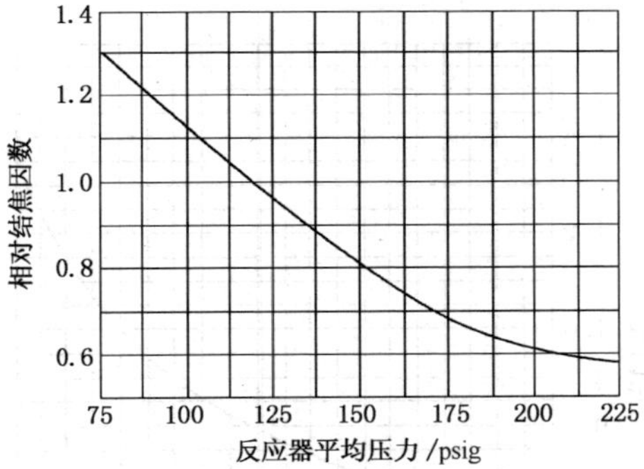

图 5-8　压力与结焦因数的关系

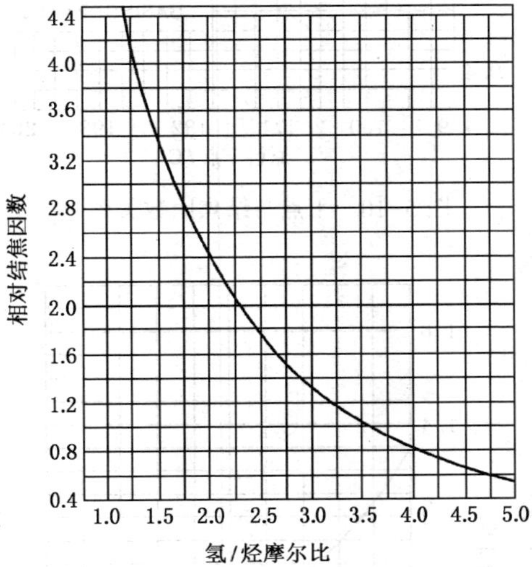

图 5-9　H_2/HC 摩尔比对结焦的影响

(4) 原料油干点过高　原料油初馏点为 82℃，干点为 193℃时，结焦因数定为 1.0，如果初馏点不变，而干点升高至 204℃时，结焦因数将迅速升至 1.30(见图 5-10)。

(5) 原料组成(N+A)变少　如果(N+A)为 40 时，结焦速率为 1.0，若 N+A 减少至 30 时，结焦速率将增加至 1.33(见图 5-11)。

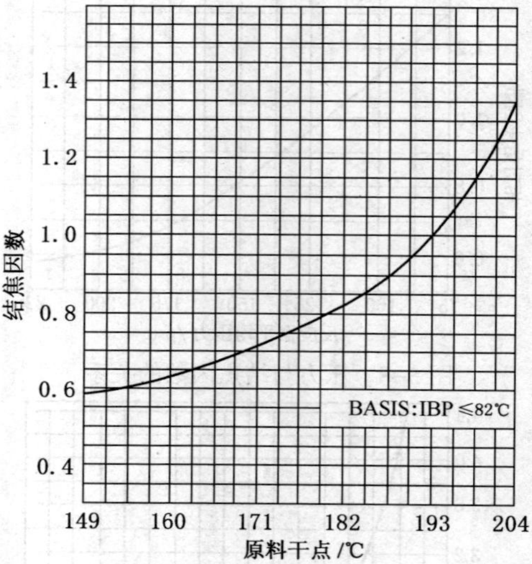

图 5-10　干点与结焦因数关系

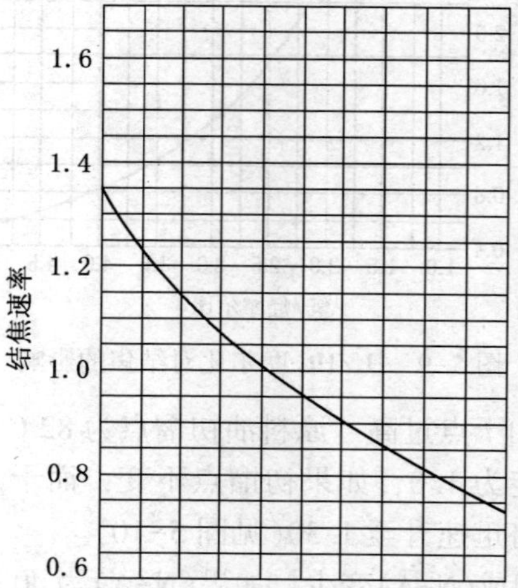

图 5-11　原料组成(N+A)与结焦速率关系

除上述 5 种影响因素外，影响积炭增加的因数还有：系统含水量过低，催化剂酸性功能过强，原料油硫含量过高等。

☞ 28. 减少重整催化剂积炭的措施有哪些？

（1）在可能的情况下，尽量避免操作强度过高，保持合理的操作苛刻度。

（2）保持系统压力和 H_2/HC 摩尔比稳定，尽量避免压力或 H_2/HC 摩尔比过低；

（3）不要使用原料油干点过高或重整指数（即 N+A）过低的原料；

（4）不要使用含硫过高的原料；

（5）尽量保持好系统的氯/水平衡，避免氯超高造成催化剂酸性过强等。

☞ 29. 重整催化剂为什么要再生？再生过程通常包括哪些步骤？

重整催化剂使用一阶段后，活性逐渐下降，积炭是其中原因之一。除此之外，催化剂活性金属的烧结热失活和酸性组分氯的流失，也是造成催化剂失活的重要原因。为了使失活催化剂的活性得以恢复，必须对催化剂进行再生处理，才能实现这一目的。

重整催化剂再生过程通常包括氧化烧焦、氯化更新、焙烧、吹扫和还原等步骤。

☞ 30. 什么是催化剂烧焦过程？重整催化剂烧焦时为什么不用蒸汽作载气？

催化剂烧焦过程就是用含氧的氮气烧去催化剂上的积炭的过程。

与加氢催化剂不同，重整催化剂烧焦时不能用蒸汽作载气，而应用氮气。这是因为重整催化剂怕水，若用水蒸气处理重整催化剂不仅会使铂晶粒凝聚，而且会使载体 Al_2O_3 结构老化，不但不能恢复其活性，甚至会导致催化剂永久失活。

☞ 31. 烧焦后催化剂的颜色为什么会变浅？

积炭的催化剂如同焦炭一样，是黑色或褐灰色。烧焦时，原来黑色焦炭发生了化学反应，固态、黑色的炭变成了无色气态的二氧化碳或一氧化碳，脱离了催化剂表面：

$$C(\text{黑色的焦炭}) + O_2 \longrightarrow CO_2\uparrow \text{或} CO\uparrow$$

烧掉沉积在催化剂中的焦炭后，催化剂便恢复了本来面貌，和新鲜催化剂的颜色几乎一样，这就是烧焦后催化剂颜色变浅的根本原因。

☞ 32. 重整催化剂烧焦过程的燃烧机理是怎样的？

根据烧焦动力学的研究结果，文献提出了催化剂表面上焦炭燃烧的过程如下：

$$\text{A}\quad O_2(\text{气相}) + C \Longrightarrow C_yO_x$$

$$\Updownarrow$$

$$\text{B}\quad [O_2](\text{表面}) + C \Longrightarrow C_yO_x$$

$$C_yO_x \longrightarrow \alpha CO + \beta CO_2$$

由上述反应式可以看出，催化剂表面上的积炭可以通过两个途径与 O_2 反应生成中间化合物 C_yO_x，然后分解为 CO_2 或 CO，最后一步是控制步骤。重整催化剂烧焦过程，多以 B 途径生成中间化合物 C_yO_x，B 过程的反应速度比 A 大得多。

☞ 33. 近年 UOP 连续再生技术有了哪些发展？

催化剂连续再生是催化重整发展中的新技术。UOP 连续再生新技术包括工艺流程上部分修改，控制部分也相应修改，主要有隔离系统、催化剂管线上阀组控制系统、相应程序和中控室内控制系统硬件的修改。但无论是加压再生技术还是 CycleMax 技术，其闭锁料斗控制的核心部分是基本相同的，均采用专用的以可编程电子控制系统为主体的控制系统来实现催化剂连续再生的输送、控制、报警和安全联锁。这套系统由专利商配套提供。

中国海洋石油炼化公司惠州炼油分公司柳雨春还在 2009 年

中国石油炼制技术大会论文集光盘中介绍了 UOP 连续再生新技术，包括再生烟气 Chlorsorb 氯吸收技术、冷态催化剂提升系统和闭锁料斗压力控制的改进等先进技术。

☞ 34. 影响重整催化剂烧焦过程的因素有哪些？烧焦条件如何？

影响重整催化剂烧焦速度的因素有：

① 催化剂积炭的形状和类型；

② 催化剂积炭量；

③ 烧焦过程的温度和循环气量；

④ 烧焦过程的补氧量或氧分压；

⑤ 系统残存的烃和 H_2 总量等。

通常固定床半再生重整催化剂烧焦条件大致如下：

介质	N_2+O_2
温度/℃	350～450
压力/MPa	0.5～2.0
介质空速/h^{-1}	500～800
介质含氧/%(摩尔)	0.2～2.5
床层允许温升/℃	≯50

移动床连续再生式重整装置的催化剂烧焦条件与半再生式基本相近。但是，对于不同操作方式的移动床连续重整装置，催化剂烧焦条件也不尽相同。例如，我国某炼油厂的第一代 IFP - CCR 装置的催化剂烧焦数据如表 5-3 所示。

表 5-3　11 批催化剂再生报告

	上　段		下　段
烧焦时间/min		245	
最高温度/℃	487.3		492.4
最低温度/℃	391.1		414.6

续表

	上 段		下 段
消耗空气量/Nm^3	494.5		171.8
积炭计算值/%		3.10	
氧氯化时间/min		26	
平均氧含量/%		3.2	
焙烧时间/min		63	
平均温度/℃	515		520
平均氧含量/%		7.5	
冷却时间/min		135	

第二代 UOP-CCR 催化剂烧焦过程的工艺参数与第一代相比，也作了改进，为加快烧焦速度，再生器的操作压力有了提高，氧化区氧含量由 0.8%～1.3%降至 0.5%～0.8%，因而再生温度可以降低，对延长催化剂使用寿命有利。

☞ 35. 重整催化剂上的积炭有几种类型？各有何特点？

许多研究者发现，重整催化剂上有Ⅰ、Ⅱ、Ⅲ三种不同类型的积炭。

(1) Ⅰ型炭

它是沉积在裸露着铂金属表面上的焦炭的前身物和少量焦炭，多半是比较容易再生的无定形炭。无定形炭也称为多晶炭，是由与催化剂表面无一定取向的小晶粒构成的。当碳化物沉积速度很高时，金属上有高度过饱和碳存在的条件下，有利于形成无定形炭。此外在金属上也可形成碳纤维，是细而长(有时可达 7μm 长，0.1μm 粗)的空心纤维，粒子的大小与纤维直径有关。

Ⅰ型炭量少，在烧焦过程中，受裸露铂的作用，燃烧速度快。但是，由于焦炭前身物和焦炭在组成和结构方面存在差异，致使Ⅰ型炭的燃烧速度不很均一。

（2）Ⅱ型炭

重整催化剂积炭中，除Ⅰ型炭外均属Ⅱ型炭，以多层形式沉积在 Al_2O_3 载体上和已被覆盖的铂金属表面上，它们多是不易再生的石墨化炭，薄层，片状，接近理想的石墨结构，它们的表面基本平行于沉积的固体表面，是在烃分压降低、温度较高的条件下形成的。

Ⅱ型炭量大，在燃烧过程中，它们不与裸露铂直接接触，所以燃烧速度较Ⅰ型炭慢得多，但由于裸露的铂的氧溢流作用，其燃烧速度比无铂存在的 Al_2O_3 上的积炭燃烧速度快。

（3）Ⅲ型炭

当大部分Ⅱ型炭被烧掉后，原来被覆盖着的铂金属逐渐裸露出来，催化剂上这时还残留着部分Ⅱ型炭，但与没有裸露铂存在时的特性已不同，因此，称它们为Ⅲ型炭。

Ⅲ型炭由于被覆盖的铂表面重新裸露出来。因此，它们的烧焦速度远比Ⅱ型炭为快，但不及Ⅰ型炭。

☞ 36. 积炭类型对催化剂烧焦过程有什么影响？

实践表明，半再生重整装置采用不同温度分段烧焦，床层温度为300~350℃为低温烧炭阶段。部分焦炭在通氧后将迅速燃烧，催化剂床层将出现温升，但最高温度层将不断向前推移。最高温度层移过之后，大部分焦炭依然残存在催化剂上，必须将床层温度提高30~50℃，剩余焦炭才能正常燃烧，否则就会出现“熄火”，即燃烧很慢，以致床层不产生明显温升。

工业重整装置的这种现象，是由于催化剂上的积炭的性质和结构不均一，特别是燃烧性能存在着很大差异。在300~350℃迅速燃烧的是Ⅰ型炭，而Ⅱ、Ⅲ型炭则不能在300~350℃温度范围内燃烧。要想使Ⅱ、Ⅲ型炭燃烧必须把温度提高，因为Ⅱ、Ⅲ型炭的燃烧速度常数 k_2、k_3 比 k_1 小得多。

在烧焦的中、后期也需要提高温度，但这时提温的原因可能不同，从动力学角度分析，烧焦速度与碳含量、氧分压有关。

这就是说，随着烧焦反应时间的延长，焦炭逐步减少，烧焦反应速度会不断下降，为维持必要的反应燃烧速度，就需要提高温度或提高氧分压(补空气或纯氧)。

事实上，速度常数 k_3 虽然比 k_2 大，但是由于催化剂上只存在Ⅲ型炭时，总的残余Ⅲ型炭量已很少，因此，在工业装置中很难观察到反应速度常数 $k_3>k_2$ 的现象，因此，对烧焦过程影响不会太大。

但是令人费解的是烧焦速度较慢的Ⅱ型炭在较易燃烧的Ⅲ型炭之前燃烧，这可能与重整催化剂的双功能作用和铂金属中心结构有关。

☞ 37. 积炭量对烧焦速度有何影响?

积炭本身的数量多少和形态对烧焦速度有很大影响。

试验表明，烧焦反应的速度与积炭量多少成正比(见图 5-12)。

图 5-12 表明，在 400℃烧焦条件下，初期由于催化剂积炭

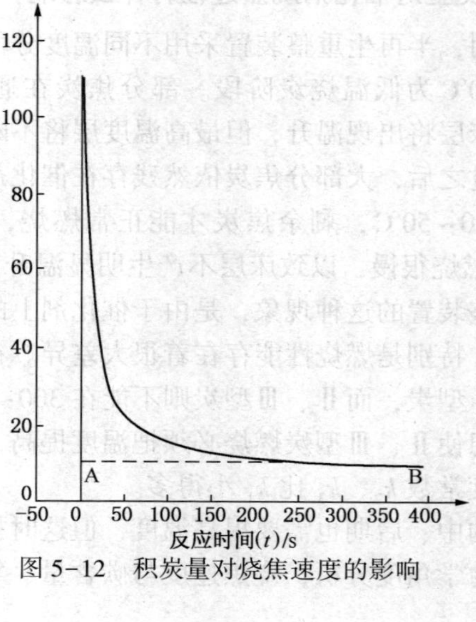

图 5-12　积炭量对烧焦速度的影响

量最高，烧焦反应速度最大，热导检测（一种试验方法）的 CO_2 峰值（H）最高，随着烧焦时间的延续，催化剂上的积炭量（被烧掉）逐渐减少，反应速度也逐渐下降，热导检测的 CO_2 峰值（H）急剧下降。

假如烧焦速度与碳含量为一级函数关系，与氧分压为 n 级关系，那么可用下式表示：

$$\frac{-\mathrm{d}c}{\mathrm{d}t}=k\cdot p_{O_2}^{n}\cdot c$$

式中　c——催化剂上碳含量，%；

t——反应时间，min；

p_{O_2}——气相中氧分压，$\times10^5$Pa；

k——速度常数，$(10^5\mathrm{Pa})^{-n}\cdot(\mathrm{min})^{-1}$；

n——常数。

不同温度下的大量试验表明，烧焦速度与积炭量成正比。

除催化剂积炭外，系统中烃和氢也会消耗氧。烧焦再生时，系统含烃类越少越好。系统中（H_2+烃）总量控制指标各公司也不一致，有的为 1.5%，有的高达 7%。显然，可燃物含量如此之高，必将给再生过程带来许多麻烦。

分析烃类物质的方法，通常可用气相色谱仪，这是最方便、最可靠的方法。

此外，国外还有如下一些分析方法：

（1）爆炸计 JW 试验法；

（2）携带式 Davis 分析法；

（3）Halliburton113 400-A 型氧分析仪试验法，此仪器同时能指示可燃物浓度。

☞ 38. 温度对烧焦过程有什么影响？

提高温度，可以加速燃烧反应速度，但效果不大。试验表明，重整催化剂上的焦炭，在一定的温度下，将以三种不同的速度常数进行反应。因为有三种不同燃烧特性的积炭，而且催化剂的活性组分和表面性质对燃烧都有影响，因此，温度对烧焦过程的影响比较复杂。

一般认为，铂金属表面上的焦炭比载体上的焦炭容易燃烧。试验表明，前者在 300℃ 左右达到燃烧(氧化)高峰，后者在 400℃以上才能发生燃烧(氧化)反应。

如果积炭的催化剂上硫含量较高时，应特别注意 350~380℃ 阶段。脱除催化剂上硫，主要在这个阶段进行。

为了彻底烧掉催化剂上的炭，还应增加一个短时间的高温(480~500℃)、高氧(8%~10%)燃烧阶段。

综上所述，半再生重整装置烧焦分段进行是比较合适的。这就是温度对重整催化剂烧焦过程的基本影响。

☞ 39. 烧焦时床层为什么会产生超温？其危害是什么？如何避免超温？

在重整催化剂烧焦时，将会发生两种放热量很大的燃烧反应：

$$C+O_2 \longrightarrow CO_2+395kJ$$

$$CO+\frac{1}{2}O_2 \xrightarrow[500℃]{Pt} CO_2+283kJ$$

由于这种放热反应产生的反应热，必然会使催化剂床层产生温升。

烧焦温度，即床层温度加上烧焦反应温升，很容易达到极限温度烧毁催化剂，因此，床层入口温度应≯450℃，在烧焦过程中，随着烧焦过程的进展，热点—反应器床层“火舌”—最高温度点不断变化(见图 5-13)，操作过程中要密切注视。

图 5-13 中床层的最高点温度(“火舌”温度)，从烧焦动力学来分析，主要是由系统氧含量来控制。含氧气流，随着时间的推移，将“火舌”温度，按床层相对高度不断推移。

在系统氧含量充足的条件下，第一种反应即使不发生在

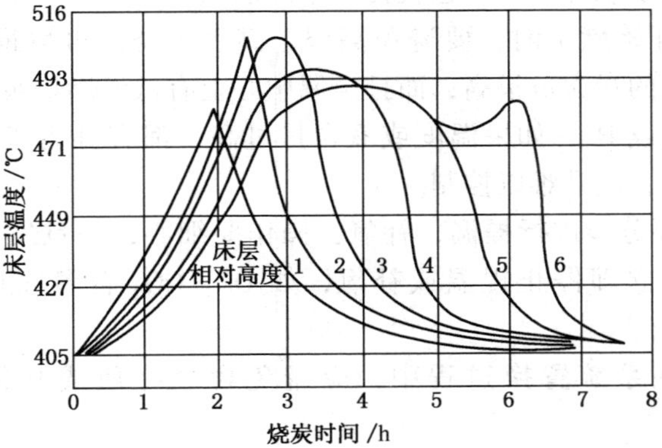

图 5-13　床层温度变化曲线图

1，2，3，4，5，6—床层相对高度

金属中心上，甚至反应进行很缓慢，如不迅速带走反应热，也会有超温的危险，这种超温现象有时进行得非常快，眼看着床层温度指示仪表读数迅速升高，因此，有人形容这种现象为“飞温”。

这种现象往往发生在催化剂积炭量较高、补氧量较高的情况下，因此，为避免“飞温”现象发生，不可随意提高烧焦温度，特别是不可随意提高补氧量。

这种“飞温”现象，在第二种反应中也可能发生。特别是在高温(如 500℃)、铂催化剂作用下，这种反应造成的“飞温”现象也极为可能的。

超温的危害是明显的，它将烧毁催化剂，甚至把反应器破坏，因此，再生操作中务必小心控制温度和补氧，避免超温现象发生。

避免催化剂烧焦超温的基本经验是：

① 严格控制氧含量。在一定的再生压力(循环气量)和温度条件下，燃烧的控制因素就是系统的氧含量，因此，控制了氧含

量就控制了燃烧速度，也就控制了床层温升。

② 开始燃烧时，要避免高温、高氧燃烧。再生最初阶段，催化剂上的炭含量很高，而且金属中心上有低温燃烧炭，系统内可能存油或 H_2，如果温度或氧含量过高，都有可能产生不可控制的燃烧，温升难以控制。

③ 要分步进行提温、补氧，操作要细心，一旦发现床层温升过大，立即停止提温或补氧，如 O_2、CO_2 含量高用氮气置换系统。

④ 在系统置换过程中，应避免含烃介质或其他杂质进入床层。

⑤ 几个反应器并联烧焦时，前部反应器烧焦可能提前结束，不再消耗氧，后部反应器入口即使不补氧，前部过来的含氧气流也可使后部反应器入口氧含量增加，所以必须注意 O_2 和 CO_2 的浓度变化。

⑥ 关于最大温升，不同重整催化剂操作手册都明确了不同燃烧阶段的最大温升，为保护催化剂不被烧坏，应尽量避免温升过高，特别是高温燃烧阶段。

☞ 40. 氧分压对烧焦过程有什么影响？如何控制？

氧含量，或氧分压与烧炭速度有很大关系。氧分压越高，烧焦速度就越快。当反应器脱油后，通入空气烧焦时，再生气体中的氧含量，每增加 0.1%，床层温度(最高点)增加 10℃左右。为了尽量避免超温，从烧焦反应动力学来看，床层最大温升(“火舌”温度)，主要是由系统氧含量来控制的。

系统氧含量(即氧分压)推动“火舌”不断向前推移，显然，系统氧含量愈高，烧焦反应愈激烈，在必要时(如床层温升过大)，就应将系统氧含量减低，甚至停止注氧。

☞ 41. 烧焦压力和气体循环量对烧焦过程有什么影响？

烧焦压力和气体循环量，这是两个重要参数。通常提高烧焦压力，可提高烧焦反应的速度，但提高烧焦压力时往往受到设备（如空气压缩机）限制，因此，过去国内多采用低压再生法。一方面，低的循环气量，在控制一定氧含量的情况下，系统中总的氧含量将要减少，延长烧焦时间。另一方面，循环气量低，导致催化剂床层的气体流速下降，烧焦产生的热量不易带出，床层温升增大。为了保证不超温，只有降低含氧量，这更延长了烧焦时间。

近年来国内外开发了高压、高循环气量的再生方法。例如，某15万t/a宽馏分重整装置，采用1.5MPa、循环气量为2.5万Nm^3/h的条件下两段烧焦（410℃和440℃），只用24h完成烧焦，比传统低压再生的时间缩短一倍。

马拉松石油公司认为，高压再生（如2.1MPa）的催化剂活性比低压再生时要好一些。为提高再生系统压力，他们把空气补入氮循环压缩机的入口，而不是排出口。

☞ 42. 烧焦时，系统补氧方式有哪几种？有些什么经验？

在长期实践中，通常以补空气的方式向烧焦系统补氧，近年来国外不少公司开始用纯氧烧焦。在补氧方式上还有并联补氧和串联补氧两种不同做法。下面介绍一些具体经验。

某些公司推荐用纯氧再生，不用空气，采用高压、高循环气速，减少再生时间。但是，另一些公司认为，烧焦时间的长短，主要是由允许的最大床层温升所限制。如果床层最高温度规定为450~480℃，那么，用空气还是用氧气，按照摩尔量是一样的。

阳光石油公司认为，反应器并联烧焦可以使总的再生时间缩短50%~60%。再生时，他们不记录氧含量，只注意床层温度，温度过高时就减少空气量。

环球油品公司则认为，再生时间只需1~1.5天，仅占检修时间的一小部分。并联再生可能使后部反应器氧含量过高，引起超温，且并联再生也节省不了多少时间。

☞ 43. 使用纯氧烧焦需哪些必要的措施？有何优点？

使用纯氧，通常应向氧气厂购买，这时，应由专用车运送，需用允许液氧气化的特种泵增压，还需特殊处理的无油软管和联接件、减压阀和计量表等，这些工具用后应保存好，以备重复利用。

使用液氧再生时，系统压力可以提高，如1.4~1.6MPa，用循环压缩机抽氧注入系统，注入量在反应器入口处控制，并保持在0.6%（摩尔）左右，氧含量用轻便Teledyne氧分析仪测定。反应器入口温度通常为370℃，床层最大温升限制在83℃以内，床层最高温度限制在450℃左右。这是国外某公司的具体做法。

烧焦完成与否可由床层温度说明，每次提温不超过15℃，直至430℃，维持氧含量为6%~10%然后检验烧焦情况。

用纯氧再生比较可靠，由于循环比高，故障少，烧焦时间可以缩短。

得克萨斯城市炼制公司重整催化剂再生时，用氧气燃烧，没有遇到特殊问题。再生压力是保持分离器处的压力为1.4MPa。他们认为，用高压时当然可以加快烧焦过程，因为压缩机供给作为热源的氮气量多了，氧再生的催化剂比空气再生的催化剂干燥一些，从而节省干燥时间并减少水的不良作用。

☞ 44. 怎样减少催化剂在再生过程中失氯？

在催化剂再生过程中，由于氮气含水，加上积炭中含有一定量的氢（约占积炭量的5%），在燃烧过程中，必不可免地要生成水，因此，再生系统是水含量相当高的，势必会造成催化剂上氯的流失。

为了减少催化剂氯流失量，可以在再生前，即停工时进行补氯，将催化剂氯含量提高到高氯位（如1.3%左右）。

减少催化剂在再生过程中失氯，有的装置要求在再生系统注氯，保持系统中的适宜的氯气氛，使催化剂上的氯与系统中的氯基本达到平衡，催化剂的失氯就可减少或避免。但是，注氯量不能过多，否则将使催化剂氯含量过高，破坏催化剂的正常功能，而且氯容易造成腐蚀，必须在后部有注碱措施，增加了操作难度。

关于注氯量多少合适，这是一个最实际的问题，主要取决于再生系统的失氯率与催化剂上氯率，通常失氯率为50%，上氯率为40%。

☞ 45. 再生催化剂进行氯化更新的作用是什么？

催化剂烧焦结束，为了弥补催化剂失氯，通常向停止补氧的再生系统补入适量的氯（一般在490℃、4h）。这就是氯化过程。氯化的作用除补充催化剂失掉的氯外，还有另外一个重要作用，这就是能够使长大了的铂晶粒重新分散，提高铂的分散度，使催化剂更好地恢复其活性。

氯化完成后，还应进行氧化更新（条件是在510℃下补氧，恒温2~4h），更新的作用是：更新氧化铂的表面，阻滞铂晶粒的凝聚，保持铂的表面积和活性，并保证氯和催化剂在活性状态下结合。

☞ 46. 催化剂再生时，金属铂会不会跑损？

美国石油公司试验的结论是，在1426℃下，在氯化物气氛条件下甚至在510~593℃下，可能有铂的流失。但是，这并不能说明在重整催化剂再生时，就一定会有铂的跑损。

美国UOP公司认为，在再生的条件下，铂晶粒会增大，催化剂细粉也会携带金属铂，铂的损失不会大于0.5%。

美国Engelhard公司认为，铂的损失与催化剂类型无关，损失量取决于催化剂装卸和过筛技术。

太阳油公司则认为，铂的损失量主要与运输和取样分析技术有关。

☞ 47. 催化剂再生前，半再生装置系统是否应该进行抽空？抽空时应注意些什么？

大多数半再生装置催化剂再生前，均进行抽空，抽空的好处是有助于系统的彻底置换，缩短再生时间。

系统抽空时，通常是先将床层降至400℃以下，抽空，然后用氮气(约0.15~0.2MPa)恢复压力，也可重复抽空操作，最后加盲板，系统再抽空一次。抽空时的注意事项，最主要的是要与大气彻底隔离，不能有通向大气的阀门开启。

美国Chevlon公司由于抽入空气，使未再生的催化剂床层超温至680℃。为此，他们规定不允许在还原态(即再生前)抽真空，值得很好注意。还有人提出低压反应器在高温下抽真空可能将反应器抽瘪。采用水蒸气喷射器要注意因水蒸气中断而抽入空气，装上止逆阀可避免这种事故。

☞ 48. 如何估算烧焦时间？

海湾石油公司(加拿大)认为，烧焦所需时间是气体质量流速和再生期间反应器温升极限的线性函数。只要知道积炭量和预期的烧焦温度极限(如400~450℃)，就很容易算出在给定气体流速下所烧掉的焦炭量。要加快烧焦速度，可提高系统压力，即加大压缩机负荷，以增加气体量。若将氮气量增加一倍，在反应器同一温升条件下，每小时的烧焦量也增多一倍，还应考虑积炭含少量氢。如果按$C_nH_{0.7n}$来估计，那么氢要消耗相当多的氧，所以在烧焦期间一定要考虑到这点。

☞ 49. 如何确定催化剂的再生频度？

我国重整催化剂再生(对半再生装置而言)，通常安排在全厂检修期间的前几天，以便与全厂同步检修。

国外确定重整催化剂再生频度方法，似乎与装置检修没有直接关系，而且各公司的方法也不尽相同，下面介绍美国几家公司确定再生频度的方法。

菲利普石油公司根据液收率、产品价值、氢纯度、再生费用和停汽损失，确定找出最佳再生周期，其中花费最大的，可能是液收率损失。但是当需要纯氢来供应后路的高压加氢精制装置时，只要氢纯度下降太多，就得进行再生，其他都不管。

盖特石油公司以芳烃转化率作为主要考虑因素。

美国石油公司根据催化剂提高辛烷值的能力(与在同样操作条件下的标准进料和标准催化剂相比)，确定最佳的再生时间。

此外，还有用相对活性估算，和用积炭时间曲线估算等多种方法。

美国 UOP 公司准备用计算机将有关参数关联起来，确定最经济的再生频度。

但是，资料上尚未介绍任何一种可供应用的科学方法，多半还是以实际情况和各装置工艺管理人员的经验来确定再生频度。

☞ 50. 如何确定再生后催化剂是否应卸出过筛？

通常，多数半再生式重整装置每两年将催化剂卸出并过筛一次。有些装置，由于第 1 反应器容易堵塞，压降增大，故每再生一次，就卸出该反应器的催化剂，过筛后重新装填。

有人指出，反应器是否需要卸剂过筛，压降是最主要的考虑指标。如果压降变大，就应将催化剂连同瓷球一起卸出，然后检查内部，过筛后重新装填或更换新催化剂。

但也有人说他们的装置运转 8 年还未卸出过筛；但有的装置两年多的时间就需卸剂过筛。

那么应该如何确定再生后催化剂是否应卸剂过筛呢？最主要的是要看床层压降，同时也应观察床层温度剖面分布，以及烧焦时氧气的穿透曲线等，这些是床层内催化剂是否存在沟流的最明显迹象。

☞ 51. 在重整催化剂过筛方面有些什么经验？

克尔·麦克公司的经验是先再生后过筛。筛子是卧式振动筛，用不同尺寸的筛网，可将陶瓷球和催化剂分开，可将破碎的与完好的催化剂分开。

盖特石油公司只有在更换催化剂时，才将催化剂过筛。

讯号公司的经验是，只要将催化剂卸出反应器，就要使催化剂过筛。

为了过筛，必须在卸出前冷却催化剂，在冷却再生后的催化剂方面，不少公司也有某些经验值得借鉴。例如，菲利普斯石油公司利用稳定塔底重沸器加速冷却再生后催化剂，该重沸器以最后一个重整反应器流出物做热源，这时把该重沸器作为冷却器来使用，加速再生后催化剂冷却。除此之外，要打开所有加热炉检查孔和烟道挡板，反应物冷却器给足冷却水。系统保持尽可能高的压力，压缩机全量循环加速冷却。

☞ 52. CO 对再生后催化剂还原有些什么影响？

美国城市服务石油公司指出，1~5μL/L 的 CO 将损害重整催化剂的活性。

大西洋里奇菲尔德公司规定 CO 含量不应超过 1~2μL/L。他们认为，在高温下，CO 将使铂跑损，过量的 CO 将使铂凝聚，晶粒长大，严重降低催化剂性能。

再生后催化剂还原时，对催化剂允许多大浓度的 CO，国外一些炼油厂做过不少研究，亨特石油和炼制公司指出，能耐多少 CO，完全取决于第 1 反应器有多少过量的催化剂，换句话说，如果不能提供更低 CO 含量的还原氢，只好用第 1 反应器内过量的催化剂来弥补，这似乎比额外添加处理 CO 的设备更为方便一些，但经济上是否合理，应根据具体情况而论。

☞ 53. 如何安排再生过程的时间？

很多文献介绍，半再生重整催化剂再生大约需 4~7 天才能完成，这期间需要完成的工作很多，以帕斯考公司一次再生过程为例：

（1）装置停油、吹扫、加热炉和换热器加盲板，10h；

（2）化学清洗，24h；

（3）再生前置换，12h；

（4）催化剂烧焦，24h；

（5）催化剂床层吹扫、置换、抽空、补氯和氢气还原，36h；

合计 106h；

如何安排再生过程的时间呢？这里边既有技术问题，也有实际问题。所谓技术问题就是采用先进工艺技术缩短再生时间，如采用高压再生、并联再生或纯氧烧焦等等。所谓实际问题就是与检修和开、停有关的问题。

☞ 54. 影响移动床连续再生烧焦过程的因素有哪些？

除半再生过程的影响因素对它同样起作用外，影响移动床连续再生烧焦过程的因素还有：

（1）催化剂流速　在烧焦过程中，催化剂的流动速度随催化剂积炭量升高而减慢；除此之外，催化剂的流速还与烧焦区入口氧含量和到该区的气体流速有关，特别是要求催化剂的流速要与催化剂烧焦率相平衡。

（2）烧焦区含氧量　如果氧含量过低，将把燃烧不完全的催化剂带到氯化区，使催化剂粉尘增加，消耗增大；但是氧含量过高，在火焰峰上通过氧含量高的气体，将造成超温。通常应在推荐的氧浓度下（如 0.9%）烧焦。

（3）进入烧焦区的循环气量　烧焦区适宜的循环气流量是保证烧焦过程正常燃烧的重要条件之一。从安全的角度规定烧焦区气体含氧量 $\not>$ 1.3%（摩尔），因此，循环气量降到设计值的 80%，便不能保证正常的烧焦速度。

影响烧焦区气体循环量的因素很多，其中比较主要的因素是中心管筛网透气率，如果被催化剂碎片堵塞，进入烧焦区的循环气量将会降低，发生这种情况时必须及时处理。

☞ 55. 移动床再生催化剂在烧焦区烧焦不完全将有何征兆？

（1）粉尘增多。由于烧焦不彻底，氯化区催化剂碳含量增高，在氯化区继续燃烧反应，催化剂峰值温度高，比表面损失大，易破损。

（2）氯化区温升增加，在相同条件下，升高2~3℃。

☞ 56. 何谓密相输送？如何防止“贴壁”现象的发生？

所谓密相输送，是指气-固混合物的密度大于100kg/m^{3}的系统，如连续重整反应器和UOP-CCR再生器中的催化剂流动系统。实际上，这种系统中，气体只是起到松动固体颗粒的作用，而流动过程基本上是靠催化剂颗粒本身具有的势能而向下移动。原料和氢气构成的气体则在颗粒间流过，在与催化剂接触中转化，或者(N_2+O_2)构成的再生气在积炭催化剂颗粒间穿过，在与炭接触中反应脱去焦炭。

在密相输送中，即催化剂向下移动时，有一点特别值得注意，这就是若保证催化剂顺利地向下移动，必须防止催化剂在中心管附近滞留，这种滞流现象，通常称为贴壁现象(Pinning)。

为避免贴壁现象的产生，应尽量按Pinning操作曲线操作，要求留有40%的余量(见图5-14)。

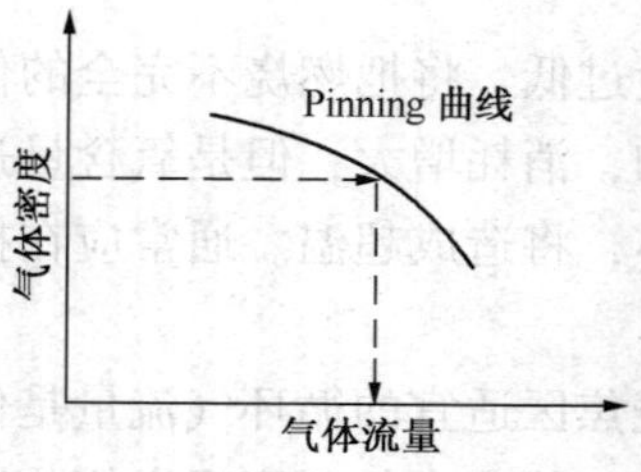

图5-14　催化剂流动Pinning曲线

☞ 57. 在稀相输送中，固体颗粒的终端流速(u_t)的涵义是什么？如何计算？

与催化剂在CCR反应器和再生器中的流动方式不同，催化剂在提升管中的流动是稀相输送，是真正的流态化过程。

为保证催化剂在提升管线中正常输送，气体的流速一定要超过固体催化剂颗粒的终端速度(u_t)才能使颗粒被气体所携带，随气流同向运动。

$$u_t = \sqrt{\frac{4d_p^3 \cdot (\rho_s - \rho_g) \cdot g}{3Cd\rho_g}}$$

式中 ρ_s、ρ_g——固体和气体的密度，kg/m^3；

d_p——颗粒直径，m；

Cd——摩擦系数。

细颗粒，$Re<1$，$Cd=\frac{24}{Re}$；

中等颗粒，$1<Re<500$，$Cd=\frac{10}{Re^{0.5}}$；

大颗粒，$500<Re<200000$，$Cd=0.43$。

终端速度是垂直输送的最低气速，实际的操作气速将大于此值。气速越大，催化剂输送量越大，但压降和动力消耗增加，通常不宜超过最大的允许值。

☞ 58. 催化剂粉尘的危害是什么？

（1）堵塞再生器和反应器的中心网；

（2）损坏再生器的内部构件；

（3）铂的再分散能力变差，并造成催化剂活性和产率下降；

（4）增加球阀的维修次数；

（5）催化剂提升和循环将发生故障；

（6）仪表作用失灵等。

☞ 59. 如何除去粉尘催化剂？

IFP 除尘方法：在反应器、再生器上部的缓冲料斗下部引入高压氮气，对催化剂进行逆流反吹，粉末随吹扫氮气进入过滤器[见图 5-15(a)]，可除去反吹氮气中夹带的催化剂粉尘，粉末定期收集装桶回收。

UOP-CCR 过程则用淘析料斗除尘[见图 5-15(b)]。

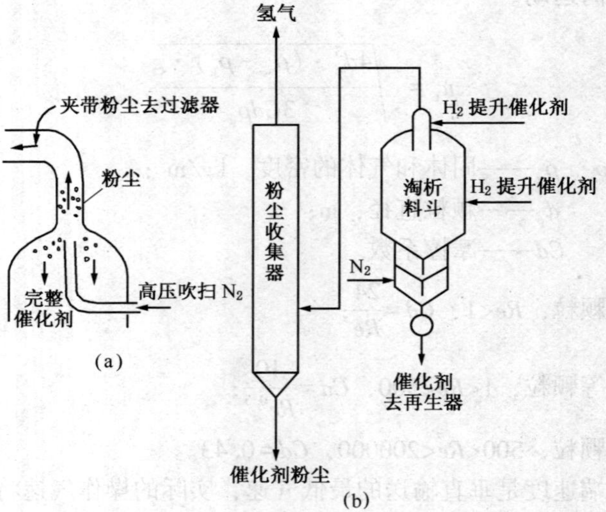

图 5-15　催化剂粉末除尘器示意图

☞ 60. 离开再生器前催化剂与高氧含量的气流接触的作用是什么？

为了燃烧再生器中的焦炭，在正常操作期间，无论焦炭含量多少，最大限度地提高下部空气量都会有利于催化剂性能的恢复。可以从催化剂上除去稍多一些的水，并使氯化区的总氧含量提高。在较小表面积的催化剂上，也需要有多余的氧以彻底地分散铂。

☞ 61. 在移动床再生器中能否生成光气？

目前，还没有证据说明在连续重整再生器中有光气生成。历史上，UOP 曾经反对使用 CCl_4 作为氯化剂，因为 CCl_4 有产生光气的可能性。

$$CCl_4+O_2 \xrightarrow{Pt} 2COCl_2$$

低温和高的氧分压有利于光气的生成。

☞ 62. 移动床连续再生重整装置产生高积炭催化剂的原因是什么？如何解决？举例说明。

产生高积炭催化剂的原因可能很多，现就某 UOP-CCR Ⅰ型重整装置产 60 桶高积炭催化剂的情况加以分析和说明。

该装置为了防止催化剂“贴壁”现象，把反应器催化剂下料口作了改造，延伸到中心管(见图 5-16)。

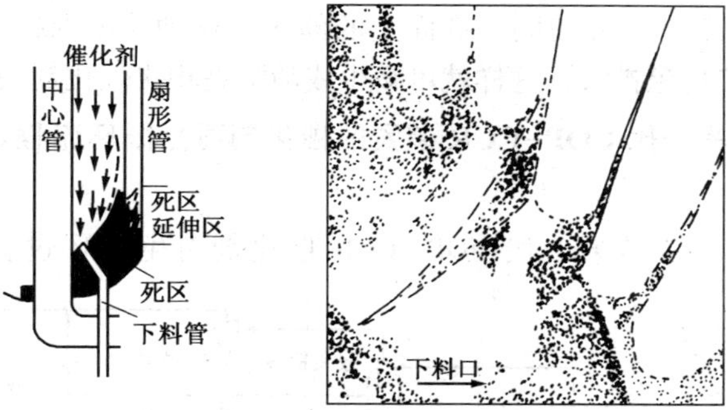

图 5-16　催化剂下料口位置与积炭示意图

改造后，靠近中心管一侧的催化剂移动加速，使中心管壁上气流对催化剂的径向作用力所产生的摩擦减少，因而“贴壁”现象基本解决；但是，催化剂的流动不再是平推流式，各点截面流速不同了。靠近中心管流速快，靠近扇形管一侧流速慢，越是靠近反应器下部，流速差异越大，在下部扇形管夹缝间催化剂几乎难以流动，渗到这里的烃类在高温下而结焦，可以认为这是“死区”的延伸部分。

这就是形成高积炭催化剂的原因。在卸出催化剂时，先流出的是还原区最上层的尚未还原好的白催化剂。不久，随之而下的便是乌黑的高积炭催化剂，这种先白后黑的过程正好说明了催化剂流动的不均匀性。当第 1 反应器的料位降到扇形管的底部时，两根扇形管夹缝间生成的高积炭催化剂由于失去了支撑而坍落，盖在了白催化剂之上，一起落到下面的反应器中。第 2、第 3 反应器也如此，这样就造成了高、低积炭催化剂的混合。这种高积炭催化剂的碳含量高达 14%。

解决的方法：一方面是改进再生系统，强化再生烧焦能力，烧掉高积炭催化剂上所有的炭，确保催化剂活性得到良好恢复。另一方面，也是最根本的解决方法，重新调整催化剂下料口的位置，使之在兼顾减少“死区”现象发生的同时，要确保催化剂移动处于平推流状，并使同一截面上的催化剂移动速度保持一致，避免“死区”现象扩大，这样就可减少或消除高积炭催化剂的形成。

☞ 63. 第一代 UOP-CCR 装置的催化剂再生循环流程是怎样构成的？

图 5-17 是第一代 UOP-CCR 催化剂再生循环过程的原则

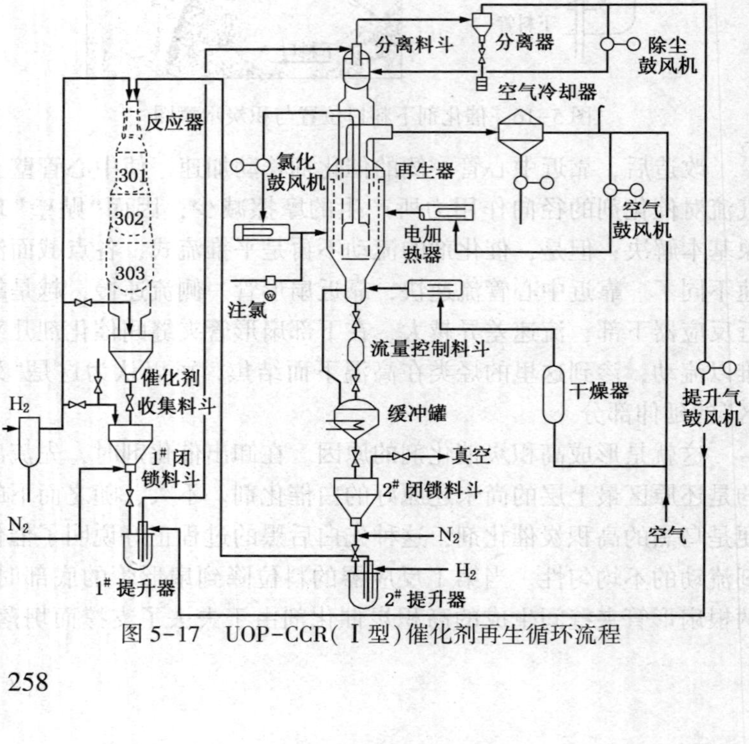

图 5-17　UOP-CCR(Ⅰ型)催化剂再生循环流程

流程。

第一代 UOP-CCR 催化剂再生循环过程是由催化剂再生系统和催化剂循环系统两部分构成。

由图 5-17 可以看出，1#闭锁料斗中的积炭催化剂由 1#提升器将其提升至再生器顶部的沉降分离料斗中，脱气后的积炭催化剂进入再生器中进行烧焦、氯化、干燥后，经流量控制器进入下部缓冲罐中。缓冲罐中的催化剂借助于 2#提升器，把再生后催化剂提升至反应器顶部的还原区，还原后催化剂靠其势能流入反应器中。这样，再生催化剂输送循环便完成一次运行。

为防止再生系统的氧被催化剂带入反应器，在缓冲罐与提升器之间引入一股氮气，用以吹洗催化剂夹带的含氧气体，冲洗后的含氧气体通过压力平衡管进入再生器底部。

催化剂再生过程包括催化剂烧焦、氯化和干燥三个主要阶段，分别在烧焦段、氯化区和干燥区完成。在 UOP-CCR 催化剂再生器中，外侧环形空间是催化剂移动区，中间有一块挡板，将其分为两个相等的部分。上段为烧焦段，下段为氯化段，挡板可隔绝烧焦段入口气流与氯化段入口气流，两段的出口气流由两根同轴的中心管分别引出，两管之间用导流筒帽罩隔开。氯化段的部分气流也可通过帽罩与内筛网之间的缝隙进入烧焦段。

再生器底部收缩部分是干燥段，下部有空气分配管，管孔成 45°角，用金属网罩起来。干燥的热空气从分配管进入后，向上流动通过干燥段后进入氯化段。再随氯化段气流一起透过氯化区床层，补充该段所需要的氧。

再生气入口温度主要由电加热器来调节，通常控制在 477℃左右，含氧量控制在 0.9%~1.3%(摩尔)。

☞ 64. 第一代 UOP-CCR 装置的再生系统中三个程序控制器的作用是什么？

UOP-CCR 的催化剂再生过程是一个间歇式的流动过程，这一过程由三个逻辑程序控制器来控制：1#闭锁料斗程序控制器、2#闭锁料斗程序控制器和主控制器等。

（1）1#闭锁料斗程序控制器

它控制待再生催化剂从收集器经1#闭锁料4、1#提升器到分离料斗顶部的工艺系统。程序控制分五个阶段，十五个步骤。

（2）2#闭锁料斗程序控制器

它的功能是把再生后的催化剂由再生系统（含 O_2、N_2、H_2O，常压状态）安全地转移到反应系统（含 H_2、烃、高压状态）。转移过程由18个自动的程序紧密衔接，通过16只电动自控器，按照不同的开、关状态来完成。

（3）主控制器

它负责再生器运转的起动和11种事故状态的处理。

☞ 65. 第二代 UOP-CCR 催化剂再生系统是怎样构成的？比第一代 UOP-CCR 有何改进？

图5-18是第二代 UOP-CCR 加压再生过程的流程。

从总体来看，第二代 UOP-CCR 加压再生流程与第一代 UOP-CCR 常压再生流程十分相似。

但是，再生系统提高了再生器操作压力达到(0.25MPa)，从而加快了烧焦速度，提高了催化剂的再生能力。氧化区氧含量由0.8%~1.3%降低到0.5%~0.8%，因而再生温度可以降低，对延长催化剂寿命有利。

催化剂流速由闭锁料斗给定，闭锁料斗将催化剂连续定时地从再生器送到提升器，起到了常规再生系统中流量控制作用。

再生器的氧化区无氯化鼓风机，气体一次通过，干燥区空气量比再生需要量大，超过部分放空。

但随着压力降低，芳烃产率和生成油收率提高，催化剂积炭却明显增多，开工周期缩短。

为适应重整降压操作，第二代 UOP-CCR 采用了高压再生，即提高再生器操作压力，这样可提高再生器烧焦能力，降低再生

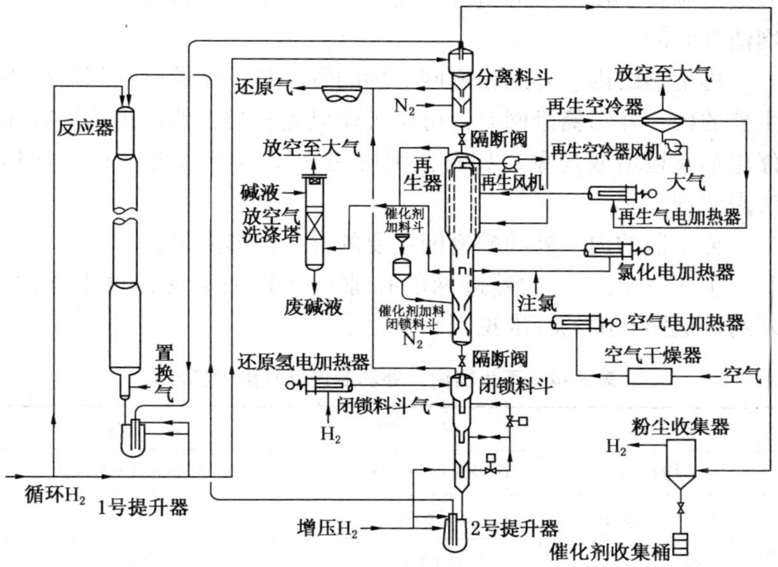

图 5-18　第二代 UOP-CCR 加压再生流程

系统的操作苛刻度，减少系统催化剂的藏量，允许增加催化剂再生次数，从而降低了更换催化剂的费用。柯克炼油公司（Koch Refnery Co）建有世界上最大的 UOP-CCR 再生器，再生压力为 0.25MPa，催化剂损耗每月只 45kg。

☞ 66. 约翰逊网（Johnson Screen）有何优点？应如何清理检查？

约翰逊网（Johnson Screen）是美国约翰逊筛网公司的专利。与一般使用的钢板冲孔及金属丝网相比较，约翰逊网提供了更大的有效流动面积，所以界面速度低，增加了工艺过程的效率。由于筛网本身的强度高，筛面光滑，经久耐用，因此减少了催化剂破碎的可能性，也减少了停工时间和检修费用。另外，由于约翰逊网的孔隙是顺着介质流向逐渐扩大的，因此如有催化剂碎粒进入孔隙中时，因后面的通道更为宽敞而不易嵌塞在孔隙中间，较有效地延长了反应器的运行时间，也减少了停工检修所必需的筛网清理时间。

再生器的内、外约翰逊网清理的方法是：在检修期间清理再生器的内、外约翰逊网时，可用工业风先吹扫，然后再检查有无催化剂颗粒堵塞现象。如有，则可用金属刷清理法或 CO_2 吹扫法来清理。

再生器的内、外约翰逊网主要的检查内容应是：

① 检查内、外约翰逊网的孔隙。UOP 关于现行再生器内、外约翰逊网孔隙的标准见表 5-4。

表 5-4 再生器内、外约翰逊网孔隙的标准

项　目	内　网	外　网
平均孔隙	0. 483mm±0. 051mm	0. 635mm±0. 051mm
最大标准偏差	0. 0635mm	0. 076mm
最大孔隙	0. 635mm	0. 89mm
最小孔隙	0. 33mm	0. 38mm

② 检查焊缝处有无裂纹，特别是内网与上盲段之间的连接处，一旦发现有裂纹迹象，就应在该区域进行着色探伤来确定。

③ 检查内、外约翰逊网的变形情况，若变形严重，则要更换，否则会因内、外约翰逊网之间的催化剂环形通道不均匀而直接影响再生器的性能。

☞ 67. 第三代 UOP-CCR(Cycle Max)再生系统是怎样构成的？技术特点是什么？

UOP 第三代连续再生过程(图 5-19)与第二代不同之处在于：

提升待生催化剂改成氮气提生。氮气分成两种进入待生催化剂 L-阀组，分别作为一次提升气和二次提升气，将待生催化剂提至 60m 左右的高度，经特殊弯头降至分离料斗，从侧向进入

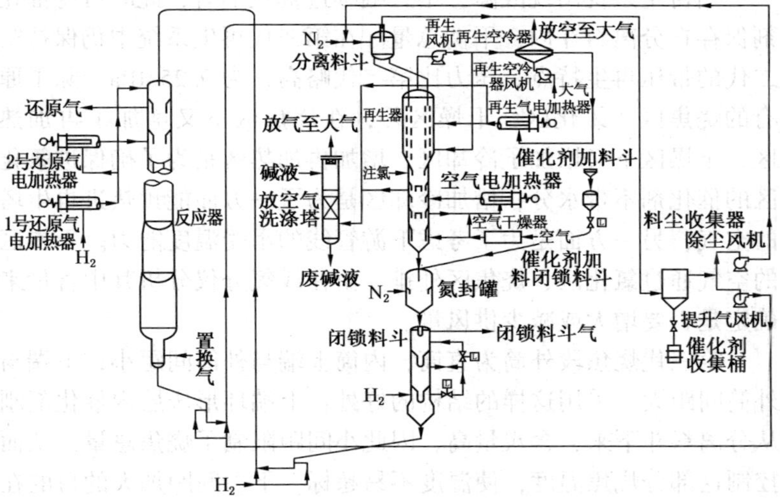

图 5-19 第三代 UOP-CCR 再生系统流程

淘析管，催化剂在淘析管内下降的过程中受下部上来的氮气吹扫，碎片和细粉被淘析出分离料斗，整颗粒催化剂沉降下来从 8 根下降管进入再生器。

UOP 第三代连续重整的提升形式有较大改变，第二代采用催化剂提升罐提升，第三代则采用 L-阀组提升。这样改动的优点在于 L-阀组可连续提升，而第二代连续重整因使用提升器，因此提升状况受罐内床层影响较明显，可能经常出现提升中断的情况。此外，由于多了这样一个容器，且它需要始终保持一定的藏量，因此在结焦不正常情况下，如催化剂结焦大幅度上升，超过 8%，或者由于某种原因催化剂带凝液而粘结，则待生催化剂不易被提升。实际使用下来，L-阀组提升更顺利些。待生催化剂在从 L-阀组转入分离料斗的转向过程中使用了一只特殊弯头，避免了催化剂与管壁直接冲撞及催化剂之间的相互冲撞。

当再生系统出现故障，不宜继续进催化剂时，此时可将催化剂保存在分离料斗内，平衡总量。在第三代再生系统中仍保持第二代的带压再生特点。压力比第二代略高，为0.25MPa。除了原有的烧焦区、氯化区、干燥区外，在烧焦区下又增加了再加热区，干燥区下又增加了冷却区。增加再加热区是为了确保进氯化区的催化剂不带水分；增加冷却区是为了一方面能预热进再生塔的空气，另一方面是为了考虑下游管线的承受温度能力。干燥区的空气通过氯化区、烧焦区外排。由在线氧分仪分析其中含量来确定是否要增大或减少供风量。

第三代烧焦段外筒为直筒，内筒上端与外筒间距小，下端与外筒间距大。采用这样的结构的好处：上端环形庆层内催化剂刚从分离料斗下来，含炭量高，因此小间距限制了烧焦总量，从而控制这部分烧焦温度，使温度不易超标。下端间距加大的目的在于使催化剂下降速度放慢，使催化剂上结焦彻底烧掉，确保注氯区能进行正常注氯。

第三代还原为两段还原，采用无磨损提升阀组，还将部分工艺条件由高温临氢环境变为低温氮气环境，降低了对设备制造材料的要求。催化剂再生过程更加充分有效，且便于操作和维护。然而，上海高桥石化公司和兰州炼化总厂对于第三代再生工艺在实际生产过程中暴露出的一些问题，提出了诸多改进意见。兰州炼化总厂在UOP第三代重整工艺中，使用了PS-Ⅳ催化剂。该催化剂转化率高，耐磨强度好，持氯能力强。

第三代UOP-CCR再生技术的特点是：

① 减少了催化剂在高温区的停留，再生器内采用锥形筛网，有利于延长催化剂使用寿命。

② 二段还原中一段为377℃，二段480℃。催化剂先在低温阶段还原，脱除大量水分，再在二段高温还原，使催化剂避免了高温水气环境。

③ 增设了催化剂加料系统，实现不停工装卸更换催化剂。

白催化剂在$2^{\#}$料斗填加，黑催化剂在$1^{\#}$料斗填加，卸出催化剂通常在再生器底部卸出。由 L-阀组代替提升器，弯头由无磨损大弯管代替。

由反应器底部至再生器分离料斗的催化剂提升气由原来的氢气改为氮气提升，其安全性更有保障。

☞ 68. 第三代 UOP-CCR 再生系统“黑催化剂开工”的原则步骤有哪些？“白催化剂开工”的关键是什么？

催化剂连续再生系统开工分为“黑催化剂开工”和“白催化剂开工”两种方法：

（1）黑催化剂开工

所谓“黑催化剂”，是指未经烧焦的含炭催化剂。

黑催化剂开工适用于下列情况之一：装置首次或检修后的开工，并且催化剂碳含量达 3.5%以上；装置停工时，氯化区和干燥区已混入或无法判断是否混入了黑催化剂。

“黑催化剂开工”的原则步骤如下：

① 建立和确认各有关设备的流量或差压。

② 启动再生、氯化、冷却空气和提升气的鼓风机。

③ 校准和调试氢/烃分析仪、氧分析仪。

④ 确认有关设备、管线无氧。

⑤ 设定再生加热器温度控制调节器、氯化加热器温度控制调节器、空气加热器温度控制调节器输出。启动有关加热器，按规定程序和升温速率升温。

⑥ 当各加热器均已达到各自的目标温度并稳定后，开始进行催化剂的烧焦、催化剂循环，根据操作曲线确定催化剂循环速率，调整各操作参数到控制指标。

⑦ 当再生剂碳含量小于 0.2%时，将燃烧空气引入干燥区。

⑧ 开始注氯，根据催化剂氯含量分析数据和控制催化剂氯含量的有关图表，确定所需注氯量，并根据催化剂氯含量数据调节注氯量，使再生剂氯含量达到和保持在控制指标上。

⑨ 再生器维持正常条件操作，进入正常转动。

(2) 白催化剂开工

所谓“白催化剂”，是指经过烧焦、含炭 0.2% 以下的催化剂。

白催化剂开工适用于下述情况：装置出现热停车或冷停车后，并能确认催化剂在再生器中没有移动，仅在烧焦区存在含炭催化剂，在氯化区和干燥区肯定无黑催化剂。

白催化剂开工不同于黑催化剂开工之处，在于可将烧焦温度迅速恢复正常，根据催化剂含炭量情况，按照一般烧焦操作曲线，建立催化剂的循环。

就操作工艺参数方面而言，确保催化剂再生正常和效果良好的关键是：

① 催化剂循环速率必须适当。催化剂循环速率提高，则再生频率增加，表面积下降加快，催化剂粉尘量增多；而催化剂循环速率太低，又将使催化剂积炭量增加，如果不能保证催化剂烧焦彻底，达到进入氯化区催化剂炭含量要求，则将导致严重后果。

② 再生气中氧含量必须适当，确保催化剂烧炭彻底，残炭低于 0.2%。

③ 氯化物的注入量必须适当，确保再生后催化剂的氯含量适宜。

④ 干燥空气温度，含水量必须达到设计指标，确保催化剂干燥效果良好。

⑤ 通过烧焦区的再生循环气流量必须大于设计值的 80%，确保催化剂烧炭效率和效果。

☞ 69. 第三代 UOP-CCR 催化剂再生操作过程是怎样完成的？

美国第三代 UOP-CCR 再生操作分为五步：烧焦、再加热、氯化、干燥、冷却。催化剂先在上部两层筛网之间进行烧焦，烧焦所用氧气由来自氯化区的气体供给，烧焦气氧含量 0.5%~0.8%。烧焦后气体用再生风机抽出，经空冷器冷却(正常操作)或电加热器加热(开工期间)维持一定温度(477℃)后返回再生器。烧焦后的催化剂向下进入再加热区，与来自再生风机的一部分热烧焦气接触，其目的是提高进入氯化区催化剂的温度，同时保证使催化剂上所有的焦炭都烧尽。

然后，催化剂进入同心挡板结构的氯化区进行氧化和分散金属，同时通入氯化物。然后再进入干燥区用热干燥气体进行干燥。热干燥气体来自再生器最下部的冷却区气体和经过干燥的仪表风，进入干燥区前先用电加热器加热到 565℃。从干燥区出来的干燥空气，根据烧焦需要一部分进入氯化区，多余部分引出再生器。催化剂从干燥区进入冷却区，用来自干燥器的空气进行冷却，其目的是降低下游输送设备的材质要求和有利于催化剂在接近等温条件下提升，同时可以预热一部分进入干燥区的空气。

最后，催化剂经过闭锁料斗提升到反应器上方的还原罐内进行还原。闭锁料斗分成分离、闭锁、缓冲三个区，按准备、加压、卸料、泄压、加料五个步骤自动进行操作，缓冲区进气温度 150℃。还原罐上下分别通入经过电加热器加热到不同温度的重整氢气，上部还原区 377℃，下部还原区 550℃。还原气体由还原罐中段引出。还原后的催化剂进入第一反应器。

☞ 70. 第三代 UOP-CCR CRCS 再生自动控制过程怎样构成？CRCS 的功能有哪些？

第三代 UOP-CCR CRCS 自动控制如图 5-20 所示。

CRCS 主要功能是用来完成连续重整催化剂连续再生部分的逻辑程序控制，催化剂流率控制以及安全联锁保护。逻辑程序控制主要包括：催化剂循环率控制(包括闭锁料斗的顺序控制以及再生催化剂提升量的控制)、1 号催化剂添加料斗的顺序控制、2 号催化剂添加料斗的顺序控制、粉尘收集器的顺序控制等。安全

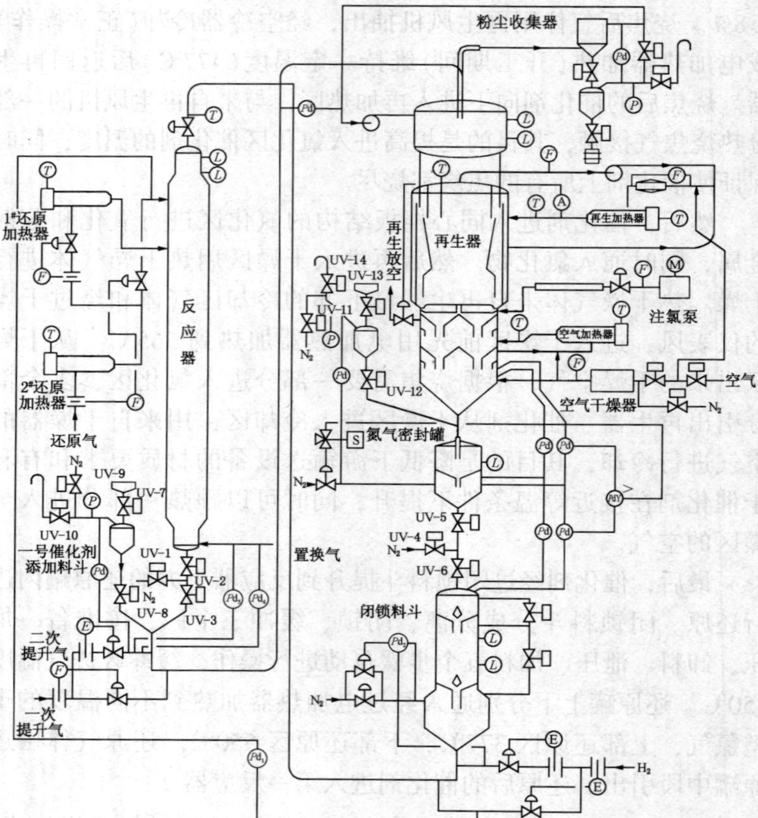

图 5-20　第三代 UOP-CCR CRCS 控制流程简图

联锁保护是为了确保催化剂在反应部分与再生部分安全的传送，确保重整部分的高压设备与再生部分的低压设备安全隔离，确保反应部分的氢环境与再生部分的氧环境安全隔离，以及确保再生过程中催化剂和设备的安全等，安全联锁包括紧急停车、冷停车、热停车、N_2 污染停车等。

☞ 71. 第三代 UOP-CCR 催化剂流率(循环量)是怎样控制的?

如图 5-21 所示。闭锁料斗控制系统中的催化剂流率控制着通过整个反应器和再生器的催化剂循环率，闭锁料斗控制系统中设有催化剂流率按钮用来启动和停止从闭锁料斗到反应器之间再生催化剂的传送。闭锁料斗控制系统用催化剂循环率设定点产生再生催化剂提升管压差调节器 P_d1 的设定值，通过调整提升管压差调节器的设定值来调整催化剂循环率。然后，闭锁料斗控制系

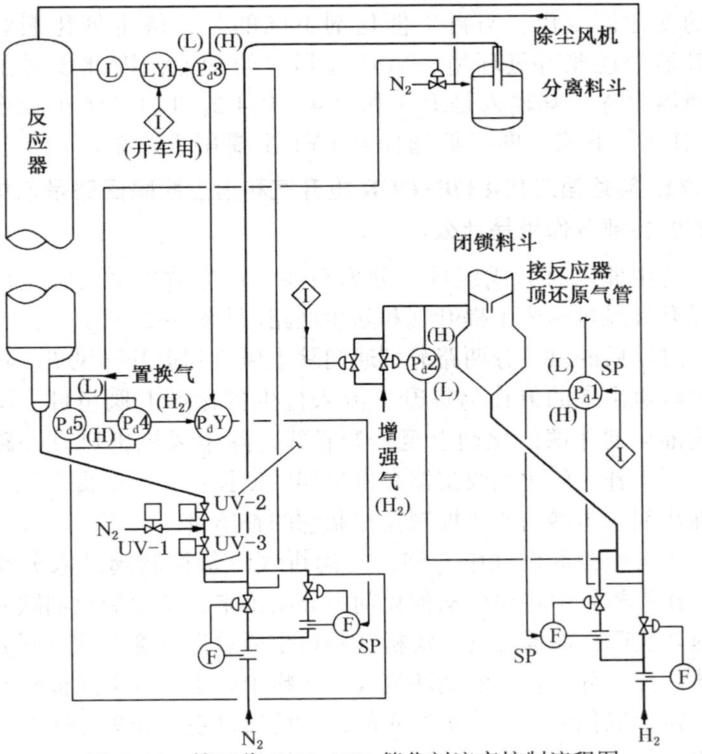

图 5-21 第三代 UOP-CCR 催化剂流率控制流程图

F—流量；L—料位；P_d—压差；LY—低选择器；SP—设定值；

◇I—闭锁料斗控制系统；(H)—高；(L)—低

统把催化剂循环率设定值与由闭锁料斗循环时间确定的实际平均催化剂循环率进行比较并调整提升管压差调节器的设定值向上或向下，直到设定值与实际催化剂循环率一致。

催化剂的提升不再使用提升料斗而用管式提升器来替代，在管式提升器前后分别设有两组压差调节。如前所述，压差 P_d1 用于调整再生催化剂流率，而 P_d2 则用于控制闭锁料斗置换区与再生催化剂管式提升器提升气之间压差。待生催化剂提升量控制主回路为反应器顶还原区料位，因此它将随再生催化剂提升量的变化而变化。与再生催化剂不同的是，待生催化剂管式提升器处还兼有氢环境、氧环境隔离的功能，因此设置了低选择器 P_dY，其输入是 P_d3 和 P_d4，P_d4 的目的是防止置换气体(H_2)往下流。图中低选择器 LY1 主要用于开车。

☞ 72. 简述第三代 UOP-CCR 提升气和粉尘脱除回路是怎样构成的？各部分作用是什么？

待生催化剂 L 阀组件、分离料斗、粉尘收集器、除尘风机和提升气风机构成了提升气和除尘回路(见图 5-22)。

过滤后的氮气分两路分别通向除尘风机和提升气风机。从提升气风机出来的氮作为提升气流入待生催化剂 L 阀组件，用以流化催化剂并携催化剂上至提升管线。除尘风机出口有一路氮气，用于补充催化剂收集器和再生器的氮损耗。二次提升气管线和催化剂收集器的差压控制器控制它的补给量。

氮气作为淘析气中一路，经淘析气流量控制阀进入分离料斗，在淘析管中将粉尘从催化剂中分离出来，整颗催化剂跌入分离料斗底部，而提升气、淘析气和粉尘通过淘析管上端离开分离料斗。离开分离料斗的循环氮气流入粉尘收集器以去除催化剂粉尘。粉尘沉积到粉尘收集器底部，然后通过粉尘收集斗卸至一个桶内。粉尘收集斗作为一只闭锁料斗把粉尘从粉尘收集器输送出来，同时泄压至大气压。经过滤后，氮气就流出去，在风机的抽吸中完成了气体循环。

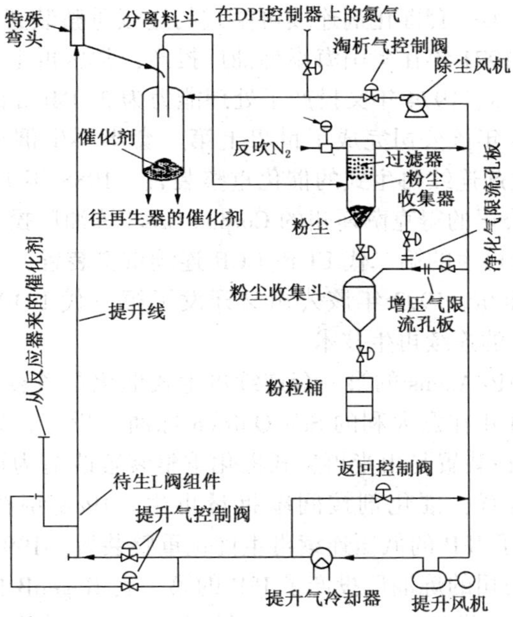

图 5-22　提升气和粉尘脱除回路图

☞ 73. 为什么说法国连续再生 IFP/Axens 技术的发展历程与美国 UOP-CCR 很相似？

目前世界上的连续重整有重叠式(美国 UOP 公司)和并列式(法国 IFP/Axens)两种工艺。据 2004 年统计，全世界已建成的连续(再生)重整装置共计 224 套，其总加工能力达 192Mt/a，占同年催化重整总加工能力的 40.25%，其中采用 UOP 专利技术的连续重整工艺装置 185 套，总加工能力约为 164Mt/a，最大规模装置的加工能力为 2.45Mt/a，最大再生规模为 2041kg/h。采用 Axens 专利技术的连续重整工艺装置 39 套，包括 5 套组合技术(Dualforming)，总加工能力约为 28.60Mt/a，最大规模装置加工能力为 1.90Mt/a，该公司目前正在设计单套装置加工能力为 3.00Mt/a 的装置。

世界上第一套催化剂连续再生式的连续重整装置(CCR Platforming)于1971年在美国海岸炼油厂投产，常压再生，处理能力为0.902Mt/a。1974年又投产了处理能力为2.0Mt/a的连续重整装置。1979年该公司完成了世界上第一套半再生催化重整装置改造为催化剂连续再生式的催化重整装置。1988年11月在美国Kock炼制公司的得克萨斯州的Corpus Cristi炼油厂投产了世界上第一套加压再生的第二代UOP-CCR连续重整装置，装置处理能力为1.30Mt/a。1993年该公司又开发了第三代UOP-CCR，即CycleMax新的连续再生技术。

法国IFP/Axens的第一套连续再生式催化重整装置(Octanizing)于1973年在意大利的San Quirico炼油厂投产，处理能力为81.6kt/a，该装置是由半再生式催化重整装置改造为连续再生式催化重整装置，催化剂按间歇批量再生。1988年在意大利的IROM投产了IFP的低压连续再生催化重整装置。1991年在韩国Ssangyong公司的炼油厂投产了IFP的第一套RagenB再生式催化重整，即第二代IFP/Axens-CCR(见图5-23)，随后该公司相继

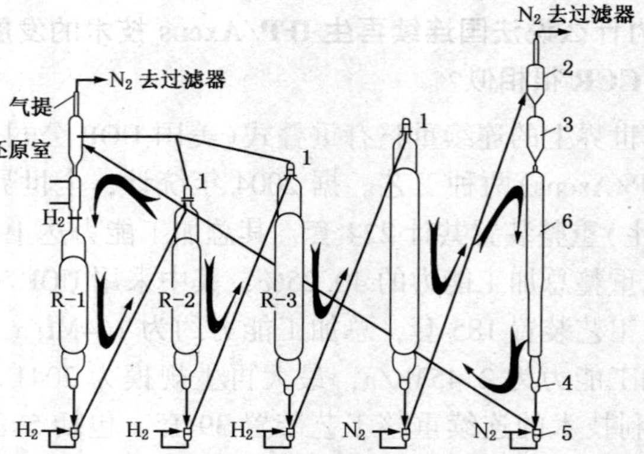

图5-23 第二代IFP-CCR催化剂循环系统

1—上部料斗；2—上部缓冲器；3—闭锁料斗；

4—下部料斗；5—提升罐；6—再生器

开发了第三代 IFP/Axens-CCR，即 Regen C 和 Regen C2 等再生技术。IFP 的连续重整用于生产高辛烷值汽油组分的称为"Octanizing"工艺，用于生产芳烃的称为"Aromizing"工艺。

目前，两家催化剂连续再生催化重整装置的操作条件都向着更苛刻方向发展，催化剂的理化性质、反应性能和再生性能也进入一个崭新的时期。

☞ 74. 第三代 IFP/Axens-CCR 催化剂再生工艺流程是怎样构成的？有何优点？

IFP 第三代 IFP/Axens-CCR 催化剂连续再生工艺流程见图 5-24。将催化剂焙烧气由再生循环气改为空气，氧氯化气单独放空，并改变了再生器烧焦控制条件与方式。催化剂循环和再生都是自动操作，催化剂连续进入再生器后，按一定程序依次进行两段烧焦、氧氯化和焙烧。与第二代（Regen B）连续再生工艺相比，具有以下优点：

① 通过降低燃烧区的温度、湿度和时间的苛刻度延长催化剂的寿命；

② 通过氧气和空气调节系统的改进，增加了烧焦操作的可靠性；

③ 通过优化氧氯化操作参数，使催化剂的性能更稳定；

④ 由于将烧焦和氧氯化气体回路分开，改进了再生器操作的灵活性；

⑤ 排出清洁气体，无需脱氯化物。

☞ 75. 第三代 IFP/Axens-CCR 催化剂输送控制系统中闭锁料斗控制过程是怎样构成的？

闭锁料斗控制是并列式连续重整催化剂输送的关键环节，属有阀重力输送系统。详见图 5-25。

闭锁料斗系统是由料斗上下游分别设置的一组催化剂隔断球阀 UV-1 阀（或 UV-3 阀）和气体隔断阀 UV-2 阀（或 UV-4 阀）

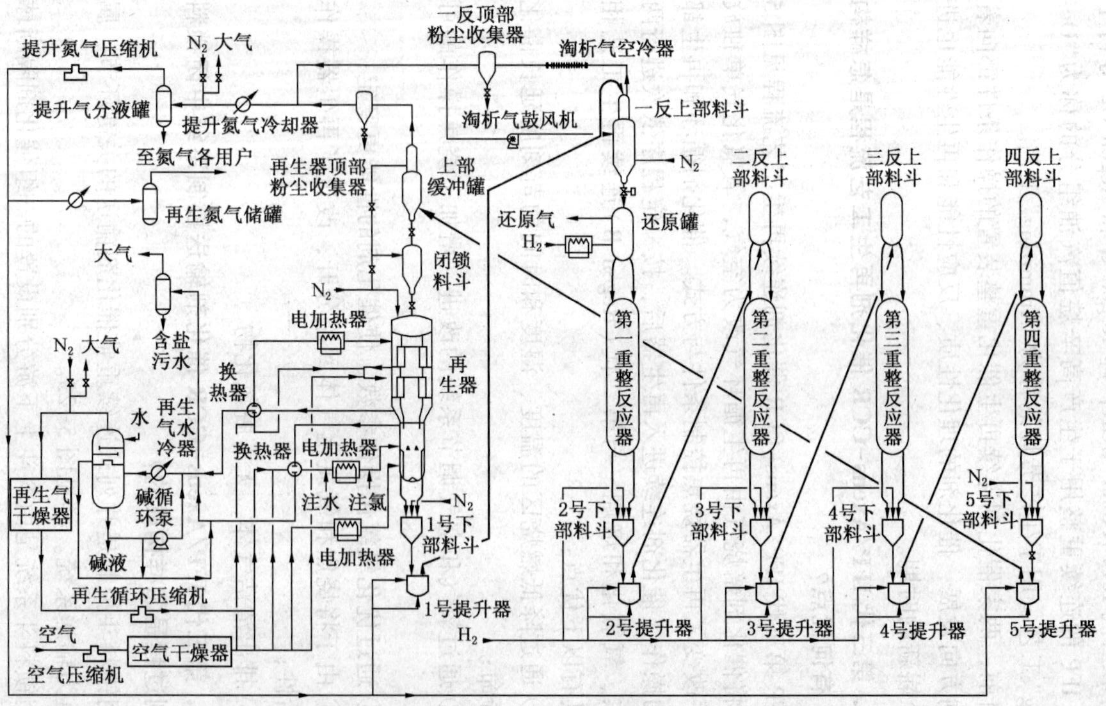

图 5－24　第三代 IFP/Axens－CCR 催化剂再生工艺流程

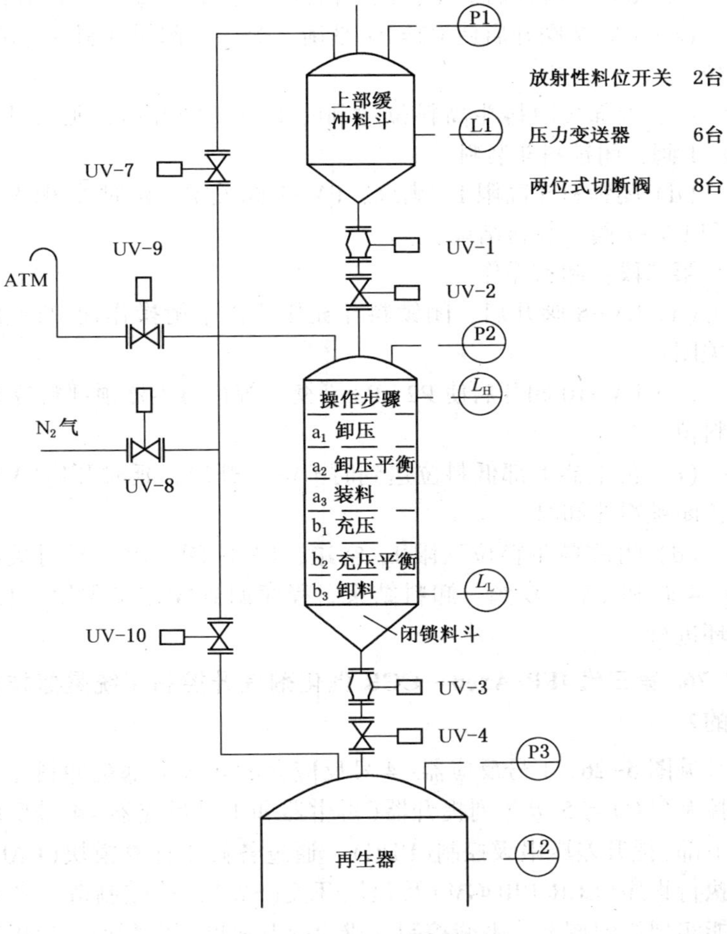

图 5-25 闭锁料斗控制系统

以及 4 台气体充泄压平衡阀 UV-7～UV-10 阀和专用控制系统 LHCS 共同组成。

闭锁料斗控制系统控制程序主要由以下两段构成：

第一段：装料操作

（a）UV-9 阀开启泄压，预平衡操作使 P2≈P1 时，关闭。

（b）UV-7 阀开启使 P2=P1 平衡，等待上部缓冲料斗 L1 高料位。

（c）上部缓冲料斗高料位达到时 UV-2 阀开启，延时开启 UV-1 阀，闭锁料斗装料。

（d）闭锁料斗高限 L_H 满罐，UV-1 阀关闭，延时关闭UV-2 阀和 UV-7 阀，装料结束。

第二段：卸料操作

（a）UV-8 阀开启，闭锁料斗充压，预平衡操作使 P2≈P3 时关闭。

（b）UV-10 阀开启使 P2=P3 平衡，等待再生器顶部料位 L2 低料位。

（c）再生器上部低料位达到时 UV-4 开启，延时开启UV3-阀，闭锁料斗卸料。

（d）闭锁料斗料位低限 L_L 空罐，UV3-阀关闭，延时关闭 UV-4 阀和 UV-10 阀，卸料结束。程序回到操作步骤第一段，循环进行。

☞ 76. 第三代 IFP/Axens-CCR 催化剂提升控制系统是怎样构成的?

见图 5-26，1 号反应器~4 号反应器的 4 级上部缓冲料斗料位控制(LC)与 5 级并列提升器(再生器和 1 号反应器~4 号反应器下部)提升差压串级控制(PDC)，通过各修正计算模块(CAL)和执行程序(CCR PROGM)及程控开关(SW)，使控制链上各环节能实现均匀调节，平衡控制，避免提升速度不匹配而发生提升中断，整个连续重整催化剂再生速率是由再生器底部提升差压控制器 Master 的设定值(HC)给定。

N_2(或 H_2)分两路进入特制的提升器内，一次风即松动风由底部进入，提供克服催化剂重力的速度头，二次风由侧面吹入，为提升风。在总提升风量一定条件下，改变二次风量可改变提升

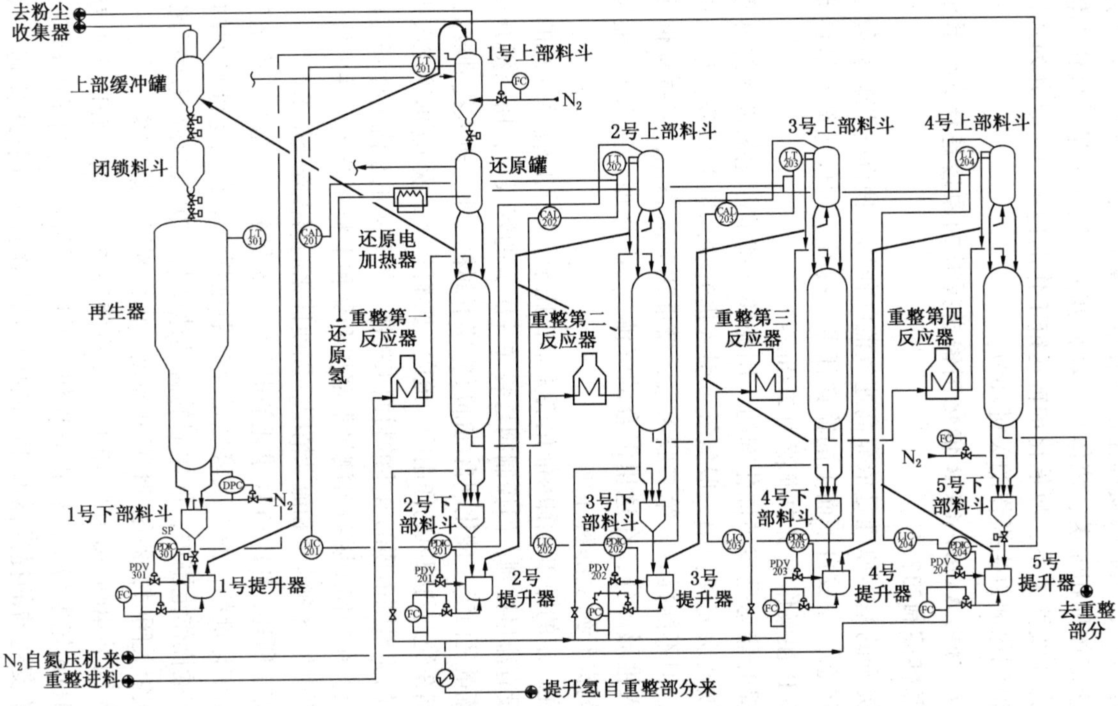

图5－26 并列式连续重整催化剂提升流程简图

管输送差压，从而改变催化剂提升量。鉴于催化剂在提升管内是以高速流体稀相输送，流体呈波动柱塞流且提升风量与催化剂输送量为非线性关系，故催化剂输送链工作的稳定与否是并列式连续重整催化剂再生操作的关键环节。

☞ 77. IFP/Axens-CCR 催化剂输送提升的原理是什么？其流率是怎样控制的？

提升的基本原理是依靠高速气流的作用，使催化剂颗粒处于流化状态，完成自下而上的输送任务。提升管内催化剂的最佳流速，IFP 在操作手册中推荐为 2.0m/s。

提升器总是装满催化剂的，用循环气携带催化剂进入提升管中必须两次充气：第一股氢气，引入提升管的锥形部分，松动催化剂，但不能提升。第二股氢气，使催化剂流态化，并推动催化剂进入锥形部分，在这里汇合的气流(一次气加二次气)，能把催化剂提升到上部料斗中。

在一定的操作范围内催化剂流率正比于二次氢的流率，总的氢气量设有流量控制，但控制阀是装在一次氢的管线上，所以提升气的总流量是恒定。催化剂自前部反应器下部料斗来，进入提升罐后，催化剂在受到两种风的作用后，流向上部料斗。二次风(即第二股提升气)的流量则由顶部料斗的料面来控制。提升风的总流量计安装在总管上，在操作中随时可测量下部提升器和上料斗差压，并可检测提升管中催化剂流量和流动情况，以使催化剂磨损降至最低。

综上所述，IFP-CCR 催化剂提升气总流量分成二路，一次氢气是松动催化剂的，而二次氢气是控制催化剂流率和输送催化剂的，在一定的操作范围内，催化剂的流动速度与二次氢的流速成正比。当二次氢关闭时，催化剂将停止流动，催化剂提升量为零。

我国某 400kt/a IFP-CCR 连续重整装置开工时，IFP 开工专家 P. Ham 先生为了简化提升操作，对提升控制进行简单的运算，把压差变送器的提升器取压线的接口从二次提升气管线移到一次提升气管线上(见图 5-27)。实践表明，这种改进是可行的。

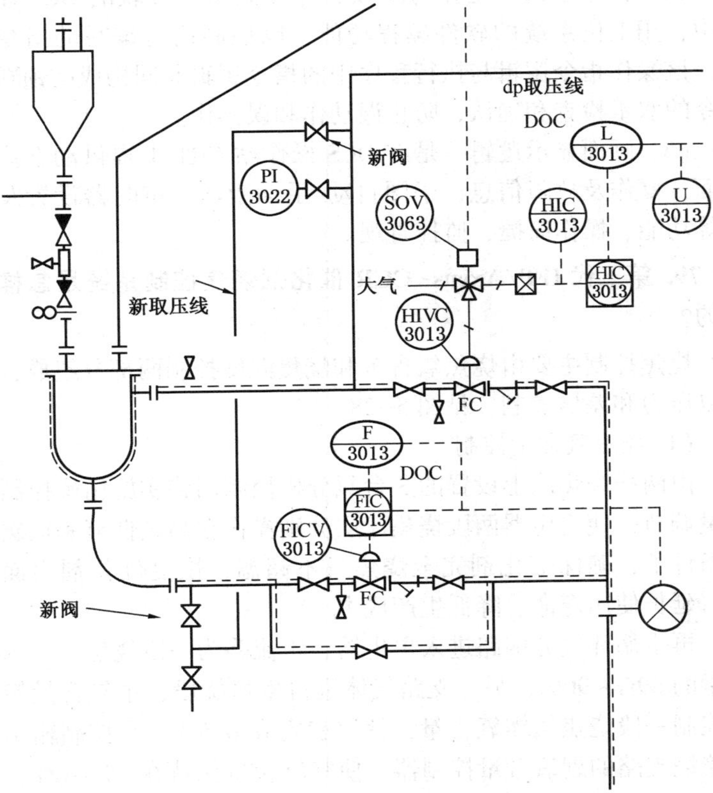

图 5-27 IFP-CCR 催化剂提升流量控制取压线的改进

☞ 78. 第三代 IFP/Axens-CCR 闭锁料斗控制系统控制逻辑主要由哪三部分组成?

(1) 执行逻辑 它由若干组控制子逻辑功能块以积木搭接法构成，程序将按照启动命令(装料或卸料)，工艺操作条件，仪表诊断结果，阀门开关状态及操作时序自动运行。并对运行过程中的故障诊断及时序设置等信息作出处理，向操作人员发出报警及确认信息。

（2）指令逻辑　是在与闭锁料斗控制系统关联的 DCS 控制器中，用上位系统的软件编程功能，以控制语言编写的指令程序。该操作指令逻辑与执行程序中的指令逻辑共同构成闭锁料斗指令的双重检查和确认，防止误动作和误操作。

（3）画面显示逻辑　是在 DCS 操作站 CRT 上提供动态流程画面，操作及故障信息，子图自动/手动激活、定时器设置及运行等功能、操作简捷、监控直观。

☞ 79. 第三代 IFP/Axens-CCR 催化剂烧焦控制系统是怎样构成的？

烧焦控制主要由烧焦氧含量和烧焦温度控制两部分组成，并辅以压力和差压控制，见图 5-28。

（1）烧焦氧含量控制

由两段烧焦线上设置的 3 台氧分析控制回路实施精确控制和微量调节，使再生器两段烧焦床层分别操作在高碳低氧和低碳高氧条件下，确保催化剂完全烧焦且不超温，恢复催化剂表面活性、延长使用寿命、降低生产成本。

再生循环气分两路进入再生器，主流路为一段烧焦气，约占流量的 89%~90%，另一支路气体进再生焙烧段，主氧含量控制器控制一段烧焦气体氧含量，使之稳定在 0.5%。其控制输出给定焙烧支路的副氧含量控制器，使其氧含量保持在 5%~6%，副氧含量控制器的输出再给定注入空气的流控回路。该控制方案的特点是不直接将补充空气注入一段烧焦气中，而是利用副氧控制回路的快速跟随响应减小一段烧焦气氧含量调节的纯滞后特性，达到均匀调节氧含量的目的，不会因氧含量的大幅波动造成超温。

二段烧焦气体氧含量控制是以再生器烧焦气体出口氧含量控制器串级给定二段烧焦气补氧空气的流控副回路进行调节，其控制目标是保持再生烧焦后气体的氧含量在 0.2%~0.25%，以确保催化剂完全除焦，并减少能耗。

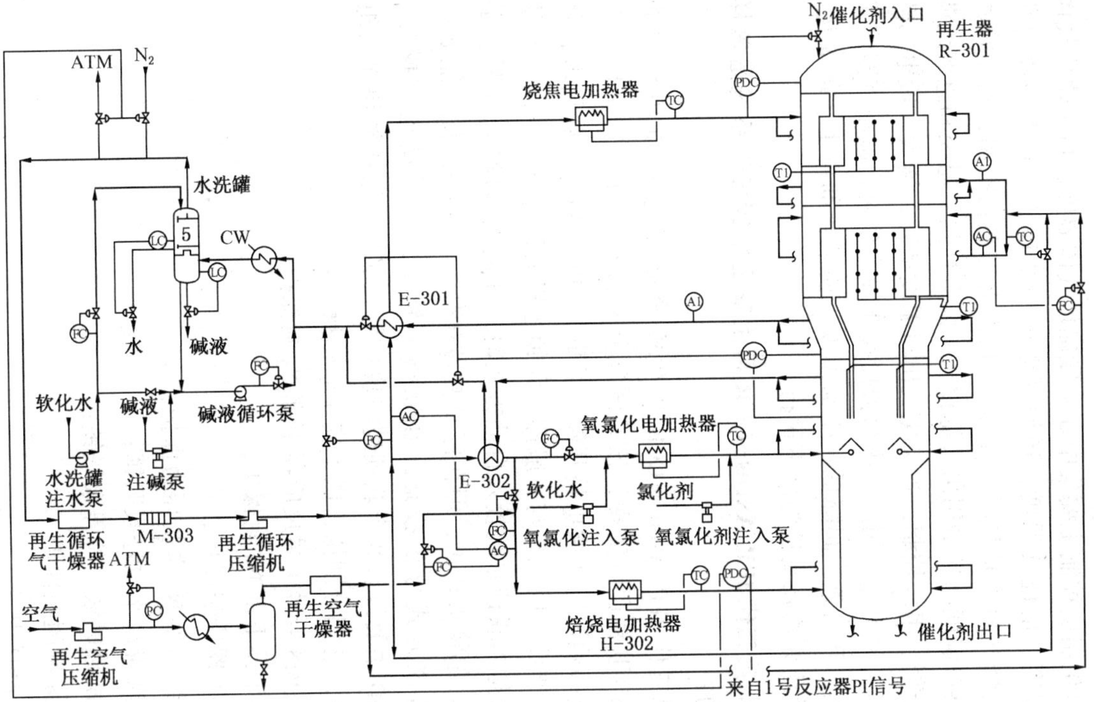

图 5-28　第三代 IFP-CCR 烧焦控制简图

（2）再生温度控制

再生温度控制主要集中在一段烧焦气体温度、再生烧焦气体出口温度、焙烧气温度、还原区温度四个环节，其中一段烧焦气、焙烧气和还原 H_2 气三路温度是由电加热器控制，再生烧焦气体出口温度则是采用出口温控与一段电加热器温控和急冷线调节阀分程、串级控制，当烧焦气出口温度低时，增大一段电加热器功率，关闭急冷阀。当出口温度高于设定值时，减小直至停止电加热，开启急冷阀降低再生器温度。使催化剂再生、氧氯化、焙烧及还原均在受控温度下进行。

☞ 80. 第三代 IFP/Axens-CCR 再生安全联锁控制系统是怎样构成的？

第三代 IFP/Axens-CCR 再生安全联锁是由 CCRCS 中的 CCRESD 联锁逻辑实现，该系统除其有高可靠性高安全性要求外，还必须适应连续重整开停工及事故中断等特殊操作要求，具备可操作性。因此它与一般停车联锁逻辑的设计有所不同，其基本要求是当联锁系统投入自动方式时，任何人为操作(除紧急手动停车)都将被禁止，但在停车复位操作后，某些部位只能通过手动遥控方式分步投运，在联锁旁路时，可手动遥控操作。CCRESD 主要设有 8 个联锁逻辑块，另有部分联锁逻辑块在机组 ESD 中，它们分别执行以下安全联锁操作：

反应区 4 号 1 号反应器下部 N_2 封保护；

再生器下部 N_2 封保护；

再生器烧焦保护；

连续重整 N_2 系统压力保护；

碱洗罐高水位停泵联锁；

碱洗罐碱液高位停泵联锁；

还原罐超温保护。

在 ESD 中：

连续重整循环气压缩机停车联锁；

连续重整空压机停车联锁；

连续重整氮气压缩机停车联锁；

淘析风机停车联锁。

☞ 81. 第三代 IFP/Axens-CCR 再生器的压力是怎样控制的？

再生器的压力是通过与反应部分设备的压差来自动进行控制的，设计过程中确定了反应部分设备的压力从而再生器的压力也被确定。一般讲，提高再生压力，将增加氧的分压，对烧焦是有利的。不同连续重整的再生器压力是不一样的，目前重叠式连续重整再生器的压力与重整反应的产物分离罐关联，规定是0.25MPa，并列式连续重整再生器的压力与第一反应器关联，约为1.0MPa。

☞ 82. 第三代 IFP/Axens-CCR 控制系统配置是怎样构成的？

第三代 IFP/Axens-CCR 再生控制系统由 DCS，专用控制系统 CCRCS 和机组停车联锁系统 ESD 组合而成，它们之间以数据通讯为主，重要参数或状态通过硬接线点到点连接，系统基本配置图见图 5-29。

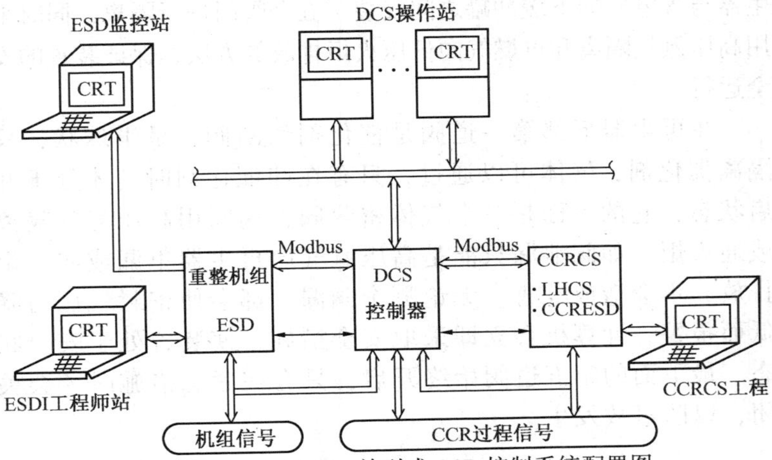

图 5-29　OCTANIZER 并列式 CCR 控制系统配置图

☞ 83. 在第三代 IFP/Axens-CCR(Regen C2)技术中为什么采用由1号提升器出来的提升管线A控制的提升模式?

提升管线A控制的提升模式的优势：催化进入再生器的速率更为平稳，进而避免进料向料位控制干扰催化剂循环的稳定；每个反应器上的料位和差压串级控制能避免催化剂充满上部料斗：即使此种情况发生，也只有二反上部料斗至四反上部料斗会被催化剂充满，但没有工艺害处。因为即使二反上部料斗至四反上部料斗的上游催化剂循环管线部分被堵塞，其产生的压降也不可能大到妨碍催化剂提升的重新开始；而且这种情形下，因为LSLL联锁已设置，催化剂不可能不充满反应器(正常操作时上部料斗中催化剂完全放空对装置可能产生危害)。取消二反上部料斗至四反上部料斗的LSHH联锁可避免安全联锁导致的催化剂循环的突然中断，这样二次提升气的控制阀可平稳地开关(见图5-30)。

☞ 84. 催化剂再生循环系统中，如何防止氧气漏入含氢系统?

这是一个很重要的安全问题，为保证其安全，在含氧气的再生器与含氢气的下缓冲罐之间安装了五个阀门进行隔离，同时采用高压氮气隔离和可燃气向低压火炬排放的方法，保证装置的安全运行。

在再生器下部第一道阀是催化剂切断阀，呈半球状，只隔离催化剂，气体可以通过，只有在卸催化剂时，才处于开启状态，它的下面是三个气体密封阀，阀间用高压氮气隔离或通火炬，如阀泄漏只能是高压氮气向再生器里漏或向火炬排放，不会造成危害。无论哪个阀漏，都会使密封气压力降低而报警，计算机会立即采取安全措施，使装置处于安全状态。最下面的第五道阀始终开启，只有在紧急措施时才会关闭，以防事故发生。

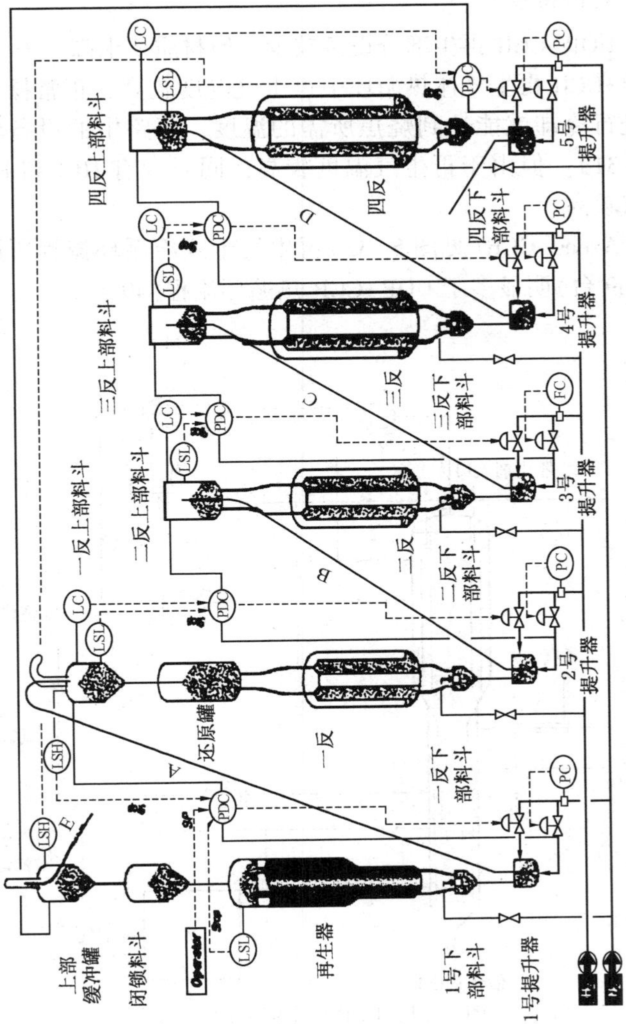

图 5－30　提升管线 A 控制的提升模式

☞ 85. UOP-CCR 与 IFP/Axens-CCR 两种连续重整催化剂再生系统各有何特点？

(1) UOP-CCR 再生部分设备较少，但材质要求高

UOP-CCR 再生气体热循环中再生气温度较高，正常操作中只需要进行冷却就能达到烧焦所需的温度，回路中的设备较少(见图 5-31)。但由于再生气温度较高，同时含有 HCl 和 H_2O，材质要求较高。

IFP/Axens-CCR(见图 5-32)再生气干式冷循环流程所用设备数量(69 台)明显多于 UOP-CCR 热循环流程(49 台)。

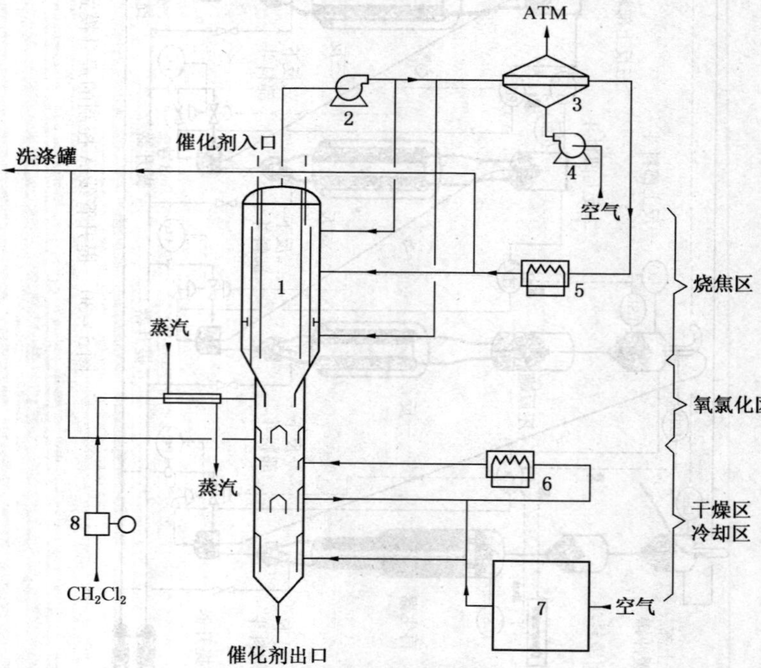

图 5-31 UOP 再生流程图

1—再生器；2—再生风机；3—再生空冷器；4—再生空冷器风机；5—再生气电加热器；6—空气电加热器；7—空气干燥器；8—再生注氯泵

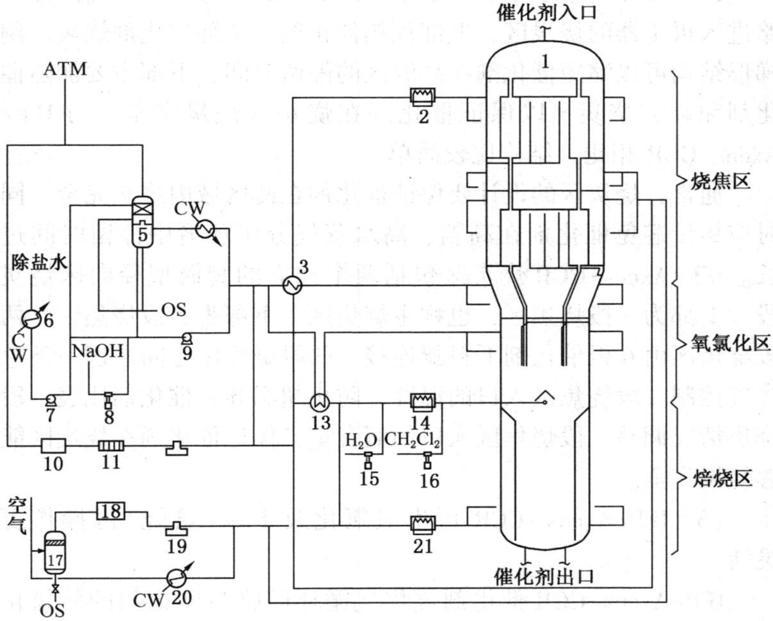

图 5-32　IFP/Axens-CCR 再生流程图

1—再生器；2—烧焦电加热器；3—烧焦进料/产物换热器；4—再生气循环冷却器；5—洗涤罐；6—洗涤水冷却器；7—再生注洗涤水泵；8—再生注碱泵；9—碱液循环泵；10—再生循环气干燥器；11—再生循环气过滤器；12—再生气循环压缩机；13—焙烧进料/产物换热器；14—氧氯化电加热器；15—氧氯化注水泵；16—再生注氯泵；17—空气干燥气入口分液罐；18—空气干燥器；19—空气压缩机；20—空气水冷器；21—焙烧电加势器

但是，由于 IFP/Axens-CCR 再生气循环中设备操作条件较缓和，大部分设备均已实现国产化，在 UOP-CCR 装置中，再生风机和再生空冷器等设备由于材质要求较高，现阶段还主要依赖于进口。

（2）UOP-CCR 再生烧炭区的结构比较简单

UOP-CCR 烧炭区为一段倒梯形径向床结构，再生气体分三路进入再生器的烧炭区，上部预热催化剂，中部催化剂烧炭，倒梯形结构可以缩短催化剂在高温区的停留时间，下部主要加热催化剂和补充烧炭，以保证催化剂在烧炭区烧炭完全。与 IFP/Axens-CCR 相比，结构比较简单。

通常，烧炭区的设计要保证催化剂在此区域内烧炭完全，同时应尽量避免催化剂在高温、高水蒸气分压环境中停留时间过长。IFP/Axens-CCR 烧炭区包括两个独立的套筒型径向床烧炭段，上部为一段烧焦区，也称主烧焦区；下部为二段烧焦区。两段烧焦区由 6 根催化剂下料腿连接，两段烧焦区之间通过一条急冷气控制二段烧焦区入口的温度，防止超温导致催化剂比表一段烧焦情况调整二段烧焦区入口的氧含量，保证催化剂在烧炭区能够烧炭完全。

（3）IFP/Axens-CCR 再生氧氯化及干燥（焙烧）区操作更灵活

IFP/Axens-CCR 催化剂烧焦气循环回路与催化剂的氧氯化及焙烧气体循环回路彼此分开，可使催化剂的烧焦、氧氯化及焙烧的操作参数分别优化，互不影响。一段和二段烧焦区的入口气体中的氧含量通过干燥空气的补充来分别控制，减少了烧焦区中氧含量控制的相关参数。同时，催化剂在进行氧氯化及焙烧时的操作参数如氧分压、水含量以及氯化物的注入也可以根据催化剂再生的实际要求进行灵活调整而不受催化剂烧焦的影响。UOP 催化剂连续再生技术中，氧氯化气及催化剂干燥气均为压缩空气，这部分气体需进入烧焦区以调节烧焦区氧含量，注氯量根据烧焦情况进行调整。

再生器缓冲区料位与提升管内压差串级后，再与再生器提升器二次风串级，来控制再生器提升器的催化剂提升量，以实现再生器缓冲区料位的控制。

四反上部料斗料位与四反下部提升器二次风串级，来控制四反提升器的催化剂提升量，以实现四反上部料斗料位的控制。

（4）再生还原区有利于保护催化剂

在催化剂的还原区，所不同的是 IFP/Axens-CCR 采用一段还原的方式，还原氢纯度要求大于 99%，需采用外供的高纯度氢气。UOP-CCR 采用两段还原的方式，还原氢纯度大于 80%即可满足要求，一般采用重整装置再接触或冷冻部分的富氢气体，上段为低温还原，操作温度在 380℃左右，主要作用是脱水还原；下段为高温还原，操作温度在 485℃左右，其主要作用是干燥。两段还原可以避免催化剂同时处于高温、高水环境，从而降低催化剂再生后铂金属的积聚失活，保持催化剂的活性。

（5）IFP/Axens-CCR 再生反应条件比较理想

Axens 的再生压力（0.53MPa）比 UOP 的再生压力 0.25MPa 高，Axens 烧焦区氧分压（4.24kPa）比 UOP 烧焦区氧分压（1.75kPa）高。根据烧焦动力学，Axens 的烧焦速率在相同条件下是 UOP 的 1.54 倍，因此在相同烧焦条件下 Axens 的催化剂循环周期可以延长，从而减少催化剂的磨损，延长催化剂的寿命。Axens 氧氯化区氧含量 4%~6%，同时含氯化剂的气体。UOP 所用的介质为仪表风，氯化剂单独注入。根据国内科研人员的研究结果，在空气中加入氯化剂作为氯化更新介质时 Pt 的分散度能达到最大值。因此 Axens 氧氯化区的设置方式对催化剂上的 Pt 分散更有利。

综上所述，连续重整催化剂再生两种技术都是成熟可靠的，虽各有特点但总体水平基本相当。炼厂可根据原料性质、追求的目的产品与公用工程等具体情况选择。

第六章　芳烃分离

☞ 1. 芳烃分离装置的主要任务是什么？

芳烃分离装置的任务是分离芳烃。

在芳烃分离的原料中，同时含有烷烃、环烷烃和烯烃等非芳烃，这些非芳烃和目的产品——芳烃不仅沸点接近，而且能够形成共沸物，在工业上用普通的蒸馏方法不能得到高纯度芳烃。因此，芳烃分离装置的主要任务是采用不同于普通蒸馏方法的特殊手段，将原料中的非芳烃（烷烃、环烷烃和烯烃）与芳烃产品加以分离。

☞ 2. 芳烃分离装置的原料有哪些来源？各有何特点？

芳烃分离装置的原料来源主要有：

（1）重整油；

（2）裂解加氢汽油（HSCN）；

（3）吸附分离成品塔顶液等。

不同来源的原料，在组成上有很大差异，重整油的特点是甲苯和二甲苯含量高；HSCN 的特点是苯含量丰富；而吸附分离成品塔顶液中99%以上是甲苯，各种原料的组成如表 6-1。

表 6-1　抽提原料组成

	重整脱戊烷油	乙烯裂解加氢汽油	吸附分离成品塔顶液
非芳烃含量/%	25~50	20~40	<1
芳烃含量/%	50~75	60~80	>99
其中：苯	8~15	25~35	—
甲苯	20~25	15~20	>99
二甲苯	20~25	7~15	—
C_9^+ 芳烃	2~5	3~10	—

☞ 3. 为什么二甲苯吸附分离系统的成品塔塔顶液也作为芳烃抽提的原料呢？

这是由于二甲苯吸附分离系统成品塔塔顶液含有高浓度芳烃，主要是甲苯，通常甲苯含量大于99%（摩尔）；但是，它还含有一定量非芳烃。所含的非芳烃应分离出去，不除掉非芳烃既不能作为纯甲苯产品出售，也不能作甲苯歧化的原料。如果甲苯中含有饱和烃（既非芳烃），它会抑制甲苯歧化催化剂的活性，歧化进料中如含有1%的饱和烃。反应温度大约需提高2~8℃才能补偿损失的活性。因此，含有一定数量非芳烃的二甲苯的吸附分离系统的成品塔顶液应该作为芳烃抽提的原料。

☞ 4. 芳烃分离装置的主要产品有哪些？对产品有些什么要求？

芳烃分离装置的主要产品有两种芳烃和非芳烃。

对分出的提取物——芳烃产品的最主要要求是非芳烃含量要低，通常要求非芳烃含量$\not>$0.2%。这是为后工序生产高纯度单体芳烃——苯类芳烃产品提供合格原料。

对分出的提余物——非芳烃的最主要要求是芳烃含量要少，通常要求芳烃含量$\not>$3%。这主要是由于芳烃回收率限制，显然，提余物——非芳烃中带走的芳烃越多，提取物（目的产品）——芳烃产品收率就越低，这是不希望的。另外，现代催化重整装置为提高装置的总体经济效益，很多装置都将提余物——非芳烃加工成溶剂油，由于溶剂油产品要求低烯烃、低芳烃含量，故要求溶剂油原料——非芳烃中芳烃含量应小于3%。

☞ 5. 重整抽余油是由哪些烃类构成的？其控制指标有哪些？有什么用途？

重整抽余油主要是由饱和烷烃构成的，典型装置的重整抽余油中90%是饱和烷烃，其余10%是芳烃和环烷烃；典型装置的重整抽余油中只有2.4%的芳烃（主要是甲苯），环烷烃也只有5.5%。不饱和烃含量甚微。

重整抽余油的主要规格指标是：

(1) 芳烃含量：通常要求芳烃含量≯3%；

(2) 溶剂含量：典型装置重整抽余油要求溶剂含量的指标是≯1μg/g。

重整抽余油的用途有：

(1) 重整抽余油绝大部分是由饱和烷烃构成，芳烃和环烷烃含量很低，不饱和烃含量甚微，所含溶剂等杂质也很少，因此，重整抽余油是极好的蒸汽裂解制乙烯装置的原料。

(2) 非芳烃含量低，重整抽余油也是制取橡胶溶剂油、植物油抽提用溶剂油和香花溶剂油等的上乘原料，不少文献曾介绍过由重整抽余油制取 60、120 和 6 号溶剂油。

☞ 6. 裂解加氢汽油(HSCN)的抽余油是由哪些烃类组成的？主要规格指标有哪些？有什么用途？

HSCN 抽余油是以烷烃和环烷烃为主要组分，含有微量芳烃。与重整抽余油不同，HSCN 抽余油中环烷烃含量比重整抽余油高得多。典型装置 HSCN 抽余油的组成是：六碳烷烃～八碳烷烃含量为 55%～60%(摩尔)，五碳环烷～八碳环烷含量为40%～45%(摩尔)[其中六碳环烷～八碳环烷为 35.4%(摩尔)]，芳烃含量(B+T)通常<1%(摩尔)。

HSCN 抽余油的规格指标主要有：

(1) 芳烃含量(对抽余油)通常要求≯3%；

(2) 溶剂含量一般要求≯1μg/g。

HSCN 抽余油是芳烃潜含量很高的石脑油，是很好的重整原料；但是，由于 HSCN 抽余油含有较多的溶剂、杂质和不饱和烃，因此作为重整原料时，还应进行加氢预精制。正是由于这种缘故，它的用途受到一定限制。

☞ 7. 分离芳烃的方法有哪些？

目前，世界上已有 200 多套分离芳烃装置。由重整油和裂解加氢汽油中分离芳烃的工业方法，主要有三种：

（1）溶剂液-液抽提法；

（2）吸附分离法；

（3）抽提蒸馏法。

当前，溶剂液-液抽提法是分离轻芳烃的主要手段。近30多年来，国内外对溶剂液-液抽提工艺和新溶剂的选择做了大量研究工作。

在工业中应用最广泛的是传统的Udex抽提法，近年用三甘醇(TEG)、四甘醇(TETRA)或二乙二醇胺(DGA)代替传统的二甘醇(DEG)溶剂，特别是TETRA法近年迅速发展；与TETRA法齐名的分离芳烃的方法当属以环丁砜为溶剂的液-液抽提法——环丁砜(Sulfolane)法。此外，先后还开发成功了以*N*-甲基吡咯烷酮(NMP)为溶剂的阿洛沙·文(Arosolvan)法、二甲基亚砜(DMSO)为溶剂的IFP法和*N*-甲酰基吗啉(NFM)为溶剂的Formex法，并陆续投入生产。

应用最多的抽提方法有如下几种：

（1）以环丁砜为溶剂的Sulfolane法，到目前为止已有100多套工业装置在运转，多建在美国。

（2）经典的、以各种甘醇为溶剂的Udex法，也有近100套，其中50%已改用四甘醇为溶剂(称Tetra法)；改用二乙二醇胺的Aromed法有4套；改用四甘醇混合溶剂的Carom法已有3套。

（3）以二甲基亚砜为溶剂的IFP法和以*N*-甲酰基吗啉为溶剂的Formex法，资料介绍已有十多套，多建在法国和意大利。

（4）以*N*-甲基吡咯烷酮(NMP)为溶剂的Arosolvan法，已有十多套，多建于德国和日本。

近年来，抽提蒸馏法分离芳烃也有一定发展，主要方法有：

（1）狄思他比克斯(Distapex)法；

（2）Morphylane法；

（3）Octenar法等。

☞ **8. 芳烃抽提系统通常包括哪几部分？现代芳烃抽提分离系统的主要特点是什么？**

芳烃抽提分离系统，通常由芳烃抽提、溶剂回收和抽出油处理三个单元部分构成。

有些装置，为了使芳烃潜含量较高的加氢裂解汽油(HSCN)抽余油得到充分利用，可设置两个抽提单元，分别处理重整生成油和二段加氢汽油。两个单元的抽出液合并后，一起送入溶剂回收和抽出油处理部分，两个抽提系统的抽余油则分别送往相应的贮罐或相应的后处理工序：HSCN 抽余油做重整原料，重整抽余油则作为溶剂油生产原料或乙烯裂解原料，也可做石脑油调合组分。

现代芳烃抽提系统的主要特点是：

(1) 抽提单元通常采用性能优异的抽提溶剂——如环丁砜、四乙二醇醚等，以抽提和抽提蒸馏相结合的方法，使芳烃和非芳烃的分离更趋完善；

(2) 溶剂回收和再生单元，可采用真空水蒸气蒸馏和减压操作，以保护溶剂，防止热分解，保证回收塔塔底贫溶剂的组成和含水量，工艺控制中多采用组分控制器；

(3) 为更好地保证抽出油的质量，多数装置的抽出油处理单元设置了抽出油水洗塔和白土处理塔。

(4) 在管理上，由于本系统常用的溶剂——环丁砜或四乙二醇醚和原料中苯的冰点较高，防冻保温措施对寒冷地区炼厂极为重要；另外环丁砜和四乙二醇醚等溶剂易氧化分解，而这些溶剂的价格都十分昂贵，因此，保护溶剂、防止氧化是本系统操作管理的关键环节之一。

芳烃抽提系统的基本任务是将原油中的芳烃和非芳烃加以分离，进而将混合芳烃分离成纯度合乎规格要求的苯、甲苯和二甲苯等。而抽提系统各部操作质量直接影响最终产品的质量，因此，必须精心操作，严格管理。

☞ 9. Udex 抽提过程是由哪一公司开发的？其原则流程是怎样构成的？近年有些什么发展？

Udex 芳烃抽提过程是 1952 年由美国环球油品公司（UOP）和道化学公司（DOW）研究成功的，以二乙二醇醚为溶剂，图 6-1 是 Udex 芳烃抽提过程原则流程图。

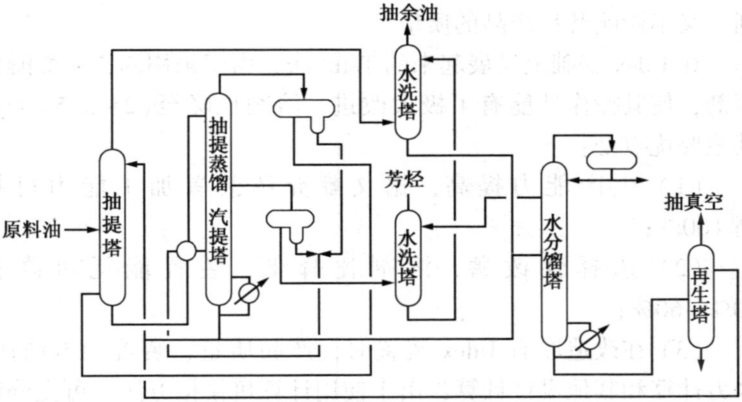

图 6-1　Udex 抽提流程

近年来，Udex 抽提法有了较大发展，最有代表性的是由四乙二醇醚代替传统的二乙二醇醚的 Tetra 抽提过程（见图 6-2）的出现。

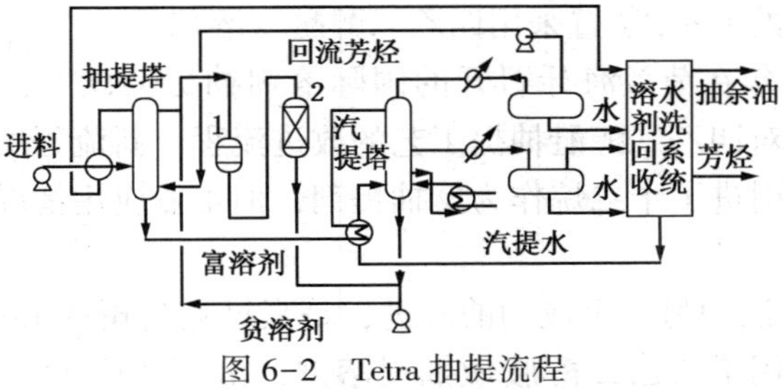

图 6-2　Tetra 抽提流程

1—溶剂过滤器；2—溶剂再生器

与 Udex 比较，Tetra 在流程上有以下改进：

(1) 溶剂再生系统采用过滤吸附，节约能耗并减少溶剂损耗；

(2) 用回流芳烃罐的水与芳烃精馏系统的苯回流进行一次平衡，获得洁净水，分别洗涤芳烃和非芳烃，洗完芳烃的水进入汽提水罐，洗完非芳烃的水进入抽提塔进料中。这样既回收了溶剂，又不影响芳烃产品的质量。

在 Udex 基础上发展起来的 Tetra 法，由于采用四乙二醇醚为溶剂，使其操作性能有了极大改进，溶剂比降至(2~3.5)：1。其主要优点是：

(1) 生产能力提高，据文献介绍装置加工能力可提高 100%；

(2) 选择性改善，溶剂比降低，装置能耗可降低 40%~60%；

(3) 在改造原有 Udex 装置时，产品质量、装置动力消耗、水力计算和其他设计计算，由于使用计算机模拟方法，可充分利用原有设备。

采用四乙二醇醚为溶剂的 Tetra 法开发工作，最初是由美国联碳公司完成的，第一套工业装置是 20 世纪 60 年代末在美国太阳油公司的得克萨斯州柯柏斯克里斯特厂 Udex 装置上实现的，Tetra 专利权由联碳公司林德分部所有。目前，世界上已有三分之一以上的 Udex 装置采用四乙二醇醚为溶剂。

1971 年在荷兰海牙召开的国际溶剂抽提会议上，联碳公司又发表了对四乙二醇醚抽提工艺的改进流程，新流程所用溶剂不含水，并引进了十二烷作为反抽提剂，但工业应用情况未见详细报道。

Udex 法的另一个成功的改进，是豪贝克公司在 Udex 装置中成功地改用了二乙二醇胺做抽提溶剂，溶剂比降至(3~4)：1，装置处理能力增加了 53%(见图 6-3)。该方法称为 Fromex 法。

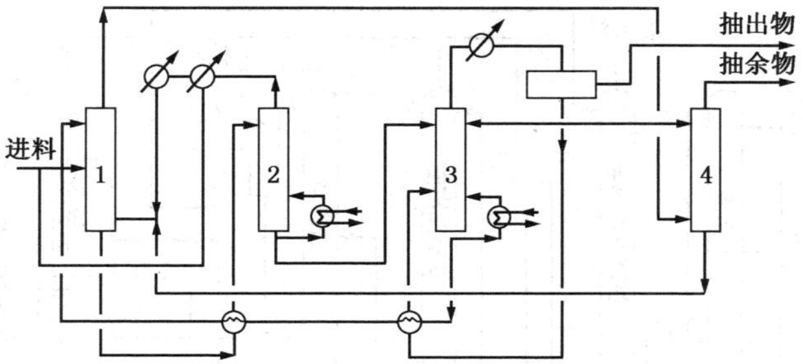

图 6-3　豪贝克 Fromex 法抽提流程

1—抽提塔；2—抽出物汽提塔；3—抽出物回收塔；4—抽余物洗涤器

☞ 10. 环丁砜抽提法是由哪一公司开发的？其原则流程是怎样构成的？

环丁砜(Sulfolane)抽提过程是由壳牌公司(Shell)发展并工业化的芳烃抽提法。

1959 年 5 月，在纽约市召开的第五届国际石油会议上，壳牌公司首先发表了环丁砜抽提芳烃的原理和抽提过程的概况；1963 年在德国法兰克福召开的第六届国际石油会议上，壳牌公司进一步详细地报告了在意大利罗炼厂和英国斯坦洛炼厂的工业装置运转数据，证实了环丁砜抽提过程的优越性。此后，该方法获得了迅速发展，目前，在世界上已有百余套装置在运行。

图 6-4 是环丁砜抽提过程的流程图。

原料在常温、常压和液相送入抽提塔中段，芳烃被选择性地抽出，含芳烃的溶剂称富溶剂。

富溶剂抽出后送入带压操作的抽提蒸馏塔顶部，随芳烃一起抽出的少量轻烷烃从抽提蒸馏塔顶馏出，作为回流循环到抽提塔；抽提蒸馏塔底产物被送到减压操作的汽提塔回收芳烃，在这里芳烃和溶剂完全被分离，溶剂经再生处理后返回到抽提塔顶。

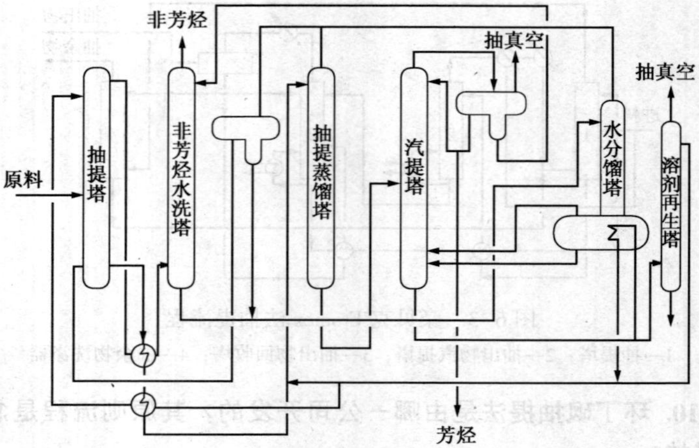

图 6-4　环丁砜抽提原则流程

☞ 11. 四乙二醇醚抽提与环丁砜抽提各有何特点?

环丁砜作为芳烃抽提溶剂，在溶解能力和选择性方面都优于四乙二醇醚。以环丁砜为溶剂的抽提装置，加工每吨原料油的能耗比四乙二醇醚抽提节省 5~10kg 标油。但是，环丁砜的价格较四乙二醇醚贵，且环丁砜抽提装置腐蚀情况较四乙二醇醚严重，维修费用高。此外，从操作条件来看，环丁砜抽提操作温度较高，需较高等级的蒸汽，环丁砜装置各部分还需氮气保护，这也会增加操作费用。

由于环丁砜抽提在溶解能力和选择性方面的优势，抽提塔的塔径比四乙二醇醚的抽提塔小，但塔高增加，系统控制较复杂，因此，投资费用相差不多。有的抽提专家指出，四乙二醇醚(TETRA)抽提法和环丁砜(Sulfolane)抽提法仍有并驾齐驱之势。情况虽然如此，但近年又出现了一种以四乙二醇醚和其他溶剂的混合物为溶剂的 Carom 芳烃抽提新工艺，其流程与环丁砜法对比如图 6-5 所示。

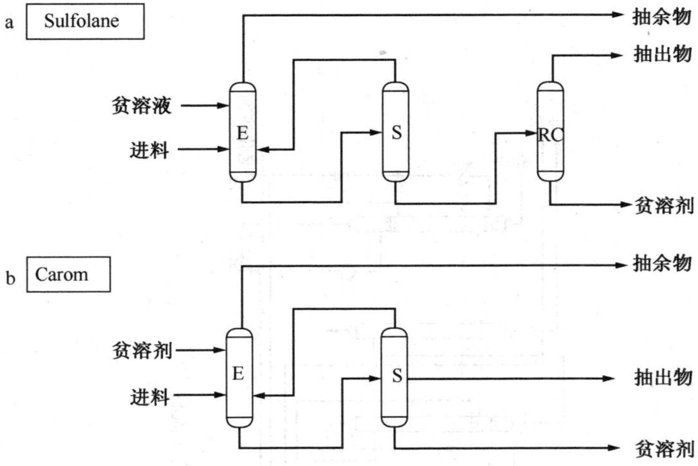

图 6-5　Carom 法与 Sulfolane 法流程对比图

1992 年已有三套 Carom 法芳烃抽提装置在运转。例如，U. S. Gulf Coast 炼厂的 Tetra 装置改造成 Carom 工艺后，装置生产能力提高 40%，苯纯度提高 0.09%（由 99.85%提高至 99.94%），苯的回收率达到 99.9%，能耗降低 20%，溶剂损耗降低（由进料的 100μL/L 降至 3μL/L）。

Carom 法与环丁砜（Sulfolane）法比较，热能消耗相近，但投资前者比后者低 12%～15%。

☞ 12. 近年来我国芳烃分离技术有哪些发展？前景如何？

我国第一套工业芳烃抽提装置是在 20 世纪 60 年代中期运转的，30 年来，我国的芳烃抽提技术有了很大发展。到目前为止我国已有乙二醇醚类抽提装置十几套，在更换溶剂和简化流程方面取得了很大进展。多数装置改用三乙二醇醚和较完善的简化流程（见图 6-6），在三乙二醇醚的基础上，近年又开始换用溶解能力强、选择性好的四乙二醇醚溶剂抽提芳烃，仅作很少的设备改造便可

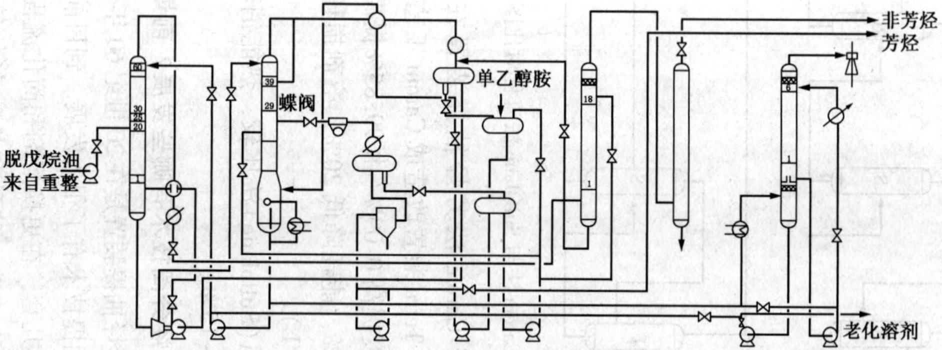

图6-6 三乙二醇醚抽提流程

收到可观的经济效益。我国第一套四乙二醇醚抽提芳烃装置是1990 年投用的，第二套四乙二醇醚抽提芳烃装置也相继投入运转，这两套四甘醇抽提装置都是采用石油化工科学研究开发的技术，但两套装置流程不尽相同，前者是类似环丁砜流程[见图6-7(a)]，后者是在 Udex 工艺基础简化形成的老厂改造简化流程[见图 6-7(b)]。

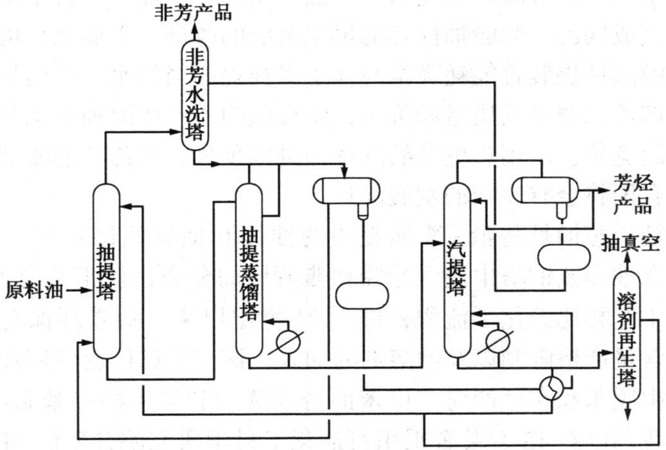

图 6-7(a) 四乙二醇醚抽提流程(A)

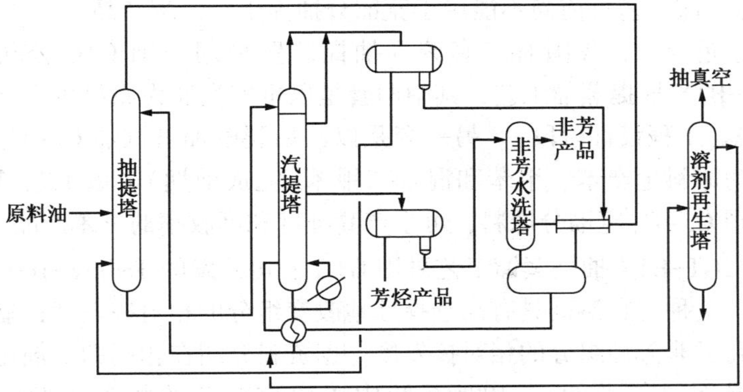

图 6-7(b) 四乙二醇醚抽提流程(B)

我国四乙二醇醚抽提的芳烃质量、芳烃回收率与现有三乙二醇醚抽提相比有了明显提高，与引进的环丁砜抽提水平相当。如果将我国现有三乙二醇醚抽提均改造成四甘醇抽提，必将产生巨大的经济效益。

但是，从装置能耗来看，环丁砜抽提具有更大的优势，因此，近年100多套新厂采用环丁砜抽提，我国也引进多套。这一差距给四乙二醇醚研究提出了挑战。据悉，石油化工科学研究院现已完成四乙二醇醚抽提溶剂再生系统的改进，工业化后可使四乙二醇醚抽提装置能耗降至与环丁砜抽提相当的水平。而且国内生产四乙二醇醚的质量和价格，将会随四乙二醇醚抽提工艺的发展引起竞争，给用户更多的选择，可以预见，四乙二醇醚抽提芳烃在我国将会有广阔的发展前景。

抽提蒸馏是将液-液抽提中的抽提和抽提蒸馏单元合二为一，在抽提蒸馏塔中进行芳烃和非芳烃的分离，该工艺与液-液抽提工艺相比简化了流程，进入21世纪以来，随着环保对汽油中苯含量严格限制以及助溶剂的加入，该工艺已广泛应用在重整汽油中脱苯和在生产对二甲苯的芳烃联合装置中抽提苯和甲苯。近年我国已有12套装置采用石油化工科学研究院开发的SED抽提工艺。其中单独抽苯占75%，其余为抽苯和甲苯（详见本章14题）。该工艺目前尚不能用于宽馏分抽提生产三苯产品。

近年来，我国有三套芳烃抽提装置采用美国GTC公司的GT-BTX抽提蒸馏工艺，其中两套是以重整汽油为原料生产苯和甲苯（工程设计阶段）。另一套是以乙烯裂解加氢汽油$C_6 \sim C_8$馏分为原料生产苯、甲苯和混合二甲苯（完成前期）。该工艺可以处理$C_5 \sim C_9$宽馏分原料，可生产高纯度和高收率的三苯产品。

GT-BTX抽提蒸馏工艺采用GTC公司开发的Tethtiv-100th溶剂。这种混合溶剂具有高选择性地改变组分的相对挥发度，显著提高了非芳烃组分的相对挥发度。据资料介绍在相同的溶剂比的情况下，在Tethtiv-100th系统中正庚烷对苯的相对挥发度为2.44，高于环丁砜系统的2.0，见表6-2所示。

表 6-2 不同溶剂系统的相对挥发度比较

溶剂	溶剂/进料	$(\alpha)n$-C_7/苯
Tethtiv-100th	3.0	2.44
环丁砜	3.0	2.00
NMP	3.0	1.95
NFM	3.0	1.89
三甘醇	3.0	1.44
四甘醇	3.0	1.39

☞ 13. 何谓抽提蒸馏？狄思他比克斯(Distapex)法芳烃抽提蒸馏的基本流程是怎样构成的？

所谓抽提蒸馏，就是向系统中加入比原有任何组分沸点都高的溶剂，改变关键组分之间的相对挥发度，因而可以分离用一般常规蒸馏法不能分离的体系，加入的溶剂将随塔釜抽提物一起离开蒸馏塔，这种分离过程称为抽提蒸馏。

以上说明了抽提蒸馏的基本特征，并说明了它与一般常规蒸馏是不同的。它与一般液-液传质的溶剂抽提也是有区别的。它是以汽-液传质过程来分离体系中的某些组分；虽然加入了溶剂，还是以蒸馏的方式进行；它的塔釜仍靠再沸器提供热量；另外，溶剂一般不能在塔顶打入，因为溶剂入口以上必须还有若干块塔板，组成溶剂再生段，以便抽余物在塔顶引出之前，其中的溶剂浓度降到可以忽略的程度。

图 6-8 是使用 NMP(*N*-甲基吡咯烷酮)为溶剂的抽提蒸馏——狄思他比克斯法原则流程。

狄思他比克斯法一般处理由一种芳烃如苯或二甲苯和非芳烃组成的原料。以苯为例，在预分馏塔中把甲苯以上的重组分切掉。苯馏分送入抽提蒸馏塔中段，*N*-甲基吡咯烷酮溶剂从塔的上部适当位置送入，溶剂在下降过程中，与从塔底上升的苯和非

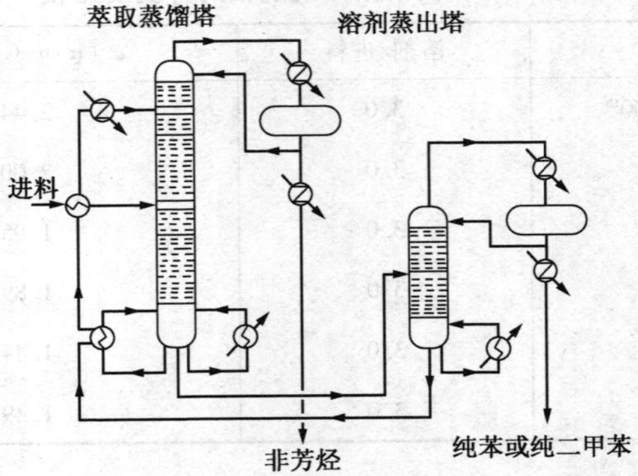

图 6-8　狄思他比克斯抽提蒸馏流程

芳烃蒸汽逆向接触。结果，苯选择性地溶解在溶剂中，从塔底抽出；非芳烃从塔顶馏出。含有少量溶剂的气相馏出物冷却后，部分打回流，其余出装置。塔底含苯富溶剂送入汽提塔，塔顶分出产品苯，溶剂经换热后返回抽提蒸馏塔。

☞ 14. SED 环丁砜抽提工艺流程是怎样构成的？特点是什么？

海南炼油化工有限公司 21 万 t/a SED 苯抽提装置是 120 万 t/a 连续重整装置的一个单元，采用石油化工科学研究院(RIPP)的环丁砜抽提蒸馏(SED)专利技术进行重整汽油脱苯，可以同时满足生产苯产品和清洁汽油的需要。该装置以重整汽油 C_6 馏分为原料，年产 5.4 万 t 苯及 16 万 t 抽余油，苯产品提供给苯乙烯装置做原料或部分外卖，抽余油与重整汽油 C_7^+ 馏分混合后作为清洁汽油调合组分。

装置采用石油化工科学研究院开发的 SED 工艺，以环丁砜添加专用助剂的复合溶剂为选择性溶剂，利用溶剂对 C_6 馏分中各组分相对挥发度影响的不同，通过抽提蒸馏实现苯与非芳烃的分离，过程包括抽提蒸馏、溶剂回收、苯产品精制和溶剂再生四部分。SED 工艺流程示意于图 6-9。

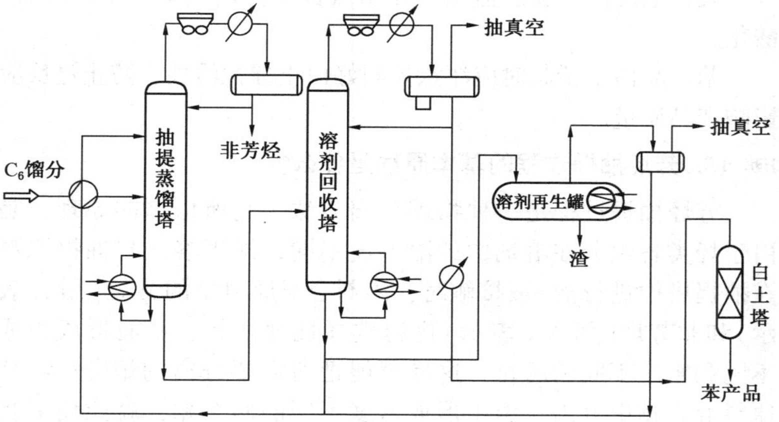

图 6-9　SED 工艺流程示意图

重整 C_6 馏分，经预热后进入抽提蒸馏塔(ED 塔)中部，循环溶剂从塔顶进入，经过抽提精馏，塔顶得到抽余油产品(非芳烃)出装置，塔底得到含高纯苯的富溶剂。富溶剂进入溶剂回收塔(RC 塔)，该塔在减压下操作，塔顶采出苯，塔底的贫溶剂经换热后循环使用。少部分贫溶剂进入溶剂再生罐进行减压再生，以保持系统溶剂的洁净。从 RC 塔顶出来的苯再进入白土塔脱除微量烯烃，合格苯产品出装置。

从建设投资来看，采用 SED 抽提蒸馏工艺较液液抽提工艺减少 4 台塔系，设备总台数减少 20 台左右，节省建设投资约 2000 万元。从消耗指标看，SED 抽提蒸馏工艺较液液抽提工艺显著降低，尤其蒸汽消耗减少 30%左右，可显著降低操作费用。从产品质量及收率来看，苯产品质量满足国家优级品标准，苯收率高，非芳烃产品能满足生产 6 号溶剂油的要求。

综上所述，与现有工艺相比，SED 工艺具有流程简单、投资少、能耗低及苯产品收率高的优势，其技术经济指标最优，可在新建或扩能改造中推广应用。

装置系统内应注意监测、控制氯含量，以减少环丁砜降解、酸化。

苯产品白土精制时应注意控制好白土催化活性，防止过反应影响产品质量。

☞ 15. 芳烃抽提过程的基本原理是什么?

芳烃抽提过程是一种物理分离方法。它所依据的原理，是由于烃类各组分在溶剂中的溶解度不同，即当溶剂与抽提原料在抽提塔中进行液-液接触时，溶剂会对原料中的芳烃(用 A 表示)和非芳烃(用 NA 表示)进行选择性地溶解，从而形成组成不同和密度不同的两相，这样就能把所需要分离的组分(A)从原料混合物中分出；由于形成密度不同的两个相，就能使液相原料混合物与溶剂产生逆流接触，从而在抽提塔中把 A 与 NA 分离。

抽提塔多采用筛板塔。为了提高溶剂效率，通常以相对流量较大的溶剂作为分散相，使其经过抽提塔盘的筛孔时，分散成较多的液滴，进入到原料混合烃的液层后，能够更有效地将原料烃中的芳烃抽提出来。原料烃则作为连续相流动。

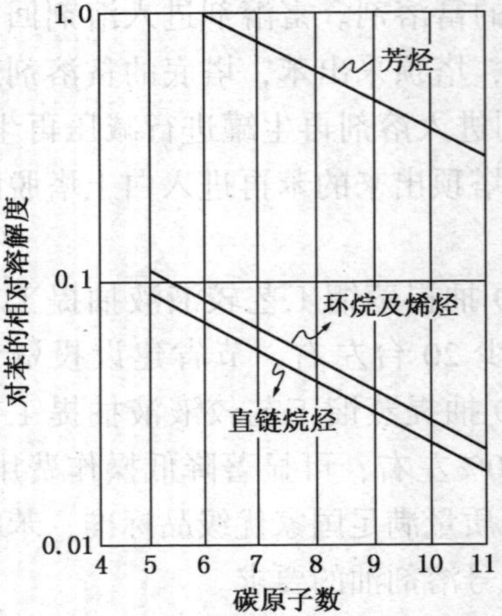

图 6-10 环丁砜中各种烃的相对溶解度

以环丁砜抽提为例，环丁砜能够选择性地溶解芳烃，但同时也能溶解一些非芳烃。它对各种烃类的溶解度见图 6-10。

由图 6-10 可以说明两个问题：

(1) 芳烃和非芳烃在溶剂

中的溶解度存在着明显的差异，按族组成顺序为：

芳烃>烯烃>环烷>烷烃

（2）同族烃类中，随着分子量增加，即碳原子数的增加，其溶解度下降，即：

苯>甲苯>二甲苯>重芳烃；

轻质环烷或烯烃>重质环烷或烯烃；

轻质烷烃>重质烷烃。

在芳烃抽提工艺中，习惯上把芳烃与非芳烃在溶剂中的溶解度差异叫做分类选择性；而把同族烃中分子大小不同的烃在溶剂中的溶解度差异，称为轻重选择性。

返洗液就是利用轻质芳烃置换轻质非芳烃，轻质非芳烃置换重质非芳烃，以提高抽提油的质量，但返洗量不宜过大，否则会降低溶剂的选择性。

☞ 16. 选择芳烃抽提溶剂时必须考虑哪些条件？

（1）对芳烃必须有较高的溶解能力(即溶解度)；

（2）对芳烃必须有较高的选择性；

（3）溶剂与原料烃的密度必须有较大的差异。

这三项是选择芳烃抽提用溶剂必需首先考虑的基本条件。除此之外，还应考虑以下一些条件：

① 溶剂与原料烃相界面张力要大，应不易乳化、不易发泡。

② 溶剂与抽出物的沸点应有较大差异，不产生共沸物，以便于用分馏的方法加以分离。

③ 化学稳定性要好，不与原料起化学反应，本身不易变质，不腐蚀设备。

④ 蒸发潜热和比热容要小，使之能耗低；蒸气压要低，不易挥发损耗。

⑤ 凝点低，黏度小，不易燃，便于贮运。

⑥ 价格要低，供应来源要有保证等。

☞ 17. 溶解和溶解度的涵义是什么？

所谓溶解，就是一种物质（如芳烃，称溶质）分散在另一种物质（如二乙二醇醚，称溶剂）中形成溶液的过程。物质溶解能力大小用溶解度表示。溶解度的涵义是指在一定温度和压力下，物质（如芳烃）在一定量溶剂中溶解的最高量。通常以 100g 溶剂里溶解的最多克数来表示，即以 g/100g 来表示。在炼油或化工生产中，常常利用物质溶解度的差异来分离物质。溶解是指溶质（如芳烃，用 A 表示）由液相原料油（用 B 表示）中转入到溶剂相（用 S 表示）中的传质过程，在溶质 A 与溶剂 S 接触、进行溶解的过程中，随着溶质 A 在溶剂 S 中的浓度（用 c_A 表示）逐渐增高，传质速率将逐渐减慢，最后降低为零，c_A 此时达到最大限度 c_A^*。这时称溶解达到了平衡，c_A^* 可称为平衡溶解度，简称溶解度或溶解能力，通常用 S_p 表示。在数值上 S_p 等于溶质 A 中的一种活度系数（用 γ 表示）的倒数，例如甲苯。即：

$$S_p = \frac{1}{\gamma_{甲苯}}$$

工业中应用的芳烃抽提溶剂溶解能力以 N-甲基吡咯烷酮、环丁砜和四乙二醇醚为最大，N-甲酰基吗啉次之，二甲基亚砜和三乙二醇醚再次之（见表 6-3）。

表 6-3 以甲苯或苯表示的溶解能力

溶剂名称	$\frac{1}{\gamma_{苯}}$			$\frac{1}{\gamma_{甲苯}}$			
	25℃	60℃	100℃	25℃	50℃	100℃	150℃
N-甲基吡咯烷酮	1.06*	0.86	0.71	—*	—	0.55	—
环 丁 砜	0.42	0.41	0.40*	0.24	0.26	0.3*	0.33
二甲基亚砜	0.29*	0.44	0.48	0.2*	—	—	—
三乙二醇醚	0.21	0.24	0.27*	—	—	0.18*	0.19*
二乙二醇醚	0.15	0.15	0.16*	—	0.1	0.12*	0.13*

* 接近工业操作温度。

对抽提过程，溶剂的选择性有重要意义，芳烃抽提用溶剂通常必须具有较高的分类选择性和烃、重选择性。

芳烃抽提用溶剂 S 应当是原料中溶质 A(即芳烃)的良好溶剂。同时，对原料中的非芳烃 NA 是不良溶剂，以使抽出液中 A 的浓度 y_A 大，而 NA 的浓度 y_{NA} 小；相反，在抽余油中则要求 A 的浓度 x_A 小而 NA 的浓度 x_{NA} 大，这种对溶剂溶解度的特殊要求，可作为溶剂的选择性的标准。如果定量描述时，可用选择性系数 β 表示：

$$\beta = \frac{y_A / y_{NA}}{x_A / x_{NA}} = \frac{y_A}{x_A} \Big/ \frac{y_{NA}}{x_{NA}}$$

式中 y_A/y_{NA}——抽出相中芳烃(A)、非芳烃(NA)的浓度之比；

x_A/x_{NA}——抽余物中芳烃(A)、非芳烃(NA)的浓度之比。

在芳烃抽提运转中，通常以 $\lg \frac{\gamma_{正庚烷}}{\gamma_{甲苯}}$ 或者用 $\lg \frac{\gamma_{正己烷}}{\gamma_{苯}}$ 来表示。不同的溶剂对芳烃的选择性不同，这正是选择溶剂的基本要求之一(见表 6-3)。

☞ 18. 什么是溶剂的选择性？对芳烃抽提过程有何重要意义？

溶剂对不同类烃的溶解能力的差异，通常称为溶剂的选择性。对某种烃(如芳烃)溶解能力越强，就说这种溶剂对这种烃类(如芳烃)的选择性越好。这种按烃类种类(如芳烃与非芳烃等)不同表明在溶剂中的选择性差异，又称做分类选择性。环丁砜溶剂对各种烃类的选择性顺序大致如下：

芳烃>环烷烃>烯烃>链烷烃

同类，但分子大小不同时，在溶剂中的溶解度也有差异，这种差异称为轻重选择性。环丁砜对不同烃类的轻重选择性顺序为：

苯>甲苯>重质芳烃；

轻质环烷烃或烯烃>重质环烷烃或烯烃；

轻质烷烃>重质烷烃。

对于生产低分子 BTX 芳烃的装置，当然不希望重芳烃的选择性高于 BTX 的选择性。

由表 6-4 可以看出，芳烃抽提溶剂的选择性以环丁砜和二甲基亚砜最高，四乙二醇醚和 *N*-甲基吡咯烷酮次之。

表 6-4　各种不同溶剂的选择性

溶　　剂	$\lg\frac{\gamma_{正己烷}}{\gamma_{苯}}$			$\lg\frac{\gamma_{正庚烷}}{\gamma_{甲苯}}$			
	25℃	60℃	100℃	25℃	50℃	100℃	150℃
N-甲基吡咯烷酮	1.10	0.94	0.81	—	—	0.69	—
环　丁　砜	1.48	1.29	1.12	1.38	1.26	1.09	0.97
二甲基亚砜	1.34	1.11	0.90	1.33	—	—	—
三乙二醇醚	1.11	0.98	0.87	—	—	0.80	0.61
二乙二醇醚	1.19	0.99	0.83	—	1.04	0.90	0.78

芳烃抽提生产过程，希望溶剂有高选择性。显然，溶剂对芳烃的溶解能力与对非芳烃的溶解能力之间的差别越大，即溶剂的选择性越高，则分离效果越好，所得芳烃产品的纯度越高。工业用溶剂以环丁砜居多的原因之一，正是由于它具有良好的选择性。

溶剂的选择性和溶解能力往往是有矛盾的，一般来说，溶解能力强的选择性就差，反之选择性好的溶解能力就低。选择合适的操作条件，正是处理好选择性和溶解能力的主要措施。

但是，有些溶剂(如 *N*-甲基吡咯烷酮)的选择性虽然较低，但溶解能力强，在实际操作中允许加大回流量，以弥补溶剂的选择性不足，因此，提高回流比与高选择性溶剂(如环丁砜)基本相同。

总之，芳烃抽提用溶剂要求尽可能高的选择性，或有足够的调节选择性的余地。

☞ 19. 芳烃抽提用溶剂为什么要求其密度应与原料油密度有较大的差异？并要求适中的界面张力？

芳烃抽提用溶剂要求与原料油密度应有较大差异，这样有利于抽出相（溶剂）与抽余相（非芳烃抽余油）能较快地分层。

此外，抽提用溶剂与原料油接触时界面张力也有重要影响。如果界面张力过小，那么分散相（通常是溶剂）的液滴很细小，不易合并、集聚，严重时会产生乳化现象，因而难以分层；假若界面张力过大，液体又不易分散，那么，混合时相界面小，接触效果不佳，两相传质后离平衡状态甚远，即“级效率”（相当于塔板效率）很低，也不适宜。因此，界面张力要适中。有人建议，将抽提溶剂与原料油同置于分液漏斗中，经剧烈摇动后，5min 内分层时，认为界面张力是适当的。

☞ 20. 何谓分配系数？与抽提效率有什么关系？

所谓分配系数是指平衡共存的两液相中，溶质 A 的分配关系可用分配系数 K_A 表示如下：

$$分配系数(K_A)=\frac{溶质\ A\ 在提取相(E)\ 中的浓度}{溶质\ A\ 在提余相(R)\ 中的浓度}=\frac{y}{x}$$

式中，溶质 A 的浓度用 kg/m^3 表示。

显然，K_A 值愈大，每次提取所得的分离效果愈好，抽提效率愈高。当浓度变化不大时，恒温下的 K_A 值可近为常数。

☞ 21. 如何计算芳烃回收率？

芳烃（苯、甲苯或二甲苯）回收率（用 G_i 表示），计算公式是：

$$G_i = \frac{X_e(X_f - X_r)}{X_f(X_e - X_r)} \times 100\%$$

式中 G_i——苯(甲苯或二甲苯)的回收率；

X_e——抽出物中苯(甲苯或二甲苯)含量，%；

X_f——抽提进料中苯(甲苯或二甲苯)含量，%；

X_r——抽余油中苯(甲苯或二甲苯)含量，%。

总芳烃回收率(用 ΣG_i 表示)的计算公式是：

$$\Sigma G_i = \frac{X_F - X_R}{X_F(1 - X_R)} \times 100\%$$

式中 ΣG_i——BTX 总的回收率；

X_F——抽提进料中总芳烃含量，%；

X_R——抽余油中芳烃(苯、二甲苯和二甲苯)总含量，%。

☞ 22. 工业中几种常用溶剂有哪些？

表 6-5 列出了工业中常用的几种溶剂。

☞ 23. 环丁砜溶剂有哪些主要特性？

(1) 对芳烃的溶解度大，选择性高；

(2) 密度大，与油相的密度差大，易于分层；

(3) 界面张力大，不乳化和发泡；

(4) 与抽出物沸点差大，不生成共沸物，便于分离；

(5) 比热容小，可使抽提装置能耗低；

(6) 热稳定性和化学稳定性较好，减少过程中的损失；

(7) 毒性及腐蚀性低，便于操作和设备的维护；

(8) 凝点高(28.3℃)，在生产中要特别注意防冻防凝，避免冻结管道及仪表引出管而引起事故。

表 6-5 几种溶剂的一般性质

方法	项目 / 溶剂名称和结构式	相对密度 (d_4^{20})	沸点/℃	凝点/℃	黏度/(mPa·s) 25/℃	黏度/(mPa·s) 100/℃	比热容/[J/(K·g)] 25/℃	比热容/[J/(K·g)] 100/℃	汽化潜热/(kJ/kg) 100/℃	汽化潜热/(kJ/kg) 150/℃	分解温度/℃
Udex 法	二乙二醇醚 $O(C_2H_4OH)_2$	1.12	245	-8.5	29	3.3	2.23	2.59	685	642	163
	二丙二醇醚 $O(C_3H_5OH)_2$	1.02	231	—	48	4	2.23	—	656	606	—
	三乙二醇醚 $CH_2OC_2H_4OH$ | $CH_2OC_2H_4OH$	1.12	285.5	-7	37.3	3.5	2.21	2.45	698	656	206

续表

方法	项目 溶剂名称和结构式	相对密度（d_4^{20}）	沸点/℃	凝点/℃	黏度/（mPa·s）		比热容/[J/（K·g）]		汽化潜热/（kJ/kg）		分解温度/℃
					25/℃	100/℃	25/℃	100/℃	100/℃	150/℃	
Udex 法	四乙二醇醚 $C_2H_4OC_2H_4OH$ O $C_2H_4OC_2H_4OH$	1.16	327	—	33 （30℃）	4	—	—	—	—	237
	二乙二醇胺 $C_2H_4NH_2$ O $C_2H_4NH_2$	1.06	221.1	-9.5 （冰点）	30 （20℃）	8 （50℃）	—	1.58 （149℃）	—	121	—
Sulfolane 法	环丁砜 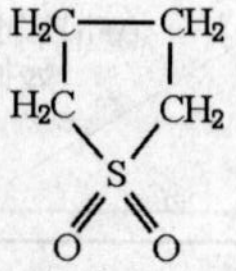	1.26	287	28	10.3 （30℃）	2.5	1.34 （30℃）	1.46	523	514 （200℃）	200

续表

方法	项目 / 溶剂名称和结构式	相对密度（d_4^{20}）	沸点/℃	凝点/℃	黏度/（mPa·s） 25/℃	黏度/（mPa·s） 100/℃	比热容/[J/(K·g)] 25/℃	比热容/[J/(K·g)] 100/℃	汽化潜热/(kJ/kg) 100/℃	汽化潜热/(kJ/kg) 150/℃	分解温度/℃
Arosolvan 法	*N*－甲基吡咯酮 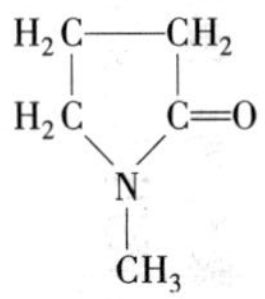	1.03	206	－24	1.02（30℃）	0.97	1.75（30℃）	1.92（80℃）	—	493（202℃）	—
IFP 法	二甲基亚砜 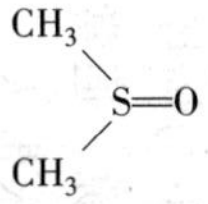	1.1	189	18	2.0	—	2.05（20℃）	—	—	552（109℃）	120
Formex 法	*N*－甲酰基吗啉 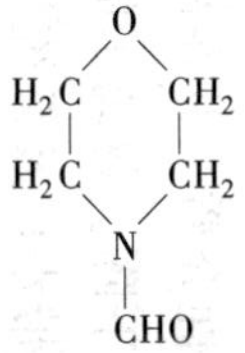	1.15	244	21	9.4（20℃）	2.7（70℃）	1.59	1.80（70℃）	435（127℃）	401（244℃）	>230

☞ 24. 环丁砜溶剂劣化的原因是什么？如何预防？

导致环丁砜溶剂劣化的因素很多，主要有以下几点。

（1）温度　温度对环丁砜的影响是导致其分解，产生 SO_2，pH 值下降，产生酸性腐蚀。Shell 化学公司和 Phillips 公司曾做试验，在盛有 250mL 环丁砜的玻璃杯中通入 N_2，200℃时分解速度是 0.002%·h^{-1}，SO_2 释放量为 2.8mg·$(250mL·h)^{-1}$；温度提高至 220℃时，分解速度提高至 0.010%·h^{-1}，SO_2 释放量提高至 3.3mg·$(250mL·h)^{-1}$。由于生成 SO_2，SO_2 与系统中水生成酸，导致系统 pH 值下降，产生酸性腐蚀。高温还导致聚合物的生成，使溶剂变质。

为防止溶剂环丁砜劣化，在操作中应严格控制溶剂系统的温度，特别是热源温度的控制（即 2.3MPa 蒸汽温度的控制），保证低温减压系统的平稳操作。通常蒸汽温度不应超过 230℃，溶剂再生塔应控制在 175~195℃范围内。

（2）空气（即 O_2）　溶剂环丁砜是无色液体，但遇空气氧化后就会变黄；而且有空气存在时，SO_2 释放量要增加，pH 值会明显下降，使溶剂劣化。

为防止溶剂与空气接触劣化，要求装置密封性要好，系统如有泄漏要及时解决，特别是开工前的真空试验要严格，要把真空度每小时下降控制在 1.33kPa 以内。

（3）氯离子　氯离子极易与环丁砜发生化学反应，使其变成酸性介质，并在高温下与烯烃生成聚合物，使系统中的 pH 值迅速下降。氯离子的来源，通常是装置用水（如海水）泄漏和原料油带水以及系统补充水带入。

为了防止氯离子的影响，要严格监视冷却器是否泄漏，必要时应改变冷却水介质来源；此外，要严防原料带水，系统补充水也要分析，严防带氯。

（4）添加剂　溶剂环丁砜抽提系统的添加剂主要有两

种，一种是调节 pH 值用的醇胺类化合物和单乙醇胺，另一种是抑制环丁砜发泡用的硅油。两种添加剂都必须按工艺要求及时正确地添加，否则会造成溶剂系统波动，使溶剂损失。特别是单乙醇胺的调节作用只在溶剂劣变之前才有效，如果环丁砜已经发生劣化，pH 值很低，酸性较强时，添加单乙醇胺并不能使 pH 值有效调节而缓解溶剂劣化；尤其是当单乙醇胺添加量较多时，回收塔温度较高，而单乙醇胺的沸点较低(171℃)，会很快分解，分解的胺盐会大量累积，堵塞设备。

为了防止上述不良影响，最主要的预防措施除上述外，还要按工艺要求及时正确地清除系统中的杂质。

☞ 25. 四乙二醇醚溶剂有何优点?

① 对芳烃具有较高的选择性和很大的溶解能力；

② 密度大，与油相的密度差较大，易于分层；

③ 与抽出物沸点差大，不生成共沸物，易于分离；

④ 分解温度高达 237℃，热稳定性好，损失少；

⑤ 毒性和腐蚀性低，便于操作和设备选用。

☞ 26. 由二乙二醇醚抽提改用四乙二醇醚溶剂后有哪些好处?

我国一些炼油厂，自 20 世纪 90 年代以来，先后将抽提溶剂由二乙二醇醚改为四乙二醇醚，从装置运转看有如下一些好处：

① 抽提原料中芳烃含量在 50%~70%均能平稳操作；

② 在溶剂比较低(5.6~6.8：1)、回流比较低(0.6~0.9)、贫溶剂含水较少(3.9%~5.0%)的条件下，均能得到高质量的芳烃产品；苯的冰点为 5.44~5.48℃；

③ 芳烃回收率高(97.9%~98.7%)，其中苯回收率为 99.7%~99.9%，甲苯回收率为 99.5%~99.9%，二甲苯回收率为 95.5%~97.6%；非芳烃中溶剂含量低，为 200μg/g；

④ 能耗低，改造后能耗下降 1/4 左右。

☞ 27. 抽提塔的作用是什么？

抽提塔是液-液接触进行抽提(萃取)物理过程的场所。在设计时，通常是将密度较高的溶剂由塔顶部进入塔内，靠重力向下流动，与密度较小的中部引入的向上流动的原料，进行逆流接触。溶剂对芳烃和非芳烃进行选择性溶解，最后形成组成不同和密度不同的两相，重相中主要是溶剂和芳烃，轻相中主要是非芳烃，由于塔板的作用，使传质过程多次进行(见图 6-11)。

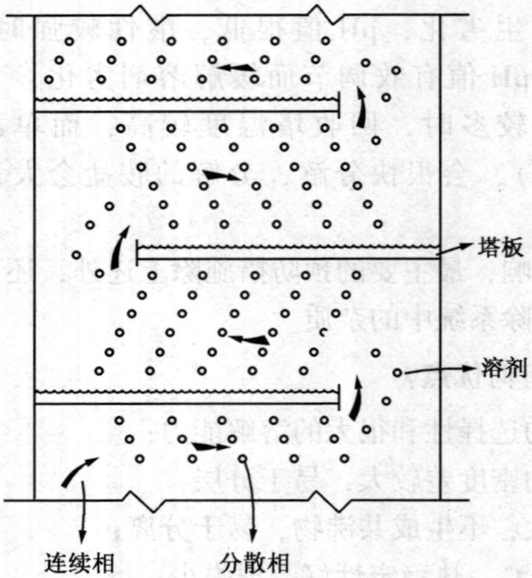

图 6-11　抽提塔板上液/液接触状态

综上所述，抽提塔的作用就是回收芳烃和芳烃部分提纯，并将原料油中的非芳烃排出。

抽提塔进料口以上的区域主要是利用低芳烃浓度的贫溶剂来回收进料中的全部芳烃，由塔顶排出非芳烃。

抽提塔进料口以下的区域主要是利用返洗液(回流)的作用来提纯芳烃。

☞ 28. 液-液抽提用筛板塔和塔板结构是怎样的？

对芳烃抽提用筛板塔，国内外做了很多研究。图 6-12 是筛板塔和筛板塔用塔盘结构的示意图。

筛板塔是一种良好混合、充分分级逆流接触的塔式设备。塔内主要部件是钻有一定尺寸小孔的带堰的多孔平板——筛板。塔体上主要开孔有：塔顶有溶剂入口、中部进料口、下部回流(反

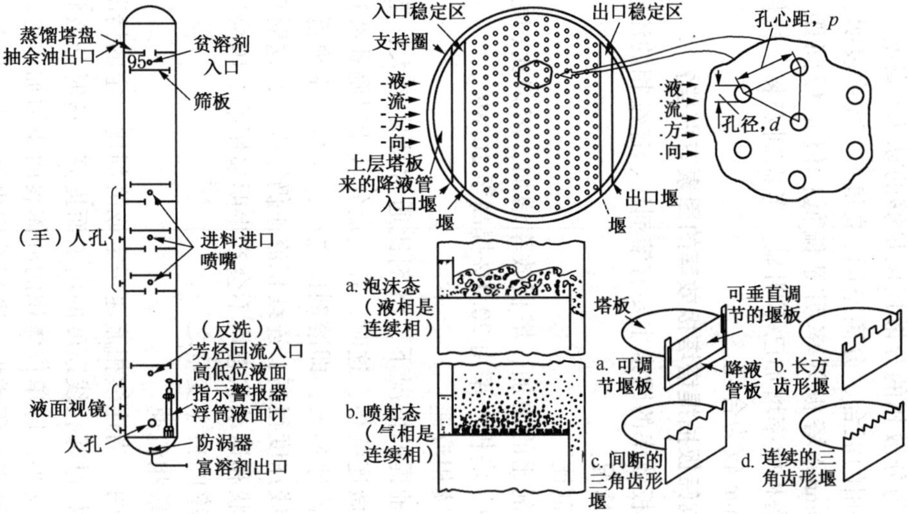

图 6－12　筛板塔及塔盘结构示意图

洗)芳烃入口，塔底接管口是富溶剂出口，此外塔体上还有人孔、浮筒液面计等附件。

板间距(两块板之间的距离)对塔板效率影响很大，正常要求板间距应为分散相的分散提供足够的动力(高度)、并提供分散相与连续相的混合、分离空间(高度)。试验表明，板间距过低(如 < 150mm)塔板效率明显偏低；但是板间距过高(如 > 400mm)，塔板效率增加已不明显。考虑到安装、检修需要、板间距以 300mm 较为合理。

☞ 29. 影响筛板抽提塔塔板效率的因素有哪些?

影响塔板效率的因素主要有溶剂比、连续相的流动情况和分散相的分散情况。

(1) 溶剂比

随着溶剂比的增加，塔板效率增加，溶剂比(质量)由 6.9 提高到 12.9、塔板效率由 20.1%提高至 26.8%。

(2) 连续相流速

在芳烃抽提的情况下，溶剂比通常都比较大，溶剂做分散相，原料油做连续相，这时，在一定分散相过筛孔线速度的情况下，连续相流速愈大，即溶剂比愈小，塔板效率愈低。即使分散相过筛孔的线速度很高，连续相流速仍然很小，这时对分散相液滴大小、形状和运动状态均不会产生明显影响。因为，连续相是影响塔板效率的独立变量之一。

(3) 分散相流速

试验表明，当连续相流速一定或溶剂比一定的情况下，塔板效率随分散相过筛孔线速度的增加而提高。这时分散相形成的液滴直径不断变小，即单位体积的液体表面积增加，也就是分散相与连续相接触表面积增大，塔板效率也就增高。但是，如果分散相流速增加到某一数值，此时，连续相流速与分散相在连续相中沉降速度相等时，将会产生返混，甚至分散相的液滴被连续相带走(即液泛现象)，这就是分散相过筛孔速度的极限(即分散相过筛孔的最大允许线速)。总之，分散相过筛孔的线速愈大，塔板效率就愈高。此外，分散相过孔速度愈高，设备的生产能力愈大，同一处理量下所需的抽提塔直径愈小。因此，尽量采用较高的分散相过筛孔线速度是合理的。

☞ 30. 筛板塔的筛孔大小和孔间距对塔板效率和操作有何影响?

据文献介绍，筛孔通常按等边三角形排列。筛孔过大，塔板上无液层，分散情况不好；筛孔直径过小，容易造成筛孔堵塞。这两种情况均影响塔板效率。对乙二醇醚类溶剂芳烃抽提过程，筛板的筛孔直径在4.5~5.0mm为宜；环丁砜芳烃抽提过程，筛板的筛孔直径则以6.0~7.0mm为宜。

孔间距是保证相邻筛孔在分散相生成液滴时，不发生干扰的最小距离，孔间距一般要求是筛孔直径的2.5~3.5倍。对界面张力大的系统，液滴直径也大，要求孔间距也大；反之，孔间距要求要小一些。只要保持分散情况良好，对塔板效率不会有明显影响。

☞ 31. 为什么说良好的密封性是抽提装置长周期运转的关键一环? 如何解决系统泄漏问题?

溶剂是抽提装置的“血液”，它的质量好坏，将直接影响抽提装置是否能正常操作。南京扬子石化-巴斯夫公司芳烃装置副经理林崇保认为：根据以前的工作经历以及对兄弟装置的调研，绝大多数环丁砜抽提装置都存在因溶剂质量差而带来的负面影响，如溶剂过滤器和溶剂换热器堵塞，溶剂系统和水系统pH值较低以及酸性腐蚀所造成的设备泄漏等，而造成溶剂质量差的最根本原因是回收系统氧气的泄漏，从而引起溶剂降解。环丁砜是一种具有较强化学稳定性和热稳定性的极性化合物，在无氧存在和正常操作温度下，其分解速率极小，但当温度大于180℃时会出现分解，并在有氧存在的情况下会发生化学降解而产生一些腐蚀性较强的物质。氧气的存在对环丁砜溶剂保护极为不利，因此避免氧气进入系统，特别是回收系统，就显得尤为重要。

解决系统泄漏问题，保证系统具有良好的密封性，这就意味着装置的运行管理取得了事半功倍的效果，具体的经验措施是：

（1）提高回收塔等负压系统的设备、管道及阀门的材质压力等级，这样一方面可以提高系统的密闭性能，另一方面可以提高抗腐蚀能力，因此本装置负压系统的压力设计等级由以前装置通用的AOB应改为BOB。

（2）系统进行气密前，对设备的法兰进行重新把紧，最大限度的防止系统出现泄漏，避免气密试验和抽真空试验因不合格而反复进行。

（3）认真对待系统的气密试验和抽真空试验，确保一丝不苟地完成。在系统气密试验合格后，按程序对回收塔系统和再生系统进行抽真空试验，泄漏率达到规定标准（4h 不大于 10mm 汞柱）。以抽真空试验来检验回收塔系统的密封效果，若保压达不到要求，一定要查出漏点并消除它，以达到一劳永逸的目的，不要因抢进度而忽视小的泄漏，否则会因小失大，后患无穷。

（4）抽提装置原料罐、新鲜溶剂罐和湿溶剂罐均采用氮封，以保证氧气无法进入系统，同时，定期跟踪检查各个储罐的氮封状态，确保其正常投用，最大限度地避免氧气随物料带入抽提系统或者直接与溶剂接触而导致溶剂氧化降解。

（5）预试车阶段，系统气密等实行项目负责人制，这样的优势在于保证整个系统的工作具有连续性，既提高了工作效率和质量，又减少了因工作交接或者交叉带来泄漏的可能。

上述经验对提高抽提装置的密封性起到了良好效果，通过对贫溶剂和水系统进行长期的分析跟踪，结果发现循环溶剂系统的pH值和水系统的pH非常好，均在正常控制范围内。

综上所述，控制好系统的密封性，回收塔的真空度可长期保持在操作范围内，抽空器可以不开，既节约了中压蒸汽，又降低了因抽真空而产生的含油污水的处理费用；控制好系统的密封性，能够最大限度地避免因泄漏外界氧气进入系统而导致溶剂降解，降低了环丁砜消耗，同时也避免了因系统腐蚀泄漏而导致装置非计划停车；控制好系统的密封性，避免了环丁砜降解带来的酸性腐蚀，从而节约了单乙醇胺和消泡剂的注入。

☞ 32. 影响芳烃抽提过程的因素有哪些？

(1) 原料油的组成；

(2) 溶剂的性能；

(3) 工艺参数，其中包括：

① 溶剂比；

② 抽提塔操作压力；

③ 返洗(回流芳烃)量；

④ 操作温度；

⑤ 引入的第二溶剂；

⑥ 进料口引入的第三溶剂和返洗液；

⑦ 汽提水量；

⑧ 进料口的切换；

⑨ 界面的控制等。

☞ 33. 原料油的初馏点和烃类组成对芳烃抽提过程有何影响？

原料中轻质非芳烃比重质非芳烃溶解度大，而轻质非芳烃沸点低，可以在汽提塔中与芳烃分离(侧线或塔底富溶剂中出芳烃产品)。当原料油初馏点高时，溶解在溶剂中的轻质非芳烃量较少，若操作稍有波动，就可能使重质非芳烃窜入芳烃产品中，影响产品质量。因此，必须牺牲部分芳烃回收率来保证产品质量。

但是，原料油初馏点过低时，达到同样芳烃回收率所需要的溶剂比就愈高，所以原料油初馏点也不宜过低，一般保持在65℃(恩氏蒸馏)左右是适宜的。

原料油的烃类组成对抽提过程也有很大影响。

各种烃类在溶剂中的溶解能力有很大差异，按族组成而言，其顺序大致如下：

$$\text{芳烃}>\underbrace{\text{烯烃}>\text{环烷烃}>\text{烷烃}}_{\text{非芳烃}}$$

可以看出原料中芳烃的溶解能力大于非芳烃的溶解能力，这就是所谓的族选择性。

但是，溶剂的溶解能力是有限的，如果保持同样的芳烃回收率，例如95%，那么原料中芳烃含量不同时，含芳烃量越高的抽余油(非芳烃)中所含的芳烃量越多(在保持芳烃回收率95%情况下)：

原料中芳烃/%	抽余油中芳烃/%	原料中芳烃/%	抽余油中芳烃/%
40	4	60	8.5
50	6.5	70	13

还可看出，如果保持抽余油中芳烃含量相同，那么原料中芳烃含量越高，其芳烃回收率越高，对操作要求也愈高，否则便不能达到同样的结果(即抽余油中的芳烃含量相同)。

☞ 34. 什么是第一溶剂、第二溶剂和第三溶剂？何为一次溶剂进料比、溶剂抽余油比、全溶剂比和返洗比？

第一溶剂就是指从溶剂回收装置来的、经换热和温度调节后进入抽提塔顶部的贫溶剂。第二溶剂是指由贫溶剂管线分出的一股进入汽提塔顶的溶剂。在进入抽提塔顶之前，由贫溶剂分出一股引入抽提进料的溶剂，称为第三溶剂。

一次溶剂进料比是指进入抽提塔的一次溶剂对进料之比。溶剂抽余油比是指进入抽提塔的一次溶剂与抽余油之比。全溶剂比是指第一、第二、第三溶剂与抽出物和返洗液之和的比值。抽出物与返洗液之比则称为返洗比。

☞ 35. 溶剂比对芳烃抽提有何影响？

溶剂比 L，通常是指进入抽提塔顶的贫溶剂量（S）与进料量之比，即一次溶剂进料比。进入抽提塔的贫溶剂量，通常还应包括进入抽提塔的第二、第三溶剂量。因此，在理论上，全溶剂比与芳烃产品量 P_e 和回流比 r 有如下关系：

$$L = S/P_e(1 + r)$$

如果 100%回收芳烃，溶剂比最大，溶剂中溶解的非芳烃也最多，这样就影响了芳烃的纯度；当溶剂或溶剂比过小时，抽余油中含有的芳烃量，会随溶剂比的减小而增加，这样就降低了芳烃回收率。

事实上，当溶剂比增加到某一数值后，芳烃回收率增加已经很小，在此点操作，对装置的长周期平稳运转是有利的。其原因是由于溶剂中允许易于分离的轻质非芳烃存在，当溶剂比增大时，回流芳烃（或反洗液）中芳烃含量下降，但它的下降又反过来使富溶剂含油下降（即溶解度下降），从而抵消了溶剂比变化的影响。

总之，溶剂比是调节芳烃回收率的重要手段。通常，溶剂比越高，芳烃回收率亦越高，但芳烃质量会下降，反之则相反。溶剂比应根据进料组成和进料量来确定。当进料量或组成发生明显改变时，应及时调整溶剂量以保证适当的溶剂比。

对于不同原料，如用 HSCN 做抽提进料时，所需溶剂比通常比重整生成油做抽提进料时要低，对环丁砜抽提苯、甲苯而言，前者通常为 3.5 左右，后者则为 3.8 左右，即：

HSCN 抽提时的溶剂比 L_1 为：

L_1 =（第一溶剂+第三溶剂）/HSCN 抽提进料≈3.5

重整油抽提时溶剂比 L_2 为：

L_2 =（第一溶剂+第三溶剂）/重整油抽提进料≈3.8

☞ 36. 在实际生产中哪些情况应提高或降低溶剂比？调节溶剂比时应注意哪些事项呢？

在实际生产中下列情况应提高溶剂比：

(1) 芳烃回收率低(非芳烃中含芳烃量高)；

(2) 原料中芳烃含量上升；

(3) 生产方案调整，原料由窄馏分变为宽馏分或由轻变重。

下列情况需降低溶剂比：

(1) 芳烃纯度下降；

(2) 溶剂的溶解度上升(提高抽提温度)。

调节溶剂比时应注意以下事项：

(1) 提高溶剂比时，变化不应太快，否则抽提塔压力会超高；

(2) 当提高溶剂比与其他操作参数都需调整时，应先调整其他参数，后调溶剂比；若需降低溶剂比时，应先降溶剂比，然后再调其他参数。

☞ 37. 抽提塔的温度是如何控制的？抽提塔塔顶为什么比塔底温度高？如何控制温度？

抽提塔的温度是通过调节贫/富溶剂换热器的旁路流量来控制的。

抽提塔以进料口为界，可分为上、下两个区域，上区为抽提区，下区为提纯区。抽提区的任务是从烃相中回收芳烃，较高的温度有利于芳烃在溶剂中的溶解度的增加。而提纯区的任务是完成芳烃的提纯，是在溶剂存在下实现芳烃与非芳烃、轻非芳与重非芳的交换，在这种情况下，温度低些更为有利，低温可以提高溶剂的选择性，提高芳烃的纯度。

根据上述原理，为了提高芳烃回收率和芳烃纯度，所以抽提塔操作温度塔顶高于塔底，这就是所谓的“温度梯度”。适宜的温度梯度可以使溶剂具有足够的溶解度和适当的选择性，这就是塔顶温度高于塔底温度的根本原因。

温度对芳烃抽提过程是较重要的。温度升高，溶剂溶解度增大，但选择性下降。所以，在实际操作中，温度一般是相对恒定的。只有当原料中重组分显著增加，而溶解度降低时，才考虑升高溶剂的温度。

经验表明，环丁砜抽提贫溶剂温度控制在83~88℃下对抽提操作较为有利。

☞ 38. 芳烃抽提塔压力是如何控制的？抽提塔控压的目的是什么？

抽提塔压力控制采用分程控制系统。当压力超过设定值时，分程控制器关闭 A 阀，停止向抽提塔补压(N_2)，并打开 B 阀向放空罐泄压。

如果抽提塔压力低于设定值，那么就关闭 B 阀，停止向放空罐泄压，同时开启 A 阀，向塔内补压(N_2)，以此来保证抽提塔压力在设定值范围之内(见图 6-13)。

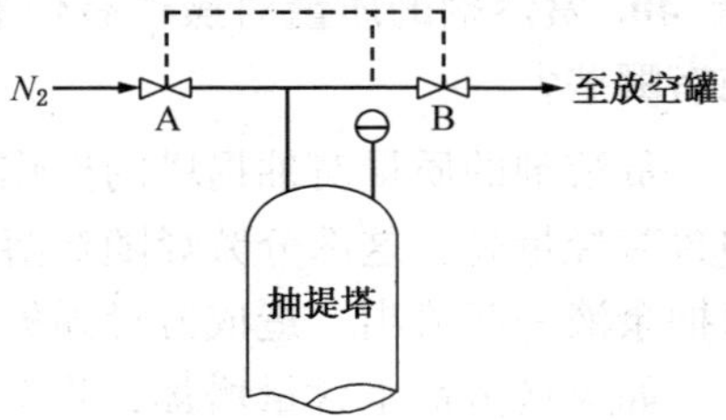

图 6-13 抽提塔压力分程控制示意图

为什么要控制抽提塔的操作压力呢？因为抽提塔是在一定的温度下进行的，如果是常压，那么部分轻组分就要汽化，影响液-液抽提(萃取)操作，压力控制器的作用就是要保证塔内各种组分在此温度下都要处于液相状态，而不发生汽化现象；另一方面，压力控制器将有助于抽提塔的界面稳定，能使塔底富溶剂平稳地压入汽提塔中。对环丁砜抽提而言，压力通常控制在0.54~0.56 MPa 之间某一恒定值。

☞ 39. 在什么情况下应从进料口打入第三溶剂和返洗液呢？第三溶剂的作用是什么？

抽提进料中存在的烯烃，易在循环液中累积，造成高且无效的抽提塔循环，从进料口打入一股返洗液和第三溶剂，有助于烯烃随抽余油分出，但这只是有限的解决办法，根本上应从进料中加以除去。

第三溶剂是从进料口和原料一同进入抽提塔，它的作用是：

（1）如果抽提塔底界面由于进料组成、进料速度等变化而下降时，可用增加第三溶剂量的方法，使界面迅速提高；特别是在下部进料口进料时，效果更加明显。

（2）当进料中存在重芳烃（C_9^+ 芳烃时），加入第三溶剂，可减少其在返洗段的溶解量。

（3）可减少进料点烃相的比率。

由于进料组成上的差异，HSCN 使用第三溶剂的可能性比重整生成油大得多。重整油正常情况下可不用第三溶剂。

☞ 40. 贫溶剂的质量对操作有何影响？提高贫溶剂的质量的措施有哪些？

贫溶剂的质量对抽提塔的操作有着直接的影响。如果贫溶剂中含芳烃量高，这部分芳烃随贫溶剂进入抽提塔顶后，将在塔顶随抽余液一起流出，造成芳烃损失。

如果贫溶剂水含量增加，将会降低溶剂对芳烃的溶解能力，从而影响芳烃的回收率。

那么，应该怎样提高贫溶剂的质量呢？通常进入抽提塔的贫溶剂质量主要取决于回收塔的操作条件。特别是应合理控制回收塔的组分控制器、真空度和水蒸气量，这是确保贫溶剂质量的重要环节。

☞ 41. 怎样判断系统中溶剂循环量的多少？而循环水量多少又是由什么决定的？

判断系统溶剂循环量多少，可由抽提塔塔底界面和溶剂回收塔塔底液面高低来衡量。正常条件下，如果界面/液面都在低位时，表明系统中溶剂可能不足，需要补充溶剂。

如果界面/液面都在高位时，说明系统溶剂可能过多，必要时可退出部分溶剂。

系统中循环水量多少是由什么决定的呢？

通常，系统循环水应满足以下两个条件：

(1) 应满足洗涤抽余物非芳烃所需的水量，使抽余物非芳烃中的溶剂损失限制在最低量；

(2) 应保证回收塔有足够的汽提蒸汽，使溶剂不带芳烃。

以上两点首先是应满足回收塔所需汽提蒸汽量，但在抽提进料芳烃含量较低时，也可由抽余物非芳烃水洗塔所需的洗涤水量来决定。

☞ 42. 为什么要控制系统的 pH 值？

在抽提系统中，常常存在着活性氧，特别是在真空下操作时，系统可能泄漏，造成外界氧进入系统，使溶剂发生氧化，产生 SO_2 等酸性物质，如不加以限制，这些酸性降解物，在系统中不断循环积累，使系统酸性不断增强，对设备产生严重的腐蚀作用，造成管道堵塞和降低设备使用寿命，因此，对系统中的酸性物质必须加以控制。控制的方法就是对系统的 pH 值加以控制。具体的方法是采用向汽提塔顶受液槽内注入单乙醇胺，它将中和溶剂氧化分解生成的酸性物质，加入量的多少视系统的 pH 值大小而定。

☞ 43. 抽提塔返洗的原理是什么？返洗液量对操作有何影响？烃负荷与选择性有何关系？

抽提塔进行返洗的原理是根据芳烃与轻质非芳烃、轻质非芳烃与重质非芳烃在溶剂中具有不同的溶解度，利用这一差异，将难以除去的重质非芳烃除去。具体来说，就是把一股来自汽提塔顶的主要含苯和轻质非芳烃的返洗液引入抽提塔底部，在这里芳烃将置换溶解在溶剂中的轻质非芳烃，轻质非芳烃则置换重质非芳烃，这样减少了去汽提塔中难以分离的重质非芳烃在溶剂中的溶解度，从而把重质非芳烃除去，提高了在蒸馏塔中得到的抽出物——芳烃的纯度。

返洗量要根据进料中的重质非芳烃的多少来灵活掌握。

返洗量过大加重了返洗段的负荷，选择性下降，抽出物纯度下降；返洗量过小，富溶剂中的重质非芳烃置换不净，造成抽出物夹带重质非芳烃，同样也会降低芳烃纯度。因此，返洗液量大、小对抽提操作影响很大，它是控制抽出油中重质非芳烃量多少的重要因素。当苯塔顶返回的拔顶苯量过高时，返洗液中过量的苯会使所有烃类的溶解能力提高，这就降低了选择性。

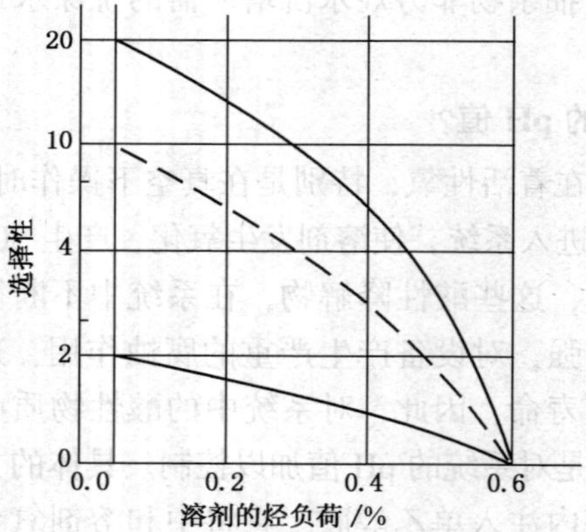

图 6-14　溶剂烃负荷与选择性的关系

当然，如果返洗比过低，抽提塔底富溶剂中重质非芳烃不能完全置换出来，将造成抽出油的纯度下降。

烃负荷在抽提操作中是一个很重要的概念，烃负荷，指实际存在于溶剂中的烃类的总量。

图 6-14 是抽提塔富溶剂的烃负荷与选择性之间的关系。

44. 返洗液中烯烃含量增高的原因是什么？如何处理？

返洗液中烯烃含量增高的原因是进料中含有微量烯烃。由于烯烃在溶剂中的溶解度比烷烃高，不易被返洗液中的非芳烃所置换，结果被带到汽提塔，通常带入的微量烯烃多为易挥发组分，因而在汽提塔中很容易被汽提出来，并随返洗液再次进入抽提塔，在两塔中不断循环，使返洗液积累烯烃，含量增高。

处理的办法是：

当返洗液中有较多的烯烃时，将部分返洗液流经调节器计量后，改从进料口进入抽提塔，使其随抽余油从塔顶一起被引出，使返洗液中的烯烃含量慢慢下降。

☞ 45. 怎样保持抽提塔底界面的平稳操作？

抽提塔的界面随进料负荷、进料组成、溶剂比、温度等变化而变化。特别是当负荷急剧增加或原料中总芳烃含量显著增加时，会出现界面急剧变化，这时应及时处理，否则会影响抽出油质量，甚至会迫使回收塔底泵停车，所以在操作中要特别注意：

（1）进料量的改变一定要缓慢。

（2）当芳烃含量很高的物料返到进料缓冲罐时，要特别注意料液组成上的急剧变化。这时要严格控制，最好用手动调节，根据进料组成调节好各部物料量，待稳定后再切入串级控制。

（3）由于进料中非芳含量低（即芳烃含量高），导致抽提塔界面和回收塔液面变化时，切忌盲目补充或者排出溶剂，而应慎重调整各部流量。

对于重整油抽提，界面通常控制在 50%～70%；但是，HSCN 料中非芳烃含量比重整油低，界面应适当控制高点。这样有利于平稳操作。

☞ 46. 提馏塔的作用是什么？影响提馏塔操作的因素有哪些？

提馏塔是芳烃抽提过程的重要组成部分。它的作用是分除富溶剂中的非芳烃，把所分出的含有非芳烃的物料（主要成分是轻质芳烃）作为回流芳烃，返回到抽提塔中作返洗液，提高抽出产品的纯度。

有的抽提工艺不设抽提提馏塔，而将富溶剂中夹带的轻质非芳烃在汽提塔顶部设置的闪蒸罐内分出，抽出物产品——芳烃则从汽提塔侧线中抽出。可以看出，闪蒸罐脱除夹带的轻质非芳烃作用不如抽提提馏塔好。

在富溶剂中除夹带轻质非芳烃外，难免还会夹带少量沸点稍高的烷烃、环烷烃等，要把它们分开靠简单的蒸馏是比较困难的，更不用说仅靠闪蒸。但是溶剂对芳烃和非芳烃尚有抽提蒸馏作用，所以当富溶剂经过抽提提馏塔时，可以很好地把芳烃与非芳烃分离开，此时塔顶就可得到回流芳烃(或返洗液)，汽提塔就可得到纯度更好的抽出物产品——芳烃。有些抽提装置(如环丁砜抽提)，为了提高抽提蒸馏效果，还在富溶剂中打入所谓第二溶剂。

影响提馏塔操作的因素有：塔顶蒸出量、塔釜温度、富溶剂中的烃含量和系统 pH 值等。

(1) 塔顶蒸出量

在抽提塔中，溶剂所溶解的少量非芳烃随着富溶剂到提馏塔，在提馏塔顶被蒸出。操作时塔顶蒸出率要足够高，这是控制抽出油质量的主要手段之一。但蒸出量不可过大，否则会使返洗液量增大，造成抽提塔的处理能力下降；也不可过小，否则非芳不能去除干净。因此，塔顶蒸出量在保证除去富溶剂中所含的非芳前提下，尽可能小。通常可由返洗比来加以控制。

(2) 温度

提馏塔塔釜温度是控制返洗液量和质量的主要参数。通常，如果在富溶剂中含非芳烃含量高，特别是重质非芳烃含量高时，温度可适当高些；反之则低些。环丁砜抽提工艺中提馏塔底温度一般控制在 175~178℃为宜。

(3) 富溶剂中的烃含量

若富溶剂中烃含量过高时，选择性会下降，使得富溶剂中芳烃和非芳烃分离困难。此时，可向提馏塔中增补些溶剂，以改善塔的恒温平衡，有利于非芳的分离。但在正常情况下不添加溶剂。

(4) 系统溶剂的 pH 值通常控制在 5. 5~6. 0 为宜。如果<5. 5

时，可向单乙醇胺(MEA)补充罐中补入适量MEA。

☞ 47. 回收塔(汽提塔)的作用是什么？影响回收塔的操作因素有哪些？

回收塔(芳烃汽提塔)的作用是将提馏塔脱出非芳烃后的富溶剂中的芳烃蒸出，与此同时完成溶剂的循环。

影响回收塔的操作因素有：温度、压力、回流比、汽提蒸汽和无烃水量等。

(1) 操作温度和压力的影响

在一定真空度(即压力)下，塔底温度适宜可恰当控制贫溶剂的含水量，使抽提维持一个理想的溶解度和选择性，保证芳烃纯度和使富溶剂充分汽提。总之，汽提塔底温度变化，可导致溶剂溶解能力、溶剂的选择性，芳烃的回收率和质量的变化。

塔底温度过高时，会导致芳烃夹带溶剂，严重时会冲塔，破坏塔的平稳操作，如果塔底温度过低会导致贫溶剂含油量增高，造成抽提塔操作波动。

适当的温度和压力(真空度)可以防止溶剂的热分解。对环丁砜抽提，一般塔顶控制在61~68℃，塔底控制在169~173℃为好。再沸器出口温度，经验表明，通常控制在174~179℃，塔顶受槽控制在25~36℃，回收塔的绝对压力控制在0.04 MPa，回收塔的压力随塔负荷(包括溶剂负荷和烃负荷)的增加而增加。

(2) 回流比的影响

采用适当的回流比也是保证塔顶抽出液不带溶剂的调节方法。回流比是以保证产品含溶剂合格为前提，回流比过大，造成能耗增加，一般控制在0.65左右为宜。

(3) 汽提水量的影响

汽提用蒸汽和无烃水对汽提出全部芳烃是不可缺少的，也是影响汽提塔，即回收塔操作的重要因素。

☞ **48. 回收塔为何要采用真空蒸馏？如何保持回收塔汽提水和塔底液面的平稳操作？**

因为溶剂在高温时会发生热分解，采用真空水蒸气蒸馏时，减少溶剂分压，使其沸点降低，这样就会避免溶剂热分解。这就是回收塔采用真空水蒸气蒸馏的根本原因。

从原理上来说，引入回收塔的汽提蒸汽和汽提水都能降低溶剂分压，有利于芳烃与溶剂的分离，避免溶剂遭受高温带来的热分解副作用，这就保护了溶剂。

汽提水进入回收塔的另一作用是可以回收抽余物非芳烃水洗塔的洗涤水和汽提塔顶受槽水中携带的溶剂。特别值得注意的是，汽提水调节不要过大，以免使操作更加紊乱。

汽提水可以降低塔内油气分压，以便将溶剂中的芳烃蒸净，但汽提水量不宜大幅度调节，只有在贫溶剂含水量变化，调节塔底温度有困难时，才适当调节汽提水量。

提馏塔回流罐水斗中分出的水量与汽提塔顶受槽水斗中分出的水量大致为1：(2~3)的关系。有经验的操作员不是盲目地往水斗中补入新鲜水，而按再生溶剂水的损失量(通常为2%)与烃类系统带走的水(通常为1%)，计算总共补入的水量。补充水量过多，将加大水汽提塔的负担，结果导致水汽提塔操作恶化，塔顶水中溶剂含量增高，加大溶剂损耗。水洗水含溶剂还导致水洗塔操作恶化，水洗效果不好，要保证水洗效果就要增加水洗水量，这就造成恶性循环。

综上所述，过多的汽提水量和过多地向系统补入新鲜水，都将破坏系统水的平衡，影响装置的平衡操作。

通常，贫溶剂中的含水量由汽提塔的塔底温度来控制。

芳烃与水能生成共沸物，它们的共沸点和组成见表6-6。

汽提塔操作是相当复杂的。汽提水的用量一般稍大于共沸物的含水量为宜。

表 6-6 芳烃与水共沸点及组成

系 统	沸 点/℃	共沸物含水量/%
苯-水	69.3	8.83
甲苯-水	84.1	13.5
二甲苯-水	92.0	35.8
环己烷-水	68.95	9.0

提馏塔底液面由塔底富溶剂排出量控制，不要忽大忽小，以免影响芳烃质量。如果液面上升有危险时，可适当将进料减少，使部分塔底富溶剂排出(然后再做进料处理)，切不可使提馏塔底排出量突然猛增，将危机转嫁给汽提塔，造成芳烃质量不合格。

汽提塔底液面在一定范围内变化，对正常操作和产品质量不会有很大影响。通常应保持汽提塔底高液面操作，留有一定的溶剂贮藏量，防止不正常时泵抽空。

☞ 49. 水汽提塔和溶剂再生塔各有何作用？在结构和操作上各有何特点？

水汽提塔的作用是除去非芳水洗水和提馏塔受槽水中的非芳烃，为回收塔提供无烃汽提蒸汽和汽提水。溶剂再生塔的作用是排除溶剂中杂质和降解物。

两塔在结构上、外观上有较明显差异。溶剂再生塔塔底用插入式再沸器，进料和汽提蒸汽均设在插入式再沸器底部，蒸汽自塔顶引出，塔上部设有破沫网。水汽提塔与再生塔不同，再沸器不是插入塔中，而是将塔坐在再沸器上，进料是在塔的上部，汽提出口设在塔顶(见图 6-15)。

在操作上，水汽提塔顶蒸出的水量较大，在操作时应将蒸出量控制在适宜的范围内(通常由进料量而定)，以保证汽提蒸汽和汽提水不夹带非芳烃。

如果塔顶蒸出量过小，非芳烃不能充分从塔顶蒸出，而随汽提蒸汽、汽提水一同进入回收塔，势必会污染抽出产品芳烃的质量。相反，如果蒸出量过大，会减少进入回收塔的蒸汽量而影响回收塔中芳烃与溶剂的分离效果。

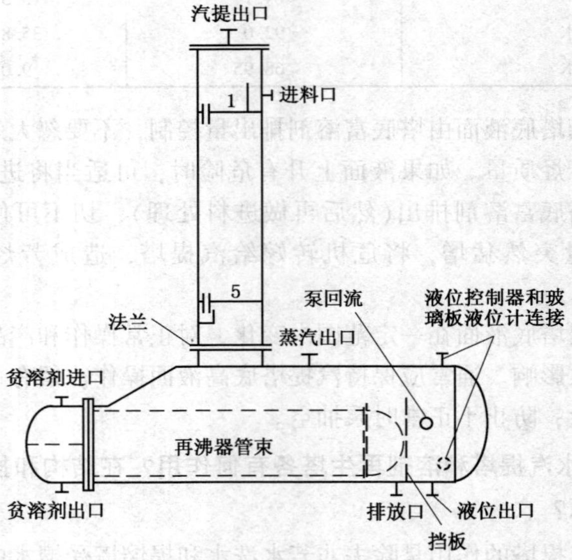

图 6-15　水汽提塔示意图

溶剂再生塔是溶剂循环系统的一个支流（约为溶剂循环量的 1%）。

当溶剂再生塔底的不挥发物和高沸点物积蓄到一定程度，塔的蒸发效率很差和塔底液面不断上升时，就应停车清洗除杂。

溶剂再生塔是在真空下操作，为防止溶剂分解或提高蒸发效果，可将水汽提塔发生的蒸汽吹入再生塔底，使溶剂随蒸汽一起自塔顶蒸出，再送入回收塔。再生塔顶设有筛网。以阻挡塔顶气体夹带难挥发物。

为保证环丁砜抽提过程再生塔正常运转，保证塔顶蒸发效率，塔的操作绝对压力通常应为 82kPa 左右，塔顶温度约为

177℃左右。对四乙二醇醚来说，在同样的真空度下，塔顶温度可能更高一些。

☞ 50. 典型的Udex芳烃抽提过程开工的主要步骤是什么？

（1）垫塔

典型的Udex芳烃抽提开工第一步是垫塔。垫塔的步骤是：

① 用汽提水罐的新鲜水将非芳烃水洗塔液面垫至50%；

② 用溶剂将抽提塔和汽提塔液面垫至90%；减压塔中部液面垫满后使其溢流至塔底，塔底液面垫至50%；垫塔的具体流程是[见图6-16(a)]。

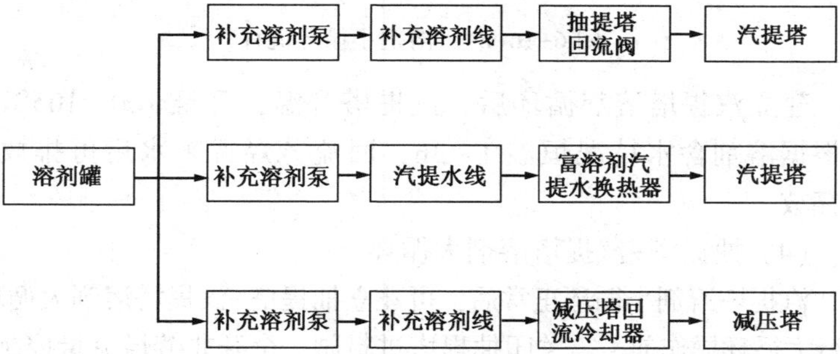

图6-16(a) 垫塔流程示意图

（2）油循环

抽提系统(抽提塔-汽提塔)开工的第二步是油循环，就是用回流芳烃泵(备泵)将抽提原料(脱戊烷油)打入抽提中，并建立下面循环[见图6-16(b)]。

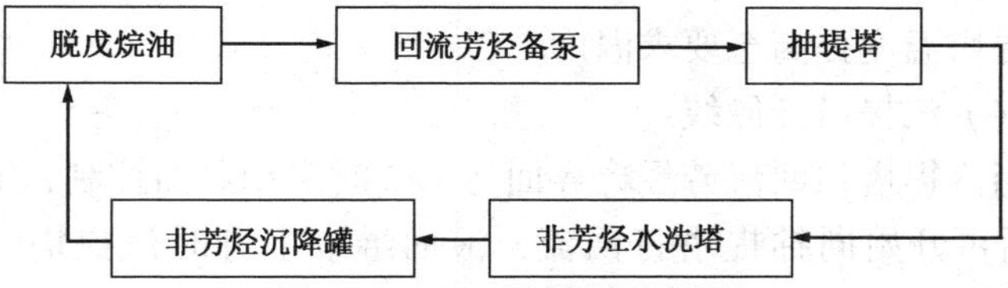

图6-16(b) 油循环示意图

建立油循环之后，非芳烃升压(试漏)循环。

(3) 汽提塔溶剂小循环

汽提塔溶剂循环是建立开工溶剂循环的一部分，其流程见图6-16(c)。

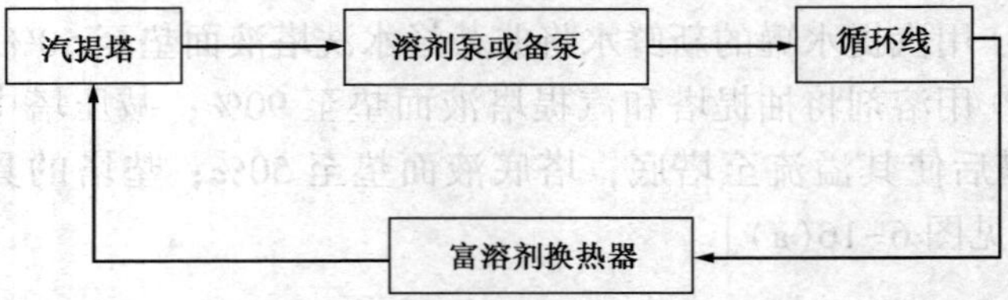

图 6-16(c) 溶剂小循环流程

建立汽提塔溶剂循环后，汽提塔升温，升至 100~105℃时可根据溶剂含水情况恒温 1~3h，回流芳烃罐来水后可排放至罐存放。

(4) 抽提塔-汽提塔溶剂大循环

汽提塔溶剂小循环正常后，可建立抽提塔-汽提塔溶剂大循环。进行大循环操作前，需关闭抽提塔进料阀，全开非芳烃流量控制阀及副线阀、非芳烃塔压力控制阀及副线阀，抽提塔降至常压。

用贫溶剂泵出口阀适当控制贫溶剂流量，再慢慢关闭小循环线阀。此时应特别注意塔的压力和界面变化，专人控制好富溶剂控制阀，保持界面稳定，调节好压力。

(5) 汽提塔升温并注入汽提水

汽提塔升温至适当温度时，要向汽提塔打入汽提水，并逐步将汽提塔温度提高至要求温度。

(6) 汽提塔开侧线

当汽提塔顶回流芳烃罐界面达 1/2 时启动界面控制，液面达40%后可开始向抽提塔打回流，液面继续上升时汽提塔可开侧线；当芳烃罐界面达到 1/2 位置时，可启动界面控制，液面达

40%时，可将芳烃排入芳烃水洗塔，芳烃经压力控制副线阀回脱戊烷油罐。

调整汽提水量，使侧线温度适当，平稳操作。

(7) 开水洗塔、减压塔

① 启动水洗水泵，向水洗塔打入水洗水；启动界面控制，控制好界面。

② 启动减压塔底泵，进行塔底循环；启动回流泵，建立减压塔回流；塔底升温；调整真空度；投用塔中部液位控制，调整进料量保持塔底液面平稳和全塔平稳操作。

(8) 调整操作

重整开工正常后，引脱戊烷油进抽提塔，停芳烃回流泵；芳烃质量合格后改入芳烃罐；非芳烃去溶剂油生产装置或入汽油罐；作好贫溶剂、再生溶剂 pH 分析，及时加入单乙醇胺；调整各部操作，保证产品质量，逐步提高芳烃回收率。

至此，抽提开工结束。

☞ 51. 环丁砜抽提系统的开工过程是怎样进行的？

环丁砜抽提装置开工一般由溶剂冷循环、注水升温循环、溶剂大循环、进料循环、操作调整和溶剂再生等六个步骤。

(1) 溶剂冷循环

首先向提馏塔送溶剂，提馏塔见液面后向回收塔送溶剂，回收塔见液面后开动溶剂泵将回收塔底溶剂，经水汽提塔重沸器送回至提馏塔，建立冷循环，具体流程如图 6-17(a)所示。

(2) 注水升温循环

用补水泵，按图 6-17(b)中箭头表示的方向，向芳烃水洗塔和非芳烃两个系统注水，各部液面达到 50%~60%后停止注水。

停止注水后，汽提塔升温。然后开始升温提馏塔和回收塔，升温速度 30℃/h。当回收塔受槽水斗液面正常(60%)后，启动水洗水泵，通过非芳烃水洗塔建立水循环。

非芳烃水洗塔的水可压入水汽提塔，并通过水汽提塔塔底泵

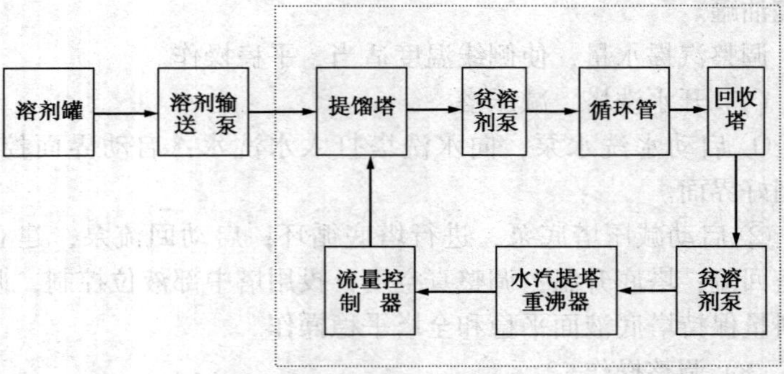

图 6-17(a)　溶剂冷循环线路图

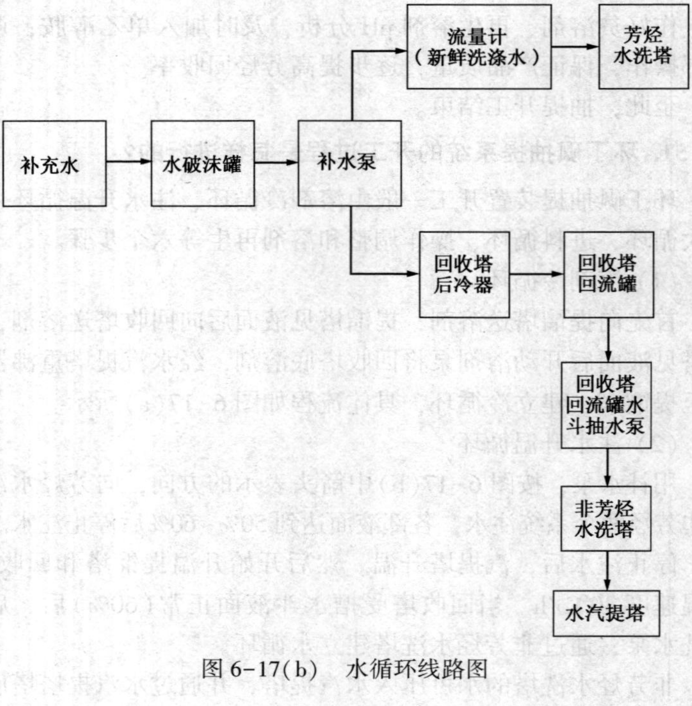

图 6-17(b)　水循环线路图

将多余的水送到回收塔。

随着溶剂升温，水汽提塔产生蒸汽开始建立水的第二路循环（见图 6-18）。

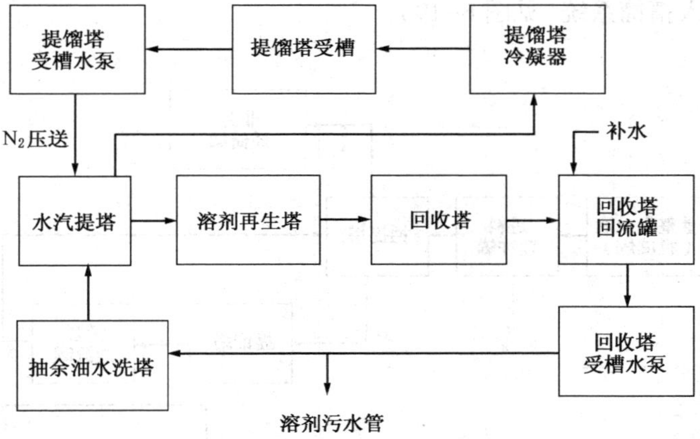

图 6-18　第二路水循环线路图

上面所说的水的第二路循环是：水汽提塔蒸汽经提馏塔冷凝器冷凝，受槽水斗建立液面后，经泵送回至水汽提塔。

（3）溶剂大循环

启动溶剂泵，向抽提系统进溶剂，建立抽提塔至回收塔的溶剂大循环。

（4）进料循环

溶剂循环系统和水循环系统正常后可向系统进料。塔底界面正常后，富溶剂可向提馏塔进料，调整液面、温度，建立回流（即当受槽液面达 60%时，启动回流泵），并向回收塔进料。

当富溶剂进入回收塔后，塔底升温使塔顶受槽建立液面，液面达 60%后建立回流。当芳烃产品合格后应及时将产品排出受槽，去水洗系统。

芳烃产品通常在非芳烃之前馏出。抽提塔中抽余液积累到一定程度，才能排入非芳烃水洗系统，然后排回原料罐建立循环操作。

(5) 操作调整

调整各部操作，当非芳烃合格后送非芳烃贮罐。芳烃合格后则送入精馏系统(见图 6-19)。

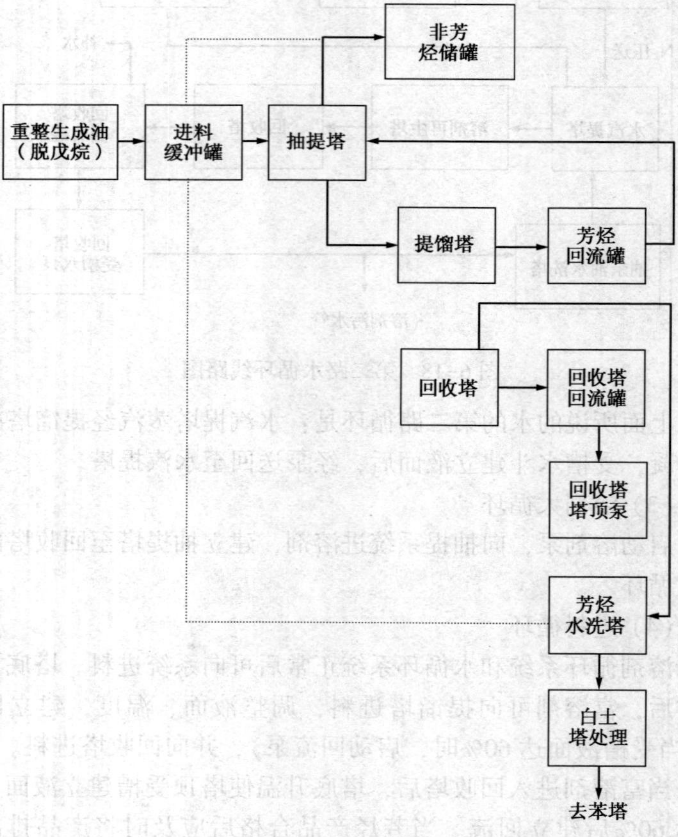

图 6-19　调整操作时流程

在调整操作中，注意各部温度、压力、液面和流量的控制，同时也应注意 pH 的调节，系统内溶剂的 pH 应保持在 5.5~6.0。

(6) 溶剂进行再生

得到芳烃和非芳烃后，抽提开工还不能算全部完成，还应将溶剂再生系统投入运转。溶剂再生可在冷溶剂循环时开动，并使塔逐步调整正常。

☞ 52. 芳烃抽提系统正常停工的基本程序是怎样的？

在计划停工时，在停工前应尽量将系统外散装的溶剂水和系统内湿溶剂再生处理完。

正常停工过程通常包括下列一些程序：溶剂再生系统停工、循环降低负荷退溶剂、抽提系统停油和溶剂循环等过程。

(1) 溶剂再生系统停工

停止再生溶剂进料，逐步停止塔底加热，直至塔底没有液面时，全部停止加热。

停工后注意与抽提系统隔离，将再生系统吹扫、置换干净。

(2) 产品循环减负荷退溶剂

将芳烃和非芳烃均收入原料罐循环，减少进料，与此同时调整各部操作，保持条件稳定。

停止湿溶剂的回收和第三溶剂的注入。根据装置情况，可退出系统部分溶剂。

(3) 抽提系统停止进料和溶剂循环降温

在系统低溶剂循环情况下，停止提馏塔、回收塔重沸器加热，降低水循环流率，当水循环停止时，亦应停止抽提进料。

溶剂继续循环降温至 50℃ 时停止向抽提塔进溶剂，使溶剂在提馏塔、回收塔和水汽提塔再沸器之间循环，最后切断向非芳烃水洗塔进料。

当提馏塔受槽(回流罐)液面下降时停止回流(返洗)；受槽水斗液位下降时，停止受槽水泵运转，并停水汽提塔底泵。

当回收塔芳烃罐液位下降时停止向塔顶打回流，水斗水位排空后，停运水泵。

抽提塔内溶剂排至提馏塔后，切断富溶剂出口；抽提塔内油层则经回流线送至提馏塔。

当非芳烃水洗塔停止进料后，停止水循环泵运转，非芳烃水洗水压送至水汽提塔处理。

停回收塔真空泵，引氮气升压。水汽提塔中的釜底水送至回收塔。

提馏塔和回收塔中的溶剂，则按下述流程循环：

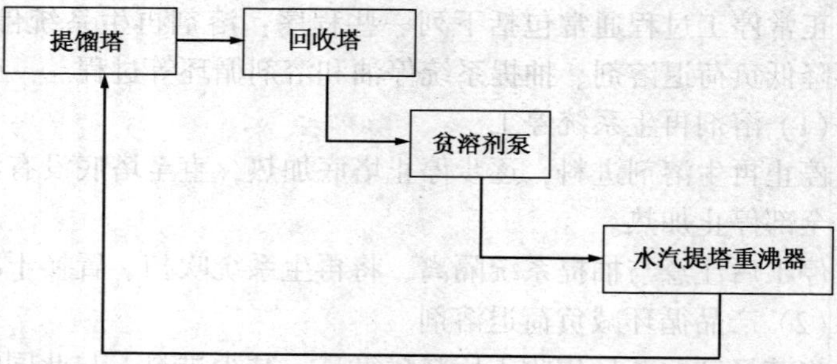

在循环过程中将溶剂排至溶剂罐或湿溶剂罐，直至液面消失为止，停溶剂泵。

系统残存溶剂可用抽提回流泵送至溶剂罐，冷换系统中的溶剂可打入地下罐或溶剂罐中。至此，停工结束。

☞ 53. 抽提系统通常需要设置报警的部位有哪些？其原因是什么？如何处理？

抽提系统为使操作员在事故发生前有所察觉，在一些要害部位设置报警是必需的，抽提系统主要的报警部位有：抽提塔顶液位、抽提塔底界面和回收塔底液位。掌握各部位报警原因和处理措施是操作员的基本要求。

（1）抽提塔顶液位报警的原因和处理措施：

① 塔顶非芳抽出量过少或塔底富溶剂排出太少，使液面变

化过大时，将会报警。处理措施是调节好塔顶非芳烃或塔底富溶剂排出量，使塔内物料平衡。

② 抽提塔负荷变化过大或原料中芳烃含量过低使液面变化时将会报警。处理措施是平稳进料或优化原料结构。

③ 如果不是上面的原因使液面变化而报警，很可能是液面调节器失灵或控制阀故障，也将会使液面剧烈变化而发出报警，这时应找仪表工及时修理。

（2）抽提塔底界面报警的原因和处理措施：

① 由于富溶剂抽出量过大，引起界面下降或者抽出量太少使界面上升，也可能由于塔顶非芳烃排出量太少而使液面上升，都会发出报警。处理措施就是要保持平稳操作，使各部物料恢复到正常范围。

② 循环溶剂量太少，抽出温度过高，原料中芳烃含量突然升高等原因均可使界面发生波动而报警。处理措施是：查找出具体原因，可加大循环溶剂量，或降低温度，优化原料，使界面稳定。

③ 塔的负荷过大或不稳，塔的压力波动过大也会导致界面变化大而报警。处理措施就是要调整好负荷和操作压力，使界面稳定。

（3）回收塔液位报警的原因和处理措施：

① 由于装置负荷变化或进料组成变化，引起系统溶剂失去平衡导致汽提塔底液位变化而报警。处理措施是缓慢调节装置负荷和溶剂比，使系统溶剂平稳下来。

② 抽提塔、提馏塔底液位变化使系统内溶剂变化，导致回收塔底液位变化而报警。处理措施是缓慢调整前部溶剂流量，建立溶剂平衡。

③ 系统溶剂局部泄漏，使回收塔液面降低而报警。处理措施是确定泄漏部位后，根据情况切换备用设备，补入适量溶剂，必要时停工处理。

④ 贫溶剂泵故障，塔底溶剂积累使液面升高而报警。处理方法是开备泵，检修故障泵。

⑤ 湿溶剂回收量过多，系统溶剂量增加，导致回收塔底液位升高而报警。处理措施是将过多的溶剂退回溶剂罐，使系统各部保持平衡。

☞ 54. Udex 法抽提塔发生汽化时有些什么现象？应采取哪些措施？

抽提塔有汽化时的现象是：

（1）抽提塔压力突高后又下降，速度较快；

（2）界面很难控制。

如果一旦发生汽化现象应采取如下措施：

（1）视界面下降情况可增大非芳烃抽出量；

（2）稍调富溶剂量，适当提高压力；

（3）适当降低抽提塔底温度(1~2℃)；

（4）适当提高抽提进料(脱戊烷油)量。

☞ 55. 汽提水发生乳化的害处是什么？是什么原因造成的？应采取些什么措施？

由于汽提水乳化将导致芳烃纯度下降。造成汽提水乳化的原因有：

（1）开工时溶剂系统冲洗处理不干净，大量的污垢混入溶剂之中；

（2）溶剂质量差或 pH 值太低，腐蚀设备；

（3）老化溶剂窜入系统或停工时混入溶剂罐；

（4）溶剂再生质量差或长期不再生等。

发现汽提水乳化现象时应采取如下一些措施加以解决：

（1）用蒸汽冷凝水尽快置换掉乳化的汽提水；

（2）开工时对溶剂系统进行彻底冲洗；

（3）加速溶剂再生过程，尽快提高贫溶剂质量；

（4）搞好溶剂再生塔操作，经常进行溶剂再生；

（5）必要时可适当采取提高芳烃冷后温度等措施。

☞ 56. 抽提系统和溶剂再生系统溶剂损耗较高的原因有哪些？

（1）抽提塔操作不正常或条件不适当，造成非芳烃携带溶剂量过多；

（2）水洗塔界面控制仪表失灵，油品带水；

（3）正常生产中泵和设备漏损量大，溶剂水未能及时回收；

（4）各重沸器控制不当，温度超高，造成溶剂严重分解；

（5）停工时溶剂水未回收；

（6）系统密封性不好，溶剂易氧化；

（7）减压塔底排出的老化溶剂带出溶剂量多；

（8）减压塔顶温度高，抽空器带走溶剂。

☞ 57. 溶剂再生塔真空度低，溶剂再生困难的原因是什么？应采取哪些处理措施？

溶剂再生塔真空度低，溶剂再生困难原因是：

（1）蒸汽压力低及冷却水压力低；

（2）冷却水与蒸汽调配不当；

（3）溶剂再生塔进料含水量过高，抽空器负荷过大；

（4）系统设备泄漏；

（5）塔底循环量小；

（6）抽空器喷嘴堵塞或损坏。

处理措施是：

（1）设法提高蒸汽压力和冷却水压力，提高抽空器效能；

（2）设法降低溶剂再生塔进料含水量，增加溶剂再生塔塔底循环量；

（3）调好蒸汽和冷却水配比；

（4）查找出系统漏点并及早解决；

（5）维修或更换抽空器喷嘴等。

☞ 58. 抽余油水洗塔发生油水乳化时的征兆是什么？如何处理？

出现油水乳化现象可从以下几方面反映出来：①水洗塔现场界位较模糊；②水洗塔补不进水，水被抽余油带走，时间长抽余油罐脱水器有大量水脱出；③分析抽余油含硫较高，一般都大于5μg/g；④分析抽余油带环丁砜也较大；⑤降低下水循环量，水洗塔界位突然上升较快。

如出现以上现象可说明抽余油水洗塔已出现了乳化现象，需要消除乳化状态，具体处理措施是：①降低水洗塔下水循环量，提高其界位，使油水界位脱离下水循环抽出口，控制油水继续出现乳化；②适当往水洗塔加入少量水稳剂，快速消除原已乳化的悬浮物；③水洗塔较稳定后再适当向系统补水，保证界位在60%以上。④一旦发现油水乳化，及时切出抽余油加氢反应器直至抽余油总硫小于2.0μg/g，保护好加氢催化剂。

通常，要求水洗塔界位控制在70%±10%，防止界位过低出现下水循环抽到抽余油而出现乳化，水洗塔在没有发生乳化时抽余油水洗后环丁砜较低，产品质量稳定，符合抽余油加氢原料指标要求。

☞ 59. 设置地下罐和放空罐的作用是什么？操作和管理好这两个罐的基本方法如何？

地下罐（废溶剂罐）的作用是：收集泵、过滤器及其他设备、管道清洗时排放液和分析采样排放液。该罐为了操作方便和安全，通常应设置高、低液位报警连锁控制器，以控制液下泵的操作（见图6-20）。

由图6-20可以看出，如果开动液下泵可将罐内液体送入湿溶剂罐。如果液下泵因故障停转时，可用氮气压送。一般湿溶剂可泵送至提馏塔或溶剂再生塔处理。

放空罐的作用是回收氮气设备平衡释放气液夹带的烃类和少量溶剂。罐顶设有水冷却器，排放气送火炬系统处理，凝液用凝

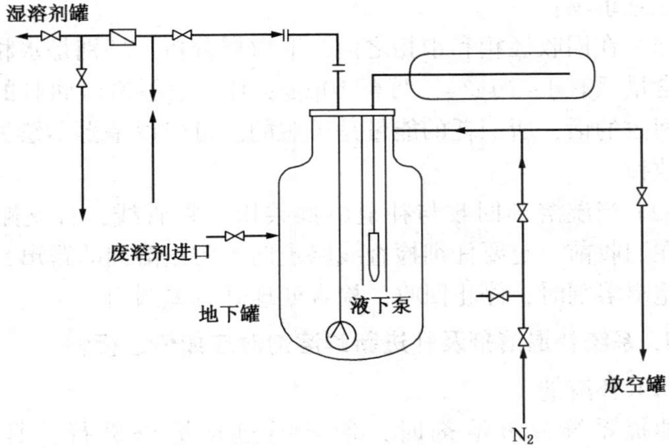

图 6-20　地下罐控制流程

液泵送至湿溶剂罐。

☞ 60. 抽提系统的湿溶剂应如何处理？应注意些什么？

湿溶剂的处理流程大致如下：

湿溶剂罐→溶剂泵→重整进料缓冲罐 / 提馏塔 / 溶剂再生塔

通常湿溶剂在罐内经过静止后分成两相，即烃相和水相，因此，湿溶剂的回收要分相进行。

回收烃相时，可送重整进料缓冲罐加以回收。此时抽提塔处理量可稍大一点，同时要注意不要使重整进料组成发生过大变化，抽提塔的其他参数在进料量变化时作相应调整。

回收水相时，水可送提馏塔或再生塔中加以回收。在回收水相时要注意提馏塔的压力、温度变化，一定注意不要影响此塔的平稳操作。进入各塔的水量，一般为各塔正常进料的 1%。当塔的压力、温度波动或回收塔顶受槽界面上升到不能控制时，应立即停止回收。

注意事项：

（1）在回收烃相和水相之前，应取样分析，特别是水相中的溶剂含量只有1~2μg/g，乃至10μg/g时，是不值得回收的。如果要回收的话，所消耗的能量是可观的，可以说是得不偿失，故可以放掉。

（2）当湿溶剂回收与补退溶剂共用一根管线，且支路较多时，在回收前一定要仔细检查线路走向，防止溶剂的跑窜，一旦发现跑窜溶剂时，停止回收，检查处理好有关阀门。

☞ 61. 系统补退溶剂及补进新鲜溶剂时应如何进行？

（1）补溶剂

抽提系统补进溶剂时，通常通过提馏塔进行，具体步骤是：

① 打开有关阀门，包括溶剂罐出口阀，溶剂泵入口阀，提馏塔入口及其相关阀门。

② 启动溶剂输送泵，并通知有关人员(计算机操作员)开阀，向提馏塔送溶剂。

③ 溶剂输送泵启动后，要注意观察槽、提馏塔液面变化及泵的出入口压力变化。切勿影响系统的平稳操作。

④ 达到所需的补充量后，停泵，关阀。

（2）系统退溶剂(退至溶剂罐)

① 检查溶剂罐退溶剂前的罐存量；

② 检查溶剂冷却器的冷却水，投入使用；

③ 打开阀开始退溶剂。

在此期间应注意回收塔和溶剂罐的液位，溶剂冷却器出口温度不宜太低(通常40℃左右为好)，冬天要注意防冻。退溶剂期间，不要影响系统的平稳操作。

根据槽内液面变化情况，计算退出溶剂的量。退出的溶剂达到要求数量后，关闭阀门。

(3) 新鲜溶剂的灌装

在运转中，可将新鲜溶剂进至溶剂罐，具体操作方法大致如下：

① 检查溶剂罐液位，并记录；

② 要保持供给氮气；

③ 开阀，启动溶剂卸载泵，开始进新鲜溶剂。

平时，溶剂进装置时，也可在废溶剂罐顶放置一只漏斗，直接把桶装溶剂倒入废溶剂罐中，然后由废溶剂泵(或氮气压送)送往溶剂罐或湿溶剂罐中。

☞ 62. 回收塔为什么采用组分控制器？组分控制器的基本原理是什么？

采用组分控制器是为了保证塔底贫溶剂中烃、水含量符合贫溶剂的质量要求。

组分控制器的基本原理是利用温度和压力能够相互补偿的规律，在蒸馏操作中加以应用。当压力恒定时，物料的组分是和温度有着对应的关系。假如压力波动时，要使组分不变，就要求温度必须随压力的变化而适当变化。当塔的压力增高时，操作温度也应相应提高，反之亦然，以保证组分的恒定。

☞ 63. 回收塔真空度通常应控制多少？真空度对操作有何影响？回收塔受槽尾气管线上安装联锁有何作用？

通常回收塔塔顶压力控制在(−60±2)kPa 为宜，如果真空度下降时，芳烃将不能从溶剂中被充分蒸出，造成贫溶剂夹带芳烃，影响芳烃回收率。

当真空度过大时，回收塔受槽尾气中芳烃浓度增大，特别是苯的损失增加；同时，塔顶芳烃夹带溶剂。因此，真空度过低过高都不好，一定要使真空度保持在控制值范围内为宜。

除了压力(真空度)之外，受槽的温度和液面高度对操作也有很大影响。如果塔顶空冷和水冷效果不佳，将使槽温升高，造成芳烃蒸气跑损；或因液面过高，被真空泵抽出造成芳烃损失。为了防止这两方面因素对操作的影响，在回收塔受槽尾气管线上安装联锁，当受槽温度达到50℃时将会报警，达55℃时联锁动作，切断通向喷射泵管路上的阀门。当受槽的液面达到80%时将会报警，达90%时联锁动作。这就避免了因受槽温度和液面过高造成的影响。

☞ 64. 溶剂降级的原因是什么？怎样判断循环溶剂质量？再生塔在什么情况下必须清洗？

以环丁砜为例，溶剂降级的原因是：

（1）装置真空系统泄漏，使空气漏入系统中；

（2）抽提进料中含有活性氧；

（3）再沸器周围局部过热等。

由于上述原因，溶剂经受氧或高温作用，将会分解或缩合，生成结构复杂的降级产物。

溶剂质量好坏可由溶剂的pH值、颜色、灰分来分析判断。

降级的溶剂需要在再生塔去除，以净化循环溶剂。但是这些降级的不挥发物或固体物不断在再生塔底积累，达到一定程度后，提高温度也难于蒸发，致使塔底沸面不断上升，稍不注意，还会经常冲塔，使再生溶剂返回的质量变差。在这种情况下，只好停止运转，放出塔底不挥发物，同时还要清塔。

☞ 65. 减压系统的真空度是如何建立和控制的？采用水封有什么好处？

减压系统的真空度通常是用中压蒸汽喷射泵抽吸系统受槽中气相部分来实现的。以回收塔为例，因为回收塔受槽与回收塔、溶剂再生塔相通，所以回收塔和溶剂再生塔可同时建立真空度。

那么，真空度应如何控制呢？仍以回收塔为例。通常回收塔的真空度由压力控制器控制氮气补充量来保持的。当回收塔真空度下降时，可减少氮气补充量，抽吸受槽气相量增大；当回收塔真空度过高时，可开大氮气入口阀，增加氮气补充量，减少受槽气相抽吸量，这样就可保证回收塔真空度的稳定。

真空系统通常均设有水封。水封的好处是防止系统因真空泵故障时真空度消失，并能回收系统因抽真空而夹带的烃和烃类蒸气。

☞ 66. 溶剂“老化”或“酸化”的涵义是什么？溶剂损耗与“老化”或“降解”反应有什么关系？如何减少损耗？

在操作过程中溶剂(环丁砜等)将会发生各种酸化反应，结果使溶剂的 pH 值发生变化；但是，如果在氮气保护下试验，即使在 200℃时也没有溶剂生成酸。因此，溶剂“老化”或“酸化”反应的根源是由于氧的作用。

溶剂在氧的作用下形成酸的过程称为“酸化”或“降解”。“酸化”或“降解”机理已从试验室溶剂降解试验产物中的某些官能团推测出来。在环丁砜降解产物中找到的官能团有：

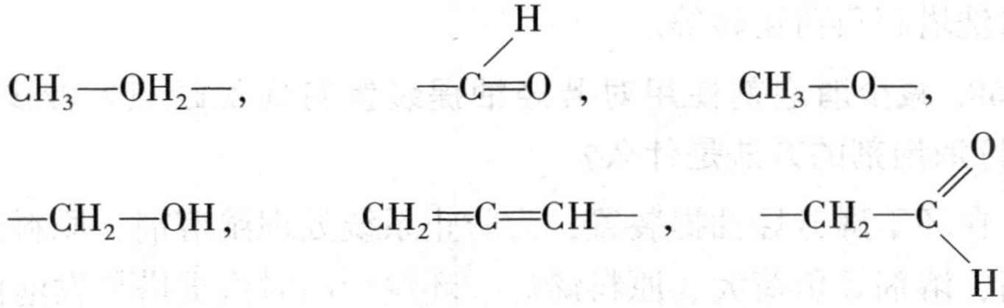

“酸化”或“降解”反应将生成带有腐蚀性的酸分子。为保护设备应在提馏塔和回收塔中加入中和剂，通常是用单乙醇胺(MEA)，它与酸性化合物生成中性盐。

可以看出，溶剂降解的根源是氧。如果系统能完全防止氧气入侵，那么溶剂的再生就是多余的了。然而，抽提系统从进料、真空系统或者设备管线的渗漏之处浸入氧的可能性是很大的，因而溶剂损耗是必不可免的。

在工业装置中，加强原料氮气密封和系统密闭性是减少溶剂损耗的必要措施，强化管理，设置过滤器，排除悬浮的固体物，设置真空蒸馏或蒸汽蒸馏使溶剂再生，使溶剂净化等措施也是降低溶剂损耗的必要措施。

溶剂真空蒸馏再生方法是一种传统的溶剂再生方法。蒸汽蒸馏方法是近年发展的一种方法。溶剂再生可脱除高沸点“老化”或“降解”产物，使溶剂的选择性和溶解能力得到恢复。

☞ 67. 何谓水洗比？水洗比对溶剂损耗有何影响？非芳烃夹带溶剂量过高的原因是什么？

水洗比就是水洗用水量与被洗的烃量之比。水洗比大小对溶剂损耗有直接影响。以非芳烃水洗塔为例，水洗比过小，便不能将非芳烃中夹带的溶剂彻底回收，造成溶剂被非芳烃带走损失过大的后果。较大的水洗比，虽能够有利于溶剂回收；但是，水洗比过大，将增加系统的能耗。

水洗后非芳烃含溶剂过高，除水洗比过低外，还与其他因素有关，如上循环量过大或过小、洗涤水中含溶剂、下循环量过低和水洗塔超负荷运转等。

☞ 68. 减少消泡剂使用对芳烃抽提装置有何优缺点？减少(或不用)消泡剂的方法是什么？

在环丁砜芳烃抽提装置，为防止系统处理湿溶剂、原料芳含过高，溶剂烃负荷大、原料烯烃、环烷烃高时汽提塔易发泡而造成汽提塔闪蒸，而长期微量往富溶剂注入一定量的二甲基硅消泡剂。

该消泡剂硅含量较高，系统注消泡剂后随着环丁砜循环，不断有消泡剂由抽余油携带进入抽余油精制反应器，硅吸附在催化剂表面上不易脱除，造成催化剂永久中毒，活性无法恢复。为减少(或不用)消泡剂，中石化广州分公司的做法是：在抽提系统中加大环丁砜再生，减少废环丁砜在系统运转；调整返洗量，保证混合芳烃合格的前提下，将多余的返洗液并入抽提进料中，以减少返洗液中的烃类循环进入到汽提塔，防止汽提塔闪蒸，从而达到少用(或不用)消泡剂的目的。经过10年多运行，操作工况稳定，催化剂未出现硅中毒，有利于维持催化剂活性和装置长周期运行。

☞ 69. 影响芳烃回收率、芳烃纯度的因素各有哪些?

下列一些因素将影响芳烃回收率：

(1) 一次溶剂比；

(2) 进料组成；

(3) 抽提进料量波动；

(4) 进料口以下的抽提塔板数；

(5) 进料口以上的抽提塔板数；

(6) 抽提塔温度；

(7) 一次溶剂中含水量；

(8) 一次溶剂中芳烃含量；

(9) 三次溶剂量等。

影响芳烃纯度的因素有：

(1) 提馏塔塔顶蒸出率；

(2) 抽提塔操作温度；

(3) 抽提塔进料位置；

(4) 一次溶剂量；

(5) 提馏塔的操作压力；

(6) 溶剂的含水量；

(7) 二次溶剂量；

(8) 三次溶剂量；

(9) 进料组成等。

☞ 70. 导致抽出物产品芳烃中含非芳烃量过高的因素有哪些?

导致抽出物产品芳烃中含非芳烃的因素很多，其中主要因素有：

（1）抽提塔操作温度偏高，溶剂的选择性下降，造成塔底富溶剂夹带较多的重质非芳烃，与此同时重质非芳烃在汽提塔中不能除尽而进入回收塔，致使抽出物产品芳烃中含有较多的非芳烃；

（2）抽提塔返洗液量不够，不能将抽提塔底部富溶剂中的重质非芳烃置换干净，致使重质非芳烃被带到回收塔，造成芳烃产品带非芳烃；

（3）抽提塔界面过低，使较重的非芳烃窜入抽提塔底富溶剂中，随之进入提馏塔进料中，而在提馏塔中又不能被除尽而带入回收塔，致使抽出物产品芳烃中含有非芳烃量较多；

（4）提馏塔再沸器温度低，富溶剂中非芳烃不能除尽而带入回收塔，致使抽出物产品芳烃中含有非芳烃量过高；

（5）提馏塔第二溶剂量过小，特别是当富溶剂烃含量较高时，非芳烃又汽提不尽而进入回收塔使抽出物产品芳烃中含非芳烃量过高；

（6）因提馏塔塔顶蒸出率过小，致使提馏塔底带有未蒸净的非芳烃而进入回收塔；

（7）抽提塔溶剂比过大；

（8）抽提进料口太低。

☞ 71. 如果出现芳烃质量不合格时，应如何处理？非芳烃中芳烃含量过高时，又应如何处理？

如果芳烃质量不合格时，可根据当时的具体情况，采取下列措施：

（1）降低溶剂比或提高回流比(返洗比)；

（2）调整回收塔底温度，调整贫溶剂含水量，改进溶剂的选择性；

（3）改善原料油质量；

（4）避免水洗水带油或汽提水带油；

（5）提高抽提塔底界面高度，严防非芳烃串入富溶剂中；

（6）严格控制好提馏塔操作，避免第二富溶剂中夹带非芳烃等。

若确认非芳烃中芳烃含量过高时，可适当采取如下一些措施：

（1）提高溶剂比，降低回流比；

（2）减少贫溶剂带芳烃（提高汽提水量）；

（3）适当降低抽提塔底界面，避免富溶剂淹浸塔底部分塔盘；

（4）调整温度、压力，提高塔效率。

☞ 72. 抽出物与抽余物产品切换时，应注意哪些问题？

重整苯类芳烃产品质量要求高，即使在产品切换时的瞬间也会严重影响产品的质量，所以在切换产品时，阀门的开启和关闭顺序不能颠倒，循环切向产品或产品切向循环时的原则是先改产品阀，后改抽余油阀。

☞ 73. 抽提塔进料口的位置是根据什么调节选择的？在什么情况下应启用第三溶剂？

抽提塔进料口的位置应根据原料组成进行调节选择。通常，进料中芳烃含量较高时，应选用较低的进料口，以增加回收段的高度，有利于芳烃回收率的提高；如果进料中芳烃含量较低时，应选用较高的进料口，以增加返洗段的高度，有利于芳烃纯度的提高。

在以下两种情况下，应考虑启用第三溶剂：

（1）当进料中含有烯烃时，如处理裂解汽油原料时；

（2）当进料中芳烃含量明显增高时，如>80%。

☞ 74. 如果装置蒸汽系统出现停汽故障时，抽提系统会出现什么现象？如何处理？

如果蒸汽发生故障，抽提系统会有如下一些现象：蒸汽流量回零，各塔底温度下降（有塔底重沸除外），真空度降低等。

处理的方法是：

(1) 关闭各再沸器的蒸汽；

(2) 关闭真空系统蒸汽阀，停喷射泵；

(3) 降负荷，原料改入汽油罐或其他贮罐；

(4) 停止向抽提塔进入溶剂，停提馏塔进料及塔顶蒸汽；根据情况，可停水系统，保持各部液面，以减少再开工的时间；

(5) 关闭各塔间连通阀，适当保持各部压力；

(6) 关闭总蒸汽阀和各再沸器入口阀；

(7) 如是冬季，且停汽时间较长，应将系统溶剂、水排出装置，苯及富苯系统也应放空，以防冻裂设备和管线。

☞ 75. 抽提系统发生停电故障时，有何现象？处理措施是什么？

当发生停电故障时，抽提系统将有如下现象发生：正常照明停止，只有事故照明，机泵停止运转、各回流罐液面上升，空冷器风扇电机停止运转等。

处理方法：

(1) 必须立即按停车处理；

(2) 使溶剂再生塔再生蒸汽与回收塔隔离，以防溶剂经蒸汽管线返回再生塔；

(3) 防止烃类经返洗管线窜塔；

(4) 关好泵、空冷器的电源开关，检查阀的开闭情况，检查系统的压力变化；

(5) 在停电期间，勿使再沸器温度超标。

☞ 76. 如果溶剂泵或抽提进料泵发生故障停转时如何处理？

发生溶剂泵停转时，可按下述步骤采取措施：

(1) 关闭芳烃、非芳烃去贮罐，进行循环操作，与其他塔隔离；

(2) 停止抽提进料泵；

(3) 停止抽提塔的回流，停提馏塔塔顶蒸汽流出，停拔顶苯的排放；

（4）停止水循环，停止各再沸器的加热。

如果抽提进料泵停转，可考虑采取如下措施：

（1）停止芳烃、非芳烃去贮罐，回进料罐；

（2）停止贫溶剂进入抽提塔的循环；

（3）停止抽提塔的回流（返洗），停提馏塔顶蒸汽排出和拔顶苯的排放；

（4）隔断抽提塔；

（5）停各再沸器的加热。

☞ 77. 抽提系统在出现哪些故障时必须按紧急停工处理？紧急停工处理的基本程序是什么？

出现下列情况应按紧急停工处理：

（1）蒸汽系统故障，致使抽提系统蒸汽流量回零，各塔底温度下降，真空度降低。

（2）电源系统故障，导致照明灯熄灭，机泵停止运转，塔顶回流罐液面上升，空冷器风扇停转。

（3）冷却水中断，导致回收塔回流温度升高，真空度下降。

（4）仪表风故障，工厂通常在仪表风事故状态下，还能保持30min仪表风的风压，在此期间必须决定事故性质，确定装置确实需要停工时可按紧急停工处理。

（5）爆炸、火灾、炉管破裂或严重漏损。

（6）主要转动设备（如溶剂泵、进料泵）严重故障等。

紧急停工过程处理的基本程序是：

（1）及时将芳烃、非芳烃改入原料罐循环；

（2）切断各塔底重沸器热源；

（3）停泵，关闭压力控制、界面控制截止阀；

（4）停汽提塔进料泵、汽提水泵和水洗水泵；

（5）尽量保持塔和容器的界、液面；

（6）冬季做好防冻、防凝工作等。

☞ 78. 在减缓环丁砜溶剂腐蚀方面有些什么经验?

以前由于国产环丁砜质量不合格，对设备腐蚀性大，热稳定性差而大多依赖进口。为了实现国产化，生产厂 1990 年对环丁砜进行了改质，并在芳烃抽提装置试用。在生产过程中，溶剂的使用性能良好，溶剂的选择性及芳烃收率都达到了设计要求，热稳定性也很好，经大修检查，未发现设备腐蚀现象。

中和环丁砜中的酸性分解物，可采用单乙醇胺。在开工之初 pH 值较高(为 9.75)，使用过程中 pH 值逐渐下降，pH 值下降后加入单乙醇胺。为了克服水相直接加入单乙醇胺系统溶剂 pH 值上升速度缓慢的问题，改用油相加入(见图 6-21)，直接由返洗加入溶剂相，在 480 天运转中，累计加入单乙醇胺 1400kg。

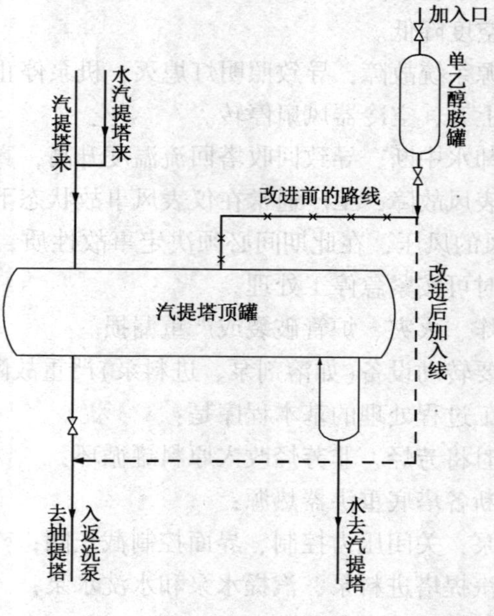

图 6-21 改造后单乙醇胺加入位置

通过第一、二周期运转表明，应用改质环丁砜，芳烃(苯、甲苯、二甲苯)收率及选择性都达到或优于进口环丁砜。使用16个月没再生，经过对系统溶剂作再生实验，收率在95%，再生后的环丁砜各种指标均达到环丁砜商品指标。因此，改质环丁砜应用的前景是广阔的。

☞ 79. 劣化环丁砜树脂再生工艺的特点是什么？工业应用情况如何？

试验表明，环丁砜劣化形成的磺酸和少量硫酸是溶剂体系的pH不断下降的原因：

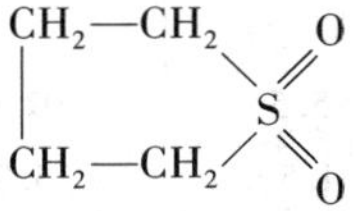

$\longrightarrow RSO_3H$　R 为 C_4

随着装置运行时间的延长，环丁砜逐渐发生劣化，其pH不断下降，其溶剂对装置的腐蚀率升高，热稳定性下降。尤其是随初始pH的降低，环丁砜溶剂的pH下降速率加快，热稳定性急剧变差。这可能是环丁砜及其杂质的分解或氧化受酸催化作用而加剧的缘故。

石油化工科学研究院在系统地考察环丁砜的影响因素后，发现较高的操作温度、较低的系统pH以及系统内氧、水和环丁砜的存在则会加速环丁砜的劣化速率。

石油化工科学研究院在系统的研究了环丁砜溶剂在工业运行条件下发生劣化机理的基础上，开发了离子交换工艺再生劣化环丁砜的专有技术。此项技术具有以下特点：所有树脂为特殊化学结构的离子交换树脂；所用树脂交换容量大；树脂粒度分布窄，动态传质快；树脂再生性能好，重复性好，使用寿命长；劣化的环丁砜再生效率高，整个抽提系统环丁砜溶剂的pH提高较快；采用该项技术的投入产出比高；操作方便，环境友好。离子交换再生后的环丁砜和新鲜环丁砜的劣化性能比较见表6-7。

表 6-7 再生环丁砜和新鲜环丁砜的性能测试

质量指标	新鲜环丁砜	再生环丁砜	装置用环丁砜
颜色	浅黄色	淡黄色	淡棕色
pH	10.08	9.86	3.68
密度/(g/mL)	1.26	1.27	1.23
硫/%	25.6	26.4	22.5
水分/%	3.0	0.8	1.0
灰分/%	<0.002	<0.002	<0.003
热稳定性(分解温度)/℃	240.3	241.1	226.3
蒸馏试验/%			
在 288℃ 回收	95.5	97.0	95.0
在 282℃ 回收	4.5	3.0	5.0
有机杂质含量/%	0.20	0.15	0.50

从表 6-7 几种环丁砜的性能比较可以看出，再生后的环丁砜的物化性能达到新鲜环丁砜的要求。

运行方式可采用间歇运行或连续运行：

间歇运行，离子交换树脂反应器构成旁路，按一定周期处理抽提系统中的环丁砜溶剂。

连续运行，离子交换树脂反应器连接到抽提工艺的循环流路中，从装置抽出部分环丁砜连续再生，再返回到系统中。

运行的工艺流程是：从芳烃抽提系统分流出的环丁砜冷却后，经过滤器进入离子交换反应器，从反应器底部出来的环丁砜溶剂经过树脂扑集器后返回系统。当离子交换树脂反应器底部出口的环丁砜 pH 下降至 5.5 时，树脂反应器需要进行再生操作。以上整个离子交换树脂反应器运行过程为一个“周期”，一般为 1~2个月。离子交换树脂反应器的再生是指再生溶剂经过滤器进入树脂交换反应器将树脂转型，然后再用去离子水淋洗至 pH 为 7~8 时，再生完毕。

劣化环丁砜树脂再生技术已有很多实际应用的实例。

2002 年以来，国内先后有上海石化炼化部 2 号芳烃装置，茂名石化乙烯工业公司、齐鲁石化烯烃厂芳烃装置、扬子石化芳烃厂和吉化有机合成厂等先后采用了该技术，并达到了预期的效果。工业应用表明，劣化的环丁砜经过离子树脂交换处理后，在不添加单乙醇胺的情况下，抽提系统环丁砜的 pH 值可维持在 5.5 以上，缓解了设备的腐蚀问题，延长了抽提装置的运行周期。树脂的再生周期可达到 1 个月左右，树脂寿命可达到 1 年左右。

☞ 80. 如何利用聚结膜分离技术减少芳烃抽提装置中溶剂损耗?

乌鲁木齐石化公司芳烃抽提装置始建于 1982 年，选用溶剂为四乙二醇醚，经过多次改造，始终没能彻底解决抽提芳烃和抽余油中溶剂含量过高的问题。不仅抽提芳烃中的溶剂造成后续对二甲苯装置进料线出现结焦堵塞现象，抽余油中的溶剂含量过高造成后续加氢精制催化剂结焦。乌石化通过采用北京金伟晖工程技术公司开发的聚结膜分离技术，决定芳烃抽提装置抽余油水洗塔及抽提芳烃水洗塔后各增加一个聚结分离塔。以芳烃水洗塔 T-308为例，流程如图 6-22 所示。

T-310、309 内件为专用过滤棒，由于过滤棒所用材质的特性，使分子较小的抽余油或芳烃可以轻松的穿过过滤棒，从聚结分离罐的下部被抽出，而水和溶剂形成的液滴分子较大，被附着在过滤棒表面，最后在重力的作用下，落在聚结分离罐的集水槽中，由此被抽出。

在抽余油聚结分离塔和芳烃聚结分离塔的上、下段入口处分别安装有抽余油分配器和芳烃分配器，以便于抽余油和水洗水、芳烃和水洗水充分混合。

通过对非芳聚结分离塔和芳烃聚结分离塔的成功投用运行，表明聚结分离塔是一种低能耗、高效率值得大力推广使用新工艺，尤其为解决老装置溶剂消耗高的问题，提供了良好的途径。

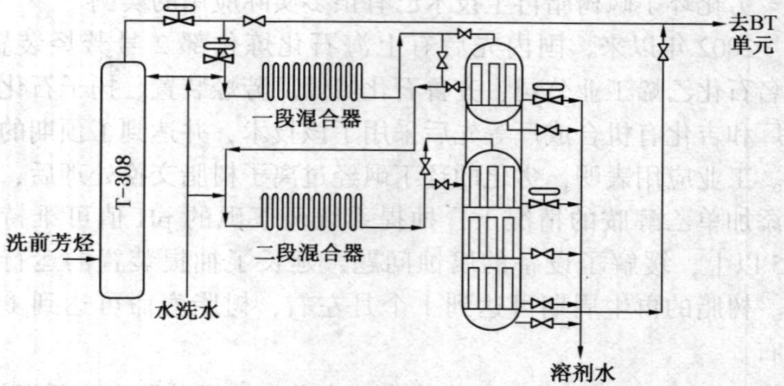

图 6-22　聚结膜分离器回收溶剂流程简图

☞ 81. 为什么说采用苯抽提工艺从重整生成油中生产 6#溶剂油及苯的生产流程是一箭双雕?

通常，重整装置按生产目的可分为两类：一类重整装置以生产芳烃为主，抽余油可生产 6#、120#、180#溶剂油，其余抽余油可作为汽油组分，这类生产方案适用于生成油中芳烃含量高，本厂汽油高辛烷值组分有富余的生产厂。另一类重整装置没有后续的芳烃抽提装置，仅以生产高辛烷值组分用于 90#、93#汽油的调合，这类装置适用于生产高辛烷组分的手段有限，重整装置产品必须用于 90#以上汽油调合，否则汽油不能出厂的炼油厂。

以玉门油田炼厂重整为例，正己烷的调合辛烷值(RON)为 62，环己烷的调合辛烷值(RON)为 99，苯的调合辛烷值(RON)为 110。根据三者在重整生成油中的比例，则 C_6 组分的辛烷值 RON 约为 78.6。将重整生成油中的 C_6 组分全部抽出后，重整生成油的辛烷值不但没有下降，反而上升约 3 个单位。因此，生产 90#汽油时，可以将重整反应温度降低约 9℃，由于反应温度的降低，还有利于延长重整催化剂使用寿命，为确保重整催化剂两年再生一次创造了有利条件。同时，还可生产部分 93#汽油。

图 6-23 是玉门油田炼厂苯抽提工艺流程，重整生成油进入

分馏塔，塔顶分出≤C_5组分，塔底为≥C_7组分的重整汽油，侧线抽出C_6组分。C_6组分全部进入加氢反应器进行加氢精制(加氢催化剂为MH-705；对所有C_6组分进行加氢精制后再进行产品分离，可以省去芳烃分离前所需的白土精制步骤)。C_6组分(精制油)进入抽提塔，在抽提塔中，C_6组分与环丁砜溶剂逆流接触，其中的苯溶于溶剂中，称为富溶剂。富溶剂进入溶剂回收塔，采用真空精馏的方法将苯与环丁砜溶剂分开。回收塔塔底的环丁砜送回抽提塔循环使用，回收塔塔顶分离出合格的苯产品。而抽提塔顶部排出的C_6组分非芳烃。

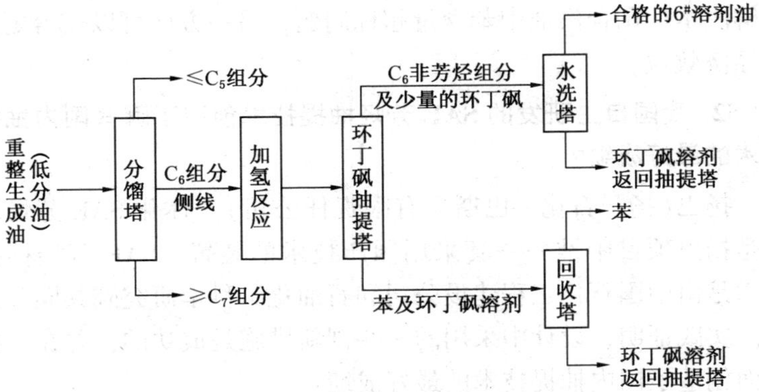

图6-23　苯抽提工艺流程示意图

经济效益分析表明，由于抽出的C_6组分混合物辛烷值仅为78.6(RON)，不能作为90#汽油的调合组分，故其价格按直馏石脑油计，产量按10.17万t/a计。6#溶剂油产量按6.74万t/a、苯产量按3.43万t/a计。经济效益评估如下：

6#溶剂油：19883万元/a(按2950元/t计)；

苯：13720万元/a(按4000元/t计)；

原C_6混合组分：28120万元/a(由于混合组分辛烷值RON仅有78.6，价格按石脑油计，为2765元/t计)；

价差为：5485万元/a(备注：6#溶剂油、苯、石脑油价格为

2003 年 7 月各大炼厂出厂价)；

装置投资：约 3550 万元(包括设备购置费、催化剂费及瓷球费用、工程安装费、银行利息)。

动力、化工原材料消耗及设备检修费：355 万元/a；

装置第一年利润(税前)：1580 万元；

装置投资回收期不到一年；

从第二年开始每年的税前利润高达 5400 万元以上。

由此可见，玉炼利用苯抽提工艺将重整生成油 C_6 组分用于生产高附加值的 $6^{\#}$溶剂油及苯是一箭双雕的加工方案。一方面可解决本厂调合汽油中苯含量超标问题，另一方面可以获得更高的经济效益。

☞ 82. 我国自主研发的 SAE 芳烃抽提技术创造了哪些国内抽提技术的最好成绩？

扬巴(扬子石化—巴斯夫有限责任公司)一体化 SAE 芳烃抽提是扬巴项目中惟一一套采用国产技术的装置，SAE 芳烃抽提技术是由中国石化工程建设公司和石油化工科学研究院共同开发的。实践证明，设计中采用的一些创新措施是成功的，并在一些方面创造了国内抽提技术的最好成绩：

(1) 溶剂操作了一年多还非常干净，这是别的厂很少见的。国内不少抽提装置都为溶剂被氧化越来越脏，换热器结垢严重，抽提温度降不下来而大伤脑筋；而扬巴装置开了一年半多，溶剂仍清澈得“像水一样”，抽提温度可以控制很低。

丰富的工程设计和施工经验保证环丁砜溶剂的质量在装置长周期运转下仍能保持良好的质量，不需要使用任何特殊的过滤或再生设备，没有额外的投资。

(2) 真空系统密闭性能好，抽空器连续十几个月不用开，真空度仍保持不下降。

(3) SEI 对抽余油中的溶剂回收有自己独特的理念，采用 7

层筛孔塔盘就可以保证抽余油中的溶剂含量小于1μL/L左右，不需采用特殊设备，没有任何投资的增加。抽余油中的溶剂含量小于1μL/L，这是比较少见的。其他工厂抽余油中的溶剂含量一般都在10μL/L左右，水洗洗不下来，而扬巴装置却做到了这一点，创造了最好成绩。低溶剂含量的抽余油无论用作乙烯裂解原料或催化重整装置原料，因不含环丁砜溶剂——不含硫，都极为有利。

（4）采用SEI开发的BJ塔盘，保证回收塔顶混合芳烃中的溶剂含量小于1μL/L。而其他装置回收塔回流罐的混合芳烃溶剂含量大多为5~10μL/L。

（5）进入装置的裂解汽油中C_9^+芳烃含量低，停用二甲苯塔，直接从甲苯塔底采出二甲苯产品，其溶剂含量也是合格的。这得益于回收塔塔盘的高效率。这是其他装置上也是很难做到的。

（6）高芳烃回收率。苯、甲苯和二甲苯的回收率分别达到99.95%、99.9%和99.5%。高回收率不仅使装置效益最大化，而且低芳烃含量的抽余油无论作为重整或乙烯裂解原料都非常好。

（7）高产品质量。在装置满负荷标定期间，产品全部合格，苯、甲苯和二甲苯的纯度分别达到99.99%、99.92%和99.41%，苯产品的冰点达到了5.51℃，抽余油中芳烃含量0.23%，都超过了设计指标，说明抽提效果非常好。

（8）低操作成本。装置能量回收系统得到了很好的优化，操作费用比较低，每吨芳烃产品公用工程（仅水、电、汽，不包括仪表风和氮气）成本为129.5元人民币。

（9）在国内率先采用在线仪代替苯、甲苯、二甲苯检查罐，使用一年来情况很好，没有出现什么问题。

第七章　BTX 及其他产品分离

☞ 1. 什么是精馏？什么是蒸馏？

精馏和蒸馏一样，都是借塔中气–液两相在各层塔板上不断地互相接触，反复进行部分汽化和部分冷凝过程，使混合物逐步分离，在塔顶、塔底分别得到轻、重两种产品。

精馏与蒸馏也有不同之点，那就是精馏过程对产品质量要求高，通常是单一组分的产品如苯(B)、甲苯(T)和二甲苯(X)等，因此要求更多的塔板数才能完成分离任务；蒸馏要求则相对差一些，通常是一段馏分做为产品如 6#溶剂油或 120#溶剂油等。因此，要求的塔板数较少。

☞ 2. 产品精馏装置的任务是什么？该装置有哪些特点？

产品精馏装置的任务，一是将芳烃原料中的各种芳烃分离成符合质量标准要求的产品，如苯，甲苯，邻、间、对二甲苯及乙基苯等；所得 C_9^+ 芳烃可做下游装置(如歧化、均三甲苯等)的原料。二是将非芳烃原料分离成符合质量要求的产品，如橡胶溶剂油或其他各种牌号溶剂油等。

该装置的特点是：

(1) 产品纯度要求高。为了得到硝化级高纯度苯、甲苯、每种芳烃中所含沸点相邻的芳烃量必须小于 0.1%，才能符合其沸程规格的要求。如产品苯中甲苯含量必须小于 0.1%，才能保证苯的沸程在 79.6~80.5℃。

(2) 精馏塔温度控制要求严格。鉴于第(1)项特点，芳烃精馏塔在自动控制系统有以下两个特点：

① 要有高灵敏度的温度自动控制系统，塔顶温度波动范围<0.02℃，才能保证杂质含量<0.1%；

② 要有灵敏的压力自动补偿系统，因为在同一沸点下，压力波动0.8kPa时，塔顶产品就可能不合格。

(3)要求塔顶、塔底两种产物必须同时合格。

☞ 3. 重整精馏装置的原料有哪些来源？有哪些产品？

重整精馏装置的原料可由下列装置提供：

(1) 芳烃抽提装置分出的合格芳烃或合格的非芳烃；

(2) 甲苯歧化装置生成的产物；

(3) 二甲苯异构化装置生成的产物等。

产品精馏装置可生产如下一些产品中的一种或几种：

(1) 苯；

(2) 甲苯；

(3) 混合二甲苯；

(4) 邻二甲苯；

(5) 间、对二甲苯；

(6) 对二甲苯；

(7) 均三甲苯或 C_9^+ 芳烃等；

(8) 橡胶溶剂油；

(9) 6号溶剂油。

☞ 4. 常规的产品分离装置是怎样构成的？

常规的重整芳烃精馏装置是由白土塔(原料预精制)、苯塔、甲苯塔和二甲苯塔构成，图7-1是我国早期重整装置芳烃产品分离的典型流程。

近年来，为了提高装置综合效益，向深加工发展，一些重整装置在常规的产品分离流程中增设了乙基苯、邻二甲苯和间、对-二甲苯分离设备，以便生产价值更高的产品(见图7-2)。

有些装置，还把非芳烃分离成价值更高的溶剂油，如橡胶溶剂油或6号溶剂油(见图7-3)。

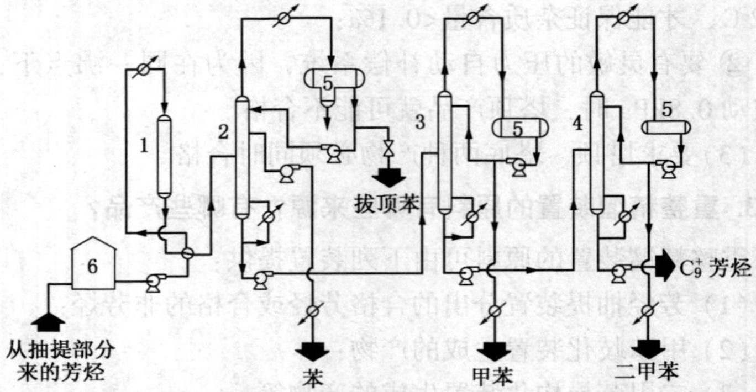

图7-1 常规的产品分离流程

1—白土塔；2—苯塔；3—甲苯塔；

4—二甲苯塔；5—回流罐；6—缓冲罐

☞ 5. 芳烃精馏装置的构成有哪几种方式？以苯或二甲苯为主的装置是怎样构成的？

芳烃精馏装置由于目的产品不同有多种不同的构成方式：

(1) 生产苯和甲苯为主(与歧化装置联合)的方式；

(2) 苯、甲苯和混合二甲苯方式，这是我国炼油厂重整装置常规构成的方式；

(3) 苯、甲苯、邻二甲苯和混合二甲苯方式；

(4) 苯、甲苯、乙苯、邻二甲苯和混合二甲苯方式；

(5) 苯和二甲苯(与歧化、吸附分离联合装置构成)方式等。

芳烃精馏系统，由于生产者的经营目标不同，有很大差异。一些芳烃联合装置以生产苯为主要目标，因此，芳烃精馏将配合芳烃联合装置最大限度生产苯，见图7-4上半部分，它主要由白土处理、苯塔和甲苯塔构成。

有些联合装置是最大限度生产二甲苯(见图7-4下半部分)，主要由白土处理、二甲苯和邻二甲苯精馏塔构成。

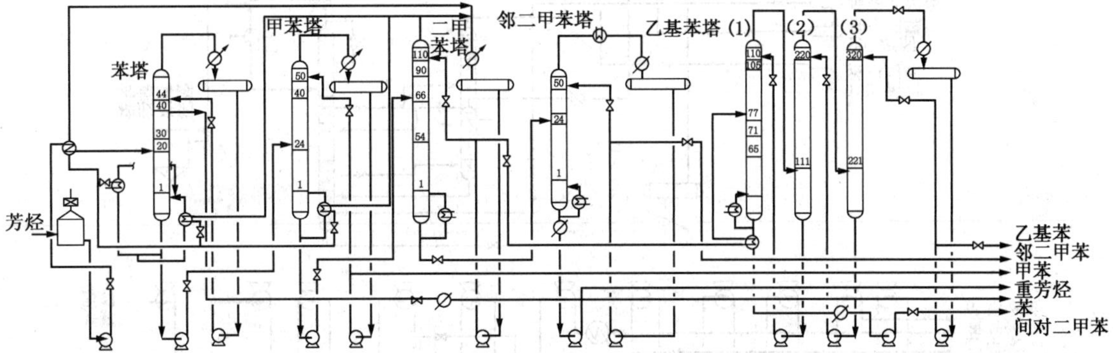

图 7－2　带有多种二甲苯分离设备的产品分离流程

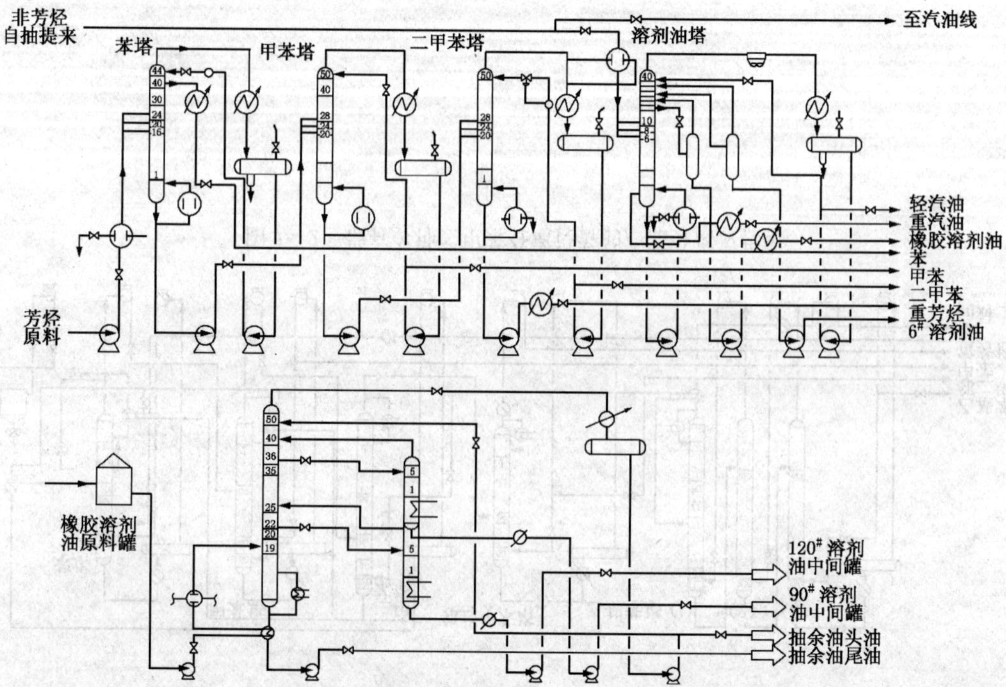

图 7－3　带溶剂油分离设备的产品分离流程

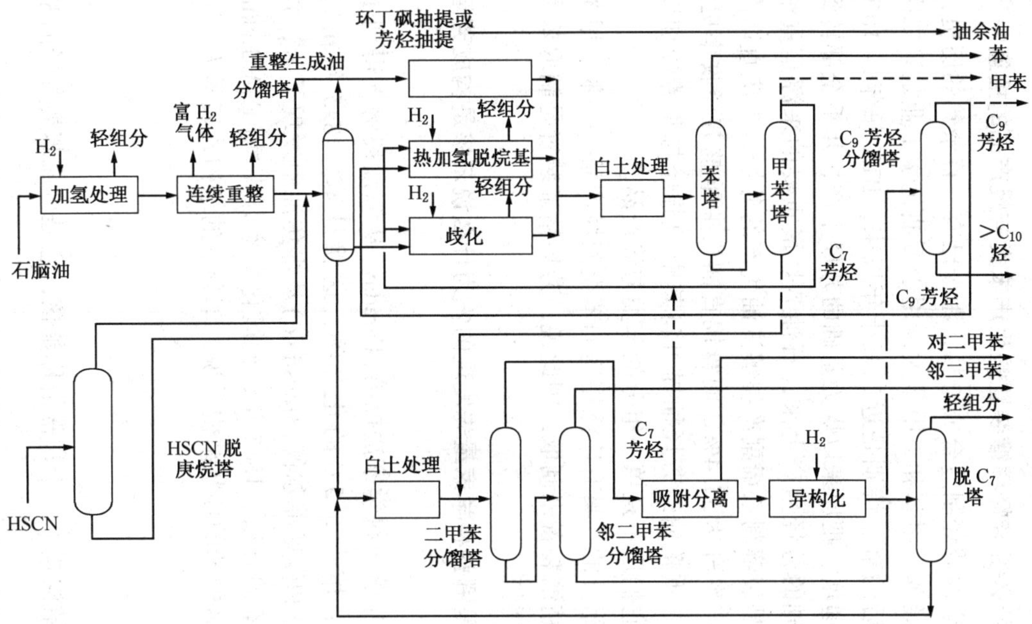

图 7－4　芳烃精馏系统构成

生产苯的原料主要由轻重整油和 HSCN 脱庚烷塔顶 $C_6 \sim C_7$ 馏分提供；生产二甲苯主要由重整油和甲苯塔底馏分做原料。

☞ 6. 为什么说芳烃精馏装置是生产苯类芳烃产品的摇篮？

从煤焦油芳烃制造合成染料，距今已有一百余年的历史，但是轻质芳烃苯、甲苯和二甲苯大量用于石油化学工业是第二次世界大战以后的事。特别是近二三十年以来，BTX 每年以 10%左右的速度递增，把原来以煤为基础的芳烃生产，几乎全部转到以石油为基础的芳烃生产上来，石油芳烃最重要的来源是重整芳烃，其次是裂解制乙烯副产裂解汽油生产的芳烃。大庆直馏汽油重整芳烃产率可达 55.4%，而盘锦直馏汽油重整芳烃收率更高，可达 61%。重整油经芳烃抽提可将其中的芳烃与非芳烃加以分离，但是它们还不是单一组分的苯类芳烃产品。

单一组分的、具有广泛用途的苯类芳烃产品——苯、甲苯等要靠芳烃精馏装置来制取，因此说，芳烃精馏装置是制取苯类芳烃产品的摇篮。

☞ 7. 苯是哪些科学家最先发现的？为什么说苯核是构成芳烃的核心？

1825 年著名科学家法拉第(Faraday)从鲸油裂解气得到了沸点 80.1℃、熔点 5.5℃ 的化合物，这就是苯。1845 年霍夫曼(Hofmann)和曼斯菲尔德(Mansfield)从煤焦油中发现了苯，并提出了分离苯的方法。1865 年，德国化学家开库勒(F. A. Kekule)提出了著名的苯的环状结构学说，苯分子的结构式表示为：

苯的结构式  常常俗称苯核，它是构成苯类芳烃的基础或核心，因为，苯核带一个甲基($—CH_3$)，便构成甲苯，带上两个或三个甲基就构成二甲苯或三甲苯等等。

☞ 8. 苯的主要物理化学性质有哪些？有些什么重要用途？

纯苯常温下是无色透明液体，易挥发，有强烈的芳香气味，有毒、易燃，微溶于水，易溶于酒精、乙醚等有机溶剂。其主要物理性质如下：

（1）分子式为 C_6H_6；

（2）结构式为  ；

（3）常压下苯的沸点为 80.099℃；

（4）熔点为 5.533℃；

（5）15.54℃时液体苯的相对密度为 0.8847；

（6）闪点近似值为-13.3~12.2℃；

（7）自燃点近似值为 630℃；

（8）汽化热(80.10℃)为 394.14kJ/kg；

（9）熔化热为 127.49kJ/kg；

（10）20℃黏度为 0.000654Pa · s；

（11）30℃时导热系数为 141.93×10^{-5}J/(cm · s · ℃)；

（12）25℃时的低热值为 40605.3kJ/kg；

（13）25℃时比热容为 1.0463kJ/(kg · ℃)；

（14）临界温度为 289.5℃；

（15）临界压力为 4.94MPa；

（16）临界密度为 $304kg/m^3$；

（17）20℃、101325Pa 时折光率为 1.50112；

（18）20℃时表面张力为 28.9×10^{-5}N/cm；

（19）26.075℃时的蒸气压为 13332.2Pa；

（20）在空气中的爆炸范围，下限为 1.33%(v/v)，上限为 7.9%(v/v)。

苯的化学反应分为三大类，这就是取代反应、加成反应和苯环开裂反应。通过这些反应，可由苯制成许多种重要的化学中间体，它们是生产橡胶、塑料、纤维、洗涤剂、染料、医药、农药、炸药等重要基本有机化工原料。

过去，苯的主要用途曾是作为高辛烷值添加剂，或作为有机溶剂，随着石油化工的发展，作为化工原料成为苯目前的主要用途，其中苯乙烯、环己烷和异丙苯所消耗的苯最多，约占世界苯产量的80%。

☞ 9. 甲苯在化学性质上有些什么特点？主要用途是什么？

甲苯是带有一个甲基的苯类芳烃，它具有类似苯和甲烷的化学特性，只是由于苯基和甲基的相互影响而使反应性能有所加强。例如，苯环上的取代反应，甲苯比苯更容易，而甲苯的氧化反应比甲烷更容易。

以前甲苯主要用作溶剂和高辛烷值添加剂。随着石油化工的发展，甲苯脱烷基制苯和甲苯歧化生产二甲苯也成为甲苯的一个主要用途。在合成材料生产方面，甲苯二异氰酸酯的生产一直稳步发展。甲苯的硝化产物应用甚广，一硝基甲苯是重要的染料中间体，二硝基甲苯可进一步生产甲苯二异氰酸酯，三硝基甲苯用作炸药(TNT)已有很久的历史。甲苯的氯化产品(如苄氯、对氯甲苯)是染料、医药、香料的重要原料和中间体。甲苯与丙烯进行烷基化反应而制得的间甲酚，是高效低毒农药等的重要中间体。

☞ 10. 二甲苯包括几种异构体？各有什么特点和用途？

二甲苯异构体包括邻二甲苯、间二甲苯和对二甲苯三种异构体；此外，C_8 芳烃中还包括乙基苯，它也是二甲苯的同分异构体。用于生产芳烃的各种重整工艺过程总是生产三种二甲苯异构体的混合物，并且不可避免地含有乙苯。

(1) 邻二甲苯(oX)

在各种 C_8 芳烃的异构体中，邻二甲苯具有最高的沸点，比间二甲苯沸点高5℃，采用高效精馏塔使邻二甲苯与其他异构体分离是可能的。

许多年以前已经知道邻二甲苯直接氧化可以生成苯酐，它是生产汽车涂料——醇酸树脂的主要原料；苯酐的另一重要用途是用作生产邻苯二甲酸酯的中间体，它在其他表面涂料中是有价值的增塑剂。

（2）间二甲苯(mX)

间二甲苯与其他异构体相比，在重整产品中的量最大，而在化学合成中需要量却最少，这是相矛盾的。它可以氧化生成间苯二甲酸，在炼厂它则是很好的高辛烷值添加剂。

（3）乙苯(EB)

在 HSCN 中，乙苯的含量很高，但乙苯与间二甲苯的沸点差只有 3℃，分离比较困难。近年高效填料塔技术的发展，将使乙苯分离成为可能，为苯乙烯生产开创一条新的途径。乙苯也可做为高辛烷值添加剂。

（4）混合二甲苯(C_8 芳烃)

混合二甲苯具有快干性，是油漆和喷漆的合宜组分。自从 30 年代开发赛璐珞喷漆以来，二甲苯在配方中(不是作为溶剂)起了很大的作用。它不能溶解硝化纤维素，只是作为稀释剂或扩展剂代替较贵重的溶剂以降低成本。过剩的间二甲苯和乙苯也可有此应用。近年，由于安全要求，限制闪点较低的二甲苯作为油漆的溶剂，C_9 芳烃将取而代之。

（5）对二甲苯(pX)

目前，聚酯纤维(我国的商业名称为涤纶，在英国称 Terylene，在美国称 Dacron)生产已成为热门的高技术产业，在世界各国得到迅猛发展。生产它的基础原料正是对二甲苯(pX)，pX 氧化成对苯二甲酸是关键的一个环节：

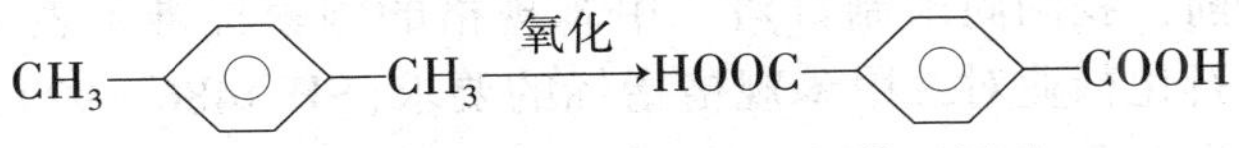

pX　　　　对苯二甲酸

对苯二甲酸与乙二醇聚合便得到上述聚酯纤维单体。这种聚酯纤维是所有合成纤维中最重要的品种；这种聚合物还广泛用于薄膜及模制塑料的生产。此外，对苯二甲酸还可用来生产增塑剂酯、热固性聚酯及芳烃聚酰胺纤维等等。由于上述原因，近年来，世界各国对 pX 的需求量不断增加，以至于不得不把其他各种苯类芳烃转化成对二甲苯。生产对二甲苯的主要过程有甲苯歧化或烷基转移和二甲苯异构化等。

☞ 11. 苯、甲苯、各种二甲苯和乙苯有哪些规格指标？

(1) 苯的规格指标

表 7-1GB 3405—89 是我国石油苯规格指标及各项规格的测试方法。

为了生产需要，企业生产中往往还要制订企业标准，表 7-2 是上海石化总厂化工一厂的企业标准，该标准是对有机合成用苯和其他化工用苯的要求。

(2) 甲苯的规格指标

表 7-3 所示的 GB 3406—90 是我国石油甲苯规格指标。该标准适用于重整油或裂解加氢汽油制得的石油甲苯。在企业生产中往往根据企业要求制订出企业标准，表 7-4 和表 7-5 是上海高桥石油化工公司化工厂和兰州化学工业公司橡胶厂对甲苯和甲苯馏分的技术要求。

(3) 各种二甲苯的规格指标

① 混合二甲苯的规格指标

表 7-6 所示的 GB 3407—90 是我国石油混合二甲苯的规格指标。适合于重整油和裂解加氢汽油生产的用作化工原料和溶剂的石油混合二甲苯。

② 对二甲苯的规格指标

目前，我国尚未制订对二甲苯规格的国家标准。表 7-7 列出我国石化行业对二甲苯规格指标的要求(SH 1486—92)，各企业根据生产要求也制订企业标准，表 7-8 是燕山石油化工公司化工一厂、上海石化总厂化工一厂和辽阳石油化纤公司化工一厂制订的对二甲苯规格标准。

③ 间、对-二甲苯的规格指标

间、对-二甲苯规格的国家标准暂未制订。表 7-9 是齐鲁石油化工公司胜利炼油厂和岳阳石油化工总厂用于化工、化纤原料或溶剂的间、对-二甲苯的规格指标。

④ 邻二甲苯的规格指标

邻二甲苯的国家标准暂未制订。表 7-10 是齐鲁石油化工公司胜利炼油厂和岳阳石油化工总厂用于化工原料、邻苯二甲酸酐及溶剂的邻二甲苯的规格指标。

(4) 乙苯的规格指标

表 7-11 是石化行业对乙苯规格指标的要求(SH 1140—90),表 7-12 是岳阳石油化工总厂用于生产苯乙烯原料,医药上用作合霉素、氯霉素中间体和对硝基苯乙酮、甲基苯基酮原料的乙苯规格指标。

表 7-1 石油苯规格(GB 3405—89)

项　目	质量指标			试验方法
	优级品	一级品	合格品	
外　观	透明液体、无不溶水及机械杂质			目测[1)]
颜色(Hazen 单位——铂-钴色号)　不深于	20			GB/T 3143
密度(20℃)/(kg/m^3)	878~881		876~881	GB/T 2013
馏程范围/℃	—		79.6~80.5	GB/T 3146
酸洗比色	酸层颜色不深于 1000mL 稀酸中含 0.1g 重铬酸钾的标准溶液		酸层颜色不深于 1000mL 稀酸中含 0.2g 重铬酸钾的标准溶液	GB/T 2012
总硫含量/10^{-6}　不大于	2		3	SH/T 0253

续表

项目	质量指标			试验方法
	优级品	一级品	合格品	
中性试验	中性			GB/T 1816
结晶点(干基)/℃不低于	5.40	5.35	5.00	GB/T 3145
蒸发残余物/(mg/100mL) 不大于	5		—	GB/T 3209

1)将试样注入100mL玻璃量筒中，在20±3℃下观察，应是透明、无不溶水及机械杂质。

表7-2　上海石油化工总厂对石油苯规格(Q/SH 012.1.04—84)

指标名称	指标	试验方法
外观(18~25℃)	透明液体，无沉淀物或絮状物	目测
密度(20℃)/(g/cm³)	0.878~0.881	GB 2013，JISK2421，ASTM D3505，ISO 5281
馏程(脱水试样)/℃ ≥	包括80.1℃，在1℃内馏出97%(体积)以上	GB 3146，JISK 2421，ASTM D850
结晶点(无水)/℃ ≥	5.4	GB 3145，JISK 2421，ASTM D852，ISO 5278
铜片腐蚀	不变色	JISK 2421，ASTMD849
酸洗比色，标准色号 ≤	1	GB 2012，JISK 2421，ASTM D848，ISO 5274
颜色，APHA ≤	20	GB 3143，ASTMD 1209

表7-3　石油甲苯规格(GB 3406—90)

项目	质量指标		试验方法
	优级品	一级品	
外　观	透明液体，无不溶水及机械杂质		目测[1)]
颜色(Hazen单位——铂-钴色号) 不深于	20		GB/T 3143
密度(20℃)/(kg/m³)	865~868		GB/T 2013

续表

项目		质量指标		试验方法
		优级品	一级品	
烃类杂质含量				
苯含量/%	不大于	0.05	0.10	GB/T 3144
C_8 芳烃含量/%	不大于	0.05	0.10	
非芳烃含量/%	不大于	0.20	0.25	
酸洗比色		酸层颜色不深于 1000mL 稀酸中含 0.2g 重铬酸钾的标准溶液		GB/T 2012
总硫含量/(mg/kg)	不大于	2		SH/T 0253[2)]
蒸发残余物/(mg/100mL)	不大于	5		GB/T 3209
博士试验		通过	—	SH/T 0174
中性试验		中　性		GB/T 1816

1) 20±3℃下目测。对机械杂质有争议时，用 GB/T 511 方法进行测定，应为无。

2) 允许用 SH/T 0252 方法测定，有争议时以 SH/T 0253 方法为准。

表 7-4　上海高桥石油化工公司化工厂对甲苯规格

(Q/SH 003.002.006—87)

指标名称		指　标	试验方法
外　观		微黄透明液体，无机械杂质，无游离水	Q/SH 003.002.006—87
苯/%	<	1.0	Q/SH 003.002.006—87
乙苯/%	<	0.5	Q/SH 003.002.006—87
酸碱度，pH		6~8	Q/SH 003.002.006—87

表 7-5　兰州化学工业公司合成橡胶厂对甲苯馏分规格

(Q/SH 008.044—86)

指标名称		指　标	试验方法
外　观		无色透明液体，无机械杂质和游离水	Q/SH 008.044—86
色度/号	≤	50	GB 605—77
甲苯/%	≥	80	Q/SH 008.044—86
苯乙烯/%	≤	1	Q/SH 008.044—86

表 7-6　石油混合二甲苯规格(GB 3407—90)

项　　目	质量指标				试验方法
品　　种	3℃混合二甲苯		5℃混合二甲苯		
质量等级	优级品	一级品	优级品	一级品	
外　观	透明液体，无不溶水及机械杂质				目测[1]
颜色(Hazen 单位——铂-钴色号)　不深于	20				GB/T 3143
密度(20℃)/(kg·m^{-3})	862~868	860~870	860~870		GB/T 2013
馏程/℃ 初馏点　不低于 终馏点　不高于 总馏程范围　不大于	 137.5 141.5 3		 137 143 5		GB/T 3146
酸洗比色	酸层颜色不深于1000mL稀酸中含0.5g重铬酸钾的标准溶液	酸层颜色不深于1000mL稀酸中含0.7g重铬酸钾的标准溶液	酸层颜色不深于1000mL稀酸中含0.5g重铬酸钾的标准溶液	酸层颜色不深于1000mL稀酸中含0.7g重铬酸钾的标准溶液	GB/T 2012
总硫含量/(mg·kg^{-1})　不大于	3				SH/T 0253[2]
蒸发残余物/(mg/100mL)　不大于	5				GB/T 3209
铜片腐蚀	不腐蚀				GB/T 11138
博士试验	通过	—	通过	—	SH/T 0174
中性试验	中　性				GB/T 1816

1）20±3℃下目测。对机械杂质有争议时，用 GB/T 511 方法进行测定，应为无。

2）允许用 SH/T 0252 方法测定，有争议时以 SH/T 0253 方法为准。

表 7-7　对二甲苯规格(SH 1486—92)

项　　目		质量指标	
		优级品	一级品
外观(30℃)		清澈透明、无沉淀物	
颜色(铂-钴色号)	≤	10	25
酸洗比色/号	≤	2	5
溴指数/(mgBr/100g)	≤	200	200
总硫含量/%	≤	0.0002	0.001
非芳烃含量/%	≤	0.05	0.2
纯度/%	≥	99.2	99.0
结晶点[1)]/℃	≥	12.95	12.85

注：1）每月测定一次。

试验方法

(1) 外观的测定：将试样注入100mL量筒中，在30℃下目测。

(2) 颜色(铂-钴色号)的测定：按GB/T 3143之规定进行测定。

(3) 酸洗比色(号)的测定：按GB/T 2012之规定进行测定。

(4) 溴指数的测定：按SH/T 1487之规定进行测定。

(5) 总硫含量的测定：按SH/T 1147之规定进行测定。

(6) 非芳烃含量的测定：按SH/T 1488之规定进行测定。

(7) 纯度的测定：按SH/T 1489之规定进行测定。

(8) 结晶点的测定：按SH/T 1490或SH/T 1491之规定进行测定。如有争议时，以SH/T 1491仲裁。

表 7-8　某些企业的对二甲苯规格

燕山石化公司化工一厂

Q/SH 001—Q11—87

指标名称		指标		试验方法
		优级品	一级品	
外　观		明亮清澈、无沉淀	明亮清澈、无沉淀	Q/SH 001—Q11—87
纯度/%	≥	99.2	99.0	Q/SH 001—Q11—87
酸洗颜色/号	≤	2	5	GB 2012—80
色度,APHA	≤	10	30	GB 3143—82
硫/(μg/g)	≤	2	2	SY 2506—83
溴指数/(mg/100g)	≤	100	200	本标准
非芳烃/%	≤	0.15	0.2	本标准

续表

上海石化总厂化工一厂 Q/SH 012. 1. 03—85			
指标名称		指标	试验方法
外观(30℃)		无色透明液体,无杂物	目测
纯度/%	≥	99.2	UOP 720
密度(20℃)/(g·cm⁻³)		0.860~0.862	GB 2013—80 ASTM D287
色度,APHA	≤	20	GB 3143—82 ASTM D1209
溴指数/(mg/100g)	≤	200	ASTM D1491
非芳烃/%	≤	0.2	UOP 543

辽阳石油化纤公司化工一厂 Q/SH 009—04—01—83			
指标名称		指标	试验方法
外观/%	≥	99.2	LHF—118
外观(30℃以下)		明亮清彻、无沉淀	目测
溴价/(g/100g)	≤	0.2	SY 2123—77
烷烃和环烷烃/%	≤	0.3	LHF—118
烃的氯化物		无	LHF—408
硫含量/(μg/g)	≤	2	LHF—202

表 7-9 某些企业的间、对-二甲苯规格

齐鲁石油化工公司炼油厂 Q/SH 002. 1. 15—86			
指标名称		指标	试验方法
外观		透明液体,颜色不深于相当铂-钴 20 号,无不溶水及机械杂质	在 20±3℃下目测
密度(20℃)/(g·cm⁻³)		0.8610~0.8640	GB 2013—80
纯度/%	>	95.0	GB 3146—82
酸洗比色/号	<	10	GB 2012—80

岳阳石油化工总厂 Q/SH 015.03.07—86		
指标名称	指标	试验方法
外观	无色透明液体，无游离水，无机械杂质	Q/SH 015.03.07—86
密度(20℃)/($g\cdot cm^{-3}$)	0.869~0.870	GB 4472—84
纯度/% ≥	92	Q/SH 015.03.07—86
乙苯、邻二甲苯/% ≤	8	Q/SH 015.03.07—86
总硫/(μg/g)	测定，内控	SY 2506—83

表 7-10 某些企业的邻二甲苯规格

齐鲁石油化工公司炼油厂 Q/SH 002.1.08—86		
指标名称	指标	试验方法
纯度/% ≥	96	GB 3146—82
C_9 含量/% ≤	1	GB 3146—82
酸洗比色/号 ≤	10	GB 2012—80
外观	透明液体	目测

岳阳石油化工总厂 Q/SH 015.03.08—86			
指标名称	指标		试验方法
	一级品	二级品	
外观	无色透明液体，无游离水，无机械杂质		Q/SH 015.03.08—86
纯度/%	98.0	96.0	Q/SH 015.03.08—86
色度/号	30	40	GB 605—77
间、对二甲苯/%	1.2	2.2	Q/SH 015.03.08—86
乙苯、甲苯、苯/%	0.8	1.8	Q/SH 015.03.08—86
总硫/(μg/g)	内控	内控	SY 2506—83

表 7-11　工业用乙苯规格(SH 1140—92)

指标名称		指标		分析方法
		优级品	一级品	
外　观		无色透明液体		按 2.1(注 1)
密度(20℃)/(g·cm^{-3})		0.866~0.870		GB/T 4472—84
水浸出物酸碱性(pH 值)		6.0~8.0		SH/T 1146—92
纯度/%	≥	99.6	99.4	SH/T 1148—92
异丙苯/%	≤	0.05	0.13	SH/T 1148—92
二乙苯(含正丁苯)/%	≤	0.010	0.015	SH/T 1148—92
硫/%	≤	0.0003	不测定	SH/T 1147—92

注：① 发生争议时，按 GB 605—77《色度测定法》仲裁，铂-钴色度反应≤5。

② 由焦化厂原料生产的优级品乙苯中硫含量≤0.0015%(重)。

试验方法：

(1) 外观的测定

将试样注入 50mL 比色管中，液面与刻度齐平，在有足够自然光线或有白色背景的灯光下径向目测。

(2) 密度的测定

按 GB/T 4472《化工产品密度、相对密度测定通则》中 2.3.3 密度计法所规定的步骤进行测定。

(3) 水浸出物酸碱性(pH)的测定

按 SH/T 1146《工业用乙苯中水浸出物 pH 值的测定》所规定的步骤进行测定。

(4) 乙苯纯度及烃类杂质的测定

按 SH/T 1148《工业用乙苯纯度及烃类杂质的测定　气相色谱法》所规定的步骤进行测定。

(5) 硫含量的测定

按 SH/T 1147《工业用乙苯中微量硫的测定　微库仑法》所规定的步骤进行测定。

表 7-12　岳阳石化总厂的乙苯规格[Q/SH 015.03.04—83(85)]

指标名称	指标		试验方法
	一级品	二级品	
外　观	无色透明液体或微黄液体		本标准
相对密度(d_4^{20})	0.866~0.870	0.866~0.870	

续表

指标名称		指标		试验方法
		一级品	二级品	
苯/%	<	0.05	0.10	本标准
甲苯/%	<	0.05	0.10	本标准
混合二甲苯/%	<	0.6	1.20	本标准
沸程				
初沸点/℃	>	135.8	135.2	HG2—345—76
末沸点/℃	<	136.6	136.7	

12. 橡胶溶剂油和6号溶剂油的规格指标是怎样规定的?

(1) 橡胶溶剂油的规格指标

表7-13是橡胶工业用溶剂油的规格(SH 0004—90)。它规定了由原油直馏馏分或催化重整抽余油所得的橡胶工业用溶剂油三种质量等级的技术条件。

表7-13 橡胶工业用溶剂油规格(SH 0004—90)

项目		质量指标			试验方法
		优级品	一级品	合格品	
密度(20℃)/(kg·m^{-3})	不大于	700	730	—	GB/T 1884
馏程:					GB/T 6536
初馏点/℃	不低于	80	80	80	
110℃馏出量/%	不小于	98	93	—	
120℃馏出量/%	不小于	—	98	98	GB/T 6536
残留量/%	不大于	1.0	1.5		
溴值/(gBr/100g)	不大于	0.12	0.14	0.31	SH/T 0236
芳香烃含量/%	不大于	1.5	3.0	3.0	SH/T 0166
硫含量/%	不大于	0.018	0.020	0.050	GB/T 380[1)]
博士试验		通过		—	SH/T 0174

续表

项目	质量指标			试验方法
	优级品	一级品	合格品	
水溶性酸或碱		无		GB/T 259
机械杂质及水分[2]		无		
油渍试验[3]		合格		

1）允许用 SH/T 0253 测定。在有异议时，用 GB/T 380 仲裁。

2）将试样注入 100mL 玻璃量筒中，在室温（20±5℃）观察，必须透明，不允许有悬浮和沉降的机械杂质及水。有异议时，按 GB/T 511 和 GB/T 260 进行测定。

3）将溶剂油经蒸馏测定的残留物，用小滤纸滤入干净的容积为 10～25mL 的试管或量筒中，用吸管取其滤液往清洁的滤纸同一处滴 3 滴，然后将此滤纸在室温（20±5℃）下放置 30min，如滤纸上没有油渍存在，即认为合格。

（2）6 号抽提溶剂油

表 7-14 是 6 号抽提溶剂油规格（SH 0003—90），它规定了由石油直馏馏分、重整抽余油或其他再加工生产的 6 号抽提溶剂油两种质量等级的技术条件。

表 7-14　6 号抽提溶剂油规格（SH 0003—90）

项目		质量指标		试验方法
		一级品	合格品	
馏　程				GB/T 6536
初馏点/℃	不低于	60	60	
98%馏出温度/℃	不高于	85	90	
芳烃/%	不大于	1.5	报　告	SH/T 0166
密度（20℃）/（kg·m^{-3}）		655～681		GB/T 1884 或 GB/T 1885
溴指数	不大于	1000		GB/T 11136
色度，号	不小于	+25		GB/T 3555
蒸发残余物/（mg/100mL）	不大于	3		GB/T 3209
硫含量/（μg/g）	不大于	120	500	SH/T 0253
机械杂质及水分[1]		无	无	

续表

项　　目	质量指标		试验方法
	一级品	合格品	
铜片腐蚀(50℃，3h)，级 不大于	1	1	GB/T 5096
水溶性酸或碱	无	无	GB/T 259
油渍试验[2]	—	合 格	

1）将试样注入 100mL 的玻璃量筒中，溶液透明并无可见的悬浮和沉降的机械杂质及水时称“无”，反之则称“有”。

2）油渍试验方法：将溶剂油蒸馏试验的残留物，用小滤纸滤入干净的试管或量筒中，用吸管取其滤液往清洁滤纸上滴 3 滴，在室温下(20±3℃)放置 30min，如滤纸上没有油渍存在即认为合格。

☞ 13. 芳烃精馏过程的基本原理是什么？

芳烃精馏过程是根据被分离的液体混合物中各组分的相对挥发度不同，使汽液两相多次部分汽化与冷凝，进行传质、传热，最终达到分离目的。所以精馏过程，实际上是传质和传热这两个过程同时进行的综合性物理过程。现以苯和甲苯的沸点组成图，即用 $t-x$ 图来说明精馏过程的基本原理(见图 7-5)。

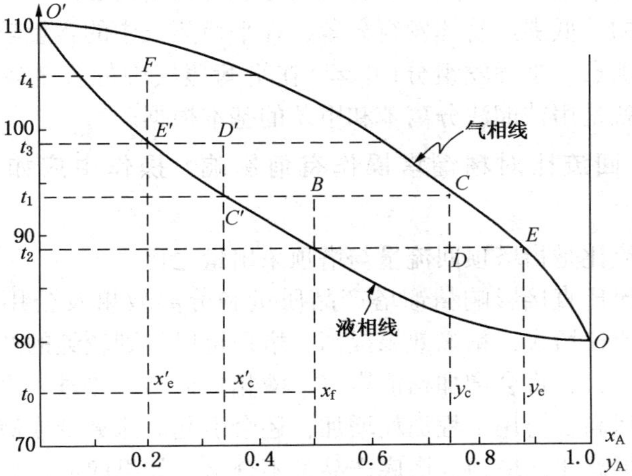

图 7-5　苯与甲苯混合液 $t-x$ 图

由图 7-5 可以看出，气相线以上的区域为气相区，液相线以下的区域为液相区，汽相线和液相线之间的区域为汽液相共存区。另外，O 点代表纯苯，而 O'代表纯甲苯。

在汽液相共存区，苯的含量为 x_f，混合液的温度为 t_0，将此混合液的温度逐渐加热到 t_1，以 B 点表示，达到平衡后，将汽液相分开，则此时汽相中苯的含量为 y_0(C 点)，然后将组成为 y_c 的汽相部分冷凝，使其温度降至 t_2(D 点)，达到平衡后，又将气、液相分开，则此时气相中苯的含量为 y_e(E 点)。由图可以看出 $y_e>y_c>y_f$，如此反复进行多次后，则汽相组成越来越接近 O 点，最后可在塔顶得到纯苯。

与此同时，如果混合液加热到 t_1(B 点)，达到平衡后，其液相中苯的含量为 x_c(C'点)，然后将组成为 x_c 的液相部分汽化，使其温度升到 t'_2(D'点)达到平衡后将汽液相分开，则此时液相中苯的含量为 x'_e(E'点)。由图可以看出 $x'_e<x'_c<x_f$。如此反复进行多次，则液相组成越来越接近 O' 点，最后可在塔底得到纯甲苯。

通过上述分析可知，混合液的组成与其平衡态的气、液组成是不同的。低沸点易挥发组分苯，在平衡蒸气中的含量较液相中大；高沸点、难挥发组分(甲苯)在平衡蒸气中的含量较液相中少，这就是用精馏法分离苯和甲苯的基本根据。

☞ 14. 回流比对精馏塔操作有何影响？操作中应如何调整回流比？

回流比是指塔顶回流量与塔顶采出量之比。

回流比直接影响精馏塔产品质量和分离效果及公用工程消耗。回流比增大，精馏效果提高，塔顶可以得到较纯的产品，但回流比太大，将会增加精馏塔汽、液相负荷，加热量和冷却量都要相应提高，公用工程消耗增加；还会引起雾沫夹带或液泛，使分离效果恶化，塔顶、塔底产品都不合格。如果回流比太小，则达不到塔的分离效果，产品会不合格。因此，在生产操作中一定要保证回流比在合适的范围之内。

在正常生产中通常采用回流量 R 与进料量 F 之比 R/F 值来控制精馏塔的操作，在进料组分和流量稳定时，回流比与塔顶回流量 R 成正比，控制 R/F 值就可以控制回流比，能用最小的公用工程消耗，获得尽可能多的合格产品。

在正常运转中，应保持适宜的回流比，以便在保证产品质量的前提下，争取最好的经济效果。只有在塔的生产条件受到破坏或产品质量不合格时，才能调节回流比，例如苯塔顶产品中的甲苯含量增加，苯产品质量下降，这时需要增加回流比；另外，如果进料负荷过低，为保持塔内一定的上升蒸气速度，也要适当增加回流比。

☞ 15. 精馏塔顶空冷器的操作对塔的操作有何影响？塔底重沸器或重沸炉起什么作用？

对一个精馏塔来说，塔顶空冷器传热效果好，会出现：

(1) 塔压力低；

(2) 回流温度低。

塔压力低，全塔各部操作温度都会降低，用较少的热量就可以将塔底的轻组分蒸出，节省能量，塔的生产能力也可增加；如果塔的加热量不变，则有利于塔底提纯，而塔顶产品有可能因重组分上升而不合格。

回流温度低，其他条件不变时，同样的外回流量，内回流就增加，而有利于塔顶产品提纯，但塔底轻组分会增加。

如果空冷器传热效果差，将会出现相反的情况，即：塔压力上升，回流温度升高。塔压力上升，操作温度随之提高，需较大的重沸量才能使塔底产品合格，当能量消耗至一定程度，塔底负荷不够时，塔底产品将会不合格；回流温度升高，维持同样内回流需要较多的外回流，回流温度升高到一定数值，就不能满足内回流的需要，必须降低操作负荷，否则将无法操作。

物料的汽化需要热量，此热量正是由塔底再沸器或重沸炉来提供的。如果提供的热量不够，那么将不能有效地将组分分离，塔顶、塔底产品不合格；如提供的热量过多，汽化量过大，回到塔内的回流量增加，这就无形中增大了塔的负荷，使公用工程消耗额外地增加。瞬间重沸器供热变小，轻组分蒸不上去，塔底不合格；瞬间重沸器供热增大，重组分蒸出量过多，塔顶不合格。

☞ 16. 精馏塔进料负荷与组成变化时对塔的操作有何影响?

通常，精馏塔进料负荷由装置的物料平衡所决定，不宜变动过多。若进料量增大，将增加塔内气、液相负荷，在一定范围内，可以改进传热传质效应，提高分离效果。如果负荷过大，超过了塔设计允许范围，会造成雾沫夹带，使产品纯度下降；如负荷过小，由于气相速度低，可能造成漏液，使塔底产品不合格，此时，一般要加大塔顶回流量，使气速增加，塔的操作尚可维持，但加热量增加，公用工程消耗将增加。

总之，塔的进料负荷改变时，要适当调整加热量，使回流量或进料量比值保持在适宜范围，确保产品质量合格。如负荷过低，可适当加大回流量或进料量比值，虽然能耗增加，但产品尚可合格。

如果进料组分突然变轻，此时加热量与回流量不变，塔中的轻组分由于进料轻组分增加而增加，整个塔的各部温度会下降，塔顶和塔底产品中轻组分含量都会增加；如进料中重组分含量增加，情况则与上述相反。

☞ 17. 最佳的芳烃精馏部分的能量回收方案是怎样构成的?

对于大型乙烯项目，随着上游乙烯装置规模的扩大，芳烃装置的规模也越大，因此芳烃精馏部分三个塔之间能量的利用就成为待解决的现实问题。

最佳的能量回收方案是：甲苯塔和二甲苯均采用加压操作方案，甲苯塔顶物流全部作为苯塔重沸器热源，不足部分由二甲苯塔顶物流补充。即苯塔底设置两台重沸器，一台采用甲苯塔顶物流作热源，另一台采用二甲苯塔顶物流作热源。其目的是回收热量，降低操作费用。

特殊的创新点还在于：利用二甲苯作热源的重沸器也采用1.6MPa 蒸汽加热，这有以下好处：

（1）在芳烃分离部分开工初期，可采用蒸汽加热。将缩短开工时间1～2天。

（2）增加装置的灵活性。如果进入装置的裂解汽油中 C_9^+ 芳烃含量低，二甲苯塔可以停用，可直接从甲苯塔底采出二甲苯产品，其溶剂含量也是合格的。此时可以采用蒸汽加热保证苯塔热源。

对于一套加工能力为36万t/a的裂解汽油SAE芳烃抽提得到的芳烃其芳烃精馏系统的节能方案与常压操作相比投资相当，但每年约可节约操作费用500万元，其效益十分显著。

☞ 18. 产品在线分析仪能否替代三苯产品中间产品检查罐？在线分析有何优点？

芳烃抽提装置的目的产品——苯、甲苯和混合二甲苯均为高纯度产品，在目前几乎所有的芳烃抽提装置中都设有苯、甲苯和混合二甲苯产品中间检查罐，以确保输送到成品储罐区的产品都是合格的。这些中间检查罐一般按日罐或班罐设计，随着芳烃抽提装置规模的不断扩大，中间检查罐尺寸也越来越大。占地增加，给装置的平面布置带来不少困难，同时装置中间罐区容量的扩大，也增加了安全隐患。

扬巴公司芳烃装置在国内首先采用在线分析仪自动控制苯、甲苯、二甲苯产品质量，取消了上述中间检查罐。在线分析仪可在控制室DCS上显示产品的分析指标，包括纯度和杂质含量。该技术已经在扬巴公司芳烃抽提装置平稳运行一年半，证实了其高可靠性。采用此技术可以得到以下优点：

（1）提前预测操作趋势，产品质量有保证，提高产品合格率（在线分析仪分析频率5min/次，而罐分析8h/次）；

（2）产品分析数据及时在 DCS 上显现，操作工随时能够看得见，装置操作更平稳；

（3）避免了频繁检查罐倒罐输送产品的操作，降低劳动强度；

（4）减小了分析工作量，减少了分析人员，避免了频繁取样分析对操作人员和分析人员的毒害。

（5）减小占地，提升装置的安全性。

对三种芳烃产品，按班罐设计投资大约 100 万元，用于 3 种芳烃产品的 3 台分析仪投资约 200 万元，即用在线分析仪需增加大约 100 万元，但考虑设置罐所增加的占地成本后，两种方案的总投资大致相当。

为了适应采用在线分析仪控制产品质量的要求，我们设计了一整套完整的控制方案，在产品出现不合格指标时，能够根据不合格指标的具体情况自动返回抽提原料罐或混合芳烃罐重新处理。

☞ 19. 白土的使用寿命与哪些因素有关？如何判断白土是否失效呢？

精制用白土的寿命与下列因素有关：

（1）进料中烯烃含量；

（2）操作温度；

（3）进料中对白土有害物质含量(如茚满、噻吩等)；

（4）当白土塔进料——抽提产品芳烃中溶剂含量较高、时间较长时，白土寿命也会下降。

通过对白土塔进出物料分析判断，如果在出料中的溴指数较高或硫酸着色度不合格，提高白土塔处理温度达 200℃，溴指数和硫酸着色度仍达不到指标要求时，表明白土已经失去活性，不能再继续运转使用了，应予以更换。

☞ 20. 白土塔为什么需要在较高的压力下操作？塔充液时应注意些什么？

白土塔适宜的操作温度是180~200℃，为了提高白土的吸附容量和效率，要求在液相情况下进行吸附操作。在180~200℃时，如不保持较高压力，系统原料就会气化，不能实现液相操作，因此白土塔一定要保持较高压力。压力控制主要是靠出口管线上安装的背压控制器来控制。一般的操作压力在1.5MPa左右。

白土塔充液时应注意：

(1) 首先应用充填液将充液管洗净；

(2) 使液体从塔底部自下而上慢慢地进入塔内，速度不能过大，防止白土飞溅；

(3) 注意观察白土塔的压力，压力高时可从顶部放空管排气，在视镜中如发现有液体出现时，停止充液；

(4) 关闭放空视镜及两端出入口阀门，关闭充液阀，至此，充液结束。

☞ 21. 白土塔为什么需要保持一定的操作温度？操作中应注意些什么问题？

白土只有在一定的温度下才具有活性，促使不饱和烯烃在白土上聚合后被吸附除去。通常白土塔温度设计为200℃，实际操作中可控制低些。

操作中值得注意的问题是，如果芳烃原料来自环丁砜抽提装置，当白土塔达到一定温度后，白土能促使抽出物(芳烃)中的少量溶剂环丁砜分解成SO_2、SO_3，遇潮时，它们就会腐蚀设备、管道。抽出物中高聚物也会分解，影响产品的铜片腐蚀试验和硫酸着色度试验。

为了防止上述问题，对白土塔进料质量要注意把关，要设法将白土塔原料芳烃中的溶剂和高聚物含量降至最低。

☞ 22. 芳烃精馏前的白土塔系统可否取消？

一般芳烃抽提装置都设有白土精制系统，其作用是吸附混合芳烃中的微量烯烃以保证芳烃产品的质量。经加氢处理后的乙烯裂解汽油烯烃应当已经除去，能否满足要求的规格，特别是反映烯烃量多少的溴价，对白土塔能否取消起决定性作用。

乙烯裂解汽油加氢装置的进料为上游乙烯裂解汽油加氢装置的产品，乙烯裂解汽油加氢装置的目的就是饱和裂解汽油中的二烯烃和单烯烃，为芳烃抽提装置准备原料。

中国石化工程建设公司在对扬巴裂解汽油芳烃精馏装置设计时，进行了深入的分析研究，并对燕山石化分公司前进厂、齐鲁乙烯芳烃厂、吉林大乙烯、广州乙烯和上海金山石化的裂解汽油芳烃抽提装置进行了实地调研，曾提出了"溴价对裂解汽油芳烃抽提装置白土塔设置和操作的影响"调研报告，为设计提供重要依据。调研报告认为扬巴在抽提原料溴价保证值为≤0.3gBr/100g 油的前提下，芳烃抽提装置取消白土塔是可行的。

对扬巴项目，上游乙烯裂解汽油加氢装置提供的保证值为 0.3Br/100g 油，根据调研结果，在此项目中取消白土塔。实践也证明了是可行的。

☞ 23. 苯塔的作用是什么？苯精馏工艺操作系统是怎样构成的？

苯塔的作用，是分离出高纯度苯。苯塔底 C_7^+ 芳烃作为甲苯塔原料，继续进行下步加工处理。

苯精馏系统构成情况大致如下：

经白土处理的精制芳烃，自苯塔进料口进入苯塔。

苯塔顶出的含有少量非芳烃的塔顶蒸气冷凝后，一部作为回流，打回塔顶第一块塔板。为防止非芳烃在塔顶和侧线积累，将塔顶冷凝液排出一小部分，可降低回流中非芳烃含量，此部分引出料称之为拔顶苯。

苯回流罐设有水斗，将混于抽出油中的微量水排回抽提系统，也可手动排至废溶剂罐或污油水系统。

产品苯通常在苯塔第5块塔板侧线抽出。苯产品的质量由温差控制，不合格时可送往抽提原料罐。

塔底再沸器通常由中压蒸汽或高压操作的甲苯塔顶甲苯蒸汽加热，塔底液通常作为甲苯塔进料，不合格时，可送抽提进料缓冲罐待处理。

苯成品罐通常用氮气保护，罐底设蒸汽加热系统，以防苯凝固。

☞ 24. 苯塔温差——物料平衡控制方案是怎样构成的？

苯塔是将芳烃中的苯分馏出来的精馏塔，通常在常压状态下操作。工艺过程要求优质苯的冰点大于5.4℃，质量纯度大于99.95%。为了达到这个指标，苯产品由塔顶第4层左右塔盘抽出，该层塔盘温度为苯的沸点温度，塔顶留出几层塔盘用于干燥脱水和提纯。由于高纯度苯沸程很窄，仅1℃左右，而且苯与其他组分之间相对挥发度很小，因此组分的变化对温度的影响是不灵敏的，而塔的微小压力波动对温度的影响却很灵敏，因为微小的压力变化均会改变苯的沸点，所以采用与脱戊烷塔一样的温度控制方案得不到纯苯。实际应用中普通采用了单温差控制方案。如图7-6所示。

温差控制的检测点是苯沸点温度处的塔盘和灵敏塔盘，其位置由工艺计算确定。所谓灵敏塔盘即该塔盘处的温度对苯纯度的变化十分灵敏，当温差变化较大时，产品纯度才有微小的变化，而当压力微小波动时，尽管各层塔盘温度随之发生变化，但温度变化的方向是一致的，而温差是个相对值，使塔盘温度变化后的温差不变或变化很小，从而克服了压力波动对苯产品质量的影响。

温差控制和直接物料平衡控制结合起来，使该塔的控制方案更加完善，操作简易而平稳。因此该方案广泛被采纳。在催化重整和芳烃抽提装置中，同类型的塔还有甲苯塔。

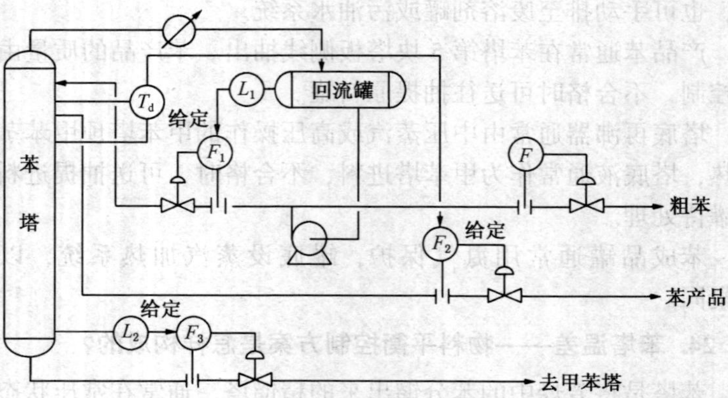

图 7-6 苯塔温差-直接物料平衡控制

☞ 25. 影响苯塔的主要因素有哪些？

影响苯塔的主要因素有：

（1）塔底温度；

（2）塔顶温度；

（3）温差控制；

（4）拔顶苯的排出量；

（5）塔底液位；

（6）进料组成和负荷；

（7）回流比；

（8）重沸器负荷；

（9）塔顶空冷器操作工况。

☞ 26. 塔底、塔顶温度对苯塔操作有何影响？

塔底温度是控制苯塔塔底物中苯含量的重要参数，塔底温度不宜过高，否则会引起温差变化，回流比增大，甚至引起苯产品中带甲苯。塔底温度受塔釜加热负荷、塔顶压力、回流量和进料量等因素的影响。

苯塔顶温度通常不是控制产品质量的主要参数，但操作中不应急剧变化。如塔顶温度显著上升，应检查是否有冲塔情况，温差是否正常，分析苯产品中是否含甲苯量过高。如塔顶温度明显下降，应检查苯回流中是否非芳烃含量高或带水，温差控制是否失灵等。

☞ 27. 苯精馏塔为什么必须采用温差控制？

在芳烃精馏系统中，苯塔采用温差控制几乎成了保证塔底物不含苯和塔侧线苯产品不含甲苯的基本手段。

由于对苯的纯度要求很高，这就要求苯精馏塔塔顶温度变化幅度不能大，要求变化幅度在±0.02℃。但在实际操作中，很多因素都会影响塔顶温度不断改变，例如操作压力的微小变化，就会导致塔顶温度变化，最后使产品质量发生变化。在这种情况下，只有温差控制器才能适应这种要求。

温差控制器是利用一块塔板上的温度对组成变化十分敏感的特点，当产生温差时，能够及时地调整塔内回流量，以消除组成波动带来温度变化的影响，最终使塔顶温度稳定下来，这样就保证了产品质量。

☞ 28. 温差控制器的基本原理和特点是什么？影响温差控制的因素有哪些？

温差控制的原理是基于各层塔板上的浓度差与相应的温度差。沿塔由下而上，苯及轻组分的浓度不断增加，温度逐渐下降；同时，各层塔板上还存在一定的浓度梯度，但自下而上浓度变化并不是等差变化，其中有一块塔板变化最大。当受干扰时，相对应的温差变化最大的塔板称为“灵敏板”。因此，控制“灵敏板”的温度变化，就能保证塔顶温度和侧线抽出苯的质量平稳。

通常，温差控制就是以“灵敏板”温度作为控制点，选择接近侧线馏出口塔板作为参考点，从这两点温差变化就能反映出苯塔的组成变化，这个温差通常与侧线苯出料流量串级控制，及时调节苯的馏出量，起到提前调节的作用，保证产品质量。

温差控制器有两个基本特点：

（1）它可以消除压力的影响；

（2）提高了控制精度，常规温度控制精度只能达到±0.5～±1.0℃，而温差控制可达到±0.02℃。

影响温差控制的因素有：

（1）进料组成的变化；

（2）回流量的变化；

（3）回流或进料中带水；

（4）进料温度、塔底温度、回流温度变化；

（5）天气变化；

（6）仪表失灵等等。

☞ 29. 何谓双温差控制？双温差控制有何优点？调整中需要注意些什么？

双温差控制是在传统的温差控制（器）的基础上发展的。它是由两个温差测量、调节回路构成的控制系统（见图7-6）。

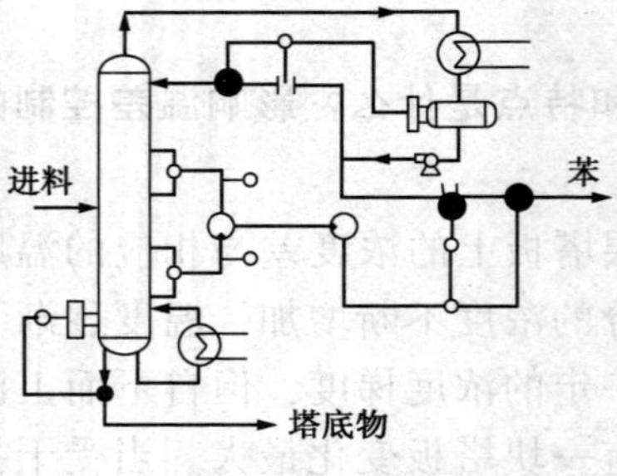

图7-7　双温差控制回路图

由图7-7可以看出，所谓双温差控制就是在精馏塔的两个塔段（如5～15层塔板和30～45层塔板）上，由于组成不同，其温度显示亦不相同，将两个塔段的温差信号（ΔT_1和ΔT_2）送入减法器，以两个温差信号的差值（$\Delta-\Delta t$）作为双温差控制信号。显然双温差的控值信号（$\Delta-\Delta t$）是两段温差（ΔT_1、ΔT_2）的函数。即

$$\Delta-\Delta t=\Phi(\Delta T_1、\Delta T_2)$$

双温差控制的优点是：

（1）控制效率和灵敏度高。传统的温差控制只有在“合理的

温差”下操作，才能保证操作稳定。这里所说“合理的温差”是指远离上、下限温度时的温差。对苯塔来说，温度上限是指塔顶产品(苯)接近带有塔底重组分(甲苯)时的温度；下限则指塔底产品(不含苯的芳烃)接近带有塔顶产品(苯)时的温度。上、下限之间的温度范围是0.1~0.8℃。在温差的上限或下限操作都是不适宜的。因为接近上限时，轻产品夹带重组分而不合格；接近下限时，重产品(塔底)夹带轻组分而不合格。所以只有在远离上、下限时温差才是合理温差。可以看出，控制在“合理的温差”条件是很难的，因为影响温差的因素很多，在正常生产操作中偏离“合理的温差”的情况，时有发生。但是，采用双温差控制，将两个温差信号同时送入减法器处理，可以提前控制，因而使控制效率和灵敏度得到提高，更准确预计干扰因素。

(2) 双温差控制效率的提高，因而可以消除压力等对控制的影响。

(3) 可以同时控制塔顶和塔底两种产品质量。

双温差系统中，调整调节器时必须注意，调节器通常是控制送往贮罐的产品，因而对于由回流罐采出产品时(如甲苯塔)，必须先改变回流罐的液位，然后再改变回流量。

☞ 30. 产品苯为何从侧线抽出？塔顶苯为什么要不定期排放？

对于苯塔原料——抽出物产品芳烃，在加工过程中不可避免地会带少量溶剂和水，以及不可能100%脱除非芳烃，对于苯精馏塔而言，它们都属于杂质。这些杂质的蒸气压较高，如果从塔顶抽出产品苯，这些杂质就会影响苯产品的质量，所以必须从侧线抽出，利用几块塔板，除去抽出物苯产品中的水和非芳烃。

塔顶回流中存在着上述的杂质，如不及时向外排放，积累多了就会下窜到侧线馏出，影响产品苯的质量，因此，应根据色谱分析结果，如果回流中苯的浓度下降较多，应适当排出，及时调节塔顶苯的操作。

☞ **31. 苯产品中非芳含量超高或含有甲苯是什么原因？如何处理？**

非芳烃含量高的原因是：

(1) 拔顶苯未及时排出或排出量太少；

(2) 意外故障(如原料带非芳过多)，扰乱了塔的平衡操作。

处理方法是：

(1) 及时排放拔顶苯或增大排放量；

(2) 找出故障原因，建立塔的平衡操作。

甲苯含量过高的原因是：

(1) 回流过小，温差增大；

(2) 塔底温度过高，使塔底甲苯被蒸至塔顶；

(3) 温差或回流串级调节仪表失灵。

处理方法是：

(1) 增大回流，降低温差；

(2) 降低塔底温度；

(3) 及时改手动控制，并修理失灵仪表。

☞ **32. 苯产品硫酸着色度不合格和溴指数不合格或腐蚀不合格的原因各是什么？各应如何处理？**

硫酸着色度和溴指数不合格的原因是：

苯塔原料——抽出物产品芳烃的硫酸着色度试验和溴指数不合格，其原因是烯烃和极性化合物含量过高所致。

处理方法：

及时调整抽提和白土塔的操作，如因白土失活，应及时切换至备用白土塔操作。

铜片腐蚀不合格的原因是：

苯塔原料——抽出物产品芳烃含硫量或含溶剂(如环丁砜)量高所致；或白土塔温度高使所含少量溶剂分解所致。

处理方法：

（1）及时调整操作参数，增加中和剂的注入；

（2）降低白土塔的操作温度。

☞ 33. 原料芳烃纯度低时，苯塔操作会出现何种异常现象？如何处理？

如果芳烃纯度过低，将会发生下列现象：

（1）苯回流初馏点下降；

（2）苯馏出口初馏点下降；

（3）苯冰点下降；

（4）芳烃色谱纯度<99.9%。

处理措施：

（1）苯初馏点<79.65℃，苯冰点<5.01℃，苯回流初馏点<60℃，符合上述三项之一都需排出回流苯；

（2）联系抽提装置，使芳烃纯度提高。

☞ 34. 造成苯塔液泛的原因有哪些？如何处理？

（1）回流比过大，将会造成塔内物料的循环量增加，使能耗增大，并破坏塔的正常操作，是导致液泛的重要原因之一。

（2）釜温过高，也可能是设备问题。

苯塔操作中发现液泛现象时，正常操作将会受到破坏。如果是设备问题，应停车检修。若是操作问题：①由于釜温突然上升引起，应停止进料，稍降釜温，停止塔顶采出，进行全回流操作，使带到塔顶去的难挥发组分慢慢地流到塔釜，待正常后，重新进料再采出产品；②由于回流比过大导致的液泛，则应减少（或暂时停止）回流，苯塔底减少采出产品，适当提高塔釜温度，将过多的回流液赶至塔顶馏出，待条件逐渐恢复时，逐步恢复正常回流比，调整各部参数正常，恢复塔的平稳操作。

☞ 35. 苯回流突然中断的原因有哪些？应如何处理？回流罐中含水量特别多怎么办？

苯回流突然中断的原因：

（1）回流泵电机跳闸；

（2）回流罐物料抽空；

（3）回流泵气阻不上量；

（4）回流调节阀发生故障或调节仪表失灵等。

如果苯回流突然中断，应及时分析判明原因，尽快采取措施恢复回流操作。如果是短时中断，可不必把产品循环；如果是长时间中断，把产品改循环，直至回路能正常打回流，产品合格为止。

回流罐有时含水量特别多，其原因可能是：

（1）抽出产品芳烃水洗塔分水不彻底，使水进入抽出产品芳烃中；

（2）苯塔再沸器泄漏，使加热蒸汽窜入塔中。

根据查出的原因，对症处理：

（1）彻底脱除苯塔原料罐中水；

（2）停塔处理再沸器。

☞ 36. 除沸程外，还有哪些因素影响苯产品质量？应如何处理？

除沸程（初沸点、终沸点）外，造成苯质量不合格的因素还有：

（1）苯产品中的烯烃会使苯产品中的溴指数不合格，应解决白土精制中存在的问题。

（2）苯产品中非芳烃和水会影响苯的冰点；或者由于苯产品中的游离酸致使铜片腐蚀试验不合格，应从苯塔操作和芳烃抽提系统解决。

（3）苯产品中的溶剂降解物形成的 SO_2 等杂质会导致苯的硫酸着色度试验不合格，应解决水洗问题。

为了保证苯产品质量持续稳定，连续分析监测苯产品的各项质量指标是十分必要的，为此，通常在苯塔顶抽出线上安装在线色谱，主要分析回流中的非芳烃和甲苯含量。

☞ 37. 苯侧线应如何调节？怎样预防过大波动？

苯侧线侧调节的方法是：

（1）如果回流罐液面低于30%，侧线抽出量应减少至正常量的60%~70%。

（2）如果回流罐液面高于45%，应逐渐提高侧线抽出量，但调节幅度要缓慢，不宜过快。

预防波动的措施是：

（1）计算进料中苯产品的含量，保持物料平衡。侧线抽出苯量应等于进入苯塔的苯量。

（2）严格控制好苯回流罐液面，在(40±10)%为宜。

☞ 38. 如果芳烃原料带水，对操作有何影响？如何处理和预防？

如果芳烃原料罐脱水不及时，将水带入苯塔，将使苯塔进料温度急剧下降，塔内各点温度都会降低，温差随之波动。处理措施是：

（1）加强芳烃原料罐脱水；

（2）加强苯塔回流罐脱水；

（3）温差波动超过灵敏区时间较长(如2min)时，苯、甲苯改循环。

预防措施是：

（1）芳烃原料罐及时脱水；

（2）严防芳烃原料罐进水。

☞ 39. 芳烃原料组成发生变化时，对操作和产品质量有何影响？采取何种处理措施？如何预防？

如果进料中组成变化会使各塔平衡破坏。重组分含量高，提馏段负荷加大，波动时造成重组分被带到塔顶，因而很可能使塔顶产品沸程终馏点偏高，造成产品质量不合格；如果进料中轻组分偏高，精馏段负荷加大，将会使精馏段的轻组分蒸出不完全，使釜液中带轻组分，降低了轻组分产品的收率，同时也会使重组分产品质量受到影响。

在上述情况下，操作中应采取如下措施：

(1) 重组分偏高时，应加大回流比；轻组分偏多时，应减小回流比。

(2) 调节塔底加热负荷及侧线抽出量。

(3) 芳烃原料中轻组分苯含量高(如>40%)，进料口应上移；如苯含量低(如<10%)，进料口应下移。

预防措施是：

(1) 单一产品改循环进芳烃原料罐时间不宜过久，通常不应超过4h，且芳烃罐油尺不宜过低，通常不宜低过1m；超过4h后，应使几种产品(如苯、甲苯和二甲苯)同时改循环；

(2) 半成品(中间罐)不合格打回芳烃原料罐时，芳烃原料罐液面不能过低(如<1.5m)，如过低，则打回抽提原料罐。

☞ 40. 苯塔“跑温差”或甲苯塔“跑温差”应如何处理？

所谓“跑温差”就是温差偏离超过灵敏区范围。如果苯塔发生“跑温差”，其处理措施是：

(1) 回流改遥控；

(2) 调节回流使温差正常，原则是：

温差“上跑”提回流；

温差“下蹓”稍提塔底温度降回流；

(3) 如果温差“下蹓”，塔底液面升高，甲苯进料改手动，维持甲苯塔操作不变；

(4) 温差超过灵敏区(2.0~4.5℃)且时间较长(如超过2min)，温差“上跑”苯改循环，温差“下蹓”甲苯改循环。

甲苯塔“跑温差”的处理措施是：

(1) 甲苯回流改遥控；

(2) 调节甲苯回流，使甲苯塔温差正常，原则与上述调节苯温差方法相同；

(3) 温差超过灵敏区范围2min，温差“上跑”甲苯改循环，温差“下蹓”二甲苯改循环。

☞ 41. 温差表失灵时应如何处理？温差表投用后怎样尽快寻找到温差灵敏区？

苯或甲苯温差表失灵时的处理措施是：

(1) 回流改副回路或单参数控制，或者改用遥控；

(2) 根据温度指示表判断塔内温度变化，同时可根据苯或甲苯温差表失灵对操作的影响程度，分别决定产品是否改循环；

(3) 迅速找出仪表失灵的原因，并尽快修好投用。

温差表投用后，应尽快找到温差灵敏区，这对苯塔或甲苯塔的平稳操作十分重要，方法是：

(1) 给定合适的塔底温度、塔顶回流量，使产品质量尽快合格。温差上升到适当位置时，回流量单参数控制。

(2) 固定塔底温度，逐渐减小回流量，使温差上升。当温差上升到某一位置，产品质量开始不合格时，此时温差指示即为温差灵敏区的上限。

(3) 逐渐平稳操作，使产品质量合格。再逐渐增大回流量，使温差下降，当温差下降到某一数值时，塔顶产品不合格，而温差反应不灵敏，此时，温差指示值即为温差下限。温差上下限之间的温度即为温差灵敏区。

(4) 温差灵敏区找到后，把温差调到温差灵敏区内适当位置，使温差反应灵敏，控制自如。此时，使温差与回流进行窜级控制；

(5) 寻找温差灵敏区时，化验室必须密切配合，要及时准确提供分析数据。

☞ 42. 苯塔回流与苯进料共用一台备用泵时，如操作不当会发生什么故障？如何处理及预防？

苯塔回流与苯进料常共用一台备用泵，若操作不当(如置换不好)，切换做回流泵使用时，可能发生苯塔“跑温差”及苯不合格故障。

处理措施是：苯塔改循环。

预防措施是：

（1）该泵打过苯进料后，停泵前必须用苯回流立即冲洗置换，使其处于做回流泵备用状态；

（2）严防与其他介质互窜。

☞ 43. 二甲苯塔底温度超高或波动大时应如何处理？如何预防？

处理措施是：

（1）控制塔底温度不要过高；

（2）塔底温度波动较大时，温控表改遥控；

（3）调节加热过程，使供热源稳定。

预防的措施是：

（1）定期分析二甲苯塔底油中二甲苯含量，如超过正常值2%时，可稍提二甲苯塔底温度，幅度要小，每次≯1℃；

（2）常规温度控制表"切换"位置往往易漏风，所以二甲苯塔底温度控制表切换动作要快，避免塔底温度超高或波动。

☞ 44. 二甲苯塔系统产生严重的"液击"现象的原因是什么？应如何处理？

1999 年某装置，二甲苯塔系统自开工以来一直为液击现象，部分管线和框架产生振动。停用差压控制阀后回流罐振动状况大为好转，但其他部位振动依旧。液击现象有时非常严重，犹如大锤敲击管线。出现液击现象的位置有塔回流线、二甲苯产品线和回流罐的进出线等处。在差压控制阀停用后经过压力控制阀的一路液击最为严重。

该厂的处理措施是：

（1）停用差压控制阀，关闭上下游阀门。

（2）增加回流罐压力平衡线

将回流罐放空线和火炬线连通，也就是增加回流灌压力平衡线。火炬线为装置内各系统安全阀出口的外排线，压力为0.02MPa(表压)。为了防止二甲苯液体进入火炬线，将压力平衡线从回流罐的放空阀处水平延伸五米左右，再向上延伸两米左右，之后再向下连入火炬线。要使回流罐内二甲苯气体在到达压力平衡线最高位置前冷凝成液体并返回罐中，从而避免进入火炬线中。

(3) 回流罐增加氮封线

在压力平衡线的最高位置处补入少量氮气，加装限流孔板。由于回流罐要消耗很少量的不凝气，如果不采取此措施，就会有少量火炬线里的气体进入回流罐里，这会影响到二甲苯的产品质量。补入的氮气一部分进入回流罐，另一部分则进入火炬线，从而起氮封作用，目的是将回流罐二甲苯和火炬线里的气体隔开。为了减少氮气的浪费，限流孔板的孔径要小。如果二甲苯塔停工降温，则要及时增大氮气补入量，要及时开补氮副线阀，以防止火炬线里的气体进入回流罐和塔中。

(4) 严格控制回流罐温度

回流罐的实际压力为微正压。为了防止二甲苯气体进入火炬线，必须控制回流罐的温度不能高。如果回流罐温度达到140℃左右，也就是二甲苯常压下的沸点温度，则大量二甲苯气体必然要进入火炬线中。考虑到生产实际情况，正常控制回流罐不大于135℃。

通过采取以上改进措施，完全达到了预期目的，彻底消除了液击现象。

☞ 45. 如果苯回流一次表因伴热汽化或者一次表仪表风线冻凝失灵时，应如何处理？如何预防？

如果苯回流一次表因伴热汽化，回流量指示变化大，温差波动时的处理措施是：

(1) 应关小伴热线阀门，但不能全关，以防冻凝；

(2) 注意观察回流量和温差变化，直至稳定为止。

预防这种故障的措施是：伴热线温度保持40~50℃。

如果一次表仪表风管线冻凝失灵，其处理的措施是：

（1）一次表引压管灌甘油，补水阀关闭；

（2）伴热线开通。

预防的措施是：

（1）仪表风干燥罐入冬前装好干燥剂；

（2）气温下降前，一次表风管吹水排空。

☞ 46. 为保证苯产品质量稳定合格，在操作中有些什么经验？

首先应从原料入手：

（1）控制好进入抽提塔主溶剂的温度。如果贫溶剂的温度过高，将会使溶剂的溶解度增大，使非芳烃进入富溶剂之中，有可能带入苯塔进料，影响苯的质量。

（2）控制好提馏塔底温度，使塔底非芳烃尽量蒸出。

（3）控制好水汽提塔顶蒸出量，保证汽提用蒸汽和汽提水本身不带非芳烃。

（4）控制好回收塔塔底温度，保证抽出油不含溶剂。

（5）控制好抽出物产品芳烃的洗涤水量，保证洗涤后芳烃不含溶剂。

（6）控制好白土塔的操作，尽可能将烯烃吸附干净。

以上是为了制备合格的优良原料，有了好的原料，也要搞好苯塔的操作，搞好苯塔操作的基本经验是：

（1）调整好苯塔温差控制，保持苯塔顶和侧线温度平稳，保持好塔的热平衡。

（2）控制好侧线苯的抽出量，应根据原料含苯量和苯塔回流罐液面高、低进行调节。如果侧线苯抽出量波动很大，将会破坏塔的物料平衡，使侧线以下塔板内回流量波动，影响产品质量。

（3）拔顶苯排放量也会影响苯的产品质量。当拔顶苯中非芳烃含量高时，要将拔顶苯及时排入抽提原料系统；如果回流液中非芳烃含量少时可减少排放量，间歇排放。

☞ **47. 苯塔开工过程通常是怎样进行的?**

(1) 首先启动进料泵，抽芳烃原料入苯塔，启动进料流量控制器控制适宜的进料速度，当塔底液面达到10%位置后，用塔底重沸器升温，升温速度控制在20%~30℃/h，使塔底温度升至128~135℃(以不含苯为准)，塔底液面维持在50%~70%为宜，根据液面高、低提降进料量。

(2) 塔顶回流罐液面达50%后，先脱水，后启动回流泵向塔顶打回流，启用流量控制，逐步加大回流量至适宜值，如回流罐液面上升较多(如>70%)可开侧线，抽出苯经冷却改入循环线回芳烃原料罐循环。

(3) 启用温差指示仪表，逐步调整回流与热载体量，寻找温差灵敏区，使温差保持在3℃左右，使温差与回流窜级控制，操作转入正常。

☞ **48. 甲苯塔开工过程通常是怎样进行的?**

(1) 甲苯塔开工是在苯塔正常后进行的，当苯塔塔底温度达到128℃，液面达到50%~70%时，可启动甲苯进料泵向甲苯塔进料，并启用苯塔底液面自动控制。

(2) 当甲苯塔塔底见液面后，启用塔底重沸器，使甲苯塔塔底升温至148~155℃(以塔底不含甲苯为准)。

(3) 当甲苯塔顶回流罐液面达50%，先脱水，然后启动回流泵向甲苯塔顶打回流，并启动流量自动控制，使回流量调整到适宜值，同时尽快启动回流罐液面自控，甲苯经循环线回芳烃原料罐循环。

(4) 启用温差指示仪表，逐步调整塔回流量和重沸器热量，寻找出温差灵敏区(保持在3℃左右)，使温差与回流量窜级控制，保证操作正常。

☞ **49. 二甲苯塔开工过程是怎样进行的?**

二甲苯塔开工是在苯塔，特别是甲苯塔基本正常的情况下开工的，主要程序是：

（1）当甲苯塔底温度稳定在150℃，液面稳定在50%～70%的情况下，可启动二甲苯进料泵向二甲苯塔进料，并启用甲苯塔底液面自动控制。

（2）当二甲苯塔底见液面后，塔底可以缓慢升温（其升温速度不宜超过20～30℃/h）至要求温度（如210～220℃），同时启用压力控制器，使二甲苯塔顶压力达到适宜控制指标（如0.15～0.2MPa），此时可采样分析塔底油二甲苯含量。

（3）当回流罐液面达到50%时，先脱水，然后开回流泵向二甲苯塔顶打回流，并启动回流罐液面控制，多余的馏出物经循环线回芳烃原料罐循环。

（4）当二甲苯塔底液面达到50%时，借用塔底泵和开工线建立塔底循环，并启用塔底液面自控，多余油排至芳烃原料罐。但是如果塔底温度未达到要求指标，不要轻易排放重芳烃，但也不要满塔操作，各液面均要可见。如果塔底液面高而温度较低时，可适当减少进料量以调节塔底液面。

至此，苯塔、甲苯塔和二甲苯塔液面、温度、流量和压力平稳，物料基本平衡，各种自动控制仪表均正常使用，苯、甲苯和二甲苯的质量分析已合格，可将它们分别送往各自的半成品罐，邻二甲苯和重芳烃可改入邻二甲苯原料罐或重芳烃罐。

☞ 50. 溶剂油塔开工过程是怎样进行的？

溶剂油塔开工是在取得合格的非芳烃后进行的，主要的开工程序是：

（1）将合格的非芳烃切入溶剂油塔。

（2）塔底液面达到要求后，塔底开始缓慢升温（≯20～30℃/h），直至达到要求的温度指标（如130～150℃）；然后启动塔底泵建立塔底循环，塔底液面达到60%～70%时，启用塔底冷却器，将多余油冷却后去汽油线，并启动塔底液面控制。

（3）当塔顶回流罐液面达30%时，开始向溶剂油塔打回流，并逐渐提至要求量；当液面达到50%后，启用液面控制器，轻汽油亦排至汽油线。

（4）如果需要生产橡胶工业用溶剂油时，当溶剂油塔底温度、塔顶回流正常后可开第二侧线入橡胶工业用溶剂油塔，橡胶溶剂油塔底液面达要求后升温至要求指标(如110℃)，如塔液面过高，经冷却可排至汽油线。

（5）调整各部操作，使橡胶工业用溶剂油质量合格后切入橡胶工业用溶剂油罐。

（6）如需生产6号溶剂油，可按开侧线程序开好第一侧线，馏出口分析合格后可入6号溶剂油成品罐。

至此，各种溶剂油塔开工结束。

☞ 51. 超精馏过程的基本原理和特点是什么？邻二甲苯、乙苯为什么要在超精馏条件下才能分离？

超精馏就是采用比常规精馏塔更多的理论塔板和更高的回流比操作的精馏工艺过程。它的特点是分离效率高，可以分离更精细的化学品，一些高新产品在传统的精馏塔中难以分离生产出来，但在超精馏条件下却可制备纯度很高的产品。

乙苯沸点(136.2℃)与对二甲苯沸点(138.25℃)之差只有2.05℃，在常规精馏塔中，难以分离；同样邻二甲苯沸点(144.4℃)与间二甲苯沸点(139.1℃)相近($\Delta T=5.3$℃)，也难以在普通精馏塔中分离，因而，必须在超精馏条件下才能分离。

乙苯超精馏塔的理论塔板数一般为200块，甚至更高；邻二甲苯塔由于相邻产品ΔT(5.3℃)比乙苯相邻产品ΔT(2.05℃)高，因此，在100~150块理论板超精馏也可生产出符合要求的产品。

☞ 52. 邻二甲苯塔开工过程是怎样进行的？

邻二甲苯塔开工是在二甲苯塔正常后进行的，此时，二甲苯塔底重芳烃含少量间、对-二甲苯(通常要求<1.0%)。邻二甲苯

塔开工的基本程序是：

（1）利用二甲苯塔底液面控制，将重芳烃（含邻二甲苯）压入邻二甲苯塔；

（2）邻二甲苯塔底见液面后，以20～30℃/h的升温速度，将塔底升至要求温度（以塔底不含邻二甲苯为准）；

（3）邻二甲苯塔顶回流罐液面达50%时，先脱水，然后启动回流泵向邻二甲苯塔顶打回流，并逐步加大回流量，如回流罐液面继续上升，邻二甲苯可经循环线回芳烃原料罐循环；

（4）邻二甲苯塔底液面上升至70%左右时，塔底重芳烃可经循环线回芳烃原料罐循环；

（5）调整塔液面、温度、流量，使各部条件平稳，邻二甲苯分析合格，可停止循环，邻二甲苯产品进半成品罐；

（6）邻二甲苯塔底重芳烃可排至重芳烃罐或汽油罐；

（7）找好邻二甲苯塔温差，投用仪表自动控制，提高邻二甲苯收率，调节塔底邻二甲苯含量，通常塔底重芳烃中邻二甲苯含量<3.0%为合格，至此，邻二甲苯开工基本结束。

☞ 53. 乙基苯塔开工过程是怎样进行的？

乙基苯塔由三个塔串联构成，乙基苯塔开工是在二甲苯塔开工正常后进行的，基本步骤是：

（1）用二甲苯塔回流罐液面控制，将混合二甲苯压入第一乙基苯塔，当塔底液面达50%～70%时，可以20～30℃/h速度升温至要求温度（通常以塔底含乙苯量<5%为准）。

（2）第一乙基苯塔塔底馏出物进入第二乙基苯塔下部，当第二乙基苯塔底液面达50%时，启动第二乙基苯塔塔底泵向第一乙基苯塔塔顶打回流；同样，第三乙基苯塔底液面达50%时，可向第二乙基苯塔顶打回流；如果第一乙基苯塔底液面升高时，可启动第一乙基苯塔底泵送至芳烃原料罐循环。

（3）如果第三乙基苯塔顶回流罐液面达30%时，先脱水，然后开回流泵向第三乙基苯塔顶打回流，逐步提高回流量，如果回流罐液面过高，可排往芳烃原料罐循环。

(4) 分析第三乙基苯塔顶馏出口乙基苯纯度，通常，如纯度>96%即可视为合格乙基苯，可停止循环，送入乙基苯半成品罐；调整各部条件，提高乙基苯收率，第一乙基苯塔底的乙基苯含量通常要求≯4%。

☞ 54. 正常操作中对芳烃精馏系统应特别关心的操作点是什么？

在运转过程中，对芳烃精馏过程有几点应特别注意，精心操作。

(1) 塔底温度

塔底温度是芳烃精馏过程的重要变量。对任何芳烃精馏塔来说，塔底温度都不宜过高；否则，它会引起温差变化，使回流比增加，甚至造成塔顶产品夹带塔底物，导致产品质量下降。

(2) 塔顶温度

塔顶温度虽不是控制芳烃产品质量的主要变量，但正常操作中不应急剧变化，如果塔顶温度急剧升高，应检查是否发生冲塔，分析塔顶产品是否夹带塔底组分。

(3) 温差控制

温差控制是保证塔顶产品不带塔底组分的主要手段。温差必须控制在灵敏区范围内，对影响温差的各种因素应格外注意观察。

对于苯塔来说，回流中非芳含量高，不及时排出拔顶苯，也会影响苯塔温差，最终导致产品质量纯度降低，冰点、苯产品酸洗着色度和溴指数不合格。冰点除与非芳含量有关外，主要与带水有关；酸洗着色度和溴指数不合格意味着苯产品中含有轻质烯烃和其他极性化合物，这就需要防止芳烃带水和提高白土塔的操作温度或切换白土塔。

☞ 55. 精馏系统停工过程通常是怎样进行的？

精馏系统停工前应有一定芳烃原料存量，以便循环、降温、停工，苯、甲苯、二甲苯和重芳烃回原料芳烃罐，部分二甲苯、邻二甲苯和乙基苯可改为单塔循环。具体降温停工步骤如下：

（1）各重沸器以 20~30℃/h 降温，苯塔进料减量，减少塔顶回流，降低塔的操作压力；

（2）各塔全回流操作，回流罐抽空后，停回流泵，关闭苯侧线抽出；

（3）各塔底降至 80℃后，切断热源；塔底温度降至 60℃后，停止进料；

（4）各塔存油，按下面箭头所指方向退至芳烃原料罐：

苯塔→甲苯塔→二甲苯塔→邻二甲苯塔→芳烃原料罐

第三乙基苯塔→第二乙基苯塔→第一乙基苯塔→（芳烃原料罐）

（5）各塔及其回流罐，以及所属管线残存油可排入地下罐，转入汽油罐。

（6）各塔、容器、管线等按停工水洗、吹扫方案处理。

☞ 56. 精馏系统改循环和分罐时的操作程序是怎样的？

芳烃精馏系统改循环的操作程序是：

（1）关闭去各中间罐的入口阀；

（2）打开各种产品(包括重芳烃)回芳烃原料罐的阀门(循环线上)；

（3）改重芳烃时，注意先将重芳烃去汽油线的阀门关严，避免汽油窜入。

芳烃精馏系统分罐的操作程序是：

（1）关闭各产品循环线；

（2）打开各产品入中间罐阀；

（3）将各产品分别改入中间罐；

（4）重芳烃改入汽油罐。

☞ 57. 精馏系统操作过程中，如果遇到停电故障如何处理？紧急停工的基本步骤是什么？

如果是瞬间停电（即照明闪灭后复明，电气仪表工作正常，只有部分机泵停运)，处理的基本措施是：

(1) 紧急启动停运泵或备泵；

(2) 严格控制各加热器(炉)出口温度，防止超温；

(3) 注意调整各塔各部条件，保持平稳操作；

(4) 特别要注意保持白土塔温度和压力正常；

(5) 苯塔或甲苯塔温差波动过大或超出灵敏区时，三苯改循环。

如果是长时间停电，装置所有机泵停止运转，照明全部熄灭，电动仪表也将停止工作，此时必须紧急停工处理，其基本步骤是：

(1) 三苯改循环操作；

(2) 停止白土塔进料，关闭进料加热器；

(3) 关闭白土塔压力控制器，尽量保持压力；

(4) 关闭产品出装置阀；

(5) 冬季注意苯系统防冻、防凝。

☞ 58. 为什么说我国对二甲苯(PX)是一种需求旺盛的产品？

对二甲苯(PX)是一种重要的有机化工原料，主要用作精对苯二甲酸(PTA)和对苯二甲酸(DMT)的原料，PTA 则用来制造聚对苯二甲酸乙二醇酯(PET)和聚对苯二甲酸丁二醇酯(PBT)等聚酯产品。据统计，我国聚酯产能已由 2000 年的 594.5 万 t/a 增加到 2005 年的 2000 万 t/a，几乎翻了两番。

近年来随着中国聚酯产能扩张，PTA 产能急速增加，PX 供应紧张的警报已经频频拉响。2005 年 PX 需求增长 120 万 t，但产能仅仅增加 70 万 t/a。2006 年，随着中国翔鹭集团、中国石化扬子分公司、中国石油辽化公司等诸多 PTA 装置的扩建，PX 的需求进一步膨胀。

☞ 59. 分离对二甲苯(PX)的方法主要有哪几种？各有何特点？

主要有三种，其特点见表 7-15。

表 7-15　分离对二甲苯(PX)的主要方法特点比较表

方　法	特　　点	技术持有公司	工业应用
Parex 吸附工艺	吸附剂通常是 DS-27，吸附室使用了模拟移动床的连续固定床吸附技术。通过分子筛优选吸附对二甲苯，实现对二甲苯的分离。对二甲苯纯度一般为 99.9%。设备上使用单一回转阀	UOP 公司	58 套装置工业化
Eluxyl 吸附工艺	高性能吸附剂(SPX 3000)，工艺与 UOP 的 Parex 工艺相近，产品纯度高达 99.9%。IFP 称，120 个小阀门的成本要低于 UOP 的单一回转阀	IFP 公司	8 套装置工业化
结晶法分离技术	结晶法分离对二甲苯的工艺是现仍在使用的一种较古老的工艺，利用结晶与分离结合方式从二甲苯异构体中分离对二甲苯。对二甲苯的纯度大于或等于 99.5%	雪佛龙菲利普期公司、BP 公司和日本的丸善公司	多套装置工业化

☞ 60. PAREX 吸附分离的工艺原理是什么？

PAREX 吸附分离工艺是美国环球油品公司(UOP)专利，是一种特殊的 C_8 芳烃分离工艺。它的原理是采用较先进的吸附剂(ADS-7，K-Ba-X 或 K-Ba-Y 型分子筛)，在 C_8 芳烃异构体中能够优先吸附对二甲苯。在吸附室中，吸附剂与 C_8 芳烃混合物逆流接触，进行多次反复的传质过程，使对二甲苯在吸附剂上提浓；由于采用的解吸剂具有与对二甲苯相同的吸附性能，因而能把对二甲苯从吸附剂上解吸下来，再经精馏分离，便可得到纯对二甲苯产品。抽余物经过精馏分离后，可将贫对二甲苯的物料送到异构化装置作为异构化原料，解吸剂则可循环使用。

为了实现上述吸附、解吸过程，工业上采用模拟移动床，即通过固定床的形式保持吸附剂不动，而通过改变进出物料的位置来实现移动床的操作，完成在吸附塔内吸附→精制→解吸→缓冲全过程的连续化操作。模拟移动床是通过数控器来控制的，它借助于液体分配装置——旋转阀周期性旋转，使进出吸附塔的各种物料液相管线，定期地、同步地与吸附床作相对移动。它是一个用固定床的设备来模拟移动床的工艺。

☞ 61. PAREX 吸附分离过程的工艺流程是怎样构成的？

原料经加热、过滤后，通过旋转阀进入吸附塔。通常，吸附塔由 A、B 两塔构成。两塔之间用吸附塔循环泵串成一个环路，吸附塔有 24 个床层，每个床层有管线与旋转阀定子周围的 24 个孔中的一个孔相连，构成 24 个通道。

为了保证产品不受污染，从吸附塔解吸区上部引出一股冲洗液经冲洗泵送至旋转阀，返回吸附塔的精制区而对前一进料管线进行冲洗。

除了进料管线冲洗外，还从解吸剂主流中抽出一小股解吸剂至旋转阀后，注射到抽出物的前一床层，作为辅助冲洗，以防床层管线、旋转阀和吸附塔格栅板的污染。

吸附塔分成 7 个区域，各个区域在吸附塔内不是固定的，而是随进出物料位置的移动而变化的，但各个区域的相对位置顺序是固定不变的。为保证旋转阀转子与定子间的良好密封，其间有一个聚四氟乙烯密封垫片，转子放在旋转阀的密封垫片顶上，用一股解吸剂作密封液，在旋转阀转子顶上保持一定密封压力(0.15~0.42MPa)。

为避免吸附塔封头死角造成物料污染，每个吸附塔的顶和底也设冲洗液(解吸剂物流)。

系统的解吸剂由过滤器除去杂质，为提高其选择性，需向其中注入无离子水，以保持吸附塔内的水平衡。

经吸附分离后，从吸附塔出来的抽出物为对二甲苯和解吸剂的混合物，送往抽出液塔；抽余物为贫对二甲苯的 C_8 芳烃和解吸剂的混合物，送往抽余液塔(见图 7-8)。

以上是吸附部分流程，精馏部分包括抽余液塔、抽出液塔和解吸剂再蒸馏塔。

吸附塔出来的抽余物经旋转阀、缓冲罐和换热后进入抽余物

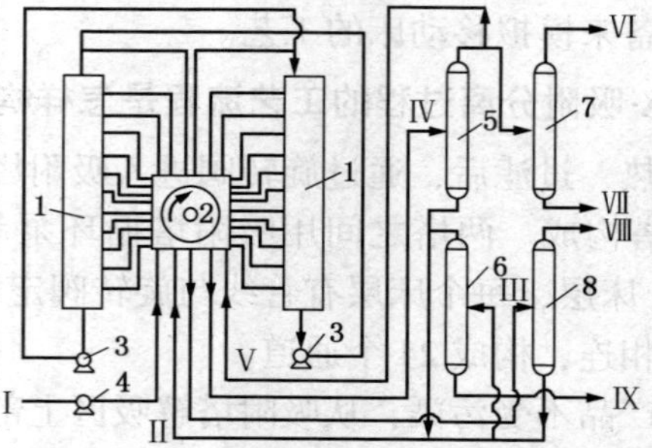

图 7-8　PAREX 吸附分离原则流程

1—吸附塔；2—旋转阀；3—循环泵；4—原料泵；5—抽出液塔；6—二乙苯精馏塔；7—精制塔；8—抽余液塔

Ⅰ—原料；Ⅱ—脱附剂(二乙苯)；Ⅲ—抽余液；Ⅳ—抽出液；Ⅴ—对二甲苯回流液；Ⅵ—苯和甲苯；Ⅶ—对二甲苯；Ⅷ—乙苯、间二甲苯、邻二甲苯；Ⅸ—C_{11}^{+}芳烃(二乙苯缩合产物)

蒸馏塔，塔顶蒸出，含少量对二甲苯的 C_8 芳烃作为异构化原料。塔底分出的是纯净的解吸剂，循环至吸附塔中(二甲苯含量<100μg/g)。

从吸附塔精制区顶部引出的抽出物(对二甲苯)经旋转阀、进料混合罐，换热后进入抽出物精馏塔。塔顶蒸出物去成品塔处理(通常要求解吸剂含量≯50μg/g)。抽出物精馏塔塔底液是纯的解吸剂(要求对二甲苯含量≯200μg/g)，与抽余物精馏塔底液汇合进入解吸剂缓冲罐后，作为解吸剂返回吸附塔中。

成品塔的进料来自抽出液塔顶，成品塔塔顶液除一部分作为回流打回成品塔顶，另一部返回环丁砜抽提装置回收利用。成品塔底产品是精制的对二甲苯。

抽余液塔底和抽出液塔底各抽出一小部分去解吸剂再蒸馏塔处理，以脱除运转过程中产生的重组分。塔顶蒸出纯的解吸剂返回抽余物蒸馏塔中，塔底组分可作为燃料(含解吸剂≯30%)或作为其他物料处理。

☞ 62. 什么叫吸附剂？选择吸附系数的涵义是什么？

吸附剂是对混合物中某一组分有优先选择吸附能力的物质，如分子筛、硅胶、活性炭和氧化铝等。

选择性吸附系数(β)的涵义由下式表征：

$$\beta_{A/B} = \frac{Z_A \cdot X_B}{X_A \cdot Z_B}$$

式中 A,B——混合液中的两个组分；

Z_A——组分 A 在吸附剂孔内的浓度；

Z_B——组分 B 在吸附剂孔内的浓度；

X_A——组分 A 在液相中的浓度；

X_B——组分 B 在液相中的浓度。

如果 $\beta_{A/B}=1$ 表明吸附剂对 A、B 两组分无选择性，不能用该吸附剂分离。如果 $\beta_{A/B}>1$ 或 <1 表明吸附剂优先吸附 A 或 B，可以用来分离混合物。

☞ 63. 吸附剂为什么会中毒？对原料中的杂质有些什么要求？

吸附剂中毒是因为有杂质随原料进入吸附室，如水、重质烃等，使吸附剂的活性下降，选择性变小，无法正常操作。

对原料中的各种杂质要求是：硫≤1μg/g，氮≤1μg/g，苯≤50μg/g，氯≤1μg/g，羟基≤2μg/g，C_9 芳烃≤500μg/g，溴指数≤20mg/100g，过氧化物≤1μg/g。

溴指数通常反映原料中的烯烃含量；羟基数则反映出羟基化合物的含量；烯烃和羰基化合物都是含有双键的不饱和化合物，能在吸附剂上聚合形成胶质而无法再生。硫、氮、氧等电负性较强，可以与吸附剂活性中心的金属离子形成配位键，占据了活性中心，降低吸附剂的选择性和寿命。

☞ 64. 为什么要对新吸附剂进行苯干燥？如何进行干燥？

通常，新鲜 K-Ba-X 型分子筛吸附剂含 10%左右的水，为了提高吸附剂的选择性，得到纯度高、收率高的对二甲苯产品，必须把吸附剂中的水含量降至3%~4%，用液相苯和气相苯循环可以达到这一目的。同时，苯循环也有利于洗净新装置的配管。

进行苯干燥可分4个步骤：①苯循环洗净配管；②吸附塔液封，使吸附塔充满液体；③液相苯干燥，脱去吸附剂的表面水分；④气相苯干燥，脱去吸附剂孔隙内水分。

液相苯干燥的温度为120℃。气相苯干燥的温度为180℃。蒸出的水已达到预计值或根据蒸出水量的曲线已平稳，出水量不再增加，可以认为气相苯干燥已完成。

☞ 65. 如何选择解吸剂？为什么选用对二乙基苯(PDEB)作解吸剂？对PDEB有哪些要求？

选择解吸剂的基本条件是：

（1）吸附剂对解吸剂和优先选择组分的选择系数β应相近。

（2）解吸剂和被分离混合物各组分互溶且沸点差较大，便于精馏分离。

（3）解吸剂的存在不影响吸附剂对各组分的选择性。

（4）热稳定性和化学稳定性要好。

（5）解吸剂应尽量价廉易得。

通常，C_8芳烃吸附分离多选用PDEB作解吸剂；PDEB的沸点为183.75℃，比C_8芳烃中任何组分的沸点都高得多，虽然价格贵些，但原料中有C_8非芳与甲苯沸点相近的组分时，只能用PDEB，而不能用甲苯；另外，用甲苯作解吸剂，在C_8芳烃分馏塔底出C_8芳烃能耗大，所以选用PDEB比较合适。

对PDEB的要求是：

PDEB含量/%	>95
C_{10}芳烃/%	3.5左右
C_9^-芳烃/%	<0.5
C_{11}^+芳烃/%	≤1.0

ΣS/(μg/g)	≤1.0
ΣN/(μg/g)	≤1.0
氯化物/(μg/g)	≤20
羟基数	≤1.0
溴指数	≤20

☞ 66. 正常运转时为什么要往解吸剂物料中注入适量的纯水？怎样计算无离子水的加入量？

注纯水的目的是提高吸附剂的选择性，如果吸附剂太干，邻二甲苯吸留在吸附剂上，会影响产品对二甲苯的纯度。但是注水量要适当。注水量过多，会使吸附剂吸附容量降低，并且高温时容易发生水解；注水量过少，吸附剂的选择性较低，产品质量会下降。

若进料量为 $140m^3/h$(原料相对密度为 0.863)，注水率应为 200(μg/g)，则无离子水注入量可计算如下：

进料量 $=140\times0.863=120.82\times10^3 kg/h$；

注水量 $=120.82\times10^3\times200\times10^{-6}=24.16kg/h$

☞ 67. 吸附塔的结构通常是怎样构成的？

吸附塔通常主要由塔体和中心管组成。除中心管外，塔内还设有多层格栅板，最上层叫顶格栅板，最下层称底格栅板，中间的称中部格栅板。吸附剂充填在格栅板与格栅板之间的床层中，格栅板除具有支承吸附剂的作用外，还具有使运转时液流均匀地从一个床层流到另一个床层。格栅板由很细的金属网组成，其孔径应小于吸附剂粒子的直径。为保证液流分配均匀，格栅内设有液流分配器，分配器与床层管线相连接。顶部格栅、底部格栅与顶部封头、底部封头隔绝(见图 7-9)，还设有一根通气口，以避免上、下压差过大。

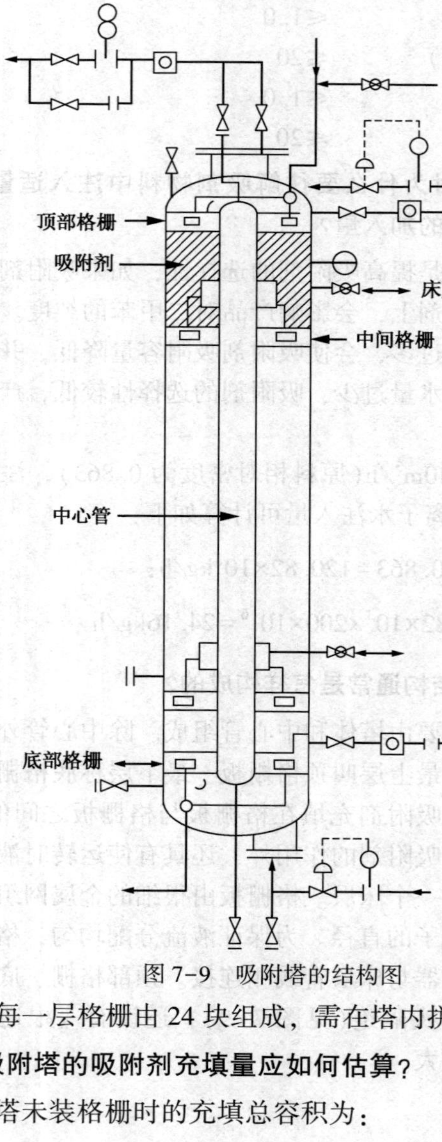

图 7-9　吸附塔的结构图

通常每一层格栅由 24 块组成，需在塔内拼装。

☞ 68. 吸附塔的吸附剂充填量应如何估算？

吸附塔未装格栅时的充填总容积为：

$$V = H_{充} \times \frac{\pi}{4}(D^2 - d^2)$$

式中　V——充填量，m^3；

$H_{充}$——充填高度，m；

D——吸附塔内径，m；

d——中心管外径，m。

格栅安装后要占去一部分容积，应该扣除去。若每一格栅高度为 $h_{格}$，n 个床层所占体积($V_{格}$)则为：

$$V_{格} = nh_{格} \times \frac{\pi}{4}(D^2 - d^2)$$

充填体积实为 $V_{充} = V - V_{格}$

☞ 69. 模拟移动床分离对二甲苯时，通常分几个床层？几个区域？各区有多少床层？这些区域是如何划分的？各区域的作用是什么？

对二甲苯模拟移动床吸附分离单元，通常有 2 个吸附塔，每个吸附塔各有 12 个床层。

模拟移动床通常可分七个区域，即Ⅰ区、$Ⅱ_A$ 区、Ⅱ区、$Ⅱ_B$ 区、Ⅲ区、$Ⅲ_A$ 区、Ⅳ区。

各区的床层数大致如下：Ⅰ区 7 个床层；$Ⅱ_A$ 区 2 个床层；Ⅱ区 5 个床层；$Ⅱ_B$ 区 1 个床层；Ⅲ区 5 个床层；$Ⅲ_A$ 区 1 个床层；Ⅳ区 3 个床层。它们是根据各股工艺流量在模拟移动床中的进出口位置不同来划分的(见图 7-10)。

各区域的作用是：

Ⅰ区：使吸附剂优先吸附混合二甲苯中的对二甲苯，根据吸附剂的选择性，吸附剂也同时吸附少量的其他二甲苯和乙苯，所以，Ⅰ区称为吸附区。

Ⅱ区：利用解吸剂和对二甲苯置换出吸附剂中的非对二甲苯组分，使吸附剂中仅存在对二甲苯和 PDEB，Ⅱ区称为精馏区。

Ⅲ区：用高纯度的 PDEB 置换出吸附剂中的对二甲苯，Ⅲ区

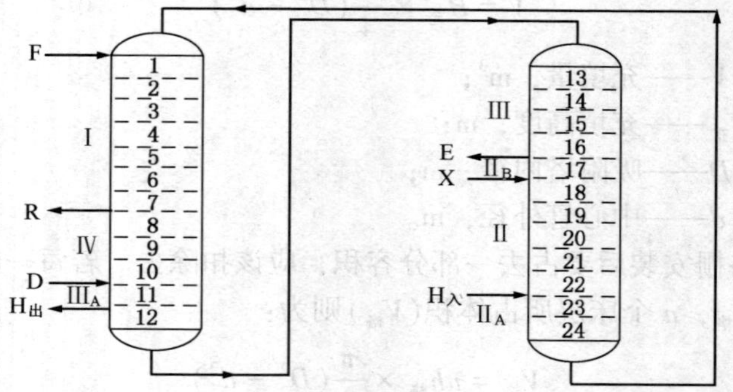

图 7-10　模拟移动床区域图

F—原料；R—抽余液；D—解吸剂；

E—抽出液；X—二次冲洗液；$H_入$—冲洗液入口；

Ⅰ—吸附区；Ⅱ—精馏区；$Ⅱ_A$—精馏区 A；

$Ⅱ_B$—精馏区 B；Ⅲ—解吸区；$Ⅲ_A$—解吸区 A；Ⅳ—缓冲区

称为解吸区。

Ⅳ区：在Ⅰ区和Ⅲ区之间起缓冲作用，防止抽余液穿过Ⅲ区而污染高纯度的 PDEB，Ⅳ区称为缓冲区。

☞ 70. 在模拟移动床四个大区内，一个含 A 和 B 两种组分的原料(解吸剂以 D 表示)，是如何分配的？

假定 A 组分比 B 组分更容易被选择吸附，那么：

Ⅰ区：进入Ⅰ区(吸附区)的液流是进料 A+B 和Ⅱ区流入的含 A+B+D 的液流，进入Ⅰ区的固相是Ⅳ区的吸附剂，吸附剂内含有 B+D，液固两相逆流接触，由于吸附剂优先吸附 A 组分，置换出吸附相中的 B 和 D 组分，在连续移动中通过传质效应，固相离开Ⅰ区进入Ⅱ区时，已吸附了液相中的全部 A 组分，B 组分和 D 组分已被解吸一部分，离开Ⅰ区进入Ⅳ区的液流中已无 A 组分，只是 B+D 组分。一部分液相作抽余液从Ⅰ区底部抽出。

Ⅱ区：进入Ⅱ区(精馏区)的固相含有 A+B+D，进入Ⅱ区的液相只含有 A+D 两组分，A 取代吸附相中的 B，使 B 解吸，吸附相中的 B 浓度越来越低，当固相离开Ⅱ区进入Ⅲ区时，吸附相中只含有 A+D，离开Ⅱ区液相中则含有 A+B+D，进入Ⅰ区。

Ⅲ区：进入Ⅲ区(解吸区)的固相含有 A+D 组分，进入Ⅲ区的液相只有 D 组分；离开Ⅲ区的液相中含 A+D 组分，一部分作为抽出液排出，另一部分液相进入Ⅱ区。

Ⅳ区：进入Ⅳ区(缓冲区)固相只含 D 组分，进入Ⅳ区的液相含 B+D 组分，该区内吸附相中部分 D 被解吸，而液相中的 B 组分被吸附在固相中，这样使离开该区的液相中不含 B；否则液体进入Ⅲ区会污染抽出液。

☞ 71. 吸附分离装置有哪些主要工艺参数？对运转性能有何影响？

主要工艺参数有：

A/F_A：选择性进料比，即循环速率与进料中芳烃流量之比；

L_2/A：二区回流比；

L_3/A：三区回流比；

L_4/A：四区回流比。

A/F_A 过大，吸附剂有选择性体积上升速率快，旋转阀旋转速度快，使工艺流量和区域流量数值增加，这样会使公用工程费用增加(事实上，步进速度是由负荷决定的)；A/F_A 过小，吸附剂有选择性容积上升速度慢，对二甲苯回收率低，但对纯度有利。实际操作中，运转性能是由产品收率、产品纯度和公用工程消耗的综合评价来衡量的；

L_2/A 数值过大，产品纯度增高，但收率会下降，公用工程费用增加。操作中，二区回流比(L_2/A)增加到一定值时，纯度提高很少，收率会大幅度下降。反之，L_2/A 减小，产品纯度下降，收率提高。若二区回流比 L_2/A 过小时，纯度会严重下跌。

三区回流比过大(L_3/A)，公用工程费用也会增加，解吸剂循环量大；L_3/A 过小，对二甲苯收率将会降低。

四区回流比(L_4/A)过大，抽余液容易穿过Ⅳ区，污染产品；L_4/A 过小，公用工程消耗增加。

通常，吸附分离单元适宜的条件大致为：

$$A/F_A = 0.8$$

$$L_2/A = 0.85$$

$$L_3/A = 1.5$$

$$L_4/A = -0.15$$

☞ 72. 什么叫区域流量？什么叫工艺流量？各工艺流量是如何计算的？应如何控制？

区域流量是指各区域的真正流量。工艺流量，是指进、出旋转阀用涡轮流量计或孔板流量计测得的流量。

工艺流量的计算方法如下：

(1) 设定工艺参数选择性进料比(A/F_A)和各区回流比(二区 L_2/A、三区 L_3/A 和四区 L_4/A)；

(2) 根据进料中芳烃含量 X_A，可以得出进料中芳烃流量(F_A)：

$$F_A = F \cdot X_A$$

(3) 利用选择性进料比(A/F_A)，求出选择性体积上升速率(A)：

$$A = F_A \cdot (A/F_A)$$

(4) 利用选择性孔体积(V_A)求出循环时间(θ)与步进时间(T)：

$$\theta = V_A/A$$

$$T = \theta/24$$

(5) 根据循环时间(θ)和非选择性孔体积(V_w)求出非选择性

体积上升速率(W)：

$$W = V_w/\theta$$

(6) 利用各区域回流比(L_2/A、L_3/A、L_4/A)，求出各区的区域流量(二区流量 $L_{Ⅱ}$，三区流量 $L_{Ⅲ}$，四区流量 $L_{Ⅳ}$)：

二区流量($L_{Ⅱ}$) = (L_2/A) · $A+W$

三区流量($L_{Ⅲ}$) = (L_3/A) · $A+W$

四区流量($L_{Ⅳ}$) = (L_4/A) · $A+W$

(7) 按工艺规定，一、二次冲洗量(H、X)，为：

一次冲洗量(H) = $2.0\times V_L/T$

二次冲洗量(X) = $0.5\times V_L/T$

式中　V_L——最长床层管线的体积。

(8) 根据一、二次冲洗量(H、X)便可求出各物料量(D、E、R、$L_{ⅡA}$、$L_{ⅡB}$、$L_{ⅢA}$和 $L_{Ⅰ}$)：

精制 B 区流量($L_{ⅡB}$) = $L_{Ⅱ}-X$

精制 A 区流量($L_{ⅡA}$) = $L_{Ⅱ}+H$

吸附区流量($L_{Ⅰ}$) = $L_{ⅡA}+F$

解吸 A 区流量($L_{ⅢA}$) = $L_{Ⅲ}+H$

解吸剂流量(D) = $L_{ⅢA}-L_{Ⅳ}$

进料量(F) = $L_{Ⅲ}-L_{ⅡB}$

进料量(F)、解吸剂流量(D)、抽出液流量(E)、二次冲洗流量(X)、一次冲洗流量(H 包括 $H_{入}$、$H_{出}$)，这 5 股工艺流量用涡轮流量计测得其精确值，用调节阀来控制。而抽余液流量(R)是用 B 塔塔底的压力来控制其阀门开度。

☞ 73. 如果吸附收率为 70%，纯度为 99.97%，应如何进行调节？若收率为 97%，产品不合格，乙苯含量太大，又如何调节呢？

如果吸附收率为 70%，纯度为 99.97%，说明了二区回流比太大，应逐渐减少二区回流比，每次减少 0.02～0.03 为宜，每隔 4h，收率可提高至 92%以上，纯度可保持在 99.2%左右。

若吸附收率为97%时质量不合格，乙苯含量高，表明二区回流比太小，应逐步提高二区回流比，每次提高0.02~0.03，大约4h以后，收率降至92%，纯度可上升到99.2%以上，这时可保持当时的二区回流比值。

☞ 74. 旋转阀的作用是什么？什么是旋转阀的步进时间？

旋转阀的作用是使多种液流通过旋转阀旋转分配后，能同时同步周期性地变换吸附塔床层的进、出料位置。

旋转阀旋转一周叫做一个循环，所花费的时间称为循环时间，通常用 θ 表示。旋转阀在旋转过程中，床层管线切换一次所间隔的时间称为步进时间，通常用 T 表示。

☞ 75. 旋转阀是怎样构成的？旋转阀为什么要设计一套严格的压力控制系统？

旋转阀是由定子、密封垫片、转子板和拱顶等部分组成。密封垫片位于转子板和底部定子之间，其作用是为了防止转子板和定子间直接接触，以及防止各物料通过通道相互泄漏。正常运转时，在拱顶内通入解吸剂，利用解吸剂的压力使密封垫片压紧，但是此压力应适当，压力过大会将垫片压破，压力太小又不能起到密封作用，因此，要设计一套严格的压力控制系统，确保垫片处有一个适宜的压力。

为防止超压，用一个低信号选择器（LSS）来控制压力，以适应模拟移动床工艺系统要求。该选择器有两个信号输入，一个是2#吸附塔塔底压力信号（它随塔底压力而变化），另一个是来自中心控制室手动操作器的信号，正常运转时，由操作人员选择适当的压力进行拱顶压力控制，这个压力设定到保证不发生通道间泄漏就可以了。设定压力太高，对垫片寿命不利。当选择压力过高，超过前面一个信号，低信号选择器就选择前面一个信号，而将手操器的信号切断，这就保证了垫片不会超压。

判断泄漏情况可由拱顶进、出流量指示和记录来判别。通常，少量泄漏是允许的，不会影响产品质量。

☞ 76. 旋转阀是怎样步进的？运转中旋转阀应注意哪些事项？

旋转阀是模拟移动床吸附分离装置的关键设备，它的故障将导致装置无法继续运转，因此操作人员应给予特殊注意。

旋转阀通常是依靠油压系统的动力，推动旋转阀步进的。油压泵产生的10MPa的压力，通过电磁阀后推动油压活塞作往复运动，油压活塞的往复动作，推动旋转阀上部棘轮上的棘齿使旋转阀步进。液压缸的进油、出油是依靠多通电磁阀的励齿信号来实现的，此励齿信号来自于旋转阀的控制系统。

在运转中应注意的事项是：

(1) 在旋转阀上有一个视镜，可以在运转中观察转子板是否在正确的位置上，通常应在旋转阀旋转到17床层位置上观察，操作人员应该每班观察一次。

(2) 旋转阀如有5min不旋转时，转子板必须离座，离座开关在中间控制室。

(3) 如果开动前转子板未被解吸剂润湿，不能开动旋转阀。

(4) 如果因故障旋转阀不能运转时，首先应使旋转阀离座。

☞ 77. 旋转阀发生故障时，操作人员应如何处理？

旋转阀发生故障就有报警，这时操作人员应采取如下一些措施：

(1) 用仪表板上的步进旋钮使阀门步进，如果阀门步进，说明步进器未收到步进器的步进指令信息。

(2) 如果阀门不步进，用现场手动开关使阀门步进，如果步进，问题在于步进控制器没有向多通电磁阀发信号。

(3) 如果阀门不步进，应检查油压和油压系统。

(4) 如果油压系统正常，检查油缸动作。如果油缸活塞不动作，问题可能发生在驱动机构上。

处理以上问题时，必须在5min以内完成，否则应使转阀离座，然后才能进行检查。

☞ 78. 如何实现对20世纪90年代陈旧的PX旋转阀控制系统的技术升级？

乌炼PX装置控制系统在1995年装置开工时投用，一直工作正常。从2003年系统出现问题，操作站OP1频繁出现黑屏的现象，重新启机即恢复正常。在操作站OP1没有数据更新，经过仔细检查，判断为OP1的以太网卡故障，导致操作站无法与通讯模块UN-IMS正常通讯，同时操作站本身多个硬件老化，需要更换。但原有型号的以太网卡已无法找到，因此没有备件更换。

在没有通讯模块UNIMS备件提供的情况下，乌炼作出技术升级方案的选择。

（1）操作站的升级

新的系统使用了MODULBUS进行通讯，软件环境需要32位的操作系统，选用了WINDOWS NT4.0，应用程序4-mation的版本也提高到了4.0。同时选择使用Intel PentiumⅣ中央处理器的工控机，加装MBI CABLE。其中MBI CABLE和操作站使用PCI插槽连接，MBI CABLE与控制器使用MODULBUS A/B连接口相接。

（2）控制模块的升级

系统原来的控制器UACMS是配合使用WINDOWS 3.11的16位控制模块，此次技术升级后，选用32位处理器68040的UACMS+控制模块来替代原有16位处理器68006的UACMS。UACMS+可以完全支持32位的操作系统，内存达到4MB，同时电池支持1MB Flash EEPROM，组态数据在模块断电情况下有电池提供安全保证，极大程度上保证了故障情况下热插拔控制模块的安全性。UACMS+的背面除了保留IOBUS接口以外，新支持MODULBUS，使控制模块能通过MODULBUS与MBI进行通讯。LED指示方面，在UACMS的基础上新增加安全禁止、安全容许的提示，显示冗余状态下，主备控制模块的数据同步情况，为连续生产中控制系统的稳定运行提供了全方位的保障。图 7-11 是技术升级后新的控制模块 UACMS+的正反面示意。

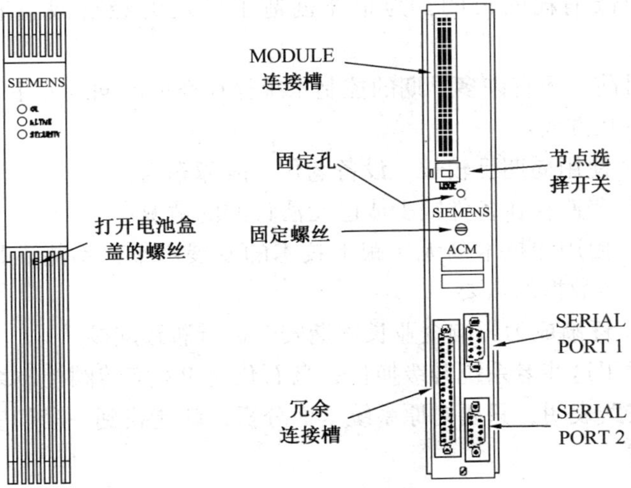

图 7-11　控制模块的正反面示意图

（3）输入输出模块的升级

新系统的控制模块，在操作系统升级为 32 位之后，输入输出模块也相应的需要将其运算芯片更新为 32 位。由于 UOP 公司提供的最新输入输入模块 UEAMS+/USDMS+与原系统中的 UEAMS/USDMS 使用同一设计规格的 PCB 印刷电路板，区别仅在运算芯片的不同和电路中保险的规格不同。针对此情况，公司的技术升级方案就没有新选购配套的 UEAMS/USDMS，而是针对每个模块的运算芯片和保险进行了升级。此升级过程需要打开输入输出模块的正面外壳，摘除旧的运算芯片和保险，然后安装新订购的 32 位运算芯片（模拟量 UEAMS 升级为 CI30，开关量 USDMS 升级为 CI23）并将保险由原来的 200mA 更换为 800mA。两种输入输出模块的运算芯片和保险在 PCB 的位置相同。

新控制系统2004年8月PX装置停工检修期间实施完成，一次投运成功。在PX装置的连续生产过程中，技术升级后的新系统控制准确可靠，通讯稳定，达到了节约劳动力，提高产品质量，降低消耗的目的，为企业创造了可观的经济效益和社会效益。

目前，还有许多早期的控制系统存在类似的问题，主要集中在以下几方面：

① 使用周期已较长，设备老化、故障率高；

② 普遍存在备件缺少或已无法订购的情况；

③ 使用的技术已无法跟上技术的发展水平，不能满足企业对于生产数据的需要；

④ 逐渐成为影响企业长周期安全运行瓶颈问题。

对于这些老系统升级换代，乌石化对PX旋转阀控制系统的改造实践表明，只要对原系统全面分析，就能找到一套切实可行的方案。

☞ 79. 循环泵的作用是什么？

在二甲苯吸附分离装置中，循环泵具有十分重要的作用，它能使吸附塔中的液体始终自上而下地运动。循环输送的液流是在不断变化的，随时处于不同的区域，由于各区域的流量不一样，循环泵的出口流量也随不同的区域作相应的改变。这是与工艺要求相匹配、相适应的。

由于上述原因，循环泵运转的正常与否，对全装置有着重要影响，对模拟移动床的分离效果具有决定性的影响。

☞ 80. 如何利用压送循环流量判断涡轮流量计的正确性？

通常泵送循环流量用涡轮流量计计量，压送循环流量用弯管流量计计量。后者与前者相比，流量曲线发生漂移(即额外区域效应)，由此就可以判断涡轮流量计的记录是不正确的；如没有出现额外区域效应，涡轮流量计的记录就是正确的。

☞ 81. 正常运转时泵送循环流量是如何控制的？自动运转时泵送循环流量色谱仪如何运转？

正常运转时，泵送循环流量是由 MONIREX 数字控制器数控计算的给定值或手动设定值控制的。

正常运转时，泵送循环流量色谱仪处于自动位置，对Ⅱ区和Ⅳ区的物料进行自动分析。根据操作的需要，分析其他区域或某一床层物料时，可将仪表从自动切换到手动。泵送循环流量色谱仪仅知道运转的趋势，准确的分析值还要靠分析室的分析数据。

☞ 82. 吸附塔底的压力应控制多少？

通常，PAREX 吸附分离装置吸附塔底的压力正常运转时，应控制在 0.88MPa。压力过低，容易造成吸附塔内物料气化，破坏正常的操作；压力过高，公用工程费用增大，最适宜的操作压力应是在操作温度（177℃）时，物料不气化的压力（0.88MPa）为宜。

☞ 83. 抽余液蒸馏塔、抽出液精馏塔和成品塔的塔顶、塔底产品控制要求是什么？各塔的操作对吸附分离有何影响？

（1）抽余油蒸馏塔

塔顶产品要求：

塔顶解吸剂对二乙基苯含量<50μg/g（侧线）

水<10μg/g

对二甲苯<2%

塔底产品要求：

二甲苯<500μg/g

（2）抽出物精馏塔

塔顶产品要求：

塔顶解吸剂对二乙基苯含量<50μg/g

塔底产品要求：

对二甲苯<200μg/g

(3) 成品塔

塔顶产品要求：

对二甲苯<1%

塔底产品要求：

对二甲苯>99.2%

甲苯<100μg/g

如果抽余油蒸馏塔操作不当，塔底邻二甲苯含量过高，会污染解吸剂，最终将导致对二甲苯纯度下降；塔顶温度太高，将会增加解吸剂对二乙基苯(PDEB)损失。

如果成品精馏塔操作不当，灵敏塔板温度设置太低，将会导致塔底含有较多的甲苯和非芳烃，造成对二甲苯产品纯度下降；温度设置太高，塔顶产品对二甲苯含量>1%，导致对二甲苯收率下降。

如果抽出油精馏塔操作不当，塔底对二甲苯含量太高，那么对二甲苯总收率就会下降；塔顶温度太高，会增加解吸剂对二乙基苯(PDEB)的损耗，导致对二甲苯纯度下降。

☞ 84. 抽余液塔排出的贫对二甲苯物料为什么在侧线抽出？出料口以上的塔板起何作用？

为使吸附剂处于最佳吸附容量和最佳选择性，解吸剂中通常注入一定量的无离子水，以提高吸附剂的选择性。水与吸附剂平衡后，随抽余液进入抽余液塔，抽余液是贫对二甲苯的 C_8 芳烃，通常作为异构化装置的原料，而异构化催化剂怕水，一般要求进入异构化的原料中水含量<10μg/g，所以抽余液塔在侧线抽出含水较低的贫对二甲苯的 C_8 芳烃，大部分水则被蒸到塔顶。

因此，侧线以上塔板作为干燥塔板用，脱除侧线贫对二甲苯的 C_8 芳烃中的水分，使异构化进料中水分减少至最低。

☞ 85. 为什么成品塔顶温度控制值不变，但粗甲苯分析中对二甲苯含量有时增加或减少？

由于成品塔塔顶受槽压力受吸附分离放空罐压力影响而波动，虽然受槽是常压，但实际压力是经常变化的，塔顶温度保持不变，但压力变化也会影响塔顶组成改变。

☞ 86. 影响解吸剂 PDEB 缓冲罐液面的因素有哪些？

正常生产时，吸附进料中对二甲苯和甲苯浓度的高低对 PDEB 缓冲罐液位都有影响。对二甲苯、甲苯浓度高，缓冲罐液位上升，反之就会下降。

如果发现缓冲罐液位下降较大，表明解吸剂 PDEB 在吸附塔、抽余液精馏塔、抽出液精馏塔和缓冲罐中的平衡被打破。一般来说，解吸剂多半跑到抽余液精馏塔和抽出液精馏塔两塔的塔顶，这时应加大回流，减少加热量，将温度降下来。情况严重时可切换至循环。

此外，抽余油精馏塔和抽出油精馏塔塔底泵停车或调节阀关闭，塔底不能及时送入 PDEB，而使缓冲罐液位发生变化。

当然，机械损失、人为损失也会导致缓冲罐液位下降。

☞ 87. 解吸剂再蒸馏塔起什么作用？该塔运转不正常时对工艺有何影响？塔底何时排液？

解吸剂对二乙基苯(PDEP)在运转过程中，由于光、氧和热的作用，会形成高沸点化合物，从而影响吸附剂的吸附容量和寿命。因此，设计时设置解吸剂再蒸馏塔，以除去运转过程中产生的高沸物。

由于生成高沸物速度较慢，所以再蒸馏塔运转不正常时，短期内对装置影响不会很大。

随着运转时间的延长，再蒸馏塔塔底高沸物含量不断增加，为保证再蒸馏塔正常操作，必须定期排放，为避免解吸剂 PDEB 损失过多，通常要求塔底物含 PDEB 量不宜超过 20%。

☞ **88. 在吸附分离装置中，产品中非芳烃含量高的原因有哪些？**

（1）成品塔回流量过大，采出量少，致使非芳烃被压到塔底，造成产品中非芳烃含量高。

（2）抽出液塔塔顶非芳烃含量高，在提高温度的同时，要找出该塔顶非芳烃过高的原因。

（3）吸附塔Ⅳ区回流量太大，将有非芳烃通过Ⅳ区，造成抽出液中非芳烃高，此时，应降低吸附塔Ⅳ区回流量。每次降低不宜过大，通常为0.02~0.03。

（4）检查异构化单元是否带入过多的非芳烃，若非芳烃>15%，应调整操作，把非芳烃蒸到塔顶。

☞ **89. 产品中邻二甲苯或乙苯高，应如何处理？**

产品中如邻二甲苯高，可能是抽余液操作不当，造成塔底含邻二甲苯过多，解吸剂被污染，使抽出液中邻二甲苯含量高。处理的方法是：提高抽余液塔的温差设定值，把邻二甲苯蒸到塔顶去；与此同时，还应检查回流量/进料量之比值是否太小，如太小，可加大再沸量。

产品中如乙苯高，主要原因是由于Ⅱ区操作中回流量太小，而吸附剂的选择性吸附系数$\beta_{PX/EB}$均比$\beta_{PX/OX}$和$\beta_{PX/mx}$都小，乙苯不易被除去。假如二区操作回流量太小，留在吸附剂上的乙苯必须增多，到了Ⅲ区再解析，乙苯将随抽出液被抽出。这时，处理的方法显然是应加大二区操作回流量，乙苯在Ⅱ区被除去，不使乙苯带到Ⅲ区去。

☞ **90. 如果产品中非芳烃、邻二甲苯、间二甲苯和乙苯都高，可能是什么原因？应如何处理？**

如果产品中非芳烃、邻二甲苯、间二甲苯和乙苯都偏高，而且相互间的比例与抽余液中的比例接近，这种情况多半是旋转阀转子和定子之间的密封泄漏，槽道之间泄漏窜料，抽余液漏入抽出液槽道中，使抽出液被抽余液污染。另一种原因可能是封头污染。封头污染可以从封头取样分析数据中得到证实。如证明封头污染，应冲洗封头，加大冲洗后，仍未使封头液中杂质二甲苯成分减少，可能是封头焊缝有严重泄漏，这时应停工处理。

☞ 91. 精馏塔进料负荷对操作有何影响？如何调整？

精馏塔的进料负荷通常由装置的物料平衡决定，一般稳定不变。若进料量增加，需增加塔内汽液相负荷，在一定范围内，可以改进传热传质效率，提高分离效果。如果负荷过大，超过了塔设计允许值，会造成过多的雾沫夹带，使产品纯度下降；如果负荷太小，将会使汽相负荷变低，将造成漏液，使塔底产品不合格，在这种情况下应加大塔顶回流量，使汽速增加到适当值，维持塔的操作。但加热量增加，公用工程费用增高。

☞ 92. 如果某塔进料量小于正常值，但塔顶、塔底都不合格，可能的原因是什么？如何调节？

如果该塔进料负荷小，但塔顶、塔底产品不合格，说明该塔处于不正常操作状态，应检查塔的加热量是否已减小，因为一般操作的规律是随负荷变小，此时应把加热量调小。但某些塔型，如大孔筛板塔，操作范围窄，流速下降容易出现漏液，溢流负荷也下降，液层薄，容易出现雾沫夹带，同时由于汽、液相负荷都很小，塔板上传质效率变差，板效率必然下降，即使保持正常的回流量/进料量之比值，塔顶、塔底产品也不会合格。遇到这种情况时，应首先应缓慢提高加热量，使汽、液相负荷慢慢加大，然后加大回流比，这样塔顶、塔底产品会逐步合格。

☞ 93. 精馏塔产生液泛的原因是什么？如何防止？

精馏塔产生液泛的原因是：塔板上汽相负荷过大。实质上是上一块塔板的液体经过降液管与塔板的间隙来不及流下去，这样，该层塔板上渐渐积满了液体，后来，上一层塔板也积满液体，这时，液泛便会发生。发生液泛后，塔板下部压力越来越大，流体更难往下流，如果减少加热量，塔底又会出现满液位。

防止精馏塔产生液泛的措施是：

（1）按规定的进料量操作；

（2）按规定的回流量操作。

两者一经确定后，不可随意增加流量切忌大幅度调整进料量和加热量。

☞ 94. 精馏塔在投料前应做好哪些准备工作？

（1）管线检查

所有应拆除的盲板必须拆除，并检查好所属阀门的启闭状态。

（2）排水

从排液口尽可能排尽塔内和受槽中的水。

（3）系统检查

工艺阀门（自控阀）、安全阀、公用工程设施和仪表均应处于良好状态，工艺控制阀应处于手动位置。

（4）干燥、吹扫和排凝

精馏塔内和系统剩余的水分用蒸气干燥，具体步骤是将0.25MPa的过热蒸汽通入塔内，干燥的同时，进行吹扫和排出冷凝水，逐渐将塔加热到蒸汽的温度。干燥结束后，停止通入蒸汽，打开所有排汽、排液口，迅速降压，使系统内不存冷凝水，然后通入氮气，将热蒸汽吹走后，关闭所有阀门。

☞ 95. 精馏塔开工时为什么要保持放空系统通畅？为什么必须要及时补液和开空冷？

精馏塔开工时如果放空系统不通畅，放空阀未开，会造成塔压超高，安全阀跳闸，严重时会造成恶性事故，因此，开塔前一定要检查放空、火炬系统，使其保持通畅，否则不得进料和升温。

开塔时必须注意要及时补液。因为升温后，物料达到泡点要汽化，塔底液面很快会下降，如果不及时补料，塔底可能会蒸干，而此时物料多半在塔板上，受槽也没有液面，即无法进行回流，操作不稳，塔底干加热会烧坏再沸器。因此，开塔升温后，要根据液面情况及时补液，直至回流罐建立液面，回流泵启动，操作平稳后，就可不必补液，保持正常进料操作。

开塔时若忘记开空冷也是很危险的。由于塔馏出物不能冷凝冷却，受槽不能建立液面，塔顶压力迅速升高，安全阀起跳，严重时会造成恶性事故，因此，必须牢记，开塔时要先开空冷（或水冷）后加热，注意观察空冷运行和塔压变化。

☞ 96. 精馏塔可能发生的主要异常现象有哪些？引起的原因是什么？如何处理？

精馏塔可能发生的主要异常现象有：(1)塔顶超压，(2)塔顶重组分含量过高，(3)塔底轻组分含量过高，(4)塔釜温度低、塔顶温度高、系统压力上升、分馏效果不好，(5)温度控制器不正常和塔底液面不正常，(6)塔顶温度波动，(7)塔底液面不正常等。下面对各种异常现象产生的原因和处理方法逐一加一讨论。

(1) 塔顶超压

可能引起的原因是：

① 塔顶温度没控制好，回流量增大；

② 塔底温度高；

③ 原料中轻组分没脱除干净；

④ 进料温度太高；

⑤ 塔釜液面过高等。

处理的方法是：

① 串级调整，稳定回流；

② 调整塔釜温度；

③ 通知供料单位调整操作；

④ 调整进料温度；

⑤ 降低或停止进料，增加塔顶或塔釜的抽出量。

(2) 塔顶重组分含量高

原因：

① 再沸器加热量大；

② 回流比过低等。

处理方法：

① 调整再沸器供热；

② 增加塔顶回流量，注意空冷。

(3) 塔釜轻组分含量高

原因：

① 再沸器加热量小，塔釜温度低；

② 系统压力高等。

处理方法：

① 提高塔釜温度；

② 降低系统压力。

(4) 塔釜温度低、塔顶温度高、系统压力升高、分馏效果变差

产生的原因：塔在高负荷下运转引起的。

处理方法：检查进料量是否过大，可采取减少进料和回流量的方法处理。

(5) 塔顶和塔釜压差增大，受槽和塔釜液位急剧变化、分馏效果变差

产生上述现象的原因：液泛。

处理方法：调节再沸器热量时，幅度不能太大。

(6) 塔顶温度波动

产生的原因：

① 进料组成变化；

② 塔底温度变化；

③ 回流量变化；

④ 进料温度变化；
⑤ 回流温度变化；
⑥ 气温变化；
⑦ 仪表失灵等。
处理方法是：
① 调整好原料分馏（脱庚烷）塔操作；
② 调整好回流量；
③ 控制好回流温度；
④ 注意塔顶空冷器角度；
⑤ 检修仪表。
(7) 塔底液面不正常
原因：
① 灵敏塔板温度不正常；
② 塔底温度及塔底压力变化；
③ 塔底排出量变化；
④ 仪表失灵等。
处理方法是：
① 调整好灵敏塔板温度；
② 调整好塔底温度和压力；
③ 注意塔底泵排出量；
④ 检修仪表。

☞ 97. 甲苯、二甲苯和解吸剂（对二乙基苯）对人体有何危害？如何避免？

在正常操作期间，甲苯、二甲苯和解吸剂（对二乙基苯）连续地存在于过程之中，它们具有轻微的毒性；不像苯那样对造血器官有破坏性，它们对人体的主要危害是引起皮炎。

如果衣服被甲苯、二甲苯和解吸剂（对二乙基苯）弄湿，应脱去衣服、洗浴，然后换上干净的衣服，同时应避免吸入这些物质的蒸气。

☞ 98. Eluxyl 二甲苯吸附分离工业装置运转情况如何？有何特点？

镇海炼化公司 450kt/a 对二甲苯(PX)联合装置，设计生产规模 PX 为 450kt/a，OX 为 450kt/a，由二甲苯精馏、吸附分离、二甲苯异构化、歧化和烷基转移等 4 个单元组成。1997 年 9 月由于产品市场形势发生了变化，经原石化总公司同意后，该公司决定该项目暂缓进行初步设计。随着时间的推移，2000 年初根据中石化股化有限公司的要求，镇海 450kt/a 对二甲苯(PX)联合装置与仪征化纤厂 PTA 装置同步恢复建设。IFP 的吸附分离技术 3 年来也有了重大的改进，于 2000 年 12 月总部要求镇海的 PX 装置恢复建设，考虑到了镇海炼化公司重整的生产能力，暂缓建设其中的歧化单元。该联合装置于 2003 年 4 月 18 日中交，8 月 4 日生产出合格的 PX 产品。期间由于抽余液塔分馏效果不好，进行了 2 次停工改造。改造后装置运行工况良好，其特点是：

(1) IFP 的 Eluxyl 技术经生产装置实际运行，PX 生产负荷可以达到 100%，产品纯度可以达到 99.8%以上，单程收率可以达到 96%以上(见表 7-16)。

表 7-16　Eluxyl 装置主要运行工况

项　目	数　据	项　目	数　据
装置负荷/%	100.00	能耗/(kg 标油/t)	360.00
收率/%	96.00	加工损失率/%	0.5
PX 纯度/%	>99.6	解吸剂 PDEB 损耗量/(kg/d)	240
PX 产量/(t/d)	1370.00		

(2) SCS 的拉曼仪(Raman)的使用是成功的，根据各组成曲线的变化情况，可以超前对区域流量的调整，为优化调整提供了参考依据。

(3) 144 套程控阀的使用比较理想，通过半年的使用，检测中没有发现内漏现象。

(4) 吸附塔的床层结构比较理想，虽然分布比较复杂，但减少了死区和返混现象，对提高 PX 的纯度有利。

☞ 99. Eluxyl 吸附分离基本原理是什么？有何特点？

Eluxyl 吸附分离技术利用模拟移动床原理，将 PX 与其他 3 个同分异构体进行分离。所谓模拟移动床，对吸附剂来说是不动的固定床使吸附剂静止，而通过周期性地改变流体进出口的位置，使液流进出口位置沿着液体流动方向移动以达到流体与吸附剂相对运动的目的，以此来模拟固体相向移动的作用。因此，从效果上看，它达到了移动床的效果，这过程是连续的，但对床层本身来说并没移动，由于床层是固定的，因此不会对吸附剂造成磨损，又能仔细地填充吸附剂，尽可能使液流在床层中均匀分布，减少沟流与返混，提高分离效果；同时又吸取了移动床连续操作的特点，质量稳定，处理量大，便于自动化操作。

当然，要不断地改变液体进出口各位置是不可能的，但是，在吸附室设置多级吸附剂床层和液体进出管线，并有序地把各液流从一个床转换到下一个床，就可以产生大致相同的效果。为此，将 4 种液体进出的位置按准确的步骤绕床移动，并在各物流之间始终保持相同的距离。

模拟移动床过程通称 Sorbex，其原理见图 7-12。

进料是 A 和 B 的两元混合物，同时必须采用解吸剂 D 与进料混合物中的最强组分一起被吸附，而且能够通过蒸馏很容易从混合物组分中分离出来。在此系统中吸附强度次序是 D>A>B。

吸附床分 4 个区域，Ⅲ区主要是从混合物中吸附 A。Ⅱ区主要是从吸附剂中脱附出 B 调节Ⅱ区中的流体流量，其中，B 可完全从吸附剂中脱附出来，而 A 是不会完全脱附的。Ⅰ区是 A 的脱附区，即由 D 置换出 A 来。同时从Ⅰ区底部抽出一部分流体作为抽出液抽出，其余部分向下流进Ⅱ区起回流液的作用，Ⅳ区

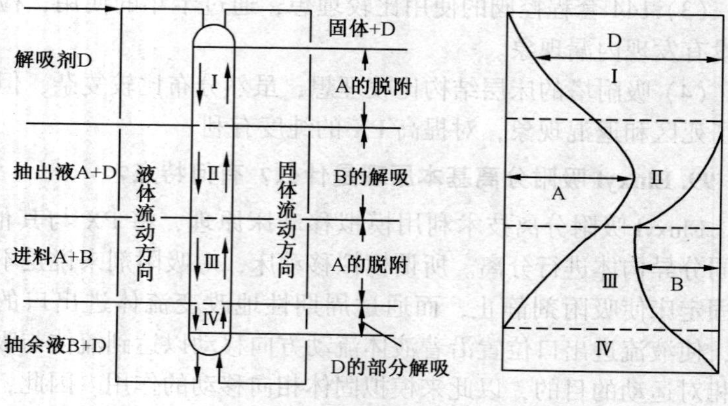

图 7-12　模拟移动床示意图

的目的是减少所需新鲜解吸剂的循环量，也即减少经各精馏塔从产品 A 和 B 中分离解吸剂的负荷。Ⅲ区底部抽余液主要含有 B+D，Ⅰ区底部抽出液主要含有 A+D。从图 1 右边液相组成图中可以看出，Ⅱ、Ⅲ区组分为 A+B+D，Ⅰ区为 A+D，Ⅳ区为 B+D。

☞ 100. Eluxyl PX 吸附分离过程在工艺和设备上各有何特点？

（1）工艺方面的特点是：

① 单系列规模大，PX 装置是单系列，其中异构化装置进料量是 2.134Mt/a，二甲苯分离装置进料量为 2.836Mt/a，吸附分离装置进料量是 2.442Mt/a，单系列装置生产规模大。

② 二甲苯分离塔由 2 座组成，即二甲苯再蒸馏塔和二甲苯分馏塔。这样的工艺设计在不同的原料情况下提高了操作的灵活性，可生产纯度在 98%以上的 OX 产品，同时在工程安装上也降低了难度。

③ 装置物料全部使用空冷，而不用水冷进行冷却，缓解了循环水紧张的矛盾。

④ 热联合比较好。

（2）设备方面的特点是：

① 多阀组控制。IFP 的 Eluxyl 吸附分离技术由 144 个控制阀的程序控制来完成吸附床层的模拟移动。具有以下特点：

适应性强：IFP 的 Eluxyl 吸附工艺的控制阀彼此之间相对独立，可根据工艺需要改变 4 个区之间的塔盘数分配来协调 PX 的纯度与收率之间的关系。

便于控制阀的检修：当某个控制阀出现故障时，SCS 控制系统自动将该阀门设置在维护状态，并可将故障阀切出进行检修而不影响装置的正常生产。

② 吸附塔中介质之间相互污染机会少。IFP 的吸附塔由环形分配室来进行介质的分配，而且介质进出不同的环形室，介质之间的返混少，且死角少，每个床层上的管子都是各走各的介质，不存在管路污染的问题，故不用进行管线的冲洗。

③ 吸附塔底的两台循环泵出口均设有 Raman 光谱仪的检测点，能够及时而形象地检测浓度的分布情况和变化趋势，便于及时分析问题和调整操作，使产品的纯度和收率能有效地结合起来。

☞ 101. Eluxyl PX 吸附分离技术使用的 SCS 自动控制系统和在线拉曼仪(Raman)各有何功能?

（1）SCS 自动控制系统

为了实现对 144 个阀顺序操作以及对吸附塔整体的操作控制，IFP 开发了顺序控制系统软件（Sequence Control System，SCS），选用了 2 台互为热备用的程控机（PLC）来实现顺序控制的要求。计算机通过该顺序控制系统，将各床层的 144 个阀门进行切换操作，以实现模拟移动床要求。实际情况是在任何在一个时间内只有 25 个阀门处于开启状态（5 个进出吸附塔物料开关阀、20 个旁路开关阀），其余 119 个阀全部处于关闭状态，每个阀门开启、关闭时间约 2s，床层与床层之间的切换时间约为 75s，任何一个阀门开启一次后，经过约 30min 的一个周期后，再开第二次。

SCS 系统具有以下主要功能：

① 监控各控制回路是否按工艺顺序控制要求进行，即检查数据库中控制设定点、输入值和控制方式（手动、自动及串级）是否符合要求。操作人员可以不停控制顺序而将一个回路投入自控后，并进入计算机控制。顺控也可同时按要求将某一回路投入自动控制。SCS 控制回路共有原料、脱附剂、反洗、循环泵 A 出口、冲洗和抽出液的 6 个流量控制与抽余液和循环泵 B 出口的 2 个压力控制，共 8 个控制回路。

② 计算功能：可计算吸附塔系统的物料平衡，控制物流设定点和控制器的输出值。

③ 趋势显示功能：能够显示 30min 以前及至 2 天前运转中各个参数变化趋势，并能由计算机画出趋势变化曲线。

④ 不停工检修阀门功能：当 144 个阀门在执行中发现有阀门发生故障时，可不停止操作处理的功能。而是先由计算机发出是开启还是关闭不正常的检查；检查证实后，一方面发出命令让操作人员去现场进一步检查后，切断该阀进行处理，同时将需检修阀门任务由计算机切换至下一床层（开不了的阀），或至上一床层（关不了的阀），一般情况下可同时处理 2 个阀门，但如 2 个需要处理阀门均在相连的吸附剂层上，则不能处理。

⑤ 联锁安全功能：保护操作安全的联锁系统，包括在操作中发生不安全条件时，保护分子筛、循环泵和吸附塔 3 套系统。但其执行信号均由装置内另设的事故处理系统（ESD）来完成。

（2）在线拉曼仪（Raman）

在线 Raman 仪能实时测示床层的各个组分，其分布曲线在 SCS 终端上显示，使操作人员及时了解操作情况，特别是 PX 曲线与非 PX 组分曲线位置的关系，以便了解 PX 纯度及收率的变化趋势。当操作条件正常而曲线指示不正常时可提示操作人员检查有无阀门内漏情况。

拉曼仪（Raman）原理是基于一个能发出相干信号到光头的激

光源。信号被从这个光头送回到分光计，分光计再对信号进行分析，分析结果由微机（PC Raman）计算，计算出的 Raman 光谱显示在 PC Raman 屏上。在原料抽出液和 2 台循环泵出口管线均安装有 Raman 光谱仪的探头。4 个探头与一台 Raman 仪相连，然后由几个光导纤维管传输到 Raman 仪专用 PC 机，经机内的 IFP 软件计算出 MX、OX、EB 和 PX 的相对含量。测出数据为每 10s 取一个样，经专用的 PC 机计算，再将上述数据加工为图形，就可以清楚地看到 MX、OX、EB 和 PX 在 24 个床层中的分布情况。

装置人员可以根据该曲线的变化情况，监控吸附塔内各组分的分布情况，以便及时对吸附分离各参数进行调整。

☞ 102. Eluxyl PX 装置开工时抽余液塔（T204）解吸剂对二乙基苯（PDEB）跑损较多是什么原因？如何解决？

某 PX 联合装置抽余液塔（T204）规格尺寸为 ϕ7000/ϕ8000×51950（切），该塔塔盘为苏州某厂生产的四溢流浮阀塔盘，降液管采用悬空式降液管，全塔共计 69 层塔盘，其中精馏段 34 层，提馏段 35 层。该塔主要馏分来自吸附塔的 PDEB 和含贫 PX 的 C_8A 物料，该塔顶为全回流，从第五块塔盘侧线抽出作为异构化反应原料。设计 100%负荷时进料量为 609.75t/h，侧线中 PDEB 含量小于 25μg/g，塔底 PDEB 中 C_8A 含量小于 50μg/g。

开工后，塔底 PDEB 中 OX 含量基本保持在 200μg/g 左右，侧线中 PDEB 跑损量较高，在 100~500μg/g，且塔顶压力和各点温度波动比较明显，无法投自控，操作难度大。鉴于以上原因，PX 联合装置停工对 T204 进行了改造。改造后该塔顶压力及塔内各点温度比较平稳，塔顶冷后温度也控制得较好，但塔底 PDEB 中 OX 含量仅勉强控制在 0.06%左右，侧线中 PDEB 含量居高不下，一直在 200μg/g，PDEB 跑损严重。

为了彻底解决解吸剂跑损过高问题，经过多次技术交流后与南京凯宁精馏技术有限公司签订技术协议，采用该公司的专利技术—复合孔微型浮阀塔盘对 T204 进行改造。2004 年 4 月，重新开工后，生产状况得到了彻底的改善，T204 的运行负荷达到了 110%，侧线的 PDEB 在 25μg/g 以内，塔底的二甲苯含量也在 50μg/g 以内，达到了预期的分离效果。

☞ 103. 搞好 PX 联合装置操作有哪些好的经验？

表 7-17 是某 PX 吸附分离单元 SCS 主要操作参数。

表 7-17 吸附分离单元 SCS 主要操作数据

项　　目	设计值	运行值
循环流量/进料量(P/F)	4.50	4.5
解吸剂/进料(D/F)	1.60	1.77
反洗液/进料(BW/F)	0.06	0.06
抽出液/抽余液(E/B)	0.35	0.33

有关专家指出：“脱附剂与进料的比值(D/F)和抽出液与抽余液的比值(E/R)是衡量吸附塔分离经济性的重要指标。从运行情况来看，D/F 在 1.70～1.80 之间，E/R 比值在 0.3～0.35 之间，需要进一步的优化调整，特别是 D/F 值还需进一步降低。”

“区域流量的优化有几个可以参考的依据：一是根据吸附剂的理化性质和 T201 的装填情况，进行理论计算；二是根据 SCS 的曲线变化情况进行调整；三是根据各床层的样品分析进行调整。其中用得比较多的是 SCS 的 RAMAN 曲线，调整比较超前和有效，但缺乏准确的定量，只能不断地摸索进行。因此，如何进行准确的区域流量调整显得比较重要。”

“PX 联合装置的原料比较固定，组分与炼油装置相比较稳定，而且精馏塔比较多，能耗大，如何在精馏塔和吸附塔之间建立一种理想的先进控制，对降低整个装置的能耗将会起到重要的作用。在吸附塔本身，IFP 公司有离线的调优软件，引进后应能定量优化区域流量，优化平均泵送流量和步进时间，以在负荷、PX 纯度和收率方面得到突破。”

第八章 静 设 备[1]

加热炉

☞ 1. 重整常用的立式圆筒炉和四合一箱式加热炉各有何特点？

重整反应部分的加热炉与重整反应器是一一对应的，有几台反应器就有几台加热炉，一般为3~4台。对于规模较小的重整装置，重整反应加热炉一般采用结构比较简单的圆筒炉；对大型重整装置则采用炉管压降较小、辐射室联合在一起的箱式加热炉。

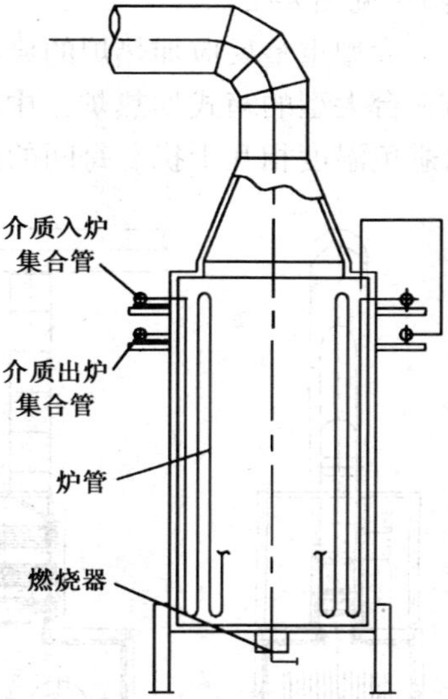

图 8-1 纯辐射型立式圆筒炉

(1) 立式圆筒炉

在早期的重整装置中重整反应加热炉通常采用纯辐射型立式圆筒炉(图 8-1)。这种炉型一般用于处理量较小的150~300kt/a半再生重整装置，炉内管线呈立管多路并联，辐射顶部设计两圈大口径集合管，炉内出入口管线与该环形集合管连接。燃烧器布置在炉底。炉型特点为：

① 炉管多路并联；

② 压降比箱式加热炉大；

[1] 重整装置主要的静设备包括：加热炉、换热器、塔、反应器和再生器等。

③ 燃烧器布置在底部，可以油、气混烧，一般烧气居多；

④ 单炉排烟温度较高，其热效率低。需将排放的高温烟气引入余热回收系统进行热量回收；

⑤ 单台炉子结构简单，建造周期短，投资小。

(2) 箱式加热炉

重整反应加热炉管内介质体积流量大，允许压降小，出炉温高度。加热炉的炉管一般设计为多路炉管并联。多台燃烧器联合供热。早期的立式圆筒型加热炉在结构上已不能满足大型化的工艺要求。为此，设计上出现了大型联合箱式炉，如四合一箱式加热炉(见图 8-2)。

大型重整反应加热炉的典型设计是将三台或四台加热炉合并为一台大型的箱式加热炉，中间用火墙隔出三间或四间辐射室，以避免温度相互干扰。每间的炉管为多路并联，一般设计 20~45

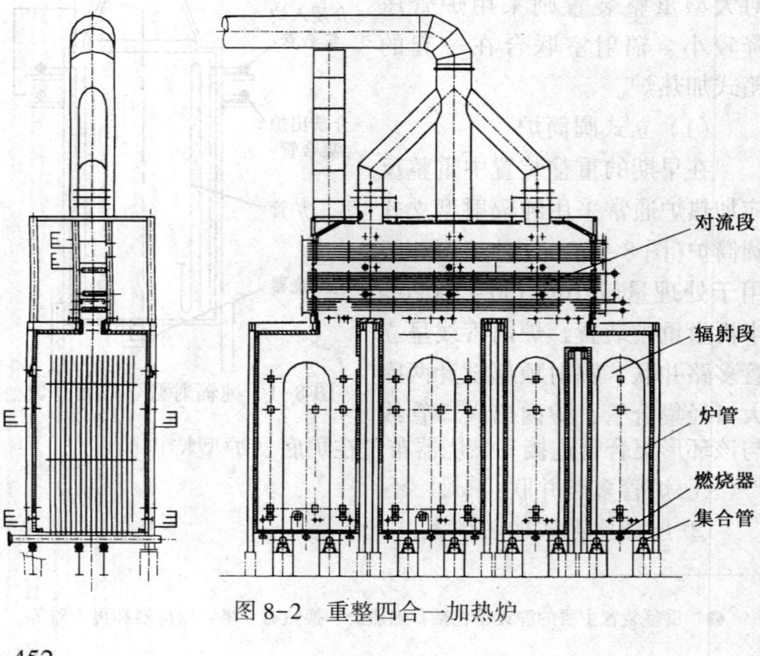

图 8-2 重整四合一加热炉

路支管甚至更多。各支管的出入口与炉外的大型集合管相连。辐射室的高温烟气进入一个公用的对流室，在对流室产生装置所需的中压蒸汽。燃烧器则根据炉管的排列特点进行特殊布置，有的在炉底，有的在侧墙布置。这种炉型适用于大处理量(400kt/a以上)的重整装置。

☞ 2. 管式加热炉由哪几部分构成？工作原理是什么？

管式加热炉一般都是由4个主要部分构成的：辐射室、对流室、烟囱和燃烧器。在辐射室和对流室内装有炉管；在辐射室的底部、侧壁或顶部装有燃烧器；在烟囱内装有烟道挡板。先进的加热炉还应备有烟气余热回收系统，空气和燃料比的控制调节系统等。

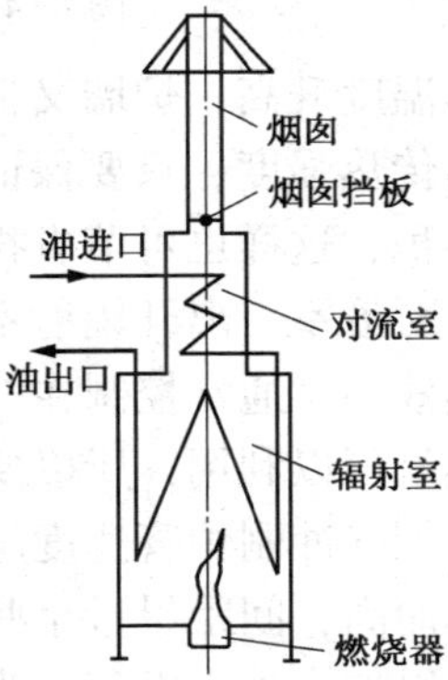

图 8-3　油品加热流程图

加热炉的作用就是将低温油料经对流室炉管和辐射室炉管，在炉膛内吸热后升温，高温油料流出加热炉时达到工艺要求的温度(见图 8-3)。

加热炉的工作原理是：

燃料在炉内经过燃烧放出热量，把热量传递给炉管(在辐射室主要是通过辐射传热，在对流室主要是通过烟气对流传热)，通过炉管壁把热量传递给管内物料，从而达到加热物料的目的。

图 8-4 是加热炉传热过程示意图。

燃烧器　主要给加热炉提供高温热源。除加热物料外最后剩余的热量随烟气经烟囱排入大气中。

辐射室　又叫炉膛，是管式加热炉的核心部分。从喷嘴喷出的燃料在炉膛内燃烧，燃烧需要一定的空间才能燃烧完全，所以辐射室的体积较大。由于火焰温度很高(可达 1500～1800℃左右)，热量主要用辐射方式传送。一部分被炉管接受，一部分使

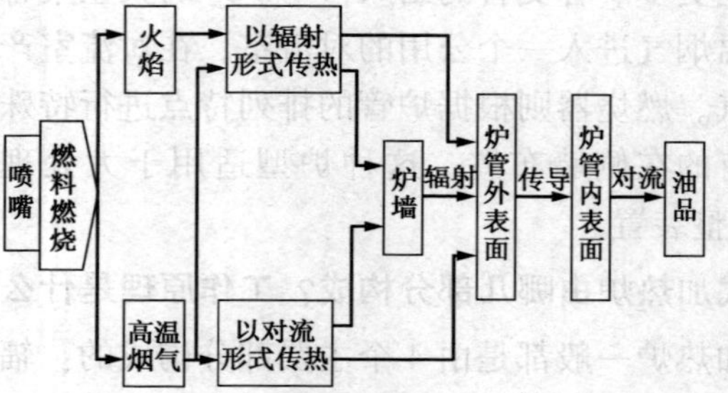

图 8-4　加热炉传热过程示意图

炉墙温度升高，炉墙又把热量反射回来，传给炉管一部分。为了提高传热强度，只要保证火焰不直接扑到炉管上，应尽量减小炉膛体积，这样也可节省投资。

对流室　离开辐射室的烟气温度不能太低，否则会降低辐射传热效率。通常控制在 700~900℃，这样高的温度的烟气还有很多热量可以利用，所以要设置对流室。在对流室内主要是对流传热。烟气冲刷炉管速度越快，传热的能力越大，所以对流室设计得窄而高，间距尽量小些。有时为提高传热能力，还常采用钉头管，以加大外表面积。为提高传热效率，管内油品流动方向与管外烟气的流动方向相反。

烟囱　烟气离开对流室的温度一般为 300~450℃为好，为降低加热炉热损失，提高加热炉热效率，可用空气预热器回收这部分热量，使烟气温度降至 200℃左右。烟囱内高温烟气的密度比烟囱外空气小而产生抽力，所以烟气可以自动排出。烟囱越高，炉膛的抽力越大，进入辐射室风量也越大。为控制适当抽力，在烟囱内需加一块可调节的挡板，以保持炉膛适当的负压，通常为 2~3 毫米水柱为宜。

☞ 3. 重整四合一加热炉辐射室炉管的排列方式有哪几种？各有何特点？

辐射室内的炉管，可按 Y 型、竖琴式、正 U 型和倒 U 型排列。不同的炉管排列具有不同的特点。

(1) Y 型排列

辐射室内的炉管按 Y 型(图 8-5)排列特点为:

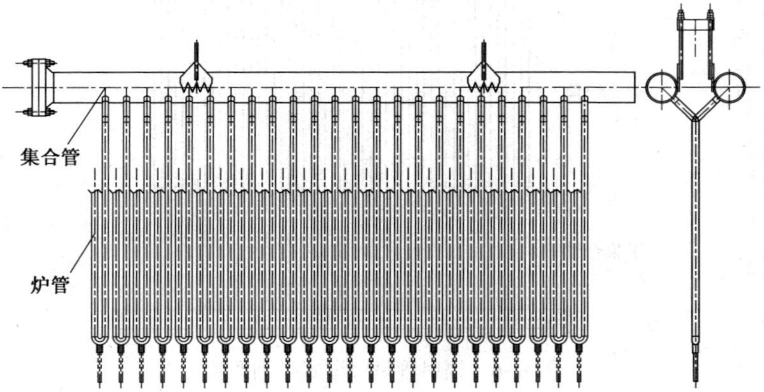

图 8-5　辐射管 Y 型排列布置

① 燃烧器底烧时，可烧油也可烧气；燃烧器侧烧时，宜烧气；

② 集合管位于辐射室顶部，管内的滞留杂物不容易清出；

③ 炉管采用急弯弯管相连，管内压降较大；

④ 炉管排列紧凑，炉体占地面积较小；

⑤ 钢结构投资较小。

(2) 竖琴式排列

炉管按竖琴式(图 8-6)排列的特点为:

① 适用底烧，可用于油、气混烧；

② 集合管位于辐射室顶部和底部，管内的滞留杂物易清出，可通过炉底集合管排放；

③ 炉管为竖琴式连接，管内压降较小；

④ 适用于较大的装置；

⑤ 集合管由辐射室顶部的弹簧吊挂，易于吸收管系的膨胀；

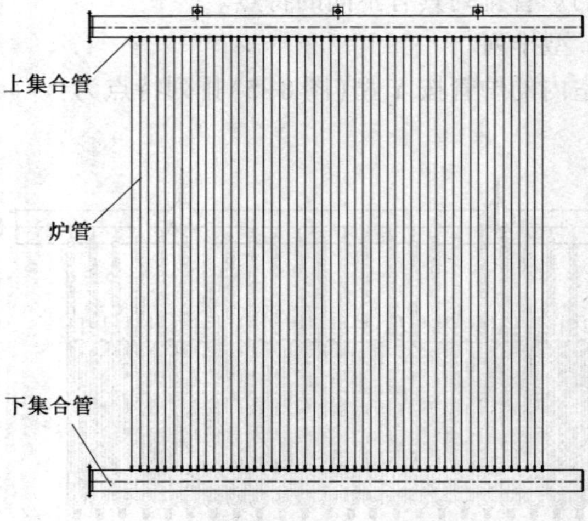

图 8-6　辐射管呈竖琴式排列布置

⑥ 由于有上下两组集合管，管系设计、施工较复杂；

⑦ 占地较大；

⑧ 建设投资较大。

(3) 正 U 型排列

炉管按正 U 型排列(图 8-7)的特点为：

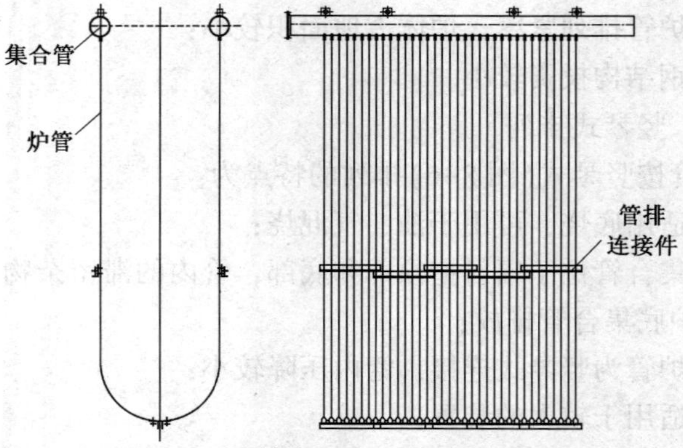

图 8-7　辐射管呈正 U 型排列布置图

① 适用于侧烧气体燃烧器；

② 燃烧器设置在加热炉侧墙上，沿加热炉高度方向多层布置，炉管表面热强度较均匀。适合高大的炉膛；

③ 集合管位于辐射室顶部，管系由集合管顶部的弹簧吊挂，炉顶钢框架承力较大；

④ 管系由大曲率半径的弯管在炉内相连，管内压降较小。但管内的滞留杂物不易清出；

⑤ 占地较大；

⑥ 建设投资较大；

⑦ 适合大型重整装置。

(4) 倒 U 型排列

炉管按倒 U 型排列(图 8-8)的特点为：

① 适用于底烧，可油气混烧；

② 集合管位于辐射室底部，管内滞留杂物容易清出；

③ 管系由大曲率半径的弯管在炉内连接，管内压降小；

④ 集合管在炉底，炉管位于集合管上，且为炉外单独支承，

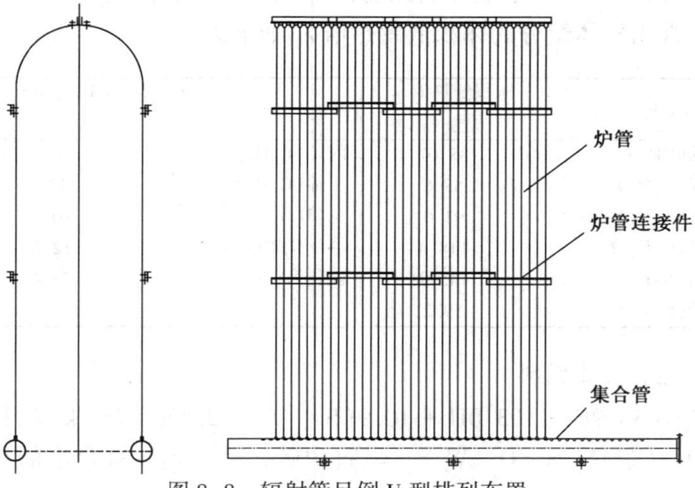

图 8-8　辐射管呈倒 U 型排列布置

钢结构投资较正 U 型炉省；

⑤ 燃烧器安装在炉底，炉管表面热强度的分布不如正 U 型炉均匀；

⑥ 炉管不宜太高，太高容易失稳，且固定困难；

⑦ 适用于中大型重整装置。

☞ 4. 什么是燃料的高热值？什么是燃料的低热值？如何计算燃料的低热值？

高热值是燃料完全燃烧后所生成的水已冷凝为液体状态时放出的热量。

低热值是燃料完全燃烧后所生成的水为蒸气状态时放出的热量。

燃料低发热值（Q_L）的计算方法是：

（1）气体燃料

$$Q_L = \Sigma q_{Li} y_i \quad MJ/Nm^3$$

式中 y_i——气体燃料中各组分的体积百分比；

q_{Li}——气体燃料中各组分的体积低发热值，MJ/Nm^3。

常用气体组分的体积低发热值 q_{Li} 如下表：

气体组分	体积低热值 q_{Li}/（MJ/Nm^3）	气体组分	体积低热值 q_{Li}/（MJ/Nm^3）
甲烷（CH_4）	35.07	丙烯（C_3H_6）	86.4
乙烷（C_2H_6）	63.6	丁烯（C_4H_8）	113.7
丙烷（C_3H_8）	91.0	氢（H_2）	10.7
丁烷（C_4H_{10}）	118.4	一氧化碳（CO）	12.6
戊烷（C_5H_{12}）	145.7	硫化氢（H_2S）	23.4
乙烯（C_2H_4）	59.2		

（2）液体燃料

$$Q_L = 33.9C + 103.0H + 10.9(S - O) - 2.5W \quad MJ/kg\ 燃料$$

式中 C、H、S、O、W——燃料中碳、氢、硫、氧及水的质量分数，%。

燃料油中绝大部分元素组分是碳和氢，缺乏元素组成分析数据时，有人推荐如下经验式近似计算其碳、氢质量含量：

$$H\% = 0.26 - 0.15 \times \rho \times 10^{-3}$$

$$C\% = 1.00 - (H\% + S\%)$$

式中 ρ——燃料油20℃的密度，kg/m^3；

H、C、S——燃料油中各元素的质量分数,%。

☞ 5. 什么是加热炉的热效率？如何计算？

加热炉炉管内物料所吸收的热量占燃料燃烧所发出的热量及其他供热之和的百分数即为加热炉的热效率。它是表明燃料有效利用率的一个指标，是加热炉操作的一个主要工艺参数。

炉效率随烟气排出温度、过剩空气系数、炉体保温情况及燃料燃烧完全程度而不同，变化范围很大。

在无外界热源预热燃烧用空气时，加热炉热效率 η 通常可按以下三种方法进行简化估算：

(1) 根据炉管内物料吸热量和燃料用量用下式计算(正平衡计算)：

$$\eta = Q_{有} / (B \times Q_{L})$$

式中 η——加热炉热效率,%；

$Q_{有}$——全炉物料吸热量，即全炉有效热负荷，MJ/h；

B——燃料用量，kg/h。

(2) 根据烟囱排烟温度 T_S 及过剩空气系数 α 值由下式进行近似计算(反平衡计算)：

$$\eta = 1 - [q' + (2 \sim 4)\%]$$

式中 q'——与排烟温度 T_S 及过剩空气系数 α 有关的常数，其值由图 8-9 查得，此图只适用于空气不预热的情况。

(3) 反平衡计算法，加热炉热效率是指被加热介质有效吸热量占燃料燃烧所放热量的百分比，由于被加热介质的有效吸热量不易计算，实际计算中一般采用总放热量减去各种热损失的方法

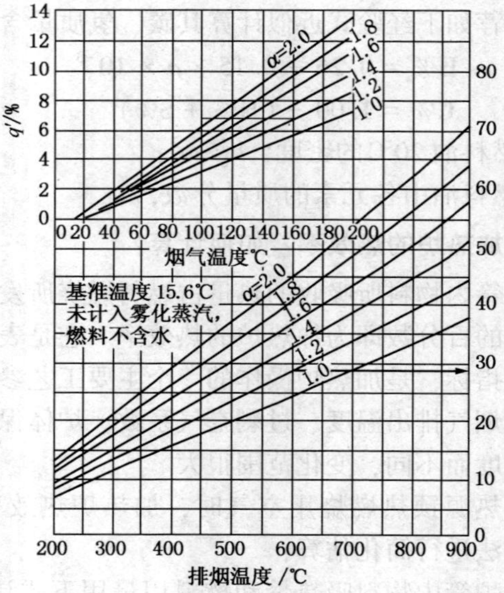

图 8-9　排烟温度与 q' 的关系

来计算，称之为反平衡法，其关系为：

$$\eta = (1 - q_{烟} - q_{散}) \times 100\%$$

式中　$q_{烟}$——排烟热损失；

$q_{散}$——炉体散热损失(一般取 3%)。

其中：

$$q_{烟} = [(0.006549 + 0.032685\alpha) \cdot (t_g + 1.3475 \times 10^{-4} \cdot t_g^2) - 1.1 + (4.043\alpha - 0.252) \cdot CO]/100$$

式中　α——过剩空气系数；

t_g——排烟温度；

CO——烟气中一氧化碳含量。

过剩空气系数 α 的计算：

$$对于干烟气(采样分析结果)\alpha = \frac{21 - 0.0627O_2}{21 - O_2}$$

$$对于湿烟气(氧化锆在线分析)\alpha = \frac{21 + 0.116O_2}{21 - O_2}$$

式中　O_2 为烟气中氧气含量。

由上面的计算公式可以看出，在实际操作过程中，提高炉效的手段主要可以从以下几方面入手，一是降低排烟温度，二是降低烟气中的氧气和一氧化碳含量。

☞ 6. 如何提高加热炉的热效率？

(1) 降低排烟温度

① 设置余热回收系统，使排出烟气中的热量通过余热回收系统得到重新利用，如加热入炉空气，加热工艺物料或作为废热锅炉的热源等。

② 设置吹灰器。炉管表面积灰积垢，会大大降低炉管的传热能力。因此，对流室设置良好的吹灰器，并在运行中定时吹灰，是降低排烟温度、提高炉子热效率的措施之一。此外，在停工检修期间，清扫炉管表面的积垢也可强化对流传热过程，从而降低排烟温度。

③ 对于液态物料，对流管采用翅片管或钉头管，可以大大增加对流管的传热面积，从而使排烟温度明显降低。

④ 精心操作，确保炉膛温度均匀，防止局部过热和管内结焦，是保证炉管正常传热能力的必要条件。若管内结焦则传热能力降低，炉膛温度和排烟温度都将随之而升高。

(2) 降低加热炉过剩空气系数，减少排烟损失

① 调节好“三门一板”，在保证完全燃烧的前提下，尽量降低入炉空气量。

② 炉体不严，漏风量多是造成过剩空气系数大的主要原因之一。消除漏风不但简单易行，而且效果显著。如将加热炉所有漏风点(如停用的火嘴、看火孔、人孔、对流管板、采样孔和导向杆孔等)全部封堵，就可使热效率得以显著提高。因此，加热炉的堵漏是一项不容忽视的重要工作。

③ 改进燃烧器性能和选用高效燃烧器是降低过剩空气系数的重要措施。

（3）采用高效燃烧器，减少不完全燃烧损失

采用高效燃烧器不但可以降低过剩空气系数，而且能强化燃烧，保证燃料的完全燃烧和提高传热能力；采用先进的蒸汽雾化喷嘴，改善燃料油的雾化粒度，制定并严格实施燃烧器的维护保养制度也是十分重要的。

（4）减少炉壁散热损失

① 搞好炉子的检修，保证炉墙没有大的裂纹和孔洞，使烟气不致窜入炉墙和炉壁之间造成炉壁局部过热。

② 采用耐热和保温新材料，如陶瓷纤维，不但耐高温（1000℃以上）而且导热系数低，可以降低炉壁温度，从而减少炉体的散热损失。

③ 控制炉膛温度，不得超温，以免烧坏炉墙，导致炉壁温度升高。

（5）改进控制系统

过剩空气量是一个可控变量，改进控制系统是降低过剩空气量、提高热效率的有效措施。采用先进的控制系统（如计算机控制），可使炉子在最佳工况下运行，不但可以保证炉子有高的热效率，而且可减轻操作人员的劳动强度。

（6）加强技术管理，提高操作水平。

☞ 7. 什么是理论空气量？怎样计算？

燃料完全燃烧时所需的空气量为理论空气量。液体燃料所需理论空气量可用下式计算：

$$L_0 = \frac{2.67C + 8H + S - O}{23.2}$$

$$V_0 = \frac{L_0}{1.293}$$

式中　L_0——燃料的理论空气量，kg 空气/kg 燃料；

V_0——燃料的理论空气量(体)，Nm^3 空气/kg 燃料；

C——燃料油中碳,%(质)；

H——燃料油中氢,%(质)；

S——燃料油中硫,%(质)；

O——燃料油中氧,%(质)。

气体燃料所需理论空气量可用下式计算：

$$L_0 = \frac{0.0619}{\rho}\left[0.5H_2 + 0.5CO + \Sigma\left(m + \frac{n}{4}\right)C_mH_n + 1.5H_2S - O_2\right]$$

式中 ρ——气体燃料的密度，kg/Nm^3；

H_2——气体燃料中氢气的体积分数,%；

CO——气体燃料中一氧化碳的体积分数,%；

H_2S——气体燃料中硫化氢的体积分数,%；

O_2——气体燃料中氧气的体积分数,%；

m——气体燃料中烃的碳原子数；

n——气体燃料中烃的氢原子数。

☞ 8. 什么是过剩空气系数？怎样计算？

进入炉膛的实际空气量与理论空气量之比，叫做过剩空气系数。

通常，烧燃料油时过剩空气系数为 1.3，烧气体燃料时为 1.2。过剩空气系数太小，燃烧不充分，热分布恶化。过剩空气系数太大会降低火焰温度，降低辐射热的吸收率，结果将使炉效率降低。过剩空气系数每降低 10%，一般可使炉子热效率提高 1%~1.5%。

目前圆筒炉和立式炉辐射段过剩空气系数约为 1.2~1.3，对流段过剩空气系数约为 1.3~1.5。由于过剩空气系数对炉效率影响很大，故在操作中应注意控制炉子的燃烧条件，使过剩空气系数不超过允许范围。

如已知烟气分析结果，可根据下列公式计算过剩空气系数：

$$\alpha = \frac{21}{21 - 79\frac{O_2}{N_2}}$$

式中 α——过剩空气系数；

N_2——烟气中氮气的体积百分比；

O_2——烟气中氧气的体积百分比。

只知道烟气中氧含量时也可用有关图直接查出 α 值，见图8-10。

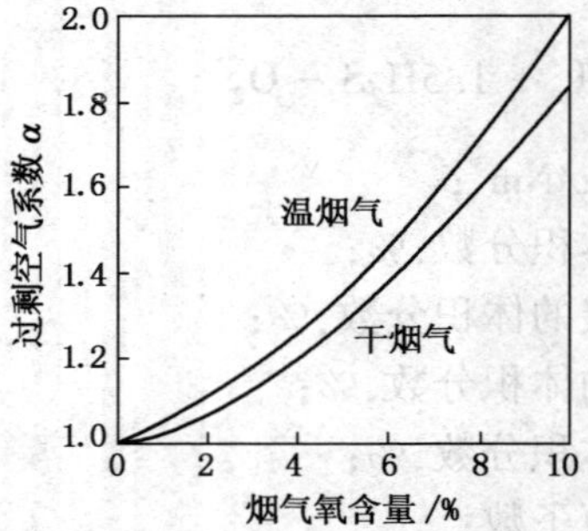

图 8-10 烟气含氧量与过剩空气系数的关系

☞ 9. 什么是冷油流速？油品在炉管内流速变化有何影响？改变流速的措施有哪些？

通常以 20℃ 油料的密度计算得出的炉管内线速度为冷油流速 $w_{冷}$，单位为 m/s。计算方法如下：

$$w_{冷} = \left(\frac{G}{3600\rho}\right) \Big/ \left(\frac{\pi}{4}d_i^2 n\right)$$

式中 G——炉进料油流率，kg/h；

ρ——油料在 20℃ 下的密度，kg/m^3；

d_i——炉管内径，m；

n——油料通过加热炉的管程数。

随着温度的上升，油品在炉管内被加热，其体积膨胀，线速度加大。油品在炉管内的实际流速是不断变化的。$w_{冷}$ 大，有利于传热和防止炉管内的结焦，但油料通过加热炉的压降增大。$w_{冷}$ 过小，不但影响传热，更重要的是易造成炉管结焦，缩短开工周期，所以应根据不同工艺过程及炉型，选用合适的 $w_{冷}$。

在同一加热炉内，改变流速的措施有更改管径（即采用异径管）、注水、注汽和改变管程数等。老装置增加管程数时，流速、压降将会大幅度下降，是解决系统压降、提高处理量的有效办法。

☞ 10. 什么是加热炉的有效热负荷？如何计算？

加热炉炉管内各种物料升温、汽化、反应等所需要的总热量就叫加热炉的有效热负荷。加热炉有效热负荷 $Q_{有}$ 的计算方法如下：

$$Q_{有} = W_F[eI_V + (1 - e)I_L - I_i] + W_S(I_{S2} - I_{S1}) + \theta'$$

式中 $Q_{有}$——加热炉有效热负荷，MJ/h；

W_F——油料流率，kg/h；

e——炉出口油料气化率,%；

I_L，I_V——炉出口温度、压力条件下油料液相、气相的热焓，MJ/kg；

I_i——炉进口温度下油料的液相热焓，MJ/kg；

W_S——过热水蒸气流率，kg/h；

I_{S1}、I_{S2}——水蒸气进炉、出炉之热焓，MJ/kg；

θ'——其他热负荷，如注水汽化热、化学反应热等，MJ/h。

☞ 11. 什么是炉管表面热强度？受哪些因素限制？

单位时间通过单位炉管表面的热量，称为炉管热强度，以 kJ/(m^2·h)为单位。

炉管表面热强度可按如下公式计算：

$$q = \frac{Q}{F}$$

$$F = n\pi DL$$

式中 Q——热负荷，kJ/h；

F——炉管总外表面积，m^2；

n——炉管根数；

D——炉管外径，m；

L——炉管有效长度，m。

炉管表面热强度的提高受下列因素限制：

（1）提高炉管表面热强度时，炉管管壁温度将随之升高，靠近管壁处的油品或其他介质，可能因过热而分解或结焦。

（2）因炉膛内传热的不均匀性，炉管表面热强度在沿炉管的圆周、长度方向以及炉管和炉管之间不同。因此，按照炉膛内平均温度计算的炉管表面热强度虽然没有超出油品或其他介质的结焦限度，但是，个别炉管的某些部位却会接近或达到结焦限度。

（3）管内介质的性质、温度、压力、流速等也会影响到炉管热强度的提高。

（4）炉管有最大的允许热强度，炉管表面热强度的提高，势必受到炉管材质的限制。在某些条件下，炉管热强度提高不多，但是炉管材质都因此要升级选用，这时，只好适当考虑降低炉管表面强度，以符合最佳经济效益。

（5）炉管表面热强度提高会使辐射管表面积减少，但离开辐射室的烟气温度也升高。要使加热炉效率不变，就要增加对流室的传热面积。在一般情况下，在一定范围内提高加热炉炉管表面热强度，总的加热面积（辐射管面积+对流管面积）减小比较显著；超出一定范围，总的加热面积减小的效果就不显著。所以，在总的加热面积减小不多，而炉管的材质又需要升级选用时，就必须慎重考虑。

总之，提高加热炉炉管表面强度，可使炉体尺寸缩小，材料耗用量降低；但是，也会导致炉管材质的升级和运转周期的缩短。所以，合理地选取炉管表面热强度十分重要。

☞ 12. 加热炉正常点火的步骤是什么？

（1）准备工作

① 检查炉子附属设备及仪表是否良好；

② 炉管试压，经验收合格；

③ 检查火嘴是否畅通，阀门是否泄漏；

④ 清除易燃物，准备好消防用具；

⑤ 启动燃料油泵建立燃料油循环；

⑥ 调节好烟道挡板开度(开 1/3)；

⑦ 准备好点火用具；

⑧ 过热蒸汽管引蒸汽放空；

⑨ 引燃料气；

⑩ 引蒸汽脱水，炉膛用雾化蒸汽吹扫；

⑪ 引原料油。

(2) 点火

① 启动鼓风机，并调节好挡板；

② 伸点火棒；

③ 先开少量雾化蒸汽，后适量开燃料油，确认火嘴点燃后，取出点火棒，如果先点燃料气火嘴，则先开燃料气火嘴阀少许，确认火嘴点燃后，取出点火棒；

④ 调节风及雾化蒸汽量，使火焰高度，颜色正常(燃料气火嘴只调风门)；

⑤ 如果点火失败，应关闭燃料阀，用雾化蒸汽吹扫至烟囱冒汽 5 分钟后，重新点。

☞ 13. 什么是耐火陶瓷纤维？其特点是什么？

耐火陶瓷纤维是由熔化的高铝钒土喷散而成的纤维状物质，平均直径 2.8μm 左右，平均长度 100mm。在加热炉炉墙中用的主要是陶瓷纤维毛毡卷。陶瓷纤维炉衬具有耐高温、耐震动、绝热、吸音和重量轻等 5 个特点。它的优点是：

(1) 重量轻，为轻质耐火砖墙的 1/3，重质耐火砖墙的 1/14；厚度为轻质砖墙的 1/2，重质耐火砖墙的 1/4。使用陶瓷纤维炉衬可以大大缩小或减轻钢结构的尺寸和重量。

(2) 热容小，为轻质耐火砖墙的 1/4，重质耐火砖墙的 1/21，有利于快速升温，降温，节约燃料，操作方便。

陶瓷纤维成本较高，在低温加热炉上使用不太合适。所以，一般炉墙是采用陶瓷纤维毡和矿渣棉板复合结构，陶瓷纤维炉衬不能承受机械载荷，所以在加热炉炉墙的某些部位和喷嘴处的炉墙结构就要注意这一点，喷嘴的外壳结构应加强，并支承于炉外壳上。另外，陶瓷纤维不耐高速气流冲刷，如果喷嘴出口处速度很高，应考虑特殊的结构。

☞ 14. 炉子为什么会回火？为什么说回火实际是一种爆炸？

加热炉回火是操作中的一种不正常状态，容易损伤设备和烧伤操作人员。回火现象往往发生在下列三种情况下：

（1）燃料气压力过低(如阀后压力低于49kPa)；

（2）在熄灭火嘴时操作不正确，没有先关闭一次风门；

（3）在紧急停炉情况下，由操作室切断燃料气。

加热炉回火，实质上是一种爆炸，现从下面三个方面来说明。

（1）可燃气体的爆炸极限

各种石油蒸气和可燃气体在空气中的含量达到一定比例时，就会与空气构成爆炸性混合气体，该气体一遇火源就会闪火发生爆炸。此混合气体中可燃气占有的最低体积百分比叫该气体的爆炸下限，最高体积百分比叫爆炸上限。在上下限之间都能引起爆炸。此范围叫爆炸范围。某些气体烃类的爆炸极限如下：

气体名称	下限/%(v/v)	上限/%(v/v)
乙　烷	3.2	12.5
丙　烷	2.4	9.5
丁　烷	1.9	8.4
异丁烷	1.6	8.4
乙　烯	2.8	28.6
丙　烯	2.0	11.0
丁　烯	1.7	9.0
硫化氢	4.3	45.5

上面所列是单位烃的操作极限，加热炉使用的燃料气是混合烃，可以将混合烃中各烃的体积分数与各自的爆炸上、下限乘积之总和来表示混合烃的操作上、下限。

（2）可燃性混合气体在火嘴中的流动

燃料气由喷嘴处以高速喷入，流经混合室到达火嘴处燃烧。燃烧器内压力分布情况见图 8-11。

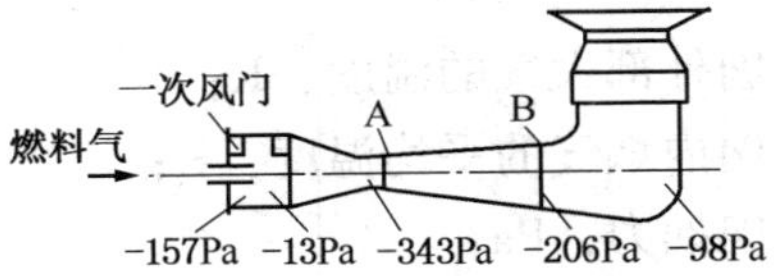

图 8-11　回火分析图

从图中不难看出 A 处压力低于 B 处，但是可燃混合气是 A 处流向 B 处的。

（3）回火分析

当先关闭一次风门，后关燃料气阀时，由于混合室中燃料气浓度瞬间上升，而超过爆炸上限，虽然正在燃烧的混合气体由 B 处向 A 处流动，但不发生回火；如果先关闭燃料气阀，而不是一次风门时，混合室中气体由 B 处向 A 处流动，由于燃料气浓度已在爆炸范围内，故发生回火。

☞ 15. 炉子烟囱为什么会有抽力？

烟囱有一定的高度，烟囱内外的气体温度不同，产生了由空气与烟气的密度差造成的压力差。如果压力差（即抽力）足以克服烟气在炉内流动直至排入大气过程中的总阻力，就能排除燃料燃烧生成的烟气，使燃料燃烧所需要的空气进入炉内。

如以 $\rho_{烟}$ 表示烟气的密度，$\rho_{空}$ 表示空气的密度，H 为烟囱的高度，烟囱的抽力 Δp 可用下式表示：

$$\Delta p = H(\rho_{空} - \rho_{烟})g$$

由上式可以看出烟囱的抽力与烟囱的高度和气体间的密度差

成正比。烟囱越高，抽力越大；气体间密度差越大，抽力越大。上式亦可写成：

$$\Delta p = 353gH\left(\frac{1}{T_{空}} - \frac{1}{T_{烟}}\right)$$

$$= 3.463 \times 10^3 H\left(\frac{1}{T_{空}} - \frac{1}{T_{烟}}\right)$$

式中 $T_{空}$——烟囱外部大气的温度，K；

$T_{烟}$——烟囱内烟气的平均温度，K；

Δp——烟囱抽力，Pa；

H——烟囱高度，m。

☞ 16. 烟囱的作用是什么？

空气流经火嘴，烟气通过辐射室、对流室、空气预热系统和挡板等时有流动阻力。由于烟气比外界空气温度高，所以其密度比空气小，因此在炉子排烟处垂直向上竖一烟囱，它对空气和烟气都起着抽吸作用，使空气进入炉膛并使烟气克服沿程阻力并经烟囱排入大气。在自然通风条件下，空气即可借助烟囱抽力进入炉内，供燃料燃烧之用。烟囱抽力的大小和烟气与外界空气温度之差以及烟囱的高度 H 有关。

☞ 17. 炉管为什么会破裂？破裂后应如何处理？

（1）火焰扑烧炉管、原料中断或流速过低、炉出口温度高出指标、裂解和反应时间过长等，都会导致炉管局部过热和管内结焦，结焦严重处鼓泡变形。

（2）高温氧化剥皮。

（3）炉管材质不好，受冲蚀和腐蚀作用产生砂眼或裂口。

以上三点为炉管破裂的主要原因。处理方法如下：

（1）在一般情况下，要熄灭炉火。严重时，装置应紧急停工。

（2）切断原料。

（3）向炉内吹蒸汽，如炉膛有油着火时则加大蒸汽吹入量。

（4）最后，炉管要扫线。

☞ 18. 通常测定燃烧产物——烟气中含氧量的方法有几种？

测定烟气中的含氧量通常有两种方法。一种是将烟气抽出，用奥氏气体分析器进行分析；另一种是利用氧化锆分析仪直接插入烟气中进行在线分析。

将烟气抽出分析时，因烟气中所含水分冷凝，基本为干烟气。而利用氧化锆在线分析时，因烟气中含有水蒸气，故氧在烟气中所占份额会不相同。因此，在按烟气含氧量确定过剩空气系数时，应根据烟气分析方法的不同，分别按干烟气和湿烟气进行确定。

烟气含氧量与过剩空气系数、燃料组分和燃烧程度等因素有关。

☞ 19. 何谓烟气露点腐蚀？如何避免？

烟气露点腐蚀是由于燃料含硫元素在燃烧中经氧化变成了三氧化硫，当换热面外表面（主要是低温对流管和余热回收系统的表面）的温度低于烟气露点温度时，在换热面上就会形成硫酸雾露珠，导致换热面腐蚀。为了防止烟气的露点腐蚀，在工艺设计中要求换热面表面的温度应高于烟气的露点温度，以避免发生露点腐蚀的问题。对流管表面的温度约比管内流体温度高20~50℃，而烟气的露点温度与烟气中水蒸气及 SO_3 的分压有关，分压大则烟气的露点温度就高。烟气露点温度可由有关图表查得。

☞ 20. 炉膛内正常燃烧的现象是怎样的？如何保证加热炉正常燃烧？

燃料在炉膛内正常燃烧的现象是：燃烧完全，炉膛明亮。烧燃料油时，火焰呈黄白色；烧燃料气时，火焰呈蓝白色。烟囱排烟呈无色或淡蓝色。

为了保证正常燃烧，燃料油不得带水、焦粉及油泥等杂质，温度一般保持在130℃以上，且压力要稳定。雾化蒸汽用量必须适当，且不得带水。供风要适中，勤调风门、汽门、油门和挡板(即“三门一板”)，严格控制过剩空气系数。燃用燃料气时，必须充分切除凝缩油。

☞ 21. 如何利用加热炉出口温度变化曲线判断加热炉操作的好坏？

图8-12中的炉出口温度变化曲线是常见的几种现象。除第1种为正常操作外，其余5种均为不正常现象。

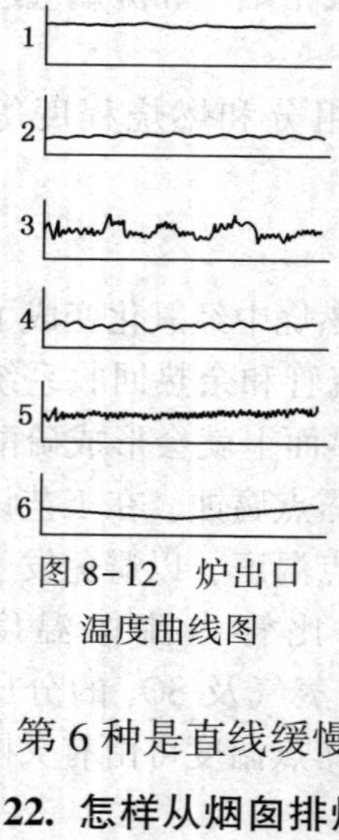

图8-12　炉出口温度曲线图

第2种曲线是有规律的曲线，中心线平衡。一般表明仪表比例度大，作用慢。

第3种是中心线不稳，曲线急剧变化无规则，一般表明燃料压力波动大或是气体燃料带油。

第4种是无规律变化，弯曲时间长，但还带有一段平稳时间。一般表明进料量与进料温度变化。

第5种是中心线不稳，时间短而变化急剧，变化有规则。一般表明比例积分小，作用太大。

第6种是直线缓慢下降或上升，一般表明仪表失灵。

☞ 22. 怎样从烟囱排烟情况判断加热炉操作是否正常？

一般情况下，可通过炉子烟囱排烟情况来判断加热炉操作是否正常，判断方法如下：

(1) 炉子烟囱排烟以无色或淡蓝色为正常。

(2) 间断冒小股黑烟，表明蒸汽量不足，雾化不好，燃烧不完全或个别燃烧器油汽比调节不当或加热炉负荷过大。

（3）冒大量黑烟是由于燃料突增，仪表失灵，蒸汽压力突然下降或炉管严重烧穿。

（4）冒灰色烟表明燃料气压力增大或带油、雾化蒸汽量过大、过热蒸汽管破裂或过热蒸汽往烟道排空。

（5）冒黄烟说明操作忙乱，调节不当，时而熄火，燃烧不完全。

☞ 23. 如何从火焰上判断炉子操作的好坏？

在正常燃烧情况下，燃烧完全，火墙颜色一致，火焰高度适当（圆筒炉的火焰不能长于炉膛的2/3，不能短于炉膛的1/4）。

烧燃料油时，火焰呈杏黄色；烧燃料气时，火焰呈天蓝色。

燃烧不正常时火焰会出现以下几种现象：

（1）当燃料油与蒸汽配比不当，蒸汽量过小，造成燃料油雾化不良时，火焰发飘，软而无力，火焰根部呈深黑色，甚至烟囱冒黑烟。

（2）当空气量过小时，火焰四散乱飘，软而无力，为黑红色或冒烟。

（3）当燃料油黏度过大并带水时，或是油阀开度小、蒸汽量过大并含水时，炉膛火焰容易熄灭。

（4）燃料油轻，蒸汽量过大或油阀开度过大，空气量不足，会使燃料喷出后离开燃烧道燃烧。

☞ 24. 如何搞好“三门一板”操作？它们对加热炉的燃烧有何影响？

“三门一板”即风门、油门、汽门和烟道挡板。它们决定了燃料油蒸汽雾化是否好坏，供风量是否恰当等重要因素，对燃料的完全燃烧有很大的作用，直接影响到加热炉的热效率。因此司炉工应勤调“三门一板”，保证燃料油雾化良好，严格控制过剩空气系数，使加热炉在高效率下操作。

在正常操作时，应通过调节烟道挡板，使炉膛负压维持在

10~30Pa。当烟道挡板开度过大时，炉膛负压过大，造成空气大量进入炉内，降低了热效率，同时使炉管氧化剥皮而缩短使用寿命。烟道挡板开度过小或炉子超负荷运转时，炉膛会出现正压，加热炉容易回火伤人，不利于安全生产。对流室长期不清灰，积灰结垢严重，阻力增加，也会使炉膛出现正压。故加热炉在检修时应彻底清灰，并在运转过程中加强炉管定期吹灰，以减少对流室的阻力。

烟气氧含量决定于过剩空气系数，而过剩空气系数是影响炉热效率的一个重要因素。烟气含氧量太小，表明空气量不足，燃料不能充分燃烧，排烟中含有 CO 等可燃物，使加热炉的热效率降低。烟气氧含量太大，表明入炉空气量过多，降低了炉膛温度，影响传热效果，并增加了排烟热损失。因此，要根据烟气含氧量，勤调风门，控制入炉空气量。

为了完全燃烧，除适量调节空气量外，燃料油和雾化蒸汽也必须调配得当，使燃料雾化良好，充分燃烧。

☞ 25. 如何控制加热炉出口温度?

(1) 单参数控制

以炉出口温度变化为信号，通过调节阀直接调节燃料量。

(2) 双参数串级控制

① 炉出口温度与炉膛温度串级控制　这种控制方法是利用炉膛温度的反应比炉出口温度快的特点，以炉出口温度组成主调节回路，以炉膛温度组成副调节回路。主调节的输出即为副调节的给定，副调节的输出，去执行机构，控制燃料调节阀的开度。当受到扰动时或改变燃料量以后，炉膛温度便开始变化，在还没有反映到炉出口温度时，就提前采用调节手段，可把扰动等预先消除。

② 炉出口温度与燃料流量的串级控制　有时，虽然控制了燃料量的大幅度波动，但燃料量的变化还是成为炉出口温度波动的主要扰动因素。此时，以炉出口温度组成主调节回路，以燃料

量组成副调节回路。这样，在燃料量由于某种原因发生变化，在影响到炉膛温度之前，此副调节回路便进行超前调节来减少并防止炉出口温度的波动。

(3) 采用浮动阀控制

将炉出口温度调节仪表的输出风压 $p_{调}$ 与燃料调节阀后压力 $p_{燃}$ 分别引至该阀膜片的上部与下部，当 $p_{调}=p_{燃}$ 时的阀芯位置为正常工作位置。

浮动阀不用弹簧，不用填料，所以它没有机械间隙，没有摩擦，具有反应迅速、动作灵敏的优点。但也有局限性，如阀后压力应在 40~400kPa 的范围内，并且不适用于液体和温度较高的介质。

☞ 26. 影响加热炉出口温度波动的主要因素有哪些？如何保持出口温度平稳？

炉出口温度波动的主要因素有：

(1) 入炉原料油的温度、流量、性质变化。

(2) 燃料油压力或性质的变化；或燃料气带油。

(3) 仪表自动控制失灵。

(4) 外界气候变化。

(5) 炉膛温度变化。

为了保持炉出口温度平稳，应该随时掌握入炉原料油的温度、流量和压力的变化情况，密切注意加热炉各点温度的变化，及时调节。其中以辐射管入口温度和炉膛温度尤为重要，这两个温度的波动，预示着炉出口温度的变化。根据这两个温度的变化及时进行调节，可以实现炉出口温度平稳运行。为了保证出口温度波动在工艺指标范围之内(±1℃)，主要调节的措施有：

(1) 首先要做到四勤：勤看，勤分析，勤检查，勤调节，尽量做到司炉员之间操作统一。

(2) 及时、严格、准确地进行“三门一板”的调节，保证炉膛内燃烧状况良好。

(3) 根据加热炉负荷大小、燃烧状况，决定点燃的火嘴数，整个火焰高度不大于炉膛高度的三分之二，炉膛各部受热要均匀。

(4) 保证燃料油、蒸汽、燃料气压力平稳，严格要求燃料油的性质稳定。

(5) 在处理量不变、气候不变时，一般情况下调整和固定好炉子火嘴风门和烟道挡板，调节时幅度要小。

(6) 炉出口温度在自动控制状态下控制良好时，应尽量减少人为调节过多造成的干扰。

(7) 进料温度变化时，可根据进料流速情况进行调节。变化较大时，可采用同时或提前 1~2min 调节出口温度。

(8) 提降进料量时，可根据进料流量变化幅度调节。进料量一次变化 1%时，一般采取同时调节或提前 1~2min 调节炉出口温度。进料一次变化 2%以上时，必须提前调节。

(9) 加热炉切换火嘴时，可根据燃料的发热值、火焰的长度和点燃的火嘴数，进行间隔对换火嘴。切不可集中在一个方向对换。

☞ 27. 火嘴漏油的原因是什么？如何处理？

火嘴漏油时要找出原因，然后采取必要的相应措施。

(1) 由于火嘴安装不垂直，位置过低，喷孔角度过大以及连接处不严密而产生火嘴漏油时，应及时将火嘴拆下进行修理，并将火嘴安装位置调整对中。

(2) 由于雾化蒸汽与燃料油的配比不当或因燃料油和蒸汽的压力偏低而产生的火嘴漏油，必须调节油汽配比或压力，至火焰颜色正常为止。

(3) 由于油温过低而产生的火嘴漏油，应采用蒸汽套管加热，使油温加热到 130℃ 以上。油温太低时雾化不好，火嘴漏油；油温太高时，喷头容易结焦堵塞。

(4) 由于雾化蒸汽带水或燃料油带水而产生的火嘴漏油，应加强脱水。

（5）火嘴、火盘结焦致使不能正常燃烧亦会造成漏油，应进行清焦处理。

☞ 28. 燃料油和燃料气带水时燃烧会出现什么现象？

燃料油含水时会造成燃料油压力波动，一般情况下炉膛火焰冒火星，易灭火。含水量大时会造成燃料油泵抽空，炉子熄火，燃料油冒罐，打乱平稳操作。

燃料气带水时，从火嘴盘喷口可发现有水喷出，加热炉各点温度，尤其是炉膛和炉出口温度急剧下降，火焰发红。带水过多时火焰熄灭；少量带水时，会出现缩火现象。

☞ 29. 加热炉用燃料气入炉前为什么要经分液罐切液？

炼厂各装置的气态烃排入燃料气管网时往往含有少量的液态油滴。在寒冷季节，系统管网温度降低，其中重组分会冷凝为凝缩油。当燃料气带着液态油进入火嘴燃烧时，由于液态油燃烧不完全，导致烟囱冒黑烟，或液态油从火嘴处滴落炉底以致燃烧起火，或液态油在炉膛内突然燃烧产生炉管局部过热或正压而损坏炉体。因此，炉用燃料气入炉前必须经过分液罐，充分切除凝缩油，确保入炉燃料气不带油。为使燃料气入炉不带油，不少炼油厂还采取了在燃料气分液罐安装蒸汽加热盘管的措施。

☞ 30. 加热炉蒸汽空气烧焦流程及清焦步骤如何？

典型的蒸汽–空气烧焦流程如图 8–13。

清焦具体步骤如下：

（1）准备工作：加热炉停工后，将炉管全部用蒸汽吹扫干净，然后加盲板将炉子与其他部分隔离开，再将空气–蒸汽清焦系统按流程连好。炉管中通入水蒸气，然后点燃火嘴，用手动控制。逐渐开大火嘴，使炉管出口温度按 60~150℃/h 速度升温，直至炉膛温度达 500~600℃。

（2）剥离阶段：增大蒸汽量，同时开大火嘴，保持炉出口温

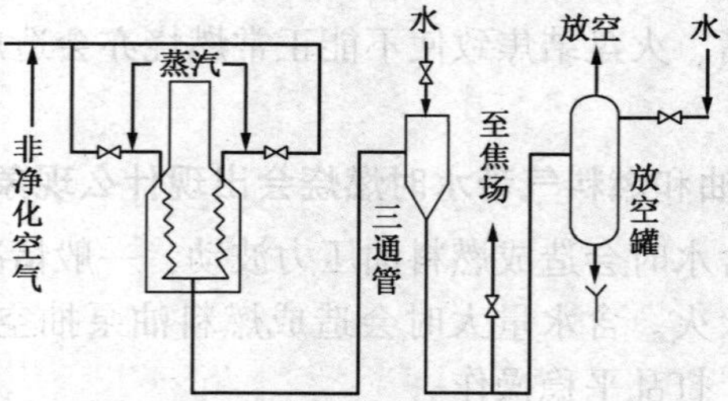

图 8-13　典型的蒸汽-空气清焦流程

度。从气体取样口引出气体，通入水中急冷。根据水的颜色判断焦炭的剥离是否开始：水的颜色应由乳白色变为灰白，最后变为黑色。检查捕集器中炭粒的大小，如果炭粒太小，可适当减少蒸汽量，使焦炭颗粒尽量变大一些，因为小炭粒对弯头磨损很厉害。有时，特别是炉管中有盐垢时，剥离不太容易，就应间歇地减少和增加蒸汽流量，或者隔几分钟通入少量空气，或者改变蒸汽流动方向（逆流），反复进行到不再产生剥离为止。

（3）烧焦阶段：开始烧焦以前，应降低蒸汽流量，然后通入空气，空气量应缓慢增加。调节蒸汽与空气的比例，使烧焦速度保持最大而又不使炉管过热。烧焦正常时，炉管呈暗红色；若呈桃红色，说明温度过高，应适当减少空气量，增加蒸汽量。烧焦速度以同时烧一至二根管子为好，炉管由红变黑，说明焦已烧完。烧焦的炉管依次由前向后，全部发红一遍。烧焦的主要化学反应式如下：

$$C+O_2 \longrightarrow CO_2$$

在这个阶段中，还应定期用大量的蒸汽吹扫炉管，以除去松散的焦炭和灰渣。烧焦是否完成，可以取样分析气体中的 CO_2 的含量，或由冷却废气的水是否呈浅红色来判断。

（4）冷却阶段：烧焦结束后，立即关小火嘴并停止通入空气，但应继续通蒸汽。要严格控制冷却速度，这一点在采用胀接弯头时尤为重要。冷却时间不得少于 3～4h。炉子冷却后可以用水冲炉管，这一点在炉管中有盐垢时特别需要。

☞ 31. 空气预热器的作用是什么？常用的水-钢热管预热器在结构上有何特点？

空气预热器是提高加热炉热效率的重要设备，它的主要作用是回收利用烟气余热，减少排烟带出的热损失，减少加热炉燃料消耗。同时，空气预热器的采用，还有助于实现风量自动控制，使加热炉在合适的空气过剩系数范围内运行，减少排烟量，相应地减少排烟热损失和对大气的污染。由于采用空气预热器需强制供风，整个燃烧器封闭在风壳之内，因而燃烧噪音也减少，同时也有利于高速湍流燃烧的高效燃烧器的采用，使炉内传热更趋均匀。

常用的空气预热器有管式、扰流子式和热管式等多种形式。

水-钢热管预热器是由多个传热单管组成，烟气侧与空气侧用隔板密封，防止气体窜漏，结构特点见图 8-14。

水-钢热管以水为工质，单管结构如图 8-15 所示，该管在真空条件下封装了传热工质，工作时，高温烟气将管底的工质加

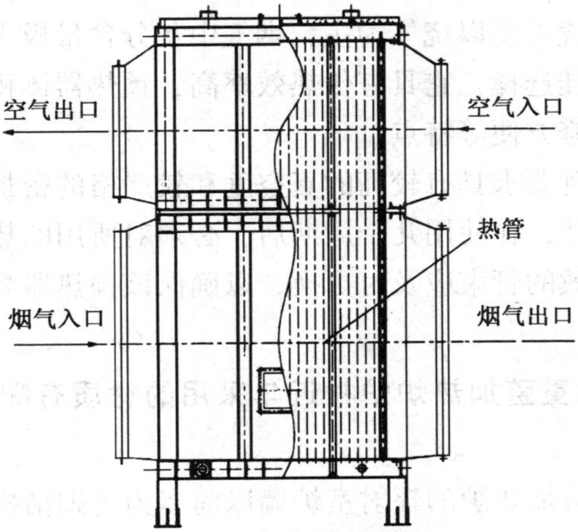

图 8-14　热管预热器

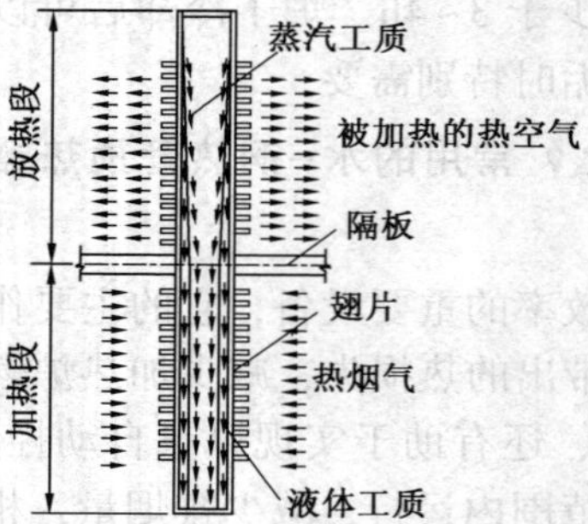

图 8-15 热管工作原理图

热，工质在高真空下受热汽化上升，在管顶放出汽化热将管外的空气加热，该工质冷凝再次回流到管底。

为了进一步强化传热，冷端（空气侧）常常采用翅片管，热端（烟气侧）在烧气时一般采用翅片管，烧油或油气混烧时宜采用钉头管或齿形翅片管，并应设置吹灰装置。

热管常用管径有 $\phi25$、$\phi32$、$\phi42$、$\phi51$ 等。热管可水平倾斜 10°放置或垂直放置。热管预热器设计负荷从 0.1~10MW，适合于大、中、小炉余热回收应用。

热管失效后可送制造厂再生。单管可以定期取出清洗。

本方案具有设计紧凑、传热系数比管式预热器高 2~5 倍，无泄漏，用钢量少等优点。

重整装置主要以烧气为主，烟气中灰分含量极少，热管空气预热器是最佳选择，它具有传热效率高，预热器体积小，施工周期短，检维修方便等特点。

由于热管要求具有较高的真空度和较严格的密封技术和高纯度的工作液体，在使用几个周期后，必须对所用的热管进行复查和维护。失效的管束应及时更换，以确保该预热器高效地回收烟气余热。

☞ 32. 现代重整加热炉炉衬近年采用的材质有哪些？各有何特点？

重整反应加热炉的辐射室炉墙以前多为砖砌结构，施工周期较长，施工困难大，隔热效果较差，后来过渡至采用轻质衬里，这种材料可塑性强，可用于各种形状复杂的场合，抗气流的冲刷能力强，便于施工。

近年来又出现了耐火陶瓷纤维衬里。陶瓷纤维炉衬最大的特点是耐热隔热性能好。在同等条件下可获得最薄最轻的炉墙。炉墙外壁温度低，散热损失小。

陶瓷纤维炉衬具有以下特点：

① 耐高温，陶瓷纤维一般由 Al_2O_3 构成，使用温度可达1260℃；

② 重量轻，密度为128kg/m^3，为轻质耐火砖墙的1/3，重质耐火砖墙的1/14；

③ 热导率低，陶瓷纤维毡的热导率见表8-1。用此材料可降低所需耐火材料的设计厚度，一般为轻质砖墙的1/2，重质耐火砖墙的1/4[1]。使用陶瓷纤维炉衬可以大大减轻钢结构的承重；

表8-1 陶瓷纤维毡(喷涂陶瓷纤维)的热导率

体积密度/(kg/m^3)	在平均温度 t℃下的热导率/[W/(m·K)]				
	$t=204$	$t=427$	$t=649$	$t=871$	$t=1093$
96	0.062	0.120	0.211	0.332	0.493
128	0.058	0.105	0.179	0.273	0.395

④ 热容小，为轻质耐火砖墙的1/4，重质耐火砖墙的1/21，有利于快速升温、降温；

⑤ 由于陶瓷纤维炉衬为多孔柔性耐热材料，还具有耐震动、吸音等特点。

陶瓷纤维成本较高，因此，炉墙高温向火面一般采用高温陶瓷纤维毡而背衬采用低温陶瓷纤维毡或矿渣棉板的复合结构，以节省投资。陶瓷纤维炉衬不能承受机械载荷，在加热炉炉墙的某些部位和喷嘴处，炉墙结构都需特殊设计。例如，喷嘴的外壳结构应加强，并支承于炉外壳的壁板上。另外，陶瓷纤维不耐高速气流冲刷，气流速度高的部位。往往不采用此种材料。

需要注意的是陶瓷纤维炉衬怕水浸泡，浸水之后体积缩小，炉衬变形乃至坍塌。因此在施工和正常生产期间应注意防范。

目前，国外设计的重整炉均采用陶瓷纤维复合层，向火面的热面层为耐温1260℃、容重128kg/m³针刺纤维毡，背衬为耐温870℃、容重96kg/m³的针刺纤维毡，这种结构需要层层施工，纤维毡需用保温钉固定，暴露在炉膛内部的保温钉端部需用陶瓷螺帽或小块陶瓷纤维毡覆盖，以避免热量通过金属保温钉在钢板外壁形成高温热点。这种结构施工质量要求较高，国内设计并投产使用的重整炉，耐火隔热结构多采用喷涂陶瓷纤维或陶瓷纤维可塑料。向火面热面层为耐温1260℃的高铝纤维，背衬层为耐温870℃以上的普铝纤维，施工方便，速度快，可用于形状复杂的部位。它施工周期短，隔热效果好，现场实测炉外壁温度通常在60℃左右，散热损失小，得到了用户的欢迎。

对流段的温度低于600℃，此段烟气流速较大，气流冲刷严重。衬里采用陶粒-蛭石-高铝水泥结构。是一种既经济又实用的好材料。

☞ 33. 加热炉系统通常应有哪些安全、防爆措施？

为确保加热炉安全运转，主要安全、防爆措施应有：

（1）在炉膛设有蒸汽吹扫线，供点火前吹扫炉膛内可燃物；

（2）在对流室管箱里设有消防灭火蒸汽线，一旦弯头漏油或起火时供掩护或灭火之用；

（3）在炉用燃料气线上设阻火器以防回火起爆；

（4）在燃气的炉膛内设长明灯，以防因仪表等故障断气后再进气时引起爆炸；

（5）在炉体上根据炉膛容积大小，设有数量不等的防爆门，供炉膛突然升压时泄压用，以免炉体爆坏。

☞ 34. 加热炉吹灰器有哪几种形式？各有何特点？

重整装置中的部分加热炉需要烧重质燃料油，对流段炉管积灰是不可避免的，目前国内的吹灰器常用的有三种形式，特点如下：

（1）蒸汽吹灰器

蒸汽吹灰器仍然是最为常用的吹灰设备，由于它结构简单，便于操作，目前仍然广泛应用在欧美国家的加热炉上。一般常见为伸缩式蒸汽吹灰器。利用高压蒸汽直接对积灰表面进行吹扫清除积聚在炉管表面的积灰。其特点是安全可靠。

（2）声波清灰器

声波清灰技术是利用声波发生器把一定强度的声波送入运行中的加热炉的对流段中，通过声能量的作用，使空气分子与粉尘颗粒产生振荡，破坏和阻止粉尘粒子在炉管表面沉积，使黏附在炉管表面的粉尘颗粒处于悬浮流化状态，借助烟气流动和扰动流将其带走或使其自动脱落。

声波清灰器在炼油加热炉上的应用为周期运行，间歇操作，工作时间一般为30s，可以手动或自动运行。

（3）激波除灰器

在炉外一个特殊的容器中使可燃气体中产生爆燃，剧烈爆燃的气体在容器内瞬时升压，并产生压缩波，通过管线将冲击激波引入加热炉的对流段，辐射至积灰的炉管表面，通过调整和控制产生的激波强度，使积聚在炉管表面上的积灰在足够强度的激波冲击下破裂，最终脱离炉管表面。

激波除灰器在电站和锅炉行业应用较多，炼油炉上应用较少，每次清灰大约30min。

值得注意的是，对于声波清灰器和激波除灰器在设计上和选用时应充分对其进行安全评估，因为低频声波和爆燃冲击波泄漏均危害人身安全，为此应充分考虑该设备的安全性，在使用中还应对该设备进行必要的安全防护。

☞ 35. 由烧燃料油改烧燃料气应如何操作？

（1）适量关小燃油主火嘴和雾化蒸汽阀门。

（2）逐渐开启燃料气主火嘴阀门，当燃料气主火嘴点着后，逐渐关闭燃料油阀和雾化蒸汽阀。

（3）开大燃料气阀门，调节空气量至燃烧正常。

（4）关闭燃料油上游阀，稍开与雾化蒸汽连通阀，将燃料油管中的存油吹入炉膛。对于只烧燃料气的火嘴，应留有少量的雾化蒸汽以冷却油嘴。

（5）启用二次仪表控制并将三通开关扳至烧油位置。

换热设备

☞ 36. 重整装置常用换热器有哪些类型？

重整装置中使用较多的有浮头式换热器、浮头式冷凝器和U形管式换热器，此外还有一些比较特殊的单管程纯逆流列管式换热器和板式换热器，其中较为重要的合金钢换热器有预加氢进料/反应产物换热器，重整进料/反应产物换热器，置换气换热器和还原气换热器等。这些换热器均在高温临氢条件下操作，有的介质还有腐蚀性，需使用抗氢耐腐蚀的Cr-Mo合金钢和不锈钢。

☞ 37. 浮头式换热器的结构是怎样构成的？有何优点？

浮头式换热器结构如图8-16所示，一端可相对壳体滑动，可承受较大的管壳间温差热应力，浮头端可拆卸，管束可抽出，检修方便。

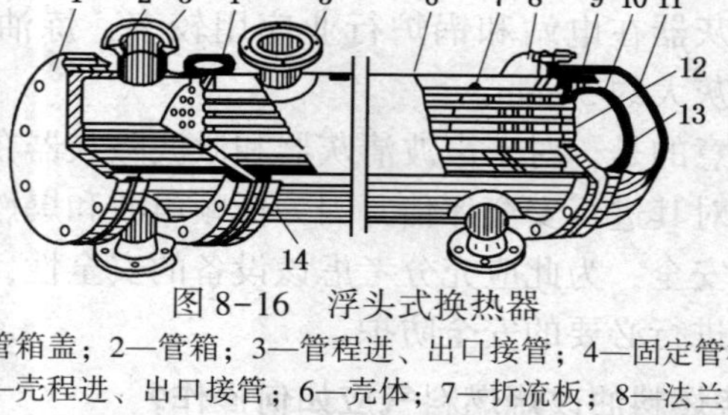

图8-16 浮头式换热器

1—管箱盖；2—管箱；3—管程进、出口接管；4—固定管板；5—壳程进、出口接管；6—壳体；7—折流板；8—法兰；9—浮头压圈；10—浮头；11—头盖；12—浮动管板；13—法兰；14—法兰

其优点是：壳体与管束的温差不受限制，管束便于更换，同时壳程可以用机械方法进行清扫。

☞ 38. 换热介质走管程还是走壳程是如何确定的？为什么？

按介质性质、温度或压力、允许压力降以及提高传热系数等条件综合考虑。

（1）管程　有腐蚀、有毒性、温度或压力很高的介质，还有很易结垢的介质均应走管程。其理由分别是：如有腐蚀性介质走壳程，管和壳均会遭受腐蚀，因此一般腐蚀的介质走管程可以降低对壳程材质的要求；有毒介质走管程时泄漏机会较少；温度、压力高的介质走管程可降低对壳程材质的要求；管内积垢容易清扫。

（2）壳程　着眼于提高总传热系数和尽可能减小压降。流体在壳程流道截面和方向，都在不断变化且可设置折流板，容易达到湍流，因而把黏度高或流量小即雷诺数较低的流体选在壳程；反之，如果在管程能达到湍流条件，则安排它走管程就比较合理。从减小压力降角度来选择，也是雷诺数小的走壳程有利。

从两侧膜传热系数大小来定，如相差很大，可将膜传热系数小的走壳程，以便采用管外强化传热设施，如螺纹管或翅片管。

饱和蒸汽走管程，便于排除冷凝液。

☞ 39. 常用换热器应如何启用和停用？

（1）启用换热器

① 扫线；

②改好流程；

③ 慢慢引油，从排空阀放水，看到有油即关排空阀，开换热器出口阀。

（2）停用换热器

① 将换热器进、出口阀门关死；

② 汽油用水顶后，再用蒸汽扫线；

③ 重油需待换热器中冷到100℃左右再用蒸汽扫线，以防油

罐中水突沸而发生事故。

☞ 40. 空冷的优点有哪些？

（1）厂址不受水源、水质、取水等条件的限制。

（2）在全厂布置上，不受供排水设施具体要求的限制。

（3）在生产过程上，冷却介质(空气)许可的温升范围比水大，同时不存在水垢与冷却水腐蚀管壁的问题。

（4）在设备维修上，除定期观察、润滑外，不需要大拆大修，因此操作周期比水冷长。

（5）在投资上，由于供、排水设施的规模相当大地缩小，故在一般条件下比水冷便宜。

（6）在操作费用上，在一般情况下，空冷与水冷的设备(电动机)功率大致相等。但空冷的操作时间有85%以上是在比设计气温低10℃左右的情况下进行的，因此，一般说空冷的实际功率消耗比水冷低，其操作费用平均为水冷的50%。空冷的设备维修费用，约比水冷低1/2左右。

（7）在设备潜力上，与水冷相比，处理量提高的余地较大；老厂扩建时，改换空冷的风扇或电动机，即可在一定程度上提高处理量。

☞ 41. 常用换热器规格型号的意义是什么？

换热器型号表示方法如下：

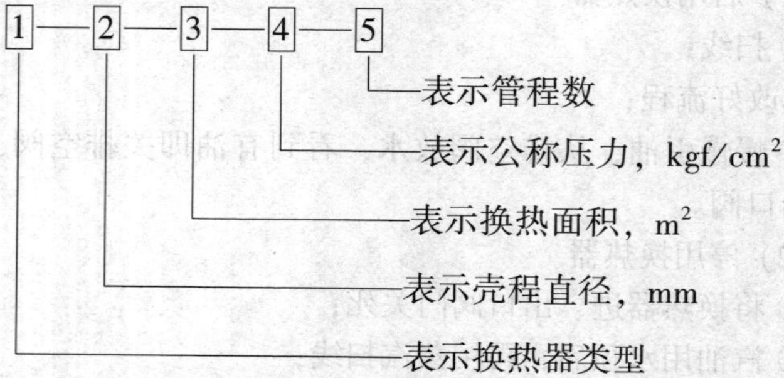

例如 F_A－700－185－25－4 为浮头式换热器，壳程直径

700mm，换热面积 185m²，压力 25kgf/cm²(2.5MPa)，4 管程。

F 表示浮头式换热器；A 表示 $\phi19\times2$ 的管子，正三角形排列，管心距为 25mm 的系列，B 表示 $\phi25\times2.5$ 的管子，正方形转 45°排列，管心距为 32mm 的系列。

G 表示固定管板式换热器。

FL 表示浮头式冷凝器。

☞ 42. 什么是立式换热器？它的优缺点是什么？在结构上有些什么特点？

立式换热器就是管束轴向安装的换热器。过去所用的立式热虹吸式重沸器，从广义上说也属于立式换热器。近年催化重整装置上含氢气的原料油与反应生成油换热用的就是典型的立式换热器。

立式换热器有如下一些优点：

（1）能够降低系统压降；

（2）占地面积小；

（3）管长可以适当加长，减少台数。

缺点是管子加长后，抽管束需大型吊车，检修维护比较麻烦，结垢严重的过程不适用。

立式换热器在结构上，按美国管式换热器制造商协会(TEMA)的结构分类属于共同

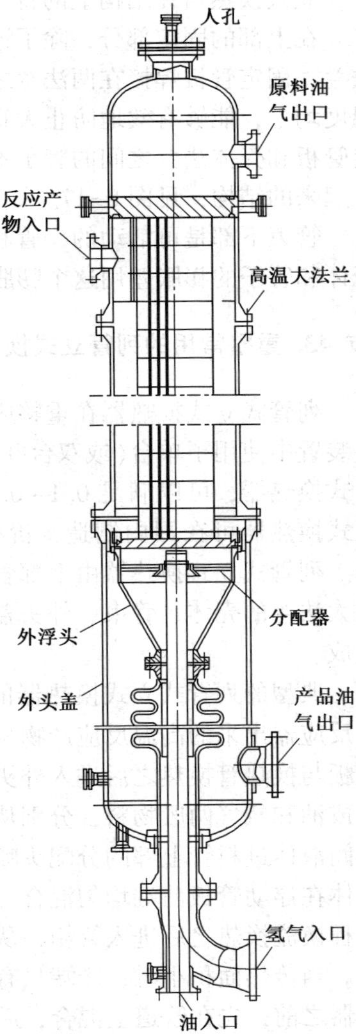

图 8-17　立式换热器

工程标准(CES)，管束悬挂在固定管板下面。一般是冷却或冷凝的流体向下流动，加热或汽化的流体在管程内向上流动。

立式换热器在结构上的特点是：

在上部的固定部分，除了连接头盖和管板的法兰，壳体也带法兰，固定管板焊接在两法兰之间的壳体上。这种结构法兰面的温度均一，能够有效地防止大直径壳体容易产生的泄漏。由于固定管板和壳体法兰之间的管子不能检修，也可用法兰把固定管板夹起来的结构，见图 8-17。

管束下部是可活动的，管程流体出口管和膨胀波纹管相连。壳体和管子的膨胀差用这个膨胀波纹管来调节。

☞ 43. 重整常用的列管立式换热器是怎样构成的？

列管式立式换热器在重整应用较多，已成功地在许多大型重整装置中使用了单台(或双台并联)的传热面积为 $320 \sim 3952m^2$ 的立式换热器，可以满足 $0.1 \sim 0.8Mt/a$ 重整装置的需要。列管式立式换热器可在国内制造，价格便宜，结构牢固可靠，可以维修。列管式立式换热器由上部管箱，上端固定管板，带有一对高温大法兰的壳体、管束、外头盖和带有膨胀节、分配器的外浮头组成。

典型的列管式立式换热器的结构见图 8-17，从重整最末一台反应器出来的高温反应产物从壳程上部进入，往下流经若干折流板与换热管换热之后进入外头盖，从产品油气出口流出。原料分成油和氢气两股物料，分别从油入口和氢气入口进入，油通过中间液体进料管上部的分配头喷出，氢气通过盘式分配器，两股流体在浮动管板前端均匀混合之后进入换热管内，一直上流，与壳程换流换热之后进入管箱，从原料油气出口进入第一重整加热炉。当传热面积小时，冷端只有一个开口，油和循环氢气进入换热器之前，先在管道上混合，后进入外浮头端，没有专用的油分配头，只有盘式分配器。

设计大型列管式立式换热器，除了要作两相流的传热计算外，还需解决好换热器的整体结构布置、预防振动、油气入口处的气液分配，热补偿和高温大法兰的结构及其密封等问题。

开工前应认真检查油入口分配头的安装是否正确，膨胀节的定位拉杆是否松开，此外还必须将油入口管线中的焊渣、泥沙等脏物彻底清除干净，以避免堵塞分配头小孔，产生大的压差，降低进料量，带来不均匀分配。

☞ 44. 折流板起什么作用？应如何安装？

为达到逆流换热，除管程采用多管程外，壳程借多折流板来配合趋向于逆流换热，以提高传热系数。图 8-18 给出两种常用的折流板形式：弓形和盘-环形。

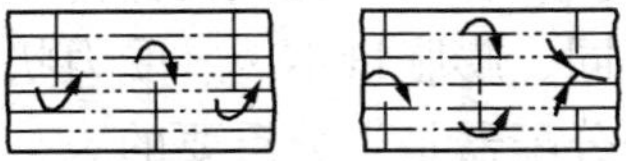

图 8-18　折流板形式

折流板间距 B 与换热器用途、壳程流体的流量、黏度压降有关，最小间距为 0.2D（壳体直径）或 50mm，最大间距不超过 D。板间距太小不利于制造和维修，流动阻力也大；板间距过大则接近纵向流动，传热效果差。经验表明最佳的板间距约为 $D/3$。一般参考上述原则按下列数据选用 B：100，150，200，300，450，600，800，1000mm。当换热器的挡板选定后，在检修更换换热器芯子时，折流板的挡板间距不能随便更换，以免影响传热效果。

壳程如加装纵向挡板，可使流速成倍地增加，但流动阻力增长更快，加上安装困难，一般尽量避免纵向挡板。横向折流板的板间距合理缩小后可使流速和流程加大，流动方向不断变更，使层流附面层减薄，从而增大膜传热系数。试验证明，加装横向折流板后雷诺数>100 即达湍流。因此，常使流率低、黏度大的流体通过壳程。壳程折流板常常造成流体旁路或泄漏影响传热和压降。图 8-19 给出弓形板的缺圆高对流动状况的影响。

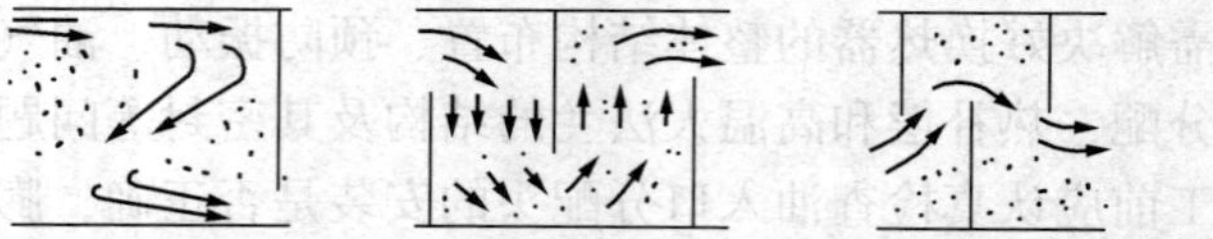

图 8-19　缺圆高及板间距对流动状况的影响

☞ 45. 为什么说设计好列管立式换热器分配器十分重要？有哪两种主要形式？

换热器传热效果的好坏，除整体结构布置、管束的长径比、折流板布局等因素外，每根换热管内的介质流量分配是否均匀，也是一项十分重要的因素，一旦有换热管内出现量少或无量的情况，换热管便降低或失去传热作用，同时出现各根管子的管壁温度不同、膨胀量不一、受力状况恶化的不利情况，因而设计一个好的分配器是十分重要的。

重整立式换热器中常用的分配器有两种形式，一是液体从中心管进入，在中心管的上端设置有沿圆周均匀分布若干小孔的分配头，液体以较高速度从孔中喷出。另一股为循环氢气，从氢气入口进入，通过开有若干小孔的盘式分配器，与从中心分配头喷出的液体均匀混合，然后在浮动管板端进入每根换热管内。另一种形式是油和循环氢气在进入换热器之前，先在管道上混合，从油气入口进入外浮头，通过盘式分配器，最后进入换热管内。前者适用于大负荷、后者适用于小负荷的换热器。

☞ 46. 管壳式换热器为什么要加防冲板或导流筒？

为防止壳程入口液流直接冲刷管束，避免冲蚀管束和造成震动，在入口处常常设置防冲板，缓冲壳程入口液流，其开孔数量与安装位置可按设计规定执行。其入口面积在任何情况下都不应小于接管的流通面积。但是上述结构往往造成一部分液流传热死区。近年来发展了导流筒形式的结构，它既能起到防冲板作用，又能引导流体垂直地流过管子端部，可更好地缓解管板处的传热死区，改善了传热。生产厂常常在出入口均装导流筒或防冲板，使用时应把出口导流筒或防冲板先拆除。

☞ 47. 如何判断冷换设备是浮头盖(垫片)漏还是小浮头漏？

冷换设备如果浮头盖(垫片)漏，轻微时冒烟、滴油，严重时漏油可成串，甚至着火。而小浮头(垫片)漏可从压力低的一侧油品变色判断。如果是冷却器，可从下水中带油确定。对于颜色相近的油品换热，则应采样分析判断。

☞ 48. 为什么开工时冷换系统要先冷后热地开？停工时又要先热后冷地停？

冷换系统的开工顺序，冷却器要先进冷水，换热器要先进冷油。这是由于先进热油会造成各部件热胀，后进冷介质会使各部件急剧收缩。这种温差应力可促使静密封点产生泄漏，故开工时不允许先进热油。反之，停工时要先停热油后停冷油，道理相同。

☞ 49. 大型列管立式换热器振动是怎样发生的？防振措施有哪些方法？

在管壳式换热器中，特别是在壳体直径较大、介质为气体的大型列管式立式换热器中，在壳程进口，折流板缺口和流体横流换热管时容易激起管子振动或声振动，导致换热管撞击折流板孔而被切断，换热管的疲劳破坏，高的噪音污染或增大壳程液体阻力降等。流体诱导振动的主要原因为：流体横向从管外绕过管子流动时产生的卡曼旋涡频率、紊流抖振主频率与管子最低固有频率之比大于0.5，或流体横流速度大于流体发生弹性不稳定时的临界横流速度时，可能会发生管束振动；卡曼旋涡频率或紊流抖振主频率与声音驻波频率之比在0.8~1.2范围内时，可能会发生声振动。在设计列管式立式换热器中，为降低壳程压降，需加大折流板间距，但大到一定程度时就会产生振动，这是不允许的。为解决振动问题，需采用折流板缺口处无换热管的折流板结构(NTIW 型)，并在两折流板之间设置 2~3 个支撑板，以减小换热管的无支撑长度，提高换热管的固有频率，消除振动。

防振措施：根据立式换热器的结构布置和工艺参数进行工艺计算，在满足工艺传热和压降要求的前提下，采用通用的传热计算程序初步核算，检查是否有发生振动的可能，若有，再用专用的防振动计算程序进行详细计算。若无相关计算程序，可参照 GB 151—1999《管壳式换热器》附录 E 管速振动进行校核，检查是否有导致上述发生振动的工况，若有，采取调整管子和折流板布置等相应的防振措施，再重新计算，还不能满足时，再在管束上设置与横流方向平行的纵向防振板，提高声频，消除振动。

☞ 50. 冷换设备在开工过程中为什么要热紧？

冷换设备的主体与附件用法兰、螺栓连接，垫片密封。由于它们之间材质不同，装置开工升温过程中，特别是超过 200℃(热油区)，各部分膨胀不均匀会造成法兰面松弛，材料的弹性模数下降，变形，机械强度下降，引起法兰产生局部过高的应力，产生塑性变形，弹力消失。此时，压力对渗透材料影响极大，或使垫片沿法兰面移动，造成泄漏。热紧的目的就在于消除法兰的松弛，以保证静密封效果。

☞ 51. 重整立式换热器高温大法兰为什么要下移？

一般说来，需要抽出管束进行检修的 U 型管式、浮头式或其他可抽芯的换热器，管板均放在两个法兰之间，而立式换热器则把管板和大法兰分开放在两处，管板放在上端，与壳体焊死固定，可拆卸法兰放在下端离开固定管板一段距离的壳体上。因为换热器壳体直径较大，温度较高时，为避免管箱大法兰和壳程大法兰与管板之间，由于温度不同，温差较大，产生膨胀量不一而导致法兰与管板连接处的密封垫泄漏，同时大法兰下移之后，还可适当降低大法兰的设计温度，减轻法兰重量。

☞ 52. 热膨胀在立式换热器中的补偿应如何考虑？

立式换热器的管束长达 21. 35m，管程进出口，壳程进出口以及管壳程的温差均较大，需要考虑由于管壳程温差产生的管束和壳体热膨胀量不同，并给予合适的补偿。根据工艺参数和传热计算，计算出换热管各段的管壁温度和相应的壳体壁温，确定管束和壳体的热膨胀差值，从而确定需要考虑的补偿量，选取下端的膨胀节。实际工程设计中，在确定膨胀节的补偿量时，还需考虑事故状态以及制造组装中存在的偏差，然后确定一个较大的补偿量。

☞ 53. 为什么说大型立式换热器中高温大法兰密封十分重要？有何好办法避免泄漏？

大型立式换热器的高温大法兰，内径已接近 2m，操作温度约 500℃，法兰密封是一大难题。换热器安装就位之后，一旦法兰泄漏，要从近 30m 高处抽出 20 多米长、重达五六十吨的管束来更换垫片，十分困难。因而设计者必须十分重视这对大法兰的每个细节，采取确保大法兰不泄漏的相应措施。从设计上对大法兰增加了一道唇形密封焊接结构，并对制造和检验提出了较为苛刻的要求，实践证明，采取这些措施后，取得了满意的效果。

☞ 54. 在立式换热器中的管束必须抽出吗？

传热面积为 3952m^2 的立式换热器，管束质量达 72t，占换热器总质量的 64%。换热管长度为 21. 35m，整台换热器安装就位后，要从上面把管束抽出来是一件很艰难的事。过去使用的立式换热器中，大多数管束都是可抽的，有利于制造厂组装和管板与壳体连接焊缝的检查。我国曾有过个别立式换热器，采用过没有上部那对高温大法兰，管束不能抽出的结构。从立式换热器在我国的使用情况来看，只有在高温大法兰发生泄漏时才需要拆开大法兰更换垫片，其他则没有必要拆卸这对大法兰。考虑到管壳程均走干净的汽油和氢气，一般不会因为管束受到腐蚀或结垢，需要抽出管束进行清洗，因此管束不一定要抽出。

☞ 55. 布置空冷器应注意些什么事项?

空冷器入口的空气温度，有时会高于实际气温。特别是在夏季，当出现这一情况时，空冷器的操作性能就会受到很大的影响。其原因，一个是由空冷器排出的热风有一部分被风机抽了回去，这个现象叫做热风循环。另一个原因是空冷器距离某些温度较高的设备太近。这两个原因中，前一个因素尤为重要。

为了减少或避免热风循环，在布置空冷器时应根据夏季主要风向合理地进行全装置的布置。最好不要把空冷器布置在大型设备或较高建筑物的下风处，否则影响空气流通。风机距离地面也不能太近，一般都放在平台或管架的上部。对于斜顶式空冷器如果布置不当，更容易引起热风循环。必须注意不要把斜顶空冷器的管束正对着主导风向，特别要考虑夏季的主要风向。

为了减少或避免受温度较高设备的影响，在布置上必须与加热炉、换热器、塔、罐及热油泵等有一定的距离，同时空冷器的下面不要布置温度较高的设备。

另外，为防止空冷器腐蚀、结垢及着火，在布置时注意在它的上风处不要有腐蚀性气体、粉尘及油气排出。

☞ 56. 空冷器型号中各符号表示的意义是什么?

例如：KRG　$9\times3-\frac{3100}{130}-16-2$

符号中：

KRG——空气冷却器汉语拼音字头；

9×3——长度×宽度，m；

$\frac{3100}{130}$——分子为翅片面积 m^2；分母为光管面积，m^2；

16——管内公称压力，$16kgf/cm^2$(1.6MPa)；

2——管程数。

☞ 57. 板式换热器在结构上有些什么特点？

板式换热器的示意图见图8-20，它由外壳和板束两大部件组成。板束由若干板片焊制而成，每块板片用约0.8mm厚不锈钢板冲压或爆炸成形并带有合适的流道。板片两侧各通一股流体（相当于壳程或管程），两股流体在板束的上下端汇集成进出两个通道并与进出口相连。壳体是用耐热抗氢钢制成的受压圆筒，在受压圆筒与板束间充满循环气体，以平衡板束压力，减低板束压差。重整最末一台反应器的油气从上部进入板束的一程，经换热后从下部流出，原料油和氢气两股物流分别从液体进口和循环气体进口进入，在下部均匀混合之后进入板束的另一程，与高温油气换热之后从上部流出。

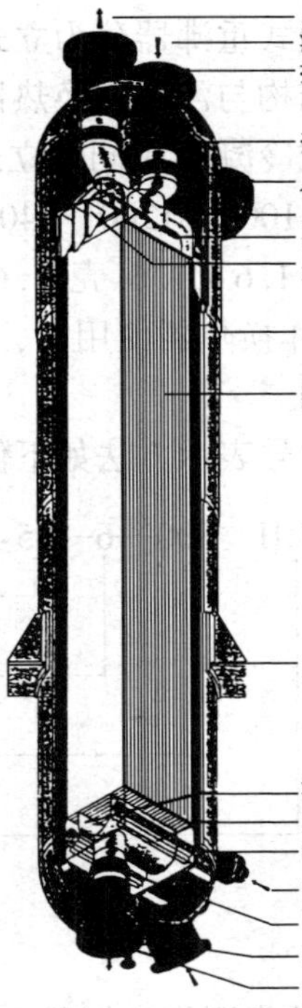

图8-20 PACKNOX焊板式换热器结构图

衡量换热器的好坏主要有两方面，一是热端温差（即热流入口温度与冷流出口温度之差），另一方面是管壳程压降总和（$\Sigma\Delta p$）。当然热端温差愈小，换热效果愈好，即冷流被加热的温度愈高，从而使下游的加热炉的负荷减少。冷流出口温度高，说明热流出口温度下降得多，使下游空冷器的热负荷降低，也减少空冷器的换热面积。因此热端温差的大小就意味着换热效率的高低。

焊板式换热器具有传热系数即传热效率高、体积小、重量轻、压力降小等优点（见表8-2），在重整装置，特别是连续重整装置中得到越来越广泛的应用，我国正在建设的连续重整大多都选用焊板式换热器作为重整进料与产物之间的换热器。

表 8-2　立式换热器与板式换热器的比较

项　目	板　式	管壳式(立式)
热端温差/℃	35~40	50~60
热流温度(入口/出口)/℃	474/104	474/124
冷流温度(入口/出口)/℃	94/434	94/414
总温差/℃	78	98

☞ 58. 热虹吸式重沸器有哪几种类型？标准型号如何表示？

热虹吸式重沸器分为立式和卧式两类。

立式结构与浮头式换热器相同，只是安装时应垂直安放；卧式与浮头式冷凝器相同。立式热虹吸式重沸器公称直径分 400、600、800、1000、1200、1400、1600、1800mm8 档；公称压力分 0.6、1.0、1.6、1.6 壳/1.6 管 MPa 4 个等级；设计温度为 200℃。当作换热器使用时，允许升温降压使用，与固定管板式换热器相同。

标准型号表示方法如下例说明。

GCH　800—6—35

- 35——加热面积，m^2
- 6——公称压力，MPa
- 800——壳体直径，mm
- GCH——立式热虹吸式重沸器代号

塔

☞ 59. 塔的类型如何划分？重整装置常用的分馏塔有哪些？

塔的类型有很多种，大致可以按以下三种方法划分：

（1）按用途及在工艺过程中的作用可以分为：分馏塔、吸收塔、解吸塔、抽提塔、汽提塔、稳定塔、水洗塔、干燥塔、吸附塔和再生塔等。

（2）按结构形式可以分为：板式塔、填料塔和转盘塔等。

（3）按压力可以分为：常压塔、减压塔和加压塔等。

在催化重整装置中应用最多的是各种分馏塔，也叫精馏塔。如原料预处理部分有预分馏塔、脱水塔；重整反应部分的稳定塔；芳烃抽提部分的脱戊烷塔、芳烃抽提塔、汽提塔、成品塔、再生塔、水汽提塔等；芳烃精馏系统的脱庚烷塔、苯塔、甲苯塔、二甲苯塔、邻二甲苯塔、对二甲苯塔、脱附塔、抽余液塔、抽提液塔等。

☞ 60. 分馏塔的结构是怎样构成的？

分馏塔包括塔体、头盖、支座、连接管、人孔、平台、塔顶破沫网、原料(溶剂或蒸汽)入口、塔底防涡器和塔壁保温层等构成，对板式塔，最重要的还是塔内安装的各种形式的塔板，它是构成分馏作用的核心部件。塔板由四个基本部分构成：

（1）每一块塔板都有一个特制的开孔——升气孔，可供下一层塔板上升的蒸气从中穿过，以便与塔板上的液层——上一层塔板流下来的液体进行汽液接触，进行两种交换过程：

① 热交换　上升的高温蒸气与流下来温度较低的液体接触，进行热交换。

② 质交换油、汽两相接触时，两相的分子互为扩散，进行质的交换，液相中低沸点组分汽化扩散到汽相，汽相中的重组分冷凝扩散到液相中。

（2）每一块塔板上有一定高度的溢流堰，以保证塔板上有足够厚的液层，因而关系到塔板的压力降和液体在塔板上的停留时间。常见的是齿形堰，高度通常为 40~50mm(常压塔和加压塔)或 20~25mm(减压塔)。

（3）每一块塔板上都有溢流管，供塔板上液体流向下一层。

溢流管有圆形和弓形两种，前者用于小塔径，后者用于大塔径。溢流管与下层塔板的距离必须保持一定数值，一方面要使液体顺利地流下，同时，还要起到液封的作用，以防上升的蒸气沿液流管通过，通常为20~40mm。

（4）塔板上要有足够的面积和特殊的结构，供蒸气与液体之间充分接触，以完成质量和热量的交换。

☞ 61. 常用的塔板有哪些类型？各有何特点？

常用的塔板有圆形泡帽塔板，槽形泡帽塔板、S形塔板、舌形塔板、浮阀塔板、浮动喷射塔板、筛板塔盘和网孔塔板等8种类型。

（1）圆型泡帽塔板　这是使用最早、历史最长的一种塔板。这种塔板操作稳定，不易发生“短路”和泄漏，有较高的精馏效率，但它压力降大，金属耗量大，造价高，处理能力偏低等缺点，目前基本被淘汰。

（2）槽形泡帽塔板　与圆形泡帽塔板相似，只是泡帽是长条半圆板形，升气管是由两条半圆长槽等距固定在支架上而形成。目前也基本被淘汰。

（3）S形塔板　它由钢板冲压成S形长条构件所组成，与泡帽塔板相近，现也基本被淘汰。

（4）舌形塔板　它是用薄钢板冲成舌形孔，舌片翘起与水平的塔板间有20°夹角，舌孔尺寸一般为25mm×25mm或50mm×50mm，塔板上只有降液管，没有溢流堰，因此，塔板压力降小，多用在减压塔。

（5）浮阀塔盘　浮阀塔盘大体分两大类：一类是盘状浮阀，一类是条状浮阀。

① 盘状浮阀：浮阀是圆盘片，塔板上开圆孔。在塔板上固定方法有三条支腿的F_1型和十字架形两种方法(见图8-21)。

② 条状浮阀：浮阀是带支腿的长条片，塔板上也开的是长条孔(见图8-22)。

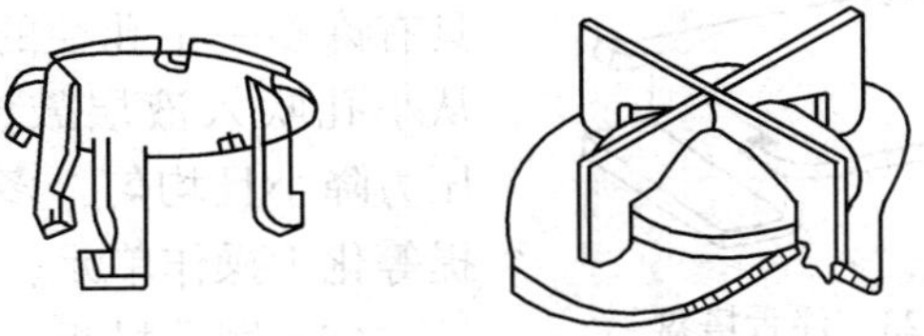

(a) F_1 型浮阀　　(b) 十字架型浮阀

图 8-21　盘状浮阀

F_1 型盘状浮阀已得到广泛应用，并已标准化，其型号表示方法如下：

F_1V—C(B)—32

——浮阀单重（32）

——表示材质：C 表示 1Cr18Ni9Ti，B 表示 1Cr13

——表示三爪浮阀（F_1）

F_1 型浮阀特点是阀片随上升蒸气被顶起，气体从阀片向水平喷出，与液体激烈搅拌，形成泡沫状进行热量与质量的接触交换，效果较好。此外，它还具有压力降较小、结构简单、安装方便和造价低等优点，因而得到广泛应用。

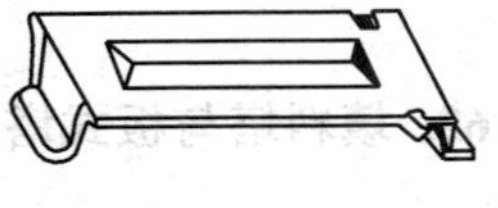

图 8-22　条状浮阀

（6）浮动喷射塔板　舌形塔板具有气流高速喷射，两相接触较好的特点，但当气流负荷变小时易泄漏，操作弹性小。浮阀塔板因浮阀开度可随气流负荷变化而自动调节，操作弹性大。为综合以上两个优点，加上筛板、网孔等新型塔板的启示，近年我国又开发出了浮动喷射塔板，成功应用的有浮舌塔板和浮动喷射塔板两种（见图 8-23、图8-24）。后者很适宜于减压塔，但在直径大、温度高的场合，浮动板有时变形或卡住，尚需改进。

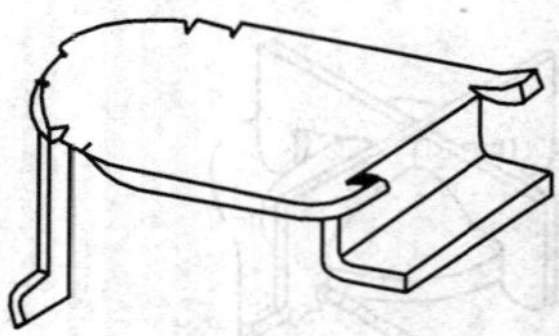

图 8-23　浮舌塔盘

(7) 筛板塔板　塔板上具有许多一定孔径的筛孔，气流从小孔吹入液层鼓泡，没拐弯，压力降小且均匀，多用于溶剂抽提等化工操作单元。

(8) 网孔塔板　它具有高负荷、低压力降的特点。塔板是用冲压成一定方向斜孔的金属薄板制成，斜孔与塔板平面夹角为 10°~60°，孔缝宽 2~5mm。塔板由若干块塔板组成。这种塔板的最大优点是生产能力大、压降小(比浮阀塔板低 30%~40%)，特别适用于减压塔。

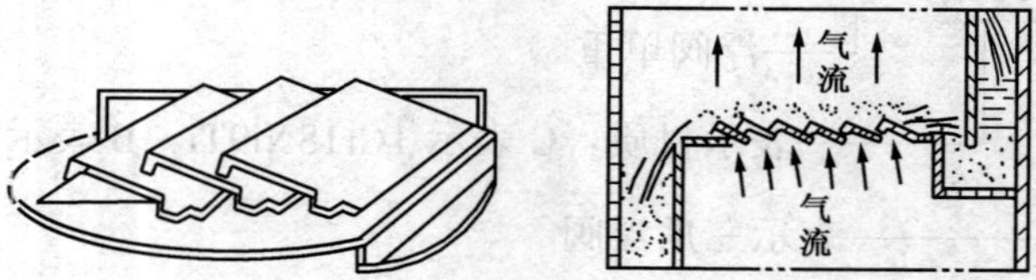

图 8-24　浮动喷射塔盘

☞ 62. 填料塔与板式塔有何不同？填料塔的结构是怎样的？

填料塔与板式塔不同，它不是由一层层塔板组成，而是由一段段填料构成(见图 8-25)。

填料塔与板式塔的传质方式不同，在填料塔中汽液两相是连续接触，而板式塔属于阶梯式接触。

填料塔由塔体、填料、液体分配器和填料支承板等部分组成，其中核心部件是填料。填料层是提供汽、液两相接触的场所，因而填料的结构性能直接关系到传质效果。目前炼油厂使用的填料有：拉西环填料、鲍尔环填料、鞍型填料、阶梯环填料和规整填料等。

液体分布器对填料塔也很重要，它直接影响填料表面利用率，常用的液体分布器有堰槽式和喷嘴式两种。喷嘴的数量以喷淋到填料上的液体覆盖面积为准，塔径越大喷嘴越多。

填料支承板，随着高效填料的发展，需要更先进的支承盘，常用的支承板有开有小圆孔的平板式支承板和开有长圆孔的槽形条板组合成的喷射支承板两种。目前，由于后者的优良性能，已完全取代了前者。

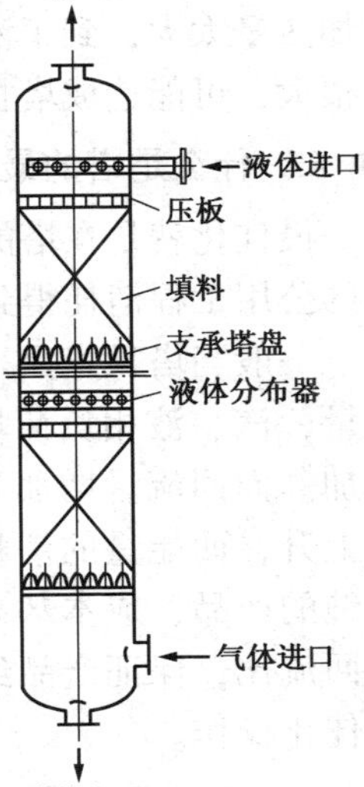

图 8-25　填料塔示意图

☞ 63. 在板式塔中各种不同形式的塔板的应用条件是怎样的？

各种不同形式的塔板具有各自的优缺点，因而各有不同的适宜应用条件，具体情况列于表 8-3 中。

表 8-3　常用塔盘形式的比较

塔板形式	相对处理能力	相对效率（负荷为允许的85%）	最适宜工作区（许可最大与最小负荷的比值）	塔板压力降/Pa	相对钢材用量	
					碳　钢	合金钢
圆形泡帽	1.0	1	3~4	700~1000	1.0	1.4
S　型	1.2	1	2~3.5	700~1000	0.6	1.0
浮　阀	1.2	1~1.1	~3.5	500~800	0.65	1.0
舌　形	1.2~1.4	0.8~0.9	2~2.5	200~500	0.5	0.85
浮动喷射型	1.2~1.4	0.8~0.9	~3.5	150~400	0.5	—

☞ 64. 塔的升温速度多少为宜？为什么不宜太快？

一般按 20℃/h 左右为宜。

升温速度太快，管道设备膨胀太快，易损坏，升温太快也就是加热量太大，到了液体沸点，如突然汽化，上升蒸气量瞬间变得很大，可能造成塔板的冲击，引起损伤性事故。

☞ 65. 什么是塔的最佳化操作？怎样使塔的操作最佳化？

最佳化就是在塔的负荷满足要求、产品合格的前提下，用最小的公用工程消耗得到所需的合格产品。

一般当塔顶产品不合格时，用加大回流来补救，但加大回流量，汽、液相负荷均增加，再沸量也要加大，能量消耗就要增加。而回流量增加到一定程度，产品纯度上升很少，甚至不再上升，而能量的消耗却增加很多。这种操作状态，虽然得到较纯的产品，成本却高得多，不是最佳状态。应该正确选择最佳回流比，保证产品纯度合格，同时使能量消耗最少，这才是最佳化操作。

反应、再生设备

☞ 66. 预加氢反应器里都发生哪些反应？内部结构是怎样构成的？

在预加氢精制反应器中可发生脱硫（硫化物转化成 H_2S）、脱氮（转化成 NH_3）、脱氧（转化成 H_2O）、脱金属、脱氯化物和烯烃饱和反应。在脱砷反应器中，原料油中的砷与催化剂（如钼镍催化剂或专用的脱砷剂）接触，转化成不同的金属砷化物（如NiAs）留在催化剂中而被脱除。在脱氯反应器中，氯化物与脱氯剂反应生成氯盐而被脱除。

随着我国炼制含硫原油的日益增多，在作为重整原料的直馏石脑油或焦化石脑油中，硫含量越来越高，在反应器中生成的 H_2S 含量也随之提高，这就加重了设备的腐蚀，因而目前所建重整装置的预加氢反应器，主体材质基本上采用以 Cr-Mo 钢为基材的不锈钢复合钢板。它们的内部结构大体相同，基本上都是轴向反应器。入口处装有进料分配器，床层上部通常设有去垢篮，催化剂床层上下均装填不同规格的瓷球，出口处装有出口收集器等，如图8-26所示。

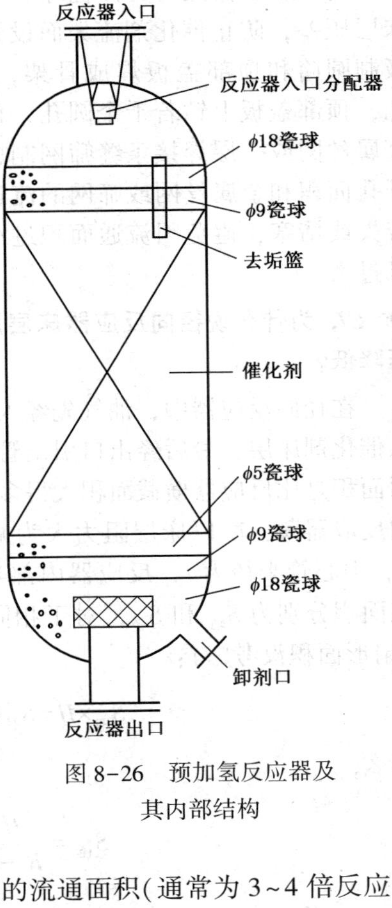

图8-26　预加氢反应器及其内部结构

进料分配器的作用是把进料均匀地分配到整个床层上并避免进料直接冲刷催化剂床层。预加氢反应器进料为气态，在设计进料分配器时，考虑的主要问题是如何防止气流冲刷催化剂床层，避免床层中形成中间高四周低或四周高中间低的现象，达到床层上表面平整的目的。

进料中常常含有污垢、杂质或腐蚀产物，这些微粒会浮盖在床层上表面，堵塞油气通道，增加床层压降，严重时造成停车事故。去垢篮的作用是增加油气进入床层的流通面积(通常为3~4倍反应器内径的横截面积)和提供储存一定污垢的容积，允许积存一定量的脏物而不至于堵塞通道，导致床层压降增加，因而延长了反应器的操作周期。去垢篮通常采用焊接条缝筛网(约翰逊网)或金属丝网制成直径ϕ130mm或ϕ160mm、长400mm或600mm的若干个圆筒形篮子，均匀等间距地布置在各个同心圆上，放在催化剂床层的顶部，埋在瓷球之中。

出口收集器是为支撑瓷球、承受催化剂净重产生的压头和床层压差，防止催化剂流失而设置的。出口收集器可用一块钢板制圆筒和顶部盖板焊成骨架，在圆筒的周边开若干长条形孔，顶部盖板上钻若干个圆孔，在骨架外面包上一层(或两层)金属丝网或一层焊接条缝筛网制成。出口收集器需选择合适的开孔面积和金属丝网或筛网的流通尺寸和面积，以避免催化剂流失或堵塞，避免因流通面积过小、阻力过大而造成反应器压降过大。

☞ 67. 为什么说径向反应器床层压降比相同容积的轴向反应器压降低？

在径向反应器中，油气先经入口分配器，再经各扇形筒后进入催化剂床层，最后经出口引出管流出反应器。这样，油气的流通面积是比反应器横截面积大得多的环形通道。床层厚度也比轴向反应器薄，所以床层阻力大为减低。假设催化剂床层高度为 H，中心管半径为 r，反应器内部半径为 R，轴向和径向平均流通面积分别为 $S_{轴}$ 和 $S_{径}$，对于相同体积的反应器则有如下关系(扇形面积没考虑)：

$$S_{轴} \times H = S_{径}(R-r)$$

那么，

$$S_{径} = \frac{H}{R-r} S_{轴}$$

式中，$\frac{H}{R-r}$值均大于1，所以 $S_{径} > S_{轴}$，即径向流通面积大于轴向流通面积。

☞ 68. 现代重整装置为什么都采用径向反应器？固定床径向反应器内部结构是怎样构成的？

催化剂装填量较少的半再生重整装置中，反应器床层高度较低，通常采用内件结构简单制造安装容易的轴向反应器。随着装置规模从早期的 0.1～0.2Mt/a，逐步扩大到目前的 0.3～0.8 Mt/a甚至到 2.2Mt/a，重整反应器需要装填的催化剂越来越多，重整反应器的直径(或容积)越来越大，床层越来越高，特别是第三、第四反应器的直径更大，床层更高；另外，随着重整反应压力的降低，要求反应器(和系统)的压力降要小；第三，从重整油气与催化剂的反应特征来看，油气通过催化剂床层的流通路径无需太长，便可满足反应要求，从而在现代重整装置中大量采用径向反应器。固定床径向反应器(见图 8-27)内件有进料分配器、中心管、活动帽罩和扇形筒等。催化剂装填在中心管和扇形筒之间的环形空间，床层上面装填瓷球或废催化剂，床层下面装填瓷球，油气从上部入口经进料分配器进入，通过四周扇形筒径向流经催化剂床层，与催化剂发生反应后进入中心管，最后从中心管下部流出。连续重整(移动床)均采用径向反应器，设有催化剂入口、中心管、扇形筒(或外筛网和套筒)、催化剂出口等。油气从上部(或侧面)入口进入，通过四周扇形筒(或外筛网)径向流经催化剂床层，与催化剂发生反应后进入中心管，最后从中心管下部或上部流出。催化剂从上部催化剂入口进入，通过催化剂床层，由下部催化剂出口流出。

固定床径向反应器按照外壁冷、热温度不同，有热壁(筒体用合金钢，外保温)和冷壁反应器(筒体用碳钢制造，内衬白钢套筒)两种。按照筒体内分气管和帽罩型的不同，有三种不同典型结构(见图 8-27)

☞ 69. 径向反应器中心管的结构是怎样构成的？外包丝网有何缺点？如何解决？

在催化重整装置，虽然有各种各样的径向反应器，但是，各种形式的径向反应器都有一根中心管，它由开孔圆筒、外网(外包金属丝网或焊接条缝筛网)和上下连接件(吊耳、盖板、支承座等)组成。内部开孔圆筒通常用 6mm 厚的不锈钢板卷焊而成，承受催

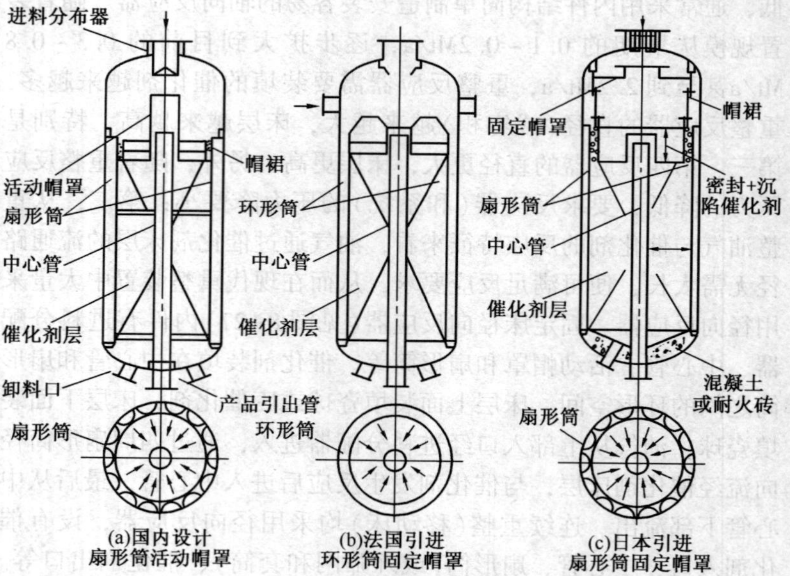

图 8-27　径向反应器示意图

化剂床层压差和催化剂的堆积质量产生的静压头。内部圆筒根据工艺要求开设一定面积的小孔，气流通过小孔时产生一定的压降，孔的大小、数量和布置是实现油气在催化剂床层中流动是否均匀、反应效果好坏的关键。对固定床重整反应器，中心管开孔圆筒外可以包金属丝网，也可以包焊接条缝筛网，主要目的是防止催化剂从中心管中流失。早期的中心管都是外包金属丝网，它制作简单，价格便宜，但强度低、易堵塞、易损坏、催化剂易流失。鉴于国内生产焊接条缝筛网的技术已经过关，中心管开孔圆筒外已基本不再包金属丝网，而用一层焊接条缝筛网来代替。特别是连续重整反应器，中心管外必须包焊接条缝筛网，因为金属丝网除了上述弊病之外，还存在催化剂在床层中流动不畅、易磨损和易堵塞等缺点。采用外包焊接条缝筛网时，需注意焊接条缝筛网的缝隙(或开孔)方向必须与催化剂的流动方向一致，以减少催化剂的堵塞和磨损。另外，焊接条缝筛网的支撑杆必须与内部开孔圆筒上的小孔相互错开，不得挡住内筒上的小孔。

在重叠式连续重整反应器最末一台反应器的中心管上，焊接条缝筛网与内部开孔圆筒之间还增加了一层 1.2mm 厚的冲满长条形孔的冲孔板，以防止一旦焊接条缝筛网损坏时，避免催化剂从最末一台反应器的中心管经油气出口流进压缩机或产品中。此时，在确定中心管内部开孔圆筒上的开孔面积时，应考虑由于被中间冲孔板和焊接条缝筛网的双层遮挡而要相应加大。

☞ 70. 并列式移动床径向反应器是怎样构成的？有什么特点？

通常，并列式移动床径向反应器（见图8-28）上下各有 12 根密封料腿和上下部料斗相连。反应器内装有用约翰逊网制成的环形外套筒，它具有大开孔率、高强度光滑表面和防止催化剂堵塞的作用。

反应器中心管外部也有一层这样的约翰逊网。中心管和筛网用不锈钢，筒体通常为 2¼CrlMo 合金钢。

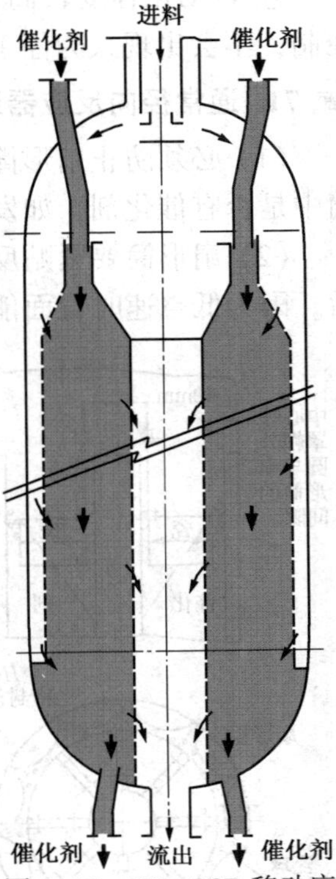

图 8-28　IFP-CCR 移动床径向反应器结构

第二代 IFP-CCR 平行并列式移动床反应器的基本特点是：

① 低压操作，氢油摩尔比低，催化剂再生频率高，再配合高选择性催化剂，导致整个系统的总选择性较好。

② 催化剂连续循环，循环量通过提升罐得到精确控制，催化剂颗粒流动平稳，磨损少，消耗量相对降低。

③ 催化剂反应再生系统设计更趋合理(详细情况将在下一章讨论)，操作费用和公用工程减少，环境污染减轻。

④ 反应器系统受力小，器内催化剂床层薄可完全消除“阻塞效应”，可应用 4 台反应器，平均温度低，因而可减低催化剂的失活率。

⑤ 设专用氮气密封循环来提升再生段与反应段催化剂，并采用闭锁式料斗，安全可靠。

⑥ 自动化程度较高，催化剂的循环过程由在线自动化系统控制，不会出现人为停工现象。

☞ 71. 通常径向反应器装填催化剂时，对扇形筒有些什么要求？

(1) 必须防止扇形筒内充满催化剂，每次装完后应检查扇形筒中是否有催化剂，如发现有催化剂必须清除。

(2) 扇形筒要紧贴反应器内壁，以防催化剂自由地迁移到背后。因为低空速时背面能出现剧烈的加氢裂化反应，产生焦炭，再生时产生的高温可将反应器内件烧坏。

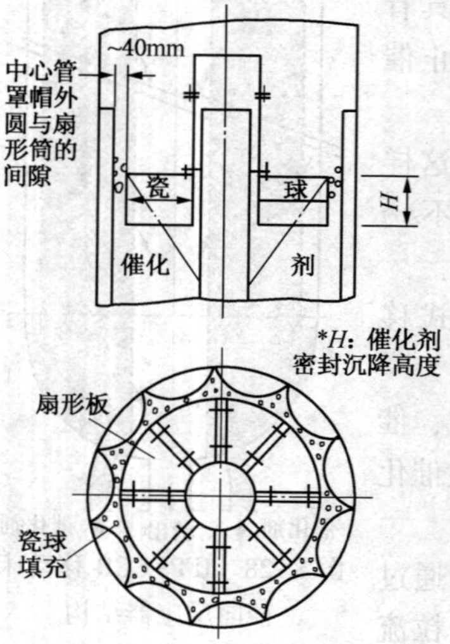

图 8-29　活动式中心管罩帽

☞ 72. 径向反应器中心管罩帽的作用是什么？活动式罩帽的结构是怎样构成的？有何缺点？如何改进？

中心管罩帽是防止油气走短路的构件。

罩帽下端埋入催化剂床层，罩帽的高度应根据不同的催化剂装入量和沉降高度来设计。

为满足催化剂装料量变化，罩帽通常采用活动式罩帽，其结构见图 8-29。

这种罩帽的缺点是设备空间利用率低，多余的空间使反应油气在高温区停留时间加长，易产生副反应；此外由于该种罩帽结构比较复杂，在窄小的空间里安装几十个螺栓很不方便。改进的方法是应设计灵活简便的能够达到密封高度和沉降高度要求的新型罩帽。

☞ 73. 国产移动床四合一重叠式反应器是怎样构成的？有哪些主要的技术突破？

荀家福在2001年中国石油学会第四届石油炼制学术年会论文集中详细地介绍了我国自主开发的四合一重叠式反应器。

从国外连续重整技术发展及应用趋势来看，UOP专利技术反应在设备上的特点之一是采用了四合一重叠式反应器(见图8-30)。该反应器的内部结构复杂，装配精度高，公差要求严，是目前炼油厂中难度大、制造要求高的设备之一。

十多年以前，中国石化工程建设公司和相关单位克服了诸多困难，成功地将这种反应器投入了工业化应用。其主要的技术突破点在于：

(1) 解决了开口接管的加工。重整反应器设计压力0.78MPa，设计温度549℃，每台四重叠式反应器有8个*DN*550油气进出口和4个*DN*600人孔。这些开口均位于锥形壳体上，且油气出口管线与四合一加热炉相连，温度高，外部推力大，受力变化复杂。UOP要求这些大型开口必须采用整体翻边对接补强。这种开口补强的难度有三：一是开口均在锥形段，每个锥段的锥度均不一样；二是锥体厚度只有36mm；三是开口接管的口径大，*DN*550mm至*DN*600mm。因此接管外边缘为一个不规则的马鞍形，品种种类多，加工难度大，需要采用一种专用的加工机床和特殊的加工方法才能保证外边缘的加工精度和补强元件与壳体的平滑对接，确保焊接质量。在此之前，国内还未曾见过用机械加工这样大型的马鞍形接管的先例，从而需要技术攻关，解决

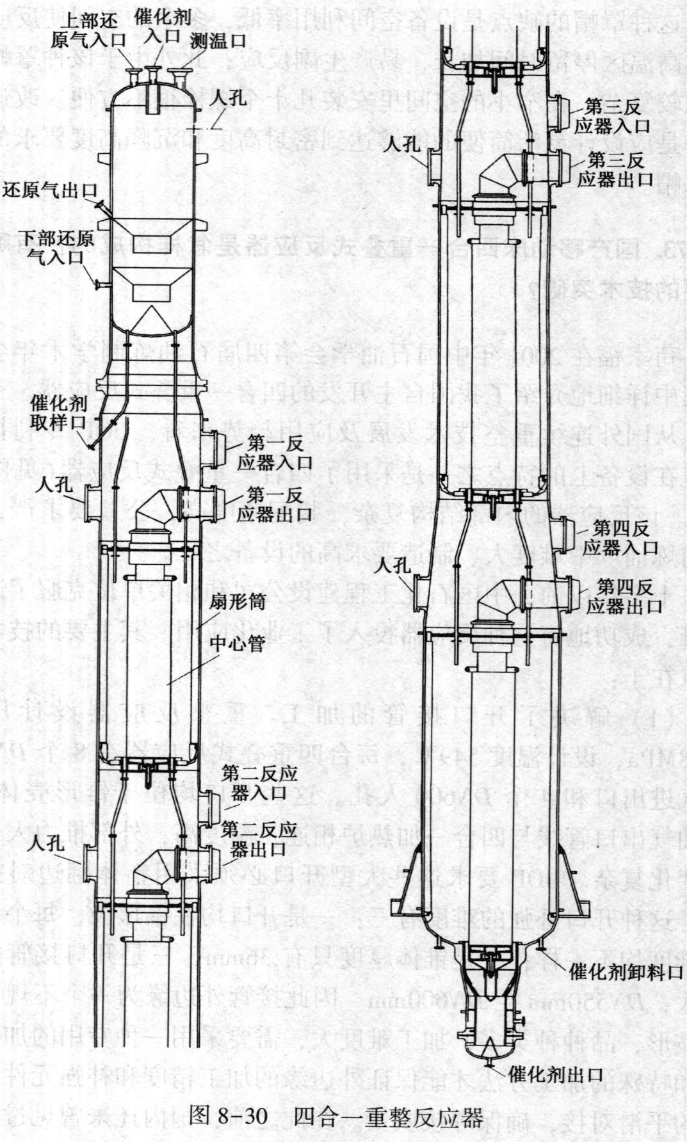

图 8-30　四合一重整反应器

加工工艺难题。

(2) 解决了反应器的垂直度、同心度与圆度。从操作上来讲每台反应器都有自己的油气进出口，完成各自的反应，形成一个独立的单体反应器，但又用催化剂输送管紧密地连起来，构成一个四重叠式反应器整体。催化剂从顶部的还原段向下流动，经第一反应器、第二反应器、第三反应器至第四反应器流出，形成一个流动的催化剂床层。

欲实现在反应器床层中油气的均匀分配，除了控制扇形筒和中心管的结构尺寸及其开孔率外，还必须控制催化剂床层厚度的均匀性，保持油气在催化剂床层中的压降均衡。为此对反应器壳体的椭圆度和中心管的垂直度提出了严格的要求。如果壳体的椭圆度过大，中心管的垂直度又不好，势必造成催化剂床层厚度相差较大，油气经过催化剂床层时压降不等，流量也就不同，最终影响反应效果。另外，反应器的中心管与油气出口通过一个用 Lncoloy 800 材料制成的膨胀节相连，为改善膨胀节的受力情况，需要限制一定的横向位移，相应的中心管安装后的顶部偏移量也要加以同样的限制。也就是说对中心管本身的垂直度、中心管支承座的水平度等均要加以相应地限制，才能满足中心管顶部偏移量的要求。

反应器在 500℃ 多的高温下操作，壳体材料为 1.25Cr0.5MoSi，扇形筒材料为 0Cr18Ni10Ti，反应器壳体和扇形筒具有较大的膨胀差，扇形筒在反应器内安装以后，要用多个膨胀圈来定位，UOP 要求膨胀圈与每个扇形筒均应接触，又不能过紧，以防扇形筒被卡死而不能动，导致扇形筒破坏，为此对壳体的圆度提出了较为严格的要求。

反应器总高近 40m，直径 2600mm，壁厚仅 36mm，需要裙座支承。裙座与筒体相连处采用 Cr-Mo 钢堆焊结构，在焊接时需要采取防止壳体变形和保证圆度要求的措施。

(3) 解决了扇形筒的加工。UOP 对扇形筒的设计和加工制造有专门的要求，同时，在现场安装扇形筒等内件时，UOP 公司将派遣专家到现场检查、确认，如达不到 UOP 的要求，将要反修或更换，直至达到他们的要求才能签字确认，准予投用。其难点在于：

几何形状。在技术要求中明确提出，扇形筒环焊缝接头处任意一点的最大错边不得大于 0.6mm，扇形筒在整个长度上的直线度偏差值(包括扇形筒上所有圆弧和焊缝在内)不得大于 5mm，扇形筒整个长度上的扭曲度应小于 5mm。扇形筒是一个壁厚仅 1.2mm，当量直径约 100mm，长度达 10m 的管状扁平的刚度很小的零件，要达到上述要求，难度是非常大的；

间隙与公差小。升气管和密封板四周的间隙及公差均为 0.72±0.1mm，难度大；

精度高。这台反应器有 100 根扇形筒，总共需冲 280 多万个 (12.5±0.13mm)×(1.02±0.05mm) 的长圆孔，孔间距为 3.18±0.13mm，加工难度大。

（4）重整催化剂十分昂贵，表面粗糙易加剧催化剂的磨损，因此要求所有与催化剂接触的焊缝都要光滑平整。最后一台反应器出口结构复杂，要求精度高。必需采用特殊的制造工艺保证结构尺寸和公差要求。

☞ 74. 第三代 IFP/Axens -CCR(Regen C)催化剂再生器是怎样构成的？

图 8-31 是第三代 IFP/Axens -CCR催化剂再生器的结构示意图。催化剂从顶部入口进入缓冲区，然后经催化剂输送管进入再生器内完成烧焦、氧氯化和干燥。在主烧焦区的一段烧焦气入口通入含有一定量空气的高温再生气，进入两隔板之间的空间，下流到外筛网与器壁之间，径向进入催化剂床层，烧去催化剂上的积炭，燃烧之后的再生气进入中心管向下流动，从一段烧焦气出口排出。在第二段烧焦区，二段烧焦气从二段烧焦气入口进入下

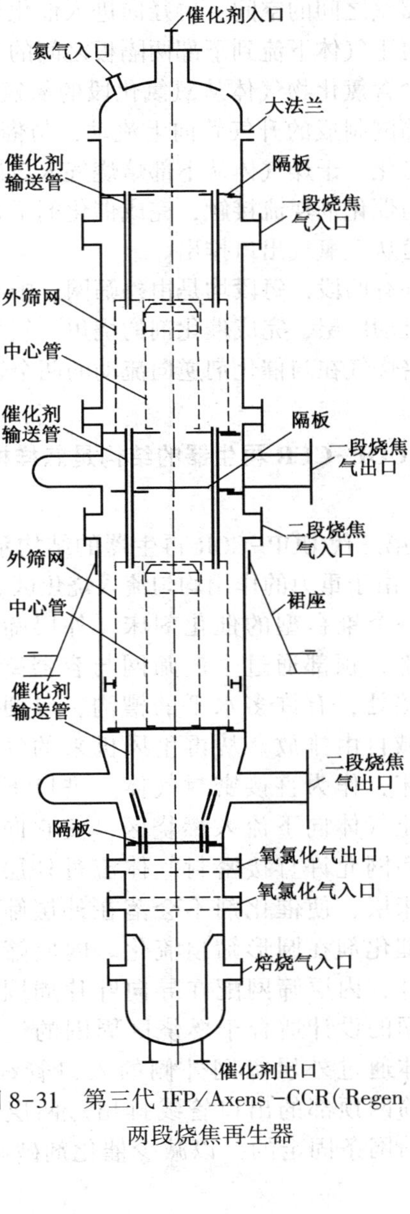

图 8-31　第三代 IFP/Axens -CCR(Regen C)
两段烧焦再生器

一个外筛网与器壁之间的空间，再径向进入催化剂床层，完成最终烧焦，之后再生气体下流到下部两隔板之间的空间，从二段烧焦气出口流出。含氯化物气体从氧氯化段的氧氯化气入口进入，经由焊接条缝筛网制成的升气管向上流动，与催化剂逆流接触，完成催化剂的氯化。干燥气体从下部焙烧气入口进入，之后翻转向上流动，也与催化剂逆流接触，完成催化剂干燥。干燥气与氧氯化气混合一道从氧氯气出口排出。

烧焦区内件有两段，每段均是由外筛网、中心管、盖板和底板构成的径向流动床层，完成催化剂的烧焦。氧氯化和干燥分别是氧氯化气和焙烧气在与催化剂逆向流动的两个轴向床层中，完成氯化和干燥。

☞ 75. 第三代 UOP-CCR 再生器的结构是怎样构成的？各部分有何作用？

图 8-32 是第三代 UOP-CCR 再生器的结构示意图。催化剂进入再生器顶，由于重力的作用均匀流入烧焦区。

烧焦区是一个锥台型的催化剂床。外层筛网焊接在再生器容器壁的底部，顶部通过金属筛网与容器壁相连。在外层筛网底部的连接处，有许多水平的槽沟，以便于气体在外层筛随后面的区域自由排放。从再生风机来的气流从外层筛网顶进入催化剂床，作为直接密封气体。进口下方有一个密封的圆形扳，防止气体向下流入燃烧区，使它向上流动。外层筛网顶的金属筛网允许直接密封气体流过外层筛网顶，从顶部进入催化剂床层，使催化剂不会落在外层筛网后面。密封气流用于防止催化剂在圆形筛顶流化。内层筛网顶连接到再生器顶。在底部，内层筛网配在导向叶片周围，以防止横向流动。内层筛网的设计适合于燃烧区周围的气流均匀流动和焦炭燃烧。气体通过外层筛网外侧的入口管线进入烧焦区，且气体通过内筛网顶部的出口管线排出。两层筛网是专门用平滑、竖直的筛网条固定的，以减少催化剂破碎和堵塞。

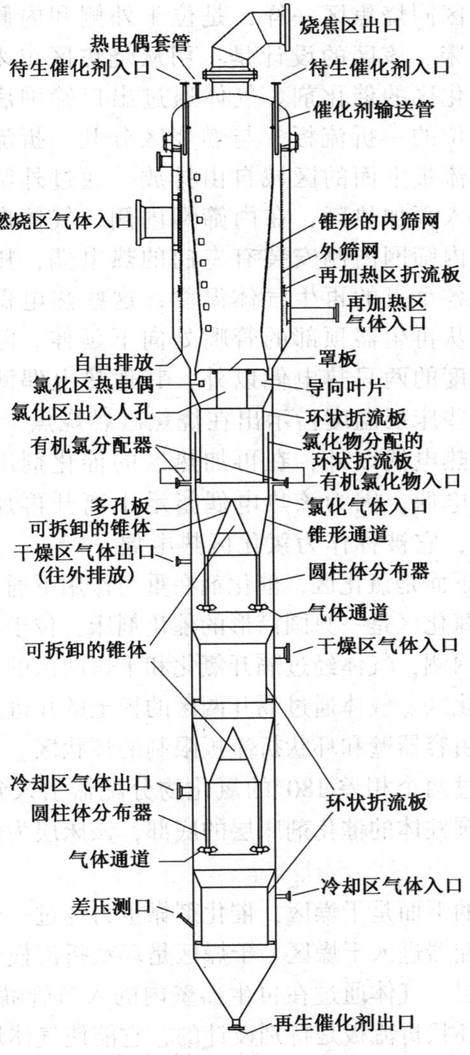

图 8-32　第三代 UOP-CCR 再生器结构示意图

烧焦区下方是再加热区，催化剂受重力作用流入再加热区。再加热区同烧焦区一样，是位于外侧和内侧筛网之间的环状催化剂床。该区的设计是：用从烧焦区出来的热气，预加热进入氯化区的催化剂。气体通过出口筛网底部外侧或底部附近处定位的一折流板，与燃烧区分开。折流板有许多小孔，以让折流板上面的区域自由排放。通过外筛网的入口管嘴，气体进入再加热区，在内筛网内侧，气体向上排出，进入烧焦区。内筛网内侧安装有专门的热电偶，用来测量在催化剂床层下各个点的再生气体温度，这些热电偶在热电偶套管内，它是从再生器顶部的管嘴处向下延伸。除了用来测量再加热区温度的两只热电偶以外，其他热电偶测量烧焦区中的温度。这些床层温度指示出在烧焦区燃烧焦炭的变化情况。除了上述的热电偶以外，在再加热区的催化剂出口处设置单独的一只热电偶。因为该热电偶指示出离开再加热区的气体温度，所以，它被称作为氯化区热电偶。

筛网的下面是氯化区，催化剂在重力作用下通过导向叶片进入氯化区。氯化区是一只圆筒形的催化剂床，位于再生器壁的环状折流板的内侧，气体经过隔开氯化和干燥两区的多孔板，从干燥区进入氯化区。气体通过隔开两区的板上的孔进入氯化区。气体首先进入由容器壁和环状折流板限制的环状区。在这点上，有机氯化物通过两个相差 180°的氯化物分配器引入到气体中。然后气体进入圆柱体的催化剂床层的底部，该床层为催化剂氯化作用发生处。

氯化区的下面是干燥区，催化剂靠重力经过一个圆锥形的漏斗和一个分配器进入干燥区。干燥区是环状折流板内的一圆柱体的催化剂床层。气体通过在再生器壁内的入口管嘴进入干燥区，用于干燥的环状折流板是特别设计的，它能使气体均匀地沿折流板外面流下后再向上流经催化剂床层。气体通过催化剂床层上面的再生器壁中的干燥空气出口管排出干燥区，以及经过把干燥区与氯化区隔开的板上的孔(前面提及的多孔板)排出。其中，一个干燥区的气体出口又是通向氯化区的入口，在氯化区有机氯化物喷注入干燥气体中，且进入氯化区。其他的干燥区气体出口管嘴是一个排放口，用来经过一控制阀把再生器的过多干燥气体排出。通向干燥区的圆柱体分布器通过气体通道贯通到四个位置。这些通道使得由分布器封住的区域与分布器外侧的区域之间便于进行气体流通。

干燥区下面是冷却区，催化剂在重力作用下经过一锥形漏斗和分配器流入冷却区。冷却区是在环状折流板内的一个圆柱体的催化剂床层。气体通过再生器壁中的管嘴进入冷却区，用于冷却的环状折流板是特别设计的，它能使气体均匀地沿折流板外面流下后再向上流经催化剂床层。气体经过催化剂层上面的再生器壁上的冷却气体出口管嘴排出区域，与来自空气干燥器的空气一起，通向空气加热器以供给干燥区。通向冷却区的圆柱形分布器通过通道贯通到四个位置。这些通道使得由分布器封住的区域与分布器外侧的区域进行气体流通，保持气体平衡。

☞ 76. 第三代 UOP-CCR 分离料斗的结构是怎样构成的?

第三代 UOP-CCR 的分离料斗(见图 8-33)是筒形容器，顶部中心配有一根向下的淘析管(图 8-34 为淘析管及作用过程图)。待生催化剂提升管线进入淘析管侧面，向下弯曲，是一段开口接管。催化剂和提升气从提升管线进入，接着向下流入淘析管的中心，淘析气流过分离料斗内侧向上流过淘析管。催化剂的碎屑、粉尘将被气体夹带出淘析管顶部。整粒的催化剂则沉降到分离料斗底部。这儿是再生器待生催化剂的缓冲存放区。整粒的催化剂通过出口管嘴和相关的输送接管流出分离料斗。

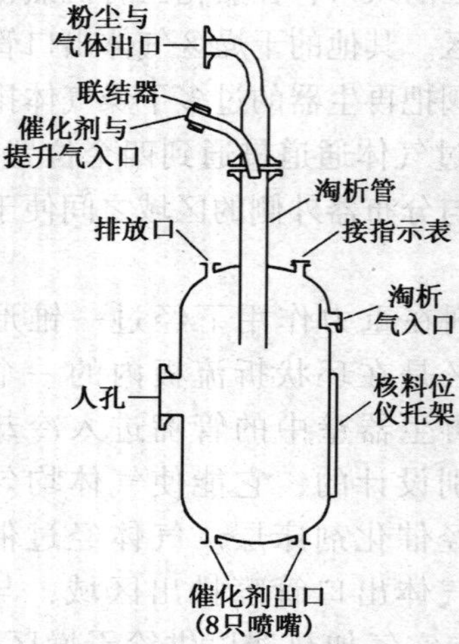

图 8-33 分离料斗简图

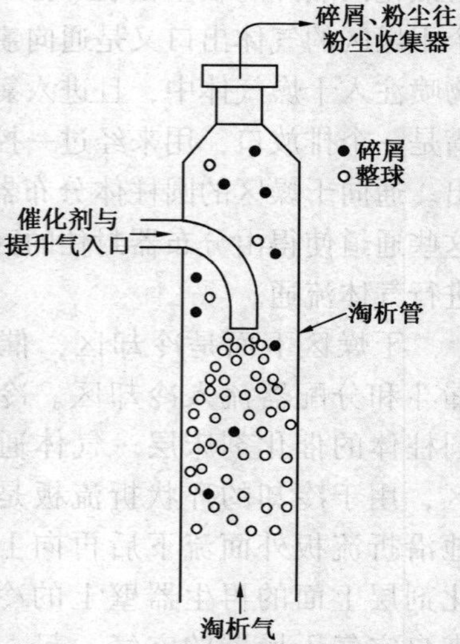

图 8-34 淘析管及作用过程图

分离料斗的大小是由开工期间来自反应器过量的催化剂量决定的，这种过量情况是由于催化剂循环开始后气体介质进入所造成的催化剂床层密度变化引起的。核料位仪安装在容器的外侧用以指示催化剂的料位。为方便核料位仪的原始校验和后续的再校验，还配置有一只计量接管。

分离料斗设有一个人孔，必要时可进入检查、清理及施工。

☞ 77. 第三代 UOP-CCR 再生器中各区的介质控制流程是怎样构成的？

(1)燃烧区/再加热区(见图 8-35)

催化剂上焦炭的燃烧，在再生器顶部的燃烧区中进行。催化剂进入再生器后向下流动，进入一个垂直圆柱形外部筛网和一个向内收缩的内部筛网之间。带有低氧含量的高温再生气体在催化剂床层由外向内发散。随着催化剂向下移动，烧焦不断进行。当催化剂离开燃烧区时烧焦应完成。高温燃烧气体同来自氯化段向

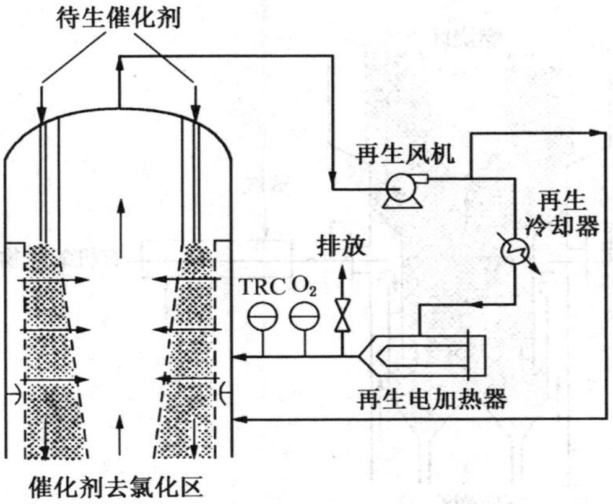

图 8-35　CYCLEMAX 再生器燃烧区/再加热区的工艺流程示意图

上流动的气体相混合，该富氧的氯化气体为烧焦提供了氧气。混合后气体流回到再生风机。该风机使这些气体通过燃烧区管线回路再循环。再生冷却器除去烧焦产生的热量。如果管线中的热损失大于燃烧热量，那么再生电加热器就用来加热气体使之达到合适的入口温度。氧分析仪控制燃烧区入口的氧含量。燃烧产物在再生器入口排放，到下游的氯化物洗涤设备中进行处理。催化剂离开燃烧区后，进入再加热区。在该区域，催化剂同来自再生风机排出的高温燃烧气体快速接触。该区域的目的是提高催化剂的温度，使之满足氯化区的要求。再加热气体的流量通常是再生气体总流量的 10%。由于焦炭燃烧受氧扩散限制，为防止未燃的焦炭下移，该再加热区也提供了附加的停留时间。

(2)氯化区(见图 8-36)

氯化区处于燃烧区/再加热区之下。催化剂进入后，向下流入一个环状折流板圈定的圆柱形床层。来自下部干燥区的热空气向上流动，进入环状折流板之后的区域，在此位置气化的有机氯化物通过分配顺利进入气体中。然后氯化气体向上流动，通过催化剂床层，然后进入燃烧区。

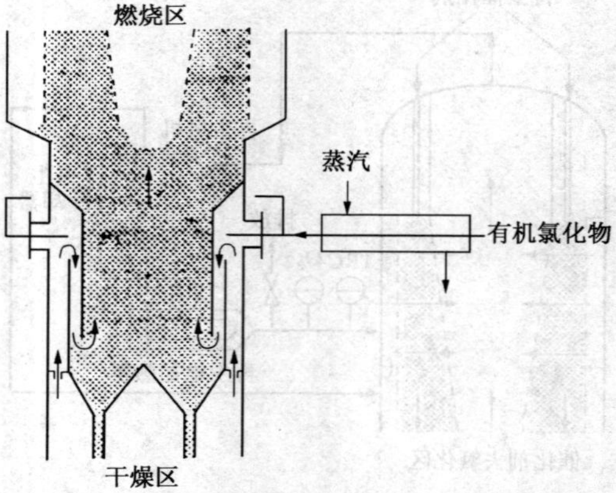

图 8-36　再生器氯化区的工艺流程示意图

(3) 干燥区(见图 8-37)

干燥区位于氯化区之下。催化剂进入后向下流动进入圆柱体床层。高温干燥气体向上流动通过催化剂床层。干燥气体是来自下部冷却区和空气加热器的空气。新鲜空气要在空气干燥器中干燥到含水量非常低的程度，然后才可进入再生器。空气加热器要加热气体使之达到适当的入口温度。来自冷却区的气体是热的，因为它是在该区同高温催化剂换热而得到预热，这种预热减少了空气加热器的净负荷。来自干燥区的干燥空气分成两路，一路进入环形折流板之后的氯化区，一路排出再生器。分配比例取决于烧焦所需的氧气。满足烧焦所需氧量的空气进入氯化区(白烧时)，多余空气则直接从再生器氧含量控制阀排放。

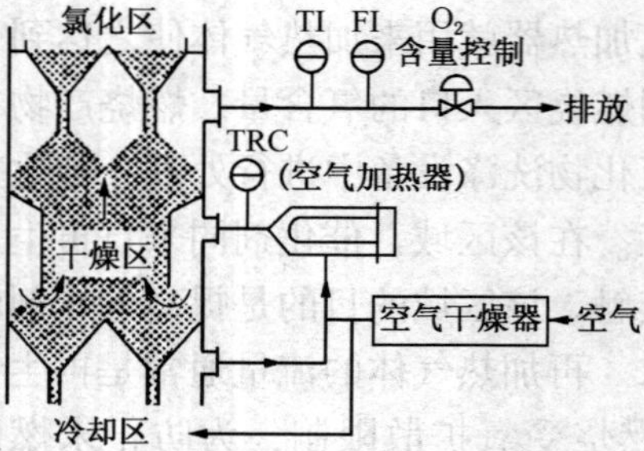

图 8-37　再生器干燥区的工艺流程示意图

(4)冷却区(见图 8-38)

再生器的冷却区有两大作用:

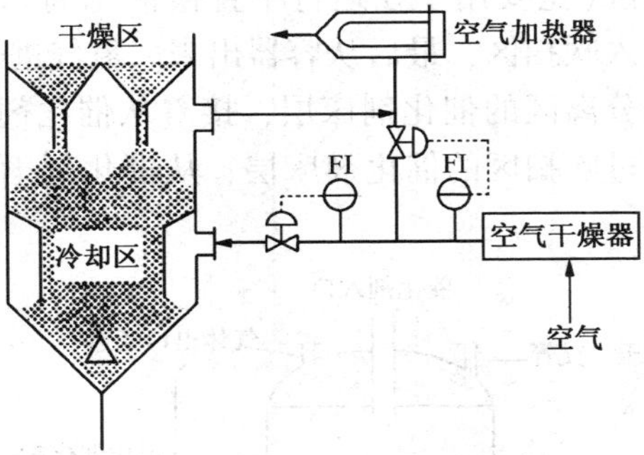

图 8-38 CYCLEMAX 再生器冷却区的工艺流程示意图

① 冷却去下游待处理的催化剂。冷却的催化剂降低了下游催化剂输送设备材质方面的要求。由于允许催化剂等温提升,更有利于催化剂的实际输送;

② 预热部分去干燥区的空气。预热的干燥空气降低了空气加热器负荷,这样可节约公用工程开支。

冷却区处于干燥区之下,催化剂进入后向下流入一个圆柱形床层,排出再生器。冷却气体是来自空气干燥器的空气,该气体排出冷却区,同来自空气干燥器的空气混合,然后进入空气加热器,加热后再进入干燥区。流向冷却区的空气和直接至干燥区的空气,两者的分配比例决定了催化剂排出再生器的温度。

☞ 78. 什么是"氮气泡"?氮封罐的作用是什么?

所谓氮气泡就是在含氢设备和含氧设备之间保持一个充纯 N_2 的区域,氢/烃和氧气通过使用氮气泡区分开来。要做到这一点,须使纯 N_2 区域的压力高于两侧设备的压力。气流从高压至低压,通过催化剂床层的阻力来保持压力降。这种压力梯度要在分离料斗和再生器之间保持，在闭锁料斗中的不同段之间保持。

氮封罐及其内部构件系用碳钢制成。催化剂在氮封罐的顶部进入气体分离区(主要用于在运行中置换催化剂)。然后催化剂通过一立管进入吹扫区，最后从容器出来。氮气进入吹扫区，向上流过立管及分离区的催化剂床层，接着从催化剂的入口流出。氮气也向下流过吹扫区的催化剂床层，从催化剂出口流出(见图8-39)。

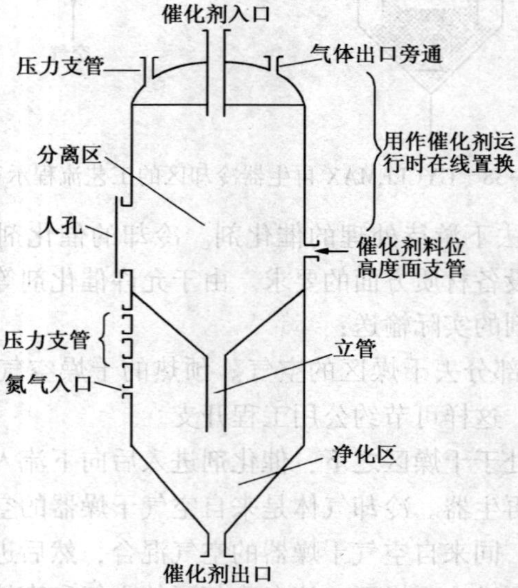

图 8-39　氮封罐结构简图

氮封罐的作用有两个：

(1)作为氮气泡的氮气加入点

催化剂在氮封罐的顶部进入气体分离区，主要是把催化剂在运行中携带过来的氧气等置换出来。然后催化剂通过一立管进入净化区，最后从容器出来。氮气进入净化区后，向上流过立管及分离区的催化剂床层，接着从催化剂的入口排出。氮气也同时向下流过净化区的催化剂床层。

(2)运行过程中在线置换催化剂

运行过程中如果需要对催化剂进行置换，氮封罐接受新鲜催化剂并置换净化其中的空气，新鲜催化剂通过2#催化剂添加闭锁料斗进入氮封罐的催化剂入口，在正常操作期间催化剂经过氮封罐。不同的是催化剂添加是分批地(断续地)而不是连续地进行，为了便于催化剂的添加，氮封罐配置有催化剂核料位仪。氮气流也类同于正常操作，只是气体经过旁路管嘴(而不是催化剂入口)排出容器。采用这种方式的原因，是因为在催化剂置换时，氮封罐和再生器之间的气体传递是通过旁路进行的。

☞ 79. 第三代UOP-CCR的闭锁料斗的结构是如何构成的？有何特点？

通常，催化剂通过一限流孔从顶部进入闭锁料斗。闭锁料斗分三个独立的区域：分离区、闭锁区和缓冲区(见图8-40)。限流孔用于限制从再生器流出的瞬时催化剂必须为一个可接受的速率。这将确保催化剂循环通过装置时，能维持稳定燃烧。在限流孔下面是三个催化剂区。顶部区叫分离区，中间区叫闭锁区，底部区叫缓冲区。这三个区域设计在一起用于输送小批量催化剂和提高催化剂周围的压力。三个区全部在重整增压气体的环境下运行(或者其他的富氢气)，但有两个不同的压力。

分离区压力与再生器相近，缓冲区的压力与再生催化剂L阀组件的(重整第一反应器)压力相近，闭锁区在这两个压力之间循环。

分离区有两个气相开口——用于闭锁料斗区气体的平衡管口和装有筛网用于过剩气体排放的排放口。

闭锁料斗区有一个管口，也是配有筛网的平衡管口，主要用于气相自缓冲区到分离区的气相通道。缓冲区有两个气体管口——一个配有筛网平衡管口，用于气体进入闭锁区，另一个补偿气进入闭锁料斗。两个核料位仪——一个高位开关和一个低位开关，安装在闭锁区外侧支架上，它控制闭锁料斗区的卸料和

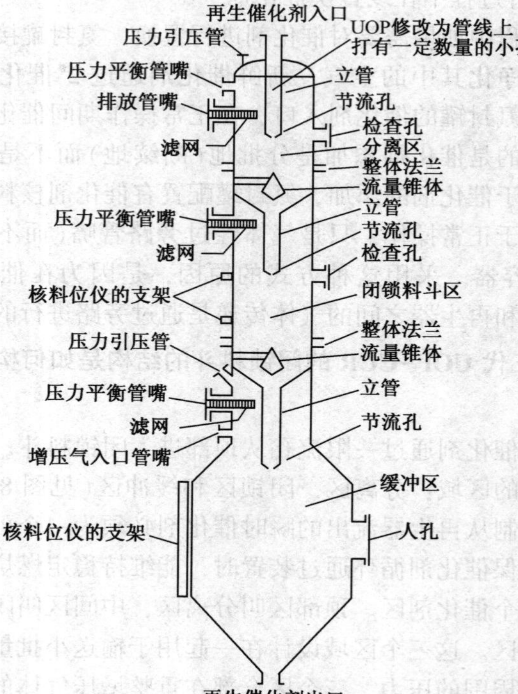

图 8-40　UOP CYCLEMAX 的闭锁料斗设备简图

加料；

另一个核料位仪安装在缓冲区外支架上，可显示缓冲区的催化剂料位。为了便于检查，在缓冲区设有一个人孔，在每个区中还有检查手孔可检查每个区内的立管底部。

特点：

(1)能够进行流量控制和平衡输送；

(2)分离区、闭锁料斗区、缓冲区设有倒圆锥漏斗；

(3)闭锁料斗的三个部分用本体法兰连接，便于拆装，在缓冲区设有人孔。

☞ 80. 第三代 UOP-CCR 的 L 阀组件是如何构成的？使用时应注意什么？

UOP-CCR 有两个 L 阀组件，其中一个位于每个催化剂提升管的底部，使用提升气流化输送催化剂(见图 8-41)。

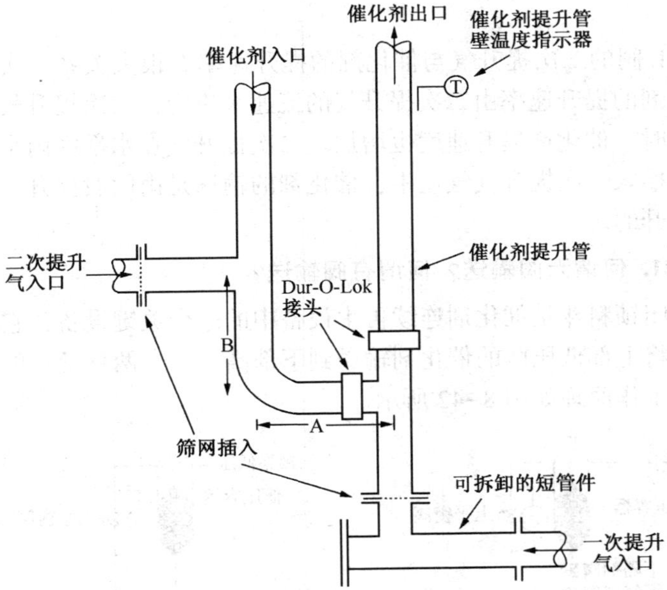

图 8-41 第三代 UOP-CCR 的 L 阀组件

通常，L 阀组件采用与催化剂提升管相同的碳钢材料制成。催化剂通过直立管进入组件，然后到达水平区。进入水平区后继续向前直到与催化剂提升管的相交点。通常图 8-41 中 B 的高度(B)定为水平管段 A 的四分之三左右。在提升管的底部输入一次提升气，在水平区的竖直管上游侧面输入二次提升气。四个气体入口中的三个，设置有筛网，可防止催化剂倒回至提升气供气管。但在待生催化剂 L 阀组件的二次提升气管线中，不可放置筛网，因为堵塞的筛网将向待生催化剂提升管线和隔离系统控制器发出一个假的高信号。如果催化剂发生跌落堆积且不能被提升气流提升时，需清理提升管线。每个提升管的底部，都装有一个可方便拆卸的法兰。

在 L 阀组件中有两个 Dur-O-Lok 接头——联结件，经验表明，这种接头可减少催化剂磨损，这种接头是成对加工制作的，间隙小，密封使用一只“O”形圈和一只耦合器，用固定螺栓固定到位。

L 阀的二次提升气与催化剂的提升速率有很大关系。实际上催化剂的提升速率由二次提升气的流速来决定，二次提升气气速增加时，催化剂提升速度也增加。二次提升气在水平区内是将催化剂推入一次提升气气流中，催化剂的输送是由两股提升气来共同提升的。

☞ 81. 何谓无阀输送？何谓有阀输送？

闭锁料斗是催化剂连续再生设备中的一个关键设备，它的作用是将上部低压区的催化剂输送到下部高压区。两种常见的闭锁料斗工作原理如图 8-42 所示。

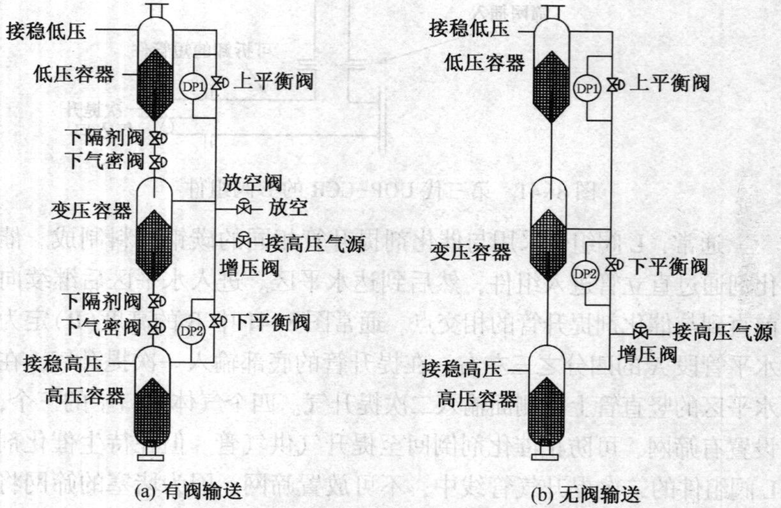

图 8-42 闭锁料斗工作原理示意图

图 8-42(a)表明，催化剂输送管中催化剂流动是靠阀门中止的，称之为有阀输送。图 8-42(b)中催化剂流动是靠加在该管上的逆向压差来中止，称之为无阀输送。两种传统的闭锁料斗均已广泛应用。有阀输送对控制要求较低，其控制方案可以用常规控制手段在 DCS 上实现，无阀输送则避免了催化剂输送管上阀门在打开和关闭时对催化剂的磨损。有阀输送需要特殊隔剂阀以抗催化剂的磨损，而无阀输送对控制的要求很高，还需一个专用的控制系统来实现。

IFP/Axens -CCR属于典型的有阀输送，而 UOP-CCR 装置采用的是无阀输送技术。

☞ 82. 提升器的工作原理是什么？

IFP/Axens-CCR 提升器见图 8-43 所示，UOP-CCR(一、二代)见图 8-44 所示。IFP/Axens-CCR 和UOP-CCR 所采用的提升器结构略有区别，但原理大致相同，来自底侧的一次氢(或氮)松动催化剂，但不能提升。上侧的二次氢(或氮)用来控制催化剂流率和输送催化剂，在操作中控制一、二次氢(或氮)的总量不

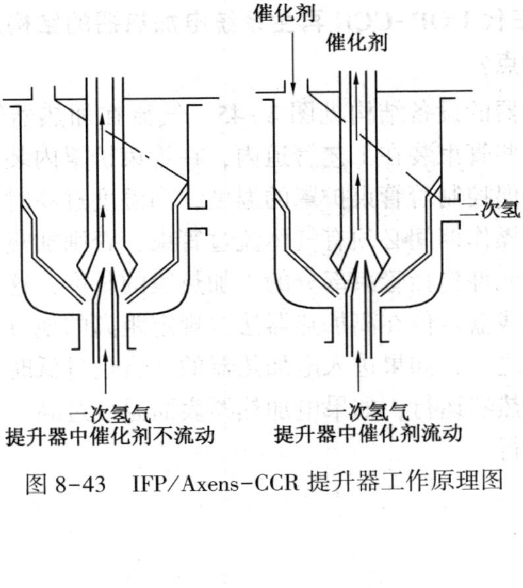

图 8-43　IFP/Axens-CCR 提升器工作原理图

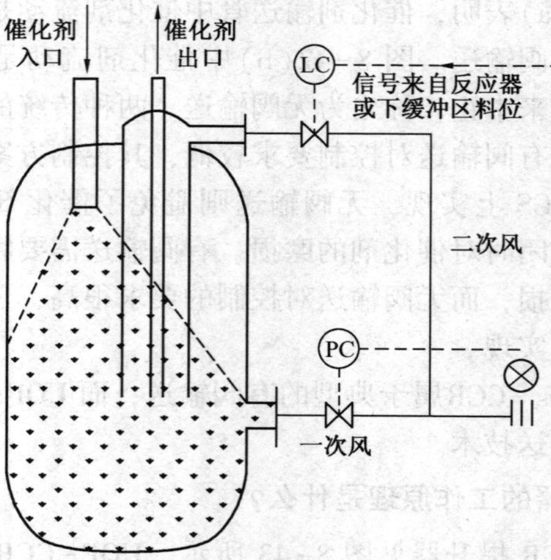

图 8-44　UOP-CCR 提升器工作原理图

变。在一定的操作范围内，催化剂的流动速率与二次氢的流速成正比，当二次氢或氮关闭时，催化剂将停止流动，此时催化剂将不再提升。

☞ 83. 第三代 UOP-CCR 再生系统电加热器的结构是如何构成的？有何特点？

电加热器的设备结构见图 8-45。气流在加热器管束的外侧流动，而这些管束装在工艺管道内，在管束护罩内装有电子加热元件。热电偶控制着管束护罩的温度，当温度过高时，就停止加热。在正常操作期间必须有气体流过管束，否则加热元件会因过热而烧坏，元件包括管束部分的未加热段的长度，这部分没有气流通过。接线盒定位在离加热器法兰规定距离的地方。除了还原气电加热器之外，如果进入电加热器的气流量过低时将停止再生运行和电加热器运行，如果电加热器表面温度过高，也将自动停止加热器运行。

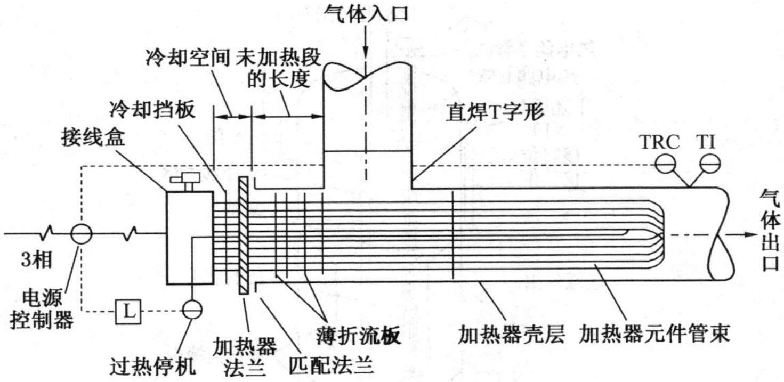

图 8-45　电加热器的设备简图

☞ 84. 第三代 UOP-CCR 两段还原的目的是什么？设备结构是怎样构成的？

位于反应器顶部的上、下两段目的是产生最佳的可单独控制的还原条件，保护催化剂良好性能。上部床层，由还原气携带还原水向下流动，该区有水分存在，由于温度低，所以对催化剂性能无损害。下部床层，高温还原在干燥条件下进行，还原水被对流的气体从高温还原界面上带走。这一点很重要，因为高温和高水分相结合，会导致金属积聚和还原状况变差。UOP 专家指出，双(多)金属催化剂的发展，使催化剂的还原形式也同样有了新概念，应在不同的温度下还原不同的金属，据介绍，对 Pt-Sn 催化剂而言，在低温区主要是还原金属 Pt，而金属 Sn 在高温区还原。

两个区都是筒形催化剂床层，位于容器壁上的环形挡板内(见图 8-46)。上还原区气体进入上还原区的催化剂床层，通过上还原区的环形挡板后排出。环形挡板是特别设计用于将还原区气体从催化剂中分离，防止夹带催化剂。下部还原区气体自下部还原区内环形挡板进入还原区。同上还原区的气体一样，通过接管退出容器。气体的出口接管和直接下流管就在向上的斜坡上，

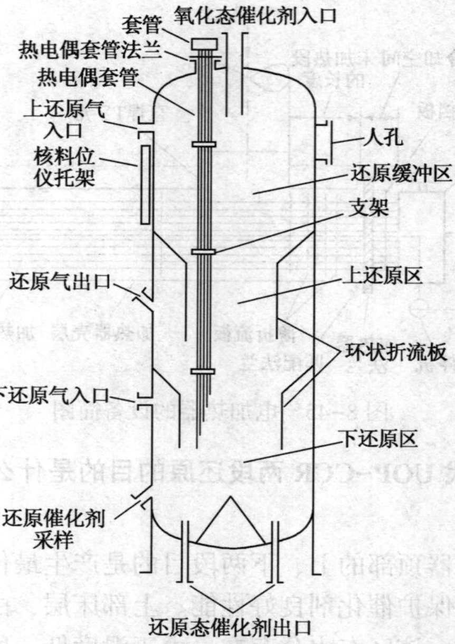

图 8-46　还原段设备简图

它作为一种附加的保护，可防止催化剂夹带其他杂质离开容器。

通过直接控制反应器催化剂排出速率控制还原区的催化剂料位。热电偶从还原区顶的喷嘴向下延伸，可测量下还原区催化剂床层的各个点。在两区之间催化剂和还原区相接触的地方有热电偶，用于测量还原区壁温。

☞ 85. 美国 UOP 开发的商业名为“Chlorsorb”再生气脱氯工艺流程是怎样构成的？有何特点？

新型的再生放空气脱氯系统——Chlorsorb 技术，系借助待生催化剂吸附再生放空气中的氯化物，在实现回收氯化物的同时降低大气污染、减少再生系统氯化物的注入量。简要工艺流程见图 8-47。再生放空气送往分离料斗下部的 Chlorsorb 区，与向下移动的待生剂逆向接触后直接排往大气中。

在连续重整装置的催化剂再生部分，对再生放空气脱氯系统，采用 Chlorsorb 技术代替传统的碱洗系统，流程简化，操作简单，避免了催化剂再生部分因碱洗系统堵塞而被迫停工的可能，同时也避免了装置在对再生放空气进行碱洗时又产生新的污染物——含碱废水或含盐废水的现象。

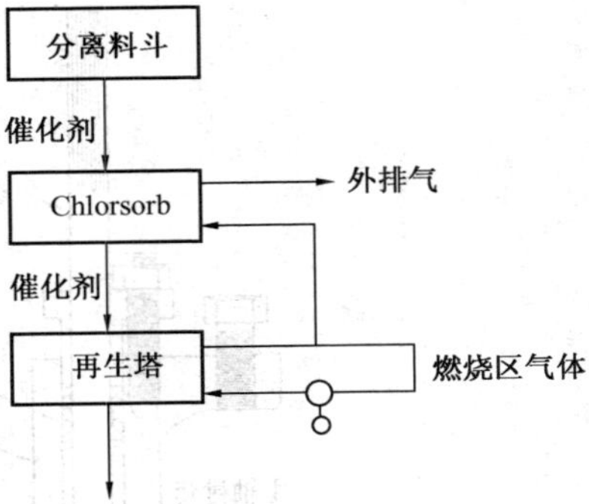

图 8-47　带 Chlorsorb 脱氯工艺流程

但是，目前，Chlorsorb 技术在国内尚没有在用的工业化装置，其脱氯的效果及其带来的经济效益还有待于进一步考察。

☞ 86. UOP-CCR 装置有哪些特殊阀门？各有何特殊用途？

美国 UOP 连续重整装置使用三种特殊阀门：V 形阀、B 形阀和 G 形阀。

① V 形阀。无论何时要切断催化剂流时，就要用一种称为 V 形球阀的特殊球阀(见图 8-48)。此附设计有一个 V 形凹口球，因此，阀球与阀座之间的剪切运动能切断催化剂流却不会压碎催化剂颗粒，也不会引起堵塞。虽然阀门切断了催化剂流，但不会完全堵塞气流。

此类阀门用于再生段中一些自动设备进行开、关控制。阀体是 316 型不锈钢，阀球与阀座采用 317 型不锈钢硬化处理。

待生催化剂与再生催化剂隔离系统的顶部与底部的阀门都是 V 形球阀。重叠式反应器底与闭锁料斗底的手动隔离阀也有一个 V 形球阀。V 形球阀在顶部，手动 B 形阀在它下面。手动 B 形阀(图 8-49)提供气密密封，但不切断催化剂流。所以，当必须关闭及切断这些管线时，先关闭 V 形球阀来切断催化剂流。然后

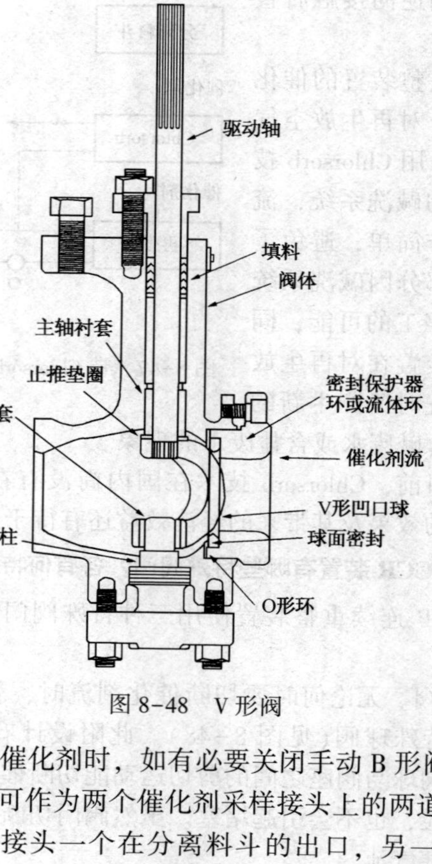

图 8-48　V 形阀

当下面的管线无催化剂时，如有必要关闭手动 B 形阀切断气流。

V 形球阀也可作为两个催化剂采样接头上的两道手动阀的第一道阀，这两个接头一个在分离料斗的出口，另一个在氮封罐出口。

② 另一类 B 形阀是缩口的(见图 8-50)。可以用于不含太多催化剂粉尘的洁净物流中。包括氯化物阀门、催化剂添加料斗的进出口阀(因为新鲜催化剂含少量粉末)。阀座是聚四氟乙烯，阀球是不锈钢、因康乃尔镍铬合金或镀铬材质，具体取决于使用情况。

再生段的一些地方用手动 B 形阀。依照使用情况，专用阀

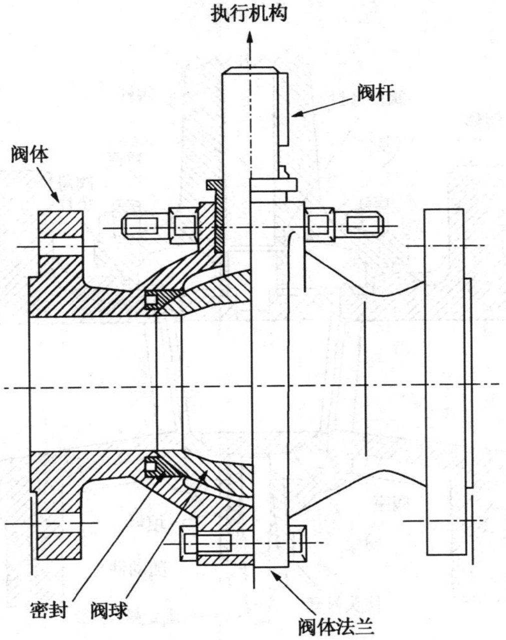

图 8-49　典型全口 B 形阀

可以是全口或缩口的。同样，阀门结构及制造也取决于使用情况。

③ G 型阀。此阀用于隔断或排放气体，用于对气体密封要求极高的管道上，该阀阀芯由不锈钢制成，是双座球阀。工作时阀门作双重关闭，即使气体管道中有泄漏颗粒物，也不会造成阀芯的损坏。

☞ 87. IFP/Axens-CCR 装置有哪些特殊阀门？各有何特殊应用？

法国 IFP/Axens - CCR 重整装置使用三种特殊阀门：CALOBRI 阀、PEROLO 阀和 SEGAULT 阀。

① CALOBRI 气动活塞式阀。CALOBRI 阀是一种固体密封阀，它与 UOP 连续重整装置采用的 V 形阀类似，阀芯与阀座之

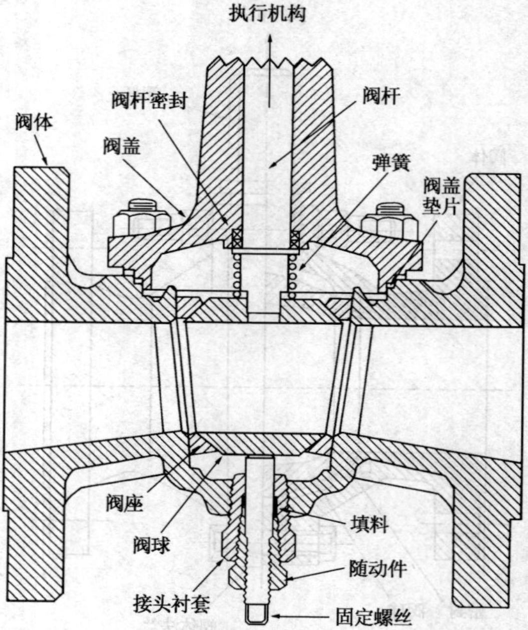

图 8-50　典型缩口 B 形阀

间有 1.5mm 的间隙，能隔断催化剂而不密封气体。

② PEROLO 气动活塞式阀。PEROLO 阀是用于气体密封的双面密封阀，它与 UOP 连续重整装置采用的 B 形阀类似，该阀用来密封气体，当管线内存有催化剂时不允许开关。

③ SEGAULT 风动马达式阀。SEGAULT 阀是用于遥控气体密封的场合，专门使用在连续重整再生系统与反应系统隔离，其阀芯、阀座的轴线与催化剂输送管线成 45°夹角，当阀门接近一个角度时，阀芯会自动旋转一个角度。

第九章　动　设　备[1]

泵

☞ 1. 什么叫泵？泵是怎样分类的？

用以输送流体介质，并提高其压力能的流体机械叫做泵。

根据泵的工作原理，常用的泵可分为：离心泵、往复泵、齿轮泵、旋涡泵和螺杆泵等。

按泵作用于液体的原理，泵还可分为叶片式和容积式两大类。叶片式泵是由泵内旋转的叶轮输送液体。叶片式泵又因泵内叶片结构形式不同分为离心泵、轴流泵和旋涡泵等。容积式泵是利用泵的工作室容积的周期性变化输送液体，分为往复式泵（活塞泵、柱塞泵、隔膜泵等）和转子泵（齿轮泵和螺杆泵等）。

泵也常按泵的用途而命名，如：水泵、油泵、氨泵、液态烃泵、泥浆泵、耐腐蚀泵、冷凝液泵等。

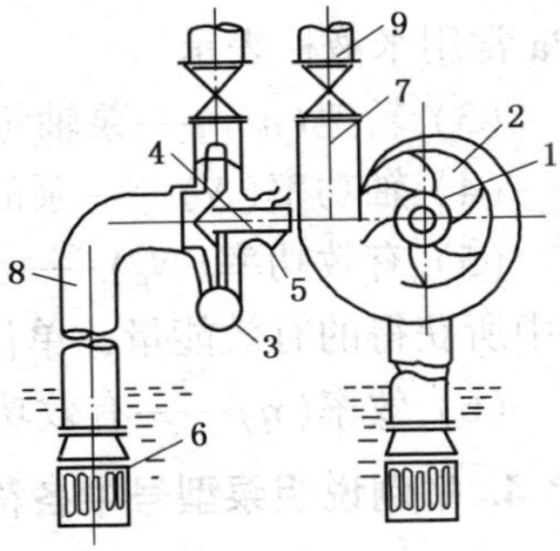

图 9-1　离心泵工作简图

1—叶轮；2—叶片；3—泵壳；4—泵轴；5—填料筒；6—底阀；7—扩散管；8—吸入管；9—排出管

☞ 2. 离心泵的工作原理是什么？

图 9-1 是单级离心泵的工作简图。泵的主要工作部件有叶轮，

[1] 动设备包括：泵、压缩机和风机等。

其上有一定数目的叶片；叶轮固定于轴上，由轴带动旋转；泵的外壳为一螺壳形扩散室，外壳静止不动；泵的吸入口与吸入管相连接；排出口与排出管相连接。

离心泵在工作前，吸入管路和泵内首先要充满所输送的液体，当电机带动叶轮旋转时，叶片拨动叶轮内的液体旋转，液体就获得能量，从叶轮内甩出。叶轮内甩出来的液体经过泵壳流到扩散管再从排出管排出。与此同时，叶轮内产生真空，使液体被吸入叶轮中。因为叶轮是连续而均匀地旋转的，所以液体连续而均匀地被排出和吸入。

☞ 3. 离心泵的主要工作参数有哪些？

（1）流量（Q）——泵在单位时间排出的流体量。用体积表示的流量叫体积流量，单位为 m^3/h 或 m^3/s；用重量表示的流量叫重量流量，单位为 kg/h 或 kg/s。

（2）扬程（H）——单位重量的流体经过泵后的能量增值，kPa 常用米液柱表示。

（3）转速（n）——泵轴每分钟旋转的次数，单位为 r/min。

（4）轴功率（N）——泵的输入功率。单位为 kW。

（5）有效功率（N_e）——泵在单位时间内输送出去的流体从泵中所获得的有效能量，单位为 kW。

（6）效率（η）——有效功率与轴功率的比值，即 $\eta=N_e/N$。

☞ 4. 举例说明泵型号中各符号代表什么意思？

（1）100YⅡ—60A

其中 100：泵吸入口公称直径，mm；

Y：单吸离心油泵；

Ⅱ：Ⅱ类材料，适用于-45~400℃；

60：额定扬程，m；

A：叶轮外径第一次切削。

（2）250YSⅢ~150×2

其中　250：泵吸入口公称直径，mm；

YS：双吸式离心油泵；

Ⅲ：Ⅲ类材料，适用于-45～400℃，可耐硫酸腐蚀；

150：泵额定单级扬程，m；

2：二级叶轮。

（3）旧式离心泵型号

5FDR-5×4

其中　F：多级离心泵；

D：单吸式　（S：双吸式）；

R：热油泵　（J：冷油泵）；

5：比转数被 10 除的整数值；

4：叶轮级数。

（4）蒸汽往复泵型号

1QY—2.8/64；2QYR40—56/25

其中　1，2：缸数；

Q：蒸汽驱动；

Y：输送介质为油；

R40：热油泵（如没有 R，介质温度≯200℃），介质温度为 400℃；

2.8，56：设计流量，单位为 m^3/h；

64，25：设计压力，单位 kgf/cm^2（表）。

（5）齿轮泵型号

CH—4.5

其中　CH：齿轮泵；

4.5：在 100r/min 下的流量，单位为 L/min。

2CY—1.1/14，5—1

其中　2：齿轮数；

C：外啮合齿轮；

Y：输送油；

1.1：流量，m^3/h；

14.5：排除压力(表)，kgf/cm^2。

(6) 旋涡泵型号

32W—30；65WX—140

其中 32，65：吸入口直径，mm；

W：旋涡泵；

WX：离心旋涡泵；

30，140：泵在设计点扬程，m。

☞ 5. 离心泵由哪些部件组成？

离心泵由下列部件组成：

泵壳(出入口、大盖、支架)；叶轮(前后轮盘、叶片)；轴(销子、背帽、联轴器)；密封装置(密封圈、动环；静环)；平衡装置(有平衡孔、平衡管、平衡盘等形式)；轴承托架(油、水箱轴承、挡水环、油环)；辅助设备(泵座、冷却水管道、油杯等)。

☞ 6. 什么是泵的功率和效率？它们是怎样计算的？

单位时间内液体经泵之后，实际得到的功称为有效功率，用符号 N_e 表示，单位为 W。

$$N_e = HQ\rho g$$

式中 H——泵的扬程，m 液柱；

Q——输送温度下泵的流量，m^3/s；

ρ——输送温度下液体的密度，kg/m^3；

g——重力加速度，m^2/s。

泵从电动机得到的实际功率称为轴功率，泵的有效功率比轴功率小，两者之比 $\eta=\frac{N_e}{N_{轴}}$，称为泵的总效率。

☞ 7. 电动往复泵、离心泵的扬程和流量与什么有关？

(1) 电动往复泵的流量 Q 与活塞的截面积 F，活塞的冲程 S 的乘积有关，计算通式为：

$$Q = 60F \cdot Sn\eta_v$$

式中　Q——体积流量，m^3/h；

F——活塞面积，m^2；

S——活塞冲程，m；

n——活塞每分钟往返次数，次/min；

η_v——容积效率，一般为0.8~0.98。

电动往复泵的排出压力或扬程仅取决于泵体的强度、密封性能和电动机功率。

（2）离心泵扬程、流量与泵的叶轮结构尺寸有关，直径越大扬程越高，宽度越大流量越大；与转速有关，流量与转速成正比关系，扬程与转速的平方成正比关系；另外泵的扬程与叶轮级数有关。离心泵的扬程与密度无关。

☞ 8. 离心泵的特性曲线有几条？如何应用？

离心泵的特性曲线表明离心泵在一定的转速下，流量与扬程、功率、效率和必需汽蚀余量[$(NPSH)_r$]之间的关系，即一般由H~Q、$N_{轴}$~Q、η~Q、$(NPSH)_r$~Q四条曲线所组成。这些参数之间的定量关系通常由实验测定。

图9-2中所示为2B—31型离心水泵的特性曲线，是在转速为2800r/min情况下测得的。

在实际应用泵样本上提供的特性曲线时，要做些校正工作才有实际意义。因为样本上特性曲线都是用常温20℃水做介质测定的，在实际使用时有时操作条件相差很大，必须做适当换算。

（1）黏度的影响

在用离心泵输送比清水黏度大的液体时，泵内能量损失加大。黏度愈大，在最高效率点的排出量和扬程就愈小，轴功率就愈大，因此泵效率也随之降低，对较小型泵尤为显著。

泵的特性曲线，在操作温度下液体运动黏度小于$10mm^2/s$时，可以不必换算。如果运动黏度大于$10mm^2/s$时，则需要进行换算。

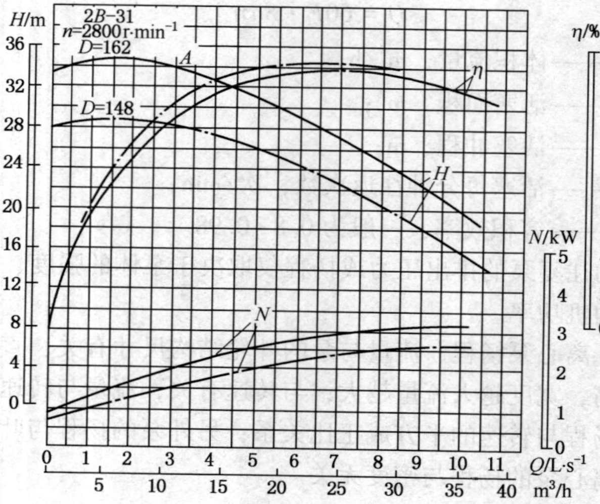

图 9-2 2B-31 型离心泵工作曲线

（2）密度的影响

炼油化工用泵输送液体的密度变化范围是很广的。密度的差异与泵的体积流量、压头及效率无关。但泵的轴功率将随液体密度不同而改变，应按 $N_{轴}=\dfrac{HQ\rho g}{\eta}$ 进行修正（见本章第 6 题）。

（3）泵的转速的影响

当离心泵的转速 n 改变时，它的流量、扬程、功率和效率也一起跟着改变，原有的特性曲线不再适用。理论上，H、Q、N_e 与转速 n 的关系可按下式计算：

$$\frac{Q}{Q'}=\frac{n}{n'}\quad \frac{H}{H'}=\left(\frac{n}{n'}\right)^2\quad \frac{Ne}{N'e}=\left(\frac{n}{n'}\right)^3$$

式中 n——正常额定转速；

n'——调速后的转速。

☞ 9. 什么是泵的车削定律？

泵叶轮外径车削前后，其流量、扬程、功率与外径的关系，称为车削定律。

计算公式为：

$$\frac{Q}{Q'}=\frac{D}{D'}$$
$$\frac{H}{H'}=\left(\frac{D}{D'}\right)^2$$
$$\frac{N}{N'}=\left(\frac{D}{D'}\right)^3$$

式中　Q、H、N、D——未经车削时泵的流量、扬程、功率和叶轮外径；

Q'、H'、N'、D'——经车削后泵的流量、扬程、功率和叶轮外径。

采用改变转速的方法可以得到不同工况时的泵特性曲线。然而这种方法在实际中受到限制，因大多数泵是由交流电动机带动的，这种电动机的转速不是可以随意改变的。因此，为了得到所要求的泵性能参数，就用车削叶轮外径的方法，来使特性曲线发生变化。但必须注意车削叶轮只能用在需要降低流量、扬程、功率的场合。

叶轮车削后，效率都要降低，为了不使效率降低过多，对叶轮的车削量就要加以限制。

☞ 10. 什么是泵的比转数?

叶片式泵比转数是从相似理论中引出来的一个综合性参数，它表明流量、扬程、转数之间的相互关系。比转数的表达式如下：

$$n'=3.65\frac{n\sqrt{Q}}{H^{3/4}}$$

对于双吸叶轮，流量须被 2 除：

$$n'=\frac{3.65n\sqrt{\frac{Q}{2}}}{H^{3/4}}$$

对于多级泵来说，扬程应被级数 Z 除：

$$n'=\frac{3.65n\sqrt{Q}}{\left(\frac{H}{Z}\right)^{3/4}}$$

同一台泵，在不同的工况下具有不同的比转数。一般是取最高效率工况时的比转数做为泵的比转数。泵的比转数大小反映了泵性能的特点：大流量小扬程的泵，比转数大；小流量大扬程的泵，比转数小。比转数小的泵，流量(Q)~扬程(H)特性曲线和流量(Q)~功率(N)特性曲线都较平坦，允许吸上真空高度大，抗汽蚀性能较好。反之，比转数大的泵，$Q \sim H$ 特性曲线和 $Q \sim N$ 特性曲线都较陡，允许吸上真空高度小，抗汽蚀性能较差。随着比转数的增加，叶轮出口宽度逐渐增加，更适应大流量的情况。而泵的效率只有在比转数在 90~300 范围内较高，比转数太小或太大都会使泵效率降低。炼油装置工艺用泵大都是低、中比转数的离心泵。

☞ 11. 什么是管路的特性曲线？如何绘制？

对于某一管路(不包括管路中的设备、孔板、仪表等)，输送某一种液体时，流量 Q 和需要的压头 H 是互相对应的。如果把通过此管路的不同流量和需要的相应压头 H 之间的关系，在直角坐标上用曲线图表示出来，这条曲线就叫做该管路的特性曲线。它随着油品黏度和管路的改变(如阀门开度变化)而改变的。

管路特性曲线的绘制方法；

根据管路的特性曲线方程式

$$H = (Z_2 - Z_1) + h + \frac{p_{rd} - p_{rg}}{\rho g}$$

$$= (Z_2 - Z_1) + 0.08266\lambda \frac{L}{d^5}Q^2 + \frac{p_{rd} - p_{rg}}{\rho g}$$

式中 λ——摩擦系数；

L——管线当量长度，m；

d——管线直径，m；

Q——流体流量，m^3/s；

Z_2-Z_1——排出容器和吸入容器的液面差，m；

h——管路系统的阻力损失，m 液柱；

$p_{rd}-p_{rg}$——排出容器和吸入容器的压力差，Pa；

ρ——液体密度，kg/m^3。

设一系列流量 Q_i，根据上列方程式计算出一系列 H_i，并将对应的 $Q_i \sim H_i$ 数据绘在图上就可以得到管路特性曲线。

如有一根管路直径为 53mm，在两容器上的液面高差和压力差均为零时，其压头流量数据如下表：

流量/(m^3/h)	5	10	15
压降/m 液柱	1.07	3.8	8.20

流量/(m^3/h)	20	25
压降/m 液柱	14.00	21.50

将上表数据作图，其结果见图 9-3。

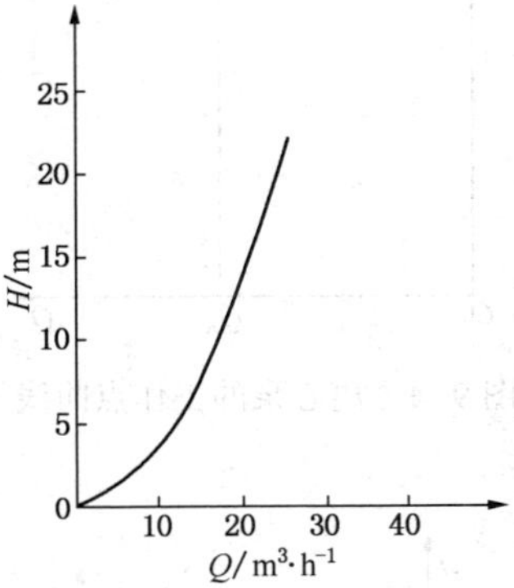

图 9-3　管路特性曲线举例

☞ 12. 什么是离心泵的工作点？它是怎样确定的？变化规律如何？

将同一系统中泵的特性曲线和管路特性曲线，用同样的比例尺绘在同一张图上，则这两条曲线的交点称为系统的工作点，如图 9-4 所示。

离心泵的实际工作状况不仅取决于离心泵本身的特性曲线，而且还取决于管路特性曲线。

工作点 A 既在泵的 $Q \sim H$ 曲线上，也在管路的 $Q \sim H_{管}$ 曲线上。从泵角度讲，Q_A、H_A 表示以流量 Q_A 通过泵时泵给液体提供能量是 H_A，从管路角度讲，Q_A、H_A 表示以流量 Q_A 通过管路时管路所需要的能量是 H_A。

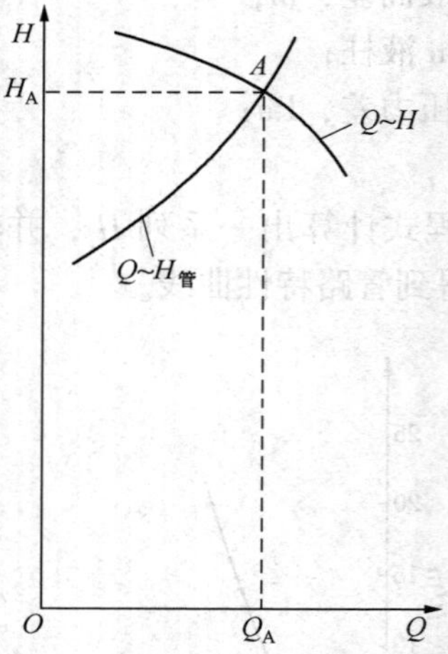

图 9-4　离心泵的工作点曲线

排出液面与吸入液面的高度差和两液面上的压力差发生变化，或管路阀门调整开度后，工作点均要发生变化。

排出液面与吸入液面之差变小和两液面上的压力差变小，其管路特性曲线往下移，工作点往扬程小、流量大方向移动，泵的工作点变化如图 9-5 所示。

当管路上阀门关小，管路特性曲线始点不变，曲线向逆时针方向移动，工作点往扬程高、流量小方向移动，这种节流调节如图 9-6 所示。

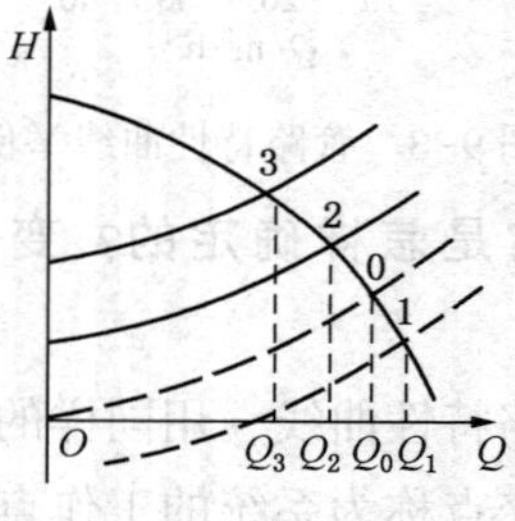

图 9-5　泵工作点的变化

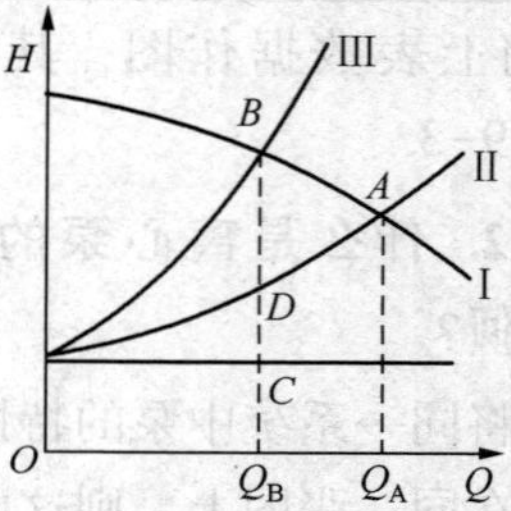

图 9-6　节流调节

☞ 13. 离心泵流量调节有哪些方法？各有什么特点？

所谓调节，实际是改变泵的工作点，可以通过改变管路特性曲线和泵的特性曲线的方法达到。根据离心泵特性曲线可以知道，随着扬程增加流量迅速下降，轴功率随流量下降而缓慢下降，流量和扬程随转速的下降而下降，轴功率随转速的下降而急剧下降。所以调节方法有以下四种：

(1) 节流调节

节流调节的原理，就是改变管路特性曲线的形状，从而变更离心泵的工作点。

如图 9-6 中所示，Ⅰ为泵的 $Q \sim H$ 曲线，Ⅱ为泵排出口闸阀全开时的管路特性曲线，工作点为 A，流量为 Q_A。当泵工作中要使流量减小时关小泵排出口闸阀，则闸阀的阻力增大，管路特性曲线变陡。Ⅲ为闸阀关小后的管路特性曲线，工作点为 B，流量为 Q_B。此时，若不关小闸阀，其管路阻力损失为 CD 高度；关小闸阀后其阻力损失为 CB 高度。其中 $CB-CD=DB$ 高度是由于闸阀关小而多消耗在闸阀上的能量，所以这种调节方法损失大，经济性差。但由于此种方法简便，在操作中广泛采用。

(2) 旁路返回调节

此种调节方法是开启泵的旁路阀，一部分液体从泵的排出管返回吸入管，从而减小排出管流量。这种方法对旋涡泵较合适。因为旋涡泵的特性曲线在降低流量时扬程急剧上升，轴功率反而增加；而加大流量时，轴功率反而稍有下降。

(3) 变速调节

其原理就是通过改变离心泵转速来改变泵的特性曲线位置，从而变更工作点。

如图 9-7 中所示，转速为 n_A 时，工作点为 A；转速增高至 n_B 时，泵的特性曲线上移，工作点变为 B，流量和扬程都比 n_A 时大。转速降为 n_C 时，泵的特性曲线下移，工作点为 C，流量减小，扬程降低。

这种调节方法没有附加的能量损失，是一种比较经济的办法。但必须采用变速电动机。

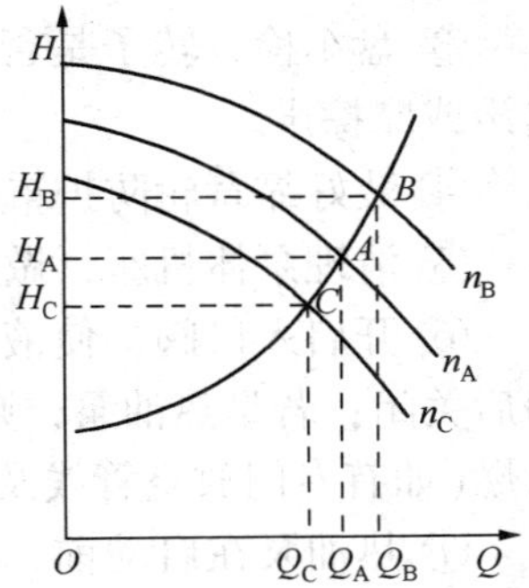

图 9-7 变速调节

(4) 切割叶轮外径调节

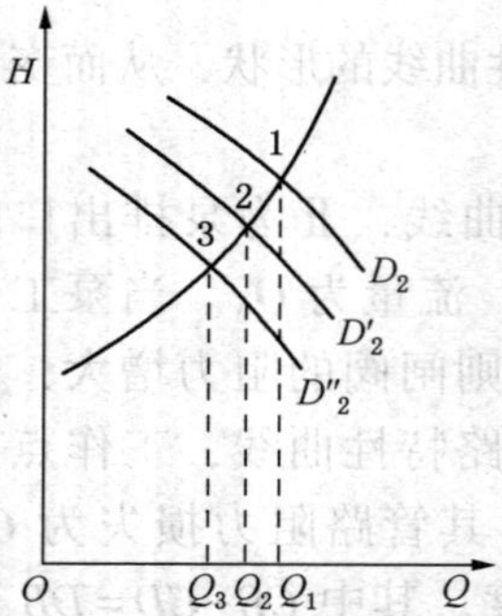

图 9-8 切割叶轮外径调节

将离心泵叶轮外径车小，可使同一转速下泵的性能改变，既可改变流量也可改变扬程。

如图 9-8 中所示，在额定转速下，叶轮外径为 D_2 时，工作点为 1。当叶轮外径车小为 D'_2 时，泵的特性曲线下移，工作点为 2，流量减小，扬程降低。

这种调节方法，也没有附加的能量损失，是一种较经济的方法，但是只适用于离心泵在较长时间改变成小流量操作时采用。

☞ 14. 离心泵的启动步骤是怎样的？应注意些什么问题？

(1) 启动前的准备

① 认真检查泵的入口管线、阀门、法兰、压力表接头是否安装齐全，是否符合要求，冷却水是否畅通，底脚螺栓及其他连接部分有无松动。

② 向轴承箱加入润滑油(或润滑脂)，油面处于轴承箱液面计的三分之二。

③ 盘车检查转子是否轻松灵活，检查泵体内是否有金属碰击声或摩擦声。

④ 装好靠背轮防护罩，严禁护罩和靠背轮接触。

⑤ 清理泵体机座，做好卫生工作。

⑥ 开启入口阀，使液体充满泵体，打开放空阀，将空气赶净后关闭；若是热油泵，则不允许放空阀赶空气，防止热油窜出自燃(如有专门放空管线及油罐可以向放空管线赶空气或冷油)。

⑦ 热油泵在启动前，要缓慢预热，特别在冬天应使泵体与管道同时预热使泵体与输送介质的温度差在 50℃ 以下。

⑧ 封油引入油泵前必须充分脱水。

（2）离心泵的启动

① 泵入口阀全开，出口阀全关，启动电机全面检查机泵的运转情况。

② 当泵出口压力高于操作压力时逐步打开出口阀门，控制泵的流量、压力。

③ 检查电机电流是否在额定值以内。如泵在额定流量运转而电机超负荷时，应停泵检查。

④ 热油泵运转正常时，应打入封油。

（3）注意事项

① 离心泵在任何情况下都不允许无液体空转，以免零件损坏。

② 热油离心泵，一定要预热，以免冷热温差太大，造成事故。

③ 离心泵启动后，在出口阀未开的情况下，不允许长时间运行（小于1~2min）。

④ 在正常情况下，离心泵不允许用入口阀来调节流量，以免抽空，而应用出口阀来调节。

☞ 15. 离心泵如何切换和停运？

离心泵切换时，应做到：

（1）备用泵启动之前应做好全面检查及启动前的准备工作。热油泵应处于完全预热状态。

（2）开泵入口阀，使泵体内充满介质并用放空排净空气。

（3）启动电机，然后检查各部的振动情况和轴承的温度，确认正常，电流稳定，泵体压力高于正常操作压力后，逐步将出口阀门开大，同时相应将运转泵阀门关小直至关死并停泵。如热油泵应做好预热工作。

离心泵停运时，应注意：

（1）先把泵出口阀关闭，再停泵，防止泵倒转，倒转对泵有危害，使泵体温度很快上升，造成某些零件松动。

（2）停泵注意轴的减速情况，如时间过短，要检查泵内是否有磨、卡等现象。

（3）如是热油泵，要停冲洗油或封油，打开进出口管线平衡阀或连通阀，防止进出口管线冻凝。

（4）如该泵要修理，就必须用蒸汽扫线，拆泵前要注意泵体压力，如有压力，可能进出口阀关不严。

☞ 16. 如何判断和处理泵抽空？

在下列情况下可能出现泵抽空：

（1）仪表流量指示大幅度波动或流量指示为零；

（2）压力、电流指示大幅度波动或无指示；

（3）泵震动较大并有杂音出现；

（4）管线内有异常声音。

引起泵抽空的原因有：

（1）封油过轻，封油带水；

（2）封油量过大；

（3）塔、容器液面过低；

（4）填料压盖太松，冷却水流入泵体；

（5）介质温度过高，饱和蒸气压过大，产生气阻；

（6）泵进口扫线蒸汽阀没关严或有泄漏现象；

（7）泵内有空气或被抽介质内混有不凝气（吸入口漏气）；

（8）进口管线堵，进口阀未开或开得过小或阀芯脱落。

相应的处理方法是：

（1）严格控制封油质量，封油罐充分脱水；

（2）适当调整封油注入量；

（3）严格控制塔、容器液面；

（4）拧紧填料压盖或冷却水外淋；

（5）降低介质温度，将泵内气体往放空管线赶尽；

（6）关严蒸汽阀或更换蒸汽阀门；

（7）赶走泵内空气，查出漏气位置，并设法解决；

（8）进口管线扫线，开大进口阀门，检修、更换阀门。

☞ 17. 离心泵振动的原因及消除办法是什么？

离心泵振动的原因：

（1）地脚螺栓或垫铁松动；

（2）泵与原动机中心不对，或对轮螺丝尺寸不符合要求；

（3）转子平衡不对，叶轮损坏，流道堵塞，平衡管堵塞；

（4）泵进出口管线配制不良，固定不良；

（5）轴承损坏，滑动轴承没有紧力，或轴承间隙过大；

（6）汽蚀，抽空，大泵打小流量；

（7）转子与定子部件发生摩擦；

（8）泵内部构件松动。

相应的处理方法：

（1）拧紧螺栓，点焊垫铁；

（2）重新校中心，更换对轮螺丝；

（3）校动平衡，更换叶轮，疏通流道等；

（4）重新配制管线并固定好；

（5）更换轴承，锉削轴承中分面，中分面调整紧力，加铜片调整间隙；

（6）提高进口压力，开大进口阀，接旁通管；

（7）检修调整；

（8）解体，并紧固。

☞ 18. 什么是离心泵的汽蚀？它有什么危害？

如果叶轮进口处压力达到输送液体的饱和蒸气压时，液体就要汽化，体积骤然膨胀，必然扰乱叶轮入口处液体的流动。它所产生的大量气泡随液体进入高压区后又被压缩，气泡突然凝结消失，在凝结一瞬间，周围液体以极大速度冲向气泡中心的空间，在这些气泡的冲击点上产生很高的局部压力，不断地打击着叶轮的表面，使叶轮很快损坏，这种现象称为离心泵的汽蚀。

离心泵发生汽蚀时，泵体震动，发出噪音，泵的流量、扬程和效率都明显下降，使泵无法正常工作，且损坏叶轮，危害极大，必须避免。

☞ 19. 什么是离心泵的汽蚀余量？

要使泵运转时不发生汽蚀，必须使单位重量的液体在泵吸入口处具有的能量超过液体的汽化压强，足以克服液体流到泵内压强最低处的能量损失。离心泵的汽蚀余量就是指泵吸入口处单位重量液体所具有的超过汽化压强的富余能量。离心泵的汽蚀余量的单位通常用米液柱表示。

☞ 20. 试问什么叫离心泵的“气缚”？

泵启动时，假如泵内存在空气，由于空气的密度比液体的密度小得多，产生的离心力亦小，此时叶轮中心只能造成很小的负压，形不成所需要的压强差，地面液体不能上升到叶轮中心，泵也就送不出液体，这种现象称“气缚”。

☞ 21. 什么是耐腐蚀泵？

专门用于输送各种酸、碱液和其他不含固体颗粒、有腐蚀性液体的泵叫耐腐蚀泵。

我国耐腐蚀泵有 IH 型耐腐蚀泵和 FY 型液下泵两种，用于输送不含固体颗粒、有腐蚀性的液体。根据不同的输送介质可以选择不同的耐腐蚀材料，另外根据需要可以安装不同结构形式的机械密封。

☞ 22. 泵的轴封形式有哪些？各有什么特点？

轴封是旋转的泵轴和固定的泵体间的密封，主要是为了防止高压液体从泵中漏出和防止空气进入泵内。离心泵常用的轴封结构有：有骨架的橡胶密封、填料密封、机械密封和浮动环密封。它们各自的特点如下：

（1）有骨架的橡胶密封

该密封结构如图 9-9 中所示。

这种密封是利用橡胶的弹力和弹簧压力将密封碗紧压在轴(轴套)上。其优点是：结构简单，体积小，密封效果比较显著；缺点是：密封碗内孔尺寸易超差，压轴过紧造成耗功太大，且耐热性、耐腐蚀性不理想，使用寿命短，安装要求严。

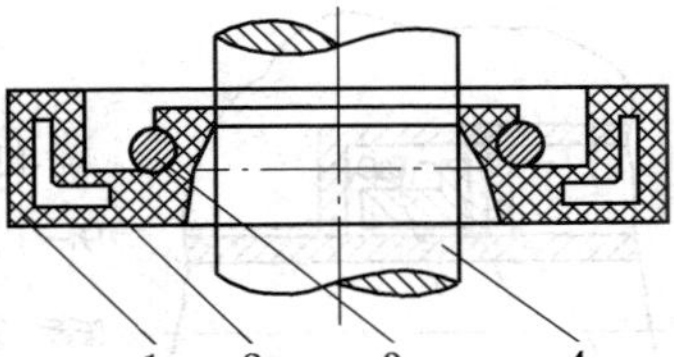

图 9-9　J 型有骨架橡胶密封

1—橡胶碗；2—骨架；3—弹簧；4—轴套

(2) 填料密封

见图 9-10，这是填料密封的典型结构。

这种密封一般由填料底套、填料环，填料压盖组成。靠填料和轴(轴套)的外圆表面接触来进行密封，特点是结构简单，成本低，易安装；缺点是：耗功大，轴(轴套)磨损严重，易造成发热、冒烟，甚至将填料与轴套烧毁，不宜用于高温、易燃、易爆和腐蚀性介质。

(3) 机械密封(又称端面密封)

由动环、静环、弹簧、推环，传动座及动、静环密封圈组成，靠动、静环紧密贴合，形成膜压来密封的。机械密封的优点是密封性能好，寿命长，耗功小，适用范围广；缺点是制造复杂，价格较贵，安装要求高(见图 9-11)。

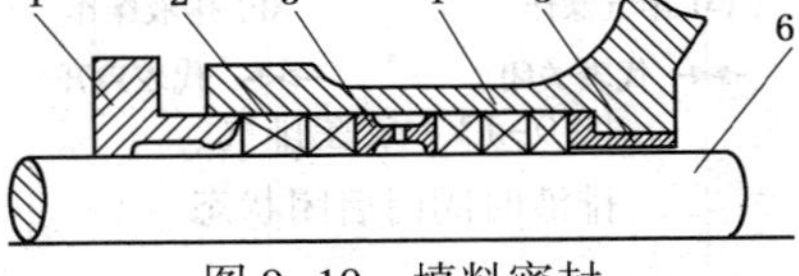

图 9-10　填料密封

1—压盖；2—填料；3—填料环；4—填料箱；5—填料底套；6—轴

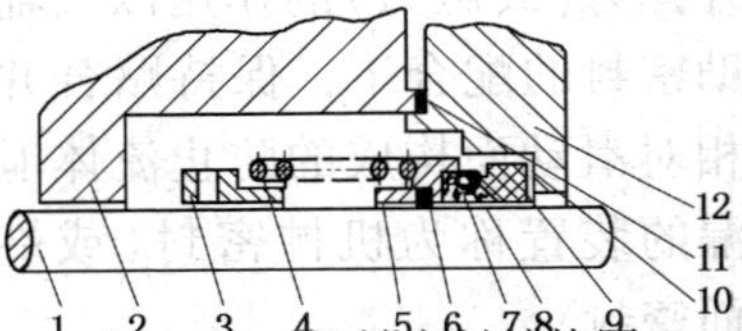

图 9-11　机械密封结构图

1—轴(轴套)；2—填料箱；3—传动座；4—弹簧；5—推环；6—动环密封圈；7—动环座；8—动环；9—静环；10—静环密封圈；11—垫片；12—压盖

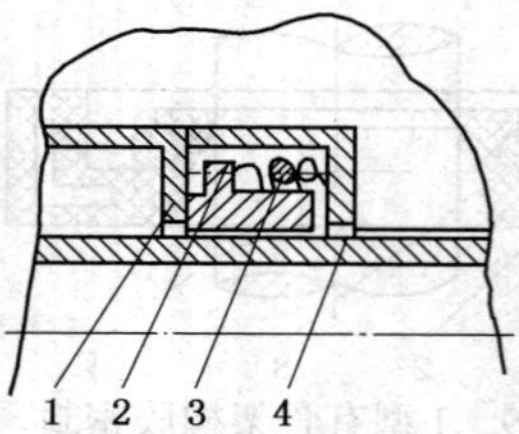

图 9-12　浮动环密封
1—浮动套；2—浮动环；
3—支撑弹簧；4—轴套

(4) 浮动环密封

浮动环密封是借浮动环和浮动套端面的接触来实现轴向密封的(见图 9-12)。

☞ 23. 开泵前为什么要排气、排液？泵在排气、排液两种操作时的阀门开、闭状态如何？

泵在启动前，必须排气，这是为了防止产生气缚现象。

泵在开动前，还要排液，这是为了清除检修后泵内的污物和杂质，并对过滤器进行清洗，排液时要排至地下罐或其他污油罐。

排气、排液操作时，阀门的启、闭状态如图 9-13 所示。

☞ 24. 什么是机械密封？原理是什么？

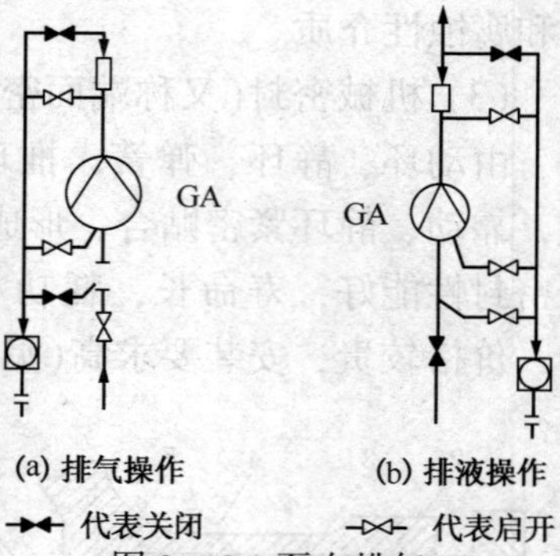

图 9-13　泵在排气、排液时阀门启闭状态

根据国标 GB 5594—86 旋转轴用机械密封标准，定义：由至少一对垂直于旋转轴线的端面，在液体压力和补偿机械外弹力(或磁力)的作用以及辅助密封的配合下，保持贴合并相对滑动而构成的防止流体泄漏的装置称为机械密封(或端面密封)。

机械密封由四部分组成：

(1) 摩擦副：动环、静环；

(2) 辅助密封；“O”形、“U”形密封圈；

(3) 补偿件：弹簧、推环；

（4）传动件：传动座、销钉等。

机械密封工作时，动环在补偿弹簧力的作用下，紧贴静环，随轴转动，形成贴合接触的摩擦副，被输送介质渗入接触面产生一层油膜形成油楔力，油膜有助于阻止介质泄漏，也可润滑端面，减少磨损。

☞ 25. 离心泵机械密封在什么情况下要打封油？其作用是什么？对封油有何要求？

有毒、强腐蚀介质，密封要求严格，不允许外泄或输送介质中含有固体颗粒，泄入填料函会磨损密封面或使用双端面机械密封时，需打封油。

封油有润滑、冷却作用，还有防止输送介质泄漏和负压下空气或冲洗水进入填料函的作用。

封油压力要比被密封的介质压力高 0.05～0.2MPa，封油应为洁净、不含颗粒、不易蒸发汽化、不影响产品质量的无腐蚀性液体。封油系统通常包括有泵、罐以及起压力平衡、过滤、冷却等作用的辅助设备。

☞ 26. 泵出口为什么要装单向阀？单向阀有哪几种形式？

泵出口管线上装单向阀是为了防止液体返回泵，使泵倒转。

单向阀有两种：一种是升降式单向阀，适于水平地安装在管路上，另一种是旋启式单向阀，可以装在水平、垂直、倾斜的管路上。如装在垂直管线上，介质流向应由下至上。

☞ 27. 热油泵预热过快有什么害处？

热油泵预热应以 50℃/h 的速度升温。预热过快的害处有以下几种：

（1）对泵的使用寿命有较大的影响；

（2）对泵的零件预热不均匀造成损坏或失灵；

（3）端面密封漏，法兰、大盖漏。

☞ 28. 泵盘车盘不动的原因是什么？如何处理？

泵盘车盘不动的原因及处理方法如表 9–1 所示。

表 9–1 泵盘车盘不动的原因及处理方法

序 号	原 因	处理方法
1	油品凝固	吹扫预热
2	长期不盘车	加强盘车
3	部件损坏或卡住	检 修
4	轴弯曲严重	检修更换

☞ 29. 泵内有杂音是什么原因？如何处理？

泵内有杂音的原因和处理方法如表 9–2 所示。

表 9–2 泵内有杂音的原因及处理方法

序 号	原 因	处理方法
1	轴承无油、少油、干摩擦	加 油
2	部件损坏、松动或堵塞	更换、拧紧、清除堵塞物
3	抽空引起	排除抽空
4	叶轮磨损	检 修
5	流量过小	加大流量或开旁通循环线
6	转动部分磨损	检查修理
7	杂物进入	清除干净

☞ 30. 泵串轴的原因是什么？如何处理？

泵串轴的原因及处理方法如表 9–3 所示。

表 9–3 泵串轴的原因及处理方法

序 号	原 因	处理方法
1	压力过大、过小、不稳	保持压力平衡
2	平衡装置失灵或损坏	检 修
3	部件损坏及脱落	检 修

☞ 31. 热油泵机械密封抽空破坏的原因是什么？如何处理？

机械密封抽空破坏与密封端面间的相态变化密切相关，即抽空是一种动态平衡问题。具体对热油泵机械密封的抽空破坏来说，主要是由于急冷水或油在端面间汽化造成的。从根本上说，机械密封的抽空破坏是由于泵抽空所致，故根本解决办法还是尽力保持稳定操作，减少离心泵本身的抽空现象。对易抽空的离心泵来说，应注意管线设计有无容易使气体聚集的结构。也可减小弹簧常数，增加补偿环的质量，就能减弱机械密封抽空时发生自激振动的倾向，从而减少机械密封抽空破坏。防抽空破坏的方法还有：在泵抽空时不让防转销脱出防转槽，也就是要限制动环轴向位移，使之小于防转销伸入防转槽内的长度。

☞ 32. 电动机的作用原理是什么？

电动机的主要工作部分是定子和转子。定子绕组互成 120°，通过三相交流电后能产生旋转磁场。当电动机接通电源后，在定子绕组所产生的旋转磁场作用下，转子就跟着旋转磁场一起转动(作切割磁力线运动)。若把三相电源的三条线中任何两条线的位置对调一下就改变旋转磁场的方向，而转子的转动方向也就改变。这就是电动机的作用原理。

☞ 33. 电动机由哪些部件组成？

电动机分转子、定子两部分，由下列零件所组成：

转子部分：电机风扇、转子绕组、前后轴承、轴、转子铁芯。

定子部分：前后轮盘、定子绕组、机座、机罩、机壳、接线盒。

☞ 34. 感应电动机的振动和噪音是什么原因造成的？

电动机正常运转时也是有响声的，这声音由两个方面引起：铁芯硅钢片通过交变磁通后因电磁力的作用发生振动；转子的鼓风作用。但是这些声音应该是均匀的。如果发生异常的噪音或振动，这就说明存在问题。下面，把引起振动和噪音的原因逐条列出，以供检查时参考。

（1）电磁方面原因

① 接线错误。如一相绕组反接或各并联电路的绕组匝数不等；

② 绕组短路；

③ 多路绕组中个别支路断路；

④ 转子断条；

⑤ 铁芯硅钢片松弛；

⑥ 电源电压不对称；

⑦ 磁路不对称。

（2）机械方面原因

① 基础固定不牢；

② 电动机和被带机械轴心不在一条直线上（中心找得不正或靠背轮垫圈松等）；

③ 转子偏心或定子槽楔凸出，使定、转子相擦（扫膛）；

④ 轴承缺油，滚动轴承钢珠损坏，轴承和轴承套摩擦，轴瓦座位移；

⑤ 转子上风扇叶损坏或平衡破坏；

⑥ 所带的机械不正常振动引起电动机振动。

☞ 35. 电机启动时，电流为什么比平时大？

在起动瞬间，由于旋转磁场对静止的转子有很大的相对转速，此时转子的感应电动势为 E_{20}，设电动机额定转差率 $S_n=0.05$，则启动时的感应电动势 $E_{20}=\frac{E_2}{S_n}=\frac{E_2}{0.05}=20E_2$，为额定转速时的 20 倍。所以启动时的转子电流 $I=\frac{E_{20}}{\sqrt{R_2^2+X_{20}^2}}$ 也很大（但不是额定转子电流的 20 倍。因为这时转子感抗 $X_{20}>X_2$），由于转子电流大，与变压器副绕组电流增加引起原绕组电流增加相似，使定子电流也很大，其值为额定电流的4~7倍。

符号说明：E_2——感应电动势；

E_{20}——起始感应电动势；

R_2——转子电阻；

X_2——转子静止感抗；

X_{20}——转子起始感抗。

☞ 36. 电动机的电流波动的原因是什么？应采取些什么措施？

电动机的电流波动的原因及采取的措施如表9-4所示。

表9-4　电动机电流波动的原因及相应处理措施

序号	原因	采取措施
1	系统电压波动	联系电工控制电压，必要时停机检修
2	电动机转子和定子摩擦，线路故障	停机检修
3	所带机械负荷变化（如流量不稳等）	调整操作，平稳负荷
4	电流表故障	检修或更换
5	其他泵启动时电压波动	注意加强检查
6	泵抽空	消除泵抽空

☞ 37. 离心泵在出口阀关死时运转，会烧坏电动机吗？

离心泵在出口闸阀关死的工况下运行是否会引起电动机因过载而烧毁，这与泵的比转速、流量-功率曲线形状以及所选择的电动机有关。一般来说，离心泵的比转速小于300，泵所消耗的功率在零流量时最小，随着流量的增加，消耗的功率也增大，而且选择离心泵用的电动机是以设计点功率为依据，留有相当的裕量。所以，一般来说，不会由于离心泵在关死出口阀下运行而使电动机过载。但是，应该指出，离心泵在关死出口阀工况下运行时，大部分功率转变为热能，使泵内的液体温度上升，发生汽化，这会导致离心泵损坏。因此，离心泵不能长期在关死工况下连续运行。

压缩机与风机

☞ 38. 在催化重整装置中不同部位压缩机的作用是什么？

在催化重整装置中，一般有以下几种用途不同的氢气压缩机：

（1）预加氢补充氢压缩机

将部分重整产出的氢气加压后送至预加氢系统，用以补充预加氢反应所耗的氢气。

（2）预加氢循环氢压缩机

用以保持预加氢反应系统的氢气循环。

（3）重整循环氢压缩机

用以保持重整反应系统的氢气循环。

（4）重整氢增压机

用以将重整产出的氢气加压后送至其他加氢装置应用。

☞ 39. 往复式压缩机的特点是什么？

顾名思义，往复式压缩机其运动部件除了曲轴以外都是作往复运动的。往复式压缩机适用于吸气量小于 450m^3/min 以下的情况。它们最适合于低排量、高压力的工作。每级的压缩比通常小于 3.5∶1，更高的压缩比会使压缩机的容积效率和机械效率下降。预加氢的循环氢压缩机由于进出口压差小，一般采用一级压缩，压缩比在 1.5 左右。而预加氢的补充氢压缩机根据氢气来源不同采用一到二级压缩。重整氢增压机根据催化重整工艺的不同，采用一级到二级压缩，在连续重整装置中，一般采用二级压缩。再生系统的空压机和氮压机一般都不超过二级压缩。

重整循环氢压缩机由于流量大而压差小适宜采用离心式压缩机。但随着催化重整装置规模进一步向大型化发展，重整氢增压机有必要采用离心式压缩机以减小压缩机占地面积和增加运行可靠性。

☞ 40. 往复式氢压机的结构是怎样构成的？

所有的往复式压缩机均由机身(曲轴箱)、曲轴、连杆、十字头、中间连接体、气缸、活塞、活塞杆、压力填料、气阀及卸荷器等部件组成，如图 9-14 所示。

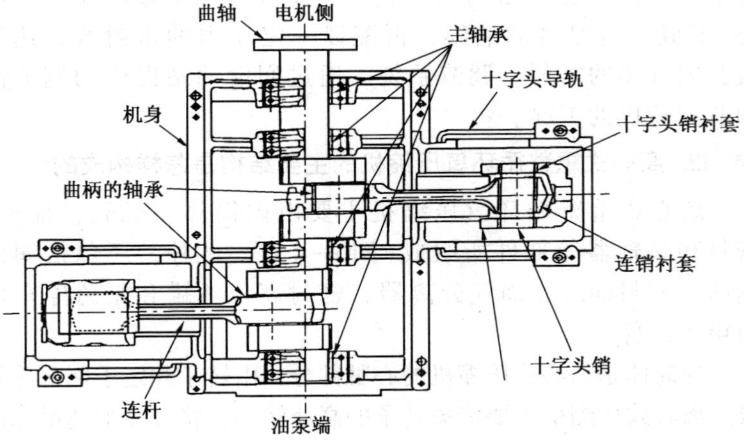

图 9-14　往复式氢压机平面视图(气缸未绘出)

每级气缸进出口设有缓冲罐、级间冷却器和分液罐、机身润滑油站、气缸和填料的注油器和软化水站等部件。

☞ 41. 离心压缩机组由哪几个系统构成？各系统的主要作用是什么？

通常离心压缩机组是由蒸汽轮机系统、离心式压缩机系统及其所属的润滑油系统、密封油系统和调节系统等构成。

蒸汽轮机的作用是带动离心式压缩机转子旋转。它借助油压变化控制汽轮机的过热蒸汽量，由蒸汽吹动转子旋转，进而控制汽轮机的转速和控制压缩机的转速。

离心式压缩机是机组做功的机器。叶轮在原动机(汽轮机)带动下高速旋转，氢气进入叶轮后，在叶片的作用下跟着叶轮旋转，流出叶轮时速度和压力都有增加，经扩压器后，氢气的动能转变为压力能，经过弯道把氢气引至下一级再进行压缩，从末级流出。

润滑系统是对离心式压缩机组的汽轮机和离心压缩机起润滑、密封、减震和冷却的作用。密封系统的作用是防止气体轴端泄漏，通过密封油使机组的两个浮环(外浮环和内浮环)形成一定厚度的油膜，再配以一定压力的密封气，达到机腔内气体的密封。调节系统，通过润滑油站提供的调节油调节汽轮机的工况。

☞ 42. 离心式重整循环氢压缩机的主要结构是怎样构成的?

离心式重整循环氢压缩机主要由内筒体、机壳、轴承、密封和联轴器等部件所组成(图 9-15)。此外，还包括润滑油站、密封油站、油气分离器、密封高位油罐和紧急停车位油箱等部件。

内筒体是离心式压缩机的心脏部分，由转子和定子两部分组成。离心式压缩机主要依据转子的高速转动，将气体加速增加动能，然后将高速流动的气体通过定子部分的扩压器和弯道，将气体的流速降下来，使其转变为压力(势能)并导入下一级叶轮，故离心式压缩机是一种高速旋转的机器，尤其对氢气介质来说，为了要得到一定的势能(压力或称能量头)，转速每分钟要超过 1 万多转，而且级数多达 6~8 级。转子部分(图 9-16)包括叶轮、主轴、轴套(级间轴套和轴端轴套)和平衡盘。气体通过叶轮获得功能；平衡盘主要用于减少由于叶轮两侧压力差所产生的推力。

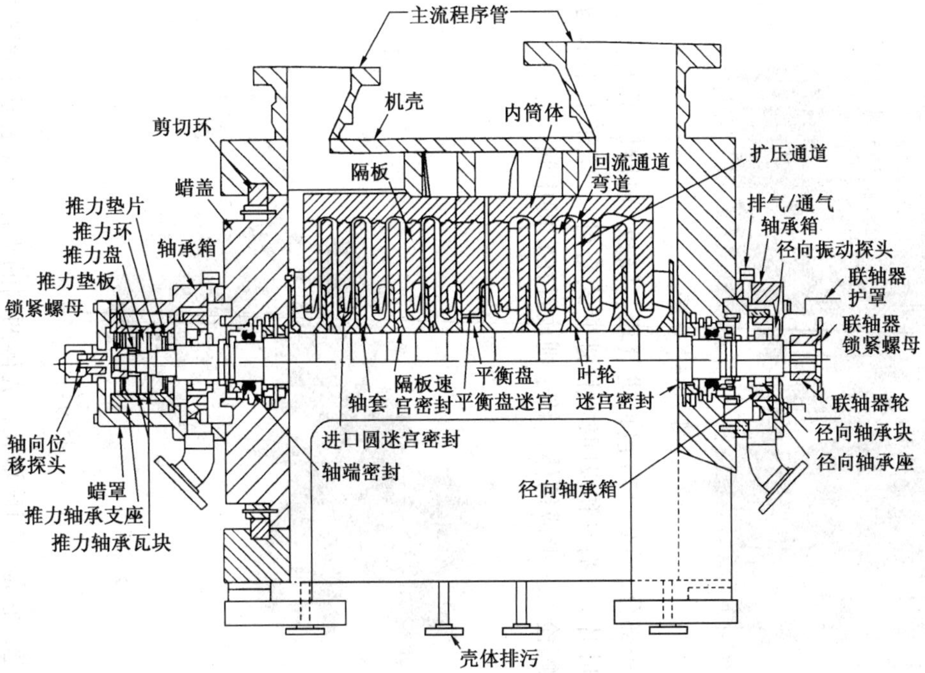

图 9－15　离心式压缩机剖面图

图 9-16　转子

定子部分(图 9-17)包括进气段、隔板(包括扩压段、弯通和导流叶片)、蜗室和级间密封(迷宫式密封)。定子上半部与下半部用螺栓连接形成筒体，转子则放置在它的中间。

图 9-17　定子

机壳，它是一圆筒形壳，壳体两端的头盖内安装轴端密封和轴承。轴承承受转子的重量。

☞ 43. 离心式压缩机的主要优、缺点是什么？

主要优点：输气量大而连续，运转平稳；机组外形尺寸小，重量轻，占地面积少；设备的易损部件少，使用期限长，维修工作量小；由于转速很高，可以用汽轮机直接带动，比较安全，容易实现自动控制。

主要缺点：效率不及轴流式压缩机和往复式压缩机；稳定工况区较窄，有喘振现象发生。

☞ 44. 汽轮机盘车的目的是什么？

启动前盘车是检查机组内部有无摩擦、碰撞、卡涩等现象，以保证启动后安全运转。可以通过对比每次盘车用力的大小，来判断安装与检修的质量，如联轴节对中心的好坏、轴瓦间隙大小及有无异物留在机内等。

停机后进行盘车是为了防止上下汽缸的温差引起轴弯曲。有盘车装置的汽轮机，可不受停机时间限制，随时可以启动，否则在停机后 4~12 小时(轴弯曲最大时)不允许启动。

☞ 45. 离心式重整循环氢压缩机轴振动大的原因是什么？如何处理？

轴振动大的原因：

(1) 轴承间隙大，机组同心度变化，固定螺丝及地脚螺栓松动；

(2) 主机喘振；

(3) 转子弯曲，汽轮机运转不平稳；

(4)找正不准，轴承或汽封损坏。

处理措施是：

(1) 降低转速；

(2) 联系有关人员检查处理；

(3) 振幅大于 0.107mm 时，停机处理。

☞ 46. 离心式压缩机型号——DA 220-71 中各种数字和符号的涵义是什么？

DA 表示离心式压缩机；220 表示压缩机入口气体的体积流量为 $220m^3/min$；7 表示压缩机有 7 级叶轮；1 表示该种离心式压缩机是第一次设计。

☞ 47. 氢气压缩机的驱动机—电动机或汽轮机各有何特点？

（1）电动机

通常大型往复式压缩机选择同步电动机来驱动，同步电动机的超前功率因数对电网的功率因数可以进行补偿，改善电网的作业。中小型往复式压缩机一般选择异步电动机来驱动，异步电动机比同步电动机便宜，结构简单，也容易操作，只要电网已有足够的补偿能力。当然，大型的往复式压缩机也可选择用异步电动机来驱动。

我国的同步电动机都是无刷励磁结构的，采用可控硅整流器将交流电整定为直流电，整个电动机的结构紧凑。

氢气压缩机选择的电动机在防爆等级上比一般烃类压缩机的电动机要高，考虑成本和操作、维护等因素，选择增安型为好，小型机亦可选择隔爆型。

（2）汽轮机

通常，离心式压缩机用汽轮机的驱动机，通过干式迭片联轴器直接驱动的。汽轮机具有变速功能，对改变离心式压缩机的操作工况十分有利。也有采用电动机和增速齿轮箱来驱动离心式压缩机的，采用变频器来改变电动机的转速。汽轮机有背压式和凝汽式两种，凝汽式汽轮机的结构就要复杂一些，因为它包含了抽空系统，表面冷凝器及其液位控制和凝结水泵等一系列设备。此外，汽轮机又可分为冲动式和反动式两类（图 9-18）。冲动式，蒸汽在喷嘴或静叶中完全膨胀，动叶中不再有压降；反动式，蒸汽在静叶和动叶中都有压降。这两种方式都是通过速度的降低，把动能转化为机械能。

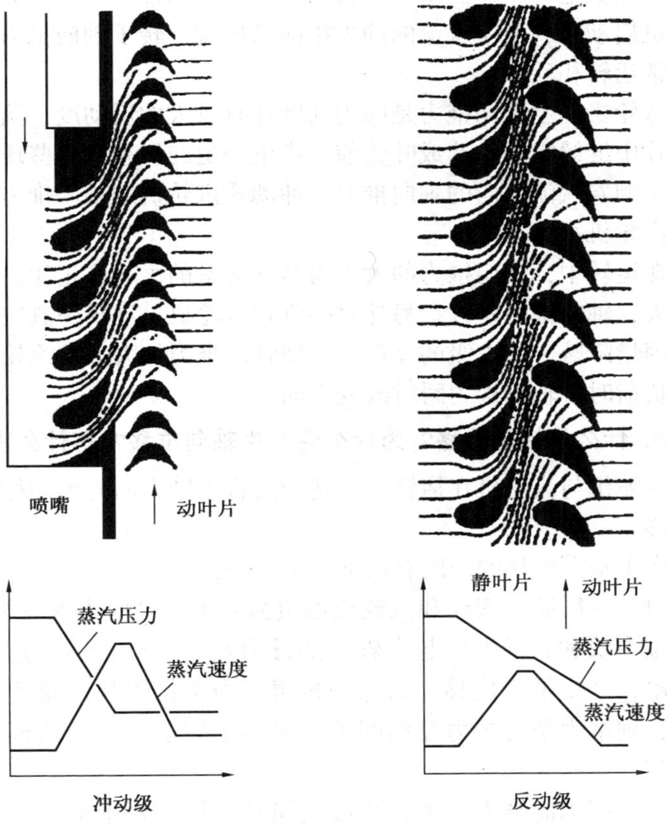

图 9-18 汽轮机叶片类型

☞ 48. 离心式压缩机运行中轴向推力是怎样产生和变化的?

离心式气压机中，由于每级叶轮两侧，气体作用在其上的力大小不同(出口侧因压力高，作用力大于进口侧)，使转子受到一个指向低压端的合力，即轴向推力。虽然在结构上设置了平衡盘或通过级的不同排列来减小轴向力，但不能完全平衡。

压缩机运行中，当出口压力增加时，轴向推力加大。另外当气压机启动时，由于气流的冲力指向高压端，转子轴向推力方向与正常运转相反。

汽轮机产生轴向推力是因为动叶片有较大的反动度，蒸汽在动叶片中继续膨胀，造成叶轮前后产生一定的压差。这些压差就产生了顺着汽流方向的轴向推力。冲动式汽轮机的轴向推力较反动式汽轮机小。

在运转中，轴向推力的大小与蒸汽流量的大小成正比，即负荷越大，轴向推力越大。另外对凝汽式汽轮机，运转中真空度下降，因焓降减少增大级的反动度，使轴向推力加大。在汽轮机突然甩负荷时，轴向推力瞬时改变方向。

☞ 49. 什么是轴向位移？为什么会产生轴向位移？有什么害处？

压缩机与汽轮机在运转中，转子沿着主轴方向的窜动称为轴向位移。

产生轴向位移的原因有以下几个方面：

（1）在压缩机起动和汽轮机甩负荷时由于轴向力改变方向，且主推力块和副推力块与主轴上的推力盘有间隙，因而造成转子窜动，产生轴向位移。为保护机组，当主推力块与推力盘接触时，副推力块与推力盘的间隙应该小于转子与定子之间的最小间隙。

（2）因轴向推力过大，造成油膜破坏使瓦块上的乌金磨损或熔化，造成轴向位移。为保证机组当乌金熔化时不会造成过大的轴向位移，瓦块上乌金的厚度都不大于1.5mm。

（3）由于机组负荷的增加，使推力盘和推力瓦块后的轴承座、垫片、瓦架等因轴向力产生弹性变形，也会引起轴向位移，这种轴向位移叫做轴向弹性位移，弹性位移与结构及负荷有关，一般在0.2~0.3mm之间。

机组的轴向位移应保持在允许的范围内，一般为0.8~

1mm。超过这个数值就会引起动静部分发生摩擦碰撞，发生严重损坏事故，如轴弯曲、隔板和叶轮碎裂、汽轮机大批叶片折断等。因此，在操作中要经常注意轴瓦温度、润滑油温度、轴向位移指示值，发现异常情况要立即采取措施。

☞ 50. 什么是静不平衡和动不平衡？

汽轮机或离心式压缩机的转子由于材料质量的不均匀性和加工装配中存在着误差，导致转子在圆周方向重量不均，俗称“偏重”，在工程上叫做质量不平衡。回转体的质量不平衡，基本上可分为静不平衡和动不平衡两种。静不平衡是指回转体在静止状态下，其较重的位置，在地心引力的作用下恒向地心。无论是单级转盘或多级转子或转鼓，都可能存在这种静不平衡，校正静不平衡时，只需将较重的方向取走一定金属就可以很方便地找好平衡。

动不平衡是指转子在离心力作用下所产生的不平衡。校正动不平衡需在动平衡试验台上进行，也可以在运行状态下用相对相位法进行。由于静不平衡和动不平衡而引起设备振动大的情况是常有的，尤其在高转速设备上。因此在检修时必须考虑平衡问题。如果更换叶轮、叶片、联轴节和联轴节螺栓时都应使其不产生质量上的偏差，这应按规程进行动平衡测试工作。

☞ 51. 什么是临界转速？

汽轮机、压缩机转子上的各个部件都是制造得很精密的，在装配时都找了平衡。但是转子的重心还是不可能完全和轴的中心相符合。由于轴的中心和转子的重心之间有偏心，因此在轴旋转时就会产生离心力，这是造成机组振动和大轴弯曲的主要原因。

转子旋转时，重心随着轴中心线而转动。离心力的方向也随着转动。当轴每转一周，就产生一次振动，这是离心力引起的对转子的强迫振动。每秒产生强迫振动的次数叫做强迫振动的频率。

任何弹性体本身都有一定的自由振动频率。例如，我们把一根钢丝两端固定拉紧，在中间用锤敲一下，钢丝就开始上下往复地振动。这时，钢丝每秒钟振动的次数就称为它的自由振动频率。

汽轮机和压缩机的转子也是弹性体，也具有一定的自由振动频率。离心力则引起转子的强迫振动。当转子的强迫振动频率和转子的自由振动频率相重合时，也就是离心力方向变动的次数，引起转子强迫振动的频率和转子自由振动的频率相同或成比例时，就产生了共振。这时转子的振动特别大。这一转速就称为转子的临界转速。

由于临界转速下，转子振动很大，因此汽轮机和压缩机不允许在临界转速下工作。

☞ 52. 离心压缩机喘振现象是什么？原因是什么？如何处理？

喘振现象：

（1）机组噪音大，发生共振，出入口流量大幅度波动，气流反复波动，出口单向阀忽开、忽关；

（2）由于喘振，内部压力平衡有可能被破坏而引起串轴。

喘振的原因是：

（1）入口流量太小；

（2）入口压力低；

（3）出口阀关闭太快；

处理方法是：

（1）在机组启动及在不正常操作中，可适当提高循环量，使压缩机进口流量大于特殊曲线中的最小流量；

（2）与重整岗位联系，适当提高压缩机入口压力或出口蝶阀开度；

（3）联系前部降低转速，保持入口压力为正压；

（4）窜轴严重时降低转速，降速无效则停机。

☞ 53. 调速器发生故障时有何现象？如何处理？

现象：

(1) 转速波动；

(2) 转速降至9700r/min，无法提高。

处理的方法是：

(1) 如果调速器油少则加满油，油乳化变质则换油；

(2) 检查动力活塞连杆、阀杆是否卡颈；

(3) 上述处理仍无效时，由有关人员检查处理。

☞ 54. 氢气循环压缩机在什么情况下必须停运？停运后系统应如何处理？

如果发生下列情况之一者，应立即停运氢气循环压缩机：

(1) 氢压机突然严重带油，电流、输送介质出口压力大幅度波动；

(2) 氢压机出口温度过高，润滑油压力低于指标，应认真查找原因，查不清原因或处理无效时，及时换备用机或停止运转；

(3) 氢气大量外漏，电缆头着火，电机爆炸；

(4) 氢压机主要部件严重故障，危及安全。

其中最主要的是机体本身的故障。那么氢压机停运时怎么办呢？

(1) 各炉立即灭火，停进料，炉膛吹入蒸汽；

(2) 关闭氢压机出、入口阀，从氢压机出口补入高压氢，维持系统氢气流动，根据床层温升情况，控制排气量，当然要保证床层不超温；

(3) 系统维持压力，降温；

(4) 注意检查，防止泄漏等事故；

(5) 若长时间不能启动可按停工处理。

☞ 55. 汽轮机的主要结构是怎样的？主要优点是什么？

汽轮机本体的结构由下列几个部分组成：

（1）转动部分由主轴、叶轮、轴封套和安装在叶轮上的动叶片等组成；

（2）固定部分由汽缸、隔板、喷嘴、静叶片、汽封和轴封等组成；

（3）控制部分由调速装置、保护装置和油系统等组成。

汽轮机的主要优点是：

（1）汽轮机的转速可在一定范围内变动，增加了调节手段和操作的灵活性；

（2）适于输送易燃易爆的气体，即使有泄漏也不易引起事故；

（3）蒸汽来源比较稳定。

☞ 56. 汽轮机为什么要低速暖机？启动前为什么要疏水？

汽轮机在启动时，要求一定时间进行低速暖机。冷态启动时，低速暖机的目的是为了使机组各部件受热均匀膨胀，以避免汽缸、隔板、喷嘴、轴、叶轮、汽封和轴封等各部件发生变形和松动。对于未完全冷却的汽轮机，特别对没有盘车装置的汽轮机，启动时也必须低速暖机，其目的是为了防止轴弯曲变形，以免造成汽轮机动静部分摩擦。

暖机的转速不能太低。因为转速太低，轴承油膜不易建立，造成轴承磨损。同时，转速太低，控制困难，在蒸汽温度压力波动时，容易发生停机现象。暖机转速太高，则会造成暖机速度太快。

启动前暖管暖机时，蒸汽过冷，马上凝结成水。凝结水如不及时排出，高速的汽流就会把水夹带到汽缸内把叶片打坏。因此开机前必须先将管道内的水排净。

在管道疏水完毕，汽轮机启动前汽缸内会有蒸汽凝结水，如不排走也会造成叶片冲蚀。另外在停机时，汽缸内存有凝结水，会引起汽缸内部腐蚀。因此，汽缸也要疏水。

☞ 57. 汽轮机蒸汽压力下降是何原因？如何处理？

原因：

（1）余热锅炉发生故障；

（2）蒸汽管网发生故障；

（3）过滤网堵；

（4）压力控制阀失灵。

处理措施：

（1）联系有关单位排除故障，提高蒸汽压力；

（2）联系锅炉岗位调整入口压力，打开循环旁路阀；

（3）当压力降至最低允许压力时，通知班长把机组切出系统，如果短时间不能恢复供汽或压力继续下降时，按停机处理。

☞ 58. 蒸汽温度下降的现象是什么？如何处理？

蒸汽温度下降的现象是：

（1）蒸汽温度指示下降，蒸汽流量下降，机声变化；

（2）压缩机入口压力升高，流量下降。

处理方法是：

（1）联系锅炉岗位提高蒸汽温度；

（2）加强脱水。

☞ 59. 蒸汽带水对压缩机有何影响？如何处理？

蒸汽带水对压缩机的影响：

（1）蒸汽温度指示急剧下降，蒸汽流量增大，转速下降，机声变化，汽轮机轴封甩水。

（2）压缩机入口压力波动，流量下降。

处理方法是：

（1）加强脱水；

（2）联系锅炉岗位提高蒸汽温度；

（3）严重时，联系反应岗位降机组负荷或停机。

☞ 60. 凝汽器的作用是什么？它的工作原理是什么？

凝汽器是凝汽式气轮机的重要辅助设备，其作用主要有三个：

（1）冷却汽轮机的排汽，使之凝结为水，再由凝结水泵送回锅炉；

（2）在汽轮机排汽口造成高度真空，使蒸汽中所含的热量尽可能地多做功，提高汽轮机的效率；

（3）在正常运行中凝汽器有除气作用，并有除氧作用，提高水质，防止设备腐蚀。

那么，凝汽器是怎样工作的呢？

汽轮机的排汽进入凝汽器后，受到铜管内冷却水流的冷却而凝结成水，其体积急剧减小，因而形成高度真空。凝结水不断由凝结水泵送入给水回热系统再返回锅炉，否则，水位升高，会降低凝汽器的效率。

为了保证凝汽器内的高度真空，除了保证凝汽器尽可能严密，以防空气漏入外，还装设抽气器以抽出从凝汽器和汽轮机等任何不严密的地方漏入的空气和蒸汽带入的空气。

☞ 61. 什么是凝汽器的极限真空度和最有利真空度？

凝汽器真空度的高低，主要决定于冷却水的温度和流量。要提高真空度，主要靠降低冷却水的温度或加大流量。当凝汽器的真空度提高时，汽轮机的可用热焓降要受到汽轮机末级叶片膨胀能力(压力比)的限制。当蒸汽在末级叶片中的膨胀已达到最大值时，与之相应的真空度就叫做极限真空度。超过这个真空度，蒸汽就在末级叶片出口处继续膨胀，造成涡流损失。

然而汽轮机在极限真空度下运行并不是最有利的。因为要造成这样高度真空，就必须消耗相当多的能量(包括电、水、汽)。因此，对于每台汽轮机来说，都应该用试验方法确定出最有利的真空度。所谓最有利的真空度是指超过这个真空度时，提高真空度所消耗的能量大于因提高真空度汽轮机多做的功。因此凝汽器真空度过高过低对汽轮机经济性均不利，所以在操作时，必须对凝汽器的真空度严密监视，以维持最合适的真空度。

☞ 62. 凝汽器运行时，应经常监视哪些指标？

凝汽器运行情况好坏反映在真空度上面，但真空度是各方面因素的综合结果。为了便于分析，应经常监督以下指标：

（1）温升，即冷却水进出口温度差。在汽轮机负荷相同，即排汽量相同的情况下，温升增加说明水量减小。其原因可能是管板堵塞及管子污染等。

（2）端差，即排汽温度与冷却水出口温度之差。端差增加说明传热系数下降，一般是由于受热面污染或漏空气引起的。

（3）过冷度，即排汽温度与凝结水温度之差。经常性过冷度大，表示凝汽器结构有问题。过冷度突然增加，一般是由于凝汽器漏水到铜管，或漏空气引起的。

（4）冷却水出口虹吸降低。虹吸作用降低一般是由于管板堵塞造成。

☞ 63. 启动抽气器时，为什么先启动第二级后启动第一级？

第二级抽气器的排气是直接排向大气的，而第一级抽出的空气必须经过第二级后再排向大气。第一级流水采用U型管疏水，如果先启动第一级再启动第二级，因U型管两面的压力差增加，会使U型管中的水冲掉，造成第一级抽出来的空气经过U型管又回到凝汽器，也就是说第一级抽气器等于不起作用。所以启动抽气器时必须先启动第二级，再启动第一级。

☞ 64. 影响抽气器正常工作的因素有哪些？

（1）蒸汽喷嘴堵塞。由于抽气器喷嘴孔径很小，故较容易堵塞，一般在抽气器前都装有滤网。

（2）冷却器水量不足。这是因为在启动过程中，再循环阀门开度过小而引起的。

(3) 疏水器失灵或铜管漏水，使冷却器充水，影响蒸汽凝结。

(4) 汽压调整不当。因为抽气器蒸汽阀门一般都关小节汽，有时阀门由于汽流扰动作用而自行开大或关小，影响汽压。

(5) 喷嘴或扩压管破损。

(6) 汽轮机严密性差，漏入空气太多，超出抽气器负载能力。这可由空气严密性试验进行判断。

(7) 冷却器受热面脏。

☞ 65. 凝汽式汽轮机启动前为什么要抽真空？

汽轮机在启动前，汽轮机内部都存在着空气，机内的压力等于大气压力。如果不抽真空，空气就无法排除，因而使排气压力增大。在这种情况下开机，必须要有很大的蒸汽量来克服汽轮机及气压机各轴承中的摩擦阻力和惯性力，才能冲动转子，使叶片受到较大冲击力。转子被冲动后，由于凝汽器内存在空气，降低了传热速度，冷却效果差，使排汽温度升高，造成后汽缸及内部零件变形。凝汽器内背压增高，也会使真空安全阀动作。所以凝汽式汽轮机，在启动前必须抽真空。

☞ 66. 凝汽式汽轮机驱动的压缩机应如何启动？

(1) 慢慢开启主汽门冲动转子。转子冲动后，调节主汽门到适当开度，逐渐升速至 600~800r/min。

(2) 在 600~800r/min 范围内暖机 20min。

(3) 以 200r/min 升速至 2200r/min，暖机 20min。

(4) 以 300r/min 升速至 3600r/min，暖机 15min。

(5) 迅速越过 3700~3900r/min（临界速度），将转速升到 4050r/min。

(6) 在暖机升速中应注意：

① 超越临界转速时应迅速。

② 经常检查主机运转情况及各辅助设备的运转情况。

③ 随转速上升提高真空度到231kPa，停用辅助抽气器。

④ 经常检查各轴承温度及回油情况，当轴承温度升高到35℃时，开冷却水入冷油器，保持油温在35~40℃之间。

⑤ 在临界转速附近和超越临界转速时，如发生显著振动，则应立即把转速降到800r/min，停留10min后再按升速规定升速，如还有显著振动，则停机检查。

⑥ 注意调节汽封、轴封，轴封真空度应保持在20kPa。

⑦ 做好与反应岗位的联系，反飞动流量由反应岗位投入自动，以保证反应压力平稳。

⑧ 注意出口压力，升速过程中出口压力应控制在0.5~0.6MPa，用出口放火炬阀调节。

⑨ 根据主油泵工作情况，停辅助油泵。

⑩ 汽轮机升速到4050r/min时，调速器投入工作。

⑪ 适当开大主汽门，用二次风压控制转速。

⑫ 机组一切正常以后，在出口压力达到要求时，可与反应岗位联系，送气，并关小放空至全关，将出口压力调至正常。

⑬ 机组运转正常以后，投入自控。

☞ 67. 背压式汽轮机启动前为什么要启动汽封抽吸器和汽封冷却器？

背压汽轮机因排汽压力高，启动前如不先开启汽封抽气器与汽封冷却器，会使大量蒸汽由轴端漏出机外，并且有部分蒸汽窜入轴承润滑油内，使润滑油内带水而乳化。因此必须先开启汽封抽气器与汽封冷却器，造成一定的真空度，将汽引出，冷却变为冷凝水。

☞ 68. 背压式汽轮机启动前为什么要将背压汽引到汽轮机排汽隔离阀后？

背压汽轮机的排气是排入蒸汽管网后再送到各用户的，从汽轮机排气隔离阀后到管网这段管线同样需要启动前暖管。暖管的要求与汽轮机进口主蒸汽隔离阀前管线暖管要求相同，逐渐使这段管线的压力达到正常的排气压力值。因此背压汽轮机启动前要先将背压汽引到汽轮机排气隔离阀后，在操作时要注意排凝，防止产生水击现象。

☞ 69. 离心压缩机启动时为什么要先开反飞动阀？

在启动时，通常入口阀全开，出口阀处于全关状态，因为装置开工过程中，气体量开始比较少。为保证机入口有一定流量，故反飞动阀也需打开。随着气体的增加，逐渐关小反飞动阀。这样开机平稳，并可避免发生飞动。进口“德马克”机本身反飞动阀(即一级反飞动)开机时全打开，待运转正常后关掉。

☞ 70. 启动冲动转子时，为什么有时转子冲不动？

冲转时转子冲不动的原因如下：

(1) 因调速油压过低或操作不当，应开启的阀门未开，如危急遮断阀、调速汽门等。

(2) 进口蒸汽参数比要求的低或者凝汽器真空度低(对凝汽式汽轮机)及背压太高(对背压式汽轮机)。

(3) 在用主汽隔离阀的旁路阀启动时，由于蒸汽量小或气温低使蒸汽在管道及汽缸内很快冷却凝结，转子不易冲动。

(4) 转子与机壳有发生摩擦的部位，特别是汽封齿与轴颈发生摩擦。

(5) 整个机组负载过大，不是在低负载状态下启动。

☞ 71. 凝汽式压缩机停机时，为什么要等转子停止才将凝汽器真空降到零？

压缩机停机时，除非是紧急停机要破坏真空使其迅速停止外，一般情况是真空度逐渐降低，当转子停止时，真空度接近于零。这样，将每次停机时转子的惰走时间相互比较，便可发现压缩机组内部有无不正常现象。如真空度降低快慢没有标准，由于压缩机损失有大小，影响惰走时间长短，就不能根据惰走时间来判断设备是否正常。另外保持真空，还有利于停机后，保持汽缸内部干燥，防止发生腐蚀。

☞ 72. 凝汽式压缩机停机时，为什么不立即停止向轴封供汽？

停机尚有真空时，若立即关闭轴封供汽，则冷空气通过轴封吸入汽缸内，会使轴封骤冷而变形，在以后的运行中会使轴封磨损并产生振动。因此必须等真空度降低到零，汽缸内压力与外界压力相等时，才关闭轴封供汽，这样，冷空气就不会从轴封处漏入汽缸，引起变形，损坏设备。

☞ 73. 为什么停机后润滑油泵尚需运行一段时间？

当机轴静止后，轴承和轴颈受汽缸及转子高温传导作用，温度上升很快，这时如不采取冷却措施，会使局部油质恶化，轴颈和轴承乌金损坏。为了消除这种现象，停机后油泵必须再继续运行一段时间以进行冷却。油泵运行时间的长短，视汽缸与轴承的降温情况而定，要求汽缸温度降低到 80℃以下，轴承温度降低到 35℃以下，方可停泵。

☞ 74. 凝汽式汽轮机驱动的压缩机如何正常停机？

凝汽式汽轮机驱动的气压机的正常停机步骤如下：

（1）联系有关岗位，做好停机前准备工作。

（2）试验辅助油泵，良好后处于备用。

（3）随着反应降量，气量减少。增加反飞动量，同时适当降低转速，按操作规程指标，气量已较小时，改为机出口放火炬。此后再继续降低转速，直至停机。进气由入口放火炬。

（4）当转速降到较低时，调速风信号为 20kPa 时，启用辅助润滑油泵。

（5）辅助油泵正常后，关主汽门停机。

（6）停抽气器（先停一级、后停二级），使复水器真空度下降到零。

(7) 真空度为零时，停汽封蒸汽。

(8) 待转子停后，关闭气压机入口、出口阀门，打开机组各排凝阀，待机壳内压力为零时，停轴封抽气器。

(9) 停机 15min 后，见复水器液面低时，可停复水泵及复水器冷却水。

(10) 停机后，辅助润滑油泵继续运转，半小时内应继续盘车，要求每 5min 盘车 180°。一小时后再隔 30min 盘车 180°，至轴承温度降到 35℃以下时，停止盘车，停辅助油泵，停冷油器供水。

(11) 放净汽轮机、气压机及蒸汽系统管线内凝液。

(12) 关汽水分离器出口蒸汽阀，底部放空。

☞ 75. 汽轮机油有什么作用？对汽轮机油的质量有些什么要求？

在机组运行中，汽轮机油有四个作用：(1)使机组各轴承、联轴节及其他传动部分上形成一层润滑油膜，减小摩擦阻力；(2)带走因摩擦而产生的热量和高温蒸汽及压缩后升温的气体通过主轴传到轴颈上的热量，以保证轴承及轴颈处温度不超过一定值(一般不超过 60℃)；(3)通过汽轮机油进行液压和作为各液压控制阀的传动动力；(4)如果机组封油也采用汽轮机油，还起密封作用。

机组对汽轮机油的质量有着严格的要求，以 N32 号汽轮机油为例，主要有以下几项指标：

(1) 黏度

黏度是判断汽轮机油流动性的标准，以动力黏度作为测定单位，常用汽轮机油黏度为 28.8~35.2mm^2/s(40℃)。黏度过大轴承易发热，过小使油膜破坏。油质恶化时，黏度增大。

(2) 酸值

酸值表示油中含有酸分的多少，以每一克油中用多少毫克氢氧化钾才能中和来计算。新油酸值不大于 0.3KOHmg/g。油质劣化，酸值上升。

（3）酸碱性反应

这是指油呈酸性或碱性。良好的汽轮机油应呈中性。

（4）抗乳化度

它是评价油和水分离的能力，良好的汽轮机油应不大于15min。油中含有机酸时，抗乳化度就下降。

（5）闪点

因汽轮机温度高，故闪点应不低于180℃。

此外，油的透明度、凝固点和机械杂质都是判断油质的指标。

☞ 76. 劣质汽轮机油对机组有什么危害？

汽轮机油和空气混合会出现泡沫过多，结果使油泵效率下降，油压降低，使调速系统动作缓慢。

由于油的氧化使酸值增高，呈现酸性，使同油接触的各个部件发生腐蚀，同时生成大量铁锈，使轴承啮毛发热，调速系统卡涩，保安器因锈住而不动作。

由于油中带有水和机械杂质，使油的色泽极不透明，变为乳状液，增大黏度，失去润滑作用，使轴承乌金熔化。

由于油中混入低沸点的液态烃和汽油等，使油的黏度下降造成油的润滑及密封性能下降，甚至会引起机组振动。

☞ 77. 轴承上的润滑油膜是怎样形成的？影响因素有哪些？

油膜的形成主要由于油有一种黏附性。轴转动时将油粘在轴与轴承上，由间隙大到小处产生油楔，使油在间隙小处产生油压，由于转速的逐渐升高，油压也随之增大，并将轴向上托起。

影响油膜的因素很多，如润滑油的黏度、轴瓦的间隙、油膜单位面积上承受的压力等等，但对一台轴承结构已定的机组来说，最主要的因素就是油的黏度。因油质劣化，造成油的黏度上升或下降，都可能使油膜被破坏。

☞ **78. 为什么机组启动时润滑油温不能低于25℃？升速时不能低于30℃？**

汽轮机油的黏度受温度影响很大，当油温过低时，油的黏度很大，会使油分布不均匀，增加摩擦损失，甚至造成轴承磨损。故启动时油温规定不得低于25℃。升速时摩擦损失随转速增加而增加，故对润滑要求更高，因此油温要求更高一些，不能低于30℃。

☞ **79. 机组启动时，辅助油泵什么时候停用？**

对于主油泵联在压缩机轴上的机组，在机组启动前必须先开启辅助油泵，以保证调速油压及润滑油压。待机组达到额定转速，主油泵出口压力达到额定值并稳定后，则可以停用辅助油泵。在停用辅助油泵时，应特别注意主油泵能否建立正常油压，防止因突然停用辅助油泵造成油压跌落。对于汽动辅助油泵，应慢慢关小辅助油泵汽门，待油压正常时，才可完全停用，并应检查辅助油泵已肯定停止转动，防止因汽门漏气过多而停不下来的现象。对于电动辅助油泵，在停用辅助油泵时，易发生油压突然波动现象，这时在停泵前可先关闭辅助油泵出口阀(离心泵可以，容积泵不可关出口阀)就可避免油压波动。但当主油泵已运转正常后应立即将辅助油泵的有关阀置于规定位置，这一点切不可忘记，避免自动启动时发生差错。

☞ **80. 机组启动前，为什么必须拆卸润滑油临时过滤器？**

在机组新安装或检修以后，为将油管路中残留的少量棉纱头、金属屑及泥沙等物清洗干净，一般采用油循环冲洗的方法。为了防止上述杂物进入轴承，都在各轴承进口法兰中临时加入了过滤网，并在每个过滤网前安装了压力表，根据压力上升情况，清洗各进油滤网，直到油压不再上升，滤网上没有杂物为止。在机组启动前，必须将上述各轴承进口的滤油网拆除，不可忘记。否则，在长期运转后，滤网上或多或少会积存杂物造成阻力增加，使轴承前油压下降以致轴承因缺油而烧毁，或者被迫停机。

☞ 81. 如何控制润滑油温度？

控制润滑油温度的方法有二种：

(1) 由人工控制冷油器的冷却水量来调节润滑油的温度。

(2) 自动控制润滑油的温度。方案有二种：

一种方案是通过开关润滑油箱内的电加热器来自动调节润滑油温度。当温度≤20℃时，油温开关动作，接通电加热器的电源，将润滑油加温；当温度≥25℃时切断电加热器电源，停止加热。当油箱液位低于50mm时，电加热器不能启动。

另一种方案是用温度调节阀调节进入冷油器的润滑油量来控制润滑油温度。冬季气温较低，经冷却后油温会更低，这样油黏度增加，流动性降低，影响润滑效果。温度调节阀使全部或部分润滑油旁通，不经过冷油器，减少热量散失，提高润滑油温度，改善流动性能。

☞ 82. 离心式重整循环氢压缩机流道堵塞的原因是什么？如何处理？

中国西部地区某厂0.15Mt/a重整装置于1996年建成投产，2001年扩能改造至0.30Mt/a。在扩建过程中，为提高反应氢油比，增加循环氢量，对循环氢压缩机进行了改型，利用沈阳压缩机厂生产的BCL408-6型变频离心式压缩机代替了原来的往复式循环压缩机，变频技术在国内重整装置属首次应用。装置运行近5年来一直较为平稳。2005年6月装置运行过程中发现离心式循环压缩机排气量逐渐减小，特别是连续两次非正常停工之后下降尤甚(仅为25dam^3，设计为60dam^3)直接导致产品质量下降，研究法辛烷值仅为89(正常时为93.5)，严重影响装置的正常运行，同时缩短了催化剂的使用寿命。

该装置工程技术人员针对循环氢量减少的现象，通过对离心机运行工况、全流程压力差分布等工艺参数的变化认真分析和排查，最后确认离心压缩机流道堵塞可能是循环氢流量减少的主要原因，而后来对压缩机解体检修进一步证明了对问题判断的准确性。

该装置工程技术人员为找到流道堵塞的原因，进一步对堵塞物的组成进行了分析，发现堵塞物成分主要是 $FeCl_3$ 结晶物和部分催化剂粉尘，且垢层逐层加厚、比较坚固。为从根本上解决流道堵塞问题，对堵塞物的形成原因进行了分析。

那么 $FeCl_3$ 及堵塞物是怎样形成的呢？

由于重整催化剂采用全氯型低铂铼催化剂，其活性主要由催化剂的金属中心和 Cl^- 形成的酸性中心来完成，在重整装置运行过程中，为了能够最好的发挥催化剂的活性、选择性、稳定性，要求控制好催化剂的水氯平衡环境，为此需连续地注水、注氯，一般注入二氯乙烷和乙醇调整水氯平衡，但当催化剂水氯平衡失调或运行到后期，其持氯性能下降，氯流失严重，进而引起循环气中的氯离子浓度增加(见图 9-19)。

随着循环气中氯离子浓度的增加，氯离子在和管壁接触过程中对管壁发生氯腐蚀，形成 $FeCl_3$，而 $FeCl_3$ 晶体以催化剂粉尘为媒介，在压缩机流道中逐渐结晶沉积，最后形成坚硬结块，从而导致离心压缩机流道堵塞，进而导致压缩机排气量减小。

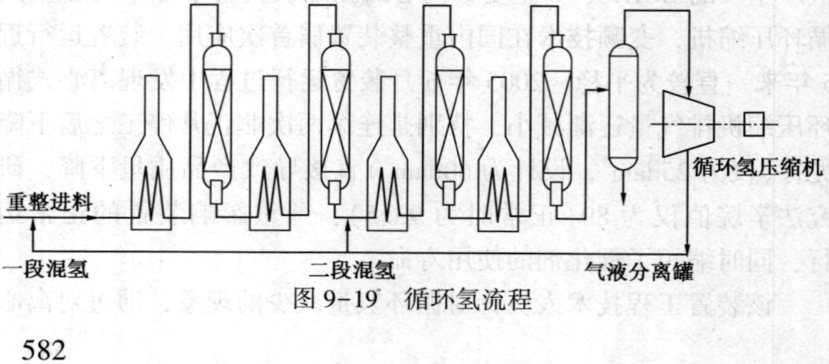

图 9-19 循环氢流程

由以上分析可见，解决压缩机流道堵塞这一问题的关键是阻止和减少 $FeCl_3$ 的形成，二是避免 $FeCl_3$ 在流道中的沉积结块。

（1）降低循环气中氯离子浓度

及时调整催化剂注氯量，保持催化剂水氯平衡，在保证催化剂活性的前提下尽可能减少注氯量，以降低循环氢中氯离子含量，减少管壁氯腐蚀。

（2）阻止和减少流道中的沉积结块

① 消除 $FeCl_3$ 结晶物形成结块的媒介，在催化剂装填后对催化剂床层进行 N_2 除尘吹扫，以除去其中的催化剂粉尘；

② 对高分气液分离罐出口破沫网进行改型，以防止粉尘大量进入离心压缩机流道引起 $FeCl_3$ 结晶物沉积结块；

③ 定期对压缩机进行解体大修，对流道中的沉积物及时清理，防止沉积物大面积结块，保证流道畅通。

通过工艺优化、设备改造及定期清理检修等措施的实施，降低了循环气中的氯含量，延缓了 $FeCl_3$ 结晶沉积速度，取得了较好的效果，有针对性的解决了压缩机流道堵塞问题，延长了催化剂使用寿命，确保了重整装置的安全、平稳、长周期运行。

☞ 83. 现代连续重整催化剂再生系统的风机有哪些种类？热循环再生风机有何特点？

在连续催化重整装置中的催化剂再生系统有两种再生技术，一种再生回路采用热循环，另一种再生回路采用冷循环。

（1）热循环回路所用的风机

① 热循环再生风机

热循环风机（图 9-20）的特点是：操作温度高，达 516℃，压力 0.25MPa（表压）左右，出入口差压不大，输送介质主要为 N_2 和 CO_2。由于该风机操作温度高，因此主轴、叶轮及其紧固件皆采用耐高温的 INCONEL600 合金材料；机壳和机盖采用美国钢铁协会(AISI)316奥氏体不锈钢制作。为了防止高温介质从轴封处泄漏出来，轴封采用碳环密封，中间通入N_2气。轴承与常规风机一样采用滚珠轴承，用风扇冷却，整个机体用隔热材料覆盖。入口接管设有膨胀节能有效地吸收管线的位移，防止机壳变形。

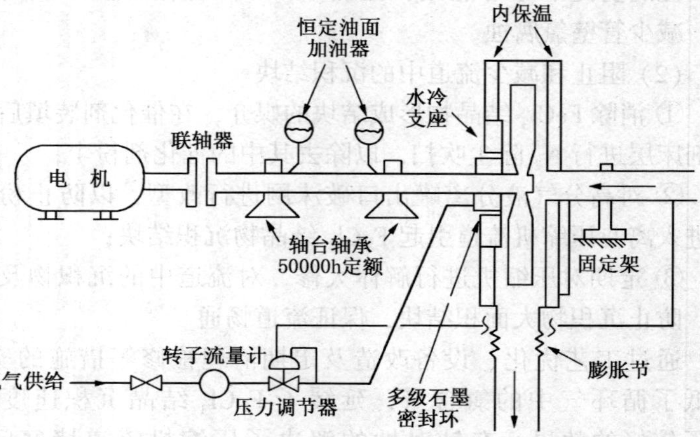

图 9-20 热循环再生风机结构示意图

② 提升风机

将来自再生器顶部粉尘收集器的N_2气通过提升风机输送到待生催化剂的提升线使待生催化剂从反应器底部进入再生器的上部。

③ 除尘风机

提升到再生器顶部的待生催化剂中含有一些催化剂粉尘，通过除尘风机经淘析器将粉尘分离出来。

④ 再生空冷器风机

用于再生空冷器的冷却。

(2) 冷循环回路所用的风机

冷循环再生回路中采用下列4台压缩机和鼓风机：再生气循

环压缩机、空气压缩机、提升气压缩机和淘析气风机。

☞ 84. 催化重整装置能量消耗是如何构成的?

通常，催化重整装置消耗能量的设备有60~70台，正常操作时要同时消耗能量的有40多台设备，包括加热炉，冷却器，压缩机，泵，是一套能耗比较大的装置。连续重整消耗能量的设备还要多一些，同时反应苛刻度高，反应热大，能耗会更高一些，因此注意节能具有重要意义。

以下通过两个实例对催化重整的能耗进行分析。

(1) 半再生催化重整装置

以一套300kt/a半再生催化重整装置为例，重整原料初馏点88℃，终馏点167℃，烷烃/环烷/芳烃含量分别为55.2%/35.9%/8.9%，C_5^+重整生成油辛烷值(RON)95，氢气增压至2.0MPa送出装置，装置用水503.4t/h，用电1637.1kW，消耗燃料气2548kg/h，蒸汽除自用外产出7.21t/h，按照“石油化工设计能量消耗计算方法”行业标准(SH/T 3110—2001)规定的能源折算值计算，该装置能源消耗为92.29kg标油/t重整进料，详见表9-5。

表9-5 半再生重整装置能耗指标(对重整进料)

	循环水/(kg标油/t)	电/(kg标油/t)	燃料气/(kg标油/t)	3.5MPa蒸汽/(kg标油/t)	1.0MPa蒸汽/(kg标油/t)	脱盐水/(kg标油/t)	凝结水/(kg标油/t)	能耗/(kg标油/t)	
								合计	占比/%
预分馏	0.06	0.84	7.55					8.45	9.16
预加氢	0.25	1.73	11.26					13.24	14.34
重　整	1.03	9.78	67.36	43.88	-52.52	1.19	-0.12	70.60	76.50
共　计	1.34	12.35	86.17	43.88	-52.52	1.19	-0.12	92.29	100.00
占比/%	1.45	13.38	93.37	47.55	-56.91	1.29	-0.13		100.00

（2）连续重整装置

以一套 600kt/aRegen B 连续重整装置为例，原料初馏点 79℃，终馏点 171℃，烷烃/环烷/芳烃含量为 56.3%/32.3%/11.37%，C_5^+ 重整生成油辛烷值（RON）102，氢气增压至 2.55MPa 送出装置，装置用水 1085t/h，用电 6656kW，消耗燃料 6074kg/h，蒸汽除自用外产出 6t/h。

根据"石油化工设计能量消耗计算方法"行业标准（SH/T 3110—2001）规定的能源折算值计算，该装置能量消耗为 4456MJ/t 重整进料，能源消耗为 106.44kg 标油/t 重整进料，详见表 9-6。

表 9-6 连续重整装置能耗指标（对重整进料）

	循环水/(kg 标油/t)	电/(kg 标油/t)	燃料气/(kg 标油/t)	3.5MPa 蒸汽/(kg 标油/t)	1.0MPa 蒸汽/(kg 标油/t)	脱盐水/(kg 标油/t)	凝结水/(kg 标油/t)	能耗/(kg 标油/t)	
								合计	占比/%
预分馏	0.03	0.12		14.08			-1.22	13.01	12.23
预加氢	0.11	1.86	11.04		0.61			13.62	12.81
重整反应	0.11	2.33	63.27	5.28	-24.85	3.27	-0.02	49.39	46.44
氢气增压	0.64	16.42						17.06	16.04
油品分馏	0.36	0.46	6.68		1.44		-0.15	8.79	8.27
催化剂再生	0.18	3.91				0.39		4.48	4.21
共　计	1.43	25.10	80.99	19.36	-22.80	3.66	-1.39	106.35	100.00
占比/%	1.34	23.60	76.15	18.20	-21.43	3.44	-1.30		100.00

按中国石化"炼油厂能量消耗计算与评价"（2003 年版）的规定，从 2005 年开始，电的能源折算值由原来的 0.2828kg（标油）改为 0.26kg（标油），则表 9-6 中装置的能耗将降低 2.02kg 标油/t 成为 104.33kg 标油/t。

连续重整装置由于多了催化剂再生部分，同时反应苛刻度比较高，一般能耗要比半再生(固定床)重整装置高。按中国石化“炼油厂能量消耗计算与评价”(2003 年版)的规定，从 2005 年开始，重整装置中预处理和重整部分的能耗定额仅到重整油脱戊烷塔。

☞ 85. 催化重整装置节能的主要途径是什么？

催化重整节能的途径很多，下面介绍其中一些途径：

(1) 优选原料

尽可能采用芳烃潜含量高的原料，从而可以用比较缓和的重整反应条件，生产辛烷值和芳烃含量较高，收率也较高的重整生成油。同时注意控制原料的馏程和杂质含量，可以简化预处理的流程和操作条件，对节能有利。

(2) 慎重确定反应苛刻度

重整生成油的辛烷值是确定反应条件的一个重要指标，对能耗有重要影响，应当根据需要及时加以调整。太低不能满足产品的需要，太高则提高了反应的苛刻度，增加了能耗，同时影响产品收率和催化剂的寿命。

(3) 选择合适的催化剂，优化反应条件

选择活性、选择性和稳定性高的催化剂，可以使重整反应在比较低的温度，比较小的氢烃比的条件下操作，对节能是有利的。

☞ 86. 催化重整装置节能的主要措施有哪些？

催化重整装置的节能措施很多，下面介绍其中一些措施：

(1) 合理确定氢气压送压力

重整产生的氢气往往要通过增压机送出装置，所耗功率是由重整所产氢气的气量和压差决定的。氢气是宝贵的副产品，有多少都应当回收，因此压缩气量是不能减少的。节能的主要途径是根据氢气所需送达地点的压力(一般为工厂氢气管网的压力)恰当决定气体压缩压力，这对重整装置的能耗有很大的影响。注意避免将氢气压力压高了又自动减压的不合理现象。

(2) 加强换热，回收热量

催化重整装置要充分考虑热量的回收利用，特别是加热炉余热的回收和换热流程的优化。增加换热量就减少了加热炉或加热器的热负荷，特别是增加重整进料与反应产物换热器的换热量对降低能耗有重要意义。降低烟气排烟温度并控制住烟气中的含氧量是提高加热炉热效率的主要方法。为了提高加热炉的热效率，烟气余热必须回收，根据其温位及现场需要，可用来发生蒸汽、加热油品或预热空气。

(3) 降低循环氢压缩机功率

循环氢压缩机功率一般都比较大，是对能耗有重要影响的设备。循环氢的功能是增加氢分压，降低催化剂上的积炭，同时在反应过程中发挥热载体的作用。循环氢流量增加对反应有好处，但量过大则作用很小，且由于循环氢流量增加，临氢系统压降增加，循环氢压缩机功率增加更多，因此氢烃比过大是不经济的。

(4) 优化分馏塔的操作

催化重整一般有三个塔，即预分馏塔、汽提塔和稳定塔(或脱戊烷塔)，其能耗主要取决于回流比。回流比大则塔底重沸炉热负荷要大，塔顶冷却器热负荷也要大，能耗就大。因此，在保证分馏要求的条件下，回流比不宜选得太大。在保证同样分割度的条件下，理论塔盘数多则回流比可以减小，因此采用高效塔盘，增加塔盘数对节能是有利的。

(5) 提高设备效率

采用高效塔盘、新型换热器和空冷器，高效机泵以及自动变频调量设备等，可以直接提高设备运转效率，是降低能耗的重要途径。因此有必要随时注意吸取工业上的创新成果，改造旧设备，节省能耗，提高效益。

参 考 文 献

1 徐承思．催化重整工艺与工程．北京：中国石化出版社，2006

2 金国干．催化重整．北京：中国石化出版社，2004

3 侯芙生．2009 年中国石油炼制技术大会论文集．北京：中国石化出版社，2009. 8~9

4 苟家福．中国石油学会第四届石油炼制学术年会论文集．北京：中国石化出版社，2001. 635~638

5 屈锦华等．中国石油学会第五届石油炼制学术年会论文集．北京：中国石化出版社，2005. 612~618

6 徐承恩译．石脑油催化重整．第二版．北京：中国石化出版社，2009

7 中国石化人事部，中国石油人事服务中心．催化重整操作工(石化职业技能培训教材)．北京：中国石化出版社，2007

8 邢祖远．连续重整反应再生设备技术问答．北京：中国石化出版社，2006

9 孙锦宜．工业催化剂的失活与再生．北京：化学工业出版社，2006

10 催化重整与芳烃．抚顺：催化重整科技情报站．2006，No1，4；2007，No2，3；2008，No1，2

11 中国石化职能鉴定中心．催化重整装置操作职业技能鉴定国家题库石化分库试题选编．北京：中国石化出版社，2006

12 李成栋．催化重整装置操作指南．北京：中国石化出版社，2000

13 董荣亮．催化重整装置安全运行与管理．北京：中国石化出版社，2005

14 孙兆林．催化重整．北京：中国石化出版社，2006

15 William L. Leffler. Petroleum refining in montechnical language. 4th ed. Tulsa，OKLA：Penn Well，2008